工程渗流分析与控制

沈振中　岑威钧　徐力群　甘　磊　著

科学出版社
北　京

内 容 简 介

本书详细介绍工程渗流的分析理论、计算方法和控制技术及其在工程领域中的应用。首先，阐述渗流基本概念及其对水利工程安全的重要意义和工程渗流分析与控制目的。其次，介绍多孔介质的渗流特性及分析理论、岩土体渗透参数的试验确定方法和技术，求解多孔介质渗流场的有限元法基本理论和控制方程等；总结渗流量的计算方法和特点；阐述裂隙岩体的渗流理论及等效连续介质、离散网络介质、离散-连续介质和裂隙-孔隙双重介质等主要模型，以及岩溶与裂隙岩体的渗流分析方法。再次，结合工程实践，阐述工程渗流控制的常用方法及其数值模拟技术，介绍渗流、应力、温度及损伤等多场耦合分析方法，渗流场反演分析理论和常用求解方法，工程渗流数值分析常用计算软件及使用技术。最后，介绍土石(堤)坝、混凝土(砌石)坝、闸坝、基坑、边坡、地下结构、尾矿坝等渗流分析与控制的工程应用实例，阐述工程渗流分析与控制在水利、土木、采矿、交通等工程领域中的应用方法和技术。

本书可作为水利工程、土木工程等专业的本科生、研究生教材，以及相关领域研究人员和工程技术人员的参考书。

图书在版编目(CIP)数据

工程渗流分析与控制/沈振中等著. —北京:科学出版社,2020.11

ISBN 978-7-03-060169-8

Ⅰ.①工… Ⅱ.①沈… Ⅲ.①工程力学-渗流力学-研究 Ⅳ.①TB126

中国版本图书馆 CIP 数据核字(2018)第 291134 号

责任编辑:周 炜 罗 娟 / 责任校对:王萌萌
责任印制:吴兆东 / 封面设计:陈 敬

科学出版社 出版
北京东黄城根北街 16 号
邮政编码: 100717
http://www.sciencep.com
北京凌奇印刷有限责任公司 印刷
科学出版社发行 各地新华书店经销
*
2020 年 11 月第 一 版 开本:720×1000 1/16
2023 年 1 月第二次印刷 印张:29 1/2
字数: 595 000

定价: 228.00 元

(如有印装质量问题,我社负责调换)

序

渗流是水利、土建、环境、采矿等工程领域极为关注的重要科学问题，它直接影响工程安全。对于水利工程，渗流安全尤为重要。国内外许多水利工程的失事都因渗流问题引起或者与渗流问题密切相关，如Teton土坝溃决、Malpasset拱坝溃决、沟后砂砾石坝溃决、Vajont水库库岸滑坡等，这些工程失事给人民生命和财产带来了巨大损失。我国已建成各类水库9.8万余座、流量$5m^3/s$及以上水闸10.4万余座、5级及以上江河堤防31.2万余千米，这些工程安全运行的关键问题之一是要有效解决渗流，使之保证安全，其他涉及渗流问题的相关工程领域也有相似要求。目前国内外系统介绍工程渗流分析理论与控制技术的专业书籍尚不多见，该书的出版可以弥补这一不足。

该书较全面系统地介绍了渗流理论、试验方法、数学模型、数值分析方法、渗流控制措施及其模拟技术等，结合科学研究及作者完成的各类工程项目，介绍了土石坝、堤、尾矿坝、混凝土坝、砌石坝、闸坝、地下洞室、边坡、基坑等的渗流问题及其分析和控制方法的工程应用实例。这些研究成果已在实际工程中发挥了重要的理论和技术支撑作用，可为类似工程的设计、施工及运行管理提供很好的借鉴指导作用，这是该书的主要特色。该书选材恰当，内容翔实，深入浅出，循序渐进，系统性好，实用性强。相信该书的正式出版将对我国工程渗流分析及控制领域的深入研究与推广应用起到重大的推动作用。

沈振中教授及其团队长期从事工程渗流领域的理论、试验和数值模拟研究及应用工作，学风严谨，勤奋踏实，承担了土石坝、混凝土坝、尾矿坝、边坡、地下洞室、基坑等各类工程渗流分析与控制及安全评价科研项目100余项，取得了丰硕的成果，并得到广泛应用。他们在该领域具有坚实的理论基础和丰富的工程经验，对工程渗流问题有独到的见解，得到了工程界的高度认可。我熟知其研究成果，今汇集近30年的研究成果成书，欣喜之余，写下个人感受，祝贺该书出版，谨以此为序。

吴中如

中国工程院院士

2020年1月

前　言

渗流是指液体或气体在多孔介质中的流动。天然多孔介质包括土体和岩体等多孔性和裂隙性介质。渗流理论在水利、土建、交通、环境、地质、石油、给水排水、化工等许多领域都有广泛的应用。

在实际工程中,渗流对于工程安全常起着十分重要的作用。水利工程中最常见的渗流问题包括:岩体、土壤及透水地基上水工建筑物和地下厂房、隧洞等地下工程的渗漏及稳定分析;集水井、集水廊道、基坑、地下洞室等排水建筑物的设计计算。历史上,许多著名的工程失事案例都与渗流有关,如美国 St. Francis 坝和 Teton 土坝溃决、法国 Malpasset 拱坝溃决、中国沟后砂砾石坝溃决、意大利 Vajont 水库库岸滑坡等。据统计,占水库失事比例最高的土石坝溃坝案例中,由渗流导致的失事占比超过 30%。

30 多年来,我国国民经济和社会发展十分迅速,水利、土建、交通、环境等工程领域都有了重大进展,工程建设和科学研究水平迅速提高,工程安全也越来越受到重视,而和工程安全密切相关的渗流分析与控制也得到了广泛关注。本书阐述了工程渗流分析的相关理论、方法和技术,以及其在水利、土建、交通、环境、地质等工程领域中的应用,总结了作者近 30 年来在工程渗流分析与控制优化方面的研究和实践经验。

近 30 年来,作者承担了渗流分析理论和方法方面的国家自然科学基金和部委攻关研发项目 10 多项,研究涉及连续介质模型、裂隙介质模型和双重介质模型,以及渗透破坏及水力劈裂机理、渗流模拟分析方法等;同时完成了国内外重大水利水电工程、矿山工程和交通工程等渗流分析与控制方面的生产科研项目 100 多项,研究涉及坝、闸、堤、围堰、渠道、洞室、边坡、基坑、古河槽等各类建筑物及地基的稳定与非稳定及饱和与非饱和渗流分析与控制,如中国三峡水利枢纽、新安江水电站、老虎嘴水电站、巴塘水电站、水布垭水电站、拉西瓦水电站、玛尔挡水电站、羊曲水电站、茨哈峡水电站、纳子峡水电站、卡基娃水电站、溪古水电站、九甸峡水利枢纽、大石峡水电站、斯木塔斯水电站、察汗乌苏水电站、柳树沟水电站、滚哈布奇勒水电站、大河沿水库、多布水电站、两河口水电站、双江口水电站、如美水电站、米林水电站、何家沟水库、中庄水库、哈达山水利枢纽、镇安抽水蓄能电站、阜康抽水蓄能电站、芝瑞抽水蓄能电站、哈密抽水蓄能电站、庄河抽水蓄能电站、粤赣高速公路、乌塔沟分洪道、南京长江大堤、红旗渠总干渠分水闸、新水-尹庄尾矿库、炉场沟尾矿库、涩草湖尾矿库、梨树凹尾矿库、西沟尾矿库、陆曲尾矿库、白岩尾矿库，马来西亚 Bakun 水电站，巴基斯坦 Jinnah 水电站，老挝 Nam Ou 六级水电站，柬埔寨 Tatay 水电站，尼泊尔 Manang Marsyangdi 梯级水电站，刚果(布) Imboulou水电枢纽，赞比亚 Itezhi 水电站等工程，这些工程遍及中国各地和国外10多个国家。研究成果为项目委托单位所采用，不仅有效推动了渗流分析与控制领域的理论、试验和数值模拟技术的发展，而且为工程设计、施工和运行提供了强有力的技术支撑。

本书共15章，主要分工如下：第1章由沈振中撰写，第2章、第4章、第10章由岑威钧撰写，第3章、第6章、第8章由徐力群撰写，第5章、第7章、第9章由甘磊撰写，第11章～第15章按工程特点分成小节由沈振中、甘磊、岑威钧和徐力群撰写。其中，沈振中也参与了第4章、第7章部分内容的撰写工作。全书由沈振中统稿。

本书凝聚了作者研究团队赵坚教授、朱岳明教授以及全体博士、硕士研究生的大量辛勤劳动，在此表示衷心感谢；此外，本书引用了一些典型实际工程的计算分析成果及技术总结，在此对提供工程资料、试验参数和设计方案的相关项目委托单位致以衷心的感谢。

限于作者的水平，书中难免存在疏漏和不足之处，敬请读者批评指正。

沈振中
2020年1月

目　　录

第1章 绪 论

1.1 渗透与渗流

1.1.1 渗透

渗透是指水分子以及溶剂通过半透膜的扩散。水的扩散是从自由能高的地方向自由能低的地方移动,如果考虑到溶质,水是从溶质浓度低的地方向溶质浓度高的地方流动。准确地说,水是从蒸汽压高的地方扩散到蒸汽压低的地方。

被半透膜隔开的两种液体,当处于相同的压强时,由于渗透作用纯溶剂通过半透膜进入溶液。渗透作用不仅发生于纯溶剂和溶液之间,而且可以发生在同种不同浓度的溶液之间,低浓度的溶液通过半透膜进入高浓度的溶液中。砂糖、食盐等结晶体的水溶液易通过半透膜,而糊状、胶状等非结晶体则不能通过半透膜。

渗透一词应用于海水淡化、脱盐、水处理领域,也称为正渗透、正向渗透,以区别于反(逆)渗透、反向渗透。

1.1.2 渗流

渗流是指液体或气体在多孔介质中的流动。天然多孔介质包括土体和岩体等多孔性和裂隙性介质。水在土、岩石、混凝土等多孔介质孔隙间的运动非常复杂,研究起来非常困难且意义不大,因此,人们就用一种假想水流来代替在多孔介质孔隙中运动的真实水流,这一假想水流就称为渗流。这种假想水流具有下列性质:①通过任一断面的流量与真实水流相等;②在某一断面水头和压力与真实水流相同。

渗流理论在水利、土建、给水排水、环境保护、地质、石油、化工等许多领域都有广泛的应用。在水利工程中有很多方面涉及渗流,最常见的渗流问题有:岩石、土壤及透水地基上水工建筑物的渗漏及稳定分析;集水井、集水廊道、基坑等排水建筑物的设计计算;水库、水闸及河渠边岸的侧渗计算;降水、泄洪等条件下库岸边坡的稳定分析等。这些渗流问题,就其水力学方面而言,主要包括以下问题:①确定渗流区域内的水头或地下水位的分布、浸润面(线)的位置;②确定渗流量;③确定渗透压强和作用于建筑物基底上的力;④确定渗透流速分布及其引起的土体结构变形。

严格来说，渗漏有别于渗流，渗漏除了包括通过多孔介质孔隙中的流动以外，还包含通过介质的裂缝、空洞等的流失，含义更加广泛。

1.2　工程渗流控制的意义

在水利、土建、给水排水、环境保护、地质等许多工程领域，渗流对于工程安全都起着十分重要的作用。

水库蓄水后，坝体挡水形成上下游水位差，库水将通过坝体、坝基和两岸坝肩岩体向下游渗透，形成坝址区渗流场，对混凝土坝（浆砌石坝）作用有渗透压力，轻则使得坝体和坝基出现渗透溶蚀，重则当作用于坝体和坝基的渗透压力过大时，会导致坝体和坝基渗透破坏、强度降低、变形过大，更严重时会导致溃坝。基坑、边坡、渠道、隧道、地下洞室、水土保持等工程开挖和施工也会形成渗流，其渗流控制也会极大地影响工程安全。下面这些典型案例充分说明了工程渗流及其控制的重要性。

1.2.1　混凝土(浆砌石)坝安全与渗流

1. 渗透溶蚀破坏

混凝土（浆砌石）坝在服役过程中不仅会受到渗透压力荷载的作用，而且在环境和荷载的作用下会不断产生物理变化和化学变化，即长期渗流作用下的渗透溶蚀，其中以高坝尤为显著。渗透溶蚀是混凝土坝的主要病害之一，其程度与坝体混凝土施工质量、环境条件、荷载条件都有密切关系。有的大坝渗透溶蚀病害较轻，如美国胡佛拱坝兴建于 1933 年，至今性能良好，坝体混凝土强度仍在增长[1]。然而，当施工质量差、运行环境恶劣、管理不善时，大坝材料和结构性能容易老化衰退，如格鲁吉亚英古里拱坝，1984 年完工，1994 年对其检测时就发现大坝已处于不安全状态[2]。我国的许多混凝土（浆砌石）坝也逐渐显现裂缝、渗透溶蚀和冻融冻胀等老化病害，其中渗漏及其引起的坝体混凝土溶出性侵蚀较为普遍[3]，如运行多年的丰满、佛子岭、新安江、陈村、古田溪一～三级、安砂、东方红、群英等大坝，以及运行时间较短的板桥（溢流坝段）、石漫滩、南告、水东等大坝。

1) 水工混凝土渗透溶蚀的机理

渗透溶蚀是混凝土（浆砌石）坝在渗流作用下的一种本质性病害，可严重影响大坝的承载力和稳定性，降低工程效益，缩短大坝使用寿命。混凝土（浆砌石）坝的渗透溶蚀，既取决于坝体本身的结构状况，又与环境水有着密切关系。

水工混凝土是由粗细骨料、硬化水泥浆体以及界面过渡区组成的。硬化水泥浆体和界面中存在大量微裂缝和孔洞，在荷载和不利环境作用下这些初始缺陷发生扩展、弯折和汇合，对水工混凝土宏观性质产生显著影响，导致材料性能逐渐劣化直至破坏[4]。

水化程度良好的水泥浆体中，$Ca(OH)_2$和水化硅酸钙（Calcium-Silicate-Hydrate，C-S-H）凝胶所占体积分数分别为20%～25%和约70%，是水泥最主要的水化产物[5]。其中，C-S-H内部结构复杂，在一定程度上决定了水泥浆体的物理力学性质，包括硬化水泥浆体的强度、体积稳定性和渗透性等；$Ca(OH)_2$则对水泥浆体性质的衰减过程和碱性提高起重要作用。

硬化水泥浆体溶蚀实质是$Ca(OH)_2$在孔隙液和外部环境的摩尔浓度梯度下随着渗漏不断流失，引起C-S-H、单硫型水化硫铝酸钙（AFm）、钙矾石（AFt）逐渐脱钙溶出，导致孔隙液中Ca^{2+}摩尔浓度随之下降，pH减小。随着溶蚀过程的继续发展，水化产物从表层向内部逐渐溶解，呈现出溶蚀和未溶蚀两个具有明显差异的区域，两者的界限即为溶解峰。同时，硬化水泥浆体的孔隙率不断增大，密度不断减小。溶蚀受孔隙溶液和不同水化相间的热动力平衡等内外因素的影响，是一个非线性动力过程[6~8]。

化学-力学耦合作用下水工混凝土的强度损失明显大于化学溶蚀单一因素作用下的强度损失。水灰比和外加剂等自身材料因素对水工混凝土的溶蚀性能也有较大影响。

2）渗透溶蚀对水工混凝土结构宏观力学性能的影响

混凝土坝（浆砌石坝）局部和整体力学性能随着渗透溶蚀作用的强弱而变化，渗透溶蚀作用影响坝体的工作性态。丰满混凝土重力坝，1942年蓄水，1953年建成。坝体内部普遍分布着低强度混凝土，有较多的裂缝和孔洞，水平施工缝未处理，为坝体渗漏提供了便捷的通道，运行初期坝体渗漏便非常严重。同时，库水水质属软水，库水通过渗漏对坝体混凝土产生了溶蚀，廊道内和坝体排水管口可见大量析出物。经过多年渗漏，坝体混凝土遭到明显溶蚀破坏。1991年对坝体钻孔检查发现，坝体内部混凝土表现出极强的空间变异性，强度一般在15MPa以上，但局部无法取芯，实际强度低于10MPa[9]。发生渗漏的部位坝体混凝土强度下降可达20%，局部区域能达70%，甚至完全失去强度成为疏松体[10]。水东大坝为碾压混凝土重力坝，1993年蓄水。坝体部分碾压混凝土质量较差，层面胶结不理想、砂浆不均匀，存在骨料架空、蜂窝、孔洞等现象，大部分透水率大于3Lu；运行后，坝体不久即渗漏析钙严重，至1999年，$CaCO_3$晶体几乎覆盖整个廊道内壁。取芯除小部分呈柱状或短柱状外，基本呈块状或散体状，综合芯样获得率为55%，质量指标值仅30%左右[3]。罗湾混凝土重力坝于1981年建成，运行至1990年，廊道内部分排水孔口处$CaCO_3$晶体呈瀑布状。现场检测发现，溶蚀部位混凝土后期强度不仅未增长，反而明显下降，挡水运行10年后仅为设计强度的83%，而其他部位混凝土已达到设计要求[11]。复建的石漫滩碾压混凝土重力坝于1997年完工。运行后坝体产生了较多裂缝，廊道内渗水析钙严重。2005 年对大坝进行了钻孔压水试验，试样强度离差系数大，质量较差处钻孔芯样基本不能成形。图 1-1 是石漫滩碾压混凝土重力坝右岸坝段下游坡和溢流坝段廊道渗漏（2011 年）[12]，图 1-2 是复建的板桥水库混凝土重力坝溢流坝段廊道渗漏（2010 年）[13]。

图 1-1　石漫滩碾压混凝土重力坝右岸坝段下游坡和溢流坝段廊道渗漏（2011 年）

图 1-2　复建的板桥水库混凝土重力坝溢流坝段廊道渗漏（2010 年）

相对于重力坝，轻型混凝土坝更易受渗透溶蚀的影响。如古田溪二、三级平板支墩坝面板渗漏溶蚀严重。以古田溪三级大坝为例，该坝 1961 年蓄水，环境水质具有中等溶出型侵蚀。1990 年，有 4 个坝段渗水严重，7 个坝段共 18 处渗白浆；2000 年，有 8 个坝段渗水严重，20 个坝段共 36 处渗白浆；渗水析钙现象明显加重，面板整体强度由49.6MPa降为37.91MPa,下降了23.6%,局部强度为设计强度的74%,下降幅度大[14]。

浆砌石坝同样存在渗透溶蚀问题。例如,安徽省黄山市东方红水库是一座以灌溉、防洪为主,结合发电、养殖和旅游等综合利用的中型水利枢纽。大坝为浆砌石重力坝,最大坝高29.90m,坝顶宽度3.5m,坝顶长度114.0m。上游设有混凝土防渗面板,277.00m高程以下边坡坡度为1∶0.30,277.00m高程以上边坡坡度为1∶0;下游边坡为1∶0.80。坝体内设有排水检查廊道,底高程267.00m,宽1.2m,高1.8m(拱顶)。大坝主体工程于1966年11月动工兴建,1970年7月建成,蓄水投入运行。图1-3是该坝下游坝面渗漏析出物情况(2006年)[15]。

图1-3 东方红水库浆砌石重力坝下游坝面渗漏析出物情况(2006年)

2. 失事案例

1) 美国St. Francis坝溃决(1928年)

(1) St. Francis坝简介。

St. Francis坝[16]位于加利福尼亚州Sierra Pelona山的San Francisquito峡谷,距洛杉矶市中心约64km,是加利福尼亚州的一个重要调蓄水库,洛杉矶供水基础设施的重要组成部分。拦河坝为拱形重力坝,坝高56m,库容4700万m^3。大坝经多次修改设计,于1924～1926年建造。St. Francis坝的一个显著特点是其下游坡呈阶梯状。坝顶设有两组共11个溢洪孔,每孔高0.46m,宽6.1m,同时,坝体中部还设有5个直径为0.76m的引水管,由闸门控制。坝址区西侧山坡中上部主要由红色砾岩和砂岩地层构成,其中夹杂有石膏碎岩,在红色砾岩下部,揭露有不同岩性的地层穿过河谷直至东侧翼墙,主要为云母片岩,断层穿插其中。

(2) St. Francis坝溃决过程。

1926年3月St. Francis坝建成开始蓄水,蓄水过程中坝体出现一些温度裂缝和伸缩裂缝,且有少量水从坝肩渗出,但根据当时的调查,裂缝并未被修复,水位平稳上涨。4月初,水位上升至坝肩西侧的 San Francisquito 断层附近并立即充满该区域,对漏洞的封堵措施并没有起到明显的作用,但设置的排水设施减小了坝基扬压力。1927年5月,水位接近泄洪水位,渗水量无明显变化。8月水位持续上升,坝体东西侧各出现一条指向坝顶的裂缝,但同样被认为只是收缩裂缝而没有引起足够重视。1928年2月初,翼墙位置出现新的裂缝,同时两侧坝肩出现新的渗漏点,到2月底,大坝西侧距离翼墙46m处出现一个明显的渗漏通道,测得渗流量为17L/s。当时的工程师 Mulholland 认为该裂缝为温度裂缝或收缩裂缝,并任其自流排干。3月初,渗流量加倍,相应安装了混凝土管道以排水。3月7日停止蓄水,3月12日上午发现新的渗漏通道,且渗水浑浊,勘测后立即开始采取加固措施。

1928年3月12日晚11:57,St. Francis 坝发生溃决,库水在70min内几乎完全排空,事故发生几秒后,坝体仅剩中央坝段及两侧翼墙站立(图1-4),大坝几乎完全被冲毁,1号厂房及附近64人死亡,坝体混凝土碎块随着4700万m^3库水沿着河谷冲向下游,导致电力大片中断,至3月13日早上5:30,水浪以宽约3km、速度9.7km/h蔓延。遇难者的尸体一直向南遍布墨西哥边界,大量人员失踪。事后调查,该溃坝事故导致450人死亡。

图1-4 溃决后的 St. Francis 拱形重力坝(1928年)[17]

(3) 事故调查及分析。

在溃坝后立即开始对事故原因进行调查,大量政治机构和组织介入,很快得出了各自的观点,但很难在所有点上达成一致。加利福尼亚州州长委员会报告是被接受最广的分析,与其他大多数调查者一样,他们也认为新的渗漏点是大坝失事的关键。该委员会认为整个大坝的左侧地基情况令人非常不满意,且坝体排水设施的部分失效加速了大坝失事,他们认为失事的主要原因在西侧岸坡上,该委员会认为西侧坝基的砾岩干燥时有绝对的强度,但当其遇水潮湿则会立即软化,几乎失去所有的承载能力,软化的红色砾岩破坏了坝体西侧的地基,西侧地基的失效导致水流对峡谷东侧坡产生严重冲刷,从而导致部分结构失效,随后大坝的大部分结构崩溃。该委员会最终得出如下结论:

① 如果地基有足够的承载力,大坝的坝型和规模是可以承受的。

② 坝体混凝土具有足够的强度来承受所受应力。

③ 失事不能归因于地壳运动。

④ 溃坝是地基缺陷的结果。

⑤ 设计良好的重力坝应建立在合适的地基上才能保证其稳定性。

Willis 和他儿子 Grunskys 对此事故有不同看法。他们认为,大坝下方东侧坝肩的某一部分首先破坏,逐渐导致整个大坝溃决。他们首次发现坝址东侧存在一个古滑坡体,并且提出是扬压力作用导致坝体失稳,根据他们的理论,库水从库盆内向东侧坝肩的片岩构造中渗透,导致岩体凝聚力减小,使它开始缓慢移动,从而对大坝施加一个巨大的力。岩体饱和后膨胀抬升了建造在其上的结构,失事后对翼墙的调查和与其他同时期建造的翼墙比较之后,这一观点得到进一步验证。

St. Francis 坝溃决被称为 20 世纪美国最大的土木工程事故。现在的主要观点认为,大坝的溃决是由东部坝肩开始的,可能由山体滑坡导致。坝址上游地基滑动、溶解性物质被渗水析出、岩体软化等被认为是溃坝的根本原因。

2) 法国 Malpasset 坝溃决(1959 年)

(1) Malpasset 坝简介。

Malpasset 坝[17]位于法国南部 Rayran 河上,工程主要任务为供水、灌溉和防洪,水库总库容 5100 万 m^3。最大坝高 66m,坝顶高程 102.55m,顶部弧长 223m。坝的厚度由顶部 1.5m 渐变到中央底部 6.76m,属双曲薄拱坝。左岸有带翼墙的重力墩,长 22m,厚 6.50m,到地基面的混凝土最大高度为 11m,开挖深度为 6.5m。在坝顶中部设无闸门控制的溢洪道。坝址岩体为带状片麻岩,岩层走向一般为南北向,片理倾角为 30°～50°,倾向下游偏右岸。左岸和右岸下部为片状结构,右岸上部为块状结构。坝基为片麻岩,较大的片理中部充填糜棱岩。坝址范围内有两条主要断层:一条为近东西向的 F1 断层,倾角 45°,倾向上游。断层带内充填含黏土的角砾岩,宽度 80cm。另一条为近南北向的 F2,倾向左岸,倾角 70°～80°。

(2) Malpasset 坝溃决过程。

Malpasset 坝于 1954 年末建成并蓄水。库水位上升缓慢,历经 5 年至 1959 年 11 月中旬,库水位达到 95.2m。这时坝址下游 20m、高程 80m 处有水自岩体中流出。因一场大雨,到 12 月 2 日晨,库水位迅速上升至 100m。当日下午,工程师到大坝视察,研究如何防止渗水的不利作用。因未发现大坝有任何异常,决定下午 6 点开闸放水,降低库水位。开闸后未发现任何振动现象。管理人员晚间对大坝进行了反复巡视,亦未见任何异常现象,于近 21:00 离开大坝。21:20,大坝突然溃决,当时库水位为 100.12m。据坝下游 1.5km 对这一灾难的少数目击者描述,他们首先感到大坝剧烈颤动,随之听到类似动物吼叫的突发巨响,然后感到强烈的空气波,最终看到巨大的水墙顺河谷奔腾,同时电力供应中断。洪水出峡谷后流速仍达 20km/h，下游 12km 处的 Frejus 镇部分被毁，死亡 421 人，财产损失达 300 亿法郎。次日清晨发现大坝已被冲走，仅右岸靠基础部分有残留拱坝，一些坝块被冲到下游 1. 5km 处，左岸坝基岩体被冲出深槽。图 1-5 为溃决后的 Malpasset坝。

图 1-5　溃决后的 Malpasset 坝[18]

(3) 溃坝调查及分析。

Malpasset 坝溃决并造成的重大灾难震惊了工程界。拱坝所有者法国农业部于 1959 年 12 月 5 日组建了调查委员会。几个月后提交了临时报告，1960 年 8 月提出了代表官方的最终报告，1962 年夏报告对外公布。该调查委员会委托法国电力集团公司(Électricite de France，EDF)对大坝应力进行了复核，得到大坝的最大压应力为 6. 1MPa，混凝土抗压安全系数为 5. 3，拱冠局部拉应力为 1MPa。EDF 还对拱的独立工作工况进行了校核，对左岸重力墩也进行了复核，证明在拱圈单独作用下重力墩是安全的。冲走的附有基岩的大量混凝土块均未发现混凝土与岩石接触面有破坏迹象。混凝土质量良好，抗压强度为 33. 3～53. 3MPa。由此判断，拱坝失事是由坝基岩石引发的。调查委员会认为，水的渗流在坝下形成的压力引发了第一阶段的破坏。

Coyne-Bellier 公司对 Malpasset 坝地基片麻岩进行渗透试验，得出了渗透性与应力的明显关系。就这一关系对拱坝失事原因给出了明确的解释，并由 Londe 在工程地基国际会议及大坝失事国际研讨会上作了报告。Malpasset 坝失事至今已 60 多年，人们一直在研究大坝失稳破坏的原因。遗憾的是，至今尚未取得完全一致的认识。综合起来，溃坝的原因如下。

① 不利的地质条件。大坝的地质条件极为不利，坝址片麻岩在河床呈片状结构，其中含千枚岩，并含有较软夹层和细微裂隙；岩石的强度较低，承载力不高。

② 此前拱坝都不设排水，而根据 Coyne-Bellier 公司及一些专家分析，岩体的

渗透系数受应力场的作用将出现大幅度的提高,从而使扬压力和渗透力异乎寻常的大,并将大坝坝肩岩体推出,导致失稳破坏。

③ 还有一些专家认为,上游的库水渗入左岸地基中的一个大楔形体,由于下游缺乏排水,故扬压力增大,使左岸地基的滑裂岩体发生剪切破坏,由左岸的破坏引起右坝肩的破坏。

④ 20 世纪 90 年代,特别是 1999 年在巴黎召开的国际岩石力学大会上,德国的 Fishman 提出了 Malpasset 坝破坏的细观力学及非线性力学分析。他认为大坝失稳破坏的过程为基岩开裂,坝基转动,坝基下游压碎,因此剪切破坏的过程实际上取决于岩体的抗压强度。

尽管对 Malpasset 坝失事的原因未取得完全一致的认识,但绝大多数专家都认为坝基内过大的孔隙水压力是失事的主要原因。即溃坝原因为右岸岩体软弱面处理不良,蓄水使高压水渗入基岩产生超孔隙水压力,降低了岩体抗剪强度,从而使基岩变形导致坝体产生裂缝而爆炸般溃决。

1.2.2 土石坝安全与渗流

1. 渗流破坏及其原因

土石坝安全与渗流控制关系十分密切。土石坝渗流不仅可以引起水库水量损失,而且容易引起坝体和坝基渗透破坏。按照土石坝渗流的部位和特征,根据土石坝病险原因,坝体渗流破坏可归为渗流作用下的滑坡破坏与渗透变形破坏两种形式。坝体常发生散漏与集中渗漏,该类水库占各种异常渗漏水库的比例较大[19]。

1) 渗流作用下的滑坡破坏

(1) 坝下游坡长期散漏。例如,四川省彭山区五沟水库为均质坝,修建时反滤排水体被弃土堵塞,浸润面从下游坡出逸,致使坝面呈沼泽化。多处可见细小水流。取样试验表明,由于填土不均匀,土料分布不合理,上部土料透水性强,水平渗透系数大,以致浸润面不能进入排水体而从坝坡出逸。加之反滤排水体位置低,且堵塞失效,使渗流出逸点抬高。江西省吉安县福华山水库主坝和副坝均为均质坝,左岸坝肩接合处的渗漏点及副坝下游坝脚橡皮土如图 1-6 所示[20]。

有的小型水库大坝下游排水滤层级配不符合反滤要求,甚至均质坝高度较大,也未修筑反滤排水体,使坝体浸润面较高,也是坝体散漏的原因。若坝体长期散漏,使坝坡土体处于饱和状态,则其抗剪强度指标降低,在汛期或高水位时易产生外滑坡。另外,降雨入渗使坝体处于饱和状态,也可由于孔隙水压力增大,抗剪强度降低而产生滑坡,例如,四川省泸县何高寺水库等因长期散漏而在汛期高水

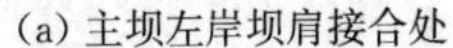

(a) 主坝左岸坝肩接合处

(b) 副坝下游坝脚

图 1-6　福华山水库主坝左岸坝肩接合处的渗漏点及副坝下游坝脚橡皮土

位时发生外滑坡。

(2) 水位下降速度快或水位下降速度虽小但降幅大，坝壳含黏粒多、透水性小，水位下降速度与浸润面下降速度不同步，致使坝体内孔隙水向迎水坡排泄，造成反渗压力，引起坝体滑坡破坏。如江油市八一水库、自贡市豹子沟水库等大坝均因反向渗流作用产生滑坡破坏。坝体的集中渗漏往往是坝体发生渗透变形的先兆，对土石坝安全威胁最大。坝体集中渗漏除由白蚁、生物洞穴引起外，还多发生在位于库水位以下的坝体横向裂缝与水平裂缝中。小型水库坝体填筑质量差，例如，垂直坝轴线分块填筑有漏压的松土带，在坝体内填筑有砂土层，或雨后施工冻土层未清理等形式的软弱夹层，都将成为坝体的集中渗漏通道。

(3) 黏土斜墙坝和心墙坝往往因施工质量差、堆石体沉陷变形、排水滤层破坏或下游排水反滤级配不符合反滤要求、渗流出口无保护而发生渗透变形。如万县船儿石水库、古蔺县胡家沟水库均因上述原因产生集中渗流破坏，致使上游坝面产生管涌塌坑而出现险情。蓬溪县黑龙凼水库系黏土斜墙堆石坝，因施工质量差，坝体严重渗漏，在 1981 年 8 月汛期，由于库水位上升使渗流破坏加剧，大坝内坡发现数个管涌塌坑，因库水位无法迫降，抢险无效，仅两个小时即发生溃坝。图 1-7是美国 Baldwin Hills 均质土坝的渗透破坏(1963 年)。

2) 坝体与刚性建筑物接触渗漏破坏

坝体与刚体建筑物接触渗漏破坏主要发生在坝端溢洪道侧墙接触部位以及坝下涵洞(管)与土体间的接触部位。我国丘陵地区的水库枢纽工程多采用坝端溢洪道和坝下涵洞(管)，往往由于坝肩溢洪道侧墙与坝体连接处未做刺墙，或侧墙背面填土不实，渗径短，渗透坡降大，两种不同介质接触面上发生接触冲刷，形成管涌通道，导致大坝失事。如四川省中江县乌龟堡水库、新疆乌鲁木齐市联丰水库等，均因上述原因产生渗流破坏而溃坝。

据统计，病险库中放水设施存在病害的占绝大多数，几乎所有采用该类型式

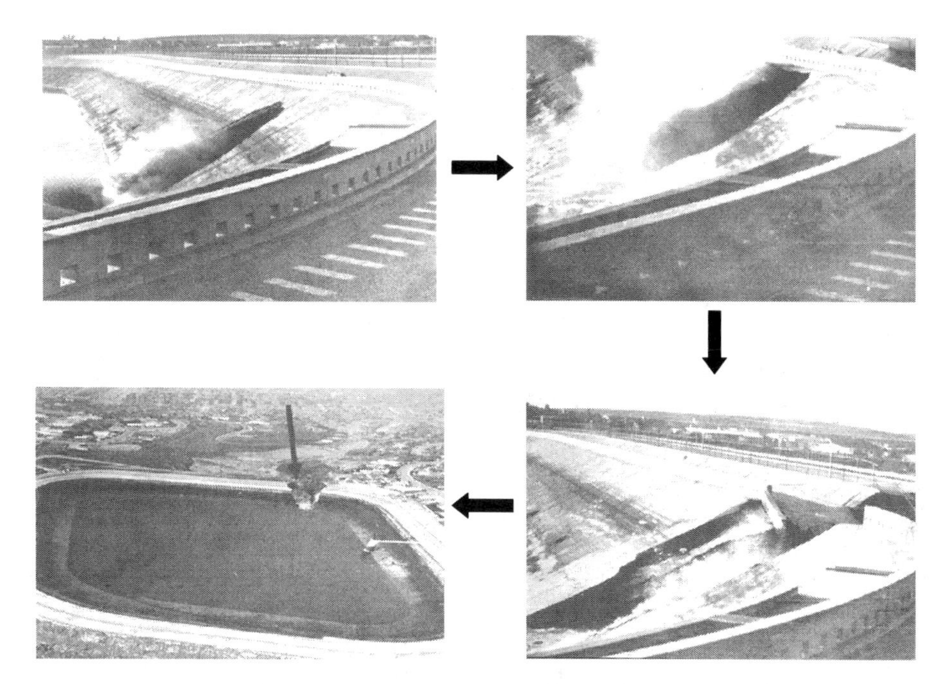

图 1-7　美国 Baldwin Hills 均质土坝的渗透破坏(1963 年)[18]

布置的水库大坝均存在不同程度的接触渗透变形。坝下涵洞(管)漏水是一种既普遍又严重的漏水现象,图 1-8 是美国 Owl Creek Site 7 水库土坝的渗透破坏(1957 年)。我国四川省青神县塘沟水库坝下涵洞修建时未做截流环,同时,侧墙用石灰砂浆砌筑,由于灰缝不饱满,洞壁与坝体结合不密实,长时间纵向接触渗漏未处理,逐渐形成漏水通道,在高水位时坝面产生管涌塌坑而溃坝。

图 1-8　美国 Owl Creek Site 7 水库土坝的渗透破坏(1957 年)[18]

3) 坝基渗漏破坏

由于坝址工程地质条件不良或坝基石灰岩溶洞发育或砂砾透水层没有进行

有效的渗流控制，则可能导致坝基渗漏甚至渗流破坏和溃坝。例如，有的土坝已进行水平防渗，但因长度不够而被击穿；有的因在施工时库内取土，挖去天然的铺盖；更多的是清基不彻底以及没有进行灌浆等垂直防渗处理，或截水槽深度不够、未深入相对不透水层等都会导致坝基渗漏。产生坝基渗漏后，在坝后地面可能出现沙沸、沙环、泉涌或沼泽化等渗漏现象，特别是坝体或防渗体与坝基接触面上的渗漏，更易发生渗透变形，对坝体造成较大的危害。

4）绕坝渗漏破坏

若土坝两岸坝肩山体节理裂隙发育或透水的第四系堆积层未妥善处理，则蓄水后，水流绕过土坝两端渗向下游，远离坝端逐渐减弱，这种渗漏现象称为绕坝渗漏，该现象较为普遍，若存在沿坝体与坝肩接触面上的渗漏则非常危险。例如，四川省广安市凉水井水库，均质坝高 23.81m，总库容 331 万 m^3。大坝于 1979 年建成蓄水后，左坝端下部出现明显渗漏。1981 年坝体左外坡中下部发生大的管涌塌坑，由于处理不当又处于当年汛期，水位上升后，在下游坝脚渗流出口渗漏量加大，冒浑水，带出大量泥沙，同时，在原隐患部位发生大面积塌坑，随着塌坑沉陷，坝外坡及坝顶出现十条较大的裂缝。在迫降水位过程中，发现左岸坡上游水面处出现两处漩涡，即是渗流入口。渗流绕过坝端接触面，穿过下游坝体而导致险情，迅速下降水位后方才脱险。

若两岸山体单薄、岸坡陡峻，有抗剪强度指标较低的透水土料夹层，则绕坝渗漏还可能引起山体滑坡或造成山坡逐渐坍塌。例如，四川省峨眉山市团结水库，因土体与岸坡未做齿槽，产生绕坝接触集中渗漏，未引起重视，渗漏量由小逐渐加大，两年后岸坡突然崩裂，迅速下降库水位才免于溃坝。又如，甘肃省永登县翻山岭水库，是从引大入秦工程东二干引水的注入式水库。该水库为Ⅳ等工程，小(1)型水库，总库容 145 万 m^3，其中死库容 12.9 万 m^3，兴利库容 128.66 万 m^3，最大坝高 26.3m，设计蓄水位 2198.4m，汛限水位 2197.56m。水库工程主要由引水渠道、大坝、输水管道等建筑物组成。大坝为均质土坝，主坝长 427.88m，副坝长 41.32m。工程于 2009 年 7 月开工建设，2012 年 10 月完成主体工程，2012 年 10 月 18 日第一次试蓄水 40 万 m^3，2013 年 4 月 24 日第二次试蓄水 70 万 m^3。2013 年 5 月 5 日 18:50，巡查发现水库左坝肩山体出现管涌，19:10 左坝肩山体坍塌，形成宽约 13m、高约 18m 的决口，水库蓄水在 1h 内全部自坍塌处下泄。

2. 典型溃坝案例

1）沟后水库溃坝（1993 年）

(1) 沟后水库简介。

沟后水库位于青海省海南藏族自治州，黄河支流恰卜恰河上游，坝址距共和县13km。水库集水面积198km²，总库容330万m³，属Ⅳ等工程，小(1)型水库，为灌溉水利枢纽。水库正常蓄水位、设计洪水位和校核洪水位均为3278m，死水位3241m，死库容23万m³。坝型为钢筋混凝土面板砂砾石坝，坝顶高程3281m，坝顶宽7m，防浪墙高5m，其顶高程为3282m。坝上游坡度1∶1.6，下游坡度1∶1.5，在高程3260m、3240m各设宽1.5m的戗台。大坝最大坝高为71m，按三级建筑物设计，分四区填筑，如图1-9所示。沟后水库大坝于1985年8月动工兴建，1990年10月竣工，1992年9月通过竣工验收[21]。

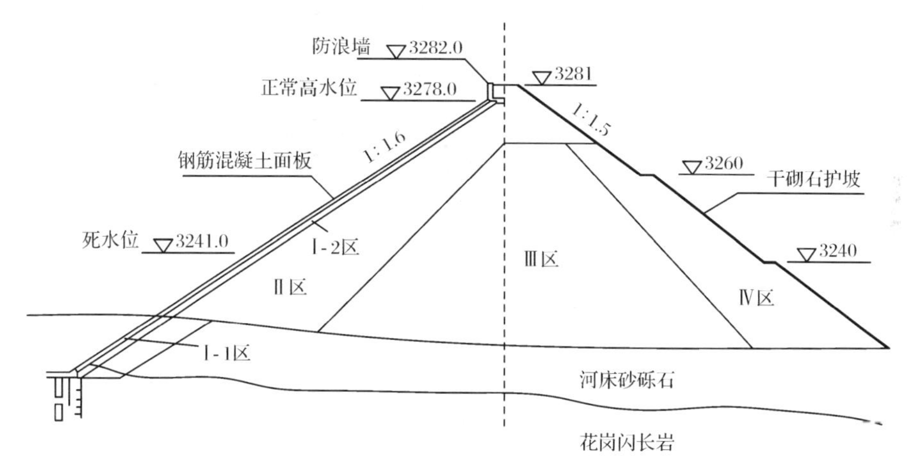

图1-9　沟后水库大坝典型剖面(单位:m)

(2) 溃坝过程。

1989年10月，水库初次试蓄至水位3260m，5～6h后，整个下游坡脚大量出水，右岸出逸点高出坝趾约2m，故迅速降低库水位至3250m，对高出逸区坡趾坝料进行换填强透水料处理。1990年10月竣工后抬高库水位至3274.1m，右岸原高出渗点仍渗水，但无其他异常现象。1991～1992年为枯水年，库水位低于3262m。

1993年7月14日～8月27日，库水位从3261m连续45天升至3277.25m，超过沉降后的防浪墙底座，但距坝顶还有3.75m。据村民反映，8月21日坝脚以上约5m护坡石缝向外渗水，西(右)坝段背坡约在高程3270m处有坡面渗水约1m²。8月27日约13:20，库水已淹没防浪墙底座一指深；16:00底座数处开缝漏水，坝背坡多处流水，坝脚9处出水如瓶口大；从坝背坡石级顶向下至第7级，能反复听到“喷气声”，在坝脚听到似水从悬岩跌落声；约20:00，左坝段背坡高程3240～3260m护坡石缝渗水，石级右侧大面积湿润；约21:00，在坝左岸下游约250m的水库管理员于值班室听到坝区传来“闷雷声”，出门见火花在大坝中上部闪烁，到隧洞出口附近听到很大的流水夹滚石声，坝区水雾浓密，似有小雨，流水声也越来越大；约至 22:40，坝体大量溃决；约 23:00，洪峰到达县城。溃坝下泄总水量约 261 万 m^3，洪峰流量约 1500m^3/s。该事故给当地人民群众的生命财产造成巨大损失，288 人死亡，尚有 40 人失踪。

(3) 溃坝成因分析。

图 1-10 为沟后面板砂砾石坝溃决残余坝体及溃决示意图。根据调查研究，可将该坝的破坏分为初期和继发两个阶段。

(a) 残余坝体

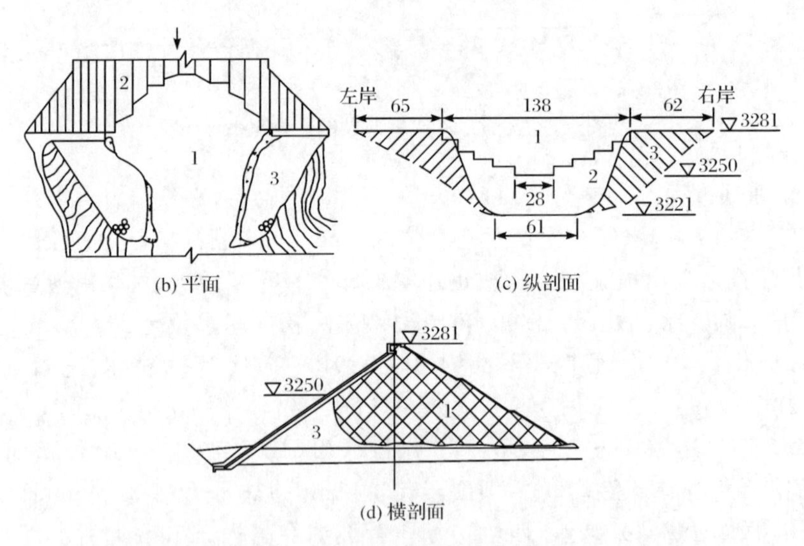

(b) 平面　　　　　　　　　(c) 纵剖面

(d) 横剖面

图 1-10　沟后面板砂砾石坝溃决残余坝体及遗决示意图(单位：m)
1-溃口；2-钢筋混凝土面板；3-坝体

① 初期的破坏形式及其机理。

使用多种方法进行坝坡稳定核算发现，只要有水平或沿下游坡的渗流发生，即使内摩擦角 $\varphi=45°$，坝坡的稳定安全系数计算结果也仍低于 0.9，达不到规范要求。原因如下：

A. 坝体透水性差，其排水量小于入坝水量，以致浸润线高程达3277m，近于库水位，导致水大量涌入下游坡，坝体饱和区渗透力及孔隙水压力均很大，坝的有效抗剪强度和稳定性均大幅降低。

B. 坝体断面上高5m的竖直防浪墙及其后厚4m的填土，相当于在滑体上施加超载约1000kN/m，加大了滑动力。

C. 滑动面很浅、土柱低，正压力和周围应力都很小，砂砾的咬合力基本不能发挥，应视$c=0$。

D. 防浪墙下砂砾一旦充水饱和，极易湿陷，细土粒经冲刷而发生渗透变形，使防浪墙不均匀下沉、转动，进一步破坏了同面板顶部的连接，扩大裂口和渗漏量，促进了滑动。所以防浪墙必然连同砂砾坝体一起滑动。

E. 大坝在河槽段断面最大，该处沉降和不均匀变形都比两岸坝段大，面板同墙基间的破坏最剧烈，向坝体漏水最多。

F. 河槽段墙基比两岸段沉降更大，最先被库水淹没，也淹得最深，漏水点压力最大，砂砾最早饱和，饱和区最大、最高，孔隙水压力及渗透力都比两岸段大，故滑动力及渗流冲刷力最大而有效抗滑力最小。砂粒受冲刷而流失。

G. 两侧砂砾对河床段的抗滑力不如两岸岩体对两岸坝段牢固挟持的抗滑作用强，所以河床段先滑动。溃口两岸的坝体虽也已破裂，但因河床溃口使其卸荷而幸免于滑动。由于滑坡体坠至深约60m的狭谷，跌落能量可达10^4t·m数量级，必然巨响如雷鸣，此即管理员所闻之“闷雷声”。

② 继发的破坏形式及其机理。

库水经上述滑动形成的缺口自由下泄，无黏聚性的砂粒随水流失，将河床段坝体冲成深沟，沟壁三面陡坡相继崩塌，砂石以约25m/s的速度相互撞击，势必发生火花，溃坝高速(约30m/s)水射流将产生浓雾，这些都是管理员瞬时目睹的情况。因坝体由上而下相继崩塌流失，面板从顶向下加深悬空，在库水荷载下，面板相继折断塌落，面板溃口相应加深扩宽，溢流量随之增大，坝体冲刷崩塌随之扩大加深，面板因此悬空、断裂、塌落更加严重，如此循环加剧溃决，直至库水位降至很低，溢流量大幅减小，冲刷和崩塌才显著减少，最终趋于稳定。

综上所述，沟后面板砂砾石坝的失事原因可以概括如下：

① 沟后面板砂砾石坝的破坏形式，先是坝体滑坡形成了坝顶缺口；继而是库水经缺口溢流冲刷坝体，并加速扩大溃口。

② 坝体滑坡的机理主要是坝顶面板接缝大量漏水，超过了坝体排水的能力，以致浸润线很高，坝体几乎完全饱和，坝内孔隙水压力、渗流冲刷力和滑动力都显著增大，有效抗滑力大幅度减小，坝体已趋于失稳。而L形高防浪墙后填土近于在滑坡体上单宽加载1000kN/m，增加了滑动力；另外，墙基坝顶湿陷，局部渗透破坏，使墙体倾转等更促进了滑动的形成。

③ 坝顶大量漏水的主要原因是防浪墙基同面板的止水失效。失效的原因是只设单层止水，且施工质量差，再加上墙基下沉，使止水断裂、脱开。库水流入墙基后，墙随坝体湿陷而倾转，扩大了缝口，以致库水大量灌入坝顶。

④ 坝身排水不畅的原因是该坝实质上是水平成层但不连续的砾质砂均质坝，其渗透系数小于 10^{-3}cm/s，虽坝基渗透系数高，约达 4×10^{-1}cm/s，但库水主要从坝顶入渗，坝内无专门排水体，坝基虽可自由排水，却仍难以排去漏入坝体的超量积水，而大量向下游坡出逸并冲蚀。

⑤ 溢流冲刷的机理是溢流的速度高，跌落能量大，而坝体砂砾石为无黏聚性散粒体，抗冲能力极小，以致随水流失。

⑥ 该溃坝又一次证明饱和砂坡的最危险破坏面是贴近坝坡的，且以直线破坏面的抗滑稳定安全系数最小。这种破坏面上的法向应力很小，可视其有效黏聚抗滑力为 0，有效摩擦抗滑力也不大，这就是坡度 1∶1.5 饱和砂砾石坡滑动的根源。

2) 美国 Teton 坝溃决

(1) Teton 坝简介。

Teton 坝[17]位于美国爱达荷州的 Teton 河上，是一座防洪、发电、旅游、灌溉等综合利用工程，于 1972 年 2 月动工兴建，1975 年建成。大坝为土质肥心墙坝，最大坝高 126.5m(至心墙齿槽底)。坝顶高程 1625m，坝顶长 945m。坝上游坡上部坡度为 1∶2.5，下部坡度为 1∶3.5。坝下游坡上部坡度为 1∶2.0，下部坡度为 1∶3.0。岸坡岩基坝段典型剖面示意图如图 1-11 所示。

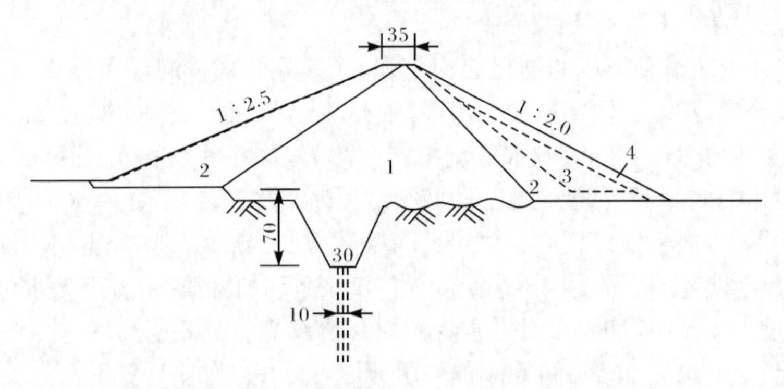

图 1-11 位于节理流纹岩地基上的 Teton 坝典型剖面示意图(单位：m)[18]

1-心墙；2-砂；3-卵石；4-砾石

肥心墙材料为含黏土及砾石的粉砂土，上游坡度为 1∶1.5，下游坡度为 1∶1。心墙两侧为砂、卵石及砾石坝壳。防渗心墙采用开挖深 33.5m 的齿槽切断冲积层，槽体采用粉砂土回填。基底高程 1554.5m 以上的两岸坡齿槽坡度为 1∶0.5，槽体切断上部厚 70m 的强透水岩体，槽身用与坝体相同的粉砂土回填。心墙下游面有一排水层，由筛选的砂及卵石填筑，但在心墙与砂层之间无过渡层。心墙底部与冲积层以及齿槽填土体与岩壁之间均无过渡层。在槽底沿坝全长设帷幕，最大幕深达 91.44m。坝主剖面为单排孔灌浆帷幕，灌浆孔距为 3.05m。两岸齿槽下为 3 排孔灌浆帷幕，外侧两排孔距均为 3.05m，中心排孔距为 6.10m。坝址两岸均为后第三系凝灰岩，节理发育强烈，裂隙宽度一般达 0.6～7.6cm，偶有宽 30cm 的裂隙。河床冲积层厚约 10m。在坝两端覆盖着厚约 8m 的风积粉土。在坝址进行过 5 个孔的岩体抽水试验，抽水量超过 380L/min，影响范围估计达 30km，岩石为强透水性。灌浆试验表明，对表层强透水岩体采用深填土齿槽比灌浆处理更为经济。

(2) 溃坝过程。

水库于 1975 年 11 月开始蓄水。1976 年春季库水位迅速上升。拟定水位上升限制速率为每天 0.3m。由于降水，水位上升速率在 5 月达到每天 1.2m。至 6 月 5 日溃坝时，库水位已达 1616.00m，仅低于溢流堰顶 0.9m，低于坝顶 9.0m。在大坝溃决前两天，即 6 月 3 日，在坝下游 400～460m 右岸高程 1532.5～1534.7m 处发现有清水由岩体垂直裂隙流出。6 月 4 日，在距坝 60m、高程 1585.0m 处冒清水，至该日晚 9:00，监测表明渗水并未增大。6 月 5 日上午约 6:00，该渗水点出现窄长湿沟。稍后在上午 7:00，右侧坝趾高程 1537.7m 处发现有浑水流出，流量达 0.56～0.85m^3/s，在高程 1585.0m 也有浑水出露，两股水流有明显的加大趋势。上午 10:30，有流量达 0.42m^3/s 的水流自坝面流出，并同时听到炸裂声。随即在坝下 4.5m、刚发现出水的同一高程处出现小的渗水。新的渗水迅速增大，并从与坝轴线大致垂直、直径约 1.8m 的“隧洞”(坝轴线桩号 15+25)中流出。上午 11:00，在桩号 14+00 附近水库中出现旋涡。11:30，靠近坝顶的下游坝面出现下陷孔洞。11:55，坝顶开始破坏，形成水库泄水沟槽。从发现流浑水到坝开始破坏经过约 5h。Teton 坝溃决过程如图 1-12 所示。

图 1-12　Teton 坝溃决[18]

Teton 坝高 126.5m，未在最大坝高的河床坝段破坏，而在坝高较小的河岸坝段破坏；坝体溃决未发生在坝基为冲积层的河床坝段，而发生在坝基为岩体的岸坡坝段。

(3) 溃坝成因分析。

Teton 坝溃决后,美国内务部及爱达荷州组成以 Chadwick 为主席的 Teton 坝溃坝原因独立调查专家组(Independent Panel to Review Cause of Tedon Dam Failure),该专家组于 1976 年 10 月提出了一个专门报告。同时,又组织了以 Eikenberry 为主席的美国内务部 Teton 坝溃坝审查组(US Department of Interior Teton Dam Failure Review Group),该审查组于 1977 年 4 月提出了一个专门报告。以上述两个报告为基础,美国内务部审查组于 1980 年 1 月提出了 Teton 坝溃坝调查最终报告。这 3 份关于 Teton 坝溃坝的官方文件随即对外公开。专家认为,由于岸坡坝段齿槽边坡较陡,岩体刚度较大,心墙土体在齿槽内形成支撑拱,拱下土体自重应力减小,即产生了拱效应。有限元法分析表明,由于拱效应,槽内土体应力仅为土柱压力的 60%。在土拱的下部,贴近槽底有一层较疏松的土层,因此当库水由岩体裂缝流至齿槽时,高压水就使齿槽土体产生水力劈裂,并通向齿槽下游岩体裂隙,造成土体管涌或槽底松土直接管涌。Teton 坝破坏过程机理示意图如图 1-13 所示。

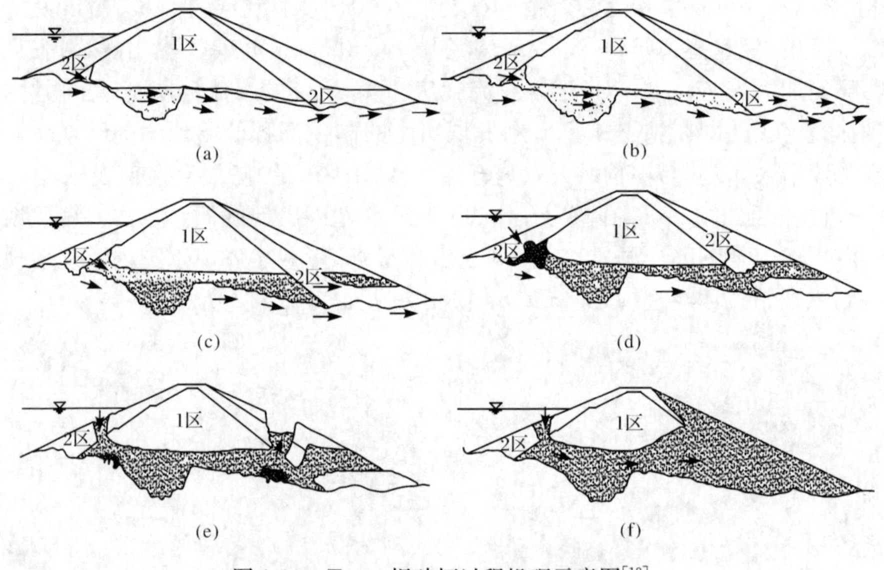

图 1-13 Teton 坝破坏过程机理示意图[18]

1.2.3 边坡稳定与渗流作用

大量工程实践和案例证明,边坡稳定性与地下水渗流作用关系密切,如降水、水库蓄水、库水骤升骤降等会导致边坡失稳、滑坡等。有时岩体渗流对水库渗漏、边坡稳定性及基岩土体的承载能力具有显著影响，甚至起制约作用，但是其深藏地下，影响因素复杂，预知性极差，也是工程设计和研究中的难点问题。

1. 典型滑坡案例

许多滑坡与水库蓄水、降水等因素有关，其本质是渗流作用导致了边坡地下水位升高、岩土体重度增大(形成暂态饱和区)、孔隙水压力增大、强度降低等。在滑坡稳定和岩石力学渗流研究的历史上，意大利 Vajont 拱坝近坝库岸特大滑坡案例具有重要的历史经验教训。

1) Vajont 拱坝简介

意大利 Vajont 拱坝[17]位于 Piave 河支流 Vajont 河上，1959 年建成，是当时世界上最高的拱坝。水库设计蓄水位 722.5m，总库容 1.69 亿 m^3，水电站装机容量 9MW。Vajont 拱坝是一座略不对称的混凝土双曲薄拱坝，坝顶高程 725.5m，最大坝高 262m，坝顶长 190m、宽 3.4m，坝底宽 22.6m。坝顶弧长 190.5m，弦长 168.6m。大坝体积 35 万 m^3，水平拱圈为等中心角，坝顶处半径 109.35m，中心角 94.25°，坝底处半径 46.50m，中心角 90°。拱冠梁中部和上部向下游倒悬。拱坝设有周边缝和垫座。垫座最大高度约 50m，其厚度稍大于坝的厚度。横缝间距为 12m，设 4 条水平缝，其高程分别为 675m、600m、510.99m 和 479.81m，缝内设有可供多次灌浆的系统。除周边缝外，所有缝都在冬季灌浆。坝体上游面和下游面配有钢筋，水平向每米 3 根 ϕ16mm 钢筋，垂直向每米 2 根 ϕ22mm 钢筋。坝址河谷深而窄，地基岩石为灰岩，节理发育。地基的主要问题是节理较发育。受法国 Malpasset 拱坝失事的影响，Vajont 拱坝竣工后，又采用 1000kN 预应力锚索对两岸坝肩部位岩体进行了加固。锚索长 55m，左岸 125 根，右岸 25 根。此外还使用了大量一般锚筋，对波速低于 3000m/s 的岩体进行固结灌浆加固。加固工程于 1960 年 9 月完成。

2) 失事情况

1957 年施工时发现拱坝左坝肩岸坡不稳定。1960 年 2 月水库蓄水，同年 10 月当库水位达 635m 时，左岸坡地面出现长达 1800～2000m 的 M 形张开裂缝，并发生了 70 万 m^3 的局部崩塌。当即采取了一些措施，如限制水库蓄水位；在左岸开挖一条排水洞，洞径 4.5m，长 2km。在水库蓄水影响下，经过 3 年缓慢的蠕变，到 1963 年 4 月，在 Sn2 号测点测出的总位移量达 338cm。9 月 25 日前后，14 天的日位移量平均值达到 1.5cm。9 月 28 日～10 月 9 日，水库上游连降大雨，引起两岸地下水位升高，并使库水位升高。10 月 7 日，库水位达 700m，Sn2 号测点进行的最后一次观测测得总位移量达到 429cm，其中最后 12 天的位移量为 58cm。1963 年 10 月 9 日，岸坡下滑位移速率达到 25cm/d，晚上 22:41 岸坡发生了大面积整体滑坡，范围长 2km、宽约 1.6km，滑坡体积达 2.5 亿 m^3。图 1-14 为失事后的 Vajont 拱坝。

图 1-14　失事后的 Vajont 拱坝[18]

滑坡体将坝前长 1.8km 的库段全部填满，淤积体高出库水面 150m，致使水库报废(当时库容为 1.2 亿 m^3)。滑坡时，滑动体质点下滑运动速度为 15～30m/s，涌水淹没了对岸高出库水面 259m 的 Casso 村。涌浪还向水库上游回溯到 Castellavazzo 镇，波高仍有近 5m。滑坡时，翻坝水流超出坝顶高度在右岸达 250m，左岸达 150m。约有 300 万 m^3 库水注入深 200 多 m、底宽仅 20m 的下游河谷，涌浪前锋到达下游距坝 1400m 的 Vajont 峡谷出口处，立波还高达 70m，在汇口处，涌入 Piave河，使汇口对岸的 Longarone 镇和附近 5 个村庄大部分被冲毁，死亡人数共计 1925 人。

涌浪产生巨大的空气冲击波，冲击波和水浪的破坏力极强，地下厂房的工字梁扭曲后被剪断，调压室钢门被推出达 12m。当时在左岸管理大楼内的 20 多名技术人员，在右岸办公室和旅馆的 40 人，除有 1 人幸存外，其余全部死亡。

滑坡及涌浪对拱坝形成的推力超过 400 万 t，估计超过设计荷载 8 倍。由于拱坝设计合理，施工质量较好，且两岸坝肩均经过锚固和灌浆加固处理，拱坝经受住了如此巨大的超载作用冲击，依然屹立，基本完好。除左坝肩顶部混凝土出现一道长 9m、深 1.5m 的裂缝外，基本未受到严重破坏。但特大滑坡的石碴填满了水库，堆石高度超过坝顶百余米，使大坝和水库完全报废。

3) 失事原因分析

Vajont 滑坡地质剖面如图 1-15 所示。地层从下到上为鲕状灰岩、泥灰岩、上泥灰岩、下白垩系岩层、上白垩系岩层。整个岩层靠近河谷有 600～700m 为水平层，内部层面倾角 30°～40°，倾向河谷。岩层层面类似于斜靠背椅，Vajont 近坝库岸滑坡的特点与这种层面产状特点是紧密相关的。

Vajont 水库蓄水开始(1960 年 2 月)至发生滑坡(1963 年 10 月)期间降水量、库水位、滑坡位移速率及测压管水位的过程线如图 1-16 所示。以下简要叙述 Vajont 水库近坝左岸滑坡的时间过程，以分析库岸边坡运动形态与库水位的密切相

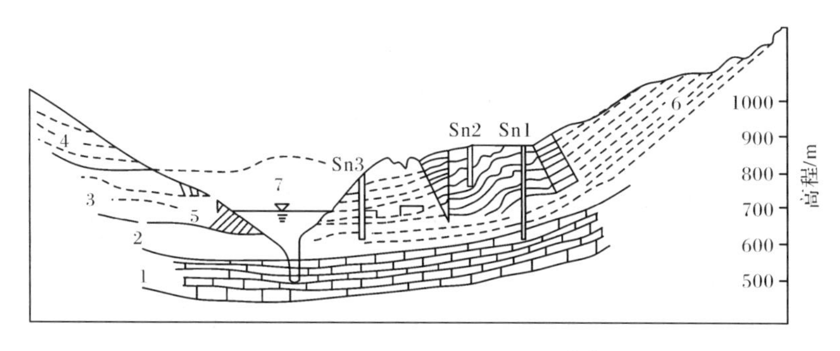

图 1-15 Vajont 滑坡地质剖面[18]

1-灰岩；2-含黏土夹层的薄层灰岩（侏罗纪）；3-含燧石灰岩（白垩纪）；4-泥灰质灰岩（白垩纪）；5-老滑坡；6-滑移面；7-滑动后地面线；Sn1、Sn2、Sn3-钻孔编号

关性。

(1) 水库蓄水前。Vajont 水库库岸勘察（包括航测）工作发现，左库岸有一些小的古滑坡。这些滑坡分布在高程 700m、位于坝轴线上游 500～1400m 一带。为了研究蓄水后边坡的动态，决定将库水位蓄至 650m，进行一次 1∶1 比尺的滑坡现场试验，并为这一试验进行现场勘测及位移、地下水位、测斜仪变位等项目的监测，还进行了极限平衡及有限元分析。

(2) 第 1 期蓄水（库水位由 580m 升至 650m）。水库自 1960 年 2 月开始蓄水（起始水位 580m），自 1960 年 7 月起库水位以约 0.3m/d 的速率上升，至同年 11 月 9 日库水位达 650m。11 月 4 日水库左岸坝头处发生 70 万 m^3 堆积体滑坡，滑坡体在 10min 内滑入水库。同时在左岸 1000～1300m 高程处出现 M 形裂缝。滑坡体位移监测表明最大位移速率已达 3.6cm/d。为安全计，决定将库水位在 50 天内由 650m 降至 600m。随着库水位下降，位移迅速稳定，停止发展。

(3) 1961 年 1 月 6 日～10 月 17 日低库水位时段。在这一时段进行了以下工作：①进行了补充地质勘探，发现与水库蓄水前相比，在相当深度范围内岩体有显著松动；②认为可能发生较大的滑坡，会将水库分割成两部分，为此在右岸修建直径 5m、长 2km 的隧洞，使水库上游部分的水能到达坝的排水口；③修建探洞进一步查明滑动面，并兼作排水设施，但探洞位置过高难以发挥作用；④增加 27 个地表位移观测点。

Padua 大学对发生 2.0 亿～2.6 亿 m^3 滑坡时的涌浪高度进行了水力学模型试验研究。用卵石模拟滑坡体，滑坡延时由 60s 至 10min，测出最大涌浪高为 26m，因此得出结论，只要库水位不超过 720m，滑坡对下游的影响极小。

(4) 1961 年 10 月 17 日水库再次升高水位并随后降低水位。经过 100 天库水位再达到初次蓄水最高水位 650m，在整个蓄水期间，观测到的地面位移很小，几

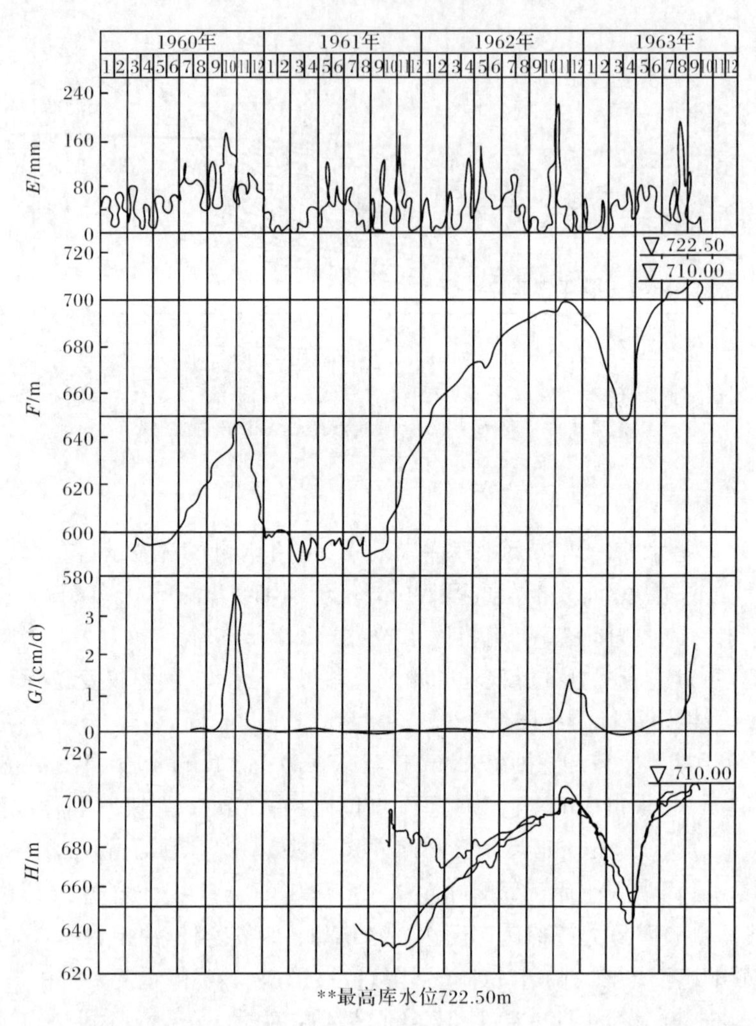

图 1-16　Vajont 滑坡期间降水量(E)、库水位(F)、滑坡位移速率(G)及测压管水位(H)过程线[18]

乎停止或小于 0.15cm/d,因而决定继续蓄水。由 1962 年 1 月中旬开始蓄水,至 1962 年 12 月底,库水位达到 700m。这时地表位移速率达 1.1cm/d,虽然远小于 2 年前的最大位移速率 3.6cm/d,但仍决定将库水位降低,至 1963 年 4 月初库水位降至 650m。地面位移速率减小至 0.2cm/d。

(5) 第 3 次提升库水位。水库初次升、降库水位使第 2 次蓄水位移速率大为减小,由此推论第 2 次升、降库水位对第 3 次蓄水也应有同样的效应。基于这种认识,决定于 1963 年 4 月初第 3 次升高库水位。1963 年 9 月 26 日,库水位达到 710m 时,地表位移速率猛增至 3.0cm/d。决定紧急降低库水位,但位移速率非但没有减小,反而继续增大。至 1963 年 10 月 9 日,灾难性特大滑坡最终发生了,滑坡位移速率达到20～30m/s。

综合试验、观测和分析各方面的结果,一般认为Vajont滑坡在地质、水文因素方面的原因如下:河谷两岸的两组卸荷节理,加上倾向河床的岩石层面、构造断层和古滑坡面等组合在一起,在左岸山体内形成一个大范围的不稳定岩体,其中有些软弱岩层,尤其是黏土夹层成为主要滑动面,对滑坡起到重要作用;长期多次岩溶活动使地下孔洞发育,山顶地面岩溶地区成为补给地下水的集水区;地下的节理、断层和溶洞形成的储水网络,使岩石软化、胶结松散,内部孔隙水压力增大,降低了重力摩阻力;1963年10月9日前的两周大雨,库水位达到最高,同时滑动区和上部山坡有大量雨水补充地下水,地下水位升高,扬压力增大,以及黏土夹层、泥灰岩和裂隙中泥质充填物中的黏土颗粒受水饱和膨胀形成附加上托力,使滑坡区椅状地形的椅背部分所承受的向下推力增加,椅座部分抗滑阻力减小,最终导致古滑坡面失去平衡而重新活动,缓慢的蠕动立即转变为瞬时高速滑动。

2. 岩体渗流-应力耦合作用

滑坡作为一种主要的地质灾害,由于其作用因素及运动机理的多变性和复杂性,预测十分困难。Vajont滑坡及其所造成的灾难出乎当时设计人员、地质人员及科研人员的预料,其成因也是众说纷纭,其中滑坡位移与库水位的关系使科学家和工程技术人员感到困惑。

Müller给出了滑坡位移与库水位的关系,如图1-17所示。由图中可以看出,在库水位上升时滑坡加速,库水位下降时滑坡停止。这一现象与许多土坝滑坡的经验相矛盾,土体边坡总是在库水位降落时出现滑坡。按岩体水力学的观点,这一现象在特定条件下是正常的。由于水在岩体中主要沿其中的裂隙运动,实际流速通常比达西流速大4～6个量级,但土体中实际流速与达西流速大体相当。这是岩体水力学与孔隙介质渗流力学的根本区别之一。岩体边坡裂隙中的水位可与库水位同步升降。Vajont近坝库左岸滑坡滑面为靠背椅形。库水位上升时,滑坡平段被水淹没,岩石由湿重变为浮重,阻滑力减小,位移因而加大。反之,当库水位下降时,阻滑力加大,位移就减小或停止。

可见,地下水的渗流作用是诱发滑坡的重要因素之一。实际上,只要有水存在的地方,应力场和渗流场就会相互影响、相互作用,构成渗流-应力耦合作用关系。

地下水对边坡稳定性的影响总体说来表现在物理力学和物理化学两个方面,前者表现在地下水压力使边坡有效压应力减小,后者表现在地下水的软化作用使岩土的黏结力和摩擦力减小,两者均会使边坡的稳定性降低。具体说来,主要表现在以下方面。

(1) 地下水的存在会产生与边坡压应力方向相反的水压力,使边坡有效压应

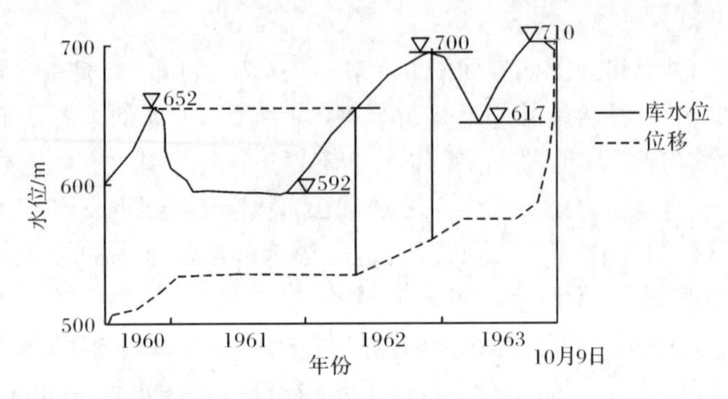

图 1-17　滑坡位移与库水位的关系[17]

力减小，边坡稳定性降低。坡顶或坡面上的张裂缝充水后，还会增大滑动力。据 Louis 研究，水对岩体的作用有三种体积力，即平行于节理的黏性切向力、垂直于节理面的静水压力、动水压力或渗透力，这些力对边坡的稳定都起消极作用。

(2) 地下水的存在使边坡滑动面之间的摩擦系数、黏结力减小。特别是在裂隙内有充填物或页岩、泥岩、粉砂岩等具有膨胀性能的岩体边坡，地下水会使填充物、岩石软化，边坡稳定安全系数减小更为明显。一些试验结果表明，该类型边坡岩体的单轴抗压强度和弹性模量随含水率呈线性下降关系。

(3) 冬季地下水冻结成冰，体积发生膨胀，并且冰的体积随温度变化，在充水裂隙中产生楔胀作用。另外，边坡表面水的冻结能堵塞排水通道，渗流水无法排出坡外，导致地下水位升高，引起边坡中水压力增高，从而降低边坡的稳定性。

(4) 地下水的流动可引起对地表土和裂隙充填物的侵蚀，这种侵蚀不仅会降低边坡稳定性，而且会淤塞排水系统。

(5) 对于土体边坡，当土体内部因水压而产生的上举力超过土的重力时，就会出现液化现象，对边坡的稳定性极为不利。

1.3　工程渗流分析与控制的目的

1.3.1　工程渗流分析的目的

工程渗流分析主要包括以下内容。

(1) 计算渗流场位势分布，获得扬压力、孔隙水压力等渗流荷载及浸润面，供坝体、坝肩、边坡、洞室结构稳定和应力分析之用。

(2) 计算渗流场渗透坡降，判断渗透稳定性和渗透破坏型式，包括坝体分区、坝基和两岸坝肩岩土体以及防渗体、土体与刚性连接建筑物、基坑等。

(3) 计算渗流量，估计水库渗漏量、基坑排水量、隧洞涌水量等。

1.3.2 工程渗流控制的目的

工程渗流控制包括扬压力、孔隙水压力、渗透坡降、渗流量和浸润面等方面的控制。

1. 扬压力(孔隙水压力)控制

扬压力(孔隙水压力)控制是指通过工程措施减小扬压力(孔隙水压力)等渗流荷载,提高结构的稳定性、改善结构的应力状态。下面以拉西瓦水电站水垫塘抽排系统为例进行说明[22]。

拉西瓦水电站是黄河上游干流龙—青段中的第二个梯级水电站,工程规模为Ⅰ等大(1)型工程,枢纽建筑物主要由混凝土双曲薄拱坝、右岸地下厂房、坝身泄洪建筑物、坝后水垫塘消能建筑物及岸坡防护工程等组成。坝后水垫塘消能排水系统设置了独立的抽排系统,抽排系统由集水廊道、排水廊道、集水井、水泵房、交通廊道、检修廊道等建筑物组成,如图1-18和图1-19所示。

排水廊道及其内排水孔布置:在水垫塘底板左、右岸两侧及其上游和二道坝下游的基础部位设有一圈封闭的排水廊道,廊道内设垂直向下排水孔,排水孔孔径均为ϕ120mm,间距2m,孔深入岩20m,从而形成一道封闭的排水幕,廊道内渗水均汇入水垫塘底板中间部位所设的集水廊道至集水井自动抽排。抽排系统为地下全封闭式,水泵房布置在右岸,以便运行管理和检修。

水垫塘段基础面排水盲沟布置:在水垫塘段边墙及底板混凝土基础面系统设置了暗排水盲沟(排水盲沟为一矩形断面塑料镂空体,断面宽15cm、厚5cm)。其中,在两岸边墙高程2265.0~2221.5m基础面上布设横向排水盲沟,排水盲沟沿水垫塘中心线方向间距为14.2m(即设于边墙分缝处),排水盲沟内的渗水汇入水垫塘底板左、右岸两侧排水廊道;在水垫塘底板高程2220m以下的基础面上布设了纵、横向排水盲沟,纵、横向排水盲沟间距分别为4.55m和4.73m,排水盲沟内的渗水汇入水垫塘底板中心处所设的集水廊道。

水垫塘及二道坝段边坡暗排水孔布置:在水垫塘及二道坝段两岸边坡高程2265~2220m均设有暗排水孔,排水孔内渗水采用PVC塑料管网引至水垫塘底板左、右岸两侧排水廊道,边坡暗排水孔沿高程向排距为3m,每排水平向间距为5m,排水孔孔径均为ϕ120mm,孔深入岩5m。

护坦段边坡明排水孔布置:在护坦段两岸边墙及底板设置明排水孔。其中,两岸边墙高程2265~2240m均设有明排水孔,排水孔沿高程向排距为3m,每排水平向间距为5m,排水孔孔径均为ϕ80mm,孔深入岩5m;底板明排水孔间距×排距为3m×3m,排水孔孔径均为ϕ80mm,孔深入岩1m。

抽排系统正常运行和一定程度失效下坝基扬压力情况如图1-20所示。综合

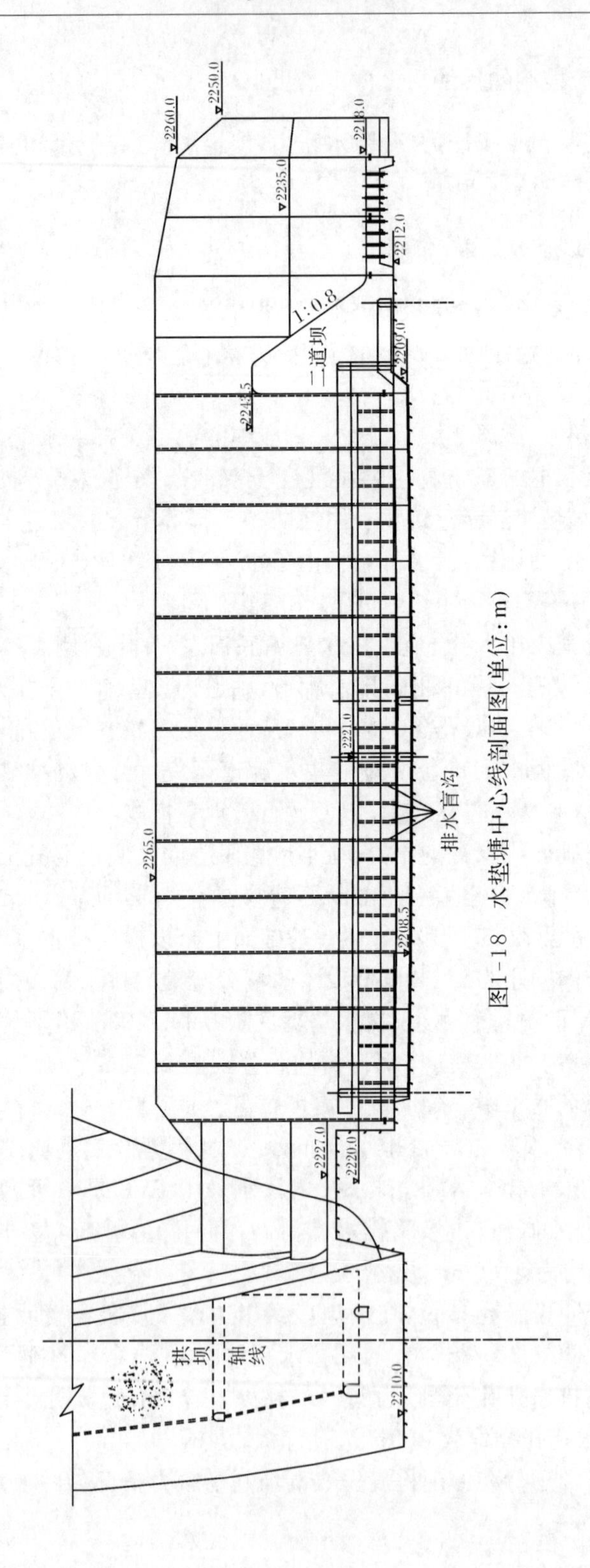

图1-18　水垫塘中心线剖面图(单位:m)

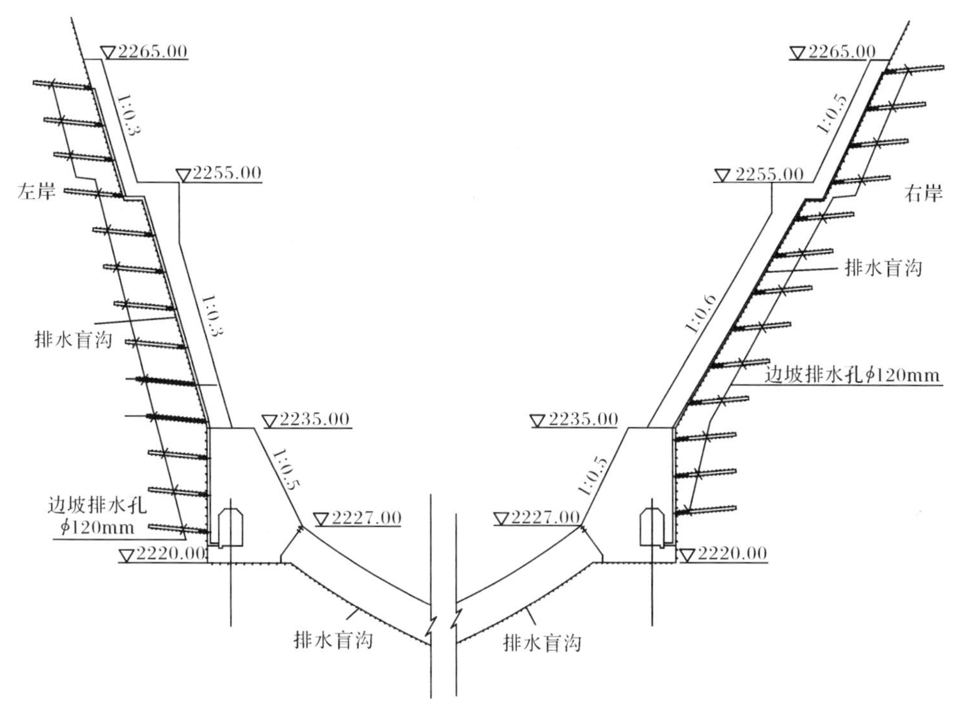

图 1-19 水垫塘及二道坝段边坡暗排水孔布置示意图(单位:m)

来看,抽排系统的作用与目的可以概括如下。

(1) 抽排系统显著减小了底板扬压力,能起到良好的排水降压作用。

(2) 从排水设施失效的敏感性分析来看,纵向、横向排水廊道内的竖向排水孔间距适当增大亦能满足排水降压的要求,因此,可以考虑该处竖向排水孔 50%失效的情况,建议增大排水孔间距。为安全起见,水垫塘上游横向排水廊道内竖向排水孔的间距不变。

(3) 水垫塘排水设施失效后,水垫塘底板扬压力急剧增大,因此,必须保证水垫塘排水系统能够正常工作。水垫塘抽排系统的正常工作对确保水垫塘安全极为重要。

2. 渗透坡降控制

渗透坡降控制是指通过工程措施,减小渗透坡降,满足渗透稳定的要求,防止渗透破坏。下面以如美水电站心墙坝为例进行说明[23]。

如美水电站位于西藏自治区芒康县澜沧江上游河段,是澜沧江上游河段(西藏河段)规划一库七级开发方案的第五个梯级。工程规模为Ⅰ等大(1)型工程,推荐坝型为心墙堆石坝。枢纽由砾石土心墙堆石坝、右岸洞式溢洪道、右岸泄洪洞、

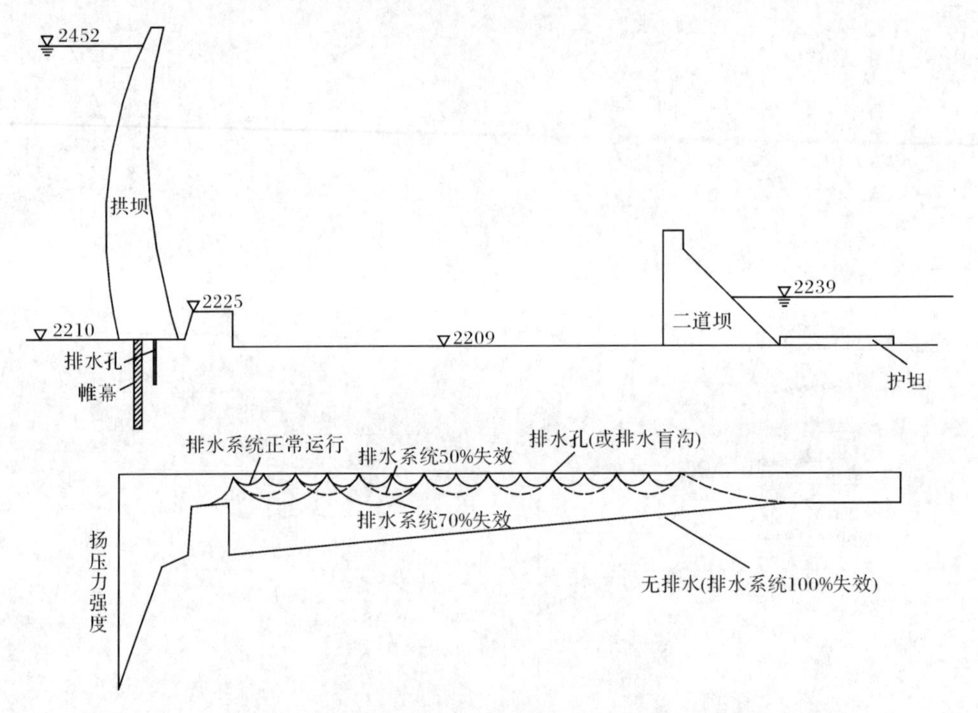

图 1-20　抽排系统正常运行和一定程度失效下坝基扬压力示意图(单位:m)

放空洞和右岸地下厂房式引水发电系统等水工建筑物组成。挡水、泄水建筑物、引水系统、厂房等主要建筑物为 1 级,次要建筑物为 3 级,临时建筑物为 4 级。

心墙堆石坝坝顶高程为 2902.00m,河床段心墙建基面高程为 2587.00m,最大坝高 315.00m;坝顶宽度为 18.00m,上游坝坡坡度为 1∶2.1,在高程 2860.00m 和 2810.00m 分别设置宽 5m 马道,下游坝坡坡度为 1∶2.0,坝后布置宽 10m 的"之"字形坝后公路,解决施工及运行期的交通问题。

大坝防渗体采用砾石土直心墙型式,心墙与上、下游坝壳堆石之间均设有反滤层、过渡层,如图 1-21 所示。大坝防渗心墙顶宽 5.0m,顶高程 2900.00m,心墙上、下游坡度均为 1∶0.23,心墙底部高程为 2591.00m,顺河向宽度为 162m。心墙底部坐落于混凝土垫层上,垫层混凝土河床段厚 2m,岸坡段水平厚 1m。垫层混凝土与砾石土心墙之间设有一层接触黏土,接触黏土在河床段厚 2m,在岸坡段水平厚 4m。心墙基础坐落在由弱风化上部渐变至弱卸荷上部岩体上。左岸坝肩高程2800.00m以下开挖坡度为 1∶0.9,高程 2800.00m 以上开挖坡度为1∶1.4;右岸坝肩高程 2810.00m 以下开挖坡度为 1∶0.8,高程 2810.00m 以上开挖坡度为1∶1.4。心墙上游侧设两层水平厚度为 4m 的反滤层,下游侧设两层水平厚

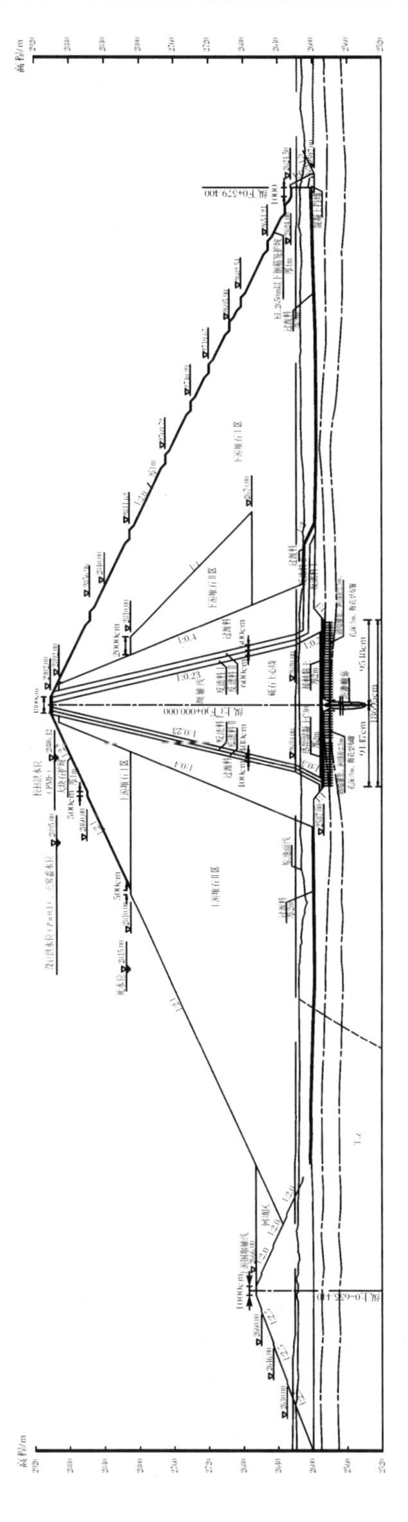

图1-21 如美水电站心墙堆石坝工程典型剖面图

度为 6m 的反滤层。上、下游反滤层与坝体堆石之间设置过渡层，过渡层顶高程 2892.00m，顶宽 7m，上、下游坡度均为 1∶0.4。上游坝坡高程 2810m 以上设置垂直厚 1m 的干砌块石护坡，下游坝坡全坡设置垂直厚 1m 的大块石护坡。在坝体上部2840.00～2892.00m 设置坝面不锈钢扁钢及坝内钢筋，以提高坝体上部的抗震性能。

库水位上升越快，心墙的最大渗透坡降也越大，在蓄水第一阶段，当库水位在高程 2667.00m 以下时，由于上游围堰防渗系统的防渗作用，库水位上升速率对心墙渗透坡降影响不大；库水位从 2667.00m 上升至 2710.00m 时，库水位已超过围堰顶部高程，围堰防渗系统逐渐失去防渗作用，心墙的最大渗透坡降也随着库水位上升逐渐变大，由于蓄水第一阶段库水位上升最快，心墙的渗透坡降达到最大值 12.01，此值超过了心墙的允许渗透坡降，但未超过土料的破坏渗透坡降，因此按照蓄水计划蓄水是安全的。如果条件允许，延长蓄水时间可以减小心墙的渗透坡降，对渗透稳定和防止水力劈裂有利。

反滤层、过渡层及上下游堆石料的渗透坡降均较小，不会发生渗透破坏，可以满足渗透稳定要求。

3. 渗流量控制

渗流量控制是指通过工程措施减小渗流量，控制水库渗漏损失。下面以上磨水库工程“坝体面膜＋库底膜铺盖＋库岸（喷）混凝土防护”防渗系统为例进行说明[24]。

上磨水库工程是一座以城区供水、防洪为主的Ⅳ等小(1)型工程，主要建筑物包括大坝、右岸溢洪道和左岸输水泄洪洞。其中，大坝为壤土心墙砂砾石坝；输水泄洪洞布置于左岸，其主要任务是泄洪、输水并兼顾洪水期排沙和施工期导流；溢洪道布置于河道右岸，采用开敞式岸边侧堰、WES 实用堰，在坝下游斜切入主河道。其剖面图如图 1-22 所示。

天水市城区供水上磨水源地工程于 1998 年批复立项，2002 年正式动工。此后，工程时停时建，2005 年底彻底停工。2010 年 8 月完成补充设计，2011 年 7 月再次开工建设。

2014 年 6 月对该工程进行评估，发现防渗方案在正常蓄水位情况下水库渗漏量超过坝址区河道的天然来水量。推荐防渗替代方案“坝体面膜＋库底膜铺盖＋库岸（喷）混凝土防护”，采用复合土工膜对坝体上游坝坡和库底进行防渗，采用混凝土面板对两岸山体进行防渗。该替代方案主要是：在前期已完工工程的基础上，取消灌浆帷幕和壤土心墙，直接填筑砂砾石坝体，在坝体上游坝坡和库底（即河床表面）铺设复合土工膜，库区两岸山体校核洪水位以下铺设混凝土面板，形成上游坝坡＋库底＋库周的全防渗系统，并推荐复合土工膜采用两布一膜（250g/m^2/

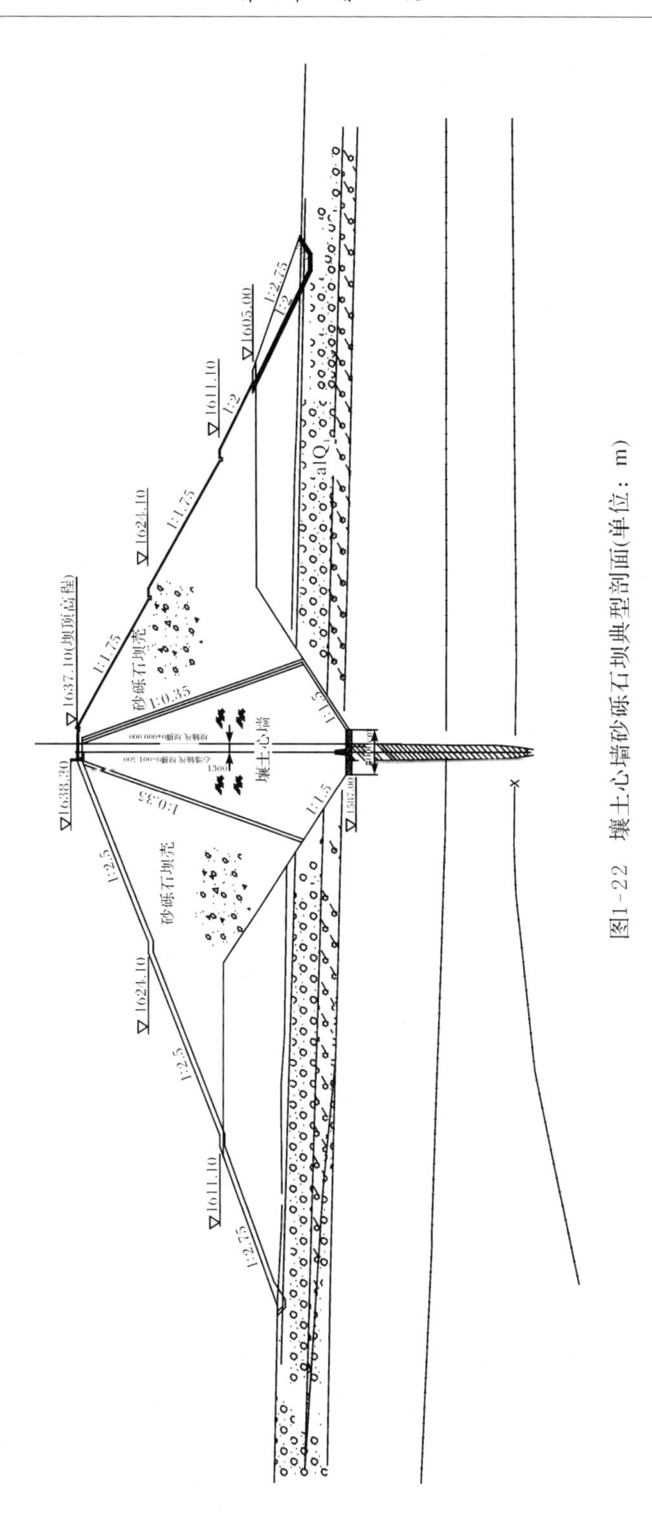

图1-22 壤土心墙砂砾石坝典型剖面(单位：m)

1mm/250g/m^2），混凝土面板厚 20cm。

对全库盆防渗系统进行布设，可明确库坝区渗流场的位势分布规律，库周及两坝肩地下水位均低于水库正常蓄水位，位势由上游向下游较均匀减小，坝址区左岸地下水位稍高，右岸地下水位较低，仅稍高于原河床底高程。库内蓄水受到土工膜及混凝土面板的阻渗作用，浸润面在土工膜和面板防渗部位突降，因此对于全库盆防渗方案水库蓄水对库坝区地下水位分布的影响甚小。地下水运动趋势仍为两岸向河道内补给，从上游两岸山体流向下游库底以下地层。由计算得到的库区地下水位等值线可见，库内蓄水只能通过库底土工膜和库岸混凝土面板向库外渗漏。

4. *浸润面控制*

浸润面控制是指通过工程措施加强排渗、排水，降低坝体浸润面，或控制基坑排水量。下面以新水-尹庄尾矿库排渗系统为例进行说明[25]。

首钢矿业公司水厂铁矿位于河北省迁安市，拥有新水和尹庄两座紧挨相连的尾矿库：新水尾矿库和尹庄尾矿库。新水尾矿库主坝坝顶高程 137.00m，为均质土坝，坝高 21m；高峪副坝坝顶高程 170.00m，为均质土坝，坝高 10m；磨石庵副坝坝顶高程 180.00m，为均质土坝，坝高 7m。原设计尾矿坝最终堆积高程 210.00m。尹庄尾矿库由尹庄主坝、马兰峪和磨石庵两座副坝以及尾矿堆积坝组成。尹庄主坝坝顶高程 150.00m，为透水堆石坝，坝高 41.5m；马兰峪副坝坝顶高程 150.00m，为透水堆石坝，坝高 18.8m；磨石庵副坝坝顶高程 180.00m，为均质土坝，坝高 7m。一期设计尾矿坝最终堆积高程 230.00m，总库容 1.023 亿 m^3，有效库容 7670 万 m^3。到 2009 年 6 月尹庄尾矿库尾矿堆积高程已达到 215.00m，剩余总库容约为 2094.79 万 m^3，有效库容为 1571.1 万 m^3。

排渗墙虽然可以自流排渗，有效控制浸润面，但施工难度大，费用高；根据工程经验，排渗垫层的技术比较成熟，施工方便，造价较低，且可以有效地降低浸润面，适用于尾矿坝后期加高时排渗。

新水-尹庄尾矿库联合加高至高程 230.00m 时，两个尾矿库合并使用。根据新水-尹庄尾矿库联合加高至高程 310.00m 尾矿坝的实际情况，采用排渗垫层进行渗流控制。当加高到高程 310.00m，浸润面埋深小于安全值，因此在尹庄尾矿坝上新增 2 道沿坝轴线方向的排渗垫层，垫层厚 50cm，宽 30m，距离外坝坡约 50m，分别布置在堆积坝高程 230.00m 处和 250.00m 处；新水尾矿坝布置在高程 250.00m 平台的上游侧坝体内；新水-尹庄尾矿坝高程 230.00m 以下排渗措施布置如下：在新水尾矿坝上布置 2 道沿坝轴线方向的排渗墙，墙厚 1m。第 1 道布置在堆积坝高程 142m 处，贯穿全部尾矿堆积坝体和初期坝体至原地面，最大深度 26m；第 2 道布置在堆积坝高程 166.00m 平台内侧，深 15m。高程 166.00m 平台宽达75m,因此需要设置垂直排渗墙的连接排渗墙,墙厚1m,间距50～70m,以将坝体渗水引导至平台外侧,再由水平排水管排至坝外。由于连接排渗墙接水平排渗管的施工技术要求高,对接难度大,故也可以将连接排渗墙直接做到坝坡,以代替水平排水管,两者效果是一致的。新水尾矿坝高程180.00m尾矿坝的排渗墙布置如图1-23和图1-24所示,其中排水管的间距为40～50m;排渗垫层方案布置如图1-25和图1-26所示,其中排水管的间距为20～30m。

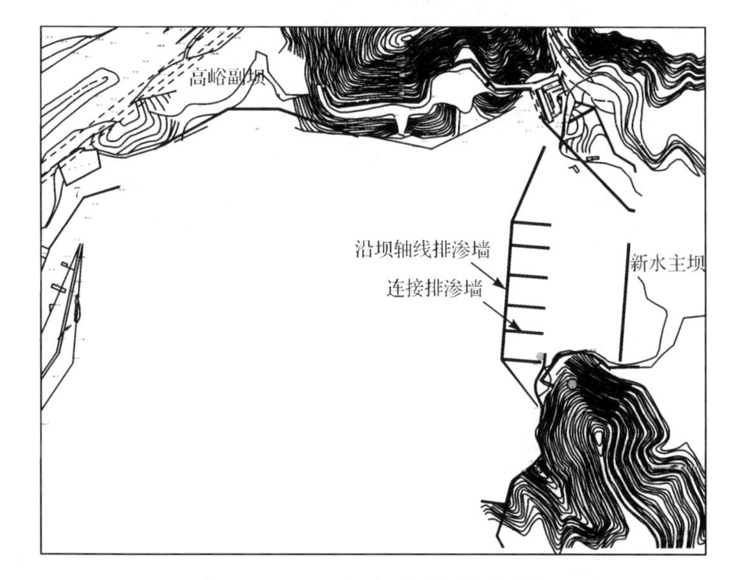

图1-23 高程180.00m新水尾矿坝排渗墙布置平面图

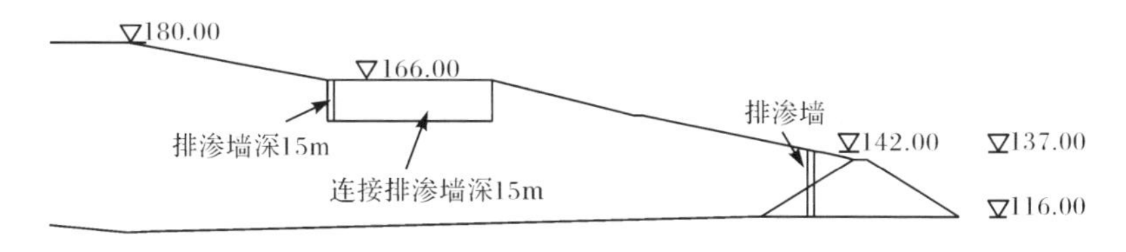

图1-24 新水尾矿坝最大剖面排渗墙布置剖面图(单位:m)

排渗墙和排渗垫层具有良好的集水排渗性能,可以有效控制浸润面。尾矿库沉积滩后集水池中的水通过尾矿堆积体由库内向库外下游排泄,浸润面通过新水初期坝坝体,在底部附近出逸,在设置的排渗墙和排渗垫层附近,浸润面明显降低。

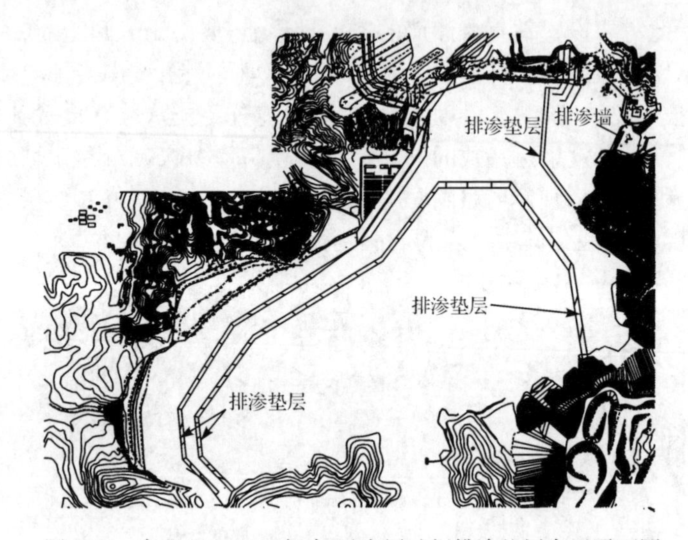

图 1-25　高程 310.00m 新水-尹庄尾矿坝排渗垫层布置平面图

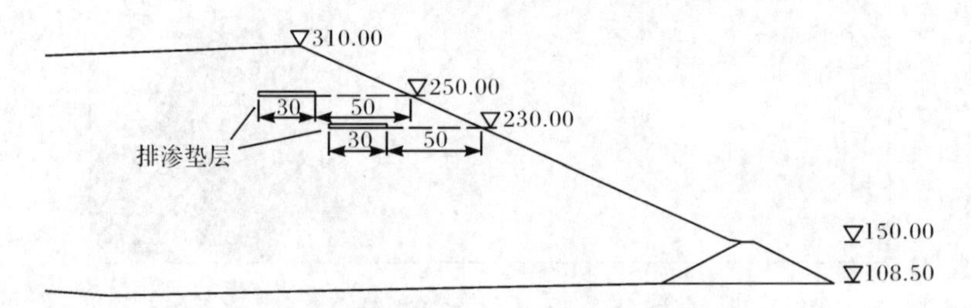

图 1-26　新水-尹庄尾矿坝最大剖面排渗垫层布置剖面图(单位:m)

第 2 章　多孔介质的渗流特性及理论

2.1　渗流及其基本特性

2.1.1　基本概念

由颗粒或碎块状材料组成、内部包含许多互相连通的孔隙或裂隙的物质称为孔隙介质,也称为多孔介质。自然界中的多孔介质大部分是指松散的土层及含有裂隙的岩石。多孔介质中的固体介质为固体骨架,能被流体充满而未被固体占据的区域称为孔隙。流体若要在多孔介质中流动,多孔介质需有很多有效孔隙组成的互相连通的通道,因此多孔介质可看成是由固体骨架、孔隙和通道组成的。一般情况下,流体在多孔介质中的运动通道是弯曲的,且运动轨迹在各点处不相同。流体在多孔介质中的流动称为渗流。孔隙中的流体包括液体和气体。如果多孔介质中的孔隙完全被液体充满,则为饱和多孔介质;反之,孔隙中既含有液体,又含有气体,则为非饱和多孔介质。渗流在时间上分为稳定渗流和非稳定渗流;在空间上分为单向渗流、平面渗流和空间渗流。渗流广泛存在于地下渗流、水工建筑物渗流和生物渗流等各领域。其中,岩土类介质的渗流最为常见,渗透流体以水为主。渗流力学假设用微观水流替代真实水流,通过对微观流体的研究了解真实渗流流态的运动规律。

1) 水头

多孔介质渗流场中任一点的总水头可表示为

$$h=z+\frac{p}{\gamma_{\mathrm{w}}}+\frac{v^2}{2g} \tag{2-1}$$

式中:z 为位置水头;p 为压力水头;γ_{w} 为重度;v 为渗透流速。

式(2-1)所示的总水头中包含位置水头、压力水头和渗透流速水头三部分。由于岩土工程中渗流水的流速一般很小,通常可以将渗透流速水头忽略不计,渗流场内的总水头可表示为

$$h=z+\frac{p}{\gamma_{\mathrm{w}}} \tag{2-2}$$

图 2-1 所示的渗流基本模型中,A 点和 B 点的水头分别为

$$h_A=z_A+\frac{p_A}{\gamma_{\mathrm{w}}} \tag{2-3}$$

$$h_B = z_B + \frac{p_B}{\gamma_w} \tag{2-4}$$

A 点和 B 点的水头差为

$$\Delta h = h_A - h_B \tag{2-5}$$

要在 A 点和 B 点之间形成渗流，必须有水头差的存在，即 $\Delta h \neq 0$。渗透流体从总水头高的地方流向总水头低的地方，而不是由单一的位置水头或压力水头确定其流向。

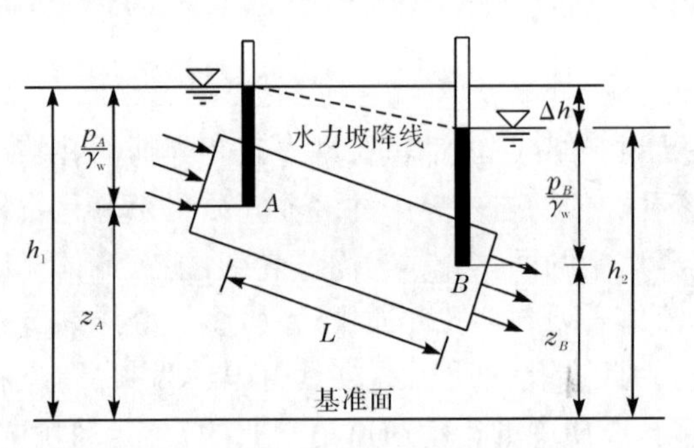

图 2-1　渗流基本模型

2) 渗透流速

渗透流速是指渗流在垂直于过水断面上的平均流速。

$$v = \frac{Q}{A} \tag{2-6}$$

式中：v 为渗透流速；Q 为渗流量；A 为过水断面面积。

需指出的是，渗透流速 v 是基于连续介质假定的假想流速，与水流在孔隙或裂隙中实际流速的关系为

$$v = n^* v' \tag{2-7}$$

式中：v'为实际流速；n^* 为有效孔隙率。

3) 渗透坡降

渗透坡降，也称为水力梯度，为渗流场某处的水头变化率，即

$$J = -\frac{\mathrm{d}h}{\mathrm{d}l} \tag{2-8}$$

渗透坡降表示沿流程的水头损失率，因此式(2-8)中负号表示水头沿程逐渐降低。由于渗流具有方向性，空间中任一点 x、y、z 三个方向的渗透坡降分量为

$$\begin{cases} J_x = -\dfrac{\partial h}{\partial x} \\ J_y = -\dfrac{\partial h}{\partial y} \\ J_z = -\dfrac{\partial h}{\partial z} \end{cases} \tag{2-9}$$

该点的总渗透坡降为

$$J = \sqrt{J_x^2 + J_y^2 + J_z^2} \tag{2-10}$$

4) 渗透力

渗透力是流体在渗透介质中流动时对介质骨架施加的作用力，又称为动水压力。单位体积的渗透力等于流体的重度 γ_w 与渗透坡降 J 的乘积，即

$$F = \gamma_w J \tag{2-11}$$

5) 体积含水率

多孔介质渗流中，孔隙空间中水所占的体积占总孔隙体积之比称为饱和度，即

$$S_w = \frac{V_w}{V_v} \tag{2-12}$$

式中：S_w 为饱和度；V_v 为孔隙的体积；V_w 为水的体积。

在非饱和流中，孔隙的一部分空间被空气占据，一部分空间被水充填。体积含水率表示单位体积中水所占的体积，即

$$\theta = \frac{V_w}{V_0} \tag{2-13}$$

式中：θ 为体积含水率，无量纲；V_0 为总体积。

式(2-12)和式(2-13)之间存在如下关系：

$$\theta = nS_w \tag{2-14}$$

式中：n 为孔隙率。

2.1.2　达西定律

1) 达西渗透试验

达西定律是由法国工程师达西于 1856 年根据直立均质砂柱模型渗透试验结果提出的。达西渗透试验装置如图 2-2 所示。由于砂柱顶端与底端之间存在水头差，水透过砂柱孔隙从顶端流向底端。当形成稳定渗流场后，测得通过砂土的流量 Q 与水头差 $(H_1 - H_2)$ 成正比，与过水断面面积 A 成正比，但与砂柱长度 l 成反比，可表示为[26,27]

$$Q = \frac{kA(H_1 - H_2)}{l} \tag{2-15}$$

式中：k 为比例常数，称为渗透系数。

引入渗透流速 v 和渗透坡降 J，式(2-15)可简化为

$$v=kJ \tag{2-16}$$

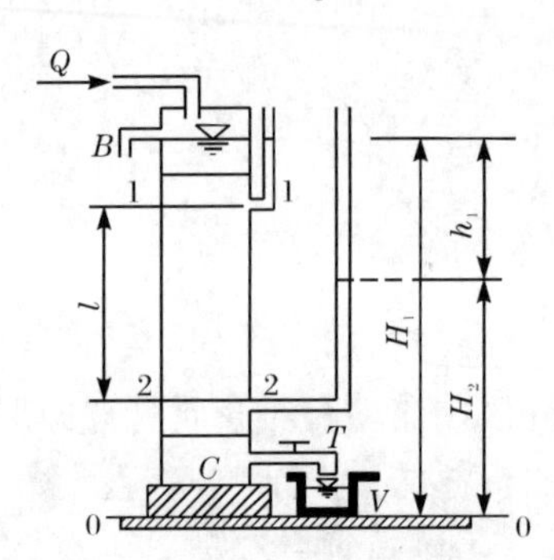

图 2-2　达西渗透试验装置

式(2-16)即为著名的达西定律。其中渗透系数 k 表示单位渗透坡降时的渗透流速，是表征介质渗透性大小的重要参数。

2) 达西定律的证明

根据层流、等温和绝热的假定，在一定的理想孔隙模型下，可以从理论上对达西定律加以证明[27]。如图 2-3 所示的单元土柱，长为 $\mathrm{d}l$，面积为 $\mathrm{d}A$。土中流体所受的力有两端的孔隙水压力 p 和 $p+\mathrm{d}p$、水的重力 $\rho_w gn\mathrm{d}l\mathrm{d}A$ 及水通过孔隙通道所受到的颗粒阻力 F。根据沿水流方向受力平衡条件，可以建立方程

$$-(p+\mathrm{d}p)n\mathrm{d}A+pn\mathrm{d}A-\rho_w gn\mathrm{d}l\mathrm{d}A\sin\theta-F=0 \tag{2-17}$$

将 $\sin\theta=\dfrac{\mathrm{d}z}{\mathrm{d}l}$ 和 $p=\rho_w g(h-z)$ 代入式(2-17)，可得

$$-\frac{\mathrm{d}h}{\mathrm{d}l}=\frac{F}{\rho_w gn\mathrm{d}A\mathrm{d}l} \tag{2-18}$$

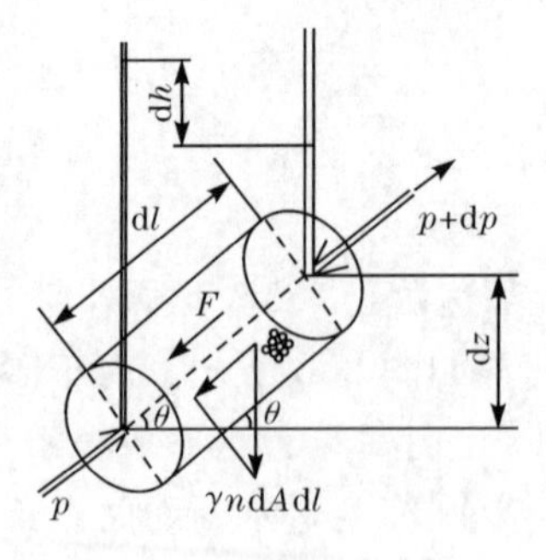

图 2-3　单元土柱受力图

基于一定的孔隙模型，根据水动力学理论，可以建立水受到的周围颗粒阻力 F

与孔隙中水的实际流速 $v'=\frac{v}{n}$ 之间的关系式，它与颗粒的形状和排列方式、颗粒的大小以及水的黏滞性有关，可统一表示为

$$F=f(v',\lambda,D,\mu,N) \tag{2-19}$$

式中：D 为颗粒直径；λ 为邻近颗粒影响系数；μ 为水的动力黏滞系数；N 为颗粒数。

再代入式(2-18)，考虑到 $J=-\frac{dh}{dl}$，最终建立不同理想孔隙模型下的渗透流速与水力梯度之间的关系，可表示成如下统一形式：

$$v=CD^2\frac{\rho_w g}{\mu}J \tag{2-20}$$

式中：C 为颗粒形状影响系数或孔隙形状影响系数；D 为颗粒的大小或孔隙的大小；ρ_w 为水的密度；g 为重力加速度；μ 为水的动力黏滞系数。

将式(2-20)与式(2-16)相比，可以得到渗透系数为

$$k=CD^2\frac{\rho_w g}{\mu}=K\frac{\rho_w g}{\mu} \tag{2-21}$$

由此可见，影响土体渗透系数的因素有两项：一项为 $K=CD^2$，与颗粒或孔隙的形状、大小及其排列方式有关，称为渗透率或固有渗透系数；另一项为$\frac{\rho_w g}{\mu}$，与流体的密度和黏滞性有关。

渗透率 K 与渗透系数 k 是完全不同的概念，需加以区分。渗透率为土体的固有渗透性，与流体的性质无关；而渗透系数的大小与流体的性质有关。考虑到水的运动黏滞系数与动力黏滞系数之间的关系为 $\mu=\rho_w\nu$，若以水的运动黏滞系数 ν 表征水的黏滞性，式(2-21)可改写为

$$k=CD^2\frac{g}{\nu}=K\frac{g}{\nu} \tag{2-22}$$

式中：ν 为水的运动黏滞系数。

3) 达西定律的适用条件

达西定律是在层流假定条件下提出的，用于描述流速与坡降之间线性渗流关系，具有一定的适用范围。天然条件下，多孔介质中水的流速很小，当雷诺数 $Re=vd_{10}/\nu=1\sim10$ 时，可以认为满足层流条件。绝大多数地下水运动都服从达西定律。当雷诺数继续增大，渗透水流逐渐由层流状态过渡到紊流时，流速与坡降之间不再保持线性关系(图 2-4)，成为非线性渗流[28]，即

$$v=kJ^{1/m} \tag{2-23}$$

式中：m 为系数，介于 1～2。

达西定律是由砂土渗透试验得到的，对于黏性土会发生偏离现象，流速与水

力梯度之间可能不再是简单的线性关系(图 2-4),此时达西定律需进行修正。

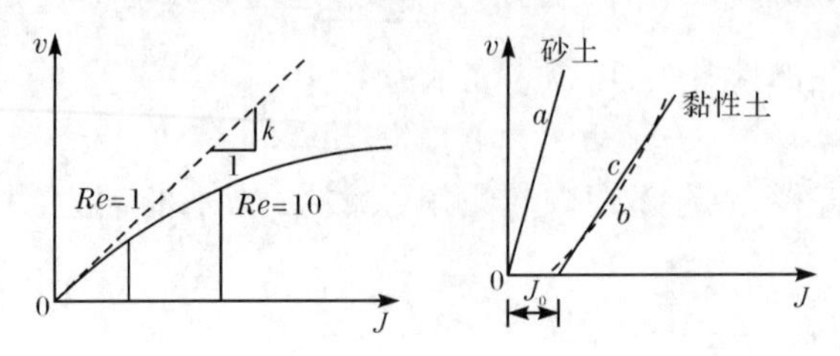

图 2-4 非线性达西定律

$$v=\begin{cases}0, & J<J_0\\ -k(J-J_0), & J\geqslant J_0\end{cases} \tag{2-24}$$

2.1.3 广义达西定律

达西定律是针对均质、各向同性的砂土介质提出的。自然界中岩土材料往往成层出现,各向异性明显。将达西定律推广到各向异性介质,需以渗透张量来描述岩土体的渗透性。对于三维问题,广义达西定律可表示为

$$\begin{Bmatrix}v_x\\ v_y\\ v_z\end{Bmatrix}=-\begin{bmatrix}k_{xx} & k_{xy} & k_{xz}\\ k_{yx} & k_{yy} & k_{yz}\\ k_{zx} & k_{zy} & k_{zz}\end{bmatrix}\begin{Bmatrix}\dfrac{\partial h}{\partial x}\\ \dfrac{\partial h}{\partial y}\\ \dfrac{\partial h}{\partial z}\end{Bmatrix} \tag{2-25}$$

式中:v_x、v_y、v_z 为 x、y、z 方向的渗透流速分量;h 为总水头;k_{ij} 为渗透张量,具有对称性,即 $k_{ij}=k_{ji}$。

对于三维问题,渗透张量共有 9 个参数,由于对称性($k_{ij}=k_{ji}$),其中独立的系数仅有 6 个。同理,二维问题独立的系数为 3 个。渗透张量的主渗透系数为渗透张量矩阵的特征值,主渗透方向为渗透张量矩阵的特征向量所代表的方向。

2.1.4 流网

对于二维平面问题渗流,流网是一种有效的分析方法,能直观描绘土体渗流的总体轮廓。图 2-5 为闸基和土石坝的典型流网[28]。

1) 描述流网的流函数与势函数[29,30]

对于二维渗流,若土体和水不可压缩,水流连续性方程可表示为

$$\frac{\partial v_x}{\partial x}+\frac{\partial v_y}{\partial y}=0 \tag{2-26}$$

根据高等数学知识,其充要条件是存在某函数ψ,满足 $\mathrm{d}\psi=-v_y\mathrm{d}x+v_x\mathrm{d}y$,则有

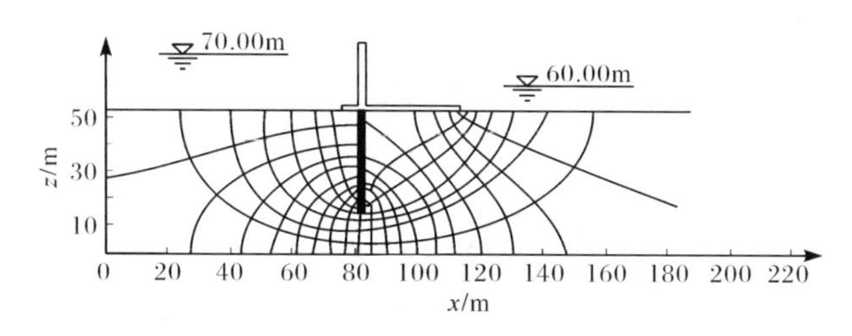

(a) 闸基

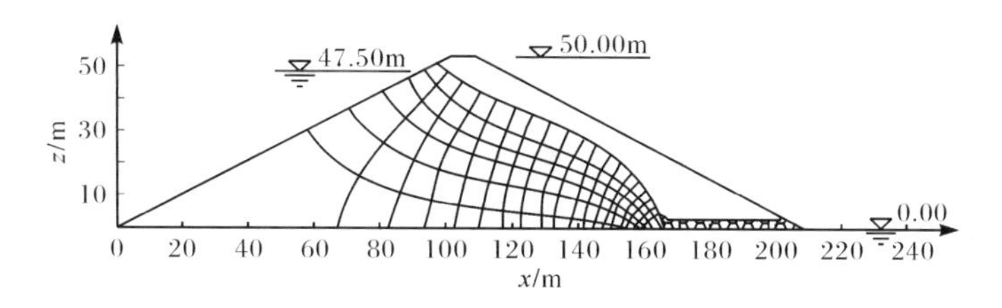

(b) 土石坝

图 2-5　闸基和土石坝的典型流网

$$\begin{cases} v_x = \dfrac{\partial \psi}{\partial y} \\ v_y = \dfrac{\partial \psi}{\partial x} \end{cases} \tag{2-27}$$

式中：ψ称为流函数，流函数相等的线即形成了流线。

同样，对于无旋流动，旋转角速度为 0，有

$$\frac{\partial v_y}{\partial x} - \frac{\partial v_x}{\partial y} = 0 \tag{2-28}$$

根据高等数学知识，其充要条件是存在某函数 ϕ，满足 $d\phi = v_x dx + v_y dy$，则有

$$\begin{cases} v_x = \dfrac{\partial \phi}{\partial x} \\ v_y = \dfrac{\partial \phi}{\partial y} \end{cases} \tag{2-29}$$

式中：ϕ 称为势函数。可以看出，势函数相等的线与流线正交，即势函数增加的方向指向流线方向。

需要注意的是，这里势函数并不是水头函数，势函数相等的线并不是等水头线。但对均质、各向同性介质来说，由式(2-29)和达西定律可知：

$$\phi = -kh \tag{2-30}$$

因此，只有在均质各向同性渗流场中，流线与等水头线是正交的。

2) 流网的一般特征

渗流场采用流网来描述。流网由两簇曲线交织而成：一簇为流线；一簇为等水头线。流线指示渗流的方向。等水头线是渗流场中水头相等的点的连线。对于均质各向同性土体，流网具有如下特征：

(1) 流网中相邻流线间的流函数增量相同。

(2) 流网中相邻等水头线间的水头损失相同。

(3) 流线与等势线正交。

(4) 每个网格的长宽比相同。

(5) 各流槽的渗流量相等。

2.2 饱和多孔介质的渗流理论

2.2.1 微分控制方程

首先根据质量守恒定律推导饱和多孔介质渗流连续方程。渗流连续性表示渗流场中水在某一单元体内的增减速率等于进出该单元体流量速率之差[31]。

图 2-6 所示的微分单元体边长分别为 $\mathrm{d}x$、$\mathrm{d}y$ 和 $\mathrm{d}z$，体积为 $\mathrm{d}x\mathrm{d}y\mathrm{d}z$，单位时间内从单元体左侧面流进单元体的水体质量为 $\rho v_x \mathrm{d}y\mathrm{d}z$，通过右侧面流出单元体的水体质量为 $\left(v_x+\frac{\partial v_x}{\partial x}\mathrm{d}x\right)\rho\mathrm{d}y\mathrm{d}z$，则单位时间内从左、右侧面流进、流出流量的质量之差，即净质量变化率为 $-\frac{\partial v_x}{\partial x}\rho\mathrm{d}x\mathrm{d}y\mathrm{d}z$。同样，也可以计算单位时间内前、后面和上、下面流进、流出的净流量。累加三向净流量，可得单元体总净流量的质量变化率为

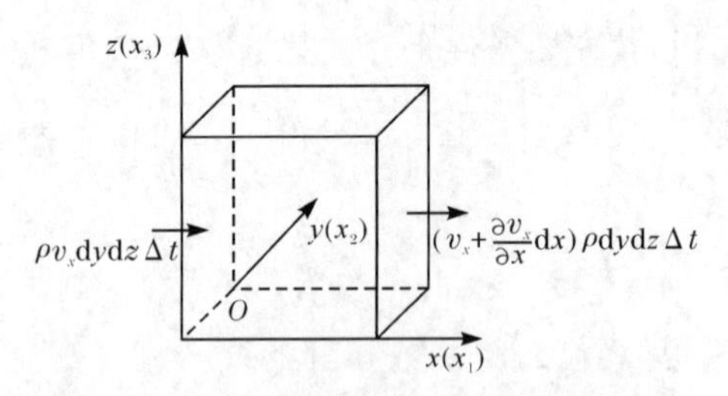

图 2-6 微元体流量流进、流出示意图

$$M=-\left(\frac{\partial}{\partial x}v_x+\frac{\partial}{\partial y}v_y+\frac{\partial}{\partial z}v_z\right)\rho\mathrm{d}x\mathrm{d}y\mathrm{d}z \tag{2-31}$$

式(2-31)为单位时间内水体质量在单元体内的累积变化率。由质量守恒定律可知，它应等于单元体内水体质量 M 随时间的变化率，即

$$\frac{\partial M}{\partial t}=\frac{\partial(n\rho \mathrm{d}x\mathrm{d}y\mathrm{d}z)}{\partial t}=\frac{\partial(n\rho V)}{\partial t} \tag{2-32}$$

或

$$\frac{\partial M}{\partial t}=n\rho\frac{\partial V}{\partial t}+\rho V\frac{\partial n}{\partial t}+nV\frac{\partial \rho}{\partial t} \tag{2-33}$$

式中：n 为土体的孔隙率；ρ 为水的密度；V 为单元土体的体积($\mathrm{d}x\mathrm{d}y\mathrm{d}z$)。

式(2-33)右边三项分别表示单元土体骨架、孔隙体积及流体密度的改变速率。前两项表示颗粒之间的有效应力，第三项表示流体压力。有效应力 σ' 作用于土体，孔隙水压力 p 压缩水体。将土和水都视为弹性体，考虑压缩性。

式(2-33)中右边第一项表示骨架本身的压缩变形，有

$$\frac{1}{\alpha}=K_{\mathrm{s}}=-\frac{\mathrm{d}\sigma'}{\mathrm{d}V/V} \tag{2-34}$$

或

$$\frac{\mathrm{d}V}{V}=-\alpha\mathrm{d}\sigma' \tag{2-35}$$

式中：K_{s} 为弹性体积模量；α 为 K_{s} 的倒数。

假设土体侧向变形受限，仅考虑垂直向土体变形，此时垂直向的总应力为

$$\sigma=\sigma'+p \tag{2-36}$$

因为任何充水饱和的土，孔隙水压力 p 和有效应力 σ' 是互相消长的两个分量，组成的总应力 σ 为一常数，则有

$$\mathrm{d}\sigma'=-\mathrm{d}p \tag{2-37}$$

故土体的相对变形式(2-35)可写为

$$\frac{\mathrm{d}V}{V}=\alpha\mathrm{d}p \quad 或 \quad \mathrm{d}V=\alpha V\mathrm{d}p \tag{2-38}$$

式(2-33)中右边第二项表示单元土体的孔隙变化。因为土体变形主要是孔隙大小的改变，相对于孔隙，此时可以认为骨架颗粒本身不可压缩。若设 V_{s} 为骨架颗粒的体积，$V_{\mathrm{s}}=(1-n)V$，则 $\mathrm{d}V_{\mathrm{s}}=\mathrm{d}[(1-n)V]=0$。微分后得

$$V\mathrm{d}(1-n)+(1-n)\mathrm{d}V=-V\mathrm{d}n+(1-n)\mathrm{d}V=0 \tag{2-39}$$

$$\mathrm{d}n=\frac{1-n}{V}\mathrm{d}V \tag{2-40}$$

结合式(2-35)，得

$$\mathrm{d}n=(1-n)\alpha\mathrm{d}p \tag{2-41}$$

式(2-33)中右边第三项表示孔隙水的密度变化，同样利用水的压缩性 β 与其弹性体积模量 K_{w} 之间的倒数关系，有

$$\frac{1}{\beta}=K_{\mathrm{w}}=-\frac{\mathrm{d}p}{\mathrm{d}(nV)/(nV)} \tag{2-42}$$

或

$$\frac{\mathrm{d}(nV)}{nV}=-\beta\mathrm{d}p \tag{2-43}$$

由质量守恒定律，对于体积和压力的不同状态，则要求孔隙水的密度 ρ 与体积 (nV) 的乘积不变，即

$$\mathrm{d}\rho(nV)=\rho\mathrm{d}(nV)+nV\mathrm{d}\rho=0 \tag{2-44}$$

或

$$\frac{\mathrm{d}(nV)}{nV}=-\frac{\mathrm{d}\rho}{\rho} \tag{2-45}$$

式(2-45)说明水体的相对压缩变形可用其孔隙水密度的相对变化来表示。代入式(2-42)，可得

$$\frac{\mathrm{d}\rho}{\rho}=\beta\mathrm{d}p \quad 或 \quad \mathrm{d}\rho=\beta\rho\mathrm{d}p \tag{2-46}$$

将式(2-38)、式(2-41)、式(2-46)的 $\mathrm{d}V$、$\mathrm{d}n$、$\mathrm{d}\rho$ 分别表示为时间的导数，并代入式(2-33)，整理后可得

$$\frac{\partial M}{\partial t}=\rho(\alpha+n\beta)V\frac{\partial p}{\partial t} \tag{2-47}$$

因为水头 $h=p/\rho g+z$，则有

$$\frac{\partial h}{\partial t}=\frac{1}{\rho g}\frac{\partial p}{\partial t}+\frac{\partial z}{\partial t} \tag{2-48}$$

若认为 z 不随时间改变，即 $\frac{\partial z}{\partial t}=0$，则有

$$\frac{\partial p}{\partial t}=\rho g\frac{\partial h}{\partial t} \tag{2-49}$$

代入式(2-47)，得

$$\frac{\partial M}{\partial t}=\rho^2 g(\alpha+n\beta)V\frac{\partial h}{\partial t} \tag{2-50}$$

由质量守恒定律可知，式(2-50)应与式(2-31)相等，且 $V=\mathrm{d}x\mathrm{d}y\mathrm{d}z$，则得

$$-\left(\frac{\partial v_x}{\partial x}+\frac{\partial v_y}{\partial y}+\frac{\partial v_z}{\partial z}\right)=\rho g(\alpha+n\beta)\frac{\partial h}{\partial t} \tag{2-51}$$

令 $S_s=\rho g(\alpha+n\beta)$，则

$$-\left(\frac{\partial v_x}{\partial x}+\frac{\partial v_y}{\partial y}+\frac{\partial v_z}{\partial z}\right)=S_s\frac{\partial h}{\partial t} \tag{2-52}$$

式中：S_s 为单位储存量(储水率、释水率)，m^{-1}，即单位体积的饱和土体，由于含水层的弹性作用，当下降(升高)一个单位水头时，由土体的压缩(膨胀)$\rho g\alpha$ 和水的膨胀(压缩)$\rho gn\beta$ 所释放(储存)的水量[31]。

设含水层厚度为 T，当压力水头变化一个单位时，从面积为一个单位、高度为

含水层厚度的柱体中释放或储存的水量，称为储水系数(无量纲)，即

$$S=S_s T \tag{2-53}$$

储水系数 S 是含水层厚度和埋深的函数，含水层埋深越深，土层越密实，孔隙率越小，储水率也越小[31]。

将式(2-51)写成如下形式：

$$-v_{i,i}=S_s \frac{\partial h}{\partial t} \tag{2-54}$$

式中，$v_{i,i}$ 为渗透流速关于 x、y、z 的偏导数之和，即 $\frac{\partial v_x}{\partial x}+\frac{\partial v_y}{\partial y}+\frac{\partial v_z}{\partial z}$。式(2-54)为可压缩饱和土体中渗流的连续方程。

当考虑水和土体均为不可压缩时，式(2-54)变为

$$-v_{i,i}=0 \tag{2-55}$$

式(2-55)为不可压缩流体在刚性介质中流动的连续方程，说明在任意点的单位流量或流速的净改变率等于 0。也就是说，单元体中水体质量的净改变速率等于 0。单元体在某一方向的流量改变必须与其他方向相反符号的流量改变相平衡。

引入广义达西定律

$$\begin{cases} v_x=-k_{xx}\frac{\partial h}{\partial x}-k_{xy}\frac{\partial h}{\partial y}-k_{xz}\frac{\partial h}{\partial z} \\ v_y=-k_{yx}\frac{\partial h}{\partial x}-k_{yy}\frac{\partial h}{\partial y}-k_{yz}\frac{\partial h}{\partial z} \\ v_z=-k_{zx}\frac{\partial h}{\partial x}-k_{zy}\frac{\partial h}{\partial y}-k_{zz}\frac{\partial h}{\partial z} \end{cases} \tag{2-56}$$

或

$$v_i=-k_{ij}\frac{\partial h}{\partial x_j} \tag{2-57}$$

将广义达西定律式(2-56)代入连续方程式(2-52)，得

$$\begin{aligned} &\frac{\partial}{\partial x}\left(k_{xx}\frac{\partial h}{\partial x}+k_{xy}\frac{\partial h}{\partial y}+k_{xz}\frac{\partial h}{\partial z}\right)+\frac{\partial}{\partial y}\left(k_{yx}\frac{\partial h}{\partial x}+k_{yy}\frac{\partial h}{\partial y}+k_{yz}\frac{\partial h}{\partial z}\right) \\ &+\frac{\partial}{\partial z}\left(k_{zx}\frac{\partial h}{\partial x}+k_{zy}\frac{\partial h}{\partial y}+k_{zz}\frac{\partial h}{\partial z}\right)=S_s\frac{\partial h}{\partial t} \end{aligned} \tag{2-58}$$

或

$$(k_{ij}h_{,j})_{,i}=S_s\frac{\partial h}{\partial t} \tag{2-59}$$

2.2.2 定解条件

定解条件包括边界条件和初始条件，对渗流过程起决定性作用。其中，边界

条件是对渗流场边界起支配作用的条件。对于非稳定渗流场,除边界条件外,还需给出初始条件。初始条件是指初始时刻渗流场的整个流动状态起支配作用的条件。求解稳定渗流方程时,只需边界条件。求解非稳定渗流方程时,还需给出初始条件,此时的初始条件往往是起始时刻的稳定渗流场。

渗流场中的边界条件主要有以下三类[28]。

(1) 第一类边界条件,即已知水头边界条件。

边界上各处水头分布已知,水头值可以是常数,也可以是随时间和空间变化的已知分布函数,相应的数学表达式为

$$h|_{\Gamma_1}=f_1(x,y,z,t) \tag{2-60}$$

第一类边界条件在工程中最为常见,例如,大坝上游面及上游坝基表面,这些边界的总水头通常是已知值。注意这里是指总水头为某一定值,边界上各点的位置高程和压力水头均可以变化,只是两者之和为常数。

(2) 第二类边界条件,即流量边界条件。

第二类边界条件为边界上给出水头的梯度值,往往是法向导数,具有流量的物理意义,因此又称为流量边界条件。相应的数学表达式为

$$\left.\frac{\partial h}{\partial n}\right|_{\Gamma_2}=-\frac{v_n}{k}=f_2(x,y,z,t) \tag{2-61}$$

考虑到各向异性时,还可写为

$$-k_x\frac{\partial h}{\partial x}l_x-k_y\frac{\partial h}{\partial y}l_y-k_z\frac{\partial h}{\partial z}l_z+q=0 \tag{2-62}$$

式中:q 为单位面积边界上的流量,相当于 v_n;l_x、l_y、l_z 为外法线 n 与坐标间的方向余弦。在稳定渗流时,这些流量补给或出流边界上的流量 q 为常数,或相应的$\frac{\partial h}{\partial n}$为常数。不透水面、渗流对称面以及稳定渗流的自由面均属于此类边界条件,即$\frac{\partial h}{\partial n}=0$。

非稳定渗流过程中,变动的自由面边界除了应符合第一类边界条件:

$$h^*=z \tag{2-63}$$

还应满足第二类边界条件的流量补给关系。图 2-7 所示为经过时间 Δt 自由面降落位置,其间的一块水体为 $q\mathrm{d}\Gamma\mathrm{d}t$。如果都采用外法向为正,则在自由面下降时可认为由边界流进的单宽流量为

$$q=\mu^*\frac{\partial h^*}{\partial t}\cos\theta \tag{2-64}$$

考虑渗流自由面上有降雨入渗时,式(2-64)变为

$$q=\mu^*\frac{\partial h^*}{\partial t}\cos\theta-w \tag{2-65}$$

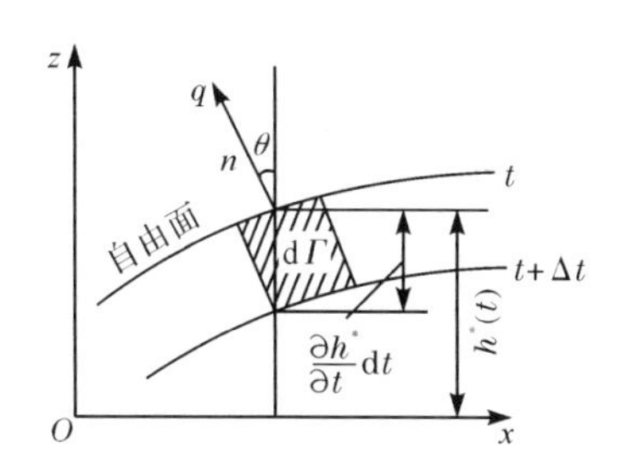

图 2-7　自由面降落时的流量补给边界示意图

式中：h^* 为自由面边界上的水头；w 为入渗流量；μ^* 为自由面变动范围的给水度或排水有效孔隙率；θ 为自由面法线与铅直线所成的角度。

因为 $q=v_n=-k\dfrac{\partial h^*}{\partial n}=-k\dfrac{\partial h^*}{\partial z}\cos\theta$，故式(2-64)也可写为

$$\frac{\mu^*}{k}\frac{\partial h^*}{\partial t}=-\frac{\partial h^*}{\partial z} \tag{2-66}$$

根据自由面边界下降时引起的流量补给式(2-64)，在 $h^*=z$ 的条件下还可由自由面形状的一般方程 $F(x,y,z)=0$ 对时间 t 微分，结合达西定律推导出另一种自由面变动的表达式

$$\frac{\partial h^*}{\partial t}=-\frac{k}{\mu^*}\left(\frac{\partial h^*}{\partial z}-\frac{\partial h^*}{\partial x}\frac{\partial h^*}{\partial x}\right) \tag{2-67}$$

式(2-67)若将微分二次项略去，即与式(2-66)相同。由此可见，自由面变动的表达式(2-64)与式(2-67)基本相同。

(3) 第三类边界条件，即混合边界条件。

第三类边界条件是指含水层边界的内外水头差和交换的流量之间保持一定的线性关系，即

$$h+\alpha\frac{\partial h}{\partial n}=\beta \tag{2-68}$$

式中：α 和 β 均为此类边界各点的已知数。

在求解时需采用迭代的方法满足水头 h 和 $\dfrac{\partial h}{\partial n}$ 之间的已知关系。研究大区域地下水流运动，含水层边界溢出水量受水位变化影响时，会存在此类边界条件。河床面淤堵、井壁淤堵以及含水层中存在弱透水层的越流等也会存在此类边界条件。

初始条件通常是第一类边界条件，即流场的水头分布，它在开始时刻对整个流场起支配作用。在进行非稳定渗流计算或试验时，需先求得开始时刻稳定流场的水头分布，以此作为已知初始条件(此开始时刻的流场通常是稳定渗流场)；也可取任一时刻的渗流状态作为初始条件。只有在特殊情况下，初始条件才会是第

二类边界条件或第三类边界条件。

下面结合两个案例介绍如何确定渗流计算域和相应的边界条件。

案例一。图 2-8 为常见的混凝土坝体和坝基渗流计算模型，值得注意的是，图中坝体部分标示为不透水，说明渗流计算时不需要考虑上部坝体，即渗流场计算域只有下部坝基，问题变成了典型的有压渗流，相应的上下游坝基面渗流边界条件如下。

边界 BC 段：

$$h|_{\Gamma_1}=h_1 \tag{2-69}$$

边界 HI 段：

$$h|_{\Gamma_1}=h_2 \tag{2-70}$$

CH 段为不透水边界。当计算域取得足够大，且无外在水源补充时，边界 AB 和 IJ 可视为不透水边界。当计算域底部取得足够深，且无流量交换，或者正好取至隔水层时，AJ 也可视为不透水边界。

边界 AB、AJ、IJ 段：

$$-k_{ij}\frac{\partial h}{\partial x_j}n_i|_{\Gamma_2}=0 \tag{2-71}$$

值得一提的是，不透水边界为渗流微分方程变分过程中自动产生的，因此也称为自然边界条件。在求解渗流域时不需要单独考虑，即可自动满足。

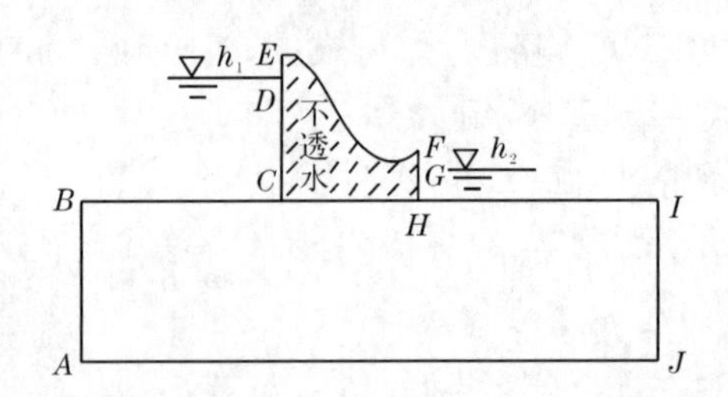

图 2-8　常见的混凝土坝体和坝基渗流计算模型

案例二。图 2-9 为典型的具有浸润线的土石坝无压渗流计算模型，其中边界 BC、CD、IJ、HI 均为已知水头的一类边界。边界 AB、AK 和 JK 同上例一样，可视为

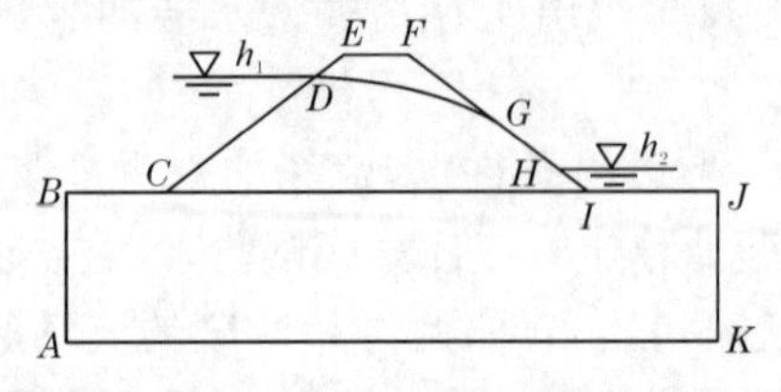

图 2-9　典型的具有浸润线的土石坝无压渗流计算模型

不透水边界。本例复杂之处在于坝内存在浸润线，下游坝面存在出逸段(出逸点与下游水位之间)。根据饱和渗流场理论，计算域内孔隙均由水充满，即计算域的边界与大气完全贯通相连，因此浸润线段 DG 和出逸段 GH 的压力水头均为 0，即总水头等于位置水头。此外，对于浸润线，可视为流动水体的自由面，因此其法向无流量交换，即法向流量为 0。而对于下游出逸段 GH，由于坝内的渗透水要从此段出逸，因此此段的法向流量应该大于 0。

因此，各段的边界条件如下。

边界 BC、CD 段：

$$h|_{\Gamma_1}=h_1 \tag{2-72}$$

边界 IJ、HI 段：

$$h|_{\Gamma_1}=h_2 \tag{2-73}$$

边界 AB、AK、JK 段：

$$-k_{ij}\frac{\partial h}{\partial x_j}n_i|_{\Gamma_2}=0 \tag{2-74}$$

边界 DG 段：

$$-k_{ij}\frac{\partial h}{\partial x_j}n_i|_{\Gamma_2}=q_n=0 \quad 且 \quad h=x_3 \tag{2-75}$$

边界 GH 段：

$$-k_{ij}\frac{\partial h}{\partial x_j}n_i|_{\Gamma_2}=q_n\geqslant 0 \quad 且 \quad h=x_3 \tag{2-76}$$

式中：h_1 为已知水头函数；$n_i(i=1,2,3)$为渗流边界面外法线方向余弦；Γ_1 为第一类渗流边界条件；Γ_2 为第二类渗流边界条件；q_n 为法向流量，流出为正。需要指出的是，式(2-75)和式(2-76)中左边有负号，保留了达西流量的物理意义，因此这里流量规定以流出为正，流入为负。

2.3　饱和-非饱和多孔介质的渗流理论

2.3.1　非饱和渗流基本特性

1. 地下水的存在形式

水在岩土体多孔介质孔隙中存在不同的形式，可分为气态水、液态水和固态水，以液态水为主[26]。

气态水以水蒸气形式存在于非饱和岩土体孔隙中，它可以从水汽压力(绝对湿度)大的地方向水汽压力小的地方运移。当岩土体中温度低于 0℃时，孔隙中的液态水就结冰转化为固态水。水冻结时体积膨胀，所以冬季许多地方会有冻胀现象，如北方一些高寒地区部分地下水常年保持固态，形成冻土区。液态水包含吸着水、薄膜水、毛细管水和重力水，其中吸着水和薄膜水又称为结合水，具体解释如下：

(1) 吸着水。土颗粒表面及岩石孔隙壁面均带有电荷，因此在静电引力作用下土颗粒和岩体裂隙壁表面可吸附水分子，形成一层极薄的水膜，称为吸着水，它不受重力作用影响，只有变成水汽才能移动。

(2) 薄膜水。在吸着水膜的外层，还能吸附水分子而使水膜加厚，这部分水称为薄膜水。随着水膜的加厚，吸附力逐渐减弱，因此薄膜水又称为结合水。它的特点也是不受重力影响，但水分子能从薄膜厚处向薄膜薄处移动。

(3) 毛细管水。土体颗粒间细小的孔隙可视为毛细管。毛细管中水汽界面为一弯月面，弯月面下的液态水因表面张力作用而承受吸持力，该力又称为毛细管力。土体中薄膜水达到最大值后，多余的水分便由毛细管吸力保持在土体细小孔隙中，称为毛细管水。

(4) 重力水。毛细管水随毛细管直径的增大而减小，当土中孔隙直径足够大时，毛细管作用变得微弱，习惯上称这种直径较大的孔隙为非毛细管孔隙。若土体的含水量超过田间含水量，多余的水分不能为毛细管力所吸持，在重力作用下将沿非毛细管孔隙下渗，这部分土体中的水称为重力水。当土中孔隙全部为水所充满时，含水率称为饱和含水率。

2. 体积含水率和饱和度

在非饱和带，孔隙中部分充填了水，部分充填了空气，水分和空气的相对量是变化的，可用两个变量表示水分含量的多少。一为体积含水率 θ，表示单位体积土体中水所占的体积；另一个为饱和度 S_w，表示孔隙空间中水所占的比例。显然，体积含水率 θ 不能大于孔隙率 n，而饱和度 S_w 不能大于 1，两者之间的关系为 $\theta=nS_w$。

3. 毛细管压力

当多孔介质的孔隙中有两种不相混溶的流体（如水和空气）接触时，这两种流体之间的压力存在不连续性，此压力差的大小取决于该处界面的曲率（它又取决于饱和度），这个压力差 p_c 称为毛细管压力。令 $h_c=p_c/\gamma$，称 h_c 为毛细管压力水头。

4. 田间持水率

单位体积土体在重力排水作用终止后仍然保留在土中的含水率称为田间持水率，此时水以薄膜水的形态和在土颗粒接触点附近以孤立的悬挂环形式存在。孔隙率 n 减去田间持水率相当于排水孔隙率，即排水时的有效孔隙率 n_e。

5. 土水特征曲线

通常把 h_c-S_w 关系曲线或 h_c-θ 关系曲线称为土水特征曲线(soil water characteristic curve,SWCC)[32]。土水特征曲线的基本形态如图2-10所示。其中,曲线1是试样由饱和状态(体积含水率 $\theta=n$)开始进行排水(又称为脱湿、干燥、解吸),逐次持续进行到不能再排出水为止全过程中所得到的 h_c-θ 曲线,称为排水曲线,又称为解吸曲线、脱湿曲线等。在此过程中,毛细管压力水头(h_c)逐步增大,体积含水率 θ 相应减小,直到体积含水率 $\theta=\theta_0$,不能再减小为止($\theta_0>0$)。这样的含水率 θ_0 称为束缚含水率(又称为田间持水率、悬着毛管含水率、同生含水率)。若试样接着从 $\theta=\theta_0$ 的状态起进行吸水(又称为吸湿、吮吸),并逐次持续进行到试样重新饱和为止,在这个过程中得到的 h_c-θ 曲线并不与曲线1重合,而是位于其下面的另一条曲线2,称为吸水曲线或吸湿曲线。吸水过程最终所达到的饱和含水率 n' 小于试样最初的饱和含水率 n。若在排水过程尚未终止($\theta_0<\theta<n$)时,例如,从 A 点开始就逐次进行持续吸水,只要次数充分多,就能得到曲线3,它一般能在某点 B 处与曲线2汇合;若在吸水过程尚未终止($\theta_0<\theta<n'$)时,如从 C 点开始又逐次进行持续排水,只要次数充分多,就能得到曲线4,它一般能在某点 D 处与曲线1汇合;若从 A 点开始的逐次持续吸水过程未进行到与曲线2汇合时就进行逐次持续排水过程,则就会得到曲线5,它是从曲线3的中途起始的,只要次数充分,它最后也能与曲线1在某处汇合。若在吸水过程尚未终止($\theta_0<\theta<n'$)时从 E 点开始发生了排水过程,此过程未进行到与曲线1汇合时又发生了吸水过程,此吸水过程未进行到与曲线2汇合时又发生了排水过程……这样的吸排循环就会在1、2两曲线之间形成回旋曲线6,图中用虚线表示。像3、4、5、6这样的曲线,又称为扫描曲线。

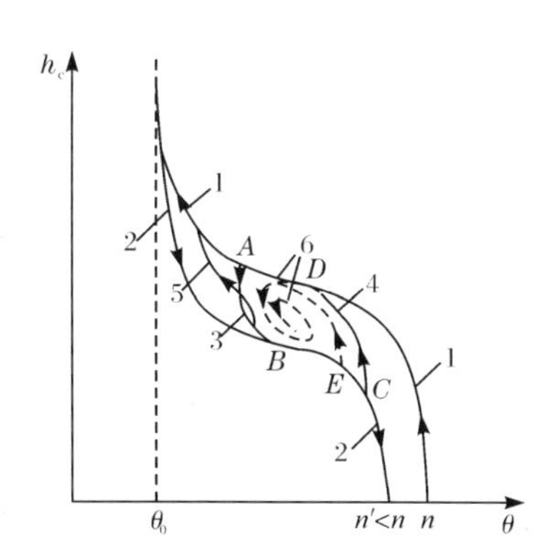

图2-10　土水特征曲线的基本形态

由图2-10可知,土水特征曲线有如下几个特点:

(1) 排水与吸水两条基本的、完整的曲线既不重合，也不封闭。

(2) 在排水过程中发生吸水过程，或在吸水过程中发生排水过程，或排水过程和吸水过程交替发生，相应的土水特征曲线将在1、2两条曲线之间发出单向性的或回旋性的分支。上面这两个特点同时也表明了函数 $h_c=h_c(\theta)$ 或 $\theta=\theta(h_c)$ 的多值性，即同一体积含水率 θ（或同一毛细管压力水头 h_c）所对应的 h_c（或 θ）值不是唯一的。

(3) 在排水过程初期，当 h_c 值增大到一定程度时，θ 才开始减小（即并非伴随着 $h_c>0$ 就同时发生了 θ 的减小），这表明排水过程的发生（即 θ 的减小）需要一定的启动压力，称其为阀压力和挤入压力。没有这个启动压力去克服试样表面孔隙中水的表面张力，空气就很难挤入孔隙中将水驱替出来。在排水过程后期，当 θ 达到 θ_0 时，即使 h_c 再增大，θ 也不再减小，而仍保持为 θ_0。这是因为此时少量的残余水以薄膜形式或独立水环的形式紧紧地吸附在土颗粒表面，实际上已不能再移动，从 θ_0 开始吸水时，只有 h_c 降到足够小的程度，体积含水率才开始增大。这与排水过程初始阶段的情况有类似之处。

排水曲线与吸水曲线不重合、不封闭的主要原因如下：

(1) 接触角变化的滞后性。排水过程是一个气驱水的过程，接触角较小，即液面的弯曲程度较大，因而毛细管压力 p_c 与毛细管压力水头 h_c 较大；而吸水过程是一个水驱气的过程，接触角较大，即液面弯曲程度较小，因而 p_c 与 h_c 较小。这一原因有时简称为雨点效应，它使得对同一试样采用水静力平衡法与动力平衡法试验所得的土水特征曲线存在差别。

(2) 在吸水过程中，孔隙中可能有部分空气被夹裹而残留在水中，使吸水过程最终所达到的饱和含水率减小。

(3) 试样在排水过程中所产生的压密作用使孔隙率有所减小。由于特点(2)和(3)的原因，排水曲线与吸水曲线不会形成封闭回路。

不同土体的土水特征曲线的具体形态不同。影响土水特征曲线的因素主要有以下几个：

(1) 不同的土体质地具有不同的土水特征曲线。一般来说，土体黏粒含量越高，同一吸力条件下土的含水率越高。

(2) 土水特征曲线还受土结构的影响，土体越密实，则大孔隙相对越少，小孔隙相对越多，因此同一吸力条件下，干重度大的土体相应的含水率一般也大。这种关系在低吸力时尤为明显。

(3) 土体中不同的水分变化过程对应不同的特征曲线。对于同一种土体，即使在恒温下，其脱湿与吸湿过程对应的特征曲线也不同，会出现通常所说的滞后现象。

需要指出的是，由于 $h_c=h_c(\theta)$ 或 $\theta=\theta(h_c)$ 具有非单值性，故 $k=k(\theta)$ 与 $k=$

$k(h_c)$ 也具有非单值性(又称为滞后性)。相比之下,$k(h_c)$ 的非单值性要比 $k(\theta)$ 的非单值性显著得多,即同一 h_c 所对应的不同 k 值相差较大,而同一 θ 所对应的不同 k 值相差很小。因此,应尽可能多地使用 $k=k(\theta)$ 这种关系,而尽量避免使用 $k=k(h_c)$ 这种关系。

2.3.2　多孔介质的非饱和渗流特性的确定方法

1. 基于 Mualem 模型的公式

1978 年,Mualem 由土水特征曲线得到预测土体相对渗透系数 k_r 的公式[33],即

$$k_r = \Theta^{\frac{1}{2}} \left[\frac{\int_0^{\Theta} \frac{1}{h_c(x)} dx}{\int_0^{1} \frac{1}{h_c(x)} dx} \right]^2 \tag{2-77}$$

式中:h_c 为压力水头;Θ 为有效饱和度,可用式(2-78)表示:

$$\Theta=\frac{\theta-\theta_r}{\theta_s-\theta_r} \tag{2-78}$$

式中:θ_s 为饱和含水率;θ_r 为剩余含水率。

要解方程(2-77),需要将 Θ 表示为压力的函数,这里使用下面的表达式:

$$\Theta=\left[\frac{1}{1+(\alpha h_c)^n}\right]^m \tag{2-79}$$

式中:α、n、m 为待定系数。

2. 土水特征曲线数学模型

1) van Genuchten 模型

1980 年,van Genuchten 将其导出的土水特征曲线公式与 Mualem 模型相结合,给出了特定的 van Genuchten 模型[34],即

$$k_r(\Theta)=\Theta^{\frac{1}{2}}[1-(1-\Theta^{\frac{1}{m}})^m]^2, \quad m=1-\frac{1}{n} \quad 且 \quad 0<m<1 \tag{2-80}$$

将式(2-79)代入式(2-80),表达为压力水头的函数,则

$$k_r(h_c)=\frac{\{1-(\alpha h_c)^{n-1}[1+(\alpha h_c)^n]^{-m}\}^2}{[1+(\alpha h_c)^n]^{\frac{m}{2}}}, \quad m=1-\frac{1}{n} \tag{2-81}$$

由式(2-78)和式(2-79)可得 h_c-θ 关系曲线:

$$h_c(\theta)=\frac{1}{\alpha}\left[\left(\frac{\theta-\theta_r}{\theta_s-\theta_r}\right)^{-\frac{1}{m}}-1\right]^{\frac{1}{n}} \tag{2-82}$$

由式(2-82)可以求得容水度 $C(\theta)$ 的关系式:

$$C(\theta)=\frac{d\theta}{dh_c}=-mn\alpha(\theta_s-\theta_r)(\alpha h_c)^{n-1}\left[1+(\alpha h_c)^{n-1}\right]^{-1-m} \tag{2-83}$$

θ_s 很容易通过试验获得，θ_r 也可以通过测定干燥土体的体积含水率获得，但一般情况下，可通过有限的试验数据用最小二乘法拟合参数 θ_r、α、n 的值。此外，还可以参考一些经验值，见表 2-1。

表 2-1　不同土体的 α 和 n 的经验值

土质	α	n
粗砂、中砂	0.03～0.20	≥5
标准砂	0.02～0.03	7～15
细砂	0.015～0.03	2～3
麻砂土	0.01～0.015	≥3
黏土	0.005～0.015	1～2

2) Brooks-Corey 模型[35]

$$\Theta=\left(\frac{P_d}{P_c}\right)^{-\lambda} \quad 或 \quad P_c=P_d\ (\Theta)^{-1/\lambda} \tag{2-84}$$

式中：P_d 为起始压力，即非湿润流体的起始驱替压力；P_c 为孔隙水压力；λ 对于孔隙介质是反映孔径分布特征的指数，对于裂隙介质则与裂隙开度分布有关。

3) 常用的经验公式

$$s=a\theta^b \quad 或 \quad s=a\left(\frac{\theta}{\theta_s}\right)^b \tag{2-85}$$

或

$$s=\frac{A(\theta_s-\theta)^n}{\theta^m} \tag{2-86}$$

式中：s 为吸力；θ_s 为饱和含水率；a、b、A、m 和 n 为试验常数。

2.3.3　微分控制方程与定解条件

1. 数学模型

1931 年，Richards 认为达西定律可引申用于非饱和带水的运动，此时渗透率 K 和渗透系数 k 不再是常数，而是土体体积含水率 θ 的函数。当体积含水率（或饱和度）减小时，一部分孔隙为空气充填，因而过水断面减小，渗流途径的弯曲程度增加，导致渗透率或渗透系数减小。因此，该情况下 K 和 k 可记作体积含水率 θ 和饱和度 S_w 的函数，即 $K(\theta)$、$k(\theta)$ 或 $K(S_w)$、$k(S_w)$。非饱和带中的达西定律可表示为

$$v=k(\theta)J \tag{2-87}$$

当用渗透率表达时，则有

$$v=\frac{K(\theta)\gamma}{\mu}J=K\frac{K_{\mathrm{r}}(\theta)\gamma}{\mu}J \tag{2-88}$$

式中：$K(\theta)$为非饱和土的渗透率，是体积含水率的函数；K 为饱和土的渗透率；$K_{\mathrm{r}}(\theta)$为相对渗透率，为非饱和土的渗透率和同一种土饱和时的渗透率的比值；μ 为水的动力黏滞系数。

在非饱和渗流中，只要将 n 换成体积含水率 $\theta(\theta=nS_{\mathrm{w}})$，将 v_i 用非饱和渗流场中的值即可。将两者统一起来，就可以得到如下饱和-非饱和渗流控制方程：

$$-\frac{\partial(\rho v_i)}{\partial x_i}+S=\frac{\partial(\rho n S_{\mathrm{w}})}{\partial t} \tag{2-89}$$

式中：ρ 为水的密度；S 为源汇项。

根据非饱和多孔介质达西定律

$$v_i=-k_{ij}(\theta)\frac{\partial h}{\partial x_j}=-k_{\mathrm{r}}(\theta)k_{ij}^{\mathrm{s}}\frac{\partial h}{\partial x_j} \tag{2-90}$$

得到

$$\frac{\partial}{\partial x_i}\left[\rho k_{\mathrm{r}}(\theta)k_{ij}^{\mathrm{s}}\frac{\partial h}{\partial x_j}\right]+S=\frac{\partial}{\partial t}(\rho n S_{\mathrm{w}}) \tag{2-91}$$

式中：S_{w} 为土体饱和度；k_{ij}^{s} 为饱和渗透张量；k_{r} 为相对渗透系数，在非饱和区 $0\leqslant k_{\mathrm{r}}<1$，在饱和区 $k_{\mathrm{r}}=1$。

考虑到 θ 与 h_{c} 之间存在函数关系 $\theta=\theta(h_{\mathrm{c}})$及 $k(\theta)=k[\theta(h_{\mathrm{c}})]$，又有 $h=z+h_{\mathrm{c}}$（h_{c} 为压力水头），有

$$\frac{\partial\theta}{\partial t}=\frac{\partial\theta}{\partial h_{\mathrm{c}}}\frac{\partial h_{\mathrm{c}}}{\partial t}=C(h_{\mathrm{c}})\frac{\partial h_{\mathrm{c}}}{\partial t} \tag{2-92}$$

则饱和-非饱和渗流的微分方程为

$$\frac{\partial}{\partial x_i}\left[k_{ij}^{\mathrm{s}}k_{\mathrm{r}}(h_{\mathrm{c}})\frac{\partial h_{\mathrm{c}}}{\partial x_j}+k_{i3}^{\mathrm{s}}k_{\mathrm{r}}(h_{\mathrm{c}})\right]+S=[C(h_{\mathrm{c}})+\beta S_{\mathrm{s}}]\frac{\partial h_{\mathrm{c}}}{\partial t} \tag{2-93}$$

式中：$C(h_{\mathrm{c}})=\frac{\partial\theta}{\partial h_{\mathrm{c}}}$为容水度，表示压力水头变化一个单位时，单位体积土体中水分含量的变化，它反映了毛细管压力与饱和度的关系，在饱和区 $C=0$；β 在非饱和区等于0，在饱和区等于1；S_{s} 为单位储存系数，饱和土体 S_{s} 为一个常数，非饱和土体 $S_{\mathrm{s}}=0$。在水利工程中的许多情况下，饱和土体也常可设 $S_{\mathrm{s}}=0$。

如果求解的是稳定渗流场，则式(2-93)变为

$$\frac{\partial}{\partial x_i}\left[k_{ij}^{\mathrm{s}}k_{\mathrm{r}}(h_{\mathrm{c}})\frac{\partial h_{\mathrm{c}}}{\partial x_j}+k_{i3}^{\mathrm{s}}k_{\mathrm{r}}(h_{\mathrm{c}})\right]+S=0 \tag{2-94}$$

如果求解的是饱和渗流场，则式(2-93)变为

$$\frac{\partial}{\partial x_i}\left(k_{ij}^{\mathrm{s}}\frac{\partial h}{\partial x_j}\right)+S=S_{\mathrm{s}}\frac{\partial h}{\partial t} \tag{2-95}$$

如果求解的是稳定饱和渗流场,则式(2-95)变为

$$\frac{\partial}{\partial x_i}\left(k_{ij}^{\mathrm{s}}\frac{\partial h}{\partial x_j}\right)+S=0 \tag{2-96}$$

2. 定解条件

要确定渗流场的分布只靠渗流基本方程是不够的,还需要初始条件和边界条件。当然,在给出定解条件之前,要首先确定研究区域。饱和-非饱和渗流微分方程的定解条件如下。

初始条件:

$$h_{\mathrm{c}}(x_i,0)=h_{\mathrm{c}}(x_i,t_0),\quad i=1,2,3 \tag{2-97}$$

边界条件:

$$h_{\mathrm{c}}(x_i,t)\big|_{\Gamma_1}=h_{\mathrm{c1}}(x_i,t) \tag{2-98}$$

$$-\left[k_{ij}^{\mathrm{s}}k_{\mathrm{r}}(h_{\mathrm{c}})\frac{\partial h_{\mathrm{c}}}{\partial x_j}+k_{i3}^{\mathrm{s}}k_{\mathrm{r}}(h_{\mathrm{c}})\right]n_i\bigg|_{\Gamma_2}=q_n \tag{2-99}$$

$$-\left[k_{ij}^{\mathrm{s}}k_{\mathrm{r}}(h_{\mathrm{c}})\frac{\partial h_{\mathrm{c}}}{\partial x_j}+k_{i3}^{\mathrm{s}}k_{\mathrm{r}}(h_{\mathrm{c}})\right]n_i\bigg|_{\Gamma_3}\geqslant 0\quad 且\quad h_{\mathrm{c}}\big|_{\Gamma_3}=0 \tag{2-100}$$

$$-\left[k_{ij}^{\mathrm{s}}k_{\mathrm{r}}(h_{\mathrm{c}})\frac{\partial h_{\mathrm{c}}}{\partial x_j}+k_{i3}^{\mathrm{s}}k_{\mathrm{r}}(h_{\mathrm{c}})\right]n_i\bigg|_{\Gamma_4}=q_\theta\quad 且\quad h_{\mathrm{c}}\big|_{\Gamma_4}<0 \tag{2-101}$$

式中:q_n 和 q_θ 为法向流量,以外法线方向为正;n_i 为外法线方向余弦;t_0 为初始时刻;Γ_1 为已知水头边界;Γ_2 为已知流量边界;Γ_3 为饱和出逸面边界;Γ_4 为非饱和出逸面边界。

第 3 章　渗透参数的试验确定

渗透参数的合理选取是渗流计算分析与控制的重要内容，会直接影响计算精度，若参数选取不当则可能导致数值计算或者模拟试验结果不可靠，造成所确定的渗流控制方案不合理。本章将介绍渗透参数的测量方法，通过室内试验和现场试验等测定合理可靠的渗透参数。

3.1　饱和多孔介质渗流参数室内试验

3.1.1　试验原理

渗透试验的原理就是在试验装置中测出渗流量和各测点的水头高度，从而计算出渗流流速和渗透坡降，得出渗透系数。

$$k=\frac{v}{J} \tag{3-1}$$

式中：k 为渗透系数；J 为渗透坡降；v 为渗透流速。

岩土体的渗透系数变化范围很大，室内试验常用以下两种不同的试验装置进行：常水头渗透试验装置用来测定渗透系数 k 比较大的无凝聚性岩土体的渗透系数；变水头渗透试验装置用来测定渗透系数 k 比较小的凝聚性岩土体的渗透系数。

1) 常水头

常水头室内渗透系数[36]的测定是根据多孔介质中地下水的达西定律开展的。根据达西定律，在常水头下，水流在单位时间内透过材料孔隙的渗流量与断面面积和渗透坡降成正比，渗透系数可由式(3-2)确定：

$$k=\frac{Q}{AJ} \tag{3-2}$$

式中：Q 为渗流量；A 为过水断面面积；J 为渗透坡降，$J=\frac{\Delta H}{L}$，ΔH 为水位差，L 为渗径长度。

2) 变水头

变水头试验[36]是通过在一定时间内水在断面面积为 a 的细立管中的水位降落来计算渗流量的。从流动的连续性分析，渗流量等于立管中水量的变化，即

$$Ak\frac{H}{L}=-a\frac{\mathrm{d}H}{\mathrm{d}t} \tag{3-3}$$

分离变量对式(3-3)进行积分，得

$$-a\int_{H_0}^{H_1}\frac{\mathrm{d}H}{H}=k\frac{A}{L}\int\mathrm{d}t \tag{3-4}$$

或

$$k=\frac{aL}{A\Delta t}\ln\frac{H_0}{H_1} \tag{3-5}$$

式中：Δt 为立管中水头由 H_0 降到 H_1 的历时。因为 k 不仅取决于土体的结构，而且与通过土体孔隙中水的温度有关，在同样结构的土样中，有同样的渗透坡降时，水温 24℃比水温 5℃测得的 k 值约大 65%；所以常用 20℃或 10℃(视地区温度情况规定)水温的渗透系数作为标准的 k 值。若试验时测定的水温为 t(℃)，则可根据水的动力黏滞系数 μ 与水的重度 γ 的比值关系，或者用水的运动黏滞系数 ν($\nu=\mu/\rho$)按照式(3-6)换算为标准温度的渗透系数。

$$k_{20}=k_t\frac{\mu_t}{\mu_{20}}\frac{\gamma_{20}}{\gamma_t}=k\frac{\nu_t}{\nu_{20}} \tag{3-6}$$

式(3-6)中水的运动黏滞系数在正常气压下可用式(3-7)估算：

$$\nu=\frac{\mu}{\rho}=\frac{0.01775}{1+0.0337t+0.000221t^2} \tag{3-7}$$

或用较简单的式(3-8)估算：

$$\nu=\frac{0.4}{t+20} \tag{3-8}$$

式中：t 为温度，℃；ν 为水的运动黏滞系数。在一般地下水温度 10～30℃，式(3-8)的计算结果更接近实测值。因此当换算为标准温度 20℃的 k 值时，则由式(3-6)和式(3-8)可得

$$k_{20}=\frac{40}{t+20}k_t \tag{3-9}$$

若标准温度取 10℃或 15℃时，式(3-9)中的分子 40 相应改为 30 或 35。

3.1.2 试验装置

1) 常水头

利用图 3-1 所示常水头渗透试验装置来确定渗透参数 k。试验设备包括金属圆筒、金属孔板、滤网、测压管、供水瓶、量杯等，详细设备如图 3-1 所示。圆筒内径应大于试样最大粒径的 10 倍。

2) 变水头

利用图 3-2 所示变水头渗透试验装置来确定渗透参数 k。试验设备包括渗透容器、变水头管、供水瓶、进水管、出水管等。

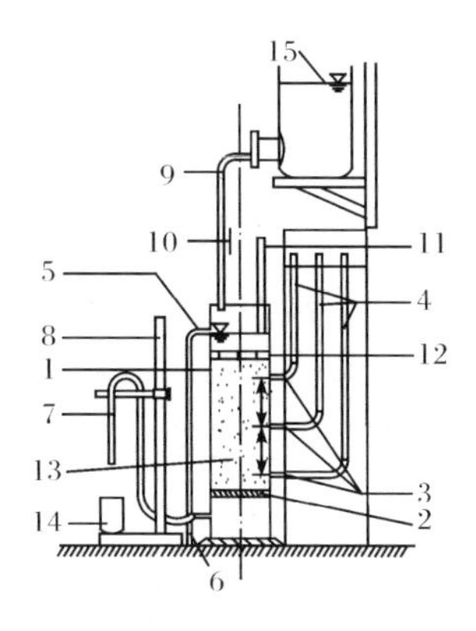

图 3-1　常水头渗透试验装置

1-金属圆筒;2-金属孔板;3-测压孔;4-测压管;5-溢水孔;6-渗水孔;7-调节管;8-滑动架;9-供水管;10-止水夹;11-温度计;12-砾石层;13-试样;14-量杯;15-供水瓶

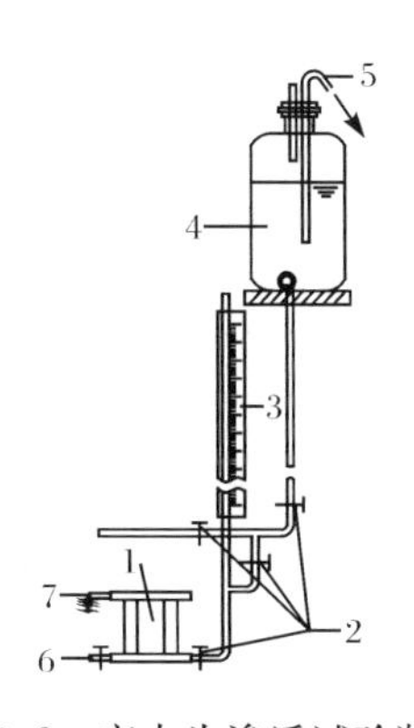

图 3-2　变水头渗透试验装置

1-渗透容器;2-进水管夹;3-变水头管;4-供水瓶;5-接水源管;6-排气水管;7-出水管

3.1.3　试验记录及说明

1）常水头

试验前需测定样本初始状态的高度、截面面积、质量、土粒相对密度、含水率、干密度、孔隙比和测压管间距等。在试验过程中记录的数据包括不同位置的测压管水位、一定时间内的水位差、渗水量以及水温等。最后求得渗透系数。

常水头渗透试验适宜于透水性强的土体,试验前土样必须完全充水饱和,以排除气泡的影响。同时,应事先将供水加以抽气和过滤处理或者使供水温度高于土样温度,因为气泡从水中分离的能力随温度降低和压力的增高而减少。否则,试验期间,供水过程中气泡不断在土中分离出来而停滞在土的孔隙中,会导致试验过程中土体透水性逐渐降低。

2) 变水头

变水头渗透试验的试样分原状试样和扰动试样两种。试验前需测定样本初始状态的高度、截面面积、质量、土粒相对密度、含水率、干密度、孔隙比和测压管间距等。在试验过程中记录的数据包括变水头管中水位变换高度后的测压管水位、一定时间内的总渗水量以及水温等，最后求得渗透系数。

变水头渗透试验适用于弱透水性的黏性土。在变水头渗透试验过程中，若发现水流过快或出水口有混浊现象，应立即检查有无漏水或试样中是否出现集中渗流，若有，应重新制备试样。

无论是常水头还是变水头的渗透系数室内试验，渗透力的作用使土的干密度发生变化，从而使渗透系数发生变化，因此渗透试验的时间不能太长，水头差不能太大。此外，GB/T 50123—2019《土工试验方法标准》规定采用水温 20℃或 10℃时的渗透系数作为标准渗透系数。

3.2 非饱和多孔介质渗流参数室内试验

3.2.1 试验装置

1965 年，Klute 建立了采用稳态方法测量渗透系数的系统[37]，该系统属于加压型常水头试验装置，其工作原理符合达西定律。非饱和土样中的气压一定，通过改变土样中的孔隙水压来调节吸力，控制饱和度。当土样中的气压一定时，土样中的气泡含量一定，且气泡与土粒间没有相对运动，水也无法通过气泡流动，只能像绕过土粒一样绕过气泡流动。因此，孔隙气压越大，土样孔隙中的气泡含量越大，相当于土样的孔隙比越小，渗透系数越小[38]。

Klute 土样渗透系数测试系统包括渗透系数测试模型、常水头供水设备和量测设备等，结构示意图如图 3-3 所示。

(1) 渗透系数测试模型。

渗透系数测试模型系统包括压力室、孔隙气排气管道(S_1，S_2)、孔隙气进气管道、孔隙水排水管道、孔隙水进水管道、垂直压力进水管道、多孔陶土板(P_1，P_2)等。压力室筒选用有机玻璃材料圆柱筒，壁厚为 10mm。

(2) 常水头供水设备。

常水头供水设备包括水箱、水泵、提升架、橡皮管及其附属设备等。水箱需充分考虑水头稳定的要求，采用自溢流的方式，且进水口为弯头形式，以减小水位波动，保持水头恒定。

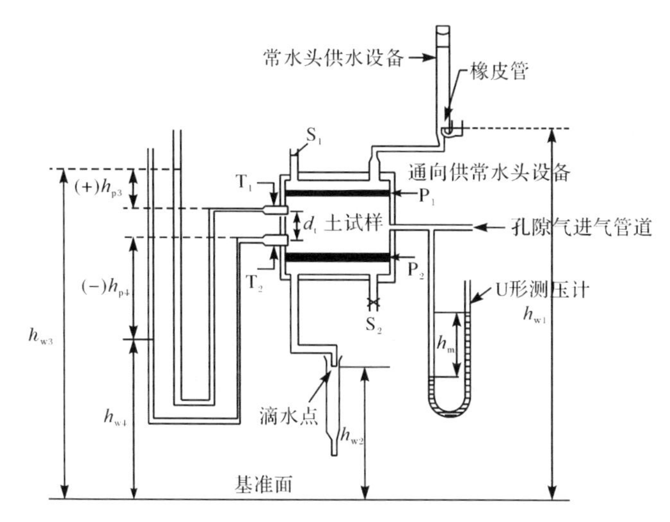

图 3-3　Klute 土样渗透系数测试系统结构示意图

(3) 量测设备。

量测设备包括测压管、量筒、秒表、水压传感器、气压传感器、垂直位移传感器等。

测压管固定在刻度板上，进出口水位可以由刻度板上的刻度值直接读出。

气压传感器连接在计算机上，水压数据可由计算机直接采集输出。设定 5min 记录一次读数。

(4) 其他设备。

其他设备包括击锤、振动器、液压升高车、台秤、天平等。

3.2.2　试验原理

试验过程中用作用于试样的孔隙气压力将基质吸力(u_a-u_w)设置于某一定值。根据达西定律得[39]

$$k_w=\frac{Qd_t}{At(h_{w3}-h_{w4})} \tag{3-10}$$

式中：Q 为水流量；A 为土样截面积；t 为经历的时间；d_t、h_{w3} 和 h_{w4} 见图 3-3 中的标注。

假设整个试件中的孔隙气压力是均匀的：

$$u_a=\rho_m g h_m \tag{3-11}$$

式中：ρ_m为 U 形测压计中液体的密度；h_m 为 U 形测压计中液体的高度。

施加水力梯度使张力计 T_1、T_2 处的孔隙水压力不同，平均孔隙水压力按式(3-12)计算：

$$(u_{\mathrm{w}})_{\mathrm{ave}}=\frac{h_{\mathrm{p3}}+h_{\mathrm{p4}}}{2} \tag{3-12}$$

式中，h_{p3} 和 h_{p4} 分别为 T_1 和 T_2 处的孔隙水压力。

土中的平均基质吸力为

$$(u_{\mathrm{a}}-u_{\mathrm{w}})_{\mathrm{ave}}=\rho_{\mathrm{m}}gh_{\mathrm{m}}-\left(\frac{h_{\mathrm{p3}}+h_{\mathrm{p4}}}{2}\right)\rho_{\mathrm{w}}g \tag{3-13}$$

3.2.3 试验步骤

1) 试样制备

根据土料干密度及试样高度，按式(3-14)计算试样干土质量：

$$m_{\mathrm{d}}=\rho_{\mathrm{d}}\pi r^2 h' \tag{3-14}$$

式中：m_{d} 为试样干土质量；ρ_{d} 为土料干密度；r 为仪器桶身半径；h' 为试样高度。

2) 排气

对陶土土样底座和陶土土样帽进行抽气饱和，然后安装好土样底座和土样帽，并排除连接土样底座和土样帽与供水设备的管道中的剩余气泡。

3) 试样和传感器安装

称取土料后，按照含水率要求加水拌和均匀，静置 8h，以待土料颗粒充分均匀润湿后，再进行装样[40]。土料装在大筒中，根据土料实际级配和孔隙率等特性确定土样高度，土样顶和底面分别密贴于土样帽和土样底座。将水压传感器和气压传感器安装在试样周边，将垂直位移传感器安装在土样帽上。

4) 系统气密性检查

将试样底部进水口与供水管相连接，打开注水开关向水箱充水，检查仪器的各部件是否堵塞及漏水等。检查完毕后，降低供水箱高度，使水箱中水位与模型筒中试样底部下沿齐平。

5) 试样排气

从土样帽和土样底座同时供给脱气纯水，土样一侧的气压控制通道打开排水。

6) 加气压

慢慢给土样加进气压，气压大小取决于要求的吸力大小。

7) 试验过程

试验过程及测试要求主要有：打开进水阀和排水阀，缓慢提升水箱加压，待进水口水位稳定且流进土样的水量和排出土样的水量相等后开始计时。仔细观测土样的变化并测量和记录水头差、流量等数据。对土样变化情况的观察应贯穿整个测试过程，并随时记录测试过程中的异常现象。

8) 数据采集

试验过程中同常水头测饱和土的渗透系数一样，需测定试样初始状态的含水率、干密度、孔隙比等[41]。试验记录数据包括不同位置的测压管水位、一定时间内的总渗水量以及水温等。除此之外，还需要测量张力计 T_1 和 T_2 的值。

3.3　现场常规压水试验

钻孔压水试验[42]的主要任务是测定岩体的透水性，为评价岩体的渗透特性和设计渗流控制措施提供基本资料。

3.3.1　试验原理

钻孔压水试验应随钻孔的加深自上而下地用单栓塞分段隔离进行。岩石完整、孔壁稳定的孔段，或有必要单独进行试验的孔段，可采用双栓塞分段隔离进行。试段长度宜为 5m，含断层破碎带、裂隙密集带、岩溶洞穴等的孔段，应根据具体情况确定试段长度。相邻试段应互相衔接，可少量重叠，但不能漏段。残留岩芯可计入试段长度之内。

3.3.2　试验过程

压水试验按三级压力、五个阶段[P_1—P_2—P_3—$P_4(=P_2)$—$P_5(=P_1)$，$P_1<P_2<P_3$]进行。三级压力宜分别为 0.3MPa、0.6MPa 和 1MPa。当试段埋深较浅时，宜适当降低试段压力。

试段压力的确定规则如下：

(1) 当用安设在与试段连通的测压管上的压力计测压时，试段压力按式(3-15)计算。

$$P=P_p+P_z \tag{3-15}$$

式中：P 为试段压力；P_p 为压力计指示压力；P_z 为压力计中心至压力计算零线的水柱压力。

(2) 当用安设在进水管上的压力计测压时，试段压力按式(3-16)计算：

$$P=P_p+P_z-P_s \tag{3-16}$$

式中：P_s 为管路压力损失。

压水试验钻孔的孔径宜为 59～150mm。压水试验钻孔宜采用金刚石或合金钻进，不应使用泥浆等护壁材料钻进。在碳酸盐类地层钻进时，应选用合适的冲洗液。试验钻孔的套管脚必须止水。在同一地点布置两个以上钻孔(孔距 10m 以内)时，应先完成拟做压水试验的钻孔。

现场试验工作应包括洗孔、试段隔离、水位观测、压力和流量观测等步骤。

(1) 洗孔。洗孔应采用压水法，洗孔时钻具应下到孔底，流量应达到水泵的最大出力，洗孔应至孔口回水清洁，肉眼观察无岩粉时方可结束。当孔口无回水时，洗孔时间不得少于 15min。

(2) 试段隔离。下栓塞前应对压水试验工作管进行检查,不得有破裂、弯曲、堵塞等现象,接头处应采取严格的止水措施。采用气压式或水压式栓塞时,充气(水)压力应比最大试段压力大 0.2～0.3MPa,在试验过程中充气(水)压力应保持不变。栓塞应安设在岩石较完整的部位,定位应准确。

(3) 水位观测。下栓塞前应首先观测 1 次孔内水位,试段隔离后,再观测工作管内水位。工作管内水位观测应每隔 5min 进行 1 次,当水位下降速度连续 2 次均小于 5cm/min 时,观测工作即可结束,用最后的观测结果确定压力计算零线。在工作管内水位观测过程中若发现承压水,应观测承压水位。当承压水位高出管口时,应进行压力和涌水量观测。

(4) 压力和流量观测。在向试段送水前,应打开排气阀,待排气阀连续出水后,再将其关闭。流量观测前应调整调节阀,使试段压力达到预定值并保持稳定,流量观测工作应每隔 1～2min 进行 1 次。当流量无持续增大趋势且 5 次流量读数中最大值与最小值之差小于最终值的 10%,或最大值与最小值之差小于 1L/min时,本阶段试验即可结束,取最终值作为计算值。将试段压力调整到新的预定值,重复上述试验过程,直到完成该试段的试验。

在降压阶段,若出现水由岩体向孔内回流的现象,应记录回流情况,待回流停止并满足流量标准后,结束本阶段试验。在试验过程中对附近受影响的露头、井、硐、孔、泉等应进行观测。

3.3.3 试验结果分析

试验资料整理包括校核原始记录,绘制 P-Q 曲线,确定 P-Q 曲线类型和计算试段透水率等。绘制 P-Q 曲线时,应采用统一比例尺,即纵坐标(P 轴)1mm 代表 0.01MPa,横坐标(Q 轴)1mm 代表 1L/min。曲线图上各点应标明序号,并依次用直线相连,升压阶段用实线,降压阶段用虚线。

试段的 P-Q 曲线类型应根据升压阶段 P-Q 曲线的形状以及降压阶段 P-Q 曲线与升压阶段 P-Q 曲线之间的关系确定。P-Q 曲线类型及曲线特点见表 3-1。

表 3-1　P-Q 曲线类型及曲线特点

类型名称	A(层流)型	B(紊流)型	C(扩张)型	D(冲蚀)型	E(充填)型
P-Q 曲线	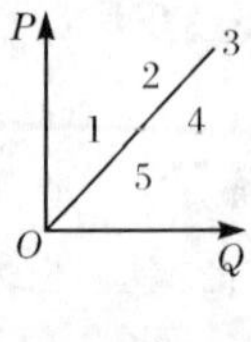 P 3 2 1 4 5 O Q	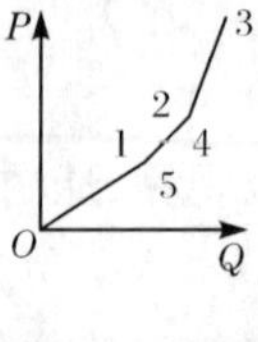 P 3 2 1 4 5 O Q	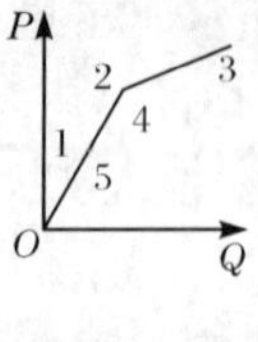 P 3 2 1 4 5 O Q	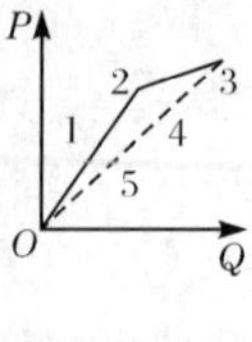 P 2 3 1 4 5 O Q	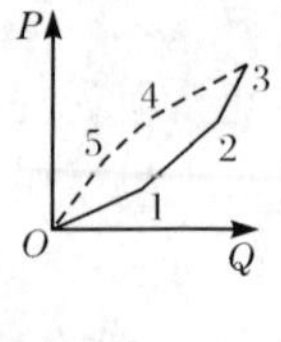 P 3 4 5 2 1 O Q

续表

类型名称	A(层流)型	B(紊流)型	C(扩张)型	D(冲蚀)型	E(充填)型
曲线特点	升压曲线为通过原点的直线，降压曲线与升压曲线基本重合	升压曲线凸向 Q 轴，降压曲线与升压曲线基本重合	升压曲线凸向 P 轴，降压曲线与升压曲线基本重合	升压曲线凸向 P 轴，降压曲线与升压曲线不重合，呈顺时针环状	升压曲线凸向 Q 轴，降压曲线与升压曲线不重合，呈逆时针环状

当 P-Q 曲线中第 4 点与第 2 点、第 5 点与第 1 点的流量值绝对差不大于 1L/min或相对差不大于 5%时，可认为降压曲线与升压曲线基本重合。

试段透水率采用第三阶段的压力值(P_3)和流量值(Q_3)按式(3-17)计算。

$$q=\frac{Q_3}{LP_3} \tag{3-17}$$

式中：q 为试段的透水率；L 为试段长度；Q_3 为第三阶段的计算流量；P_3 为第三阶段的试段压力；试段透水率取两位有效数字。

每个试段的试验结果应采用试段透水率和 P-Q 曲线的类型代号(加括号)表示，如 0.23(A)、12(B)等。

3.4　现场三段压水试验

3.4.1　基本理论

三段压水试验法[43]是 Louis 等在 1970 年提出的，其基本思想是用压水试验分别确定单组裂隙的渗透系数，然后根据每组裂隙的产状把渗透系数叠加，得到岩体的总渗透张量。它的特点在于研究某一组裂隙渗透性时，尽可能地排除其他裂隙组的影响。为此，需要在压水孔周围的渗流场中把其他裂隙组对水流的影响隔离开。具体做法就是要将压水孔的轴线平行于两个裂隙组面的交线，而只与试验的裂隙组面相交。利用特制的压水试验器将压水段分为上、中、下三段，中间为主压水段。由于主压水段流线平行于裂隙面，单裂隙中的水流可用平行板模型(一条裂隙或断层在导水性上可视为一个厚度等于隙宽的微型承压含水层)作为基础，依据地下水动力学中承压井流的理论，利用达西定律得到压水孔注水流量 Q 的表达式为

$$Q=\frac{k\cdot 2\pi L(h_0-h-x\sin\alpha)}{\ln r-\ln r_0} \tag{3-18}$$

式中：r_0 为压水孔半径；h_0 为压水孔稳定水头；Q 为压水孔注水流量，Q 为注水压水时应取负值；h 为观测段的水头；r 为监测孔和压水孔的距离；L 为压水段长；α 为裂隙倾角；x 由图 3-4 可得。

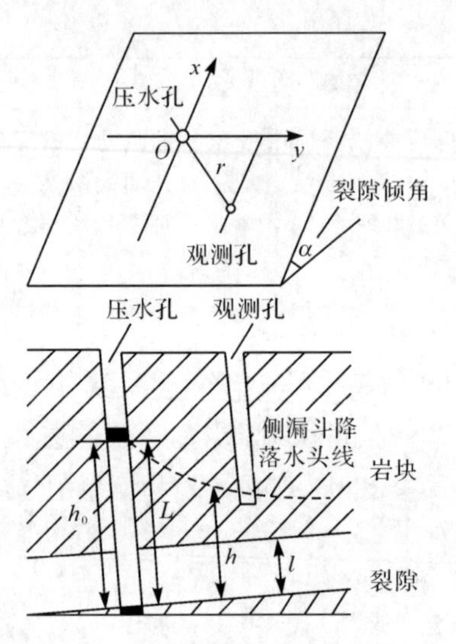

图 3-4　三段压水试验系统示意图

因此，渗透系数 k 为

$$k=\frac{Q(\ln r-\ln r_0)}{2\pi L(h_0-h-x\sin\alpha)} \tag{3-19}$$

若对三组裂隙用同样的方法进行试验，可分别求出每组裂隙的渗透系数（$i=1,2,3$），则岩体总渗透张量为

$$\boldsymbol{k}^{*}=\sum_{i=1}^{3}k_i(\boldsymbol{E}-\boldsymbol{n}_i\boldsymbol{n}_i) \tag{3-20}$$

式中：$\boldsymbol{E}$ 为单位张量；$\boldsymbol{n}_i$ 为裂隙组单元法矢量；k_i 为裂隙组渗透系数。

利用单裂隙水流立方定律，可求得每组裂隙的水力裂隙宽度为

$$b_i=\sqrt[3]{\frac{12\mu k_i l_i}{g}} \tag{3-21}$$

式中：μ 为动力黏滞系数；l_i 为裂隙间距；g 为重力加速度。

三段压水试验克服了单孔压水试验的缺点，基本上反映了岩体中裂隙的渗透特性。但还存在一些问题，若各组裂隙面不正交或有三组以上裂隙（实际情况多是裂隙分布复杂、组数较多），则无法保证钻孔时只穿过一组裂隙面。而且岩体中裂隙间距通常不是很大，为了避免其他组裂隙的干扰，需要将压水管及测压管都布置在一个裂隙间距内，这通常较难实现。

3.4.2　压水试验设备

压水试验器由 3 个压水段组成，中间为主压水段，在其上下还分别有两个压水段，保持主压水段周围形成一个呈径向流的流场，使流线平行于所研究的裂隙

面，减小或屏蔽其他裂隙对流场的影响。压水试验器共有3个栓塞，把钻孔分为3个压水段，试验的最终目的是获取主压水段的流量和压力。为了制造上的方便，上下两个试验段是连通的，主压水段具有独立的供水管路，因此，试验器至少要有两套过水管路[图3-5(a)]。裂隙在空间中的产状是任意的，当钻孔要与之平行或正交时，则方位和倾角的变化很大，因此钻孔通常只能在平洞或坑道内布置，为便于操作和安装，试验器的总长度一般在20～30m较合适。为了与水电部门的常规压水试验相对比，主压水段长度通常取5m。根据Boodt等的研究[44]，认为上下压水段的长度至少要大于主压水段长度的1/2，取3m为宜。该试验[45]的研究对象为基岩裂隙地层，考虑到栓塞止水的有效性，对钻孔孔壁的质量要求较高，就我国的工程钻探水平而言，采用直径为76mm的金刚石钻头造孔较合适。栓塞是试验器的重要组成部分，目前有机械挤压式、气压充胀式和水压充胀式三种。实践证明，无论在使用的方便性还是在止水的可靠性上，气压充胀式的优点较大。试验器可采用两套管子，内管与主压水段连通，外管与上下压水段连通。在内管和外管的进水口处安装压力表和流量表，由此得到试验数据。

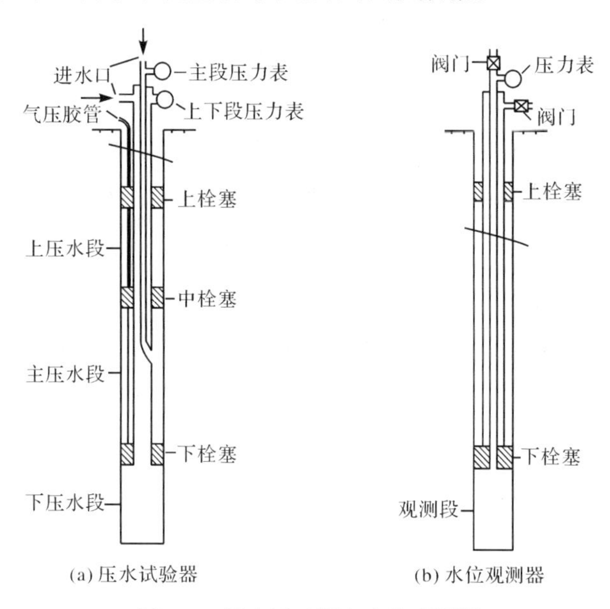

图3-5　压水试验器和水位观测器

试验中压水段的水头是通过试验器进水口处的压力表读数换算得到的，但压力表与压水段之间是通过试验器的管路连通的，必然会有水头损失存在，压水段的实际水头值应是相应的压力表读数减去水头损失。试验器管路的水头损失是通过室内试验直接标定的。具体做法是用套管做一模拟钻孔，并在压水段的相应部位安装压力表和流量表，水从试验器上端进水口处进入，在套管的出水口排出，同时读取进水口和出水口压力表及流量表的读数,即可求得试验器水头损失和流量的关系。

3.4.3 野外试验过程

对岩体内裂隙组进行试验时[45],三段压水试验要求岩体内的裂隙不能多于三组,可以是两组或一组。此外,还要求三组裂隙尽可能正交。若这两个条件不成立,则很难在所研究的裂隙组内形成平行于裂隙面的径向流,公式的使用条件就难以成立。为达到这一目的,在布置压水试验钻孔前应对岩体中的裂隙进行详细测量,确定产状、密度等要素,为钻孔方位布置打下基础。如果三组裂隙互相正交,则只要在垂直于所研究裂隙的方向布孔即可;若三组裂隙不完全正交,只是略有偏差,则压水孔需与其他两组裂隙的交线平行。基岩中裂隙的渗透性较小,水头只在压水孔周围很小的范围内变化较快,而且三段压水试验所保证的平面径向二维流的范围也不是很大,一般观测段距压水段的距离在1～2m为宜。为了提高试验结果的准确性和稳定性,试验中应采用自流式供水及定水头多个压力阶段压水。

如果岩体中裂隙的组数超过四组或裂隙组之间的交角很小,三段压水试验的前提条件就难以成立。而且,当针对断层进行试验时,由于断层的渗透性要远大于周围的裂隙,裂隙对渗流场的影响基本可以忽略,故仅进行单段压水试验即可。

现以某水电站工程花岗岩体内的一次三段压水试验为例[45],简要说明裂隙渗透性参数的计算方法。试验主要是针对一条断层裂隙密集带,整个带宽约4m,共有15条互相平行的裂隙,在该带附近其他方向组的裂隙较少,因此垂直于该带布置压水孔,孔径76mm,观测段距压水段的距离1.5m,整个试验为自流式供水,进行了5个压力阶段的压水,主压水段的水头、流量及观测段的水头见表3-2。

表3-2 三段压水试验结果

压力阶段序号	主压水段流量/(L/min)	水头/m	
		主压水段	观测段
1	10.66	24.19	24.30
2	14.08	33.90	32.46
3	17.25	43.55	40.42
4	21.22	54.94	50.21
5	25.18	67.15	60.50

$$\begin{cases} h_0'-h'=\dfrac{Q'}{2\pi T}\ln\dfrac{r}{r_0}-x\sin\alpha \\ h_0''-h''=\dfrac{Q''}{2\pi T}\ln\dfrac{r}{r_0}-x\sin\alpha \end{cases} \tag{3-22}$$

对式(3-22)求解后可得

$$T=\frac{\ln r-\ln r_0}{2\pi}\cdot\frac{Q'-Q''}{h_0'-h_0''+h''-h'} \tag{3-23}$$

式中：Q'、Q''分别为第一、二压力阶段压水段的流量；h_0'、h_0''分别为第一、二压力阶段压水段的水头；h'、h''分别为第一、二压力阶段观测段的水头。由式(3-23)可以看出，所有变化的量均是两个压力阶段相应的流量和水头的差值，因而可以消除流量和水头测量中的系统误差，由此可分别求出 5 个压力阶段各种两两组合情况下的导水系数和平均值(表 3-3)。

表 3-3　裂隙导水系数计算结果

压力阶段组合编号	2-1	3-1	3-2	4-1	4-2	4-3	5-1	5-2	5-3	5-4	平均值	等效水力隙宽/mm
导水系数/(m^2/d)	1.85	1.70	1.57	1.83	1.82	2.08	1.80	1.79	1.89	1.73	1.81	0.058

在计算或评价岩体渗透性时，裂隙宽度是重要参数之一，若压水段内有 n 条互相平行且裂隙宽度分别为 b_i($i=1,2,\cdots,n$)的裂隙，则各裂隙宽度与总导水系数的关系为

$$T=\frac{g}{12\nu}\sum_{i=1}^{n}b_i^3 \tag{3-24}$$

假定 n 条裂隙的裂隙宽度相等，则可得平均意义上的等效水力隙宽的计算公式为

$$b=\left(\frac{12\nu}{g}\cdot\frac{T}{n}\right)^3 \tag{3-25}$$

3.4.4　现场压水试验反分析

当现场压水试验对象为裂隙极为发育或存在断层破碎带的岩体时，会出现现场压水试验结果稳定性差，孔内水压力达不到规范要求，致使计算的岩体透水率吕荣值失真的问题。例如，某工程通过现场压水试验[46]，发现压水试验的结果稳定性差，岩体为裂隙极为发育的破碎类岩体，渗透系数太大，即使使水泵达到最大供水能力(100L/min)，或者缩短试段长度(1.5m)，也无法使水充满试段，因而孔内水压力始终为 0，岩体透水率吕荣值很大，超过了试验设备所能测到的范围，即吕荣值超过量程。由此，对于此类岩体，提出基于非稳定渗流试验采用非稳定渗流反演方法获得岩体的渗透系数。具体为根据现场实际情况，建立三维有限元模型，结合初步设计地质勘察资料，根据现场设计试验的结果反演得到岩体的渗透系数。下面以某工程为例，选取一个钻孔深度进行计算分析，反演岩体渗透系数。

1) 现场压水试验数据记录表

在试验过程中需记录非稳定渗流下孔内水位随时间的变化，见表 3-4，孔内水位随时间变化过程曲线如图 3-6 所示。

表 3-4 孔内水位随时间的变化

时刻点	时间/s	孔内水位/m
1	0	1833.15
2	3	1832.74
3	5	1832.54
4	7	1832.43
5	9	1832.34
6	12	1832.27
7	16	1832.20

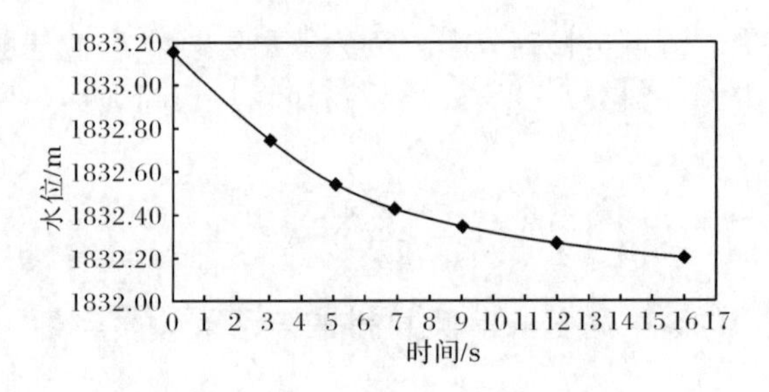

图 3-6 孔内水位随时间变化过程曲线

2) 非稳定渗流反演分析模型

根据渗流分析的一般原则确定计算模型的范围和边界，由于模型是轴对称结构，所以可建 1/4 模型，模型长 × 宽 × 高为 10m × 10m × 20m，顶部高程 1638.30m。在模型的一角布置 1/4 圆孔，孔径 0.091m，孔深 8m，计算模型如图 3-7所示。在非稳定渗流期，渗流分析的边界类型主要有已知水头边界、出渗边界及不透水边界三种。

(1) 已知水头边界包括钻孔四周边界以及给定地下水位的截取边界，此处钻孔四周为上游边界，模型侧面 x=10m 和 y=10m 为下游边界。

(2) 出渗边界为模型上游水位线以下、下游水位线以上的表面。

(3) 不透水边界包括模型对称面，即 x=0m 和 y=0m 的截取边界、上下游水位之间、除给定地下水位以外的部分边界以及模型底面。

(4) 对于本次试验的非稳定渗流，钻孔水位随时间变化，即钻孔四周的上游边界水头是随时间变化的。

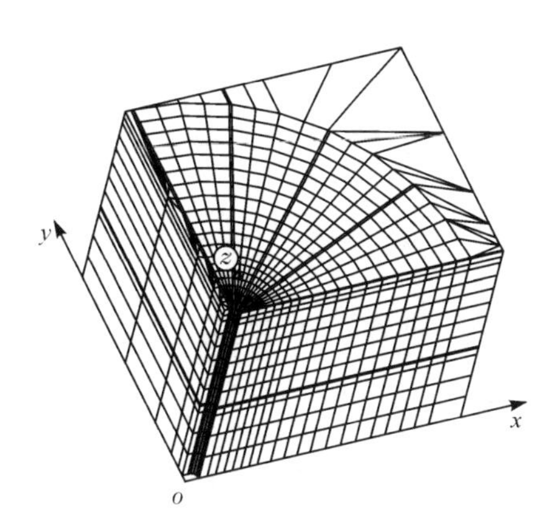

图 3-7　孔深 8m 方案反演分析有限元模型

3）非稳定渗流反演分析

渗透系数初拟值范围及反演值见表 3-5，渗流量反演分析结果见表 3-6，渗流量变化过程实测值与反演值分析比较如图 3-8 所示。

表 3-5　渗透系数初拟值及反演值

岩体	拟定上下限值/(m/s)	反演值/(m/s)
孔深 0～8m	$1.0\times10^{-7}\sim1.0\times10^{-3}$	1.12×10^{-5}

表 3-6　孔深 8m 方案流量反演分析结果

时段	流量实测值/(m^3/s)	流量反演值/(m^3/s)	误差百分比/%
1	2.67×10^{-3}	2.59×10^{-3}	−3.00
2	1.30×10^{-3}	1.43×10^{-3}	10.00
3	7.15×10^{-4}	7.77×10^{-4}	8.67
4	5.85×10^{-4}	5.51×10^{-4}	−5.81
5	4.55×10^{-4}	4.99×10^{-4}	9.67
6	4.55×10^{-4}	4.97×10^{-4}	9.23

经非稳定渗流三维有限元法反演分析，孔深 0～8m 试段岩体渗透系数为 1.12×10^{-5}m/s。这里，反演分析将每个时段钻孔周围岩体渗流量的反演值和实测值的误差控制在 10%范围内。

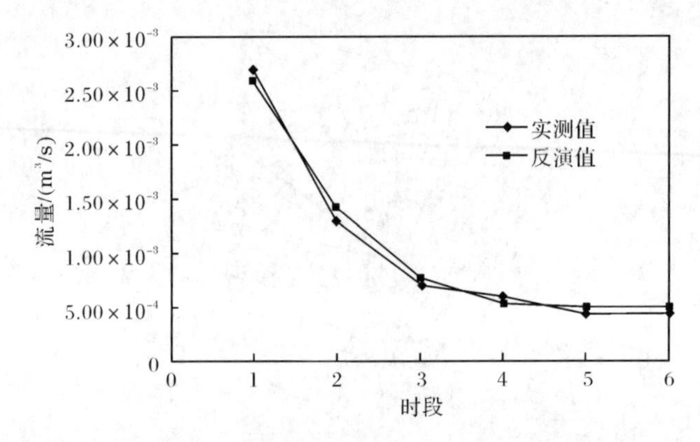

图 3-8　孔深 8m 方案渗流量变化过程实测值与反演值比较图

3.5　现场交叉孔压水试验

1985 年，Hsieh 等[47]提出了交叉孔压水试验的理论和方法，因这一方法有严格的数学理论，与常规压水试验和三段压水试验方法相比，它具有以下重要特点：①可以在任何方向上进行钻孔布置，这无疑给试验工作带来了极大的方便；②适当变化压水孔和观测孔间的距离，由试验结果的变化情况可以估算出岩体样本体积的大小，这为渗流场多孔隙等效连续体介质模型的求解提供了建模乃至能否正确运用的理论依据；③岩体裂隙结构面的产状、结构面特性和母岩本身渗流特性都是直接困扰学术界和工程界评定岩体渗透系数张量时最常见的因素，而该方法不受其影响；④与别的压水试验方法不同，交叉孔压水试验有其严密的理论推导和解析解，而其他试验方法，尤其是目前我国使用最为广泛的常规压水试验，均没有严密的理论基础。

3.5.1　基本理论

交叉孔压水试验法是在裂隙岩体中钻若干个孔，在某一孔被止水塞隔开的段内进行分段压水，在相邻孔中分段观测水头变化。基于各向异性渗透域中点源产生水头场的理论公式，根据观测水头求得裂隙岩体的渗透系数张量。在均质各向异性介质组成的无限空间中，位于坐标系原点的源点按照流量 Q 注水，压水段和观测段示意图如图 3-9 所示[48]。

其周围稳定流场的水头分布可由式(3-26)确定：

$$\begin{cases}\nabla(\boldsymbol{k}^{*}\nabla h)+Q\delta(x)\delta(y)\delta(z)=0\\ h(x)|_{x\to\infty}=h_0\end{cases}\tag{3-26}$$

式中：∇为哈密顿算子；$\boldsymbol{k}^{*}$ 为二阶渗透张量；h_0 为静止水头；x 为空间中任意点的

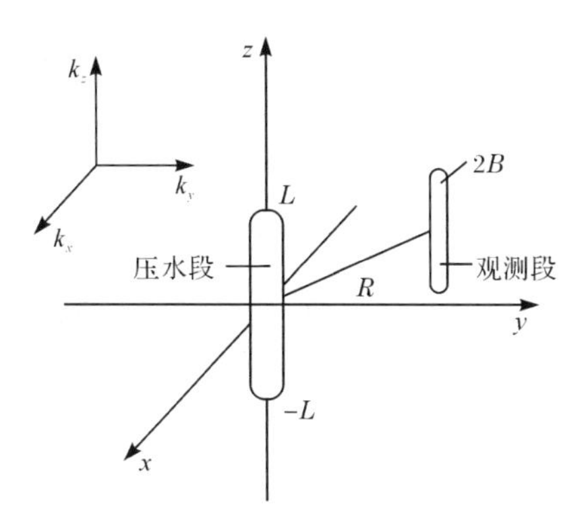

图 3-9 压水段和观测段示意图

矢径。

求解此方程，得到空间中任意点的水头增量为

$$S=\frac{Q}{4\pi\sqrt{G_{xx}}} \tag{3-27}$$

式中：$S=h_0-h$；$G_{xx}=\boldsymbol{X}^{\mathrm{T}}\boldsymbol{A}\boldsymbol{X}$。

$$\boldsymbol{A}=\begin{bmatrix} k_{22}k_{23}-k_{23}^2 & k_{13}k_{23}-k_{12}-k_{13} & k_{12}k_{23}-k_{13}k_{22} \\ & k_{11}k_{33}-k_{13}^2 & k_{12}k_{13}-k_{23}k_{11} \\ \text{对称} & & k_{11}k_{22}-k_{12}^2 \end{bmatrix}$$

当考虑压水段长度时，只要把压水段视为由无数个点源组成的线源，则流场中某点的水头就是这无数个点源贡献的叠加，对式(3-27)积分即可得到线源～点观测的水头分布公式：

$$S=\frac{Q}{8\pi\sqrt{G_{11}}}\ln\frac{\sqrt{\alpha_1^2-2\alpha_1\alpha_2+1}+\alpha_1\alpha_2+1}{\sqrt{\alpha_1^2-2\alpha_1\alpha_2+1}+\alpha_1\alpha_2-1} \tag{3-28}$$

$$G_{11}=\frac{L^2}{4}(\boldsymbol{e}_1^{\mathrm{T}}\boldsymbol{A}\boldsymbol{e}_1)$$

$$\alpha_1=\frac{2R}{L}\sqrt{\frac{\boldsymbol{e}^{\mathrm{T}}\boldsymbol{A}\boldsymbol{e}}{\boldsymbol{e}_1^{\mathrm{T}}\boldsymbol{A}\boldsymbol{e}_1}}$$

$$\alpha_2=\boldsymbol{e}^{\mathrm{T}}\boldsymbol{A}\boldsymbol{e}_1\sqrt{\frac{\boldsymbol{e}^{\mathrm{T}}\boldsymbol{A}\boldsymbol{e}}{\boldsymbol{e}_1^{\mathrm{T}}\boldsymbol{A}\boldsymbol{e}_1}} \tag{3-29}$$

式中：L 为压水段长度；$\boldsymbol{e}_1$ 和 $\boldsymbol{e}$ 为单位矢量；R 为压水段中点(坐标原点)距观测点距离。

若考虑观测段的长度，并定义观测段上的水头为其平均水头，则对式(3-28)积分就可得线源～线观测的水头计算公式：

$$S=\frac{Q}{16\pi\sqrt{G_{11}}}\int_{-1}^{1}\ln f(\lambda)\mathrm{d}\lambda=\frac{Q}{16\pi\sqrt{G_{11}}}f(\lambda) \tag{3-30}$$

$$f(\lambda)=\frac{\left[\left(\frac{\alpha_1\lambda}{\beta}\right)^2+\frac{2(\alpha_1^2\beta_2+\alpha_1\eta)\lambda}{\beta_1}+\alpha_1^2+2\alpha_1\alpha_2+1\right]^{\frac{1}{2}}+\alpha_1\alpha_2+1+\frac{\alpha_1\eta\lambda}{\beta_1}}{\left[\left(\frac{\alpha_1\lambda}{\beta}\right)^2+\frac{2(\alpha_1^2\beta_2+\alpha_1\eta)\lambda}{\beta_1}+\alpha_1^2-2\alpha_1\alpha_2+1\right]^{\frac{1}{2}}+\alpha_1\alpha_2-1+\frac{\alpha_1\eta\lambda}{\beta_1}} \tag{3-31}$$

$$\beta_1=\frac{2R}{B}\sqrt{\frac{\boldsymbol{e}^{\mathrm{T}}\boldsymbol{A}\boldsymbol{e}}{\boldsymbol{e}_{\mathrm{b}}^{\mathrm{T}}\boldsymbol{A}\boldsymbol{e}_{\mathrm{b}}}}$$

$$\beta_2=\frac{\boldsymbol{e}^{\mathrm{T}}\boldsymbol{A}\boldsymbol{e}_{\mathrm{b}}}{\sqrt{\frac{\boldsymbol{e}^{\mathrm{T}}\boldsymbol{A}\boldsymbol{e}}{\boldsymbol{e}_{\mathrm{b}}^{\mathrm{T}}\boldsymbol{A}\boldsymbol{e}_{\mathrm{b}}}}} \tag{3-32}$$

$$\eta=\frac{\boldsymbol{e}^{\mathrm{T}}\boldsymbol{A}\boldsymbol{e}_{\mathrm{b}}}{\sqrt{\frac{\boldsymbol{e}_1^{\mathrm{T}}\boldsymbol{A}\boldsymbol{e}_1}{\boldsymbol{e}_{\mathrm{b}}^{\mathrm{T}}\boldsymbol{A}\boldsymbol{e}_{\mathrm{b}}}}}$$

式中：B 为观测段长度；$\boldsymbol{e}_{\mathrm{b}}$ 为单位矢量。

若已知渗透张量 $\boldsymbol{k}^*$，则在空间中任意以单位矢量 $\boldsymbol{e}$ 表示的方向渗透系数为

$$k_{\mathrm{R}}=\frac{1}{\boldsymbol{e}^{\mathrm{T}}\boldsymbol{k}^{*-1}\boldsymbol{e}} \tag{3-33}$$

由于 $\boldsymbol{A}$ 是 $\boldsymbol{k}^*$ 的余子式伴随矩阵，有

$$\boldsymbol{e}^{\mathrm{T}}\boldsymbol{A}\boldsymbol{e}=\frac{D}{k_{\mathrm{R}}} \tag{3-34}$$

式中：D 为渗透张量的行列式，$D=|\boldsymbol{k}^*|$。

值得注意的是，垂直的单孔压水试验主要反映水平方向的渗透系数，因而单孔及交叉孔压水能给出较为稳定的水平渗透系数值。若主要裂隙呈陡倾角度，垂直钻孔与陡倾裂隙相交的概率很小，因而用垂直钻孔压水难以反映这种裂隙岩体的实际渗透性；此外，这些试验结果分析所依据的公式适用于无限域，若试验地点距离边界较近，以及压力段或观测段在地下水位以上，则不能用上述公式进行结果整理；当裂隙很不发育时，等效渗透张量不一定存在，用压水试验求渗透系数张量也就没有意义了。

3.5.2 试验实例

某含水层主要由硅钙质砂岩和泥质粉砂岩互层地层组成，地层呈水平状[49]。受裂隙和岩性控制，含水层在平面和剖面上都具有明显的各向异性渗透特性。因含水层中静止地下水面高于压水段 30m 以上，而通常压水试验的影响范围较小，加之试验中地下水面一直保持静止，所以含水层可视为无限空间。试验中的钻孔结构和相对位置如图 3-10 所示，共 4 个钻孔，除 T_{503} 号孔外，各钻孔均下入一套双管压水试验器，因而，G_1、G_2、G_3 3 个孔既可作为两个观测段的观测孔，也可作为压

水孔使用。

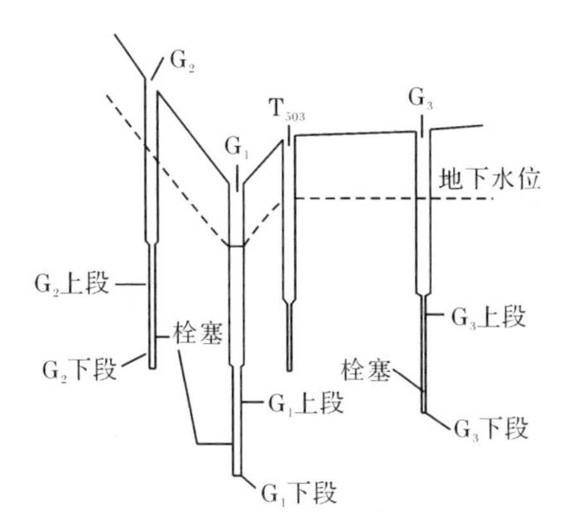

图 3-10　交叉孔压水试验钻孔布置图

每次试验只对一个试验段进行压水或注水，而对各个孔的观测段同时进行水位观测，当压水段与观测段的流量和水位都稳定时则试验结束。分别对 3 个孔 4 个试验段进行 4 次压(注)水试验，试验中以自流水方式供水，如图 3-11 所示。

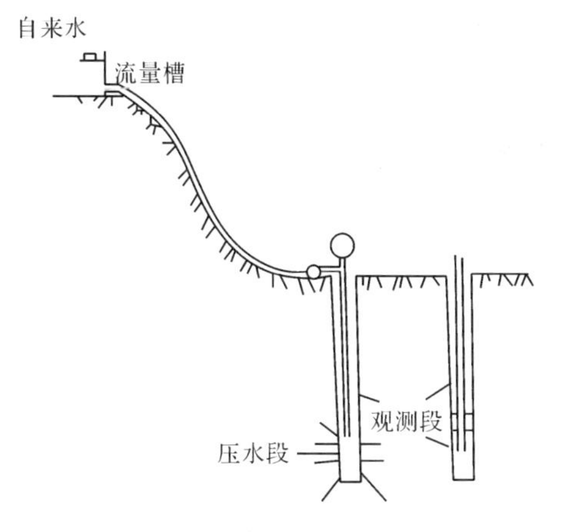

图 3-11　交叉孔压水试验示意图

试验中由于 G_1 孔的上下段水位反应较灵敏，因此利用该孔的下段压水和上段的水位观测结果 k'_z 作为整个计算的基本数据之一。在利用式(3-35)计算 k'_z 时遇到的积分要用数值法求解，具体做法是建立以下目标函数：

$$k'_z=\left(\frac{Q}{8\pi L\Delta h}F_\lambda\right)^2 \tag{3-35}$$

$$F_B=(8\pi L\Delta h\sqrt{k'_z}-QF_\lambda)^2 \tag{3-36}$$

式中：F_λ 为 k'_z 的函数，因而 F_B 也是 k_R 的函数，所以可用 0.618 单因素优选法求解式(3-36)的极小点,其结果即为所要求的 k_R,计算中的积分 F_λ 采用高斯积分。

3.6　渗透变形参数试验

当渗透压力达到一定值后,岩土中的细颗粒就会被渗透水流携带和搬运,从而引起岩土的结构变松,强度降低,甚至整体发生破坏。通过渗透变形参数试验[36],测定应力状态下的岩土体在渗流作用下,细颗粒随渗流逐渐流失的临界坡降及土体整体浮动的破坏坡降。

3.6.1　试验装置

渗透变形测试系统包括渗透变形测试模型系统、供水设备和量测设备等,结构示意图如图 3-12 所示。

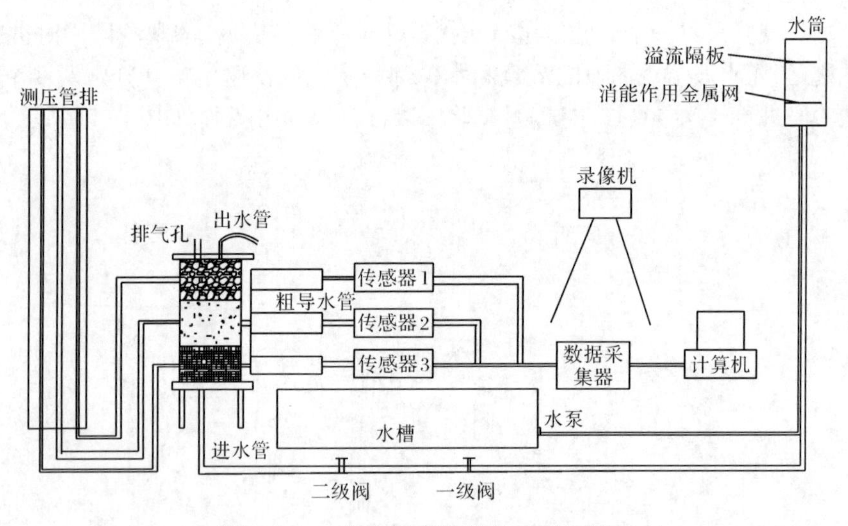

图 3-12　土样渗透变形测试系统示意图

1) 渗透变形测试模型系统

渗透变形测试模型系统包括试验模型筒、铝制顶盖、钢筋锚杆等,试样筒选用有机玻璃材料圆柱筒。

2) 供水设备

供水设备包括水箱、水泵、提升架、橡皮管及其附属设备等。水箱需充分考虑水头稳定的要求,采用自溢流的方式,且进水口为弯头形式,以减小水位波动,保持水头恒定。

3) 量测设备

量测设备包括测压管、量筒、秒表等量测装置。

测压管固定在刻度板上，进出口水位可以由刻度板上的刻度值直接读出。

气压传感器连接在计算机上，水压力数据可由计算机直接采集输出。设定5min记录一次读数。

4) 其他设备

其他设备包括击锤、振动器、液压升高车、台秤、天平等。

3.6.2　试验过程

1) 试样制备

根据土料控制干密度及试样高度，可按式(3-14)计算试样干土质量。

2) 土样装筒

称取土料后，按照含水率要求加水搅拌均匀，静置8h，以待土料颗粒充分均匀润湿后，再进行装样。土样装在大筒中，根据土料实际级配、孔隙率等特性确定土样高度，在渗透变形试验中选择土样高度为30cm，土样的上下层分别为滤网(窗纱及多孔板)、石英砂层和鹅卵石层，如图3-13(a)所示；在水力过渡稳定性试验中，组合体模型筒高度为80cm，三层土料，进水口处分别布置滤网(窗纱及多孔板)、石英砂层和鹅卵石层，如图3-13(b)所示。

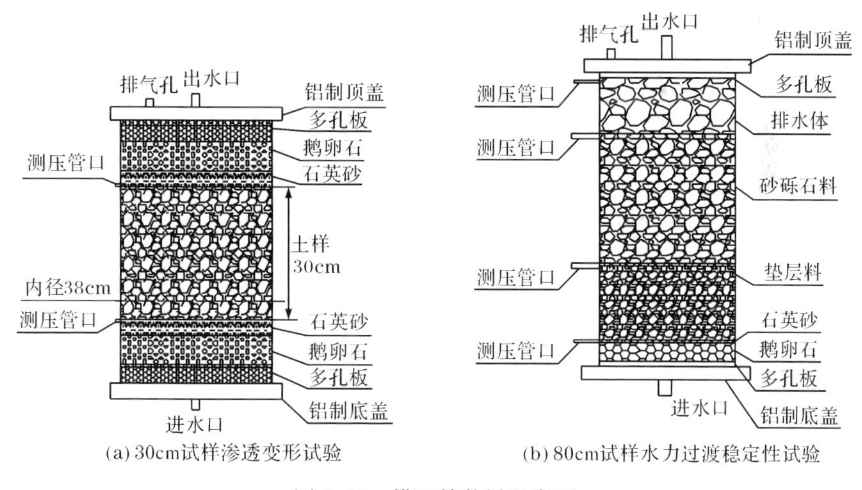

图3-13　模型筒装样示意图

3) 系统气密性检查

将试样底部进水口与供水管相连接，打开注水开关向水箱充水，检查仪器的各部件是否堵塞及漏水等。检查完毕后，降低供水箱高度，使水箱中水位与模型筒中试样底部下沿齐平。

4) 试样饱和

试样装好后，测量试样的实际高度。然后将水注入水箱，使其水位略高于试样底面位置，再缓慢地提升水箱，每次提升 1cm，待水箱水位与试样内水位齐平，并等待 10min 后，再次提升水箱。如此反复，直至土样完全浸没在水中。随着供水水箱上升，水由模型筒底部向上渗入，使土样缓慢饱和，并排除土样中的空气。待模型筒内水面高度超过土样顶面后，可从模型筒顶部注水以排除模型筒中的剩余空气。

5) 试验过程及数据采集

试验过程及测试要求主要有：缓慢提升水箱加压，待进水口水位稳定后，仔细观测土样的变化并测量和记录水头差、流量等数据。对土样变化情况的观察应贯穿整个测试过程，并随时记录测试过程中的异常现象。

具体操作及要求如下。

(1) 缓慢提升水箱加压。缓慢提升供水箱，使供水箱的水面高出模型筒渗流溢水口，并保持稳定水头，形成初始渗透坡降。分多级施加水头增量，直至试样渗透破坏，在接近临界坡降时水头增量需适当减小，切忌初始水头过大。

(2) 保持水头差稳定。每次增大水头后，间隔 10min 读取并记录测压管水位，直至水头值达到稳定不再变化(一般需用时 0.5～1h)。

(3) 观察土样变化。这一步骤应贯穿整个测试过程。仔细观察试验过程中出现的各种现象，如冒气泡，细颗粒跳动、移动或被水流带出，土体悬浮，渗流量大小，水的浑浊程度及测压管水位的变化等，并描述所见现象。

(4) 测量水头及流量。待水头稳定后，记录水头及渗流量测值，一般测试 3 次，每次间隔 10～20min。对于非管涌土，测读间隔时间可适当延长。

对于每级渗透坡降，均按上述步骤(1)～步骤(4)重复进行，直至试样破坏。当水头不能再继续增大时，可结束测试。

3.6.3 试验结果分析

室内试验因仪器尺寸的限制，存在对超粒径颗粒进行处理的问题。依据 GB/T 50123—2019《土工试验方法标准》，把原级配缩制成试验级配最常用的方法有相似级配法和等量替代法。相似级配法保持了原级配关系(不均匀系数不变)，细颗粒含量变大，但不应影响原级配的力学性质，一般来讲，粒径小于 5mm 的颗粒含量不大于 30%；等量替代法具有保持粗颗粒的骨架作用及粗颗粒级配的连续性和近似性的特点，适用超粒径含量小于 40%。至于采用何种缩尺方法，目前 GB/T 50123—2019《土工试验方法标准》尚未明确规定。

等量替代法计算公式为

$$P_i=\frac{P_{0i}}{P_5-P_{\mathrm{dmax}}}P_5 \tag{3-37}$$

式中：P_i为等量替代后某粒组的含量，%；P_{0i}为原级配某粒组的含量，%；P_5为粒径大于5mm的土粒质量占总质量的含量；P_{dmax}为超粒径颗粒的含量。

相似级配法计算公式为

$$P_{\mathrm{d}n}=\frac{P_{\mathrm{d0}}}{n} \tag{3-38}$$

式中：$P_{\mathrm{d}n}$为粒径缩小后小于某粒径的含量，%；P_{d0}为原级配相应的小于某粒径的含量，%；n为原级配最大粒径与仪器允许最大粒径的比值。

按照达西定律计算渗透系数，渗透坡降是指单位长度土样上作用的水头，渗透系数和渗透坡降分别按式(3-39)和式(3-40)计算：

$$k_T=\frac{V}{AJt} \tag{3-39}$$

$$J=\frac{\Delta H}{L} \tag{3-40}$$

式中：k_T为水温T(℃)时试样的渗透系数；V为模型筒出口水量；t为时间，s；A为模型筒截面面积；J为渗透坡降；ΔH为测压管水头；L为与水头ΔH相应的渗径长度。

每隔一定时间测定一次试验数据，记录时间、$h_{上}$、$h_{下}$、∇h、L、J、t、V，求得k和Q。

3.6.4 试验案例

采用本节中的试验装置测定纳子峡水电站面板堆石坝的填筑料，包括砂砾石料3B1、垫层料2A1、组合料(垫层料2A1、砂砾石料3B1、排水体F)的渗流特性参数[50]。

1. 试验方案

本次渗透变形试验进行7组：砂砾石料3B1进行3组，垫层料2A1进行3组，垫层料2A1-砂砾石料3B1-排水体F组合料进行1组，依次编号为3B1-1、3B1-2、3B1-3、2A1-1、2A1-2、2A1-3、2A1-3B1-F。

砂砾石料3B1和垫层料2A1的6组渗透试验采用高为600mm的模型筒，试验装置参照图3-13(a)，所采用的渗透变形测试系统参照图3-12。砂砾石料3B1第一组不采用缩尺的级配，直接进行渗透试验，第二组、第三组采用等量替代法后的缩尺级配；垫层料2A1直接进行渗透试验，不需进行缩尺。

组合料渗透试验采用高为800mm的模型筒，试验装置参照图3-13(b)，所采用的渗透变形测试系统参照图3-12。砂砾石料3B1层采用缩尺的级配，垫层料

2A1 和排水体 F 层不进行缩尺，直接加料进行水力过渡稳定性试验。

具体试验方案见表 3-7。

表 3-7　渗透试验方案

序号	编号		最大粒径/mm	备注
1	砂砾石料	3B1-1	200	—
2		3B1-2	80	采用缩尺级配
3		3B1-3	80	采用缩尺级配
4	垫层料	2A1-1	80	—
5		2A1-2	80	—
6		2A1-3	80	—
7	组合料	2A1-3B1-F	200	砂砾石料采用缩尺级配

2. 试验说明

渗透试验采用烘干土料。试样模拟密度值见表 3-8。由于试验时砂砾石料 3B1 采用等量替代法进行缩尺，相对密度达不到 0.85，故试样密度采用平均密度 2.2g/cm^3，垫层料 2A1 采用试验模拟密度 2.29g/cm^3。

在进行砂砾石料 3B1 与垫层料 2A1 的渗透试验时，对每一种土料各取样 3 组制作模型，试样高 30cm，其中垫层料 2A1 选用 C1 料场 F 区的土料。过渡稳定性试验采用筛分料，垫层高 20cm，砂砾石料高 40cm，排水体高 10cm。制备试样时，首先在有机玻璃筒壁用等含水量的细料土层，以防止筒壁发生集中渗流。根据试验流量数据，绘制流速-渗透坡降双对数关系图，并结合现场目测，分析试验数据。

表 3-8　砂砾石料试样模拟密度值

试样名称		相对密度		相对密度要求	试验模拟密度/(g/cm^3)
		最小干密度/(g/cm^3)	最大干密度/(g/cm^3)		
2A1	平均级配	1.97	2.36	0.85	2.29
3B1	平均级配	1.98	2.36	0.85	2.20
覆盖层料	平均级配	1.90	2.31	0.75	2.19

3. 试验结果

1) 砂砾石料

砂砾石料 3B1-1 流速-渗透坡降双对数关系曲线如图 3-14 所示。可见，在点 1(J=0.243)和点 2(J=0.389)之间，曲线的斜率增大，说明试样内部颗粒出现细微的运动，并逐渐达到稳定，渗透系数 k 有所减小；点 2 和点 3 ($J=0.432$)之间，水头进一步增加，试样中细颗粒的运动加剧，渗透系数有所增大，但试样仍未发生明显的破坏；在点 3 处渗水开始微微变浑，有细土浮起，随后水头进一步增大，试样中颗粒的浮动也进一步增加，上层细砂粒开始跳动，当渗透坡降 J 达到 0.553 后，即在点 4 后，细粒土料大量浮起，成絮状并扩散至整个模型筒上层，试样中形成渗透通道，试样完全破坏。

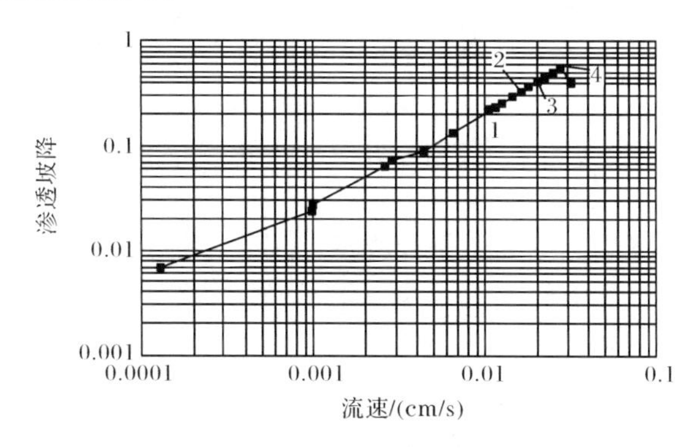

图 3-14　砂砾石料 3B1-1 流速-渗透坡降双对数关系曲线

砂砾石料 3 组土样的渗透变形过程近似，都经历四个阶段：试样未发生破坏—细颗粒浮动—形成渗漏通道—试样完全破坏，根据试验过程各阶段的现象及测量数据可以确定试样的渗透系数和临界渗透坡降，见表 3-9。砂砾石料 3 组土样渗透试验结果如图 3-15 所示。

表 3-9　砂砾石料渗透试验各阶段记录统计

编号	试样未发生破坏		细颗粒浮动		形成渗漏通道		试样完全破坏	
	J_{cr}	k/(cm/s)	J_{cr}	k/(cm/s)	J_{cr}	k/(cm/s)	J_{cr}	k/(cm/s)
3B1-1	0.243	3.79×10^{-2}	0.389	3.65×10^{-2}	0.432	5.16×10^{-2}	0.553	7.88×10^{-2}
3B1-2	0.303	2.31×10^{-2}	0.326	2.03×10^{-2}	0.516	3.19×10^{-2}	0.563	3.73×10^{-2}
3B1-3	0.263	2.92×10^{-2}	0.333	2.42×10^{-2}	0.426	3.53×10^{-2}	0.468	4.53×10^{-2}

2) 垫层料

垫层料 2A1-1 流速-渗透坡降双对数关系曲线如图 3-16 所示。此组试样的测试历经 40h，历时较长。由图可见，在点 1($J=0.624$)之前，曲线斜率基本不变；在点 1 与点 2($J=1.735$)之间，曲线斜率有所增大，试样渗透系数变小，结合目测，此时模型筒渗水中出现细小颗粒浮动，渗水开始出现微浑；在点 2 之后，试样上层细土浮起，渗水开始变得浑浊；在点 3($J=2.91$)处开始出现微粒跳动现象，曲线斜率变大，说明渗透系数变小，但未发生破坏；在点 3 以后，试样中多处出现颗粒跳动，渗水浑浊加深，在点 4($J=3.833$)处试样开始出现明显破坏，大量细料浮起，渗

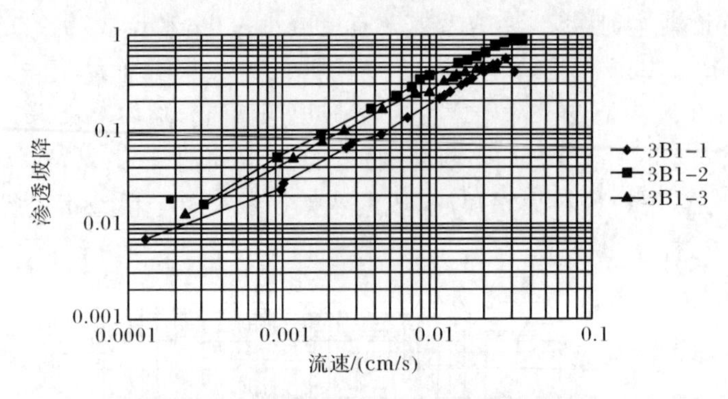

图 3-15　砂砾石料 3 组土样渗透试验结果

水非常浑浊；在点 4 以后，曲线斜率骤然减小，试样彻底破坏。需要说明的是，在点 3 之后，水箱抬高，测压管水位一直不稳定，故静置 12h，第二天早晨 8:00 继续测读数据，故出现点 3 拐点。

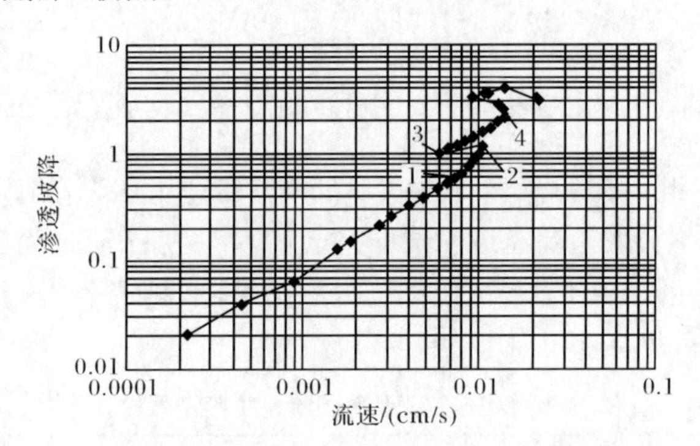

图 3-16　垫层料 2A1-1 流速-渗透坡降双对数关系曲线

垫层料 3 组试样渗透试验的渗透变形过程基本一致，也类似于砂砾石料渗透变形破坏的四个阶段：试样未发生破坏—细颗粒浮动—形成渗漏通道—试样完全破坏。根据试验过程各阶段的现象及测量数据可以确定试样的渗透系数和临界渗透坡降，见表 3-10。垫层料 3 组土样渗透试验结果如图 3-16 和图 3-17 所示。

表 3-10　垫层料渗透试验各阶段记录统计

编号	试样未发生破坏		细颗粒浮动		形成渗漏通道		试样完全破坏	
	J_{cr}	k/(cm/s)	J_{cr}	k/(cm/s)	J_{cr}	k/(cm/s)	J_{cr}	k/(cm/s)
2A1-1	0.624	1.33×10^{-2}	0.926	6.53×10^{-3}	3.330	3.31×10^{-3}	3.833	7.38×10^{-3}
2A1-2	0.653	5.13×10^{-3}	1.333	4.21×10^{-3}	1.785	4.43×10^{-3}	3.683	5.16×10^{-3}
2A1-3	0.668	8.21×10^{-3}	1.163	7.01×10^{-2}	1.827	7.68×10^{-2}	2.563	9.56×10^{-2}

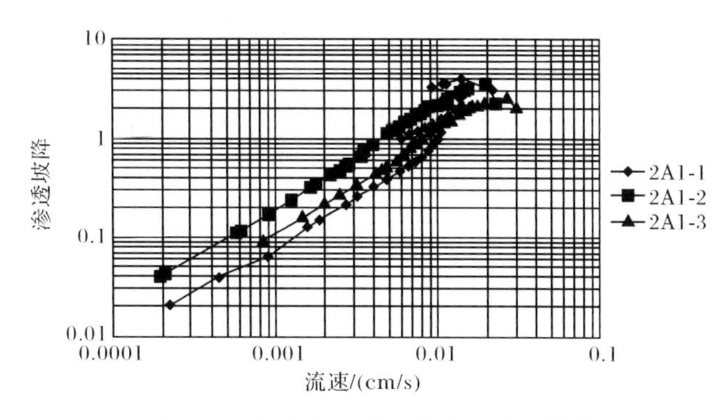

图 3-17 垫层料 3 组土样渗透试验结果

3) 水力过渡稳定性试验

本试验研究垫层料 2A1、砂砾石料 3B1、排水体 F 之间的水力过渡稳定性。模型装样高度垫层料为 20cm,砂砾石料为 40cm,排水体为 10cm。由于排水体颗粒粒径较大,透水性良好,试验发现排水体上下游测压管数值基本相同,说明排水体对渗透水头损失影响微弱,故主要研究垫层料 2A1、砂砾石料 3B1 及组合料的渗透特性。

垫层料 2A1、砂砾石料 3B1 和排水体 F 组合料流速-渗透坡降双对数关系曲线如图 3-18 所示。

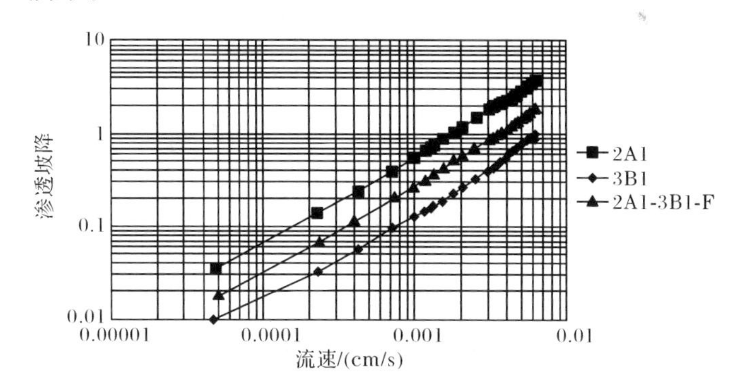

图 3-18 组合料渗透试验流速-渗透坡降双对数关系曲线

由图可见,从试验开始一直到试验结束,垫层料流速-渗透坡降双对数关系曲线的斜率基本保持不变,结合试验观察,垫层料在试验过程中一直很稳定,模型筒边壁上没有发生细粒移动现象。对于砂砾石料,在点 1($J=0.89$)之前,试样保持稳定,随着水头逐渐增大,渗水颜色逐渐加深,但可以清楚地看到上层排水体块石轮廓;在点 1 之后,砂砾石料的最上层出现细颗粒跳动现象,有细土浮出,在水面上形成云状浑浊体,5min 后浑浊体向周围扩散,渗水开始变浑;在点 2($J=0.95$)

处，砂砾石料中多处出现颗粒跳动，最上层出现泉眼翻滚现象，渗水浑浊加深，试样局部破坏；在水头进一步增大之后砂砾石料的渗透系数骤然变大，结合试验观察，此时砂砾石料中形成渗漏通道，通道中的细颗粒完全被冲走，露出大粒径骨料，砂砾石料彻底破坏。但此时，垫层料 2A1 仍保持稳定，渗透系数没有出现变化，试样中没有出现细粒跳动现象；继续加大水头，直到达到实验室所能施加的最大水头 4m 时，垫层料 2A1 仍然保持稳定，渗透系数也没有发生变化，说明在有保护的情况下，垫层料 2A1 的临界渗透坡降将大大增加。在本试验中，至试验室所能施加的最大水头时，垫层料 2A1 的渗透坡降已达 20，即其临界渗透坡降大于 20。

试验结束后，取出砂砾石料与垫层料，烘干后再进行筛分试验，对比试验前土样的筛分曲线，发现垫层料与砂砾石料中细粒含量均减少，砂砾石料中粒径小于 0.1mm 的颗粒完全缺失，说明在试验过程中垫层料的细颗粒部分随水流流至砂砾石料中，砂砾石料发生颗粒重组，随着水头增大，砂砾石料发生渗透破坏，其中的细料随水流流失。

第 4 章　多孔介质渗流场有限元分析

复杂工程渗流问题的偏微分方程求解往往只能采用数值解法，目前应用广泛的主要有两大类：一类是有限差分法（finite difference method，FDM），其优点是原理易懂，算式简单，有较成熟的理论基础，缺点是往往局限于规则的差分网格，对曲线边界和渗透介质的各向异性模拟比较困难；另一类是有限单元法（finite element method，FEM），也是目前应用最为广泛的数值求解方法，具有单元形式丰富、单元尺度任意、计算精度高、边界适应性强等优点。有限元法一词最早是 1960 年 Clough 在其计算结构分析的论文中首先提出的，后普及至固体力学领域，也逐渐被应用到渗流计算领域中。其中，1965 年 Zienkiewicz 和 Cheung 发表的求解拟调和微分方程的论文，使有限元法在稳定渗流领域得到广泛应用。到了 20 世纪 70 年代，有限元法相继扩展到求解随时间变化的非稳定渗流问题、非饱和渗流问题、岩体裂隙渗流问题以及渗流和应力耦合问题。

4.1　有限元法基本理论

4.1.1　插值函数及等参单元

有限元法将场函数表示为多项式的形式，然后利用节点条件，将多项式中的待定参数表示为场函数的节点值和单元几何的函数，从而将场函数表示为其节点插值形式的多项式。一般来说，单元类型和形状的选择依赖于结构或总体求解域的几何特点、方程的类型和求解精度等因素，而有限元的插值函数（形函数）则取决于单元的形状、节点的类型和数目等因素[51]。

单元场函数的插值函数为

$$h = \sum_{i=1}^{M} N_i h_i \tag{4-1}$$

式中：M 为一个单元的节点数；N_i 为单元插值函数，又称为形函数；h_i 为单元节点的函数值。

有限元法中，随着单元节点数目的增加，插值函数的次数随之增加，用于实际问题的分析时可达到的精度也随之提高。对于一个给定问题的求解域，预期用较少的单元即可获得所需精度的解答。但是用较少的形状规则的单元离散几何形状比较复杂的求解域时常会遇到困难，因此需要寻找适当的方法将规则形状的单元转化为相应的边界为曲线或曲面的单元。在有限元法中最普遍采用的变换方法是等参变换，即单元几何形状和单元内场函数采用相同数目的节点参数及相同的插值函数进行变换。采用等参变换的单元称为等参单元。借助等参单元可以方便地对任意几何形状的工程问题和物理问题进行有限单元离散。

对于三维工程渗流问题，有限元计算网格剖分时常采用8节点六面体等参单元、6节点五面体等参单元和4节点四面体等参单元，如图4-1所示。

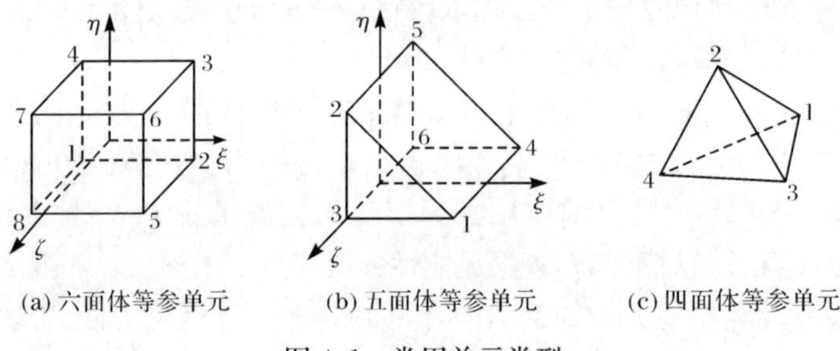

图4-1 常用单元类型

8节点六面体等参单元的形函数为

$$N_i=\frac{1}{8}(1+\xi_i\xi)(1+\eta_i\eta)(1+\zeta_i\zeta), \quad i=1,2,\cdots,8 \tag{4-2}$$

6节点五面体等参单元的形函数为

$$\begin{aligned} N_i&=\frac{1}{2}(1+\xi_i\xi)\xi, \quad i=1,4 \\ N_i&=\frac{1}{2}(1+\xi_i\xi)\eta, \quad i=2,5 \\ N_i&=\frac{1}{2}(1+\xi_i\xi)(1-\xi-\eta), \quad i=3,6 \end{aligned} \tag{4-3}$$

4节点四面体等参单元的形函数为

$$\begin{aligned} N_1&=\frac{1}{4\sqrt{2}}\left(\sqrt{2}-\frac{2}{3}\sqrt{3}\xi-2\sqrt{2}\eta-\frac{2}{3}\sqrt{6}\zeta\right) \\ N_2&=\frac{1}{4\sqrt{2}}\left(\sqrt{2}-\frac{2}{3}\sqrt{3}\xi+2\sqrt{2}\eta-\frac{2}{3}\sqrt{6}\zeta\right) \\ N_3&=\frac{1}{4\sqrt{2}}\left(\sqrt{2}-\frac{2}{3}\sqrt{3}\xi+\frac{4}{3}\sqrt{6}\zeta\right) \\ N_4&=\frac{1}{4\sqrt{2}}\left(\sqrt{2}+\frac{2}{3}\sqrt{3}\xi\right) \end{aligned} \tag{4-4}$$

4.1.2 有限元法的求解步骤

有限元法是采用分块逼近手段来求解偏微分方程的一种数值方法。主要求解步骤如下：

(1) 构造泛函表达式。根据变分原理,构造与微分方程初值问题和边值问题等价的泛函表达式,即将偏微分方程的定解问题转化为相应泛函的变分问题。

(2) 计算域网格剖分。根据求解区域的形状及实际问题的物理特点,将区域剖分为若干相互连接、不重叠且具有一定几何形状的单元,即计算域有限元网格的离散化。

(3) 形成单元渗透矩阵。选取以单元节点水头为函数值的插值函数,将各单元中的求解函数用插值函数的线性组合逼近变分泛函方程中的水头函数,求出单元渗透矩阵。

(4) 形成整体渗透矩阵。由单元渗透矩阵组合成整体渗透矩阵,并代入定解条件,得出整个求解区域的有限元方程。

(5) 求解有限元方程。求解线性代数方程组,得到各节点水头值,继而求解渗透坡降和渗流量。

(6) 结果后处理。将得到的水头值绘制成等值线图。

4.1.3 有限元网格生成技术

利用有限元法进行数值模拟,首先需要根据计算对象和计算内容及要求,对计算区域进行有限元离散,生成节点、单元、边界、材料等计算信息,此项工作又称为有限元法前处理。这项工作的难度和强度会随着计算对象尺寸规模的增大而迅速增大,也会随着计算对象结构形状复杂性和不均匀性的增强而急剧提高。

通常水利工程、尾矿工程等规模很大,尤其是高坝,计算范围巨大,建筑结构和地质条件复杂;计算区域内还包括断层、面板、防渗墙、洞室、防渗帷幕、土工膜、衬砌、排水孔、盲沟、褥垫、席垫等尺寸细小的防渗结构和排水结构。因此,计算区域的有限元离散难度和强度都很大,需要一种有效的有限元网格剖分生成技术。这里介绍一种相当有效的有限元网格生成方法,称为控制断面超单元自动剖分法,并给出算例进行简要说明。

1) 控制断面超单元自动剖分法

控制断面超单元自动剖分法的主要内容和步骤如下:

(1) 确定需要模拟的结构。深入细致地分析计算区域内各种地质结构和建筑结构以及计算内容与要求,在满足计算要求的前提下进行必要的简化,确定需要考虑的建筑结构和地质构造。

(2) 建立计算坐标系。根据一般原则以及计算内容和要求,确定计算坐标系。一般采用笛卡儿坐标系,且垂直坐标直接取高程,以便于位势(等势线)、浸润面和地下水位等计算结果整理。

(3) 确定计算域范围。依据渗流分析的一般原则和计算要求,确定计算模型截取边界。计算域边界一般应取分水岭和隔水边界,在分水岭和隔水边界太远或不明确的情况下，截断边界需要取足够远，以使所研究结构和区域的渗流场不受影响或者影响足够小。

(4) 建立控制断面。依据由复杂到简单、由中央到外围的原则，规划布置控制断面。控制断面可以是平面，也可以是折面或扭面，需要兼顾建筑结构和地质构造；控制断面宜取结构复杂的剖面，一般布置在结构和地质条件变化的部位，全面反映各种结构和地质条件变化。

(5) 建立超单元模型。按照有限元法单元剖分的生成规则，离散每一个控制断面，将相邻控制断面连接起来，使计算域形成三维超单元，并设定边界类型，生成超单元模型。控制断面上的超单元通常以边界突变位置和材料分区边界作为分界，最大限度地减少超单元数量；超单元形态需要兼顾加密剖分后有限单元的形态和尺寸。

加密剖分前的超单元实际上就是尺寸较大的有限单元，其生成规则完全等同于有限单元。但是两者仍有一点不同，对于不同的分区，超单元模型的节点编号可以不连续，部分节点可以没有任何一个超单元使用，只要各节点坐标正确即可，而有限元模型的节点编号一般是连续的，每一个节点都应由有限单元使用。

(6) 设定加密剖分信息。针对每一个超单元，按照有限单元的剖分规则，设定超单元再次加密剖分的信息。由于超单元具有相似性，其加密剖分信息也相似，因此可以采用文本复制技术设定每个超单元的加密剖分信息，以提高工作速度，减少重复工作和出错概率。

(7) 生成有限元网格信息。采用有限元网格超单元自动剖分技术和自编的自动剖分程序对超单元模型进行加密剖分，生成三维有限元网格信息，包括单元信息、节点信息和边界信息。

在超单元尺寸较小的情况下，超单元模型即有限元模型。因此，对于具有非常复杂的建筑结构和地质条件的局部区域，可以直接剖分形成有限元网格，并设定加密剖分信息为不再加密，则可与其他分区的超单元模型加密剖分后整合连接形成整体有限元网格。

(8) 优化有限元模型信息。采用有限元网格信息优化技术以及自编的计算程序，对超单元自动剖分生成的网格信息和边界信息进行优化，以减小有限元法代数方程组中刚度矩阵的半带宽和计算机存储容量，提高求解速度和效率。

有限元模型信息优化主要采用两种方法：一种是中心优化方法，该方法以某一给定的点为中心，以与该点的距离由小到大为原则，对有限元网格节点重新编号；另一种是断面优化方法，该方法先将节点某一方向的坐标按由小到大分成区段，再以各区段内最小坐标的节点为中心、以与该点的距离由小到大为原则，对有限元网格节点重新编号。前者中心点通常可取为有限元模型的某一边角节点，后者分区段的方向通常取为断面数量最多的方向。断面优化方法适用于有限元模型某一方向断面数量大、单个断面上节点较少且断面较为规则的情况，如面板坝。

(9) 确定边界条件。针对优化后的有限元模型，将边界信息按照计算水力条件进行分类，设定求解问题的边界条件。对于稳定渗流问题，通常有已知水头边界、出渗边界、不透水边界和已知流量边界；对于非稳定渗流问题，除了已知水头边界、出渗边界、不透水边界和已知流量边界以外，还有在水头边界和出渗边界、不透水边界、已知流量边界之间相互转换的边界。

在ANSYS、MARC、FLAC等软件中也采用超单元自动剖分技术。虽然从原理来说，控制断面超单元自动剖分法与这些软件的有限元网格剖分技术并无实质区别，但是在实际工程应用时，控制断面超单元自动剖分法体现出了显著的优点，主要包括以下几个方面：

(1) 建立控制断面主要由人工完成，计算者可以十分清楚地了解计算域内的建筑结构和地质条件，并控制其信息符合实际情况，有利于判断和评价计算结果的合理性。

(2) 利用控制断面形成超单元模型的节点和单元信息，其大量的工作可以由多人同时工作合作完成，速度较快。

(3) 对于剖分信息相同的超单元，其剖分信息的赋值可通过简单的数据复制完成，工作效率大幅提高。而在图形界面的商业软件中，这种赋值需在屏幕上对每个超单元一一选定后才能进行，操作费时费力，且容易发生错误。

(4) 计算时所需的各类边界条件可以在形成超单元的过程中给定。由于超单元数量很少，且对边界条件相同的超单元，其边界条件的赋值也可通过简单的数据复制来完成，因此设定边界条件所需的时间大幅减少。而在商业软件中，需待网格剖分完成后才能设定边界条件，由于单元数量大，这部分工作量大，需要较长时间。

(5) 由于超单元自动剖分过程对超单元的要求较低，其形态无太多的限制，因此对于复杂的建筑结构和地质构造，有利于在形成超单元时予以较好的反映。尤其是针对某些特殊分区可以直接剖分有限元网格，而其他分区采用超单元自动剖分，十分方便灵活。

2) 算例

(1) 工程概况。

巴基斯坦Jinnah引水闸位于印度河，建成于1945年，是Thal灌溉工程的首部枢纽工程，其作用是抬高河水位给Thal灌溉工程供水。

Jinnah水电站位于Jinnah灌溉引水闸的右岸，利用Jinnah灌溉引水闸形成的水位落差，开挖明渠引水，修建厂房发电。枢纽工程由引水渠、厂房、尾水渠和开关站等组成。上游设计最高水位211.50m，正常蓄水位211.50m。径流式电站装机容量 96MW,最大水头 6m,设计水头 4.8m,最小水头 3.2m,水轮发电机组采用 8 台“Pit”型贯流机组,水电站额定引用流量为 $2400m^3/s$。

厂房区为砂砾石基础,地下水埋深约 2m,砂砾石层的渗透系数为0.1～0.16cm/s。为了保证混凝土浇筑和厂房地基处理干地施工条件,需对厂房地基及基坑施工期抽排水系统进行渗流计算分析,确定相应的防渗、抽水和排水措施,确保厂房地基不会发生渗流破坏,工程施工顺利安全进行。

工程区位于 Mianwali 沉积槽北端,原印度河主河床,地层主要为第四系全新统(Q_4)河流冲积层,地形平坦,起伏差小,厂房区地面高程为 208.00～210.00m。厂房基础开挖工作分为四个阶段:第一阶段开挖地表排水沟(该排水沟主要为排除地表水,降低大流量时的地下水位,为旋喷操作平台创造条件)和厂房基坑积水抽排引渠;第二阶段从地表高程开挖至旋喷操作平台,开挖高程为 209.00～204.00m;第三阶段从旋喷操作平台高程开挖至井群抽水操作平台,开挖高程为 204.00～194.00m;第四阶段从井群抽水操作平台高程开挖至建基面,开挖高程为 194.00～187.00m,并在建基面四周设排水沟以排除建基面积水。施工期基坑开挖平面布置图和边坡剖面图如图 4-2 所示。

(2) 有限元网格。

基坑关于厂房动力渠道中心面基本对称,且地质条件也满足对称性,因此可以取一半基坑建立三维有限元模型进行计算分析。

如果采用以线代井法或者排水井子结构法模拟排水井,则根据控制断面布置原则和建立方法,取三个控制断面即可生成超单元,如图 4-3 所示,其中不包括截断边界的控制断面 1,如图 4-4 所示。

控制断面 1:基坑沿动力渠道轴线纵剖面,图 4-3 中 1—1′断面,该面是对称面,满足渗流不透水边界条件。

控制断面 2:基坑上下游边坡与左岸边坡的相交线、左岸边坡与基坑底面的相交线构成的垂直面,即图 4-3 中 2—3—3′—2′断面。

控制断面 3:模型左岸截断边界,即图 4-3 中 2—2′断面。

根据计算要求,计算模型范围为:沿印度河方向,至基坑外边线外,再各向外取 200m;垂直印度河方向,至基坑外边线外,再各向外取 350m;覆盖层深度取 100m。这样,确定计算坐标系和有限元模型的范围为:X 轴,取平行于动力渠道(印度河),沿顺水流方向为正,基坑外侧取约 350m,即沿厂房轴线上游侧截至$X=-450m$,下游侧截至 $X=465m$;Y 轴,取平行于厂房轴线,垂直印度河,指向印度河方向为正,基坑外侧取 200m,即靠印度河侧截至 $Y=350m$;Z 轴,以高程为坐标,取基坑底面以下 100m,即截至高程 87.00m。

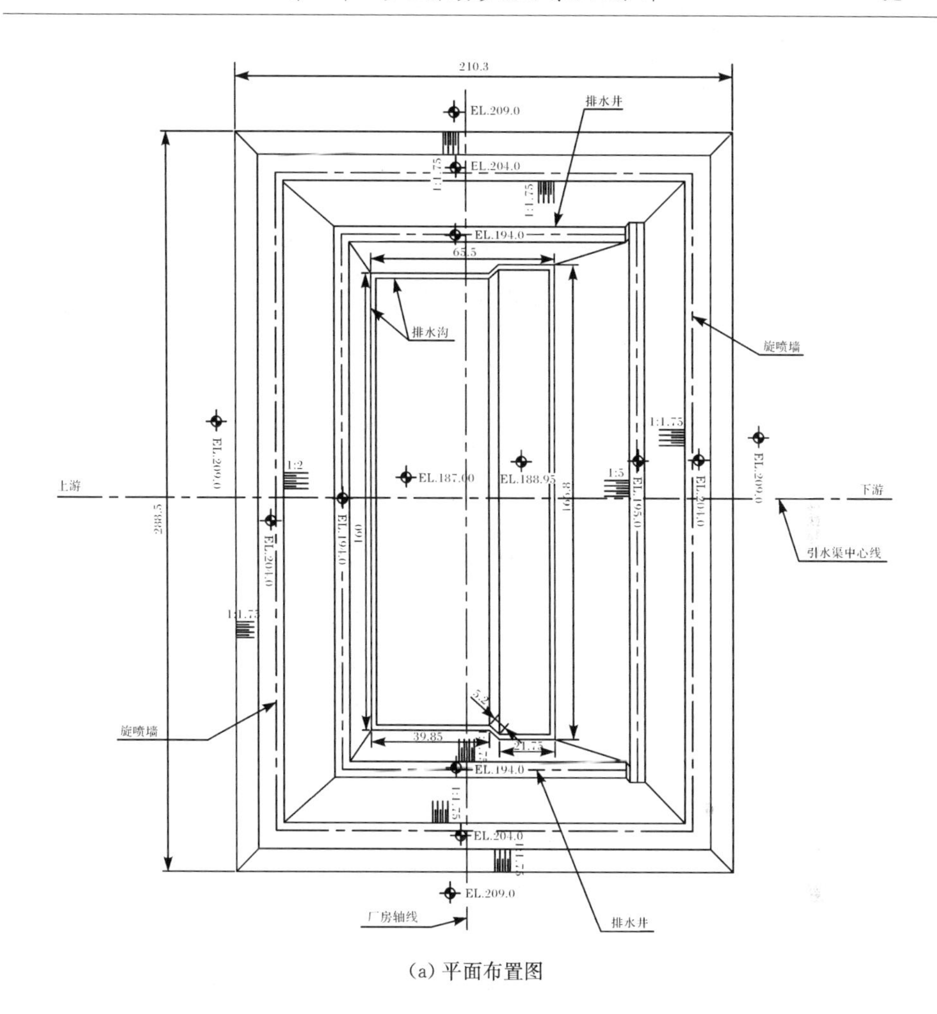

(a) 平面布置图

(b) 边坡剖面图

图 4-2　施工期基坑开挖平面布置图和边坡剖面图(单位:m)

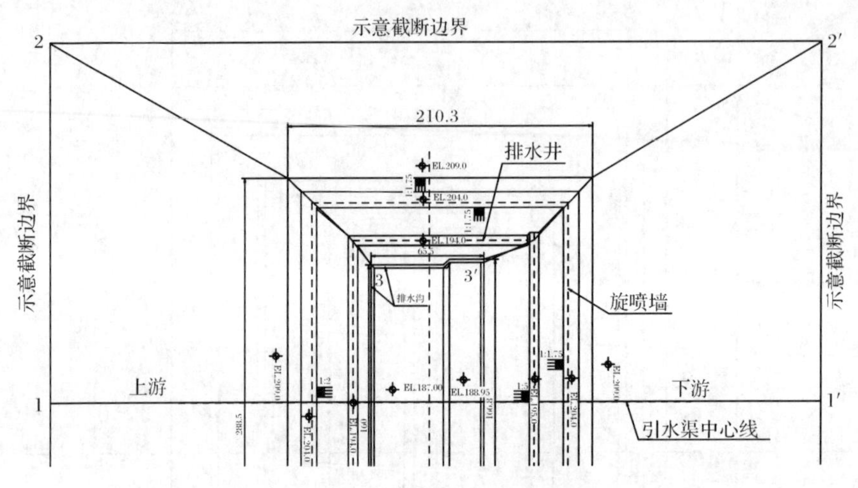

图 4-3　控制断面布置示意图(单位:m)

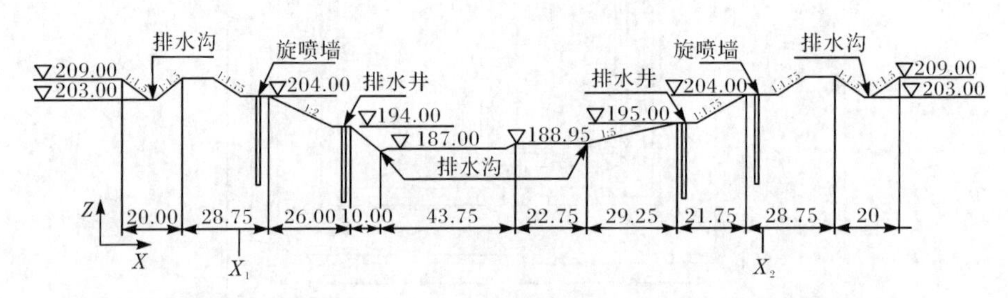

图 4-4　控制断面 1(基坑沿动力渠道轴线纵剖面)示意图(单位:m)

有限元模型考虑了可能影响厂房基坑渗流场的主要地质构造和边界,模拟了厂房基坑几何形状和防渗排水系统。首先离散控制断面,形成计算域超单元模型,其节点数为 204 个,超单元数为 128 个;然后设定超单元加密剖分信息,进行超单元加密剖分,生成计算模型有限元网格,其节点数为 43456 个,单元数为 39247 个。施工期厂房基坑三维有限元网格如图 4-5 所示。

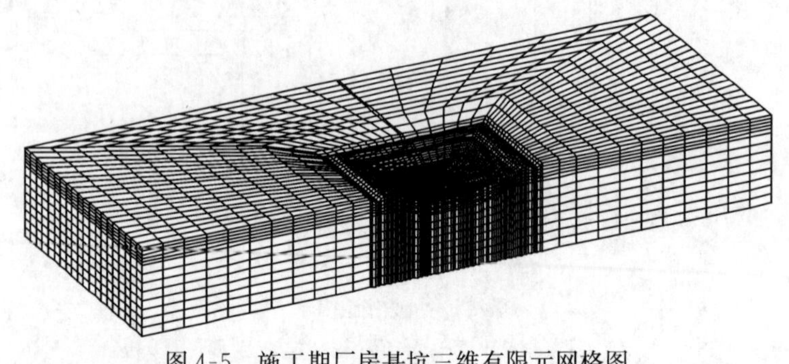

图 4-5　施工期厂房基坑三维有限元网格图

4.2　变分原理及其应用

工程渗流有限元法常利用变分原理将渗流基本微分方程及其边界条件转变为泛函极值问题，它是一种分块近似法的应用，即把研究区域划分为有限个单元，单元内用连续的分片插值函数建立单元局部方程，然后依靠节点将所有单元集合为整体，形成代数方程组后进行求解。稳定渗流场有限元方程的一般形式为

$$[K]\{h\}=\{f\} \tag{4-5}$$

式中：$[K]$为渗透矩阵；$\{h\}$为未知水头列向量；$\{f\}$为已知水头节点贡献列向量。

以代数方程组(4-5)得到的水头解近似作为原渗流偏微分方程的解，计算精度主要取决于离散的计算域对原区域的模拟精度、单元内分片插值对实际渗流场的模拟精度和代数方程组的求解精度。

4.2.1　泛函与变分原理

变分学是微积分学中函数极值问题的发展，其基本思想是将求解微分方程问题转化为求解与之等价的求泛函极值问题。在应用变分原理之前，必须先对泛函有所掌握。泛函的概念可以通过对函数的引申及其对比来解释。

若某一域内任一自变量 x 有一个因变量 y 与之对应，这种自变量与因变量的对应关系称为函数，记为 $y=\varphi(x)$。可见，函数是实数空间到实数空间的映射。与之类似，将自变量与函数的概念进行延伸，可得泛函的概念。如果对于某一类函数 $\varphi(x)$，就有一个变量 I 与之对应，则 I 称为依赖于函数 $\varphi(x)$ 的泛函，记为[31]

$$I=I[\varphi(x)] \tag{4-6}$$

因此，泛函是函数空间到实数空间的映射。简单地说，泛函就是函数的函数。泛函的自变量是函数，称为宗量。泛函一般具有明确的物理意义，例如，外力作用下变形的总势能，水头差产生的流速所做的功都是泛函。下面以平面内任意两点之间曲线的长度问题为例进行阐述。

如图 4-6 所示，设 x-$\varphi(x)$平面内有给定的两点 A 和 B，连接 A、B 两点的曲线有很多条，任一曲线的长度为

$$L=I[\varphi(x)]=\int_a^b \sqrt{1+(\partial\varphi/\partial x)^2}\,\mathrm{d}x \tag{4-7}$$

显然长度 L 依赖于曲线的形状，也就是依赖于函数 $\varphi(x)$ 的形式。因此，长度 L 就是函数 $\varphi(x)$ 的泛函。

在引入泛函的变分之前，先回顾一下函数的微分。若对自变量 x 给定微小增量 $\mathrm{d}x$，函数 $\varphi(x)$ 也有对应的微小增量 $\mathrm{d}\varphi(x)$，则增量 $\mathrm{d}\varphi(x)$ 称为函数 $\varphi(x)$ 的微分，即

$$\mathrm{d}\varphi(x)=\varphi(x+\mathrm{d}x)-\varphi(x)=\varphi'(x)\mathrm{d}x \tag{4-8}$$

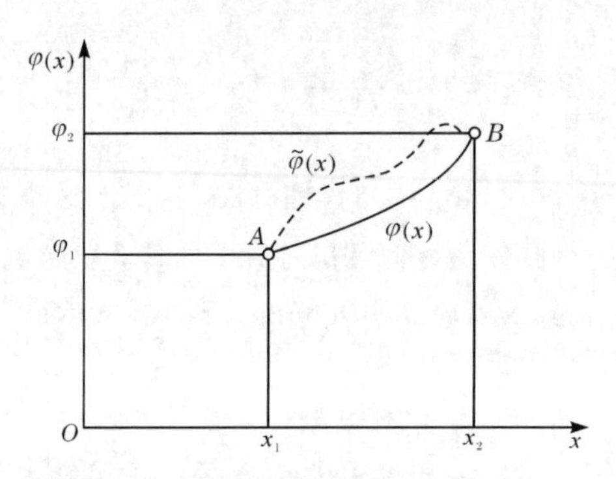

图 4-6　平面内任意两点之间的曲线

图 4-6 中若固定 A、B 两点位置，但连接 A、B 两点曲线位置发生改变，设相应的曲线长度函数分别为 $\varphi(x)$ 和 $\tilde{\varphi}(x)$，由此引起的差值称为曲线长度函数 $\varphi(x)$ 的变分，即

$$\delta\varphi=\tilde{\varphi}(x)-\varphi(x) \tag{4-9}$$

式中：$\tilde{\varphi}(x)$ 为 $\varphi(x)$ 的邻域函数；δ 为变分符号。可见函数的变分为函数的差值。

当 $\varphi(x)$ 发生变分 $\delta\varphi$ 时，导数 $\varphi'(x)$ 也将产生变分 $\delta\varphi'$，它等于新函数的导数与原函数的导数之差，即

$$\delta\varphi'=\tilde{\varphi}'(x)-\varphi'(x) \tag{4-10}$$

由式(4-9)得

$$(\delta\varphi)'=\tilde{\varphi}'(x)-\varphi'(x) \tag{4-11}$$

可见 $\delta\varphi'=(\delta\varphi)'$，也就是说导数的变分等于变分的导数，两种运算可以互换次序。

一般情况下，一元泛函的表达式为

$$I[\varphi(x)]=\int F(x,\varphi,\varphi')\mathrm{d}x \tag{4-12}$$

若泛函的自变量函数 $\varphi(x,y)$ 为二元函数，则泛函的表达式为

$$I[\varphi(x,y)]=\iint F(x,y,\varphi,\varphi_x,\varphi_y)\mathrm{d}x\mathrm{d}y \tag{4-13}$$

对于多元函数 $\varphi(x,y,\cdots,z)$，则泛函的表达式为

$$\begin{aligned}I&=I[\varphi(x,y,\cdots,z)]\\&=\iiint\cdots\int f(x,y,\cdots,z,\varphi(x,y,\cdots,z),\varphi_x,\varphi_y,\cdots,\varphi_z)\mathrm{d}x\mathrm{d}y\cdots\mathrm{d}z\end{aligned} \tag{4-14}$$

在介绍变分的极值问题之前，作为类比，依然先介绍函数的极值问题。如果函数 $\varphi(x)$ 在 $x=x_0$ 邻域任一点上的值都不大于或不小于 $\varphi_0(x)$，即

$$\varphi(x)-\varphi(x_0)\leqslant 0 \quad 或 \quad \varphi(x)-\varphi(x_0)\geqslant 0 \tag{4-15}$$

则称函数 $\varphi(x)$ 在 $x=x_0$ 处达到极大值或极小值，而必要的极值条件为 $\dfrac{\mathrm{d}\varphi}{\mathrm{d}x}=0$ 或

$d\varphi=0$。

对于泛函 $I[\varphi(x)]$ 也可以通过分析得出相似的结论：如果泛函 $I[\varphi(x)]$ 在 $\varphi(x_0)$ 的邻域任一函数 $\varphi(x)=\varphi(x_0)+\delta\varphi$ 的值都不大于或都不小于 $I[\varphi_0(x)]$，也就是

$$I[\varphi(x)]-I[\varphi_0(x)]\leqslant 0 \quad 或 \quad I[\varphi(x)]-I[\varphi_0(x)]\geqslant 0 \tag{4-16}$$

则称 $\varphi_0(x)$ 使泛函 $I[\varphi(x)]$ 取极大值或极小值，而必要的极值条件为

$$\delta I=0 \tag{4-17}$$

函数 $\varphi_0(x)$ 称为泛函 $I[\varphi(x)]$ 的极值函数。

泛函极值问题即为变分问题，而变分法主要就是研究如何求泛函极值的方法。泛函的极值条件(4-17)又称为泛函的驻值条件。与函数极值问题类似，为了判别泛函是否真正能取极值还需要考虑充分条件。如果除满足取极值的必要条件(4-17)以外，还满足 $\delta^2 I>0$，则泛函必取极小值；若 $\delta^2 I<0$，则泛函必取极大值。这里的 $\delta^2 I$ 是泛函 $I[y(x)]$ 的二阶变分，其定义如下：

$$\delta^2 I=\frac{1}{2}\int_a^b\left[\left(\delta y\frac{\partial}{\partial y}+\delta y'\frac{\partial}{\partial y'}\right)^2 f\right]dx \tag{4-18}$$

对于有些问题，根据问题本身的性质就可以知道所求驻值函数(满足驻值条件 $\delta I=0$ 的函数)就是极值函数，甚至可以知道所取极值是最小值或最大值，这时就不必利用充分条件再做判断[31]。

下面以式(4-13)所示的二维泛函为例，推求相泛函变分问题的欧拉方程及自然边界条件。给函数 φ、φ_x、φ_y 分别赋予变分增量，则函数 F 的变函数 $\widetilde{F}$ 为

$$\widetilde{F}=\widetilde{F}(x,y,\varphi+\delta\varphi,\varphi_x+\delta\varphi_x,\varphi_y+\delta\varphi_y) \tag{4-19}$$

对式(4-19)进行泰勒级数展开，略去高次项，得

$$\widetilde{F}=F(x,y,\varphi,\varphi_x,\varphi_y)+\frac{\partial F}{\partial\varphi}\delta\varphi+\frac{\partial F}{\partial\varphi_x}\delta\varphi_x+\frac{\partial F}{\partial\varphi_y}\delta\varphi_y \tag{4-20}$$

函数 F 的变分为

$$\delta F=\widetilde{F}-F=\frac{\partial F}{\partial\varphi}\delta\varphi+\frac{\partial F}{\partial\varphi_x}\delta\varphi_x+\frac{\partial F}{\partial\varphi_y}\delta\varphi_y \tag{4-21}$$

变分运算可与微分运算互换，式(4-21)转化为

$$\delta F=\frac{\partial F}{\partial\varphi}\delta\varphi+\frac{\partial F}{\partial\varphi_x}\frac{\partial}{\partial x}(\delta\varphi)+\frac{\partial F}{\partial\varphi_y}\frac{\partial}{\partial y}(\delta\varphi) \tag{4-22}$$

利用变分运算与积分运算的互换性，泛函 $I[\varphi(x,y)]$ 的变分可通过先对函数 F 求变分，再进行积分来计算，即

$$\delta I[\varphi(x,y)]=\int\delta F dxdy=\int\left[\frac{\partial F}{\partial\varphi}\delta\varphi+\frac{\partial F}{\partial\varphi_x}\frac{\partial}{\partial x}(\delta\varphi)+\frac{\partial F}{\partial\varphi_y}\frac{\partial}{\partial y}(\delta\varphi)\right]dxdy \tag{4-23}$$

用分部积分公式和格林公式对式(4-23)进行代换，并令 $\delta I(\varphi)=0$，可得

$$\int_{\Gamma}\delta\varphi\left[\frac{\partial F}{\partial\varphi_x}\cos(n,x)+\frac{\partial F}{\partial\varphi_y}\cos(n,y)\right]\mathrm{d}\Gamma+\int_{\Omega}\delta\varphi\left[\frac{\partial F}{\partial\varphi}-\frac{\partial}{\partial x}\left(\frac{\partial F}{\partial\varphi_x}\right)-\frac{\partial}{\partial y}\left(\frac{\partial F}{\partial\varphi_y}\right)\right]\mathrm{d}x\mathrm{d}y=0 \tag{4-24}$$

由于 $\delta\varphi$ 取值任意，因此要使式(4-18)成立，在计算域 Ω 和边界 Γ 上必有

$$\frac{\partial F}{\partial\varphi}-\frac{\partial}{\partial x}\frac{\partial F}{\partial\varphi_x}-\frac{\partial}{\partial y}\frac{\partial F}{\partial\varphi_y}=0 \tag{4-25}$$

$$\left[\frac{\partial F}{\partial\varphi_x}\cos(n,x)+\frac{\partial F}{\partial\varphi_y}\cos(n,y)\right]_{\Gamma}=0 \tag{4-26}$$

式(4-25)为泛函式(4-13)取极值的必要条件的微分方程，称为欧拉方程。也就是说，如果函数 φ 能使泛函式(4-13)取极值，则 φ 满足式(4-25)。因此，泛函极值问题与相应的微分方程的求解等价。此外，式(4-26)是变分过程中自然形成的边界条件，因此称为自然边界条件。上述推导是针对一般问题得到的。若对于渗流问题，式(4-26)是二维渗流问题的零流量边界，即不透水边界。可见，不透水边界在渗流场求解时可以自动满足，无须进行专门设置，即未设置的边界自动满足不透水边界条件。

类似地，对于一维泛函，其变分为

$$\begin{aligned}\delta I[\varphi(x)]&=\int_a^b\left(\frac{\partial f}{\partial\varphi}\delta\varphi+\frac{\partial f}{\partial\varphi'}\delta\varphi'\right)\mathrm{d}x\\&=\int_a^b\frac{\partial f}{\partial\varphi}\delta\varphi\mathrm{d}x+\frac{\partial f}{\partial y'}\delta\varphi\bigg|_a^b-\int_a^b\delta y\left(\frac{\mathrm{d}}{\mathrm{d}x}\frac{\partial f}{\partial\varphi'}\right)\mathrm{d}x\\&=\int_a^b\delta\varphi\left(\frac{\partial f}{\partial\varphi}-\frac{\mathrm{d}}{\mathrm{d}x}\frac{\partial f}{\partial\varphi'}\right)\mathrm{d}x\\&=0\end{aligned} \tag{4-27}$$

由 δy 的任意性可得

$$\frac{\partial f}{\partial\varphi}-\frac{\mathrm{d}}{\mathrm{d}x}\frac{\partial f}{\partial\varphi'}=0 \tag{4-28}$$

式(4-28)为一维问题的欧拉方程。

同样，对于空间三维问题，泛函 $I(\varphi)$ 的变分为

$$\begin{aligned}\delta I[\varphi(x,y,z)]&=\iiint_{\Omega}\delta F(x,y,z,\varphi,\varphi_x,\varphi_y,\varphi_z)\mathrm{d}\Omega\\&=\iiint_{\Omega}\left(\frac{\partial F}{\partial\varphi}\delta\varphi+\frac{\partial F}{\partial\varphi_x}\delta\varphi_x+\frac{\partial F}{\partial\varphi_y}\delta\varphi_y+\frac{\partial F}{\partial\varphi_z}\delta\varphi_z\right)\mathrm{d}x\mathrm{d}y\mathrm{d}z\\&=\iiint_{\Omega}\delta\varphi\left(\frac{\partial F}{\partial\varphi}-\frac{\partial}{\partial x}\frac{\partial F}{\partial\varphi_x}-\frac{\partial}{\partial y}\frac{\partial F}{\partial\varphi_y}-\frac{\partial}{\partial z}\frac{\partial F}{\partial\varphi_z}\right)\mathrm{d}x\mathrm{d}y\mathrm{d}z\\&\quad+\iint_{\Gamma}\delta\varphi\left[\frac{\partial F}{\partial\varphi_x}\cos(n,x)+\frac{\partial F}{\partial\varphi_y}\cos(n,y)+\frac{\partial F}{\partial\varphi_z}\cos(n,z)\right]\mathrm{d}\Gamma\\&=0\end{aligned} \tag{4-29}$$

由 $\delta\varphi$ 的任意性,可得三维问题的欧拉方程与自然边界条件,即

$$\frac{\partial F}{\partial \varphi}-\frac{\partial}{\partial x}\frac{\partial F}{\partial \varphi_x}-\frac{\partial}{\partial y}\frac{\partial F}{\partial \varphi_y}-\frac{\partial}{\partial z}\frac{\partial F}{\partial \varphi_z}=0 \tag{4-30}$$

$$\left[\frac{\partial F}{\partial \varphi_x}\cos(n,x)+\frac{\partial F}{\partial \varphi_y}\cos(n,y)+\frac{\partial F}{\partial \varphi_z}\cos(n,z)\right]_{\Gamma}=0 \tag{4-31}$$

通过上述变分法相关知识的简单介绍,再以图4-6中连接 A 和 B 两点的曲线长度问题为例介绍泛函变分的简单应用。为了求得最小长度的曲线,只需对曲线长度泛函式(4-7)求变分,并令其为0,即

$$\delta I=\delta\int_{x_1}^{x_2}\sqrt{1+(\partial\varphi/\partial x)^2}\,\mathrm{d}x=\int_{x_1}^{x_2}\delta\left(\sqrt{1+(\partial\varphi/\partial x)^2}\right)\mathrm{d}x=0 \tag{4-32}$$

为使式(4-32)成立,只需将 $F=\sqrt{1+(\partial\varphi/\partial x)^2}$ 代入一维问题的欧拉方程(4-28)中,即

$$0-\frac{\mathrm{d}}{\mathrm{d}x}\left[\frac{\varphi'}{\sqrt{1+(\varphi')^2}}\right]=0 \tag{4-33}$$

式(4-33)的解为

$$\varphi(x)=C_1x+C_2 \tag{4-34}$$

式中:C_1 和 C_2 为积分常数,由已知边界条件 $\varphi(x_1)=\varphi_1$ 和 $\varphi(x_2)=\varphi_2$ 确定。

可见,A、B 两点之间的曲线长度泛函通过求极小值得到的函数 $\varphi(x)$ 确实为连接两点的直线方程。

4.2.2 变分原理应用

下面针对三维完全各向异性非稳定渗流问题,介绍变分原理在渗流场中的应用[31]。构造如下泛函:

$$I[h(x,y,z)]=\iiint_{\Omega}\left[\frac{1}{2}\sum_{i=1}^{3}\sum_{j=1}^{3}k_{ij}\frac{\partial h}{\partial x_i}\frac{\partial h}{\partial x_j}+\left(Q+S_s\frac{\partial h}{\partial t}\right)h\right]\mathrm{d}x\mathrm{d}y\mathrm{d}z-\int_{\Gamma}qh\,\mathrm{d}\Gamma \tag{4-35}$$

式中:$h(x,y,z)$ 为水头函数;k_{ij} 为渗透张量;Q 为区域内的源汇项;S_s 为单位储水量;q 为穿过边界 Γ 的单位流量,边界流量 q 是以外法线方向(出渗)为正,入渗为负。

根据泛函的一般表达式,式(4-35)中被积函数 F 为

$$F=\frac{1}{2}\sum_{i=1}^{3}\sum_{j=1}^{3}k_{ij}\frac{\partial h}{\partial x_i}\frac{\partial h}{\partial x_j}+\left(Q+S_s\frac{\partial h}{\partial t}\right)h \tag{4-36}$$

则

$$\frac{\partial F}{\partial h}=Q+S_s\frac{\partial h}{\partial t} \tag{4-37}$$

$$\frac{\partial F}{\partial(\partial h/\partial x)}=k_{xx}\frac{\partial h}{\partial x}+k_{xy}\frac{\partial h}{\partial y}+k_{xz}\frac{\partial h}{\partial z} \tag{4-38}$$

$$\frac{\partial F}{\partial(\partial h/\partial y)}=k_{yy}\frac{\partial h}{\partial y}+k_{yx}\frac{\partial h}{\partial x}+k_{yz}\frac{\partial h}{\partial z} \tag{4-39}$$

$$\frac{\partial F}{\partial(\partial h/\partial z)}=k_{zz}\frac{\partial h}{\partial z}+k_{zy}\frac{\partial h}{\partial y}+k_{zx}\frac{\partial h}{\partial x} \tag{4-40}$$

其中,式(4-38)～式(4-40)可合写为张量形式,即

$$\frac{\partial F}{\partial(\partial h/\partial x_i)}=k_{ij}\frac{\partial h}{\partial x_j} \tag{4-41}$$

式中:$k_{ij}\frac{\partial h}{\partial x_j}$为$x_i$轴方向的渗透流速;$\frac{\partial h}{\partial x_i}$为$x_i$方向的渗透坡降,相当于单位渗透力。

渗透流速与渗透坡降的乘积相当于单位时间的功(即功率),表示单位体积中能量的消耗率,而单位时间内流量与水头的乘积也与功率相当,则式(4-35)的积分正比于整个区域内能量的消耗率。可见,渗流问题的泛函与总能量相当,而$\delta I=0$意味能量损失最小。根据最小功原理,此时的水头分布为真实解答[31]。

对式(4-35)求变分,并令$\delta I=0$,得

$$\begin{aligned}\delta I[h(x,y,z)]&=\iiint_{\Omega}\delta F\mathrm{d}x\mathrm{d}y\mathrm{d}z-\int_{\Gamma}q\delta h\mathrm{d}\Gamma\\&=\iiint_{\Omega}\left(\frac{\partial F}{\partial h}\delta h+\frac{\partial F}{\partial h_x}\delta h_x+\frac{\partial F}{\partial h_y}\delta h_y+\frac{\partial F}{\partial h_z}\delta h_z\right)\mathrm{d}x\mathrm{d}y\mathrm{d}z-\int_{\Gamma}q\delta h\mathrm{d}\Gamma\\&=\iiint_{\Omega}\delta h\left(\frac{\partial F}{\partial h}-\frac{\partial}{\partial x}\frac{\partial F}{\partial h_x}-\frac{\partial}{\partial y}\frac{\partial F}{\partial h_y}-\frac{\partial}{\partial z}\frac{\partial F}{\partial h_z}\right)\mathrm{d}x\mathrm{d}y\mathrm{d}z\\&\quad+\iint_{\Gamma}\delta h\left[\frac{\partial F}{\partial h_x}\cos(n,x)+\frac{\partial F}{\partial h_y}\cos(n,y)+\frac{\partial F}{\partial h_z}\cos(n,z)-q\right]\mathrm{d}\Gamma\\&=0\end{aligned} \tag{4-42}$$

由于δh的任意性,并将式(4-36)～式(4-40)代入式(4-42),得

$$\begin{aligned}&\left(Q+S_{\mathrm{s}}\frac{\partial h}{\partial t}\right)-\left[\frac{\partial}{\partial x}\left(k_{xx}\frac{\partial h}{\partial x}+k_{xy}\frac{\partial h}{\partial y}+k_{xz}\frac{\partial h}{\partial z}\right)+\frac{\partial}{\partial y}\left(k_{yx}\frac{\partial h}{\partial x}+k_{yy}\frac{\partial h}{\partial y}+k_{yz}\frac{\partial h}{\partial z}\right)\right.\\&\left.+\frac{\partial}{\partial z}\left(k_{zx}\frac{\partial h}{\partial x}+k_{zy}\frac{\partial h}{\partial y}+k_{zz}\frac{\partial h}{\partial z}\right)\right]=0\end{aligned} \tag{4-43}$$

$$\begin{aligned}&\left(k_{xx}\frac{\partial h}{\partial x}+k_{xy}\frac{\partial h}{\partial y}+k_{xz}\frac{\partial h}{\partial z}\right)n_x+\left(k_{yy}\frac{\partial h}{\partial y}+k_{yz}\frac{\partial h}{\partial z}+k_{yx}\frac{\partial h}{\partial x}\right)n_y\\&+\left(k_{zz}\frac{\partial h}{\partial z}+k_{zx}\frac{\partial h}{\partial x}+k_{zy}\frac{\partial h}{\partial y}\right)n_z-q=0\end{aligned} \tag{4-44}$$

将式(4-43)和式(4-44)简化为张量表达式,即

$$\frac{\partial}{\partial x_i}\left(k_{ij}\frac{\partial h}{\partial x_j}\right)-Q=S_s\frac{\partial h}{\partial t} \tag{4-45}$$

$$-k_{ij}\frac{\partial h}{\partial x_j}n_i=q \tag{4-46}$$

式(4-45)为三维各向异性非稳定渗流的微分方程,式(4-46)为其流量边界条件。可见泛函式(4-35)求极值与求解微分方程(4-45)及边界条件(4-46)等价。

对于无流量边界的渗流问题,即 $q=0$,此时的相应泛函只需在泛函式(4-35)中除去非零边界项 $\int_\Gamma qh\,\mathrm{d}\Gamma$,即

$$I[h(x,y,z)]=\iiint_\Omega\left[\frac{1}{2}\sum_{i=1}^{3}\sum_{j=1}^{3}k_{ij}\frac{\partial h}{\partial x_i}\frac{\partial h}{\partial x_j}+\left(Q+S_s\frac{\partial h}{\partial t}\right)h\right]\mathrm{d}x\mathrm{d}y\mathrm{d}z \tag{4-47}$$

令 $\delta I(\varphi)=0$,经过类似的推导,除得到微分方程(4-45)之外,还得到零流量边界条件,即

$$-k_{ij}\frac{\partial h}{\partial x_j}n_i=0 \tag{4-48}$$

式(4-48)为不透水边界,在变分过程中自动产生,即为自然边界条件。

对于三维稳定渗流且边界为零流量边界时,$S_s\frac{\partial h}{\partial t}$将不予考虑,此时仅需在泛函式(4-35)中除去 $S_s\frac{\partial h}{\partial t}$项,即

$$I[h(x,y,z)]=\iiint_\Omega\left(\frac{1}{2}\sum_{i=1}^{3}\sum_{j=1}^{3}k_{ij}\frac{\partial h}{\partial x_i}\frac{\partial h}{\partial x_j}+Qh\right)\mathrm{d}x\mathrm{d}y\mathrm{d}z \tag{4-49}$$

令 $\delta I(\varphi)=0$,类似地可推导得到如下微分方程:

$$\frac{\partial}{\partial x_i}\left(k_{ij}\frac{\partial h}{\partial x_j}\right)-Q=0 \tag{4-50}$$

若区域内无源汇项 Q,则只需将式(4-50)除去 Q。

4.3　有限元方程的推导及求解

4.3.1　有限元方程的推导

根据 4.2 节介绍,饱和多孔介质达西渗流的定解问题与下列泛函求极小值等价[31]。

$$I(h)=\iiint_\Omega\left(\frac{1}{2}\sum_{i=1}^{3}\sum_{j=1}^{3}k_{ij}\frac{\partial h}{\partial x_i}\frac{\partial h}{\partial x_j}+S_sh\frac{\partial h}{\partial t}\right)\mathrm{d}\Omega+\iint_{\Gamma_2}qh\,\mathrm{d}\Gamma=\min \tag{4-51}$$

将整个渗流域离散化为 M_e 个互不相交的单元体 e。设单元体的形函数 N_i 由单元体相应的 M 个节点的位置坐标构成,则各单元内水头函数近似为

$$h = \sum_{i=1}^{M} N_i h_i \tag{4-52}$$

设 $I^e(h)$ 为单元 e 上的泛函，则

$$I^e(h) = \iiint_{\Omega_e} \left(\frac{1}{2} \sum_{i=1}^{3} \sum_{j=1}^{3} k_{ij} \frac{\partial h}{\partial x_i} \frac{\partial h}{\partial x_j} + S_s h \frac{\partial h}{\partial t} \right) d\Omega + \iint_{\Gamma_2} qh \, d\Gamma = I_1^e + I_2^e + I_3^e \tag{4-53}$$

对于式(4-53)中的第一项为

$$I_1^e = \iiint_{\Omega_e} \left(\frac{1}{2} \sum_{i=1}^{3} \sum_{j=1}^{3} k_{ij} \frac{\partial h}{\partial x_i} \frac{\partial h}{\partial x_j} \right) dx dy dz \tag{4-54}$$

式(4-54)对单元各节点水头 $h_r(r=1,2,\cdots,M)$ 求导数，得

$$\frac{\partial I_1^e}{\partial h_r} = \frac{1}{2} \iiint_{\Omega_e} \left[\sum_{i=1}^{3} \sum_{j=1}^{3} k_{ij} \frac{\partial}{\partial h_r} \left(\frac{\partial h}{\partial x_i} \frac{\partial h}{\partial x_j} \right) \right] dx dy dz \tag{4-55}$$

将水头插值函数式(4-52)代入式(4-55)，得

$$\begin{aligned} \frac{\partial I_1^e}{\partial h_r} &= \frac{1}{2} \iiint_{\Omega_e} \left\{ \sum_{i=1}^{3} \sum_{j=1}^{3} k_{ij} \left[\left(\sum_{p=1}^{M} \frac{\partial N_r}{\partial x_i} h_p \right) \frac{\partial N_r}{\partial x_j} + \left(\sum_{p=1}^{M} \frac{\partial N_p}{\partial x_j} h_p \right) \frac{\partial N_r}{\partial x_i} \right] \right\} dx dy dz \\ &= \frac{1}{2} \sum_{p=1}^{M} h_p \iiint_{\Omega_e} \left[\sum_{i=1}^{3} \sum_{j=1}^{3} k_{ij} \left(\frac{\partial N_p}{\partial x_i} \frac{\partial N_r}{\partial x_j} + \frac{\partial N_p}{\partial x_j} \frac{\partial N_r}{\partial x_i} \right) \right] dx dy dz \end{aligned} \tag{4-56}$$

令 $K_{ij} = \frac{1}{2} \iiint_{\Omega_e} \left[\sum_{p=1}^{3} \sum_{q=1}^{3} k_{ij} \left(\frac{\partial N_i}{\partial x_p} \frac{\partial N_j}{\partial x_q} + \frac{\partial N_i}{\partial x_q} \frac{\partial N_j}{\partial x_p} \right) \right] dx dy dz$，则

$$\begin{Bmatrix} \frac{\partial I_1^e}{\partial h_1} \\ \frac{\partial I_1^e}{\partial h_2} \\ \vdots \\ \frac{\partial I_1^e}{\partial h_M} \end{Bmatrix} = \begin{bmatrix} K_{11} & K_{12} & \cdots & K_{1M} \\ K_{21} & K_{22} & \cdots & K_{2M} \\ \vdots & \vdots & & \vdots \\ K_{M1} & K_{M2} & \cdots & K_{MM} \end{bmatrix} \begin{Bmatrix} h_1 \\ h_2 \\ \vdots \\ h_M \end{Bmatrix} = [K]^e \{h\}^e \tag{4-57}$$

对于式(4-53)中的第二项

$$I_2^e = \iiint_{\Omega_e} S_s h \frac{\partial h}{\partial t} dx dy dz \tag{4-58}$$

同样对单元 e 的各节点水头 $h_r(r=1,2,\cdots,M)$ 求导数，得

$$\begin{aligned} \frac{\partial I_2^e}{\partial h_r} &= S_s \iiint_{\Omega_e} \frac{\partial}{\partial h_r} \left(\sum_{i=1}^{M} N_i h_i \right) \left(\sum_{i=1}^{M} N_i \frac{\partial h_i}{\partial t} \right) dx dy dz \\ &= \sum_{i=1}^{M} \frac{\partial h_i}{\partial t} S_s \iiint_{\Omega_e} N_r N_i dx dy dz \end{aligned} \tag{4-59}$$

令 $S_{ij}=S_s\iiint\limits_{\Omega_e}N_iN_j\mathrm{d}x\mathrm{d}y\mathrm{d}z$，则

$$\left\{\begin{matrix}\dfrac{\partial I_2^e}{\partial h_1}\\\dfrac{\partial I_2^e}{\partial h_2}\\\vdots\\\dfrac{\partial I_2^e}{\partial h_M}\end{matrix}\right\}=\begin{bmatrix}S_{11} & S_{12} & \cdots & S_{1M}\\S_{21} & S_{22} & \cdots & S_{2M}\\\vdots & \vdots & & \vdots\\S_{M1} & S_{M2} & \cdots & S_{MM}\end{bmatrix}\left\{\begin{matrix}\dfrac{\partial h_1}{\partial t}\\\dfrac{\partial h_2}{\partial t}\\\vdots\\\dfrac{\partial h_M}{\partial t}\end{matrix}\right\}=[S]^e\left\{\frac{\partial h}{\partial t}\right\}^e \tag{4-60}$$

对于式(4-53)中的第三项

$$I_3^e=\iint\limits_{\Gamma_2}qh\,\mathrm{d}\Gamma \tag{4-61}$$

式(4-61)表示单元 e 的 Γ_2 边界的流量边界条件。假设流量的插值函数与水头插值函数相似，即

$$q=\sum_{i=1}^{M}N_iq_i \tag{4-62}$$

式中：q_i 为节点 i 的分配流量。

式(4-61)对单元节点水头求导数，得

$$\frac{\partial I_3^e}{\partial h_r}=\frac{\partial}{\partial h_r}\iint\limits_{\Omega_e\cap\Gamma_2}qh\,\mathrm{d}\Gamma=\sum_{i=1}^{M}q_i\iint\limits_{\Omega_e\cap\Gamma_2}N_iN_r\mathrm{d}\Gamma \tag{4-63}$$

令 $D_{ij}=\iint\limits_{\Omega_e\cap\Gamma_2}N_iN_j\mathrm{d}\Gamma$，则

$$\left\{\begin{matrix}\dfrac{\partial I_3^e}{\partial h_1}\\\dfrac{\partial I_3^e}{\partial h_2}\\\vdots\\\dfrac{\partial I_3^e}{\partial h_M}\end{matrix}\right\}=\begin{bmatrix}D_{11} & D_{12} & \cdots & D_{1M}\\D_{21} & D_{22} & \cdots & D_{2M}\\\vdots & \vdots & & \vdots\\D_{M1} & D_{M2} & \cdots & D_{MM}\end{bmatrix}\left\{\begin{matrix}q_1\\q_2\\\vdots\\q_M\end{matrix}\right\}=[D]^e\{q\}^e \tag{4-64}$$

将自由面边界条件看作流量补给边界条件，则有

$$I_3^e=\iint\limits_{\Omega_e\cap\Gamma_3}\mu^*h\frac{\partial h}{\partial t}\mathrm{d}\Gamma=\iint\limits_{\Omega_e\cap\Gamma_3}\mu^*\sum_{i=1}^{M}(N_ih_i)\cdot\sum_{i=1}^{M}\left(N_i\frac{\partial h_i}{\partial t}\right)\mathrm{d}\Gamma \tag{4-65}$$

I_3^e 对单元任一节点水头求偏导，得

$$\frac{\partial I_3^e}{\partial h_r}=\iint\limits_{\Omega_e\cap\Gamma_3}\mu^*N_r\sum_{i=1}^{M}\left(N_i\frac{\partial h_i}{\partial t}\right)\mathrm{d}\Gamma \tag{4-66}$$

记$\left\{\frac{\partial h_i}{\partial t}\right\}=\left\{\frac{\partial h_i^*}{\partial t}\right\}$，$h_i^*$ 为自由面水头，令 $P_{ij}=\iint\limits_{\Omega_e\cap\Gamma_3}\mu^* N_i N_j \mathrm{d}\Gamma$，则

$$\begin{Bmatrix}\dfrac{\partial I_3^e}{\partial h_1}\\ \dfrac{\partial I_3^e}{\partial h_2}\\ \vdots \\ \dfrac{\partial I_3^e}{\partial h_M}\end{Bmatrix}=\begin{bmatrix}P_{11} & P_{12} & \cdots & P_{1M}\\ P_{21} & P_{22} & \cdots & P_{2M}\\ \vdots & \vdots & & \vdots\\ P_{M1} & P_{M2} & \cdots & P_{MM}\end{bmatrix}\begin{Bmatrix}\dfrac{\partial h_1^*}{\partial t}\\ \dfrac{\partial h_2^*}{\partial t}\\ \vdots\\ \dfrac{\partial h_M^*}{\partial t}\end{Bmatrix}=[P]^e\left\{\frac{\partial h^*}{\partial t}\right\}^e \tag{4-67}$$

结合式(4-57)、式(4-60)、式(4-64)和式(4-67)，对于任意单元 e，有

$$\left\{\frac{\partial I}{\partial h}\right\}^e=[K]^e\{h\}^e+[S]^e\left\{\frac{\partial h}{\partial t}\right\}^e+[P]^e\left\{\frac{\partial h^*}{\partial t}\right\}^e+[D]^e\{q\}^e \tag{4-68}$$

对渗流域所有单元的泛函求得微分后叠加，并利用 $I(h)$ 极小值条件，有

$$\frac{\partial}{\partial h}(I(h))=\sum_{j=1}^{N_i'}\frac{\partial I^e(h)}{\partial h_i}=0,\quad i=1,2,\cdots,N \tag{4-69}$$

式中：N_i' 为以 i 为公共节点的单元数。

将式(4-69)中常数项移到等号右边，形成右端项$\{F\}$，最终得到求解渗流场的 N 个未知节点的代数方程组的矩阵形式：

$$[K]\{h\}+[S]\left\{\frac{\partial h}{\partial t}\right\}+[P]\left\{\frac{\partial h^*}{\partial t}\right\}+[D]\{q\}=\{F\} \tag{4-70}$$

4.3.2 时间差分格式及稳定性

渗流有限元基本方程(4-70)中$\left\{\frac{\partial h}{\partial t}\right\}$各分量仅是时间 t 的函数，故可将该式(4-70)看作空间域内的常微分方程。为求解式(4-70)的方程组，可将两边同乘 $\mathrm{d}t$，并从 t_k 到 t_{k+1} 进行积分，即

$$\int_{t_k}^{t_{k+1}}[K]\{h\}\mathrm{d}t+\int_{t_k}^{t_{k+1}}([S]+[P])\left\{\frac{\partial h}{\partial t}\right\}\mathrm{d}t=\int_{t_k}^{t_{k+1}}\{F\}\mathrm{d}t \tag{4-71}$$

由于$[K]$、$[S]$、$[P]$、$[F]$矩阵中均不包含时间变量 t，可将其作为常量提到积分号外面。在初始时段 t_k，区域 Ω 内初始水头$\{h\}^k$ 是已知的，待求的是时段末 $t_{k+1}=t_k+\Delta t^k$ 区域内节点的水头$\{h\}^{k+1}$。

$$\int_{t_k}^{t_{k+1}}\left\{\frac{\partial h}{\partial t}\right\}\mathrm{d}t=\{h\}^{k+1}-\{h\}^k \tag{4-72}$$

式中：k 为迭代时间序数；$\Delta t^k=t^{k+1}-t^k$ 为迭代时间步长。

设$\{\bar{h}(t)\}$为$\{h(t)\}$在 Δt^k 时段内的平均值，即$\int_{t_k}^{t_{k+1}}\{h(t)\}\mathrm{d}t=\{\bar{h}(t)\}\Delta t^k$，将此式代入式(4-71)，形成有限元的时间差分式，即

$$[K]\{\bar{h}\}+([S]+[P])\left[\frac{\{h\}^{k+1}-\{h\}^{k}}{\Delta t^{k}}\right]=\{F\} \tag{4-73}$$

在渗流计算中，短时段内水位的变化比较缓慢，$\{\bar{h}\}$值可近似地写成时段初和时段末水头$\{h\}^k$和$\{h\}^{k+1}$加权平均的形式，即$\{\bar{h}\}=\alpha\{h\}^{k+1}+(1-\alpha)\{h\}^k$。代入式(4-73)得

$$[K][\alpha\{h\}^{k+1}+(1-\alpha)\{h\}^{k}]+([S]+[P])\left[\frac{\{h\}^{k+1}-\{h\}^{k}}{\Delta t^{k}}\right]=\{F\} \tag{4-74}$$

式中：$0\leqslant\alpha\leqslant1$。

由于选取的α值不同，加权平均值$\{\bar{h}\}$的含义也不同，从而就形成不同的有限元方程在时间上的差分格式。

(1) 当$\alpha=0$时，$\{\bar{h}\}=\{h\}^k$，即取时段初水头值$\{h\}^k$近似地作为时段Δt^k的平均水头值，在这种情况下，有

$$[K]\{h\}^{k}+([S]+[P])\left[\frac{\{h\}^{k+1}-\{h\}^{k}}{\Delta t^{k}}\right]=\{F\} \tag{4-75}$$

式(4-75)称为显式差分格式。

(2) 当$\alpha=1$时，$\{\bar{h}\}=\{h\}^{k+1}$，即取时段末水头值$\{h\}^{k+1}$近似地作为时段Δt^k的平均水头值，在这种情况下，有

$$[K]\{h\}^{k+1}+([S]+[P])\left[\frac{\{h\}^{k+1}-\{h\}^{k}}{\Delta t^{k}}\right]=\{F\} \tag{4-76}$$

式(4-76)称为隐式差分格式。

(3) 当$\alpha=\frac{1}{2}$时，$\{\bar{h}\}=\frac{\{h\}^{k+1}+\{h\}^{k}}{2}$，即取时段初和时段末水头值的平均值近似地作为时段的平均水头值，在这种情况下，有

$$[K]\left[\frac{\{h\}^{k+1}+\{h\}^{k}}{2}\right]+([S]+[P])\left[\frac{\{h\}^{k+1}-\{h\}^{k}}{\Delta t^{k}}\right]=\{F\} \tag{4-77}$$

式(4-77)称为中心差分格式。

1) 迭代时间步长的选取

对于非稳定渗流场的计算需要涉及对时间变量进行离散，一般来说，明显缩小时间步长可以提高计算的精度，但这会导致计算工作量扩大，甚至无法计算；若明显增大时间步长，则计算工作量是得到了有效控制，但计算误差明显增大和累积，甚至出现迭代不收敛、计算无法进行的情况。目前对迭代计算中时间步长的选取尚无成熟的理论和方法可以遵循，一般都是针对具体工程问题通过试算来确定。

对于地下水非稳定渗流，当边界条件显著变化时，地下水位变化也较大，但随着时间的延续，地下水的侧向补给和垂直补给不断增加，地下水位的变化趋于平

缓。一般情况下，在地下水位变化较大时，选择较小的时间步长；而在地下水变化比较平缓时，选择较大的时间步长。在两个相邻的时间步长之间，变化不宜太大，一般可按式(4-78)进行控制。

$$\Delta t^{k+1}=G\Delta t^{k},\quad 1\leqslant G\leqslant 2 \tag{4-78}$$

2) 有限元方程求解稳定性条件

有限元方程求解稳定性条件可按式(4-79)确定：

$$\Delta t\leqslant\frac{\sum_{e=1}^{M_e}(s_{ij}^{e}+p_{ij}^{e})}{(1-\alpha)\sum_{e=1}^{M_e}k_{ij}^{e}},\quad i=1,2,\cdots,N;\quad j=1,2,\cdots,N \tag{4-79}$$

式中：M_e 为离散单元总数；N 为离散节点总数。

当 $\alpha=0$ 时，即可得显式差分时的稳定条件 $\Delta t\leqslant\sum_{e=1}^{M_e}(s_{ij}^{e}+p_{ij}^{e})\left(\sum_{e=1}^{M_e}k_{ij}^{e}\right)^{-1}$；当 $\alpha=1$ 时，即可得隐式差分时的稳定条件 $\Delta t\leqslant\infty$；当 $\alpha=1/2$ 时，即可得中心差分时的稳定条件 $\Delta t\leqslant 2\sum_{e=1}^{M_e}(s_{ij}^{e}+p_{ij}^{e})\left(\sum_{e=1}^{M_e}k_{ij}^{e}\right)^{-1}$。显然，选择隐式差分格式时，时间步长的选择从理论上讲无任何限制条件，这就是说，隐式差分格式理论上是无条件稳定的。

4.3.3 有限元方程的求解

对渗流场问题微分方程的求解最终归结为有限元代数方程组(控制方程)的求解。有限元方程求解的效率及计算结果的精度在很大程度上取决于该代数方程组的解法。特别是针对复杂的工程问题，有限元模拟时需要采用更多单元的离散模型来近似实际计算域，此时代数方程组的阶数越来越高。因此，代数方程组采用何种高效的求解方法，是保证求解效率和精度的关键问题之一。

代数方程组的求解可以分为两大类：直接解法和迭代解法。直接解法的特点是，选定某种形式的直接解法后，对于一个给定的代数方程组，可以先按规定的算法计算出它所需要的算术运算操作数，直接给出最后的结果。迭代解法的特点是，对于一个给定的代数方程组，首先假定一个初始解，然后按一定的算法公式进行迭代。在每次迭代过程中对解的误差进行检查，并通过增加迭代次数不断降低解的误差，直至满足精度要求。

1) 直接解法

在采用直接解法求解代数方程组时，一般采用高斯消去法。在有限元法中，代数方程组的系数矩阵一般是对称的，而且具有稀疏特性，在计算机计算过程中，为了尽量节省存储空间，系数矩阵的存储一般采用一维变带宽存储上三角(或下三角)矩阵,因此必须依据一维变带宽是按行存储还是按列存储,采用不同的分解方法。

直接解法的算法简单方便,特别适合于求解多组荷载的情况,因为此时系数矩阵的消元或分解只需进行一次。直接解法的缺点:①需要保存系数矩阵中夹杂于非零元素之间的零元素,这样就增加了对计算机存储的要求,特别是在大型问题中这种零元素在系数矩阵中占有很大比例,会显著影响计算效率。②在计算过程中不能对解的误差进行检查和控制。方程的阶数越高,计算规模越大,计算中累积的舍入误差和截断误差就越大,从而导致解的误差越大,甚至可能导致求解失败。基于这两点,对于大型方程组常采用迭代解法。

2) 迭代解法

基本迭代解法一般包括雅可比(Jacobi)迭代法、高斯-赛德尔(Gauss-Seidel)迭代法、逐次超松弛迭代(successive over relaxation,SOR)法、共轭梯度(conjugate gradient,CG)法等。与直接解法相比,迭代解法的优点:①不要求存储系数矩阵中非零元素之间的大量零元素,并且不对它们进行运算,这样就大幅节省了计算机的存储空间。②在计算过程中可以对解的误差进行检查,从而通过增加迭代次数来降低误差。迭代解法的不足之处在于,每种迭代算法可能只适用于某一类问题,缺乏通用性,若使用不当,可能出现迭代收敛速度慢,甚至不收敛的情况。

随着对计算速度和精度要求的提高,在 CG 法的基础上提出预处理共轭梯度(preconditioned conjugate gradient,PCG)法,这是加速 CG 法收敛的一种方法,因为所有迭代解法的收敛速度都与表征系数矩阵形态的条件数有关,此数越大,收敛速度越慢。PCG 法是通过引入预条件矩阵 $\boldsymbol{M}$,使方程系数矩阵的条件数降低,以达到提高收敛速度的目的。根据预处理方法的不同,PCG 法又可分为基于对称逐次超松弛迭代的预处理共轭梯度法、基于不完全因子分解的预处理共轭梯度法和基于区域分解的预处理共轭梯度法,其中逐次超松弛迭代的预处理共轭梯度法是求解对称稀疏矩阵方程组比较适用的方法,下面进行简要介绍[51]。

有限元控制方程中 $\boldsymbol{K}$ 为对称正定矩阵,可以分解为

$$\boldsymbol{K}=\boldsymbol{L}+\boldsymbol{D}+\boldsymbol{L}^{\mathrm{T}} \tag{4-80}$$

式中:$\boldsymbol{D}$ 为 $\boldsymbol{K}$ 的对角阵;$\boldsymbol{L}$ 为 $\boldsymbol{K}$ 的严格下三角阵。

预处理矩阵 $\boldsymbol{M}=(\boldsymbol{C}^{\mathrm{T}}\boldsymbol{C})^{-1}$ 为对称正定矩阵,则有限元控制方程等价为

$$\boldsymbol{K}'\boldsymbol{h}'=\boldsymbol{f}' \tag{4-81}$$

式中:$\boldsymbol{K}'=\boldsymbol{C}\boldsymbol{K}\boldsymbol{C}^{\mathrm{T}}$;$\boldsymbol{f}'=\boldsymbol{C}\boldsymbol{f}$;$\boldsymbol{h}'=\boldsymbol{C}^{-\mathrm{T}}\boldsymbol{h}$。

此时,$\boldsymbol{K}'$ 的条件数远小于 $\boldsymbol{K}$ 的条件数,且解以 $\boldsymbol{M}$ 为系数矩阵的方程组较解以 $\boldsymbol{K}$ 为系数矩阵的方程组容易得多。

逐次超松弛迭代的预处理共轭梯度法的预处理矩阵为

$$\boldsymbol{M}=(\boldsymbol{D}+\omega\boldsymbol{L})\boldsymbol{D}^{-1}(\boldsymbol{D}-\omega\boldsymbol{L}^{\mathrm{T}}) \tag{4-82}$$

式中:ω 为松弛因子,$0<\omega<2$。逐次超松弛迭代的预处理共轭梯度法对松弛因子的选取并不敏感,它的迭代格式如下。

(1) 任取 $\boldsymbol{h}^0$(一般取为 0)

$$\boldsymbol{r}^0=\boldsymbol{K}\boldsymbol{h}^0-\boldsymbol{f},\quad \boldsymbol{s}^0=\boldsymbol{M}^{-1}\boldsymbol{r}^0,\quad \boldsymbol{t}^0=-\boldsymbol{s}^0 \tag{4-83}$$

此时迭代次数 $k=0$。

(2) $\delta=(r^k,s^k)$,如果 $\delta\leqslant\varepsilon$,$\varepsilon$ 为所要求的精度,则停止,否则继续下面的步骤。

(3) 令 $\alpha_k=\dfrac{(\boldsymbol{r}^k,\boldsymbol{s}^k)}{(\boldsymbol{t}^k,\boldsymbol{K}\boldsymbol{t}^k)}$,则

$$\boldsymbol{h}^{k+1}=\boldsymbol{h}^k+\alpha_k\boldsymbol{t}^k \tag{4-84}$$

$$\boldsymbol{r}^{k+1}=\boldsymbol{r}^k+\alpha_k\boldsymbol{K}\boldsymbol{t}^k \tag{4-85}$$

$$\boldsymbol{s}^{k+1}=\boldsymbol{M}^{-1}\boldsymbol{r}^{k+1} \tag{4-86}$$

令 $\beta_k=\dfrac{(\boldsymbol{r}^{k+1},\boldsymbol{s}^{k+1})}{(\boldsymbol{r}^k,\boldsymbol{s}^k)}$,则

$$\boldsymbol{t}^{k+1}=-\boldsymbol{s}^{k+1}+\beta_k\boldsymbol{t}^k \tag{4-87}$$

此时迭代此数 $k=k+1$,转到(2)。

在逐次超松弛迭代的预处理共轭梯度法中,计算 $\boldsymbol{s}=\boldsymbol{M}^{-1}\boldsymbol{r}$(即求解 $\boldsymbol{M}\boldsymbol{s}=\boldsymbol{r}$)时,相当于三角分解法中的前代与回代过程。因此实际计算时,不必对 $\boldsymbol{M}$ 求逆,也不必另开辟数组存放 $\boldsymbol{M}$ 矩阵。

设 n 为 $\boldsymbol{K}$ 矩阵的阶数,r_a 为 $\boldsymbol{K}$ 中各行非零元素个数的平均值,则逐次超松弛迭代的预处理共轭梯度法每步迭代的主要计算量为$(2r_a+6)n$ 次乘法运算,其中,$(r_a+1)n$ 次用于计算 $\boldsymbol{s}=\boldsymbol{M}^{-1}\boldsymbol{r}$,$r_an$ 次用于计算 $\boldsymbol{K}\boldsymbol{t}$。

4.4 有自由面渗流问题的求解

常见水利工程渗流问题,如土石坝渗流,是一个典型的无压渗流问题,即计算域内存在渗流自由面。若按饱和渗流理论求解,自由面边界事先未知,即计算域未定,使得无压渗流问题的求解变得复杂和困难。因此,通常需要采用迭代的方法来获得近似解,主要的求解方法有变网格法和固定网格法。

4.4.1 变网格法

变网格法是将自由面作为可动边界,最早由 Zienkiewicz 等在 20 世纪 60 代中期求解有压流问题时提出。该方法事先根据经验人为假定自由面,然后对这一"确定"的计算域进行水头的求解,根据水头解确定自由面位置,进而判断前后两次自由面计算值的最大差值是否满足精度要求。若满足,则为所求渗流问题的

解；若不满足，重新调整自由面，建立新的有限元网格再进行求解，重复上述过程直至满足计算精度要求。变网格法的最大优点是思想简单，易于操作，渗流自由面和出逸点可以随着求解渗流场的迭代过程逐步稳定，迭代过程是收敛的。但是，变网格法除依赖于求解者的经验外，还存在以下不足：

(1) 当初始渗流自由面和最终稳定渗流自由面位置相差较大时，会使计算单元发生畸变，甚至会与相邻单元发生交替、重叠，因此在计算过程中常需对渗流域进行重新剖分计算。

(2) 当自由面附近渗流介质不均一，尤其在有水平介质分层时，网格变动会破坏介质分区，处理困难。

(3) 当渗流域内有结构物时，网格变动常会改变结构的边界条件，计算精度会受到影响。

(4) 在网格变动过程中，每一次迭代计算网格均随自由面的变动而变动，总体渗透矩阵需要重新形成，故需耗费大量计算时间。

(5) 在研究渗流与应力耦合作用时，由于应力分析经常要包括渗流虚区（非饱和区），因而不能用同一网格进行耦合作用分析。

4.4.2　固定网格法

变网格法一些自身的不足，使得固定网格法求解含自由面渗流问题成为国内外研究的必然趋势。从 1973 年 Neuman 提出固定网格法以来，现在应用较为广泛的固定网格法包括渗透矩阵调整法、剩余流量法、初流量法、截止负压法、节点虚流量法等。

(1) 渗透矩阵调整法。

渗透矩阵调整法是由 Bathe 等提出的[52]，该方法的关键是在每次迭代计算后先求出自由面的位置，再求出穿越自由面单元的水上、水下部分的体积，水上部分的渗透系数为 αk，α 一般取 1/1000，水下部分的渗透系数保持 k 不变。显然，要在每次迭代计算后确定穿越自由面单元的水上、水下部分的体积，需要首先确定自由面与单元的切割情况，判断切割两部分的几何形状，对于三维问题计算效率很低。通过加密自由面穿越单元高斯点的方法可有效避免这一问题。利用前一次计算得到的水头值获取穿过自由面的单元。对这些单元，利用节点水头可求出其高斯点的压力水头 h_c，对于 $h_c \geqslant 0$ 的高斯点，渗透系数取原值 k；对 $h_c < 0$ 的高斯点，渗透系数取 $k/1000$，这样既达到了调整单元渗透矩阵的目的，又避免了求解穿越自由面单元的水上、水下部分的体积。这种改进算法具有编程简单、计算效率和精度高的优点，但加密的高斯点数量对迭代稳定性有较大影响。

(2)剩余流量法。

Desai 提出了剩余流量法[53]，其关键技术是：在每次迭代中根据 $h=z$ 求出自由面的位置，然后求出自由面上的法向剩余流速 v_n'，v_n'可以用式(4-88)计算：

$$v_n'=l_xv_x+l_yv_y+l_zv_z \tag{4-88}$$

$$\begin{cases} v_x=-k_{xx}\dfrac{\partial h}{\partial x}-k_{xy}\dfrac{\partial h}{\partial y}-k_{xz}\dfrac{\partial h}{\partial z} \\ v_y=-k_{yx}\dfrac{\partial h}{\partial x}-k_{yy}\dfrac{\partial h}{\partial y}-k_{yz}\dfrac{\partial h}{\partial z} \\ v_z=-k_{zx}\dfrac{\partial h}{\partial x}-k_{zy}\dfrac{\partial h}{\partial y}-k_{zz}\dfrac{\partial h}{\partial z} \end{cases} \tag{4-89}$$

式中：l_x、l_y、l_z 为自由面法向余弦；v_x、v_y、v_z 为自由面流速分量；h 为总水头；k_{ij} 为渗透系数。

由此可求出自由面上的剩余流量和水头增量：

$$\{q\}=\iint_s[N]^{\mathrm{T}}\{v_n'\}\mathrm{d}s \tag{4-90}$$

$$\{\Delta h\}=[K]^{-1}\{q\} \tag{4-91}$$

式中：$[N]$为单元形函数；$[K]$为总传导矩阵。

从而计算出本次迭代所得的水头$\{h'\}=\{h\}+\{\Delta h\}$，直到$\{\Delta h\}$满足精度要求时终止。

(3) 初流量法。

张有天等提出了初流量法[54]，初流量法本质上和剩余流量法一致，只是剩余流量法只考虑自由面上的法向流速为 0，而初流量法考虑自由面以上区域内流速为 0。

在第 it 次迭代后根据 $h=z$ 求出自由面的位置。对每个可能被自由面穿越或自由面以上的单元逐个高斯点计算水头值，当 $h<z$ 时，表明高斯点位于自由面之上；当 $h>z$ 时，表明高斯点位于自由面之下，当这个面同时又满足第二类边界条件时，可以确定渗流自由面的初始位置。自由面将渗流域分为 Ω_1 和 Ω_2，对 Ω_2 区域内单元，逐个计算高斯点(η_i,η_j)的水头，当 $h<z$ 时，由式(4-92)计算其对该单元节点初流量的贡献：

$$\{Q\}^e=-[B(\eta_i,\eta_j)]^{\mathrm{T}}[K]^e[B(\eta_i,\eta_j)]\{h\}^e \tag{4-92}$$

式中：$[B]$为几何矩阵；$[K]^e$ 为单元渗透矩阵；$\{h\}^e$ 为单元节点水头。

依次对所有 $h<z$ 的高斯点累计求得所有节点的初流量，以其为右端项求第 it 次迭代后节点的水头增量：

$$[K^{\mathrm{it}}]\{\Delta h^{\mathrm{it}}\}=\{Q^{\mathrm{it}}\} \tag{4-93}$$

则第 it+1 次迭代的水头为

$$\{h^{\mathrm{it}+1}\}=\{h^{\mathrm{it}}\}+\{\Delta h^{\mathrm{it}}\} \tag{4-94}$$

重复求出新的自由面，直到渗流区域内初流量$\{Q^{\mathrm{it}}\}$的绝对值小于某一允许值，迭代结束。但是由于初流量法在计算跨自由面单元的节点初流量时，有些被忽略了，而有些又多算了，特别是当自由面在积分点附近时易引起积分值的跳跃，导致该方法的收敛性较差。

王媛针对初流量法求解稳定性方面存在的不足，通过引入区域识别函数(4-95)来考虑有自由面穿过的单元由高斯积分点和自由面相对关系造成的误差，提出了改进初流量法[55]。

$$H_\varepsilon(h-z)=\begin{cases}0, & h-z\leqslant\varepsilon_1\\ \dfrac{h-z-\varepsilon_1}{\varepsilon_2-\varepsilon_1}, & \varepsilon_1\leqslant h-z\leqslant\varepsilon_2\\ 1, & \varepsilon_2\leqslant h-z\end{cases} \tag{4-95}$$

式中：$H_\varepsilon(h-z)$为区域识别函数；ε_1、ε_2 分别为微小负值和正值。

(4) 截止负压法。

速宝玉等提出了截止负压法[56]，其基本理论是：以渗压场 $p(x,y,z)$为未知函数，利用罚函数 $H_\varepsilon(p)$将 $p(x,y,z)$延拓至整个几何区域，使待定边界化为固定边界，并通过迭代求得渗压场 $p(x,y,z)$。该方法直接以压力场作为未知函数导出罚函数有限元方程，在渗流饱和区液体压力为正，而在非饱和区的液体压力允许有一定的负值，从而可在正负压力之间寻找零压力面，即自由面；这种方法理论严密，在迭代的过程中不需要每次判断计算近似自由面的位置，计算的精度较高，但是每次计算都需重新形成整体劲度矩阵。

如图 4-7 所示，如果忽略毛细现象、非饱和部分和蒸发的影响，通过多孔介质有自由面的稳定渗流问题可描述为如下的边值问题：

$$\nabla\cdot\boldsymbol{k}\cdot\nabla\left(\frac{p}{\gamma}+y\right)=0,\quad 在 D 上 \tag{4-96}$$

$$\boldsymbol{n}\cdot\boldsymbol{k}\cdot\nabla\left(\frac{p}{\gamma}+y\right)=0,\quad 在 \Gamma_1 中 \tag{4-97}$$

$$p=0\quad 且\quad \boldsymbol{n}\cdot\boldsymbol{k}\cdot\nabla\left(\frac{p}{\gamma}+y\right)=0,\quad 在 \Gamma_2 上 \tag{4-98}$$

$$p=p^0,\quad 在 \Gamma_3 上 \tag{4-99}$$

$$p=p^0\quad 且\quad \boldsymbol{n}\cdot\boldsymbol{k}\cdot\nabla\left(\frac{p}{\gamma}+y\right)\leqslant 0,\quad 在 \Gamma_4 上 \tag{4-100}$$

式中：∇为哈密顿算子；$\boldsymbol{k}$ 为渗透系数张量；$\dfrac{p}{\gamma}+y$ 为测压管水头；$\boldsymbol{n}$ 为边界 ∂D 的外法线方向的单位向量；p^0 为已知压力函数；$p=p(\boldsymbol{X})$为压力场；$\boldsymbol{X}$ 为位置向量；γ 为液体的重度；y 为垂直坐标，向上为正。

图 4-7 中 D 表示以 Γ 为边界的区域，Ω 为以 S 为边界的全部几何域，$\Gamma_1\subset S_1$ 为不透水边界，Γ_2 为渗流自由面边界，S_2 为结构与大气接触边界；$\Gamma_3=S_3$ 为已知水头边界，Γ_4 为出渗面边界。其中只有 Γ_3 是给定的，在 Γ_4 上 $p=p^0=0$ 且由

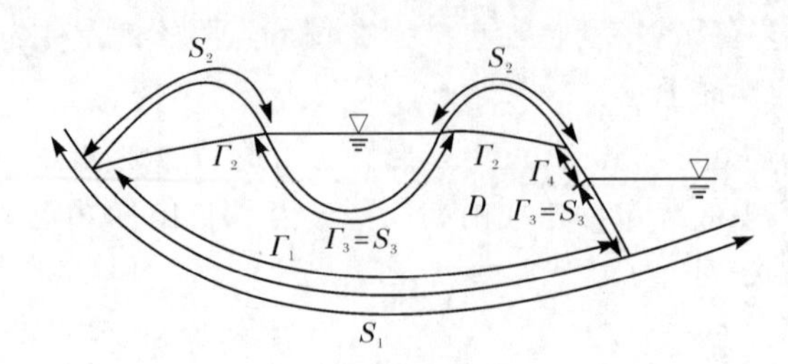

图 4-7 有自由面的渗流问题

式(4-100)保证该渗流问题有符合物理意义的解答，即 Γ_4 上有向外的流量。在自由面 Γ_2 上必须满足两类边界条件，但 Γ_2 尚未确定。

设 $p=p(\boldsymbol{X})$ 满足式(4-96)～式(4-100)，则可以证明在 D 中 $p>0$，其物理意义即在渗流域内压力为正。设任意 $\zeta\in H^1(\overline{D})$，且在 Γ_3 上 $\zeta=0$；在 Γ_4 上 $\zeta>0$。用 ζ 乘以式(4-96)两端，在 D 上进行分部积分得

$$\int_D \nabla\zeta\cdot\boldsymbol{k}\cdot\nabla\left(\frac{p}{\gamma}+y\right)\mathrm{d}D=\int_{\Gamma_1\cup\Gamma_2\cup\Gamma_4}\boldsymbol{n}\cdot\boldsymbol{k}\cdot\nabla\left(\frac{p}{\gamma}+y\right)\zeta\mathrm{d}\Gamma \tag{4-101}$$

式(4-101)右端表示出渗边界的出渗流量，因此

$$\int_D \nabla\zeta\cdot\boldsymbol{k}\cdot\nabla\left(\frac{p}{\gamma}+y\right)\mathrm{d}D\leqslant 0 \tag{4-102}$$

由于 Γ_2 未定，故 D 是未知的。为了避免讨论 Γ_2，将上述积分域 D 延拓至整个几何域 Ω 中，并由以上结论，令

$$p(\boldsymbol{X})=\begin{cases}0, & 在\ \Omega\backslash\overline{D}\ 中\\ 非负, & 在\ \overline{D}\ 中\end{cases} \tag{4-103}$$

又定义函数

$$H(p)=\begin{cases}1, & p>0\\ 0, & p<0\\ \in(0,1), & p=0\end{cases} \tag{4-104}$$

则式(4-102)可改写为

$$\int_\Omega\left[\nabla\zeta\cdot\boldsymbol{k}\cdot\nabla\left(\frac{p}{\gamma}\right)+H(p)\,\nabla\zeta\cdot\boldsymbol{k}\cdot\nabla y\right]\mathrm{d}\Omega\leqslant 0 \tag{4-105}$$

这样该渗流问题可叙述为如下变分不等方程问题：寻求一个配对(p,θ)，且 $p\in H^1(\Omega)$，$\theta\in L^\infty(\Omega)$满足 $p>0$ 且在 $S_2\cup S_3$ 上 $p=p^0$；$\theta\in[0,1]$且在$\{p>0\}$上，$\theta=1$ 使得对任意的 $\zeta\in H^1(\Omega)$且在 S_2 上 $\zeta>0$，在 S_3 上 $\zeta=0$，式(4-105)成立，其中 $\theta=H(p)$是区域 D 的特征函数。

为了证明上述问题解的存在，并给出逼近方法，Brezis 等提出了如下的罚问题：

寻求 $p_\varepsilon \in H^1(\Omega)$，且在 $S_2 \cup S_3$ 上 $p_\varepsilon = p^0$，使得对任意的 $\zeta \in H^1(\Omega)$，且在 $S_2 \cup S_3$ 上 $\zeta = 0$ 满足

$$\iint_\Omega \left[\nabla\zeta \cdot \boldsymbol{k} \cdot \nabla\left(\frac{p_\varepsilon}{\gamma}\right) + H_\varepsilon(p_\varepsilon)\nabla\zeta \cdot \boldsymbol{k} \cdot \nabla y\right] \mathrm{d}\Omega = 0 \tag{4-106}$$

式中

$$H_\varepsilon(p) = \begin{cases} 1, & p \geqslant \varepsilon \\ \dfrac{p}{\varepsilon}, & 0 < p < \varepsilon, \quad \varepsilon > 0 \\ 0, & p \leqslant 0 \end{cases} \tag{4-107}$$

Brezis 等证明了上述罚问题的存在性和唯一性，且当 $\varepsilon \to 0$ 时，$p_\varepsilon \to p$。因为在 $\overline{D}$ 中 $p_\varepsilon > 0$，在 Γ_4 上 $\boldsymbol{n} \cdot \nabla p_\varepsilon < 0$，故对任意的 $\zeta \in H^1(\Omega)$，且在 S_2 上 $\zeta > 0$，在 S_3 上 $\zeta = 0$，有

$$\iint_\Omega \left[\nabla\zeta \cdot \boldsymbol{k} \cdot \nabla\left(\frac{p_\varepsilon}{\gamma}\right) + H_\varepsilon(p_\varepsilon)\nabla\zeta \cdot \boldsymbol{k} \cdot \nabla y\right] \mathrm{d}\Omega + \int_{\Gamma_1 \cup \Gamma_2 \cup \Gamma_4} \boldsymbol{n} \cdot \nabla\left(\frac{p_\varepsilon}{\gamma}\right)\zeta \,\mathrm{d}\Gamma \leqslant 0 \tag{4-108}$$

且当 $\varepsilon \to 0$ 时，可得式(4-102)。

采用有限元方法求解上述罚问题，二维问题采用 4 节点平面四边形等参单元，三维问题采用 8 节点空间六面体等参单元，将全部区域 Ω 离散为互不重叠交叉的有限单元。设节点总数为 N，单元总数为 E。第 i 节点上的形函数 N_i 满足

$$N_i(X_j) = \delta_{ij} \tag{4-109}$$

式中：X_j 为 j 节点的位置向量；δ_{ij} 为 Kronecker 函数。

由 Galerkin 方法，设 $\zeta = \sum_{i=1}^{N} N_i \zeta_i$，$p_\varepsilon = \sum_{j=1}^{N} N_j p_j$，则

$$\nabla\zeta = \sum_{i=1}^{N} \nabla N_i \zeta_i, \quad \nabla p_\varepsilon = \sum_{j=1}^{N} \nabla N_j p_j \tag{4-110}$$

代入式(4-106)，并考虑到任意函数 ζ，有

$$\iint_\Omega \left[\nabla N_i \cdot \boldsymbol{k} \cdot \sum_{i=1}^{N} \frac{1}{\gamma} \nabla N_i p_i + H_\varepsilon(p_\varepsilon)\nabla N_i \cdot \boldsymbol{k} \cdot \nabla y\right] \mathrm{d}\Omega = 0 \tag{4-111}$$

将对 Ω 的积分改为对所有单元积分的代数和，则有

$$\sum_{e=1}^{E} \int_{\Omega_e} \nabla N_a \cdot \boldsymbol{k} \cdot \frac{1}{\gamma} \nabla N_b \mathrm{d}\Omega_e p_b = \sum_{e=1}^{E} \int_{\Omega_e} -H_\varepsilon(p_\varepsilon)\nabla N_a \cdot \boldsymbol{k} \cdot \nabla y \mathrm{d}\Omega_e \tag{4-112}$$

式中：N_a 和 N_b 为单元节点的局部形函数。

令

$$\boldsymbol{K}=\boldsymbol{A}\,(k_{ab})_e,\quad \boldsymbol{F}=\boldsymbol{A}\,(f_a)_e \tag{4-113}$$

式中：$\boldsymbol{K}$ 为总体渗透矩阵；$\boldsymbol{F}$ 为节点的外力列向量；$\boldsymbol{A}$ 为组合算子；$(k_{ab})_e$ 和$(f_a)_e$ 定义如下：

$$(k_{ab})_e=\int_{\Omega_e}\frac{1}{\gamma}\nabla N_a\cdot\boldsymbol{k}\cdot\nabla N_b\,\mathrm{d}\Omega_e$$

$$(f_a)_e=\int_{\Omega_e}-H_\varepsilon(p_\varepsilon)\,\nabla N_a\cdot\boldsymbol{k}\cdot\nabla y\,\mathrm{d}\Omega_e \tag{4-114}$$

则得到如下的有限元矩阵方程：

$$\boldsymbol{KP}=\boldsymbol{F} \tag{4-115}$$

式中：$\boldsymbol{P}$ 为节点压力列向量。

由于自由面 Γ_2 待求，式(4-115)是非线性的，需要迭代求解。Oden 和 Kikuchi 应用投影超松弛迭代方法，得到了该罚问题的解，但他们未建立确定罚参数 ε 的精确准则，ε 大于零而不能趋于零，且求得的自由面不够光滑，因此这里采用截止负压的概念和负的罚参数 ε，以克服这些缺点。

为了得到精确而光滑的自由面，允许在自由面以上的非饱和区中出现一定的负压，而在自由面以下的饱和区中保持压力为正，这样便可以在单元内部插值求得零压面。因此，负压力应满足如下条件：①负压应有足够大的数值，以保证当自由面穿过单元时插值具有足够的精度；②负压应有一定的极限，即截止负压，并保证当网格趋于 0 时，它也趋于 0。

极限情况仅在自由面通过某个节点时出现，如图 4-8(a)所示，图中的自由面近似地以直线代替，并与水平线成 α 角。由于在各向同性材料中，自由面为流线且等势线与之垂直，因此单元中的最大负压出现在节点 3 上，并由几何关系得

$$p(X_3)=-\gamma H\cos\alpha\left(\cos\alpha+\frac{L}{H}\sin\alpha\right) \tag{4-116}$$

式中：L 和 H 分别为节点 1 到节点 3 的水平距离和垂直距离。图 4-8(b)绘出了节点 3 上的负压随 α 角的变化情况，其极值由条件 $\partial p/\partial\alpha=0$ 给出，则

$$p_{\mathrm{m}}(X_3)=-\gamma\frac{H}{2}\left[1+\sqrt{1+\left(\frac{L}{H}\right)^2}\right] \tag{4-117}$$

相应的临界角 α_{m} 为

$$\alpha_{\mathrm{m}}=\frac{1}{2}\arctan\left(\frac{L}{H}\right)=\arctan\left[\sqrt{1+\left(\frac{H}{L}\right)^2}-\frac{H}{L}\right] \tag{4-118}$$

对于正方形单元，$\alpha_{\mathrm{m}}=22.5°$，$p_{\mathrm{m}}(X)=-1.207\gamma H$。由式(4-117)可知，随着 H/L 增大，$p_{\mathrm{m}}(X)$减小。这样，对应于给定问题给定网格的截止负压 p_{cp} 可取为

$$p_{cp} \leqslant p_m \leqslant 0 \tag{4-119}$$

显然,当网格趋于 0 时,截止负压 p_{cp}也趋于 0。

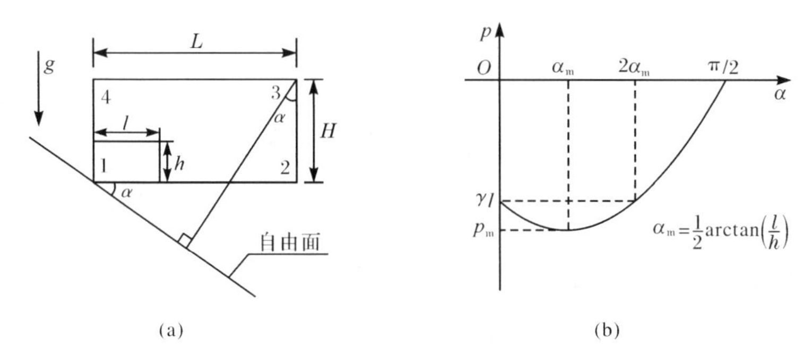

图 4-8　自由面以上流体负压力的计算

由式(4-114)可知,当单元位于 $p<0$ 区域时,不计该单元的贡献,如采用正的罚参数 ε,如图 4-9(a)所示,则当自由面通过或低于单元内的最低积分点时,此单元的这部分饱和区的贡献也无法计入。如果非饱和区的单元内允许出现负压,那么这种情况会引起解的失控,如图 4-9(a)中的节点 3,因为 $p(X_3)>p_{cp}$,而在周围所有单元中该节点的贡献都未计入,因此自由面的精度将显著降低。

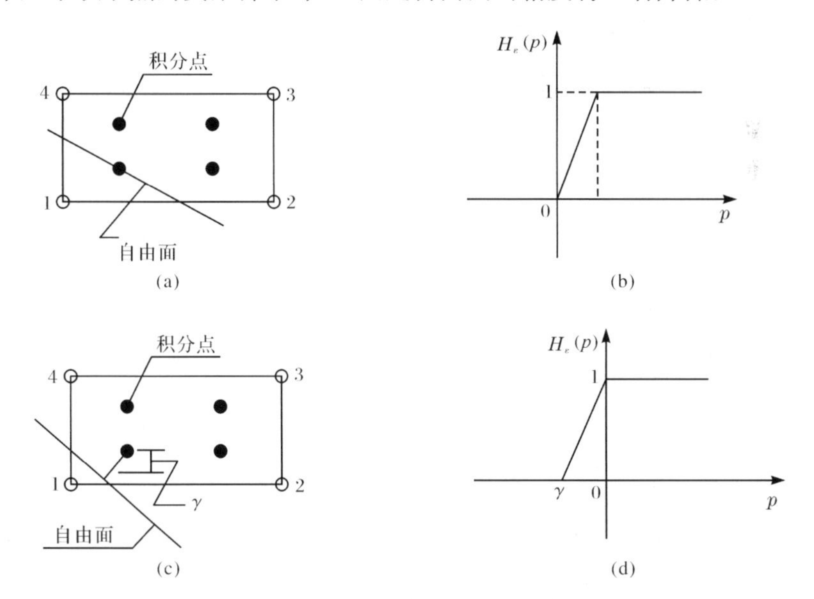

图 4-9　罚函数 $H_\varepsilon(p)$的确定

因此,这里采用负的罚参数 ε,并定义

$$H_\varepsilon(p)=\begin{cases}1, & p\geqslant 0\\ 1-\dfrac{p}{\varepsilon}, & \varepsilon<p<0\\ 0, & p\leqslant\varepsilon\end{cases}\tag{4-120}$$

由图 4-9(b)可知，当自由面位于最低积分点和节点 1 之间时，单元的贡献仍可计算，ε 的大小应足够小，且当网格趋于 0 时，ε 也趋于 0，因此 ε 应由如下两点决定：①计算式(4-114)的积分方法；②网格的尺寸。当采用高斯数值积分法时，其极限情况仅当自由面通过节点 1 时出现，令 l_G 和 h_G 分别代表节点 1 和与之最近积分点之间的水平距离和垂直距离，α 代表自由面与水平方向的夹角，则积分点上的压力可由与计算截止负压相似的方法求得

$$p(X_G)=-\gamma h_G\cos\alpha\left(\cos\alpha+\frac{l_G}{h_G}\sin\alpha\right)\tag{4-121}$$

其极值和相应的临界角为

$$p_{Gm}=-\gamma\frac{h_G}{2}\left[1+\sqrt{1+\left(\frac{l_G}{h_G}\right)^2}\right]\tag{4-122}$$

$$\alpha_{Gm}=\arctan\left[\sqrt{1+\left(\frac{h_G}{l_G}\right)^2}-\frac{h_G}{l_G}\right]\tag{4-123}$$

同样，当 $h_G/l_G=1$ 时，$\alpha_{Gm}=22.5°$，对 2×2 的高斯数值积分，$h_G=l_G=0.21H$，$p_{Gm}=0.255\gamma H$。因此，为保证解是可控的，罚参数 ε 应满足：

$$\varepsilon\leqslant-\gamma\frac{h_G}{2}\left(1+\sqrt{1+\left(\frac{l_G}{h_G}\right)^2}\right)\leqslant 0\tag{4-124}$$

显然，当 $h_G=l_G\to 0$ 时，$\varepsilon\to 0$。

这里，由于 $\varepsilon<0$，渗流区域扩展至 $\varepsilon<p<0$ 区域，但当 $\varepsilon\to 0$ 时，这个影响将自动消除，如式(4-124)，且这种方法的优点是能精确控制罚参数 ε 的幅值。

对式(4-114)和式(4-115)稍作变化，便可构成适于计算的迭代算法，其中单元节点不平衡外力 Δf_a^i 为

$$\Delta f_a^i=-\int_{\Omega_e}H_\varepsilon(p^i)N_a\cdot\boldsymbol{k}\cdot\left(\frac{1}{\gamma}p^i+y\right)\mathrm{d}\Omega_e\tag{4-125}$$

收敛条件包括不平衡外力 $\dfrac{\|\Delta F^i\|}{\|\Delta F^0\|}\leqslant$TOL 和压力修正 $\dfrac{\|\Delta P^i\|}{\|\Delta F^0\|}\leqslant\dfrac{1-Q}{Q}$TOL，这里 TOL$=10^{-3}$ 为收敛容差，$Q=\max\left(\dfrac{\|\Delta P^i\|}{\|\Delta P^{i-1}\|},\dfrac{\|\Delta P^{i-1}\|}{\|\Delta P^{i-2}\|}\right)$。

需要说明的是，开始时 $H_\varepsilon(p)\equiv 1$，在以后的迭代中 K 和 ΔF 都包含与压力有关的项，$H_\varepsilon(p)$ 在高斯积分点上求得；当某节点上的压力小于截止负压时，在以后的迭代中迫使它恒等于 p_{cp}，具体作法是在该节点方程的对角线上乘以 $\lambda=10^6$，这种处理方法同样适用于已知压力的本质边界上的节点，对于出渗面上的节点，若

其压力大于 0，则仍然迫使它恒等于 0，即在其方程左端的对角线上乘以大数 λ。

(5) 节点虚流量法。

Zhu 等提出基于固定网格上的节点虚流量法[57]来处理有自由面的渗流问题。在该方法中，取计算域大于真实渗流域，并定义计算域中位于自由面以下的区域为渗流实域 Ω_1，位于渗流自由面以上的区域为渗流虚域 Ω_2，如图 4-10 所示。渗流实域和渗流虚域中的单元相应地称为实单元和虚单元，被自由面穿过的单元为过渡单元，自由面可能所在的区域为渗流过渡域。在解题过程中通过迭代的方法，不断地消除渗流虚域以及过渡单元中虚域的影响，最终得到问题的真解。

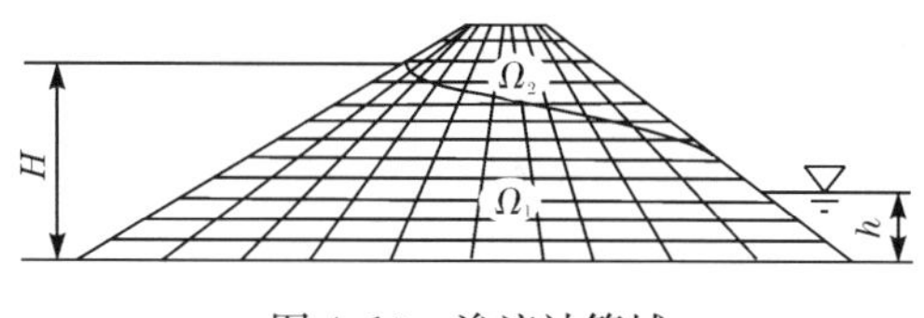

图 4-10　渗流计算域

若已知实际渗流域大小，根据变分原理，式(4-126)和式(4-127)分别为所求渗流问题的泛函及有限单元法代数方程，式(4-127)的解 $\{h_1\}$ 即为渗流场的解。

$$I(h)=\frac{1}{2}\iiint_{\Omega_1}k_{ij}\frac{\partial h}{\partial x_i}\frac{\partial h}{\partial x_j}\mathrm{d}\Omega \tag{4-126}$$

$$[K_1]\{h_1\}=\{Q_1\} \tag{4-127}$$

式中：$I(h)$为泛函；$[K_1]$、$\{h_1\}$和$\{Q_1\}$分别为渗流实域 Ω_1 的总传导矩阵、节点水头列阵和等效节点流量列阵。

实际工程的渗流场总是伴随着渗流出逸面的存在，相对于简单的有压流问题的求解，自由面和出逸面的存在使得渗流场的求解更加复杂化，将一个原为简单的线性问题变成了事先部分边界条件不确定的边界非线性问题，需迭代求解。固定网格节点虚流量法是目前求解这类问题较为理想的算法之一。

由于自由面的位置及实域 Ω_1 的大小事先未知，无法直接列出式(4-127)，因此求解中需经迭代计算后才能得出问题的解。固定网格节点虚流量法中，取计算域 Ω 大于实域 Ω_1，常取为 $\Omega=\Omega_1+\Omega_2$。同理，分别在 Ω 和 Ω_2 域中也可列出类似于式(4-127)所示的有限单元法算式(4-128)和式(4-129)。

$$[K]\{h\}=\{Q\} \tag{4-128}$$

$$[K_2]\{h_2\}=\{Q_2\} \tag{4-129}$$

式中：$[K]$、$[K_2]$、$\{h\}$、$\{h_2\}$和$\{Q\}$、$\{Q_2\}$分别为以 Ω 和 Ω_2 为计算域时的总传导矩阵、未知节点水头列阵和等效节点流量列阵。

若在式(4-128)和式(4-129)中按有限元法原理通过对$[K]$、$[K_2]$、$\{h\}$、$\{h_2\}$和$\{Q\}$、$\{Q_2\}$添加有关零元素的方法将其增阶到与$[K]$同阶，则有

$$[K]=[K_1]+[K_2] \tag{4-130}$$

$$[K_1]=[K]-[K_2] \tag{4-131}$$

和

$$\{Q_1\}=\{Q\}-\{Q_2\} \tag{4-132}$$

将式(4-131)和式(4-132)代入式(4-128),得

$$[K]\{h\}=\{Q\}-\{Q_2\}+\{\Delta Q\} \tag{4-133}$$

式中

$$\{\Delta Q\}=[K_2]\{h\} \tag{4-134}$$

式中:$[K]$、$\{h\}$和$\{Q\}$分别为计算域$\Omega=\Omega_1+\Omega_2$时的总传导矩阵、节点水头列阵和已知节点水头对计算全域贡献的流量列阵;$\{Q_2\}$为已知节点水头对虚域贡献的流量列阵;$\{\Delta Q\}=[K_2]\{h\}$为渗流虚域中虚单元和过渡单元所贡献的节点虚流量列阵。

渗流虚域Ω_2中单元(所有虚单元)对计算域Ω中各节点所贡献的节点虚流量列阵,其物理意义是用来平衡式(4-133)左边项中各节点上相应的节点虚流量。

式(4-133)即为节点虚流量法的基本迭代格式,其收敛解与式(4-127)同解。因在迭代过程中渗流虚域Ω_2在不断地变化,$\{Q_2\}$、$\{\Delta Q\}$都与节点水头列阵$\{h\}$有关,故需迭代求解。理论上可以证明在虚节点的已知流量列阵$\{Q_2\}$中非零元素项很少,且其值一般较小,计算表明对一般的工程渗流问题,$\{Q_2\}$可略去不计,因此在式(4-133)的迭代求解过程中主要修正节点虚流量列阵$\{\Delta Q\}$,使式(4-133)与式(4-127)等价而不改变原问题的解。一般来说,对稳定饱和渗流场而言,已知节点水头的节点都处在渗流实域中,只有过渡单元包含已知节点水头的节点时,才可能出现少量已知节点水头的节点对虚域发生作用,且其值一般很小。但当遇到堤防、边坡等问题或其他一些需得到出逸点(线)精确位置及坡降的问题时,$\{Q_2\}$则不能忽略,因为出逸点(线)的位置一般在过渡单元中,过渡单元中或存在初始已知节点水头,或存在饱和出逸点,这些节点在迭代中都必须作为已知节点进行处理,忽略了$\{Q_2\}$,就是忽略了这些已知节点水头对相应过渡单元虚域部分的作用。

在式(4-133)中为了消除渗流虚域对全域节点流量的贡献,必须计算$\{\Delta Q\}$,若$\{\Delta Q\}$确定,则自由面位置确定,自由面位置是大多数工程十分关心的问题。但由于在迭代计算前,是假定全域饱和情况下求得的初始渗流场分布,应用相应边界条件,这样可求得初始自由面位置,迭代过程可按式(4-135)和式(4-136)计算:

$$[K]\{h\}^{\mathrm{it}}=\{Q\}^{\mathrm{it}}-\{Q_2\}^{\mathrm{it}}+[K_2]^{\mathrm{it}}\{h\}^{\mathrm{it}-1} \tag{4-135}$$

$$[K]\{h\}^0=\{Q\}^0 \tag{4-136}$$

式中:it为迭代计算步数。

在迭代中若需考虑$\{Q_2\}^{\mathrm{it}}$的作用,要特别注意$\{Q\}^{\mathrm{it}}$和$\{Q_2\}^{\mathrm{it}}$在计算方法上的

不同，$\{Q\}^{it}$、$\{Q_2\}^{it}$必须分别按照式(4-137)和式(4-138)计算。

$$[K^*]\{h^*\}^{it}=\{Q\}_0^{it} \tag{4-137}$$

$$[K_2^*]^{it}\{h^*\}^{it}=\{Q_2\}_0^{it} \tag{4-138}$$

式中：$[K^*]$、$[K_2^*]^{it}$分别为第 it 迭代步引入已知节点水头边界条件前计算域全域、虚域分别贡献的总传导矩阵；$\{Q\}_0^{it}$、$\{Q_2\}_0^{it}$ 分别为第 it 迭代步引入已知节点水头边界条件前内部源汇项、非零流量边界等对计算域全域、虚域贡献的流量列阵；$\{h^*\}^{it}$为第 it 迭代步计算域全域所有节点水头。

对于介质强非均匀性和渗透各向异性，渗流虚域 Ω_2 过大时会影响式(4-133)迭代求解的收敛性，此时在解题过程中应尽可能多地丢弃虚单元，但仍要保证自由面上有一定大小的虚区，以保证水头条件得到满足。对于过渡单元，通过单元节点水头可求出其高斯点的压力水头，对于 $h\geqslant 0$ 的高斯点，渗透系数取原值，对于 $h\leqslant 0$ 的高斯点，渗透系数取 0，以此达到消除单元虚区部分的节点流量贡献。为避免迭代中产生振荡，可将自由面穿过的单元加密高斯积分点数(一般取 $4\times 4\times 4=64$ 个即可)。

(6) 渗流出逸面的处理。

渗流场边界面的准确模拟是精细求解渗流场分布的关键技术之一，因为确定渗流场的边界是渗流场正确求解的前提。渗流场边界一般分为初始确定边界和初始不确定边界，前者包括已知水头边界、已知流量边界、已知不透水边界等，后者包括自由面、出逸面、蒸发入渗面、水位地质资料缺乏造成的不确定性边界等。在不确定性边界的研究中，研究的重点主要集中在自由面和出逸面的模拟上[58]。

对于出逸面过去常按以下两种方法处理：①在计算数据中给出可能出逸带内的边界节点，并给出其转换为出逸点的先后趋势，在计算过程中确定是否转换为出逸点，将水头值等于和超出节点高程的边界点看作出逸点，并作为第一类边界点处理。但是该方法在计算时不能实行逆转换，即不能将已定为出逸点的节点转换为非出逸点，从第一类边界点中消去，而且三维问题的复杂性又增加了试算过程中预测的难度。②取域内近边界面的自由面上一点，过该点的自由面的外延线与过该点平行于边界的向下射线(边界坡角$\leqslant 90°$)或铅垂线(边界坡角大于 90°)夹角的平分线与边界的交点定为出逸点，出逸点下的节点为出逸面节点，但是该方法难以应用于三维问题。

显然，出逸面边界的水是由域内流出边界的，因此可采用如下的出逸面边界处理方法：①第一次计算时，对于初始时步，将可能的出逸面节点全部作为未知点，而对于其余时步，将初始时步的出逸面节点作为已知点，求出渗流场分布；②求出渗流场分布后，对可能出逸边界点通过节点虚流量式来判断，若该节点的虚流量大于等于 0，则该点为出逸点，下个时步将该点作为一类边界节点；若流量为负，则将该点作为未知水头节点；③重复步骤②直至出逸边界节点不产生变化。

第 5 章　渗流量计算方法

预测和分析渗流量是渗流计算中最重要的内容之一[59]，渗流量计算的准确性对于渗流问题的分析是至关重要的，特别是对大坝防渗系统的布置、防渗效果的评价、坝后排水设施的布设及排水井排水效果的评价等具有重要的参考价值。例如，在土石坝病险诊断过程中，需要根据渗流量、渗透水透明度和水质观测资料及巡查结果，结合渗透坡降，判别有无管涌、流土、接触冲刷、接触流失等渗透变形现象；又如，在基坑排水渗流计算中，环状布置的排水井的渗流量需要较为精确地计算，以便合理安排排水设施。由此可见，提高渗流量计算的准确性是非常必要的。

在渗流数值计算方法中，无论理论分析还是工程应用，从渗流均质各向同性到非均质各向异性，有限元法都是工程渗流计算最成熟和完善的数值方法[31,60]。目前，渗流量计算方法主要有中断面法、等效节点流量法等[61~65]。各种方法都有优点和缺点，但是当地质条件复杂，有限单元不规则时，计算精度仍然不够高。而且，当需要计算井的渗流量时，如果对有限元网格不进行特殊处理，那么上述两种方法无法计算汇集到井内的渗流量(通过井周围圆柱曲面)。因此，有必要从渗流量的基本概念出发，寻求一种更为方便和精确的渗流量计算方法[56,59,66~69]。

5.1　中断面法

中断面法[59]的主要原理是，在求得渗流场水头函数 $h(x,y,z)$ 的有限元法数值解后，对于任意 8 节点六面体等参单元，选择其一对面之间 4 条棱的中点构成的截面(中断面)作为过流断面；在二维问题中以中线作为过流断面。有限元法求得的水头函数数值解精度较高，一般可以满足工程应用的要求。中断面法计算原理简单且很容易通过程序实现。但是，由于水头函数数值解为数值离散解，并且实际选用的过流断面为各个单元的中断面，因此当计算区域材料分区和地质条件复杂时，单元形状很不规则，其中断面也是极不规则的扭曲面，所计算出的渗流量的准确性会大幅降低，有时不能满足工程应用的要求。

如图 5-1 所示，通过某断面 S 的渗流量可按式(5-1)计算：

$$q=-\iint_S k_n \frac{\partial h}{\partial n}\mathrm{d}S \tag{5-1}$$

式中：S 为过流断面；n 为断面外法线方向；k_n 为 n 方向的渗透系数；h 为渗流场水头。

对于任意8节点六面体等参单元，选择中断面 $abcda$ 作为过流断面 S，并将 S 投影到 YOZ、ZOX、XOY 平面上，分别记为 S_x、S_y、S_z，则通过单元中断面的渗流量为

$$q=-k_x\frac{\partial h}{\partial x}S_x-k_y\frac{\partial h}{\partial y}S_y-k_z\frac{\partial h}{\partial z}S_z \tag{5-2}$$

式中：$\frac{\partial h}{\partial x}$、$\frac{\partial h}{\partial y}$和$\frac{\partial h}{\partial z}$可由式(5-3)计算：

$$\begin{Bmatrix}\frac{\partial h}{\partial x}\\ \frac{\partial h}{\partial y}\\ \frac{\partial h}{\partial z}\end{Bmatrix}=\begin{bmatrix}\frac{\partial N_i}{\partial x}\\ \frac{\partial N_i}{\partial y}\\ \frac{\partial N_i}{\partial z}\end{bmatrix}\{h_i\},\quad i=1,2,\cdots,8 \tag{5-3}$$

式中：$\{h_i\}=[h_1,h_2,\cdots,h_8]^{\mathrm{T}}$。

这里，单元内的平均渗透坡降$\frac{\partial h}{\partial x}$、$\frac{\partial h}{\partial y}$和$\frac{\partial h}{\partial z}$仍用单元内高斯积分点上渗透坡降的平均值代替，而且在每一个单元内都取3×3×3个高斯积分点，以提高计算精度。

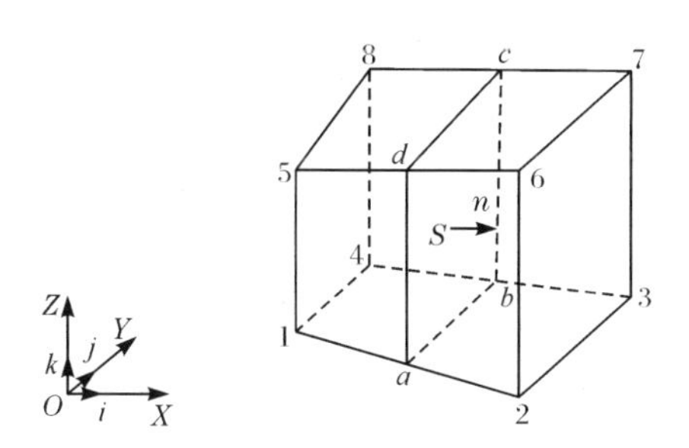

图5-1　8节点六面体等参单元渗流量的计算

5.2　等效节点流量法

用位移元求解弹性体应力场的有限元法，单元的位移、应变和应力可按式(5-4)～式(5-6)进行计算：

$$\{\delta\}=[N_1]\{\delta\}^e \tag{5-4}$$

$$\{\varepsilon\}=[B_1]\{\delta\}^e \tag{5-5}$$

$$\{\sigma\}=[D][B_1]\{\delta\}^e \tag{5-6}$$

式中：$\{\delta\}$、$\{\varepsilon\}$和$\{\sigma\}$分别为单元中任一点处的位移列阵、应变列阵和应力列阵；$\{\delta\}^e$ 为单元的节点位移列阵；$[N_1]$、$[B_1]$和$[D]$分别为应力场中的插值形函数矩

阵、应变矩阵和弹性矩阵。

在多孔介质达西渗流场求解的有限元法中，类似地有

$$h=[N_2]\{h\}^e \tag{5-7}$$

$$\{J\}=-[B_2]\{h\}^e \tag{5-8}$$

$$\{v\}=-[k][B_2]\{h\}^e \tag{5-9}$$

式中：h、$\{J\}$和$\{v\}$分别为单元中任一点处的水头、渗透梯度列阵和渗流速度列阵；$\{h\}^e$ 为单元节点位移列阵；$[N_2]$、$[B_2]$和$[k]$分别为渗流场中的形函数矩阵、渗透梯度矩阵和渗透系数矩阵。

对比式(5-4)～式(5-6)和式(5-7)、式(5-8)可以发现，弹性体应力场和达西渗流场有限元法中位移与水头、应变与渗透梯度、应力与渗流速度等诸力学要素与水力要素之间有一一对应的相似关系。此外，面力与面内流量、体力与体内流量、节点力与节点流量在算法上也有相似关系。因此在计算理论上，对应力场中某力学要素的计算也同样适用于对渗流场中对应水力要素的计算。

根据弹性力学，若在虚位移发生之前弹性体处于平衡状态，则在虚位移过程中外力在虚位移上所做的虚功就等于应力在虚应变上所做的虚功。弹性体的虚功方程为

$$\int_\Omega \{\delta^*\}^{\mathrm{T}}\{f\}\mathrm{d}\Omega+\int_S \{\delta^*\}^{\mathrm{T}}\{\bar{f}\}\mathrm{d}s=\int_\Omega \{\varepsilon^*\}^{\mathrm{T}}\{\sigma\}\mathrm{d}\Omega \tag{5-10}$$

式中：$\{\delta^*\}$和$\{\varepsilon^*\}$分别为边界条件允许发生的虚位移和相应的虚应变；$\{f\}$和$\{\bar{f}\}$分别为弹性体所受的分布体力和面力；Ω 及 S 分别为弹性体的体域和面域。

在有限元法中弹性体上所有单元所受的外荷载都要等效移置到节点上，成为弹性体上的等效节点力$\{f\}$，可视弹性体是这些等效节点力的平衡状态，因此式(5-10)的虚功方程就成为

$$\{\delta^*\}^{\mathrm{T}}\{F\}=\int_\Omega \{\varepsilon^*\}^{\mathrm{T}}\{\sigma\}\mathrm{d}\Omega \tag{5-11}$$

或

$$\sum_{e=1}^{n_e}(\{\delta^*\}^e)^{\mathrm{T}}\{F\}^e=\int_\Omega \{\varepsilon^*\}^{\mathrm{T}}\{\sigma\}\mathrm{d}\Omega \tag{5-12}$$

式中：$\{\delta^*\}^e$ 为单元e 的节点虚位移列阵；n_e 为单元个数；$\{F\}^e$ 为单元e 的单元等效节点力。

因弹性体中任一单元e 在单元等效节点力$\{F\}^e$(含单元内部界面上应力的贡献)的作用下在虚位移发生之前也处于平衡状态，故e 单元上的虚功方程为

$$(\{\delta^*\}^e)^{\mathrm{T}}\{F\}^e=\int_{\Omega_e} \{\varepsilon^*\}^{\mathrm{T}}\{\sigma\}\mathrm{d}\Omega \tag{5-13}$$

式中：Ω_e 为单元e 的体域。将式(5-11)和式(5-12)代入式(5-13)，可得

$$(\{\delta^*\}^e)^{\mathrm{T}}\ \{F\}^e=(\{\delta^*\}^e)^{\mathrm{T}}\ [K_1]^e\ \{\delta\}^e \tag{5-14}$$

式中:$[K_1]^e$ 为单元 e 的劲度矩阵。由于虚位移 $\{\delta^*\}^e$ 的任意性,单元等效节点力与节点位移的关系为

$$\{F\}^e=[K_1]^e\ \{\delta\}^e \tag{5-15}$$

设单元 e 的第 i 个节点上所受的单元等效节点力为 $\{F_i\}^e$,单由外力荷载(不含单元内部界面上应力的贡献)所产生的等效节点力为 $\{R_i\}^e$,则由弹性体及节点 i 的平衡条件可得

$$\sum_e \{R_i\}^e=\sum_e \{F_i\}^e=\sum_e \sum_{j=1}^{m} [K_{ij}]^e\ \{\delta_j\}^e \tag{5-16}$$

式中:$\sum\limits_e$ 表示对计算域中环绕节点 i 的所有单元求和;m 为单元的节点数;$[K_{ij}]^e$ 为单元劲度矩阵 $[K_1]^e$ 中的子劲度矩阵。

式(5-15) 和式(5-16) 分别为单元等效节点力 $\{F\}^e$ 和计算域节点 i 上总荷载等效节点力 $\sum\limits_e \{R_i\}^e$ 的节点位移表示法,表明在有限元法中它们均可直接用有关单元劲度矩阵中的劲度系数与节点位移的乘积的代数和来表示。

在式(5-15)和式(5-16)的推导过程中,弹性体的初始状态为弹性体在等效节点力 $\sum\limits_e \{R_i\}^e(i=1,2,\cdots,n,n$ 为总节点数) 的作用下所处的平衡状态,将此平衡状态中的应力场与满足渗流连续性条件状态中的达西渗流场进行对比分析,在算法上存在上述诸力学要素与水力要素之间一一对应的相似性,其中有节点位移 $\{\delta\}^e$ 与节点水头 $\{h\}^e$、单元等效节点力 $\{F\}^e$ 与单元等效节点流量 $\{Q\}^e$ 及等效节点力 $\sum\limits_e \{R_i\}^e$ 与等效节点流量 $\sum\limits_e Q_i^e$ 呈对应关系。因此,在达西渗流场中,单元等效节点流量 $\{Q\}^e$ 和节点 i 上的总等效节点流量 $\sum\limits_e Q_i^e$ 在算法上也可类似地由节点水头 $\{h\}^e$ 表示,即

$$\{Q\}^e=-[K_2]^e\ \{h\}^e \tag{5-17}$$

$$\sum_e Q_i^e=-\sum \sum_{j=1} K_{ij}^e h_j^e \tag{5-18}$$

式中:K_{ij}^e 为单元 e 渗透矩阵 $[K_2]^e$ 中第 i 行第 j 列上的元素。

若计算边界入渗面或出渗面上的渗流量 Q_1,且设过流断面上有 n 个节点,则有

$$Q_1=\sum_{i=1}^{n}\sum_e Q_i^e=-\sum_{i=1}^{e}\sum_e\sum_{j=1}^{m} K_{ij}^e h_j^e \tag{5-19}$$

若渗流量 Q_1 的计算值为负,则为入渗流量;若为正,则为出渗流量。若计算内部单元间某一过流断面上的渗流量 Q_2,计算公式同式(5-19),但 $\sum\limits_e$ 只对位于

过流断面一侧的环绕节点 i 的所有单元求和。

等效节点流量法把渗流量直接表示为传导系数和节点水头乘积的代数和，在渗流量的计算中避免了对水头有限元法离散解的求导运算，使渗流量的计算精度与节点水头解的精度同阶[64,65]。

5.3 任意断面插值网格法

5.3.1 计算方法

由达西定律可知，渗流量 Q 可写成如下形式：

$$Q=kA\frac{h}{\Delta s} \tag{5-20}$$

式中：k 为渗透系数(m/s)；A 为渗流截面面积；h 为水头(m)，h 由两部分所组成，即位置水头 z 和压力水头 $p/\rho g$；Δs 为渗流量通过的长度(m)。

如图 5-2 所示，在三维渗流场中，设流管截面积足够小，取相互靠近的两个平面 S_1 和 S_2，其截面面积近似为 A，作用水头以两个面形心处的水头 h_1 和 h_2 表示，两个面之间的距离为 L，则可根据式(5-20)计算出通过该流管的渗流量。

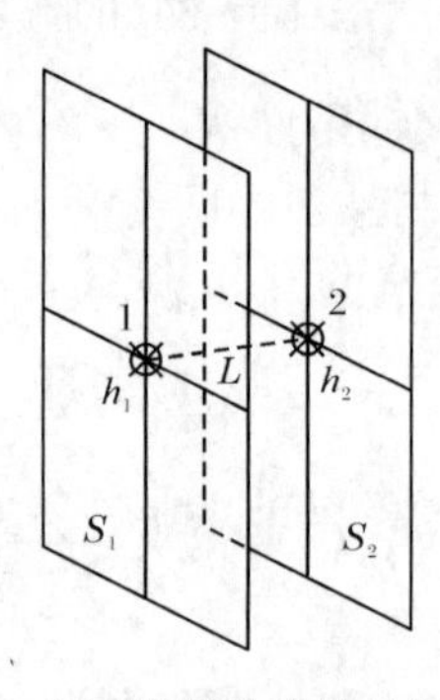

图 5-2 空间流管渗流量计算示意图

$$Q=Ak\frac{h_1-h_2}{L} \tag{5-21}$$

即

$$Q=Ak\frac{\Delta h}{L} \tag{5-22}$$

如果 L 趋于 0(相对于截面积 A 而言足够小)，则可以把计算得到的渗流量近似地看为通过截面 S_1(或 S_2)的渗流量。

一般情况下，所需考虑的任意截面比较大，这时需根据计算所需的精度要求，将该任意截面离散为长宽相等且足够小的长方形(含正方形)网格，以正方形网格为例，取正方形边长为计算截面较短边长的 1/10000～1/100，假设剖分后任意一正方形分别为 S_{1i}和 S_{2i}（与 S_i 对应的正方形），正方形形心处的水头分别为 h_{1i}和 h_{2i}，两形心之间的距离为 L_i，则通过该任意截面的渗流量可用式(5-23)表示。

$$Q = \sum_{i=1}^{n} A_i k_i \frac{h_{1i} - h_{2i}}{L_i} \tag{5-23}$$

即

$$Q = \sum_{i=1}^{n} A_i k_i \frac{\Delta h_i}{L_i} \tag{5-24}$$

式中：n 为剖分的正方形单元数。

由于两个平面之间的距离为 L，即各对正方形之间的形心距离均为 L，且各正方形的面积均为 a，因此简化为

$$Q = \frac{a}{L} \sum_{i=1}^{n} k_i \Delta h_i \tag{5-25}$$

式中：k_i 为第 i 个正方形单元的法向渗透系数，由该正方形单元形心坐标确定。式(5-25) 表明，计算通过该任意截面的渗流量，即需要计算出任一正方形单元上各点的水头值 h_{1i}和 h_{2i}。因此该问题就转化为如何求解三维渗流场中指定平面上任意一点水头值的问题。

如果采用空间 8 节点六面体等参单元，假设某点 A 在单元中，如图 5-3 所示，则在求得三维渗流场后，即已知各单元节点的水头值，这时，点 A 的水头可用式(5-26)来计算：

$$h_A = \sum_{i=1}^{8} h_i N_i(\xi, \eta, \varsigma) \tag{5-26}$$

式中：h_i 为 8 个节点的水头值，$i=1,2,\cdots,8$；$N_i(\xi, \eta, \varsigma)$为用局部坐标表示的单元形函数。

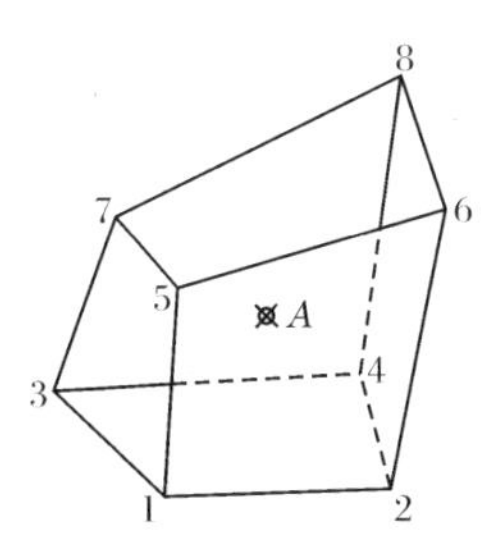

图 5-3　空间 8 节点六面体等参单元示意图

在上述公式中 h_i 已通过迭代计算求得，现在的关键问题是：①如何找到任意指定点(即计算断面上正方形网格单元形心点)所在的单元；②计算单元形函数

N_i,即求出该点的单元局部坐标。当找到该任意指定点所在的单元后,其形函数也就容易计算了。因此其核心问题只有一个,就是如何找到任意指定点所在的单元。

5.3.2 计算流程

空间某一点相对于空间某一单元,其几何位置主要存在以下三种情况:①点位于单元内;②点位于单元外;③点位于单元表面。情况③可以认为是情况①的一种特殊情况。

为了判断空间点相对于单元的位置,一种行之有效的方法就是进行等参数变换。在等参单元中,任一点的坐标可以表示为

$$\begin{Bmatrix} x \\ y \\ z \end{Bmatrix} = \begin{bmatrix} \boldsymbol{N} & 0 & 0 \\ 0 & \boldsymbol{N} & 0 \\ 0 & 0 & \boldsymbol{N} \end{bmatrix} \begin{Bmatrix} \boldsymbol{X} \\ \boldsymbol{Y} \\ \boldsymbol{Z} \end{Bmatrix} \tag{5-27}$$

式中:$N(\xi,\eta,\zeta)$为三维等参单元的形函数矩阵,对于 n 节点的等参单元为$\boldsymbol{N}=\{N_1,N_2,\cdots,N_n\}$;$\boldsymbol{X}$、$\boldsymbol{Y}$、$\boldsymbol{Z}$为单元节点坐标向量。对于 n 节点的等参单元,其形式如下:

$$\boldsymbol{X} = \begin{Bmatrix} x_1 \\ x_2 \\ \vdots \\ x_n \end{Bmatrix}, \quad \boldsymbol{Y} = \begin{Bmatrix} y_1 \\ y_2 \\ \vdots \\ y_n \end{Bmatrix}, \quad \boldsymbol{Z} = \begin{Bmatrix} z_1 \\ z_2 \\ \vdots \\ z_n \end{Bmatrix} \tag{5-28}$$

对式(5-27)微分得

$$\begin{Bmatrix} \mathrm{d}\xi \\ \mathrm{d}\eta \\ \mathrm{d}\zeta \end{Bmatrix} = [J]^{-1} \begin{Bmatrix} \mathrm{d}x \\ \mathrm{d}y \\ \mathrm{d}z \end{Bmatrix} \tag{5-29}$$

式中:$[J]$为雅可比矩阵,整体坐标中一点 $P(x,y,z)$,其局部坐标(ξ,η,ζ)应符合

$$\begin{Bmatrix} x \\ y \\ z \end{Bmatrix} - \begin{bmatrix} \boldsymbol{N} & 0 & 0 \\ 0 & \boldsymbol{N} & 0 \\ 0 & 0 & \boldsymbol{N} \end{bmatrix} \begin{Bmatrix} \boldsymbol{X} \\ \boldsymbol{Y} \\ \boldsymbol{Z} \end{Bmatrix} = \begin{Bmatrix} 0 \\ 0 \\ 0 \end{Bmatrix} \tag{5-30}$$

可用牛顿迭代法求解式(5-30),其迭代格式为

$$\begin{Bmatrix} \xi \\ \eta \\ \zeta \end{Bmatrix}^{n+1} = \begin{Bmatrix} \xi \\ \eta \\ \zeta \end{Bmatrix}^{n} + \begin{Bmatrix} 0 \\ 0 \\ 0 \end{Bmatrix} \tag{5-31}$$

$$\begin{Bmatrix} \Delta\xi \\ \Delta\eta \\ \Delta\zeta \end{Bmatrix}^{n+1} = [J^n]^{-1}\left\{\begin{Bmatrix} x \\ y \\ z \end{Bmatrix} - \begin{bmatrix} \mathbf{N} & 0 & 0 \\ 0 & \mathbf{N} & 0 \\ 0 & 0 & \mathbf{N} \end{bmatrix}\begin{Bmatrix} \mathbf{X} \\ \mathbf{Y} \\ \mathbf{Z} \end{Bmatrix}\right\} \tag{5-32}$$

式中：$[J^n]=[J(\xi^n,\eta^n,\zeta^n)]$。

通常的做法是：将需要转换的每一点的整体坐标代入迭代公式，并对所有的空间单元进行循环，直到找到同时满足 $0\leqslant|\xi|\leqslant1, 0\leqslant|\eta|\leqslant1, 0\leqslant|\zeta|\leqslant1$ 的单元，即这点所处的单元，同时输出此点在这一单元中的局部坐标，然后开始对下一点进行同样的循环。

该方法对任意一点都需要在所有单元内进行求解，空间单元数量庞大，且需要用到迭代法求解，所以需要花费很长的计算时间。同时，牛顿迭代法仅在单根附近具有二阶收敛，因此需要选取较好的初始近似结果才能保证迭代收敛。当需要转换的点位于单元外较远距离时，如果局部坐标的初始值还取(0,0,0)，会导致计算不收敛。另外，如果几乎所有单元的迭代计算中都需达到指定的最大迭代步数，那么迭代计算耗费的时间是惊人的。基于此，首先判断该点可能所在的单元。如果判断该点的三个坐标值(x,y,z)在某单元的节点坐标的最大值和最小值之间，则该单元是这个点可能所在的单元。

如果在求解非线性方程组的雅可比矩阵时设局部坐标的初始值为(0,0,0)，这时单元本身就是各个面都平行于直角坐标轴的长方体或正方体单元，雅可比矩阵会出现某行全部为 0 的情况，导致迭代无法进行。因此，需将初始值设置为随机的(−1,1)上的数，或简单地加上一个偏量，如设为(−0.1,0.2,0.05)等。这样可大幅提高计算速度。

实践证明，该计算方法的迭代所需时间很少，并且避免了出现雅可比矩阵某行全为 0 的情况。随后的计算渗流量的算例及工程应用证明，上述迭代格式收敛较快，迭代过程稳定，能够有效地解决实际问题。

根据以上数学分析和计算公式，运用 FORTRAN 语言编写了基于三维有限元法的任意断面渗流量计算程序，主程序流程如图 5-4 所示。

在这个主程序中，找出指定单元形心所在单元是最重要的一个环节，由子程序 FPEOP 和子程序 SE 完成，两个子程序的判断、循环过程流程图如图 5-5 所示。

以下是该程序的部分框架内容。

```
    COMMON/a/NPE,NE
    COMMON/b/COOR(3,99000),NODE(9,99000),WHEAD(6,99000)!公共变量
主程序:
    NR=NR*2
        NH=NH*2
```

```
    COORP(3)=COORP(3)-DEPTH
    A=2*PI/NR
  H=DEPTH/NH    !分析输入的剖分信息,用于生成正方形单元形心信息
………………………………………………
DO J=1,NH+1
      AG=0.0
      DO K=1,NR
      CCOOR(1,N)=COORP(1)+RADIUS*SIN(AG)    !计算形心信息
………………………………………………
CALL  FPEOP(CRP,NPE,FE)    !用于找指定点可能所处的单元
………………………………………………
CALL  SE(CRP,L,FFE,CI)    !迭代法解方程确定指定点所处单元
………………………………………………
CALL  COH(CRP,FFE,CI,HEAD)    !计算指定点水头值
………………………………………………
SUBROUTINE    FPEOP(C,N,F)
………………………………………………
IF ((C(1).LE.XMAI.AND.C(1).GE.XMII).AND.
   #          (C(2).LE.YMAI.AND.C(2).GE.YMII).AND.
   #          (C(3).LE.ZMAI.AND.C(3).GE.ZMII)) THEN 判断
………………………………………………
SUBROUTINE    SE(C,M,F,CI)
………………………………………………
!随机给出介于-1和1之间的初始值
      !random_number 和 random_seed
        !call random_seed ()  !系统根据日期和时间随机地提供种子
        !call random_number (zz)         !每次的随机数都不一样
………………………………………………
CNI(I)=(1.0+ICOM(I,1)*spx)*(1.0+ICOM(I,2)*spy)
              *(1.0+ICOM(I,3)*spz)/8.0!计算局部 Ni
………………………………………………
DERN(I,1)=XI*(1.0+YN)*(1.0+ZK)/8.0!求局部 Ni 对 ξ,η,ζ 的偏导数
      DERN(I,2)=YI*(1.0+ZK)*(1.0+XN)/8.0
      DERN(I,3)=ZI*(1.0+XN)*(1.0+YN)/8.0
………………………………………………
```

```
CJO(I,J)=CJO(I,J)+DERN(L,I)*XE(L,J)
………………………………………………
    DJ=CJO(1,1)*CJO(2,2)*CJO(3,3)+CJO(2,1)*CJO(3,2)*CJO(1,3)
!求[J],[J]的逆矩阵,[J]的模
………………………………………………
IF ((AMAX1(aspx,aspy,aspz)-1.0).LE.1.0E-6)  THEN
        F=M
        DO I=1,8
        CI(I)=(1.0+ICOM(I,1)*spx)*(1.0+ICOM(I,2)*spy)
              *(1.0+ICOM(I,3)*spz)/8.0
        END DO
              RETURN
    ELSE
        RETURN
    END IF!判断迭代得到的局部坐标是否为所给点的实际局部坐标
………………………………………………
```

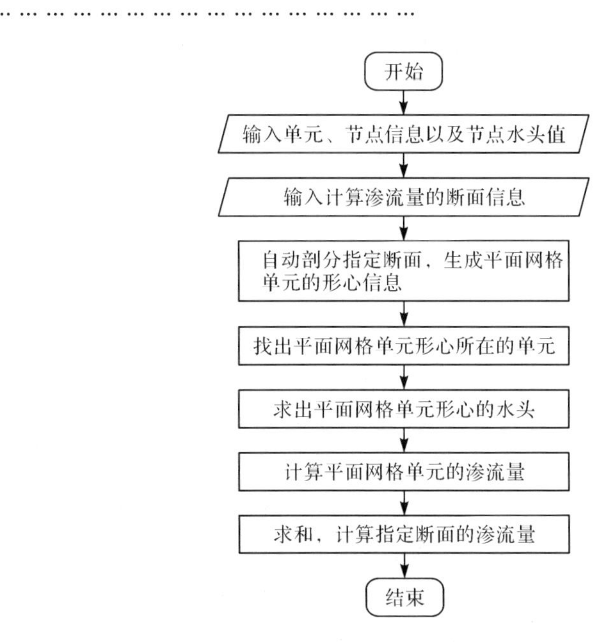

图 5-4　计算任意断面渗流量主程序流程

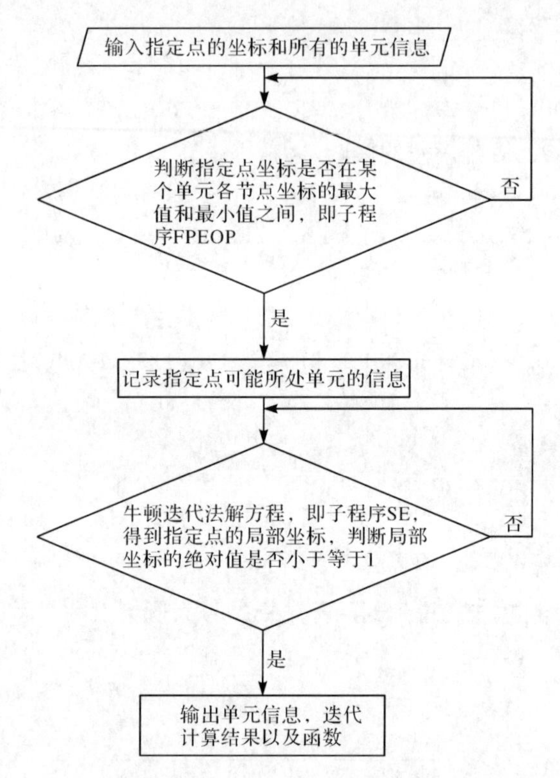

图 5-5　找出平面网格单元形心所在单元的程序流程

5.4　计算方法比较

5.4.1　中断面法与等效节点流量法比较

以均质各向同性坝基中有压流稳定渗流场为研究对象，比较传统中断面法与等效节点流量法[65]。

图 5-6 为均质各向同性坝基中有压流稳定达西渗流场的一个算例及其计算域、渗流边界条件和计算单元网格。视坝体为不透水体，基岩的渗透系数为 1.0×10^{-4}cm/s，取计算域在坝轴线方向的厚度为 1.0m，计算域(不含坝体)共剖分为 8×18=144 个空间 8 节点六面体等参单元和 9×19=171 个节点。由等效节点流量法计算得到的上游库底入渗面 S_{AF}、下游河床出渗面 S_{DE} 和 X=180m 的坝基中面上的渗流量均为 48.95906cm^3/s，可见该算法的计算精度很高。沿计算域的不透水周面 S_{ABCDE} 和沿单元 29～35、47、53、65、71、83、89 及 101～107 的周面计算所得的渗流量均为 0，与理论值相同。

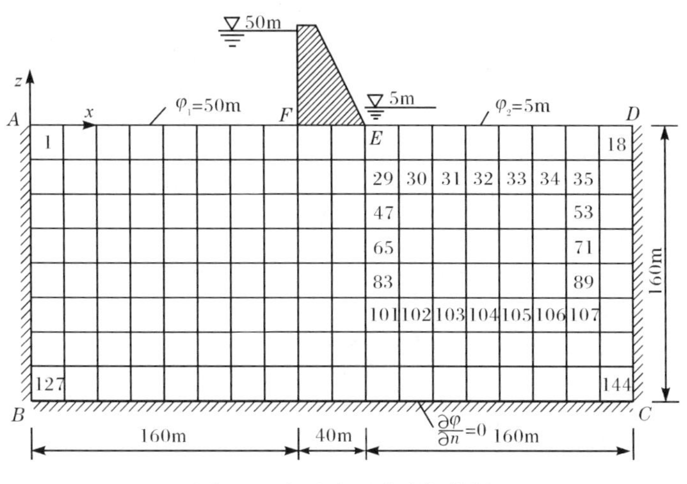

图 5-6　坝基有压渗流场算例

对图 5-7 所示有自由面的达西渗流问题，分别用中断面法 8 节点六面体等参单元、20 节点六面体等参单元和等效节点流量法 8 节点等参单元水头解对几个过水断面上的渗流量进行了对比计算，其结果见表 5-1(取计算域在 y 坐标轴方向的厚度为一个单位，均质各向同性堤坝的渗透系数为 1.0cm/s，负号为入渗流量，正号为出渗流量)。由表可知，等效节点流量法的计算精度最高，在坝基面及单元 14、15、18 和 19(图 5-7)的周面上计算得到的渗流量与理论解相同，均为 0，堤坝上下游面上的入渗流量与出渗流量之和为 $-0.0009\text{cm}^3/\text{s}$，与出渗流量值 $4.3642\text{cm}^3/\text{s}$ 相比，误差仅为 0.021%，而在 8 节点和 20 节点等参单元的常规中断面法计算中，这种误差在这个简单的算例中已分别达 10.70%和 0.72%。

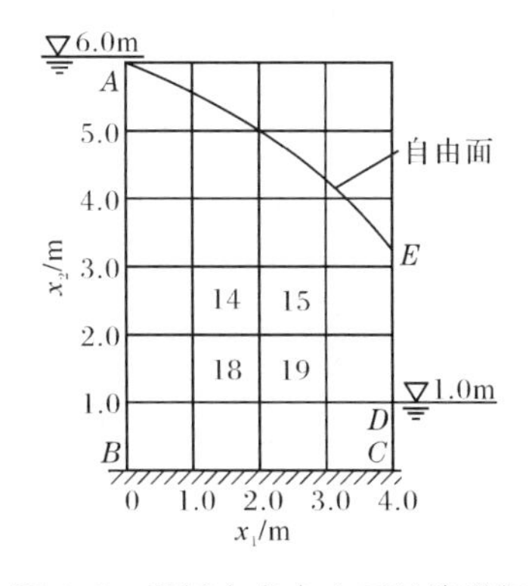

图 5-7　堤坝中有自由面的渗流场

表 5-1 渗流量计算结果 (单位：cm^3/s)

渗水断面	中断面法 8 节点六面体等参单元	中断面法 20 节点六面体等参单元	等效节点流量法 8 节点六面体等参单元
上游入渗面	−4.4425	−4.3422	−4.3651
下游出渗面	4.0132	4.3111	4.3642
z=0.0 的坝基不透水面	0.3118	−0.0002	0
单元 14、15、18 和 19 的周面	−0.0132	−0.0114	0

5.4.2 中断面法与任意断面插值网格法比较

以砂槽模型试验为研究对象，计算有多层水平排水的均质各向同性矩形坝的渗流量，对传统中断面法与任意断面插值网格法进行比较[59]。

如图 5-8 所示，有两层水平排水的均质各向同性矩形坝，长×高×宽=0.55m×0.35m×0.1m。试验液体是水玻璃，其渗透系数为：坝体 $k_1=2.21\times10^{-4}$ m/s，水平排水 $k_2=3.5\times10^{-3}$ m/s。离散后，三维有限元网格图如图 5-9 所示，其中，节点数为 390，单元数为 216。

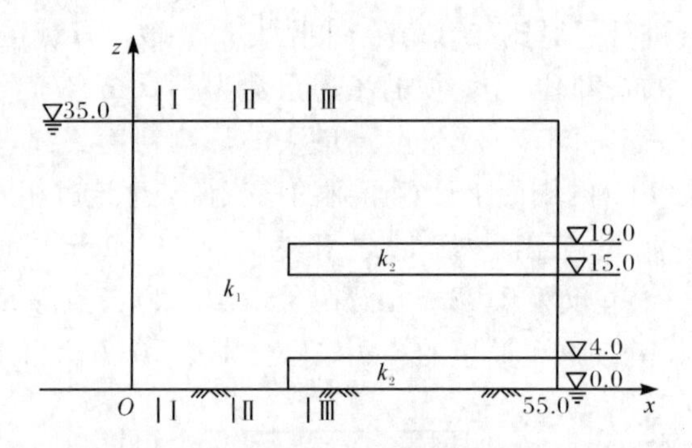

图 5-8 有两层水平排水的均质各向同性矩形坝(单位：cm)

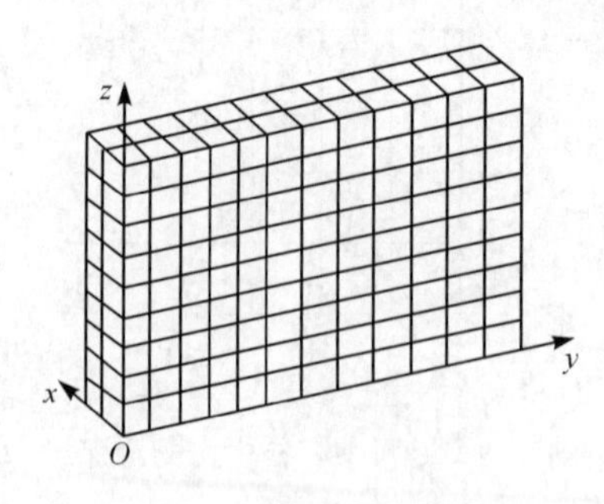

图 5-9 三维有限元网格图

经三维渗流有限元计算分析，该均质各向同性矩形坝垂直于 y 轴的剖面自由面如图 5-10 所示，其中，1 为计算自由面，2 为砂槽模型实测自由面。选取其中三个断面进行分析计算：① Ⅰ—Ⅰ，坐标为 $x=3.0\text{cm}$；②Ⅱ—Ⅱ，坐标为 $x=13.0\text{cm}$；③Ⅲ—Ⅲ，坐标为 $x=23.0\text{cm}$。将各计算断面剖分为 35 个单元，如图 5-11 所示。

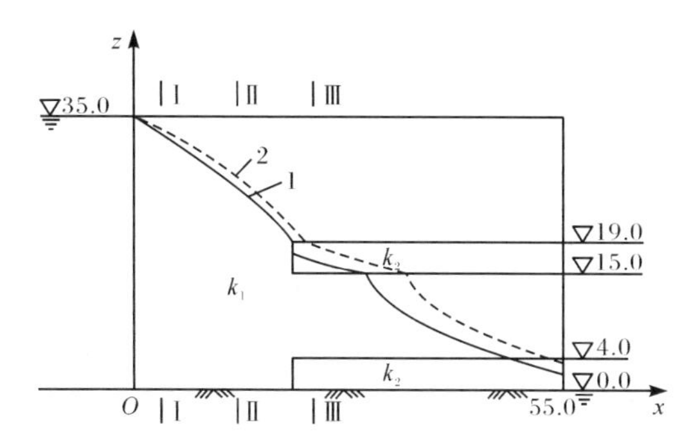

图 5-10　垂直于 y 轴的剖面自由面(单位：cm)

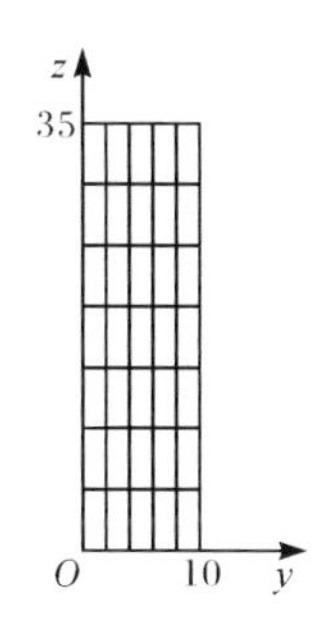

图 5-11　选取的计算断面的剖分网格图

将任意断面插值网格法计算得到的单宽渗流量与中断面法计算的单宽渗流量以及实际测得的试验数据进行对比，见表 5-2。由表可以看出，任意断面插值网格法所计算出来的单宽渗流量相对于中断面法更接近试验实测值(包括三个断面各自的计算结果以及平均值)，计算误差由中断面法的 27.7%下降至 21.9%。可见，任意断面插值网格法较之中断面算法更为准确。

表 5-2　任意断面插值网格法、中断面法及砂槽模型试验的单宽渗流量的比较

算法	单宽渗流量/($10^{-5}\text{m}^2/\text{s}$)					误差/%
	Ⅰ—Ⅰ	Ⅱ—Ⅱ	Ⅲ—Ⅲ	平均值	试验实测值	
中断面法	5.837	5.485	5.109	5.477	4.288	27.7
任意断面插值网格法	5.356	5.260	5.063	5.226		21.9

第 6 章　裂隙岩体的渗流特性及理论

自然界中的渗流现象存在于两种不同的介质中：孔隙介质和裂(缝)隙介质[70]。孔隙是指在微观尺度上三向尺寸相近的孔、洞，孔隙介质是指以孔隙构成流体的储存空间和运动通道的介质。裂隙是指在宏观尺度上一向尺寸远小于另外两向尺寸的地质构造，裂隙介质是指主要以孔隙、微裂隙为流体的储存空间，而主要以相互交叉成网络的较大尺度的裂隙(包括断层)构成流体的运动通道的介质[71]。可见，两种介质中的渗流机制是有很大区别的。岩体是由裂隙切割的岩块构成的，其渗透性一般较差，而岩体的节理裂隙及孔隙是地下水主要的赋存场所和运移通道，其分布形状、连通性以及孔隙的类型，均会影响岩体的渗透特性，裂隙岩体渗透系数的非均匀性突出，各向异性明显，因此以连续介质假定为基础的经典渗流理论难以体现岩体的真实渗透特性，而采用基于裂隙岩体的渗流特性分析方法更符合实际情况[72]。

6.1　裂隙岩体渗流理论

裂隙是岩体渗流的主要通道，它对裂隙岩体的水力行为起控制作用。单一裂隙渗流的研究是裂隙岩体渗流研究的基本问题和理论基础。目前，裂隙岩体渗流研究一般借鉴孔隙介质渗流的研究方法，其控制方程与孔隙介质的渗流控制方程相同或类似。

6.1.1　单一裂隙渗流理论

单一裂隙是构成裂隙网络的基本元素，所以研究其渗流基本规律是岩体水力学的基本内容[73]。对该问题的研究主要是以平行板间的定常层流为基础，基于裂隙流体为不可压缩、黏性及水流为层流的假定，模拟岩体裂隙为两片光滑、平直、无限长的平行板构成，可以推导出裂隙岩体渗流研究的基本理论——立方定理[74]，其表达式为

$$q=\frac{ge^{3}}{12\nu}J \tag{6-1}$$

式中：q 为裂隙内的单宽流量；e 为裂隙宽度；J 为裂隙内水力梯度；ν 为水的运动黏滞系数。

Lomize 和 Louis 等进行了单一裂隙水流试验，证明了层流时立方定理的有效

性。Romm 通过对微裂隙和极微裂隙的研究，提出了立方定理成立的条件是裂隙宽度大于 0.2μm。

天然岩体裂隙均为粗糙裂隙，很难满足平行板裂隙的假定。许多学者进行了仿天然裂隙的试验研究，对立方定理提出了各种修正。对于仿天然裂隙的试验研究，建立立方定理修正公式：

$$q=\frac{g\bar{e}^3}{12\nu}J\frac{1}{C} \tag{6-2}$$

式中：$\bar{e}$ 为平均裂隙宽度；$1/C$ 为立方定理的修正系数；J 与裂隙面的粗糙度及裂隙宽度情况有关。

Barton 通过大量试验，提出节理粗糙度系数(JRC)修正法，将等效水力裂隙宽度 e_n 与力学裂隙宽度 e_m 联系起来。在立方定理中裂隙宽度采用等效水力裂隙宽度：

$$q=\frac{1}{\mathrm{JRC}^{7.5}}\cdot\frac{ge_m^6}{12\nu}J \tag{6-3}$$

式中：JRC 为节理粗糙度系数。

目前，天然粗糙裂隙渗流的基本规律还没有得到完全统一的认识，渗流量与裂隙宽度之间明显存在三种不同的关系，可归纳为立方定理、超立方定理和次立方定理。针对不同修正方法之间存在的较大差异，多种裂隙试件的渗流试验表明，其中可能存在一个临界值，该临界值决定了该裂隙试件符合立方定理、次立方定理还是超立方定理。

6.1.2　交叉裂隙渗流理论

在实际工程中，普遍存在交叉裂隙的情况。但不管天然岩体裂隙网络多么复杂，总可将裂隙网络分解成裂隙段，即单裂隙和裂隙交叉点。也就是说，裂隙网络由裂隙段和交叉点组成。对于交叉裂隙，主要面对的是交叉点的局部水头损失问题，下面对该问题给出二维上的分析[75,76]。

传统的网络分析方法假定：①水流特性与进、出流交叉角 ϕ 无关；②水流通过交叉点的水头损失可以忽略不计。在此前提下，已知宽缝和窄缝的宽度分别为 B_w、B_s，裂隙高度为 M，各支流相同，有关参量如图 6-1 所示，水的运动黏滞系数为 ν。为便于说明问题，暂考察各支流均为层流的情况，即各支流满足立方定理。

推得交叉点的水头与进、出口水头 H_1、H_2、H_3、H_4 有如下关系：

$$H_0=\frac{\sum_{i=1}^{4}B_i^3H_i/l_i}{\sum_{i=1}^{4}B_i^3/l_i} \tag{6-4}$$

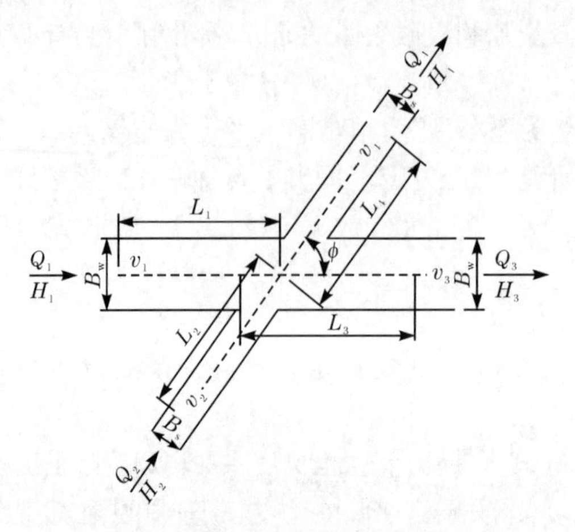

图 6-1　交叉裂隙渗流理论分析示意图

注意式中 $B_i(i=1,2,3,4)$ 与缝宽 B_w、B_s 的对应关系，即 $B_1=B_3=B_w$；$B_2=B_4=B_s$。值得指出的是，式(6-4)可推广到 N 个分支交汇的情况。

$$H_0=\frac{\sum_{i=1}^{N}B_i^3H_i/l_i}{\sum_{i=1}^{N}B_i^3/l_i} \tag{6-5}$$

从式(6-4)也可得到各分支的流量计算表达式：

$$\begin{cases} Q_1=\dfrac{gMB_w^3}{12\nu}\cdot\dfrac{H_1-H_0}{l_1} \\ Q_2=\dfrac{gMB_s^3}{12\nu}\cdot\dfrac{H_2-H_0}{l_2} \\ Q_3=\dfrac{gMB_w^3}{12\nu}\cdot\dfrac{H_0-H_3}{l_3} \\ Q_4=\dfrac{gMB_s^3}{12\nu}\cdot\dfrac{H_0-H_4}{l_4} \end{cases} \tag{6-6}$$

式中：g 为重力加速度；M 为裂隙高度；ν 为水的运动黏滞系数。

6.2　裂隙岩体渗流分析模型

达西定律提出以来，对岩土质多孔介质渗流问题的研究已比较充分，并建立了较为完善的多孔介质渗流理论与计算模型，由于裂隙岩体渗流控制方程的非线性、求解域边界的复杂性和计算机的广泛应用，数值法已成为求解裂隙岩体渗流场的主要方法[77]。为了保证数值法的求解精度，需根据实际情况建立合适的裂隙岩体渗流分析数学模型。在裂隙介质渗流方面，许多学者已经做了大量的卓有成效的研究工作，如仵彦卿等[78]、王恩志等[79,80]、Bear 等[81]、陈平等[82]和杜延龄等[83]。目前求解裂隙岩体渗流场的数学模型可归纳为以下四种：①等效连续介质模型；②离散裂隙网络模型；③双重介质模型；④离散-连续介质耦合模型。另外，多场耦合模型的研究和应用也迅速发展。

1. 等效连续介质模型

等效连续介质模型应用最为广泛[84]。该模型忽略裂隙系统和孔隙系统之间的水力交替过程，认为岩体孔隙介质和裂隙网络均匀分布于整个研究域内，裂隙岩体表现出与多孔连续介质相似的渗流特性，水头随空间点连续分布，对渗流场的求解以渗透系数张量为基础。同时，等效连续介质模型假定地下水在岩体中的流动服从达西定律，视水力传导系数为岩体单元的平均值。运用等效连续介质模型研究裂隙岩体渗流，不必知道每条裂隙的水力几何特征，只需确定岩体中少量裂隙几何水力参数的统计值，并且在理论和解题方法上均有较成熟的经验可以借鉴。但由于把裂隙网络等效为连续介质，不能很好地刻画出裂隙的特殊导水作用。同时，不是所有的裂隙岩体均可等效为连续介质，典型单元体的大小和等效的水力参数难以准确确定。因此，等效连续介质模型的应用受到一定的限制[79]。

2. 离散裂隙网络模型

离散裂隙网络模型认为岩块本身不透水，整个地下水运动是通过裂隙网络来进行的。该模型以单裂隙内水流基本公式为基础，利用立方定理和达西定律来建立流量平衡方程，进而求解各裂隙交叉点的水头值[85]。离散裂隙网络模型能较好地描述裂隙岩体的非均质各向异性，故当岩块致密、可忽略其渗透性时，具有拟真性好、精度高的优点，但该模型需要给定研究区域中全部有效裂隙的几何参数（裂隙的产状、开度分布、间距和迹长等），这在实际工程中很难做到，即使已知裂隙几何参数，但裂隙的数量往往未知。综上可知，该模型可操作性差，很难应用于实际工程。因此，离散裂隙网络模型适合求解岩块致密、裂隙稀疏的小区域渗流问题，如用于求解等效连续介质模型中典型单元体的水力参数。

3. 双重介质模型

双重介质模型，即裂隙-孔隙双重介质模型认为，裂隙岩体具有孔隙性差而导水性强的裂隙系统和孔隙性好而导水性弱的岩块孔隙系统，其基本假定是岩块孔隙系统和裂隙系统均连续充满整个研究域，把裂隙系统等效为连续介质。因此，该模型实际是一种双连续介质模型。同时由于研究域由两种介质组成，故其中任一点处存在两个水头，一般取平均值作为渗流场最终水头值。双重介质模型能在一定程度上刻画出优先流现象，并且考虑了岩块和裂隙间客观存在的水交换，具有较好的拟真性[86]。

但是裂隙网络不一定能等效为连续介质，因为典型单元体(representative elementary volume，REV)不一定存在，或存在但太大，故该模型的适用范围受到限制。同时，裂隙-孔隙双重介质模型中水交换项难以确定，而水交换项精度又影响该模型的拟真性。此外，采用裂隙-孔隙双重介质模型计算得到的渗流场中每一点处有两个水头值，目前一般取平均值作为最终渗流场中任一点的水头值，这有待进一步探讨。

4. 离散-连续介质耦合模型

离散-连续介质耦合模型认为，裂隙岩体具有数目众多、密度较大的小型裂隙和数目不多并起主要导水作用的大中型裂隙，对于大中型裂隙，按离散介质处理，适用离散裂隙网络模型，而对大量分布于大中型裂隙切割形成的区域中的小型裂隙及孔隙，按连续介质处理，适用等效连续介质模型，并根据两类介质接触处水头连续及流量平衡原则建立耦合求解方程[87,88]。该模型耦合的条件是：对于连续介质域，在主干裂隙面位置上的水头等于离散介质域对应裂隙内的水头，即裂隙水头作为连续介质域的边界；对于离散介质域，则使用它与连续介质域的水交换量进行耦合，即把水交换量作为离散介质域的流量边界，该水交换量由连续介质域的水头分布决定。

离散-连续介质耦合模型综合了等效连续介质模型刻画次要裂隙和孔隙中水运动的优点及离散裂隙网络模型刻画主干裂隙中水运动的优点，既能反映裂隙特殊的导水作用，又能体现岩块的储水作用。同时，由于把众多的次要裂隙等效为连续介质来处理，而主干裂隙又较少，该耦合模型很好地解决了模拟精度与可操作性之间的矛盾，是求解裂隙岩体渗流场的理想模型。但是，由于描述连续介质域水运动与描述离散介质域水运动方程的不同给数学处理带来了不便。同时，离散-连续介质耦合模型同样存在水交换量难以准确确定的问题，因此该模型有待进一步探讨。

6.3 裂隙岩体等效连续介质模型

当裂隙介质具有比较详尽的裂隙水力学及分布特征、产状等参数时，可以应用离散裂隙网络来确定裂隙介质的水力参数。但是该方法通常多应用于简单的二维裂隙网络，对于复杂的三维裂隙网络，离散裂隙网络方法的应用受到极大的限制，甚至无法应用于实际工程中。因此，在工程应用中经常采用裂隙岩体等效连续介质模型[85]。

在等效连续体模型中，裂隙介质被假定具有足够多数目、产状随机、相互连通的裂隙，以使在统计的角度和平均的意义上定义其每个点的平均性质成为可能。不考虑单个裂隙的物理结构，裂隙介质被看做多孔介质，这样像渗透性和孔隙度一类的参数就可以估计出来。

6.3.1 等效连续介质模型理论

等效连续体模型的基本方程使用多孔介质渗流力学的运动方程和连续性方程，多孔介质渗流力学的运动方程为达西定律。达西定律的一般表达式为[89]

$$v=\left[\frac{k'}{\mu}\right]\nabla(p+\rho gz) \tag{6-7}$$

式中：k'为渗透系数，具有速度的单位；v 为渗透流速，称为渗透率，只与多孔介质本身的结构特性有关；μ 为流体的动力黏滞系数；p 为给定点的超静水压力（动水压力）；ρ 为流体的密度；g 为重力加速度；z 为给定点相对于参考面的高度。

在地下水研究中，通常用水头来代替压力，所以达西定律可写成如下的形式：

$$\begin{cases} v=-k\nabla h \\ k=k'\rho g/\mu \end{cases} \tag{6-8}$$

式中：对于非均质介质，k 为渗透系数，是位置的函数 $k(x,y,z)$；对于各向异性介质，k 采用渗透张量替换。

连续性方程是流体质量守恒的数学表达式，可通过简单的推导得出。在孔隙率为ψ的多孔介质流场内任取一个控制体 Ω，包围控制体的外表面为 σ。在外表面上任取一个面元 $\mathrm{d}\sigma$，其外法线方向为 n，通过面元 $\mathrm{d}\sigma$ 的渗透流速为 v。于是通过整个外表面 σ 流出的流体的总质量 m 为

$$m=\oiint_{\sigma}\rho v\cdot n\mathrm{d}\sigma \tag{6-9}$$

另外，整个控制体 Ω 内质量的增加 Δm 为

$$\Delta m=\int_{\Omega}\frac{\partial(\rho\phi)}{\partial t}\mathrm{d}\Omega \tag{6-10}$$

根据质量守恒定律，控制体 Ω 内流体质量的增量应等于通过外表面 σ 流入的流体质量，即

$$\int_{\Omega}\frac{\partial(\rho\phi)}{\partial t}\mathrm{d}\Omega+\oiint_{\sigma}\rho v\cdot n\mathrm{d}\sigma=0 \tag{6-11}$$

这就是积分形式的连续性方程，化成微分形式为

$$\frac{\partial(\rho\phi)}{\partial t}+\nabla\cdot(\rho v)=0 \tag{6-12}$$

最后将达西定律代入式(6-12)就得到以水头表示的多孔介质渗流的控制

方程：

$$\frac{\partial(\rho\phi)}{\partial t}+\nabla\cdot(-\rho k\nabla h)=0 \tag{6-13}$$

将式(6-13)用于裂隙岩体渗流即是等效连续介质模型。此模型的优点是比较简单，仅有少数几个参数对于模拟是必需的，如等效渗透系数、有效孔隙度等。因此，使用该模型进行渗流预测最主要的工作之一是确定岩体的渗透系数或渗透张量。

由于构造上的节理性形成定向的裂隙系统，而裂隙是岩体的主要导水通道，故同多孔介质渗流相比，裂隙岩体渗流最明显的特点是各向异性。只有当裂隙系统不存在，或裂隙杂乱分布而没有固定的方向，或已风化成松散体，或当所有裂隙被充分细的颗粒填满固结而具有与岩块本身相近的透水性时，才能当做各向同性的多孔介质渗流来考虑。因此，若运用等效连续介质模型来研究裂隙岩体的渗流特性，应根据裂隙产状要素，将裂隙岩体等效为各向异性连续介质处理。

6.3.2　裂隙介质等效渗透张量

1. 均化方法

对于裂隙介质等效水力参数，可采用裂隙网络方法求取[90]。均化方法建立在两个假设的基础上：①裂隙充分发育，裂隙介质存在表征单元体且体积不是太大；②流动随时间变化缓慢，岩块和裂隙间的水量交换瞬时完成。取一体积为 V 的表征单元体，其中裂隙体积为 V_1，岩块体积为 V_2，$V=V_1+V_2$。假定垂直于水流方向的平面上裂隙内水头和岩块内水头相等，这在假设②存在的前提下是成立的，则按照流量等效和水头近似等效的原则，可依据裂隙和岩块各自水力参数、各自所占的体积，通过体积加权平均来确定裂隙岩体的等效水力参数，则裂隙介质的等效相对渗透系数 k_r 为

$$k_r=\frac{k_s^1k_r^1V_1+k_s^2k_r^2V_2}{k_s^1V_1+k_s^2V_2} \tag{6-14}$$

式中：$k_s^1=\sqrt[3]{k_{s1}^1k_{s2}^1k_{s3}^1}$；$k_s^2=\sqrt[3]{k_{s1}^2k_{s2}^2k_{s3}^2}$；$k_{s1}^1$、$k_{s2}^1$、$k_{s3}^1$、$k_{s1}^2$、$k_{s2}^2$、$k_{s3}^2$分别为裂隙网络和岩块饱和渗透张量的三个主值。

对此，普遍采用的修正方法是：以大量的裂隙测量为基础，经统计分析，算出渗透张量初值，然后在裂隙测量点附近或地质条件类似的地方选取已有的压水试验资料，求出校正系数，最后得到量化后的各向异性渗透张量。

2. 裂隙采样测量法

岩体裂隙的渗透性取决于裂隙的性质和分布。裂隙面的产状是描述裂隙面在三维空间中方向性的几何要素，它是地质构造运动的结果，因而具有一定的规

律性,即成组定向,有序分布。裂隙面的间距和密度是表示岩体中裂隙发育密集程度的指标。在表征岩体完整性、强度、变形以及在渗透张量计算中都需要用到裂隙面的间距和密度。裂隙面间距是指同一组裂隙在法线上两相邻面间的距离。对同一组裂隙一般认为裂隙间距相等。在实际野外测量中,布置一条测线,应尽量使测线与裂隙组走向垂直。分组逐条测量裂隙与裂隙之间的距离,即可求出裂隙组的平均间距。裂隙面的密度按物理意义不同可分为三种:线密度、面密度和体密度。因此,可通过裂隙在空间的展布状况(走向、倾向、倾角、裂隙宽度和平均线密度)的测量,运用统计学分析方法初步确定岩体的渗透张量,即可得到岩体裂隙系统的渗透主值(k_x,k_y,k_z)及渗透主方向。

当 $q<10\text{Lu}$ 时,可根据巴布什金公式近似计算岩体的渗透系数 k 值。该方法得出的渗透系数具有尺寸效应,只能代表一定体积的岩体透水性。萨姆索诺夫等研究表明,几何平均值与实际值较为接近,故取几何平均值作为岩体工程地质单元的平均渗透系数:

$$k_{\text{w}}=\sqrt[n]{k_1k_2k_3\cdots k_n} \tag{6-15}$$

式中:k_{w}为岩体工程地质单元的平均渗透系数;$k_i(i=1,2,\cdots,n)$为第 i 个试验段渗透系数的计算结果。

由裂隙采样测量法求得的渗透张量,由于裂隙宽度、间距和裂隙内充填物的渗透系数的测量不准引起的误差只是主渗透张量数值上的变化,而不引起其方向的变化。主渗透张量的方向只取决于节理组的产状。ЧЕРНЫЁВ 研究认为,风化作用、开挖卸荷等表生作用并不能对由渗透结构面组成的裂隙网络产生根本性的改变,而仅是有限范围内的改造,其中最明显的是结构面的开度,对结构面的间距和长度的影响不甚明显。因此,某一工程地质单元渗透张量的主方向完全可以通过裂隙采样测量法来确定。综合利用压水试验取得的平均渗透系数和裂隙采样法取得的渗透张量方向,即能得到较好反映原位地质环境裂隙岩体渗透性的渗透张量。为了利用单孔压水试验取得的平均渗透系数来修正裂隙采样测量法取得的渗透张量,定义修正系数 m 为

$$m=\frac{k_{\text{w}}}{k_1} \tag{6-16}$$

$$k_1=\sqrt[3]{k_1k_2k_3} \tag{6-17}$$

式中:k_1 为综合渗透系数,k_1 为渗透张量 $\boldsymbol{K}_1$ 的三个主渗透系数的几何平均值。

从而得到反映原位地质环境裂隙岩体的修正渗透张量 $\boldsymbol{K}_{\text{w}}$为

$$\boldsymbol{K}_{\text{w}}=m\boldsymbol{K}_1=\begin{bmatrix} mk_1 & 0 & 0 \\ 0 & mk_2 & 0 \\ 0 & 0 & mk_3 \end{bmatrix} \tag{6-18}$$

式中:$\boldsymbol{K}_{\text{w}}$ 为修正渗透张量,$\boldsymbol{K}_{\text{w}}$的主方向与 $\boldsymbol{K}_1$的主方向一致。

6.4 裂隙岩体双重介质模型

6.4.1 裂隙-孔隙双重介质模型的建立

流体在裂隙-孔隙双重介质中流动规律的研究已经发展了近60年。裂隙-孔隙双重介质模型的重要特点是考虑岩石裂隙与岩石孔隙之间的水交换，在层流条件下基于达西定律分别建立两类系统的水流运动方程。

裂隙-孔隙双重介质模型是Barenblatt等[90]提出的，所建立的宏观介质模型如图6-2(a)所示，他们认为在岩体中同时存在两个独立的系统：孔隙系统和裂隙系统。介质中的每一点同时属于两个系统，即每一点既代表孔隙系统的水头值，又代表裂隙系统的水头值，两个不同水头值之差使两个系统产生流量交换。Warren等[89]在Barenblatt模型的假设基础上对裂隙系统的几何特性和渗透特性增加了新的限制，进一步完善了该模型的假设，其模型如图6-2(b)所示。他们认为岩体被裂隙切割成大小形状各不相同的基质，裂隙和基质遍布整个区域，成为互相包含的连续介质体。岩体的裂隙比孔隙小几个数量级，但是渗透率却大几个数量级。流体只能在裂隙中流动，基质作为流体流动的源，裂隙和基质的流动间存在压力差。Streltsova[91]根据前人的研究成果，在考虑两种介质交换的情况下，推导了含裂隙水头和孔隙水头的连续性方程，为了克服变量多的弊端，又将孔隙水头进行简化，推导出只含裂隙水头的连续性方程。Khaled等[92]采用有限元的数值方法求解，克服了很难得到解析解的问题，使裂隙-孔隙双重介质数值模拟跨出了新的一步。但是，该模型并没有深入研究裂隙与基质间的渗流机理，裂隙与基质之间的水交换方程很难得到，使其应用受到很大限制。Kuwahara等[93]提出将流体力学引入裂隙-孔隙双重介质模型中，利用Navier-Stokes方程和连续性方程作为控制方程，提供了解决这一难题的思路。另外，还有很多学者也分别研究了裂隙-孔隙双重介质渗流模型，这些学者卓有成效的研究，促进了岩体裂隙-孔隙双重介质渗流模型的发展。

仵彦卿等[78]把双重介质模型分为广义裂隙-孔隙双重介质模型和狭义裂隙-孔隙双重介质模型：狭义裂隙-孔隙双重介质模型是指裂隙介质与孔隙介质共存于一个岩体系统中形成的具有水力联系的含水介质；广义裂隙-孔隙双重介质模型是指连续介质和非连续网络介质共存于一个岩体系统中形成的具有水力联系的含水介质。这一思路拓宽了裂隙-孔隙双重介质模型的范围，为深入研究裂隙-孔隙双重介质模型的水力特性提供了新的思路。在自然界中，存在较多孔隙介质的储水性和导水性不能忽略的情况，所以有必要对裂隙-孔隙双重介质模型进行深入的研究，使其广泛应用于实际工程中。

Barenblatt[90]提出的裂隙-孔隙双重介质模型控制方程为

$$\nabla \cdot (\boldsymbol{K}_1' \nabla P_1) + \alpha_{\mathrm{D}}(p_2 - p_1) = \mu c_1^* \phi_1 \frac{\partial p_1}{\partial t} \tag{6-19}$$

$$\nabla \cdot (\boldsymbol{K}_2' \nabla P_2) + \alpha_{\mathrm{D}}(p_1 - p_2) = \mu c_2^* \phi_2 \frac{\partial p_2}{\partial t} \tag{6-20}$$

式中：α_{D}为隙间流动系数；ϕ_1和ϕ_2分别为流体和岩体的压缩系数；各参数的下标 1 对应于裂隙介质，2 对应于孔隙介质。

(a) Barenblatt 裂隙-孔隙双重介质模型

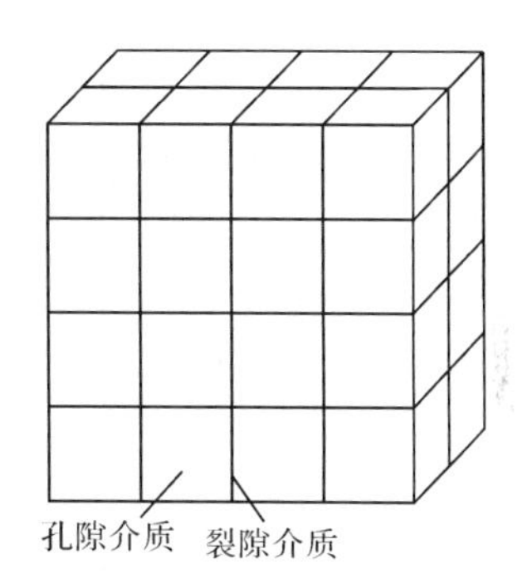

(b) Warren 和 Root 裂隙-孔隙双重介质模型

图 6-2　裂隙-孔隙双重介质模型

6.4.2　双重介质试验方法

1. 试验系统

1) 双重介质渗流试验系统的构成

裂隙-孔隙双重介质渗流水力特性试验系统包括可变裂隙宽度双重介质渗流水力特性试验系统和固定裂隙宽度双重介质渗流水力特性试验系统两个试验模型系统[94]。这两个模型系统都由双重介质试验模块、水循环控制模块和数据采集模块三部分组成，其中水循环控制模块和数据采集模块是公用的模块，双重介质试验模块互相独立，以满足不同工况测试要求。该系统结构如图 6-3 所示。

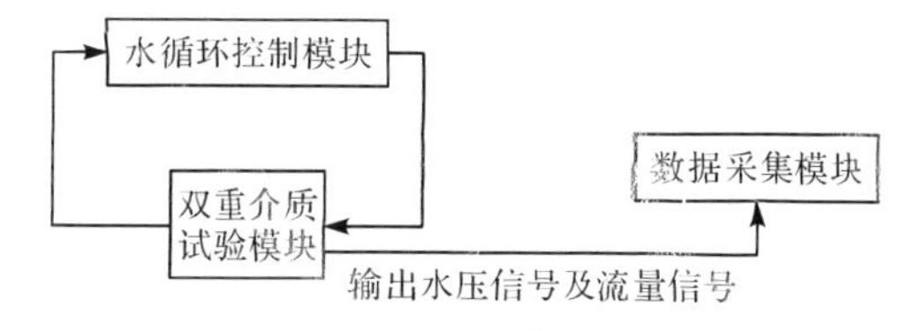

图 6-3　裂隙-孔隙双重介质渗流水力特性试验系统结构示意图

2）双重介质试验模块

在可变裂隙宽度双重介质试验模块中，裂隙介质采用光滑的有机玻璃板和多孔混凝土拼合而成；在固定裂隙宽度双重介质试验模块中，裂隙介质采用两块多孔混凝土拼合而成。这两个不同的试验模块均可反映孔隙介质和裂隙介质之间的水交换特性。

可变裂隙宽度由厚度均匀的不锈钢垫片夹在混凝土与有机玻璃板间控制。将垫片加工为两块 1200mm×$a$mm×30mm 的条形钢板介质（a 为垫片的宽度，可根据不同裂隙宽度需要，放入不同标准厚度的垫片），在裂隙的顶部和底部各放一条；固定裂隙宽度双重介质试验模块中孔隙介质的模拟方法与可变裂隙宽度双重介质试验模块相同，由于拼合的需要，用于模拟孔隙介质的多孔混凝土块不是在试验台上浇筑的，而是用高强度竹胶板做底板进行浇筑。裂隙介质采用两块多孔混凝土拼合而成进行模拟。固定裂隙宽度双重介质试验与可变裂隙宽度双重介质试验类似。

3）进出水水箱

裂隙介质和孔隙介质两端分别设置两个水箱，以便于独立测量试验中裂隙介质和孔隙介质的进出水水量。各自通过螺旋开关控制裂隙介质和孔隙介质的进出水，进水断面分别与裂隙介质进水面、孔隙介质进水面大小相同。进出水水箱示意图如图 6-4 所示。水箱盖上钻设两个测压孔，用来监测进水水箱和出水水箱的水压，测压孔同时可作为排气孔。进出水水箱底部留有带开关的排水口，在试验完成后用于排水。试验模型示意图如图 6-5 所示。

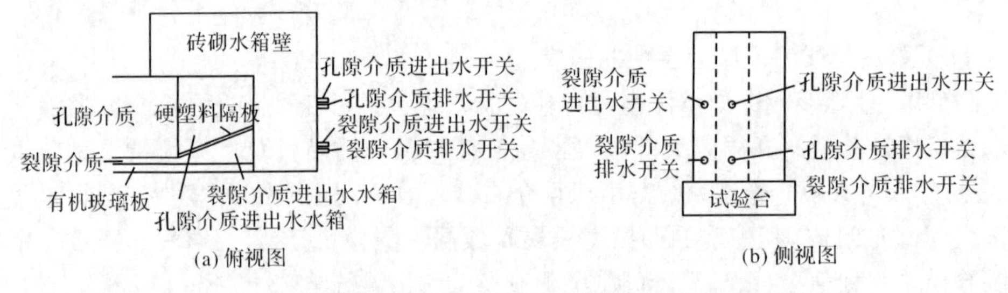

图 6-4　可变裂隙宽度双重介质试验模块进出水水箱示意图

4）水循环控制模块

试验用水采用自循环形式，水流的循环系统由供水系统和回水系统组成。试验水循环系统示意图如图 6-6 所示。供水系统包括蓄水池、水泵、上游平水箱及输水管道。回水系统包括下游平水箱和输水管道。经双重介质试验模块使用后的水经下游水箱返回至下游平水箱中。

5）数据采集模块

数据采集模块包括试验水压的量测及采集系统、进出水流量的量测及采集系

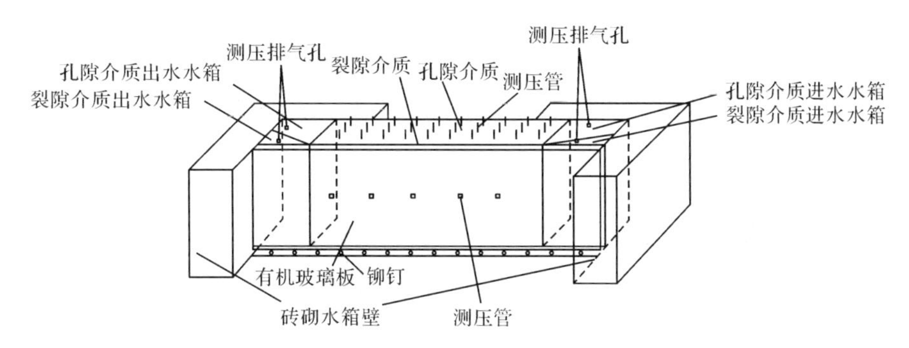

图6-5 可变裂隙宽度双重介质试验模型示意图

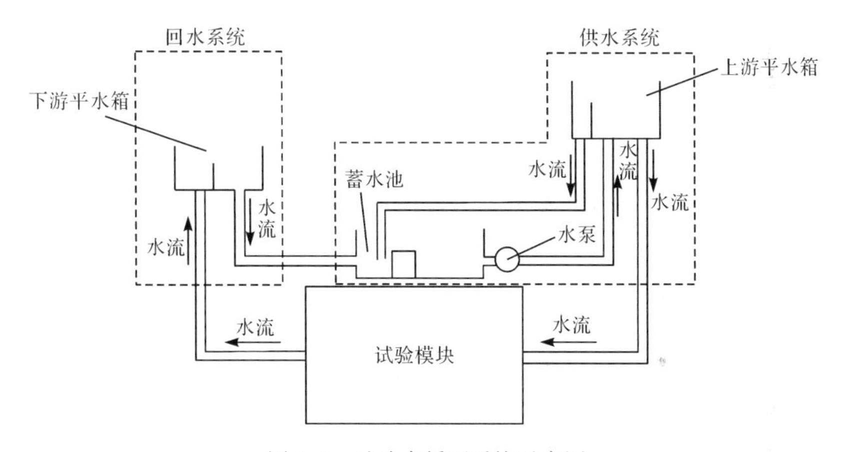

图6-6 试验水循环系统示意图

统、水温的量测及采集系统。

试验水压的测量采用压力传感器,分别监测上游进水水箱和下游出水水箱的水压情况以及孔隙介质内的水压情况。多相压力采集传输装置如图6-7所示。

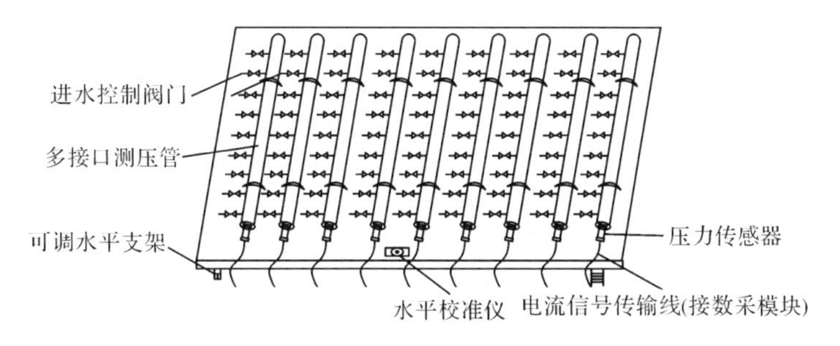

图6-7 多相压力采集传输装置

采用LDG15一体式电磁流量计测量上下游流量,并用秒表和量杯对电磁流量计进行标定，得出流量计测量值和真值之间的标定曲线，通过曲线将测量值转化为真值。

水温的测量采用温度传感器，将温度传感器放入水槽中，通过接线连接到数据采集模块中，通过计算机对水温进行实时观测和采集。

6）数据采集输出系统

数据采集输出系统由水压传感器、流量计、数据采集仪、24V 直流电源、计算机以及相应的软件组成。

2. 试验方案

1）可变裂隙宽度双重介质试验

可变裂隙宽度双重介质渗流水力特性试验的目的主要是通过变换压力梯度 J、孔隙介质渗透系数 k，裂隙宽度 B 和水温 T 来研究裂隙和孔隙介质之间的水交换规律。

由试验目的和反应变量，选取压力梯度 J、孔隙介质渗透系数 k、裂隙宽度 B 和水温 T 四个因子。y_i 为裂隙介质出水量占总出水量的百分比。根据裂隙宽度率定结果，裂隙宽度分别取 1mm、2mm、2.5mm 和 3mm；由于试验室高度限制，压力梯度分别取 0.2、0.4、0.6 和 0.8；自行配比浇注了 3 块孔隙介质，根据孔隙介质渗透系数率定结果，分别取 1.9×10^{-3}m/s、3.7×10^{-3}m/s 和 8.8×10^{-3}m/s；试验室温差相差不大，并考虑到水泵运行产热对水温的影响等因素，水温分别取 12℃ 和 18℃。

试验中考虑 4 个因子，但各因子的水平数并不完全相同，故采用正交试验设计的拟水平法，套用正交表 $L_{16}(4^4)$。正交试验设计见表 6-1。由表可确定共有 16 组试验。

表 6-1 可变裂隙宽度双重介质渗流水力特性正交试验

试验号	*A*	*B*	*C*	*D*	y_i/%
	裂隙宽度 B/mm	压力梯度 J	孔隙介质渗透系数 k/(10^{-3}m/s)	水温 T/℃	
1	1.0	0.2	1.9	12	y_1
2	1.0	0.4	3.7	18	y_2
3	1.0	0.6	8.8	12	y_3
4	1.0	0.8	1.9	18	y_4
5	2.0	0.2	8.8	18	y_5
6	2.0	0.4	1.9	12	y_6
7	2.0	0.6	1.9	18	y_7
8	2.0	0.8	3.7	12	y_8

续表

试验号	A	B	C	D	y_i/%
	裂隙宽度 B/mm	压力梯度 J	孔隙介质渗透系数 $k/(10^{-3}$m/s)	水温 T/℃	
9	2.5	0.2	3.7	12	y_9
10	2.5	0.4	1.9	18	y_{10}
11	2.5	0.6	1.9	12	y_{11}
12	2.5	0.8	8.8	18	y_{12}
13	3.0	0.2	1.9	18	y_{13}
14	3.0	0.4	8.8	12	y_{14}
15	3.0	0.6	3.7	18	y_{15}
16	3.0	0.8	1.9	12	y_{16}
I_j					$\overline{y}=$
II_j					
III_j					
IV_j					
R_j					
S_j					

2) 固定裂隙宽度双重介质试验

固定裂隙宽度双重介质渗流水力特性试验的目的主要是通过变换上下游压力梯度来研究基于双重介质模型的裂隙渗流水交换规律和渗流场分布规律。在完成可变裂隙宽度双重介质渗流水力特性试验后,孔隙介质 1 和孔隙介质 2 的两块孔隙介质拼合,形成固定裂隙宽度的裂隙介质组合。由于试验设备工艺和工作量的原因,只取压力梯度 1 的情况进行计算,其余的更多组合将在数值计算中进行模拟。固定裂隙宽度双重介质渗流水力特性试验模型进出水开关编号示意图如图 6-8 所示,模拟工况见表 6-2。

表 6-2　固定裂隙宽度双重介质渗流水力特性试验工况

工况	上游开关 1	上游开关 2	上游开关 3	下游开关 1	下游开关 2	下游开关 3
1	关	开	关	开	开	开
2	关	开	开	开	开	开
3	开	开	关	开	开	开
4	开	开	关	关	开	开
5	关	开	开	开	开	关

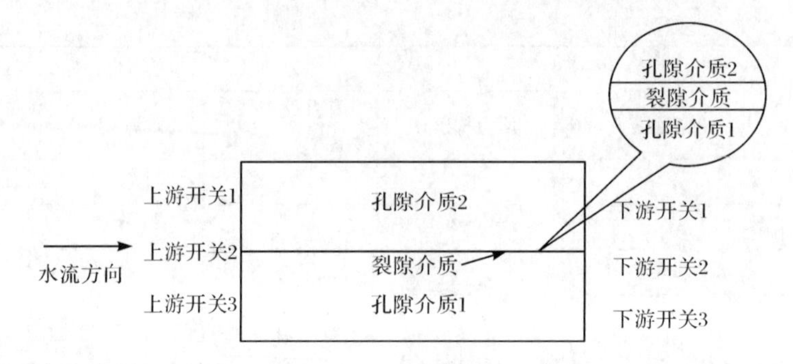

图 6-8　固定裂隙宽度双重介质渗流水力特性试验模型进出水开关编号示意图

3. 试验结果分析

1）可变裂隙宽度双重介质试验

可变裂隙宽度双重介质渗透特性试验各因子试验值见表 6-3 和表 6-4，部分实测结果见表 6-5 和表 6-6。采用正交统计方法对试验数据进行分析，试验因子按照实际水平数计算其平方和自由度。根据各因子各个水平的平均值得到 4 个因子的变化趋势图，如图 6-9 和图 6-10 所示。

表 6-3　裂隙介质进水水交换正交试验

试验号	*A*	*B*	*C*	*D*	y_i/%
	裂隙宽度 *B*/mm	压力梯度 *J*	孔隙介质渗透系数 $k/(10^{-3}$m/s)	水温 *T*/℃	
1	1.0	0.2	1.9	12	61.77
2	1.0	0.4	3.7	18	44.43
3	1.0	0.6	8.8	12	24.75
4	1.0	0.8	1.9	18	61.77
5	2.0	0.2	8.8	18	74.69
6	2.0	0.4	1.9	12	96.65
7	2.0	0.6	1.9	18	96.55
8	2.0	0.8	3.7	12	89.71
9	2.5	0.2	3.7	12	96.59
10	2.5	0.4	1.9	18	98.32
11	2.5	0.6	1.9	12	98.22
12	2.5	0.8	8.8	18	86.97
13	3.0	0.2	1.9	18	99.15

续表

试验号	A 裂隙宽度 B/mm	B 压力梯度 J	C 孔隙介质渗透系数 $k/(10^{-3}\mathrm{m/s})$	D 水温 T/℃	y_i/%
14	3.0	0.4	8.8	12	93.76
15	3.0	0.6	3.7	18	97.53
16	3.0	0.8	1.9	12	99.15
Ⅰ$_j$	0.4589	0.7986	0.8600	0.7928	$\overline{y}$=82.50
Ⅱ$_j$	0.8512	0.7982	0.7874	0.7943	
Ⅲ$_j$	0.9156	0.7661	0.6671	—	
Ⅳ$_j$	0.9486	0.8114	—	—	
R_j	0.4898	0.0453	0.1929	0.0015	
S_j	0.0396	0.0013	0.0069	0.0005	

表 6-4　孔隙介质进水水交换正交试验

试验号	A 裂隙宽度 B/mm	B 压力梯度 J	C 孔隙介质渗透系数 $k/(10^{-3}\mathrm{m/s})$	D 水温 T/℃	y_i/%
1	1.0	0.2	1.9	12	61.56
2	1.0	0.4	3.7	18	44.29
3	1.0	0.6	8.8	12	24.68
4	1.0	0.8	1.9	18	61.56
5	2.0	0.2	8.8	18	74.43
6	2.0	0.4	1.9	12	80.86
7	2.0	0.6	1.9	18	80.86
8	2.0	0.8	3.7	12	88.53
9	2.5	0.2	3.7	12	95.34
10	2.5	0.4	1.9	18	97.24
11	2.5	0.6	1.9	12	97.14
12	2.5	0.8	8.8	18	85.84
13	3.0	0.2	1.9	18	98.11
14	3.0	0.4	8.8	12	92.53
15	3.0	0.6	3.7	18	98.68
16	3.0	0.8	1.9	12	98.01

续表

试验号	A	B	C	D	y_i/%
	裂隙宽度 B/mm	压力梯度 J	孔隙介质渗透系数 k/(10^{-3}m/s)	水温 T/℃	
I_j	0.4802	0.8234	0.8442	0.7984	$\overline{y}=79.98$
II_j	0.8117	0.7873	0.8171	0.8011	
III_j	0.9391	0.7537	0.6937	—	
IV_j	0.9681	0.8349	—	—	
R_j	0.4878	0.0812	0.1505	0.0027	
S_j	0.0376	0.0011	0.0036	0.0001	

表 6-5　裂隙介质进水可变裂隙宽度双重介质渗流试验实测数据(部分)

试验号	上游水位/m	下游水位/m	裂隙介质进水量/(m^3/s)	裂隙介质出水量/(m^3/s)	孔隙介质出水量/(m^3/s)
1	1.84	1.60	2.087	1.289	0.798
2	2.08	1.60	4.173	1.854	2.320
3	2.32	1.60	6.260	1.550	4.711
4	2.56	1.60	8.347	5.156	3.191
5	1.84	1.60	2.786	2.081	0.706
6	2.08	1.60	5.572	5.386	0.187
7	2.32	1.60	8.359	8.070	0.288
8	2.56	1.60	11.145	9.998	1.147

表 6-6　孔隙介质进水可变裂隙宽度双重介质渗流试验实测数据(部分)

试验号	上游水位/m	下游水位/m	孔隙介质进水量/(m^3/s)	裂隙介质出水量/(m^3/s)	孔隙介质出水量/(m^3/s)
1	1.84	1.60	3.157	3.049	0.108
2	2.08	1.60	6.314	6.208	0.106
3	2.32	1.60	9.471	9.302	0.169
4	2.56	1.60	12.628	10.983	1.645
5	1.84	1.60	4.112	4.077	0.035
6	2.08	1.60	8.224	7.710	0.513
7	2.32	1.60	12.335	12.031	0.305
8	2.56	1.60	16.447	16.307	0.140

由图 6-9 可知，裂隙介质进水时，各因子按对裂隙介质出水量影响大小排序依次为裂隙宽度、孔隙介质渗透系数、压力梯度、水温。由图 6-10 可知，孔隙介质进水时，各因子按对裂隙介质出水量影响大小排序依次为裂隙宽度、孔隙介质渗透系数、压力梯度、水温。

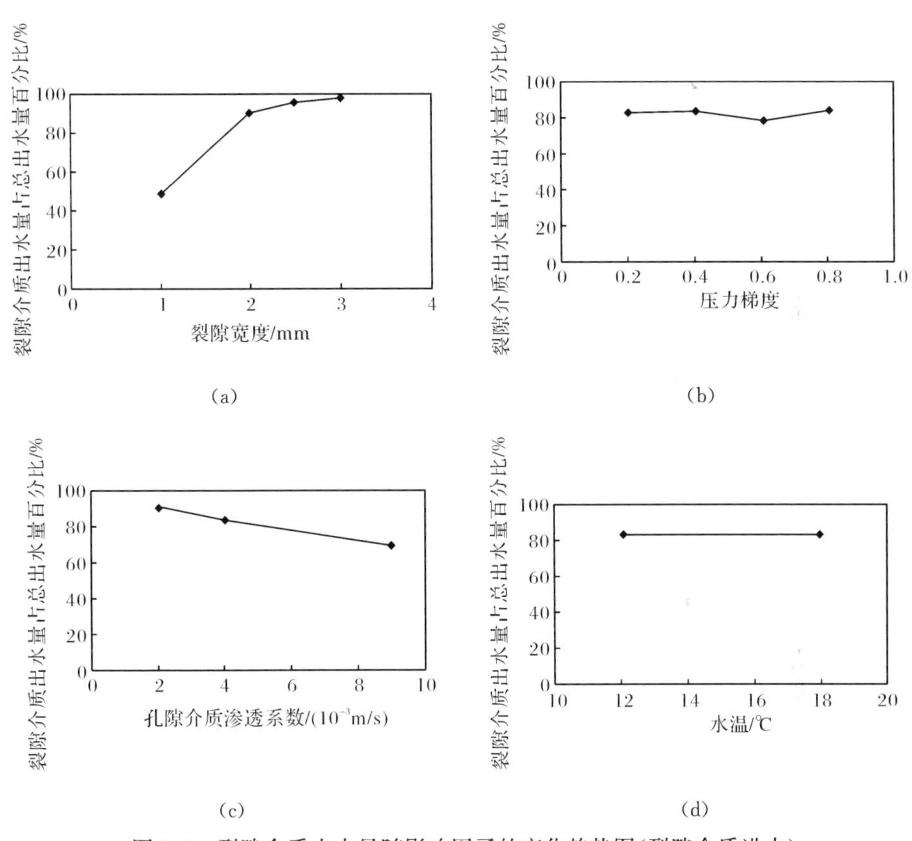

图 6-9　裂隙介质出水量随影响因子的变化趋势图(裂隙介质进水)

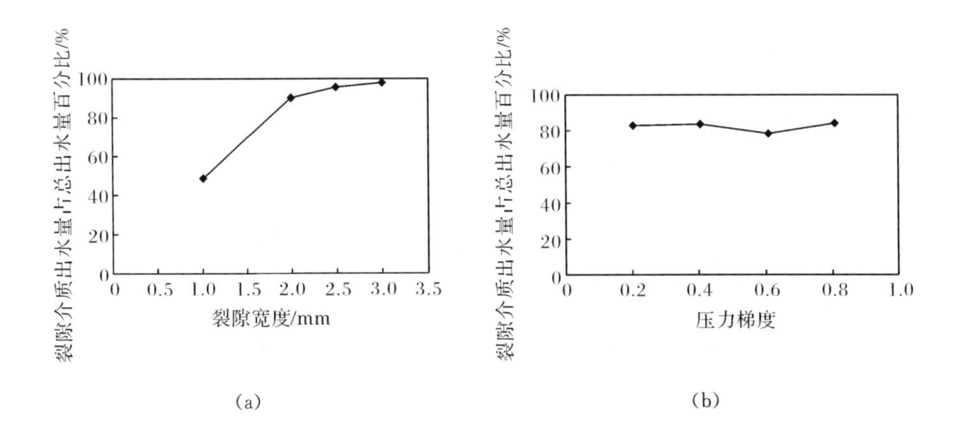

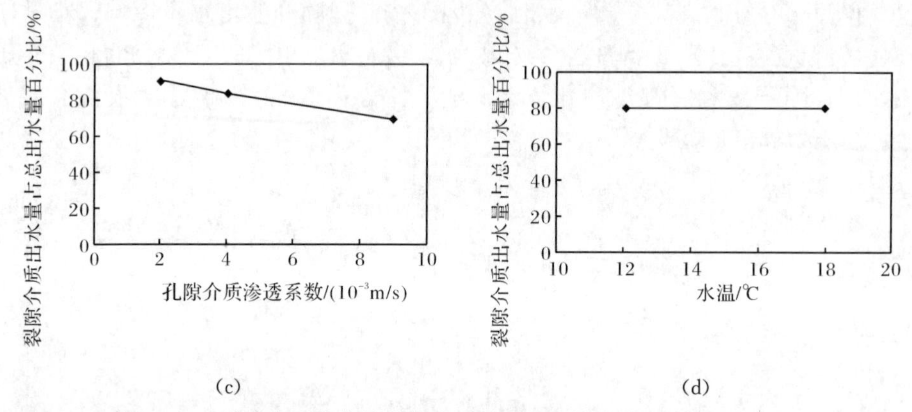

图 6-10 裂隙介质出水量随影响因子的变化趋势图(孔隙介质进水)

2) 固定裂隙宽度双重介质试验

固定裂隙宽度双重介质渗流水力特性试验工况 1～工况 3 试验结果见表 6-7。

表 6-7 工况 1～工况 3 试验工况及试验结果

工况	介质	上游开关	进水量百分比/%	下游开关	出水量百分比/%
工况 1	孔隙介质 2	关	0	开	12.19
	裂隙介质	开	92.48	开	81.82
	孔隙介质 1	开	7.53	开	6.01
工况 2	孔隙介质 2	开	14.11	开	12.55
	裂隙介质	开	85.89	开	81.44
	孔隙介质 1	关	0	开	6.01
工况 3	孔隙介质 2	关	0	开	12.19
	裂隙介质	开	100	开	81.26
	孔隙介质 1	关	0	开	6.55

由表 6-7 可得到以下结论:

(1) 对于各种不同的进水情况,裂隙介质的出水量占总出水量的百分比都比较高,裂隙介质的出水量占总出水量的绝大部分。

(2) 对于各种不同的进水情况,孔隙介质和裂隙介质的出水量百分比关系相对稳定。

固定裂隙宽度双重介质渗流水力特性试验工况 4 和工况 5 试验结果见表 6-8。由上述分析结果可知,在双重介质渗流系统内部水流基本完成了交换过程,所以在研究双重介质出水量关系时,可以认为所有工况的进水情况是相同的。

表 6-8　工况 4 和工况 5 试验工况及试验结果

工况	介质	上游开关	进水量百分比/%	下游开关	出水量百分比/%
工况 4	孔隙介质 2	开	14.08	关	0
	裂隙介质	开	85.92	开	93.58
	孔隙介质 1	关	0	开	6.42
工况 5	孔隙介质 2	关	0	开	13.15
	裂隙介质	开	92.49	开	86.85
	孔隙介质 1	开	7.51	关	0

由表 6-8 可得到以下结论：

(1) 在固定裂隙宽度双重介质渗流水力特性试验中，孔隙介质出水量占总出水量的百分比与孔隙介质的渗透系数成正比。

(2) 由工况 2 和工况 4 以及工况 1 和工况 5 比较可知，关闭孔隙介质 2 出水开关后，原孔隙介质 2 出流的流量补给于裂隙介质和孔隙介质 1 出流，其中流入裂隙介质的流量占出流流量的 96.59%；关闭孔隙介质 1 出水开关后，原孔隙介质 1 出流的流量补给于裂隙介质和孔隙介质 2 出流，其中流入裂隙介质的流量占出流流量的 86.85%。由此可见，关闭一个孔隙介质出流通道，裂隙介质流量增加较多，而另外一个孔隙介质出流量增加较小。

(3) 一个孔隙介质的出流流量为 Q，关闭此孔隙介质出流通道后，裂隙介质的出流量增加 Q_a，孔隙介质渗透系数越大，Q_a/Q 越大，相对越多的本由孔隙介质出流的流量经由裂隙介质流出。

根据埋设于孔隙介质中各测压管水压测值，绘制表 6-7 和表 6-8 中各工况的渗流场水平剖面水压等值线图，如图 6-11～图 6-15 所示。

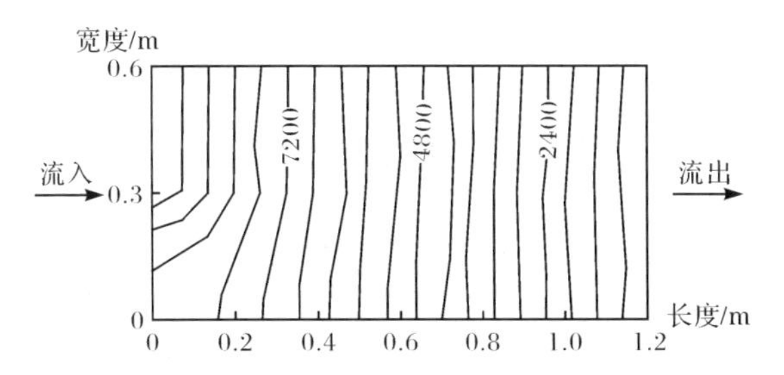

图 6-11　固定裂隙宽度双重介质试验工况 1 水压等值线图(单位：Pa)

由图分析可得：

(1) 在只有裂隙介质进水，孔隙介质 1、孔隙介质 2 和裂隙介质都出水的条件下，双重介质水压等值线分布对称，水压等值线在渗流系统约 0.4m 后逐渐呈一条直线且分布均匀，孔隙介质内的水压在进入渗流系统约 0.4m 后均匀下降。试验

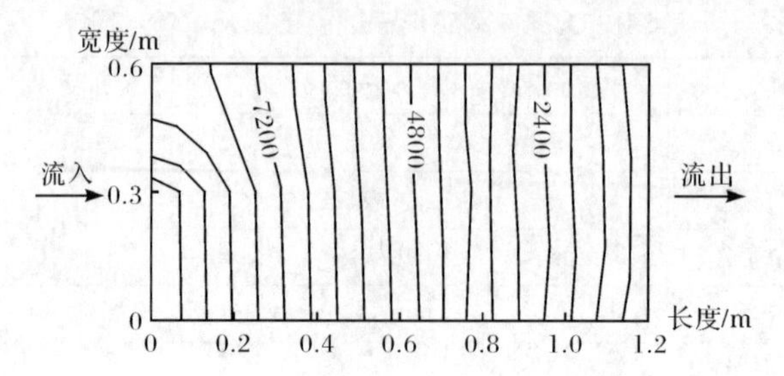

图 6-12　固定裂隙宽度双重介质试验工况 2 水压等值线图(单位:Pa)

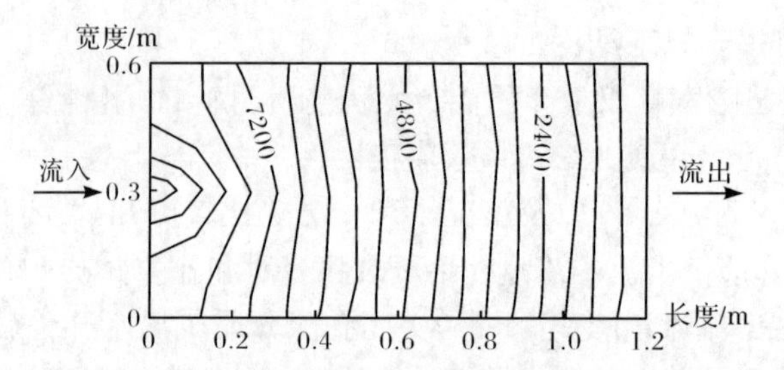

图 6-13　固定裂隙宽度双重介质试验工况 3 水压等值线图(单位:Pa)

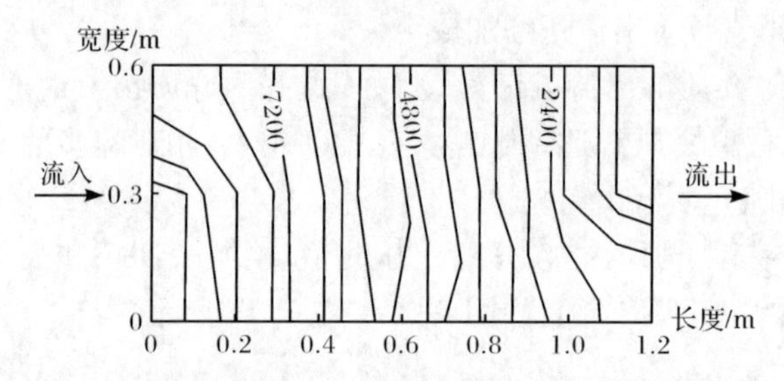

图 6-14　固定裂隙宽度双重介质试验工况 4 水压等值线图(单位:Pa)

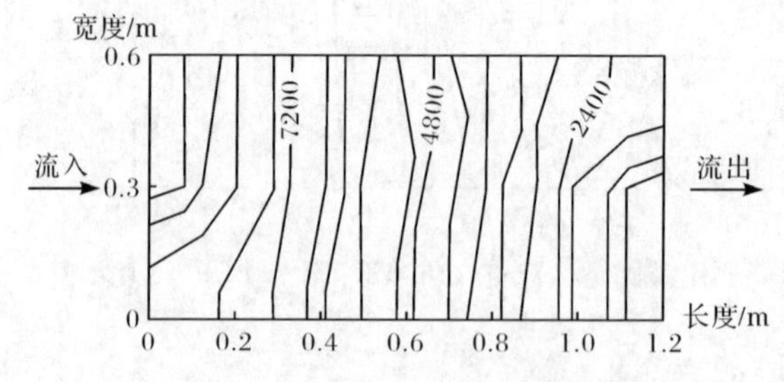

图 6-15　固定裂隙宽度双重介质试验工况 5 水压等值线图(单位:Pa)

结果表明,在只有裂隙介质进水的情况下,孔隙介质渗透系数对双重介质渗流系统的水压分布影响不大。

(2) 水流在进入裂隙介质和孔隙介质后，迅速向不进水的另一块孔隙介质流动，在0.4m后水压等值线逐渐成为一条直线；在距离水流出口0.4m处，关闭水流出口的孔隙介质模块里的水逐渐向裂隙介质和出水的孔隙介质模块内流动。试验结果表明，双重介质的进水水流在进入双重介质渗流系统0.4m后基本完成了孔隙介质和裂隙介质间水流的交换过程；在距离双重介质水流出口0.4m处，水流根据孔隙介质渗透系数和双重介质渗流系统边界条件重新进行交换。

(3) 不同渗透系数的孔隙介质模块进出水，整个双重介质的水压等值线分布规律基本一致，只是出水量和进水量交换百分比有变化。

6.4.3 应用改进粒子群算法建立裂隙-孔隙双重介质水交换数学模型

1. 改进粒子群算法基本原理

对于不同的问题，准确确定局部搜索能力与全局搜索能力的比例关系，对于有效求解问题极为重要，甚至对同一个问题而言，进化过程中也要求在前后期改变其全局搜索能力与局部搜索能力的比例。因此，Shi 等[95]提出了带有惯性权重的标准粒子群算法，其进化方程为

$$V_{ij}(t+1)=\omega V_{ij}(t)+c_1 r_{1j}(t)[P_{ij}(t)-X_{ij}(t)]+c_2 r_{2j}[P_{gj}(t)-X_{ij}(t)] \tag{6-21}$$

$$X_{ij}(t+1)=X_{ij}(t)+V_{ij}(t+1) \tag{6-22}$$

式中：$\boldsymbol{X}_i=(x_{i1},x_{i2},\cdots,x_{in})$为粒子 i 的当前位置；$\boldsymbol{V}_i=(v_{i1},v_{i2},\cdots,v_{in})$为粒子 i 的当前飞行速度；$\boldsymbol{P}_i=(p_{i1},p_{i2},\cdots,p_{in})$为粒子 i 所经历的最好位置，也就是粒子 i 所经历过的具有最好适应值的位置，称为个体最好位置。对于最小化问题，目标函数值越小，对应的适应值越好。ω 称为惯性权重，使粒子保持运动惯性，使其有扩展搜索空间的趋势，有能力探索新的区域。下标“j”表示粒子的第 j 维，“i”表示第 i 个粒子，t 表示第 t 代，c_1、c_2 为加速常数，通常在 0～2 取值。r_1、r_2 为两个相互独立的随机函数，分布于 0～1。

在实际问题的计算过程中发现，标准粒子群算法在收敛能力上还存在缺陷，因此这里提出收缩因子的概念。该方法描述了一种选择 ω、c_1 和 c_2 值的方法，以期保证算法的收敛性能。算法模型如下：

$$v_{ij}(t+1)=\eta\{v_{ij}(t)+c_1 r_{1j}(t)[P_{ij}(t)-x_{ij}(t)]+c_2 r_{2j}(t)[P_{gj}(t)-x_{ij}(t)]\} \tag{6-23}$$

此算法模型中 η 的作用类似于参数 v_{max} 的作用，用来控制与约束粒子的飞行速度。分别对利用 v_{max} 和收缩因子来控制粒子速度的两种算法的性能进行比较。结果表明，后者比前者通常具有更好的收敛率。而在有些测试函数的求解过程

中，使用收缩因子的粒子群在给定的迭代次数内无法达到全局极值点，这是由于粒子偏离所期望的搜索空间太远。

因此，为了减小这种影响，经研究分析，收缩因子的取值采用如下计算公式：

$$\eta=\frac{2}{\left|2-c-\sqrt{c^2-4c}\right|} \tag{6-24}$$

其中，$c=c_1+c_2$ 且 $c>4$。

该方法可以在收敛率方面和搜索能力方面对测试函数的求解性能进行改进，本节即采用带有收缩因子的改进粒子群算法进行优化计算，建立裂隙-孔隙双重介质水交换模型。

算法参数是影响算法效率的关键，如何确定最优参数，使算法性能最佳本身就是一个极其复杂的优化问题。由于参数空间的大小不同且各参数间具有相关性，因而并没有通用的方法来确定最优参数，只能通过针对具体问题的试验进行选取。但不同参数对粒子群优化算法性能的影响具有一定的规律。根据已有的研究成果，可以得出参数选取的指导性原则。

粒子群算法(particle swarm optimization，PSO)需要调整的参数主要包括群体规模 m、最大迭代次数 T_{max}、惯性权重 ω 和加速常数 c_1、c_2。

(1) 群体规模 m。

Shi 等[96]认为粒子群算法对种群大小不敏感，提出当粒子数大于 50 时，它对算法最终结果的影响变小。同时从计算复杂程度分析，种群粒子数较多时，会增加算法的计算时间，但同时可以增加算法的可靠性，所以在选取粒子数大小时，应综合考虑其可靠性和计算时间。对一般问题 30 个粒子已经足够，对于较复杂问题可取粒子数为 50。

张丽平[97]通过固定其他参数，改变 m 大小，对 8 种无约束测试函数进行试验，得出的结论与 Shi 的结论相一致。

(2) 最大迭代次数 T_{max}。

以最大迭代次数 T_{max}来作为该算法的终止条件时，需根据具体问题以及算法的优化质量和搜索效率等多方面的性能进行选取。在实际计算过程中，可以先预设一个足够大的T_{max}，然后在运行过程中观察情况，最后根据适应度大小的变化情况确定一个合适的最大迭代次数。

(3) 惯性权重 ω。

由式(6-21)可知，ω 越大，粒子的飞行速度越大，粒子将以较大的步长进行全局探测，全局搜索能力强；ω 越小，粒子的速度步长越小，粒子将趋向于进行精细的局部搜索，局部搜索能力强。可见，参数 ω 对粒子群算法最终的收敛效果影响较大。如何使 ω 进行合理的动态变化，是研究人员的研究热点。曾建潮等[98]针对标准粒子群算法，提出了一种相对统一的模型，通过线性控制理论进行收敛性分析，并提出了一种保证全局收敛的动态惯性权重，该权重取值为0.4～0.9。

(4) 加速常数 c_1、c_2。

加速常数 c_1、c_2 分别代表粒子向自身极值和全局极值推进的随机加速度权值。小的加速常数会使粒子在远离目标区域振荡，搜索速度会大幅度减小；而大的加速常数可以使粒子迅速向目标区域移动，甚至又离开目标区域，最终会导致收敛过慢。

早期的研究表明，通常取 $c_1=c_2=2.0$。Kennedy 等[99]进一步对这两个参数的取值进行深入研究，经过大量的试验结果对比，指出 c_1 与 c_2 之和最好接近4.0，通常取 $c_1\approx c_2\approx 2.05$。Carlisle 等[100]认为 c_1 应不等于 c_2，并由试验得出 $c_1=2.8$，$c_2=1.3$。曾建潮[101]通过研究表明，$c_1=c_2=0.5$ 会得到更好的结果。

这些研究也仅局限于在部分测试函数中的应用，并不能推广到所有问题域。由此也证明，对于不同的问题，加速常数的取值不应相同。

2. 裂隙介质进水时裂隙-孔隙双重介质水交换数学模型

在影响裂隙介质进水时裂隙介质出水量占总出水量百分比的因素中，裂隙宽度 B 和孔隙介质渗透系数 k 的影响最为显著，而压力梯度 J 和水温 T 的影响作用不是很明显。因此建立裂隙介质进水时裂隙介质出水量占总出水量百分比 S 的函数表达式：

$$S=f(B,k) \tag{6-25}$$

利用改进粒子群算法进行计算，在充分考虑自变量 B、k 的数量级以及试验结果中 B 与 S 成正比、k 与 S 成反比的关系后，得到裂隙介质进水时裂隙介质出水量占总出水量百分比的经验公式为

$$S=\frac{1}{(0.0004k+3\times10^7)\left(\frac{1}{B}\right)^2+(-0.1432k-0.0001)\left(\frac{1}{B}\right)+1} \tag{6-26}$$

当 S 的计算值≥100%时，可认为裂隙介质的出水量几乎等于总出水量，取 $S=100\%$。式(6-26)可作为裂隙介质进水时裂隙-孔隙双重介质水交换数学模型。

3. 孔隙介质进水时裂隙-孔隙双重介质水交换数学模型

由6.4.2节分析可知，在影响孔隙介质进水时裂隙介质出水量占总出水量百分比的因素中，裂隙宽度 B 和孔隙介质渗透系数 k 的影响最为显著，而压力梯度 J 和水温 T 的影响作用不是很明显。因此建立孔隙介质进水时裂隙介质出水量占总出水量百分比 S 的函数表达式：

$$S=g(B,k) \tag{6-27}$$

利用改进粒子群算法进行计算，在充分考虑自变量 B、k 的数量级以及试验结果中 B 与 S 成正比、k 与 S 成反比的关系后，得到孔隙介质进水时裂隙介质出水量占总出水量百分比的经验公式为

$$S=\left(-0.0007\frac{1}{k}+0.7092\right)\ln B+\left(-0.0039\frac{1}{k}+5.1005\right) \tag{6-28}$$

当 S 的计算值≥100％时，可认为裂隙介质的出水量几乎等于总出水量，取 $S=100\%$。式(6-28)可作为孔隙介质进水时孔隙-裂隙双重介质水交换数学模型。

6.5 岩溶与裂隙渗流特性

地下水在裂隙介质中的运动非常复杂，大致可分为两类：一类为地下水沿裂隙介质的裂隙、溶穴或遍布于介质中的孔隙运动，这种运动的特点是地下水相对分散，连通性较好；另一类为流体沿大裂隙(断层带)和管道，如岩溶区的地下暗河或张开断层的流动，这种运动的特点是地下水集中，且在相当大的范围内只有一个或几个大裂隙或管道，流动孤立，沿裂隙或管道流量大。与孔隙介质相比，由于裂隙(溶穴)发育、分布的方向性和不均匀性，裂隙介质的地下水渗流具有明显的各向异性和不均一性的特点[102,103]。

6.5.1 岩溶与裂隙交叉水力特性试验

1. 试验装置

1) 岩溶管道和裂隙的交叉接触设计

考虑岩溶与单裂隙相交，并且裂隙内壁和管道内壁均为光滑表面。光滑岩溶用有机玻璃管模拟，裂隙用有机玻璃板模拟。试验时裂隙两端进水，管道两端出水。通过变化管道直径、管道与裂隙夹角、裂隙宽度和裂隙进水水头来研究裂隙中的水头损失规律和管道的汇流特性。

裂隙试验段尺寸为长×高＝200cm×50cm，单根管道长度为75cm。试验模型示意图如图6-16所示，图中 α 为裂隙与管道交叉角度，B 为裂隙宽度。有机玻璃板厚度为2cm，确保其在高压水头作用下不易发生变形以及破坏。

管道与裂隙交叉情况如图6-17所示，图中 AA' 为管道中心线位置，CC' 为两块有机玻璃板几何中心连线，O 和 O' 分别为两块平行玻璃板孔口几何中心，α 为管道与裂隙的夹角。为了模拟管道与裂隙各角度的相交情况，平行玻璃板上孔口位置在平行水流方向交错，在水流方向上 OO' 的距离为20mm。

图6-17中，X 表示管道圆心与孔口几何中心在平行水流方向上的距离，可用

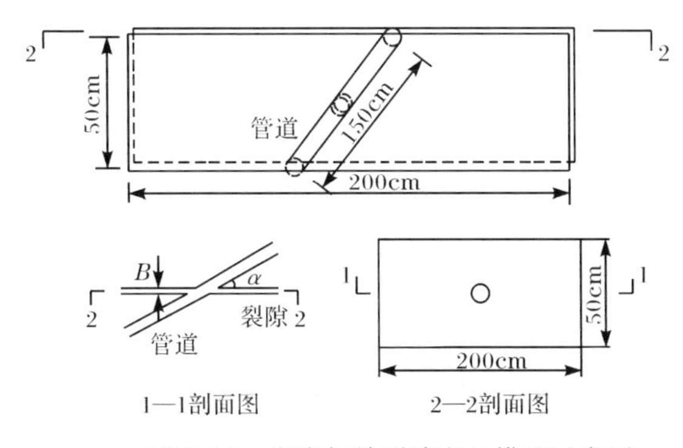

图 6-16　岩溶与单裂隙交叉模型示意图

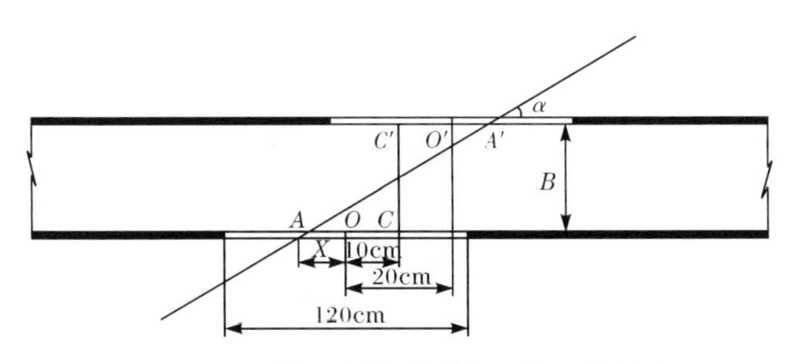

图 6-17　平行裂隙与管道交叉位置示意图

式(6-29)计算：

$$X=\frac{B}{2}\cot\alpha-10 \tag{6-29}$$

为方便准确地在平行有机玻璃板上安装管道，首先在玻璃板上开以孔口中心 O 和 O' 为圆心、半径为 6cm 的圆孔，而将管道胶接在与该孔口形状大小完全一致的有机玻璃板上，带有管道的有机玻璃板可与所开孔口对接。为保证孔口处裂隙内壁平滑，管道所在有机玻璃板取自模拟裂隙的同一有机玻璃板，然后将带有管道的圆形有机玻璃板固定在 15cm×15cm 的正方形有机玻璃板上，并在此正方形玻璃板的四周钻孔，与模拟裂隙的有机玻璃板固定。为了不影响裂隙内壁，螺孔不打穿裂隙有机玻璃板内壁。为防止孔口漏水，在裂隙有机玻璃板与方形玻璃板之间加薄橡胶皮。上述构造如图 6-18 所示。

2）裂隙开度的控制

在有机玻璃板中夹入垫片控制裂隙开度，将垫片加工为两个 210mm×10mm×e_0(mm)的条形模板，e_0 为模板厚度，在裂隙顶部和底部各放置一条。本次试验共进行了 4 个裂隙宽度的试验，分别为 0.5mm、1.0mm、2.0mm、5.0mm。其中

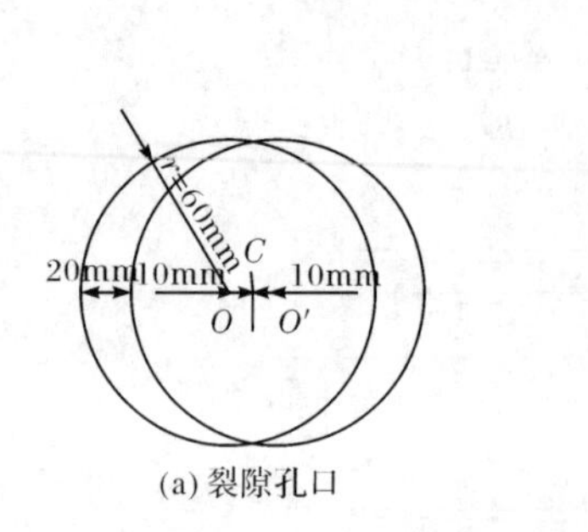

(a) 裂隙孔口

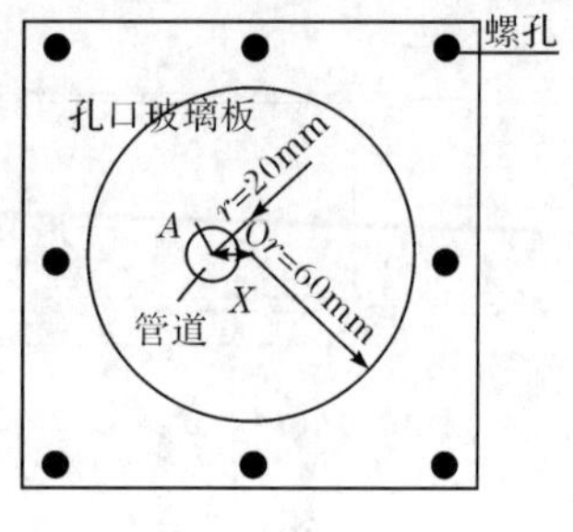

(b) 管道所在玻璃板

图 6-18　裂隙玻璃板孔口及管道所在玻璃板构造示意图

0.5mm、1mm 条形模板采用标准厚度的 H62 带，2.0mm 和 5.0mm 的条形模板采用标准厚度的硬橡皮板，如图 6-19 所示。

图 6-19　0.5～5.0mm 条形模板

3) 防漏及防变形措施

为防止漏水，在模板上均匀地涂抹一薄层凡士林，并每隔 5cm 用 U 形夹固定有机玻璃板和条形模板；为防止在高压水头下裂隙有机玻璃板在垂直水流方向发生膨胀变形，在沿垂直水流方向用四对标准角钢将裂隙有机玻璃板夹紧，如图 6-20 所示。

图 6-20　模型主体结构部分

4) 水循环系统

试验用水采用自循环形式，水流的循环系统由供水系统、回水系统和蓄水池组成。在本次试验中蓄水池采用实验室现有的地下蓄水池，如图 6-21 所示。

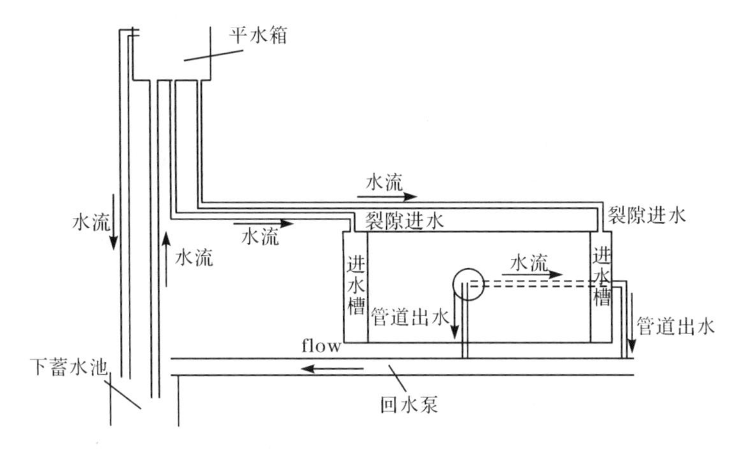

图 6-21 试验水循环系统示意图

5）供水系统

供水系统包括水井、水泵、平水箱及输水管道。供水系统的主要任务是保证试验用水连续循环不断。由水泵从地下蓄水池中抽水并输送到具有一定高度的平水箱，利用平水箱保持固定的水头和稳定水流，再由平水箱通过输水管配水，为试验模型供水。

（1）平水箱。平水箱为硬塑水箱，容积 90L，由进水仓、平水仓及回水仓三部分组成，如图 6-22 所示。水流首先通过水泵由地下蓄水池进入进水仓，在进水仓内消除大部分多余能量后以均匀流态进入平水仓。当平水箱水位高于溢水槽顶时，多余的水便由溢水管排出，以确保平水箱以恒定的水头供水。回水仓的作用是容纳从溢水槽排出的水。排出的水又经回水管流回地下蓄水池。试验中裂隙进水水头需要变化，因此将平水箱通过滚轴悬挂在试验室屋顶横梁上，横梁离试验室地面高度为 11m，可满足试验要求。在水箱侧壁固定标尺，标尺的 0 刻度线对准回水仓顶部高程，在水箱正对的地面上通过水平仪确定裂隙底部的高度。试验人员通过拉动与平水箱相连的标尺，即可在地面上准确确定平水箱高度。由于吊起平水箱的绳子有一定的弹性变形，因此需先将平水箱抬高，在水泵供水并由回水仓溢流后，才将平水箱降低到所需高度。同样，以该方法来改变并获得试验所需的平水箱的高度。

（2）进水槽。为了能使裂隙在试验时均匀进水，在裂隙两端进口处均设置了进水槽，进水槽的进水断面与裂隙宽度相同，并在进水槽顶面钻设连接来水的进水孔和连接水位测针的测压孔，测压孔同时可作为排气孔。

（3）水泵。采用扬程超过 10m，吸程超过 8m 的自吸泵从地下蓄水池中抽水，试验中各组试验所需水的流量变化较大，因此试验中购置了两种流量的水泵，分

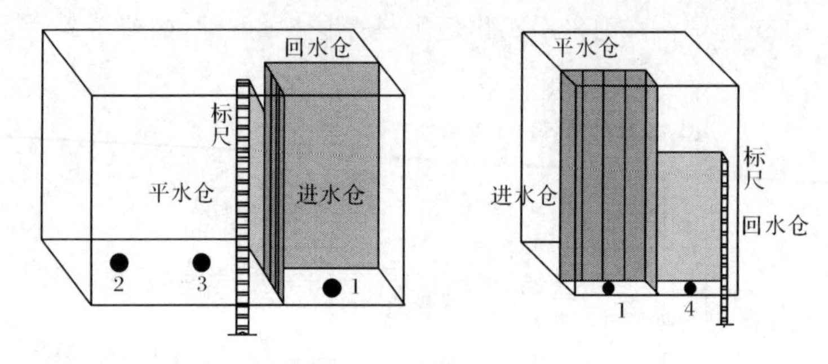

图 6-22　平水箱组成示意图

1-进水孔；2、3-出水孔；4-溢流孔

别为 $4m^3/s$ 和 $8m^3/s$。在需要更大流量时可同时使用两个水泵。

(4) 输水管道。水泵的吸水管道采用聚氯乙烯(PVC)硬管，平水箱的进水管和出水管均采用钢丝塑料管，平水箱的溢流管采用普通塑料管。

6) 回水系统

试验模型使用后的水经回水渠再返回地下蓄水池中，以达到循环使用的目的。

裂隙水流左边管道出水首先进入 50L 的塑料水箱中，然后通过水箱底部的输水管流到回水渠中；右边管道出水通过预制的回水铁箱流到回水渠中。回水渠为砖砌结构，渠道顶部设有盖板，并在盖板上预留一定尺寸的孔洞，以便安装排水管，排除试验设备的漏水和实验室地面的积水。回水系统如图 6-21 所示。

2. 试验的量测系统

1) 压强的测量

在平行有机玻璃板壁开设带圆角的静压孔，孔直径为 0.5～2.0mm，孔深为孔直径的 3～10 倍。孔轴与壁面相垂直，孔口加工完善无毛刺和凹凸不平情况。根据试验要求，水头在 1～5m 变化，因此考虑采用透明软塑料测压管分别测量 1～5m 水头情况下的压强。对于 5m 水头，可用压力计测量，并用测压管对其进行标定，得出压力计测量值和真值之间的标定曲线，通过曲线将测量值转化为真值。测压管通过上下两块夹板和两根标尺(刻度为 1mm)固定在一起，并悬挂在实验室横梁上，用水平仪将标尺的零刻度与裂隙底部对齐。静压孔和试验测压孔的布置如图 6-23 所示。

2) 裂隙宽度的测量

采用标准厚度的模板控制裂隙开度，并通过高倍测量仪器测读，然后用注水体积法校准其有效宽度。

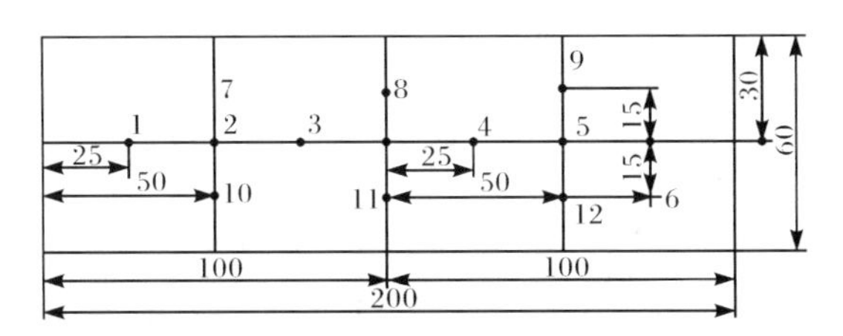

图 6-23　平行有机玻璃板上静压孔和测压孔的位置示意图(单位:mm)

3) 流量的测量

裂隙进水量测量。采用玻璃转子流量计测读上下游流量,并用秒表和量杯对流量计进行标定,得出流量计测量值和真值之间的标定曲线,通过曲线将测量值转化为真值。

管道出水量测量。采用秒表和塑料水箱进行测量。每组试验共测 3 次,取平均值。

4) 温度的测量

用温度计测量空气和水的温度,目的是研究温度对试验结果的影响。主要是水的运动黏滞系数和试验器材受温度变化的影响。岩溶与裂隙交叉水力特性试验装置如图 6-24 所示。

图 6-24　岩溶与裂隙交叉水力特性试验装置图

3. 正交试验设计及其结果分析

1) 试验目的

通过变换管道直径 D、管道与裂隙夹角 α、裂隙宽度 B 和裂隙进水水头 H 来研究管道与裂隙中的水头损失规律和管道的汇流能力等水力特性。据此试验中需要研究的结果变量有两个:①裂隙中的沿程测压管水位;②管道的出水量。

2) 试验因子

由试验目的和反应变量，选择裂隙宽度 B、管道与裂隙夹角 α、裂隙进水水头 H 和管道直径 D4 个因子，同时确定各因子的水平如下。

(1) 裂隙宽度 B:0.5mm、1mm、2mm、5mm。

(2) 管道与裂隙夹角 α:30°、45°、60°、90°。

(3) 裂隙进水水头 H:1m、2m、5m。

(4) 管道直径 D:10mm、20mm。

3) 正交表设计

试验中考虑 4 个因子，但各因子的水平数并不完全相同，因此采用正交试验设计的拟水平法，套用正交表 $L_{16}(4^4)$。试验正交表设计，见表 6-9。由表 6-9 可确定共有 16 组试验，试验顺序可由因子变化的操作难易决定。裂隙变化较复杂，因此可将同种裂隙的试验顺序安排在一起。正交分析表中数据已经满足正交统计分析的要求，但为确保第 3 章中研究试验规律、建立数学模型的准确性，在正交试验表 16 组数据的基础上，各组试验水头 1～5m 的情况都进行测试，使试验数据达到 48 组。

表 6-9　岩溶与裂隙交叉水力特性正交试验

试验号	A	B	C	D	正交试验指标结果
	裂隙宽度 B /mm	管道与裂隙夹角 α /(°)	裂隙进水水头 H /m	管道直径 D /mm	y_i
1	0.5	30	1	10	y_1
2	0.5	45	2	20	y_2
3	0.5	60	5	10	y_3
4	0.5	90	1	20	y_4
5	1.0	30	5	20	y_5
6	1.0	45	1	10	y_6
7	1.0	60	1	20	y_7
8	1.0	90	2	10	y_8
9	2.0	30	2	10	y_9
10	2.0	45	1	20	y_{10}
11	2.0	60	1	10	y_{11}
12	2.0	90	5	20	y_{12}
13	5.0	30	1	20	y_{13}
14	5.0	45	5	10	y_{14}

续表

试验号	A 裂隙宽度 B /mm	B 管道与裂隙夹角 α /(°)	C 裂隙进水水头 H /m	D 管道直径 D /mm	正交试验指标结果 y_i
15	5.0	60	2	20	y_{15}
16	5.0	90	1	10	y_{16}
I_j					$\bar{y}=$
II_j					
III_j					
IV_j					
R_j					
S_j					

4）试验数据整理

结合试验数据，利用极差、方差和 F 检验分析岩溶与裂隙交叉时其折算渗透系数与长度、直径等因素之间的关系。极差 R_j 可用式(6-30)求解。

$$R_j=\max(\mathrm{I}_j,\mathrm{II}_j,\mathrm{III}_j,\mathrm{IV}_j)-\min(\mathrm{I}_j,\mathrm{II}_j,\mathrm{III}_j,\mathrm{IV}_j) \tag{6-30}$$

式中：I_j、II_j、III_j、IV_j 相应于第 j 列 1、2、3、4 水平的试验数据之和，如 $\mathrm{I}_1=y_1+y_2+y_3+y_4$。

方差 S_j 可用式(6-31)求解：

$$S_j=4\left[\left(\frac{\mathrm{I}_j}{4}-\bar{y}\right)^2+\left(\frac{\mathrm{II}_j}{4}-\bar{y}\right)^2+\left(\frac{\mathrm{III}_j}{4}-\bar{y}\right)^2+\left(\frac{\mathrm{IV}_j}{4}-\bar{y}\right)^2\right] \tag{6-31}$$

式中：$\bar{y}$ 为所有数据的平均值。

由于正交表中的四列已排满，而管道与裂隙角度 $\alpha(B)$ 因子均方很小，可将其作为误差项进行 F 检验。误差项服从正态分布 $N(0,\sigma^2)$，且互相独立($i=1,2,\cdots,16$)。为了推断各因子效应是否显著，提出以下假设：

$$\begin{aligned}&H_{OA}:a_1=a_2=a_3=a_4=0\\&H_{OC}:c_1=c_2=c_3=0\\&H_{OD}:d_1=d_2=0\end{aligned} \tag{6-32}$$

拒绝假设，意味着因子的各水平有显著差异，因而该因子对指标的效应是不可忽视的，即效应是显著的。相反，若接受假设，那么该因子对指标的效应是不显著的。管道汇流量正交分析和裂隙沿程损失正交分析结果见表6-10～表6-13。

表 6-10　管道汇流量正交分析

试验号	A 裂隙宽度 B /mm	B 管道与裂隙夹角 α /(°)	C 裂隙进水水头 H /m	D 管道直径 D /mm	管道汇流量 y_i/(L/s)
1	0.5	30	1	10	0.0270
2	0.5	45	2	20	0.2001
3	0.5	60	5	10	0.5170
4	0.5	90	1	20	0.0670
5	1.0	30	5	20	0.6290
6	1.0	45	1	10	0.0780
7	1.0	60	1	20	0.1020
8	1.0	90	2	10	0.2240
9	2.0	30	2	10	0.2430
10	2.0	45	1	20	0.2130
11	2.0	60	1	10	0.1520
12	2.0	90	5	20	0.7537
13	5.0	30	1	20	0.2510
14	5.0	45	5	10	0.7943
15	5.0	60	2	20	0.5040
16	5.0	90	1	10	0.1680
I_j	0.2028	0.2583	0.3404	0.4293	$\overline{y}$=0.3077
II_j	0.2975	0.3014	0.2988	0.3032	
III_j	0.1322	0.2928	0.6735	—	
IV_j	0.2754	0.3401	—	—	
R_j	0.2265	0.0057	0.5412	0.0645	
S_j	0.0961	0.0294	0.1751	0.0704	

表 6-11　管道汇流量正交试验统计分析

方差来源	极差	偏方差平均和	自由度	F 值
A	0.2265	0.0961	3	17.118
B(误差)	0.0057	0.0294	3	临界值 f_a
C	0.5412	0.1751	2	27.235
D	0.0645	0.0704	1	14.765

表 6-12　裂隙沿程水头损失正交分析

试验号	*A* 裂隙宽度 *B* /mm	*B* 管道与裂隙夹角 α /(°)	*C* 裂隙进水水头 *H* /m	*D* 管道直径 *D* /mm	水头损失 y_i/m
1	0.5	30	1	10	0.4734
2	0.5	45	2	20	1.7184
3	0.5	60	5	10	2.4022
4	0.5	90	1	20	1.1748
5	1.0	30	5	20	1.3786
6	1.0	45	1	10	0.1709
7	1.0	60	1	20	0.2235
8	1.0	90	2	10	0.4909
9	2.0	30	2	10	0.0665
10	2.0	45	1	20	0.0583
11	2.0	60	1	10	0.0416
12	2.0	90	5	20	0.2065
13	5.0	30	1	20	0.0050
14	5.0	45	5	10	0.0158
15	5.0	60	2	20	0.0101
16	5.0	90	1	10	0.0034
I_j	1.4422	0.5661	0.09329	0.0086	$\overline{y}=0.5275$
II_j	0.4809	0.4909	0.669386	0.4689	
III_j	0.2989	0.4688	1.000845	—	
IV_j	0.4581	0.5969	—	—	
R_j	1.4336	0.2004	0.7018	0.1338	
S_j	0.0810	0.0017	0.0529	0.0024	

表 6-13　裂隙沿程水头损失正交试验统计分析

方差来源	极差	偏方差平均和	自由度	*F* 值
A	1.4336	0.0810	3	35.98
B(误差)	0.2004	0.0017	3	临界值 f_a
C	0.7018	0.0529	2	21.89
D	0.1338	0.0024	1	9.87

从表 6-11 中可以看出，裂隙进水水头的 *F* 值最大，因此其对管道汇流量的影

响最显著,而管道直径及裂隙宽度的 F 值相近,可知两者对管道汇流量影响相近,此检验结果与方差结果相同。从表 6-13 中可以看出,裂隙宽度的 F 值最大,因此其对裂隙沿程水头损失影响最显著,其次为裂隙进水水头和管道直径,而管道与裂隙角度对裂隙沿程水头损失的影响较小,此检验结果与方差结果相同。

6.5.2 改进折算渗透系数法

在室内试验研究结果的基础上,修正完善求解岩溶地区渗流场的折算渗透系数法,建立室内试验数值计算模型,通过对比试验结果和数值计算结果,验证数学模型合理性[35~38]。

1. 岩溶与大裂隙的折算渗透系数

根据试验结果,对岩溶折算渗透系数法的改进主要包括以下两个方面:

(1) 裂隙折算渗透系数计算公式仅适用于粗糙缝,未考虑光滑紊流区,故增加了对裂隙粗糙度的判断,以选用更适合其性态的裂隙水流经验公式。

(2) 考虑水流在岩溶与裂隙交叉时的特性,更好地描述了复杂岩溶地区水流运动状态。

1) 岩溶的折算渗透系数

不同流态时,岩溶的折算渗透系数按式(6-33)和式(6-34)计算。

层流($Re<2320$):

$$k_{\mathrm{L}}=\frac{gd^2}{32\nu} \tag{6-33}$$

紊流($Re\geqslant 2320$):

$$k_{\mathrm{L}}=\frac{2gd}{\left[1.14-2\lg\left(\dfrac{\Delta}{d}+\dfrac{21.25}{Re^{0.9}}\right)\right]^{-2}V} \tag{6-34}$$

式中:ν 为液体的运动黏滞系数;d 为岩溶管道直径;g 为重力加速度;Δ 为凸起高度;V 为平均流速;Re 为雷诺数。

2) 大裂隙的折算渗透系数

不同流态时,裂隙的折算渗透系数按式(6-35)和式(6-36)计算:

当 $Re_{\mathrm{c}}<R_{临\mathrm{c}}$ 时表示层流:

$$k_0=\begin{cases}\dfrac{g}{12\nu}b^2, & \varepsilon\leqslant 0.033\\ \dfrac{g}{12\nu}(1+8.8\varepsilon^{1.5})^{-1}b^2, & \varepsilon>0.033\end{cases} \tag{6-35}$$

当 $Re_{\mathrm{c}}>R_{临\mathrm{c}}$ 时表示紊流:

$$k_{\mathrm{L}}=\begin{cases}4.7\left(\dfrac{g^{4/7}b^{5/7}}{\nu^{1/7}J^{3/7}}\right), & \varepsilon\leqslant 0.033\\ \dfrac{g}{12\nu}\left(\dfrac{48\nu}{g^{0.5}}\lg\dfrac{1.9}{\varepsilon}\right)b^{0.5}J^{0.5}, & \varepsilon>0.033\end{cases}\tag{6-36}$$

其中

$$\begin{cases}Re_{\mathrm{c}}=\dfrac{bV}{2\nu}, \quad R_{临\mathrm{c}}=600, & \varepsilon\leqslant 0.033\\ Re=\dfrac{2bV}{\nu}, \quad R_{临}=845\left(\lg\dfrac{1.9}{\varepsilon}\right)^{1.14}, & \varepsilon>0.033\end{cases}\tag{6-37}$$

式中：k_0 表示层流状态下裂隙的折算渗透系数；k_{L} 表示紊流状态下裂隙的折算渗透系数；Re_{c}为临界雷诺数；$R_{临\mathrm{c}}$、$R_{临}$ 为与裂隙相关的试验值；ε 为相对粗糙率，$\varepsilon=\Delta/2b$，b 为裂隙宽度；J 为水力梯度。

3）岩溶与裂隙交叉的折算渗透系数

这里的折算渗透系数根据试验分析结果来确定，即对于裂隙水流，不考虑裂隙水流在岩溶进口处的流态变化；而对于岩溶水流，则考虑交叉时的局部水头损失。当岩溶与裂隙交叉时，考虑局部水头损失的水头损失系数可由式(6-38)计算：

$$\lambda'=\lambda+\frac{d}{l}\zeta\tag{6-38}$$

式中：ζ 为局部水头损失系数，$\zeta=0.5+0.3\cos\theta+0.2\cos^2\theta$；$\lambda'$为考虑局部水头损失的水头损失系数。则岩溶与裂隙交叉的折算渗透系数可按式(6-39)计算：

$$k_{\mathrm{L}}=\frac{2gd}{\lambda' V}=\frac{2gd}{\left(\lambda+\dfrac{d}{l}\zeta\right)V}\tag{6-39}$$

不同流态时，水头损失损失系数 λ 按式(6-40)和式(6-41)计算。

层流($Re<2320$)：

$$\lambda=\frac{64}{Re}\tag{6-40}$$

紊流($Re\geqslant 2320$)：

$$\lambda=\left[1.14-2\lg\left(\frac{\Delta}{d}+\frac{21.25}{Re^{0.9}}\right)\right]^{-2}\tag{6-41}$$

将式(6-40)和式(6-41)代入式(6-39)即可计算出其折算渗透系数。

在实际计算过程中，可以根据各种介质的性质和渗透水流的流态选用相应的公式计算折算渗透系数 k_{L}，从而将微裂隙和基质孔隙、大裂隙、岩溶中的水流运动统一起来。可以看出，裂隙和岩溶不仅渗透性很大，其折算渗透系数 k_{L} 也是一个随雷诺数 Re 变化的量，不是一个常量。

岩溶管道单元改进折算渗透系数计算流程如图 6-25 所示，裂隙单元改进折算渗透系数计算流程如图 6-26 所示。对于岩溶管道单元，在进行第一步迭代计算时，由于各未知水头节点的初值都赋为 0，因此单元的平均水力梯度 $J=0$，平均流速$V=0$，则在计算 k_L 时会出现被零除的错误。为避免该错误，赋予每个岩溶管道单元一个平均水力梯度估计值 $J_估$，即程序在进行第一步迭代计算时，用 $J_估$ 计算 V，进而计算 k_L。计算表明，$J_估$ 的取值对计算结果的影响不大。k_0 为初始值，k_{L1}为计算值，k_L 为最终确定值。

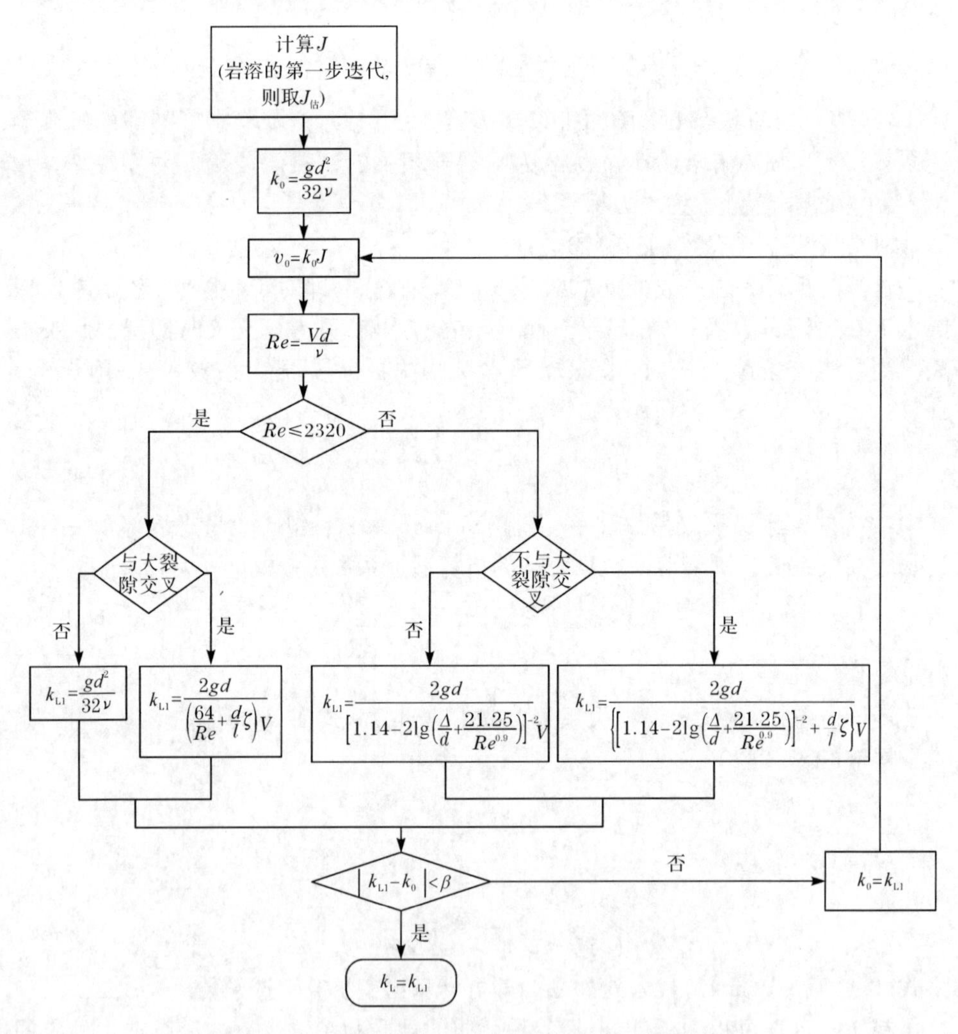

图 6-25　岩溶管道单元改进折算渗透系数计算流程

2. 合理性验证

为了验证上述数学模型的合理性，建立室内试验的有限元计算模型，比较有

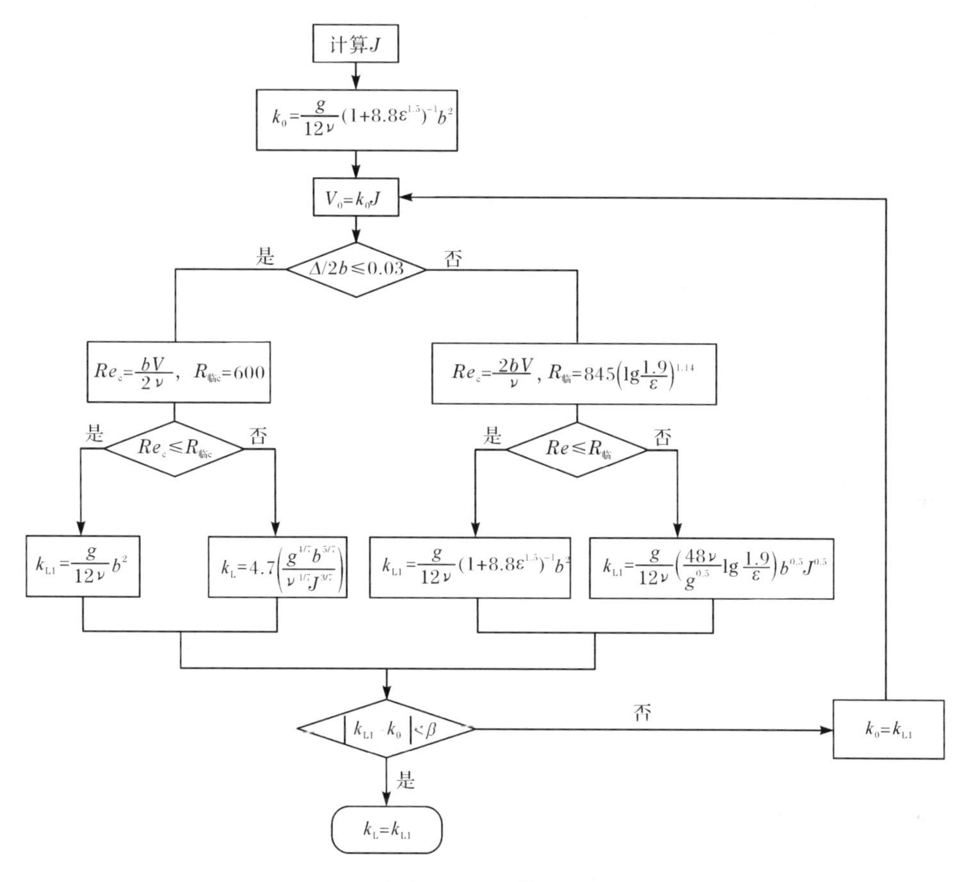

图 6-26　裂隙单元改进折算渗透系数计算流程

限元模拟结果和室内物理模型的试验结果。岩溶与裂隙交叉水力特性分析模型的网格图如图 6-27 所示。

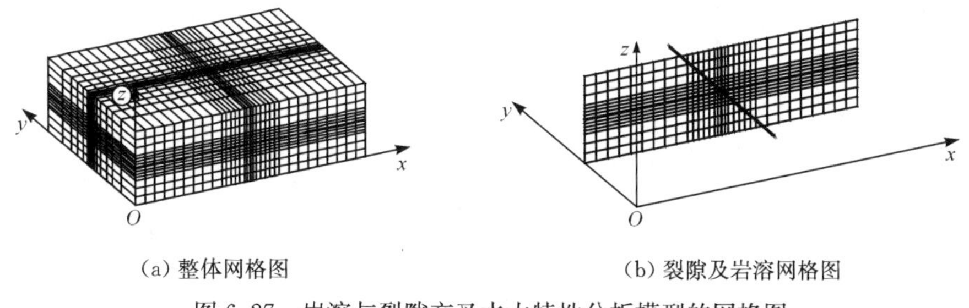

(a) 整体网格图　　(b) 裂隙及岩溶网格图

图 6-27　岩溶与裂隙交叉水力特性分析模型的网格图

1) 计算方法

(1) 折算渗透系数法。用折算渗透系数法(方法 1)计算时，岩溶和裂隙特征与试验相同，微裂隙介质渗透系数和水的运动黏滞系数按试验时测得的水温从运动黏滞系数-温度表中查得。

(2) 改进折算渗透系数法。用本书提出的改进折算渗透系数法(方法 2)计算时，计算参数与方法 1 相同。

(3) 等效连续多孔介质法。用等效连续多孔介质法(方法 3)计算时，岩溶作为各向异性的多孔介质处理，沿其轴向上的渗透系数要比其他两个方向上的渗透系数大四个数量级，其轴向渗透系数由方法 2 的计算结果确定；裂隙的处理方式与岩溶相似，其折算渗透系数由方法 2 的计算结果确定。

2) 计算工况

试验为有压渗流。忽略裂隙进口水流水平方向流速。边界处理方式为：上下表面均为不透水边界，左右面除裂隙进口为已知水头边界外，其余均为不透水边界，前后面除岩溶出水口为已知水头边界外，其余均为不透水边界。裂隙进水水头取室内试验裂隙进水箱测压管水头。岩溶与裂隙交叉水力特性分析模型计算工况见表 6-14。

表 6-14　岩溶与裂隙交叉水力特性分析模型计算工况

工况	计算方法	裂隙进水水头/m	管道直径/mm	裂隙宽度/mm	管道与裂隙夹角/(°)	说明
Z1	方法 1	4.3	10	2	90	$\Delta=0, J_{估}=0.1$
Z2	方法 2	4.3	10	2	90	$\Delta=0, J_{估}=0.1$
D3	方法 3	4.3	10	2	90	管道 $k_y=3.493\text{m/s}, k_x=k_z=3.493\times10^{-4}\text{m/s}$ 裂隙 $k_x=k_z=2.836\text{m/s}, k_y=0$

3) 计算结果分析

各工况管道岩溶流量及裂隙水头损失结果与试验值的对比见表 6-15。

表 6-15　岩溶流量及裂隙水头损失结果与试验值的对比

工况	岩溶流量/(m^3/s)	裂隙水头损失/m
试验值	0.97×10^{-3}	0.892
Z1	1.21×10^{-3}	0.944
Z2	1.12×10^{-3}	0.945
D3	3.91×10^{-3}	0.706

比较上述计算值和试验值，可以得到以下结论：

(1) 从管道汇流量来看，方法 2 最接近试验值。这是由于改进后的折算渗透系数法考虑了岩溶与裂隙交叉时的局部水流特性，将岩溶与裂隙交叉的局部水头损失折算到岩溶的沿程水头损失中，更好地模拟了水流在交叉时的运动规律。

(2) 方法 2 与方法 1 的计算流量较接近，且都小于按方法 3 计算的流量。

(3) 从裂隙的测压管压力来看，方法 1 和方法 2 算得的水头损失大于方法 3，但更接近试验值。

由此可见，方法 2 计算值最接近试验值，较真实地反映了岩溶及裂隙含水介质的复杂性和渗透水流态的多样性，较好地模拟了岩溶与裂隙交叉时特殊的水力特性。因此，改进的数值模型更接近物理模型。

第7章　渗流控制及其数值模拟方法

7.1　工程防渗措施

7.1.1　防渗帷幕、防渗墙和截渗墙

1. 防渗帷幕

防渗帷幕在防渗工程中主要有三个作用[104,105]：①承担大部分的作用水头，削减土层渗透层的渗水压力和水头作用；②降低透水层的水流速度，减少单位时间内的流量；③延长水的渗流路径。

防渗帷幕主要有三种形式：全封闭式防渗帷幕、悬挂式防渗帷幕、半封闭式防渗帷幕。

(1) 全封闭式防渗帷幕。一般情况下，基岩或弱透水层埋深较浅时均可以采用全封闭式防渗帷幕。由分析可知，当防渗帷幕的抗渗性能、厚度达到工程要求时，全封闭式防渗帷幕的防渗效果是最优的。进行该形式的帷幕设计时，最关键的是防渗底板的确定。其埋深决定着防渗帷幕的施工难易程度和工程量大小，并最终决定全封闭式防渗帷幕的经济性及技术可行性。由于防渗底板的完整性及低渗透性是全封闭式防渗帷幕防渗效果的保证，现场勘察时应对防渗底板的性状有足够的了解，必要时防渗帷幕应适当加深[106]。观音阁水库防渗帷幕河床段垂直帷幕深度71～125m，左岸坝肩段193m高程隧洞以下帷幕深度91～93m，隧洞以上最大帷幕深度72.5m，即左岸最大帷幕深度为165.5m。右岸坝肩段53#坝段以左部分，隧洞与斜坡廊道间帷幕深度35～64m，隧洞以下帷幕深度35～82m，即右岸最大帷幕深度126m，观音阁水库各部位帷幕底均接在相对隔水层上，为全封闭式防渗帷幕形式。

(2) 悬挂式防渗帷幕。众多学者在研究悬挂式防渗帷幕的防渗效果[104]时得出一致结论：悬挂式防渗帷幕在实际工程中防渗效果不理想，但随着防渗帷幕贯入度的增大，它对坡脚附近渗透变形有一定的改善；随着贯入度的增大，悬挂式防渗帷幕对截断管涌通道、控制管涌的冲性发展有决定性作用，甚至在堤基工程中有削减洪峰和延缓堤基渗流破坏时间的作用。因此，悬挂式防渗帷幕可用于存在裂缝、洞穴、土质不均等缺陷的堤坝加固工程中；若主要以防渗为主，则悬挂式防

渗帷幕应辅以其他排水措施(如水平排水设施等),同时,根据实际地质情况确定合理的帷幕深度。乌江渡水电站大坝[107]是我国在岩溶地层建成的第一座高坝。最大坝高165m,最大水头134m。防渗采用悬挂式高压水泥灌浆帷幕,采用分层廊道上下搭接方式。

(3) 半封闭式防渗帷幕。半封闭式防渗帷幕只有与多元地基中厚度大、渗透性低的防渗依托层形成合理的防渗体系才能使堤防的安全状态有所改善。防渗依托层的埋深决定着防渗帷幕的工程量及施工难度。埋深大,则工程量大、工效低、成本高。因此,在合理的深度范围内寻找防渗依托层是首要任务。而有研究认为,防渗帷幕至少深入到深厚弱透水层才能截断通过上层强透水层的水平渗流。清华洞暗河堵洞成库工程采用上下两层悬挂式半封闭帷幕灌浆对溶塌体和其他岩溶裂隙通道进行防渗处理,有效地解决了富宁县城供水和下游2.26万亩[①]农田及21.5万亩热区作物灌溉问题。

2. 防渗墙

防渗墙主要分为三种:悬挂式防渗墙、半封闭式防渗墙、全封闭式防渗墙。

(1) 悬挂式防渗墙。悬挂式防渗墙在细砂、粉细砂堤基中有防渗及控制渗透变形的作用。悬挂式防渗墙在细砂层堤基中的防渗效果欠佳,只有当防渗墙完全贯穿细砂层堤基时,防渗效果才会明显改善;同时,悬挂式防渗墙在细砂层堤基中对管涌等渗透变形的发展、加剧具有很明显的抑制作用。泸定水电站[108]位于四川省甘孜州泸定县,为大渡河干流开发的第12级电站,基础防渗采用上游围堰悬挂式防渗墙+水平黏土铺盖+坝基悬挂式防渗墙下接帷幕灌浆形式,坝基防渗墙厚1m,主河床段墙深110m,最大墙深超过150m。

(2) 半封闭式防渗墙。半封闭式防渗墙防渗效果较好,建设半封闭式防渗墙的首要任务是寻找具有较小渗透性和较大厚度的防渗依托层。但是对半封闭式防渗墙贯入防渗依托层深度的研究还很少,现有设计方法比较复杂,给半封闭式防渗墙的工程应用带来很多不便[109]。二滩水电站上游围堰最大堰高56m,下游围堰最大堰高30m,堰体均采用黏土防渗,堰基由三排旋喷柱组成的半封闭式防渗墙防渗。

(3) 全封闭式防渗墙。全封闭式防渗墙与半封闭式防渗墙的不同在于全封闭式防渗墙底部所在的相对弱透水层下面没有相对强透水层。一般情况下,全封闭式防渗墙是以基岩透水性较弱或其强透水层位于深部而不会对堤内表层渗流状态产生影响作为前提条件的[110~113]。长河坝水电站砾石土心墙堆石坝[112]最大坝高240m,坝基河床覆盖层厚度为60～70m,对于河床部位心墙建基面下厚度约

---

①1亩≈666.7m^2,下同。

53m 的强透水覆盖层采用两道全封闭混凝土防渗墙防渗。全封闭式防渗墙防渗效果很好,但是工程实践中较少使用,特别是对长江流域堤防地质而言,其堤基结构多属于二元或多元结构,堤基强透水层比较深厚,一般达 20～40m,如果建设全封闭式防渗墙封闭强透水层,不仅工程造价高、施工难度大,工程质量还难以保证。

3. 截渗墙

截渗墙[114,115]是水利工程中常见的厚度小、低渗、垂直于水平水流方向设置的建筑物,起阻止地下水流动的作用。截渗墙主要有混凝土截渗墙和水泥土搅拌桩截渗墙两种。混凝土截渗墙是在地面上进行开槽(造孔)施工,在地基中以泥浆固壁,开凿成槽形孔或连锁桩柱孔,回填防渗材料,筑成具有防渗性能的地下连续墙。水泥土搅拌桩截渗技术是利用多头小直径深层搅拌机具把水泥浆喷入土体并搅拌形成水泥土,以水泥为固化剂,固化剂和土体之间发生物理化学反应,使土体固结成具有良好整体性、稳定性、不透水性,并具有一定强度的水泥土截渗墙,达到截渗的目的。金堤河中下游采用北金堤全长 158.59km,为保证黄河滞洪安全,防止黄河水北侵,金堤河采用截渗墙河段有 11 处,总长度为 5130m,连续最长长度为 1600m,最短长度仅为 30m,平均每段长度为 466m。

7.1.2 心墙、斜墙(面板)、斜心墙

土石坝是当今坝工建设中发展最快、应用最普遍的坝型。土石坝主要包括均质土坝、黏土心墙坝、黏土斜心墙坝和混凝土面板堆石坝等。土石坝的心墙与斜墙的材料主要有黏土、混凝土。采用土料防渗的土石坝包括心墙坝、斜墙坝和均质坝等。

黏土心墙坝防渗结构遵循以控制坝体变形为主,加强抗裂和抗渗稳定措施的总体设计原则[116]。特别是遇到黏粒含量较高的高压缩性土料时,心墙坝防渗体的变形控制,心墙坝防渗体与砂砾石坝壳的协调变形控制,高坝区与低坝区、主坝与副坝连接段的变形控制等尤为重要。控制心墙防渗体过大变形、避免心墙内“拱效应”的产生,加强抗裂和反滤设计、形成“自愈”保护,优选土料、合理分区、提高压实度标准等,是高黏土心墙坝需要重点解决的关键问题[117]。黏土斜墙坝、黏土斜心坝在改善坝身应力和避免裂缝方面具有良好的性能,此类坝型广泛应用于高土石坝中。

沥青混凝土是一种发展迅速的新型筑坝材料。沥青混凝土防渗墙[118]从结构上说大体可分为两类:一类是沥青混凝土斜墙,包括防渗面板;另一类是沥青混凝土心墙。

7.1.3　土工膜

土工膜[119]与土工织物是近几十年发展起来的新型建筑材料。土工膜具有很好的防渗性能，用于渠道防渗已有四十多年的历史，虽然大规模用于土石坝防渗的历史不长，但已显示出投资少、施工便利、工期短等优越性，逐渐被我国工程技术人员接纳并采用。

目前常用的土工膜主要是由塑料和合成橡胶两大类聚合物材料制成的。这些膜片可以用合成纤维或织物加筋，以增加其抗拉抗刺强度；还可以把这些膜与织物热压或胶黏在一起成为组合膜，织物起到加筋及保护作用，使膜不与颗粒材料接触，膜一旦被刺破，织物可防止膜的破裂扩大并起到限制渗流的作用。土工膜渗透系数为 $1\times10^{-13}\sim1\times10^{-11}$ cm/s，是理想的防渗材料。土石坝防渗所用的土工膜可铺设于坝体上游坝面作为斜墙，也可铺设于坝体中央作为心墙。它具有质量轻，运输量小，铺设方便，可节省造价，缩短工期等优点，当然也存在易在施工中破损，易被坝体尖石刺破等防渗和安全方面的问题。溧阳抽水蓄能电站上水库地质条件复杂，由于库底填渣厚度变化大，不均匀沉降较大，选定土工膜作为上水库库底防渗材料。

7.2　工程排水措施

7.2.1　贴坡、棱体、褥垫、管式及综合式排水

土石坝虽设有防渗体，但仍有一定水量渗入坝体内。设置坝体排水设施，可以将渗入坝体内的水有计划地排到坝外，以达到降低坝体浸润面和孔隙水压力，防止渗透变形，增加坝坡稳定性，防止冻胀破坏的目的[104,120]。

1) 贴坡排水

贴坡排水紧贴下游坝坡的表面设置，由 1 层或 2 层堆石或砌石构筑而成，在堆石与坝坡之间设置反滤层。其顶部应高于坝体浸润面的出逸点，超出高度，对Ⅰ、Ⅱ级坝应不小于 2.0m，对Ⅲ、Ⅳ、Ⅴ级坝应不小于 1.5m，并保证坝体浸润面位于冻结深度以下。底部必须设排水沟，其深度要满足结冰后仍有足够的排水断面，如图 7-1 所示。

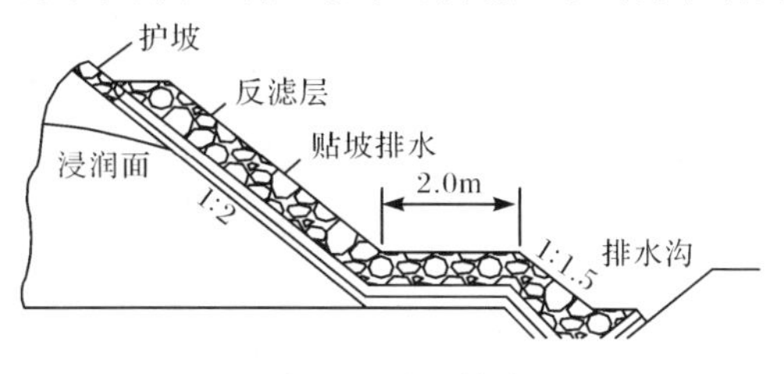

图 7-1　贴坡排水

贴坡排水构造简单、用料省、便于维修,但不能降低坝体浸润面。多用于浸润面很低且下游无水的情况。

2) 棱体排水

棱体排水是在下游坝脚处用块石堆成棱体,顶部高程超出下游最高水位,超出高度应大于波浪沿坡面的爬高,且对Ⅰ、Ⅱ级坝应不小于 1.0m,Ⅲ、Ⅳ、Ⅴ级坝应不小于 0.5m,并使坝体浸润面距坝坡的距离大于冰冻深度。堆石棱体内坡坡度一般为 1∶5～1∶1.25,外坡坡度为 1∶2.5～1∶1.5,或更缓。顶宽应根据施工条件及检查观测需要确定,但不小于 1.0m。如图 7-2 所示。

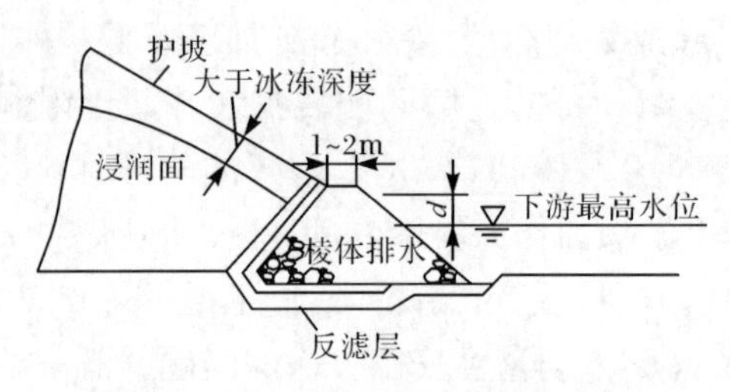

图 7-2　棱体排水

棱体排水可降低坝体浸润线,防止渗透变形,保护下游坝脚不受尾水淘刷,且有支撑坝体增加稳定性的作用。但石料用量较大、费用较高,与坝体施工有干扰,检修也较为困难。

3) 褥垫排水

褥垫排水是伸展到坝体内的排水设施。在坝基面上平铺一层厚 0.4～0.5m 的块石,并用反滤层包裹。褥垫伸入坝体内的长度应根据渗流计算确定,对黏性土均质坝不大于坝底宽的 1/2,对砂性土均质坝不大于坝底宽的 1/3,如图 7-3 所示。

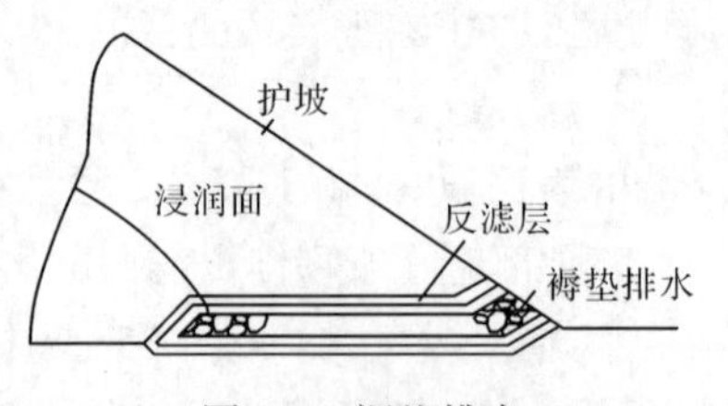

图 7-3　褥垫排水

褥垫排水向下游方向设有 0.5%～1%的纵坡。当下游水位低于排水设施时,褥垫排水降低坝体浸润面的效果显著,还有助于坝基排水固结。但当坝基产生不均匀沉降时,褥垫排水层易断裂,且检修困难,施工时干扰较大。

4) 管式排水

管式排水的构造如图 7-4 所示。埋入坝体的暗管可以是带孔的陶瓦管、混凝土管或钢筋混凝土管，还可以由碎石堆筑而成。由平行于坝轴线的集水管收集渗水，经由垂直于坝轴线的横向排水管排向下游。横向排水管的间距为15～20m。

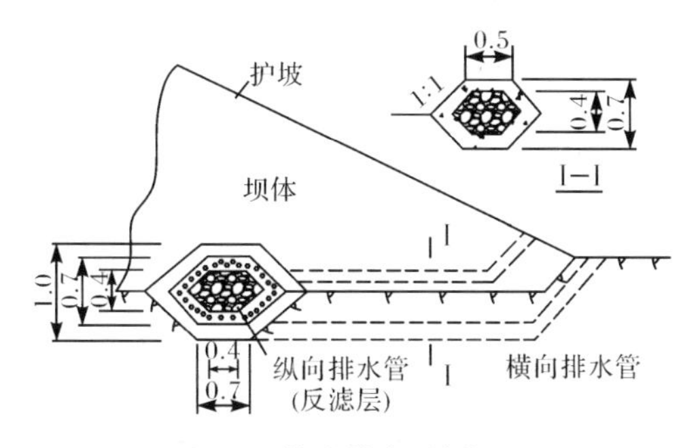

图 7-4　管式排水(单位:m)

管式排水的优缺点与褥垫排水相似。排水效果不如褥垫排水好，但用料少，一般用于土石坝岸坡及台地地段的排水，其坝体下游经常无水，排水效果好。

5) 综合式排水

为发挥各种排水型式的优点，在实际工程中常根据具体情况将两或三种排水型式组合在一起，形成综合式排水，常见的有贴坡排水与棱体排水组合、棱体排水与褥垫排水组合等综合式排水，如图 7-5 所示。综合式排水的优缺点综合了各所用排水方式的优缺点。

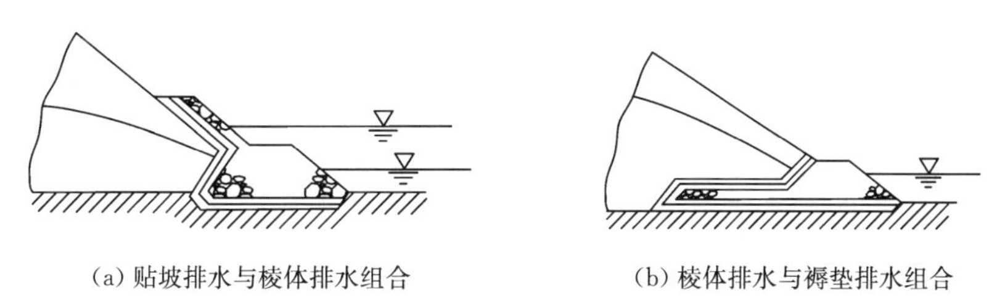

(a) 贴坡排水与棱体排水组合　(b) 棱体排水与褥垫排水组合

图 7-5　综合式排水

7.2.2　盲沟排水

盲沟排水是利用地下水的静止水压力主动降低地下室抗浮水位，从而释放部分(或全部)地下室水浮力。盲沟排水可分为两种：完全依靠地下水静止水压力的主动排水方式；依靠地下水静止水压力集水与机械排水方式相结合的主动为主、被动为辅的排水方式。完全主动排水方式适用于场地高差较大，地下室某一方向为露出地面的建筑(局部敞口地下室)；主动与被动相结合的排水方式适用于建筑场地比较平整的全地下室建筑。图 7-6 为拉西瓦拱坝坝后水垫塘排水盲沟布置图。

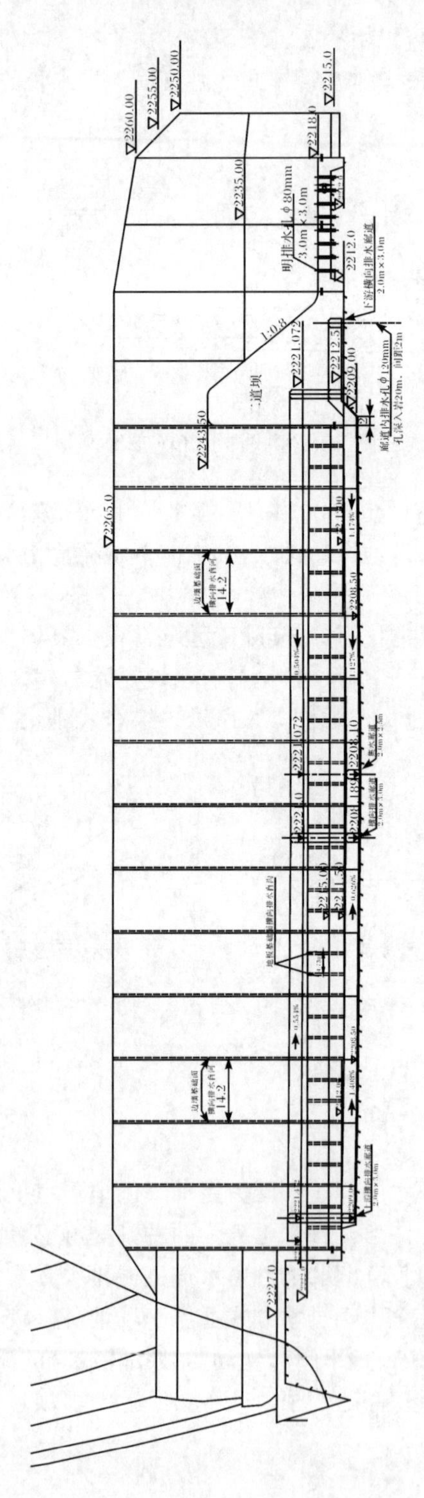
▽2260.00
▽2255.00
▽2250.00
▽2215.0
▽2218.0
▽2235.00
明排水孔φ80mm
3.0m×3.0m
2212.0
下游横向排水廊道
2.0m×3.0m
1:0.8
▽2221.072
▽2212.50
▽2209.00
二道坝
▽2243.50
廊道内排水孔φ120mm
孔深入岩20m，间距2m
▽2265.0
14.2
▽2227.0

(a) 排水盲沟整体布置图

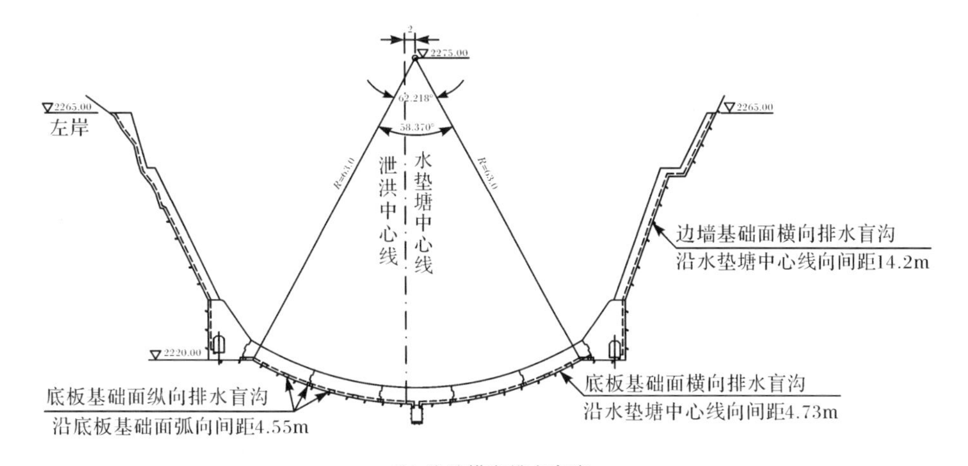

(b) 边坡横向排水盲沟

图 7-6　拉西瓦拱坝坝后水垫塘排水盲沟布置图(单位:m)

盲沟排水的工作原理:盲沟排水的动力为静止水压力和机械（水泵）提升动力。地下室周围的地下水通过盲沟的反滤层渗流汇集至盲沟管内,在静止水压力作用下水沿盲沟管排到地下集水井(坑)内。地下集水井(坑)可与市政雨水管道连通,将集水井(坑)内水直接排走,也可以在地下集水井(坑)内设置水泵,将集水井(坑)内水排出。

7.2.3　排水孔(幕)

设置排水孔,可对渗流场进行排水降压,降低渗流场水头分布,是经实际工程验证的有效方法之一。在水坝设计中,一般在混凝土大坝里设置垂直排水孔(幕)[121,122],能有效降低混凝土坝内水压分布。在许多边坡处理工程中也都在边坡中设置排水孔和排水幕等排水设施。水平排水孔广泛应用在边坡处理过程中,尤其在普通边坡工程中,一般不设置排水洞,只设置水平排水孔,水平排水孔就成为排除地下水的主要排水设施。水平排水孔属于水平集水建筑物,主要用于对边坡进行排水疏干,降低地下水位。

按照埋藏条件,水平集水建筑物又可分为完整的和不完整的。所谓完整的是指水平排水孔揭露到含水层底部,整个集水工作面是透水的;不完整的是指水平集水建筑物可以埋藏在含水层的中部,或者集水工作面不是完全透水的。布置在边坡内的水平排水孔一般属于不完整的集水建筑物。

排水孔在渗流场中的主要作用是直接或间接将地下水导排至渗流域外,对渗流场的水头分布影响极大,往往能对工程的渗流特性及渗控设计起到关键性的控制作用。根据作用将其主要分为两类:底排型(开口向下排水)和顶排型(开口向上排水)。图 7-7 为拉西瓦拱坝坝后水垫塘排水孔布置示意图。

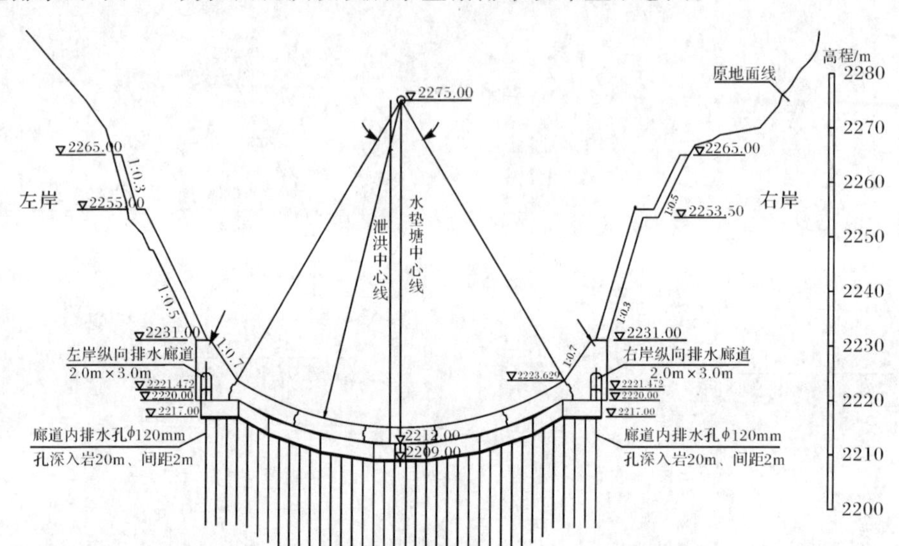

图 7-7　拉西瓦拱坝坝后水垫塘排水孔布置示意图(单位:m)

7.2.4　井(群)、辐射井

对于土方开挖底面位于地下水位以下的深基坑,必须通过降水来获得干作业环境,这里降水的概念包括排、降、截、堵,即集水明排、井点降水、截水、堵水。对于降水深度大的大型基坑,常用的是井点降水、截水、堵水的方法。

井点降水法既经济又实用,且施工技术成熟、简单,被广泛使用。另外,降水有利于提高土体的强度,可减少坑内地下水的浮托力;还可降低作用于支护结构上的主动土压力。

基坑的降水井群设计是关系到能否确保工程基础开挖的顺利进行及排水成本高低的主要问题。在基坑所处的水文地质条件一定的情况下,对于同一种降水效果,增大单井的排水流量将使井群的井点数量减少;反之,减少单井的排水流量将使井点数量增加,而单井排水流量及井点数量又直接关系到排水运行费用及成井费用的高低。目前,基坑降水井群通常采用的设计方法为:采用大井法计算基坑的总排水流量,根据含水层水文地质参数及降水井的花管长度计算单井的设计涌水量,由基坑的总排水流量及单井排水流量计算所需布井数量,最后进行井点的具体布置。

单井降水的情况在基坑工程中很少见,基坑降水中应用更为广泛的是多口降水井构成的井群降水。在一个含水层中有两口井或多口井共同工作,降水井之间会相互影响，这种影响称为干扰，故多井系统也称为干扰井群。巴基斯坦 Jinnah 水电站施工期基坑采用的是排水井群＋防渗墙＋排水沟的联合防渗体系，其井群平面布置如图 4-2(a)所示。基坑沿动力渠道轴线纵剖面如图 4-4 所示。井群系统中的相互干扰体现在以下两个方面：①井中水位降深相同时，单井的干扰涌水量比非干扰涌水量小；②各井的涌水量相等时，干扰井的水位降深大于非干扰井的水位降深。

辐射井[123]是由大口径的集水竖井和若干水平集水管(孔)联合构成的一种井型，水平集水管在竖井的下部穿过井壁伸入含水层中，呈辐射状向四周延伸，地下水沿水平集水管汇集到竖井中。因其出水量大、经济效益高而大量地应用于农田灌溉、地基施工降水、尾矿坝排水等工程。辐射井结构示意图如图 7-8 所示，辐射井子结构三维有限元模型如图 7-9 所示，集水井纵剖面浸润线比较如图 7-10 所示。

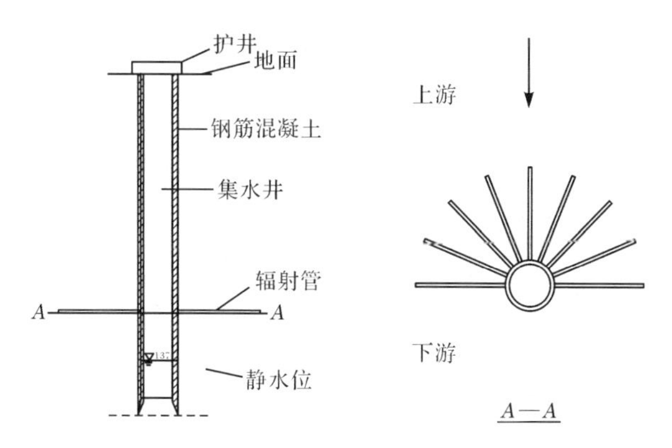

图 7-8　辐射井结构示意图

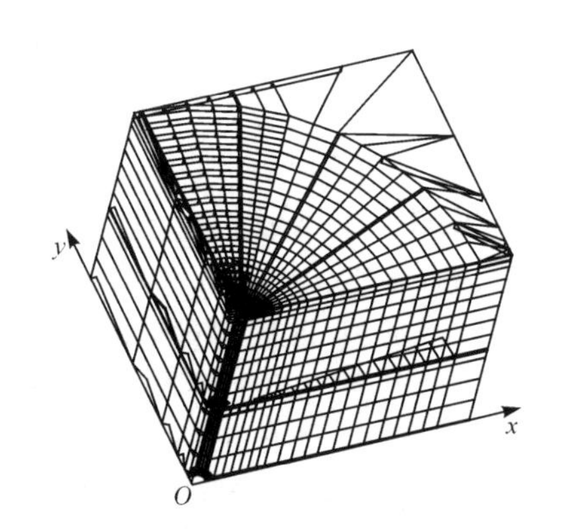

图 7-9　辐射井子结构三维有限元模型

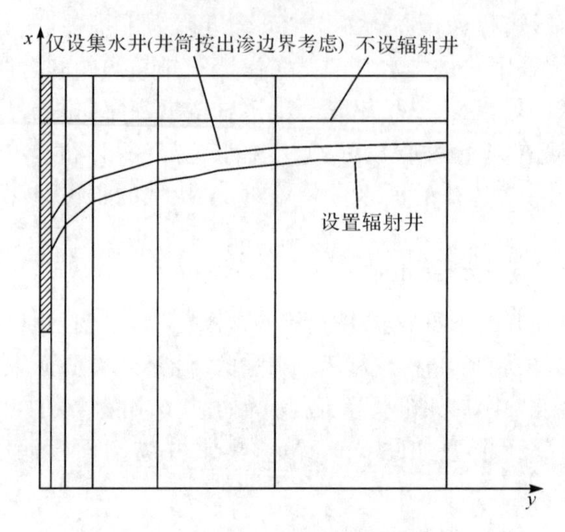

图 7-10　集水井纵剖面浸润线比较

7.3　渗流控制措施的模拟方法

土石坝常用的防渗结构有水平防渗结构和垂直防渗结构。防渗结构一般包括混凝土面板、土工膜、心墙、防渗墙及防渗帷幕等。针对实际工程进行三维渗流有限元计算分析时,混凝土面板、心墙、防渗墙及防渗帷幕一般均按实际尺寸进行模拟,通过选取相应的渗透系数模拟不同材料的渗透特性,从而进行三维渗流分析。而用于土石坝防渗的土工膜厚度一般在 1mm 左右,由于厚度太小,无法在常规有限元网格剖分和计算时直接反映。一般按照等效原则将其放大成有一定厚度的土体介质,然后将其渗透系数进行相应等效折算处理。而土工膜上存在破损孔洞时,一般将破损部位作为强透水介质进行模拟,或剔除破损处土工膜单元,在破损处直接施加相应的作用水头[123,124]。

水利工程中常用的排水结构有棱体排水、贴坡排水、盲沟排水、排水孔(幕)、辐射井等。棱体排水一般作为强透水介质进行模拟;贴坡排水一般可作为出逸边界处理;盲沟排水可作为已知水头边界处理。对于抽水排水孔,设置其边界为:设定孔水位,水位以下为已知水头边界,水位以上为出渗边界;对于自流排水孔,采用等效介质方法时内部结构不需处理,采用耦合方法时为出渗边界。

排水孔的模拟方法有很多,对于排水孔的模拟存在模拟进度与计算量之间的矛盾。一方面为了满足工程实用性的需要,排水孔应尽量采用等效方法模拟,降低建模的复杂性,避免出现大量的网格,如杆单元法、以管代孔法和以缝代井列法,此类方法计算量小,但等效模拟使得计算精度下降。另一方面,若考虑模拟精度，必须要对排水孔进行物理尺寸上的精确模拟，因此不可避免地需要对排水孔附近的网格进行精细划分，从而增加了建模难度和计算量，但计算精度较高，常用的方法如空气单元法、排水子结构法，也有不少学者提出了一些其他的方法，如改进排水子结构法、排水孔准解析法、汇线单元法等。

辐射井是由集水竖井和多个水平集水管组合而成的排水结构，在渗流有限元计算模型中，井（群）、辐射井一般采用子结构法进行模拟，井壁一般按已知水头边界进行处理。

7.3.1　排水子结构法

排水子结构法[125~128]是将含排水孔的大单元单独形成传导矩阵，不增加整体自由度，只增加排水子结构的凝聚计算，可以运用于排水孔较少的工程。对于排水孔数目众多的工程，该方法将增加计算的复杂度，使计算成本增加。排水子结构法的基本思想是：根据排水孔的走向，布置较为合适的母单元，在母单元内围绕排水孔再布置尺寸较小的单元，逐步过渡到与母单元周边相衔接，从而形成一个子结构，并根据排水孔的性质，将排水孔壁面上的节点视为约束节点。同时，为解决存储量过大的问题，对子结构引用凝聚方法，将排水孔的作用效应凝聚到母单元节点上，从而较真实全面地模拟排水孔的作用机制和效应。排水子结构法的模拟较详尽，其较全面地揭示了排水孔的作用。但是，排水子结构法用于众多排水孔时，其子结构的形成和计算量是巨大的。另外，排水孔子结构母单元剖分及子结构的形成还受排水孔走向的限制。

7.3.2　以缝代井列法

以管代孔[129]法是利用渗流等效性，根据排水孔本身的强导水性能，通过模型求解出孔内各点水头值，避免人为给定水头所带来的计算误差，这对于单个排水孔的模拟是一种有效的方法。但当排水孔数目众多，且岩体范围较大时，排水孔间距就显得很微小，这时就难以将所有排水孔都用管单元来表示，使得渗流计算变得极为复杂和困难。因此，王恩志等在以管代孔法的研究基础上，提出以缝代井列[130~132]岩体排水孔幕模拟的新方法。

排水孔正是由于自身的空心结构才成为岩体中具有强渗透性能的导水结构，而排水孔列则是由这些空心结构体在岩体中按一定间距排列所形成的一道强导水的孔幕，周围的地下水在水力梯度的驱动下流入排水孔幕并沿着孔壁排出，在岩体中形成一道呈条带状分布的渗流降压区，从宏观上看，就如同岩体中的一条窄缝或窄沟作用一样。按渗流理论的宏观方法，从渗透介质结构和渗流场特征上，可以将排水孔幕作为一条等效的窄缝，即以缝代井列，在满足渗流量和水头等价的原则基础上，赋予窄缝相应的等效渗透系数。

7.3.3 空气单元法

排水孔内部是一个中空的柱状体,可将其看成一种比一般渗流介质的渗透性大得多的特殊介质。通过赋予排水孔某种大小的渗透系数来表征排水孔的渗透性能,并按实体单元的方法进行渗流计算。空气单元法的正确应用依赖于排水孔渗透系数的合理取值,并通过给排水孔处的单元赋予一定的渗透系数而将其加入到整体网格的计算中,避免了给定其表面以下各点定水头边界条件的麻烦,但以什么样的渗透系数来正确反映其排水能力却是一个问题。

胡静[133]对上述问题进行了研究,结果表明,如果工程中认为计算误差在5%以内是可行的,则在以空气单元法计算含排水孔的渗流问题时,可取排水孔的渗透性为周边介质渗透性的1000倍来模拟排水孔的作用。且采用空气单元法时,相对渗透系数的取值与孔径大小无关,这种方法只需给出排水孔孔口处节点的水头值,而对于排水孔中未知水头的各点,则可由计算得出其水头值,从而使计算结果更接近实际情况。

7.3.4 复合单元法

复合单元法[134,135]是在空气单元法基础上产生的,复合单元法进行渗流分析时,视排水孔为强渗透介质,并将其作为空气子单元置于常规岩土体单元内部,形成涵盖排水孔的复合单元,但无须在计算网格中绘出排水孔。复合单元本身也是有缺陷的:由复合单元的定义,子域节点水头由复合单元形函数插值得到,也就是说,若形函数为线性函数(如常用的空间8节点实体单元),那么排水孔附近水头与复合单元面节点水头位于同一个平面上,这个基本假设违背了排水孔处的渗透规律(排水孔附近水头低于周围水头)。另外,复合单元法的缺点是在模型建立过程中会涉及一些不确定参数,如排水孔界面导水系数、界面厚度等,稳健性不强,如果参数取值不当时会得出不合理的结果。

7.3.5 等效模拟方法

目前常用的裂隙岩体渗流模型主要有三类[136~139]。

(1) 等效连续介质模型。等效连续介质模型由美国加州大学劳伦斯伯克利研究所学者提出,该模型将裂隙导水率平均到岩体,将连续介质中的水流看成多孔介质中的水流,用传统的孔隙介质渗流理论求解裂隙岩体的渗流问题。

(2) 双重介质模型。双重介质模型是1960年苏联学者Barenblantt提出的,该模型首先按照一定的精度将岩体划分成岩块,用岩块间的缝隙模拟岩体中自然随机分布的裂隙,岩块与缝隙构成重叠的连续体。该模型由裂隙介质和孔隙介质组成,将裂隙视为导水体,孔隙视为储水体,分别建立两种介质的渗流模型,通过裂隙与孔隙岩体之间水量的交换进行耦合计算。

(3) 非连续介质模型。非连续介质模型基于裂隙网络水力学，它认为水在裂隙网络岩体中是流动的，这一模型主要用裂隙水力学参数和几何参数表征裂隙岩体空间渗透特性，难点在于对随机裂隙几何特性的处理，除大的结构裂隙可以按照确定值处理外，其余小裂隙大多只能靠统计分析，参数确定较困难，模型的工程推广应用受到一定限制。

由于工程问题的复杂性，仅靠常规的、有限的工程地质勘探工作，难以提供可供生成与实际存在的裂隙网络基本相似的海量裂隙的各类形态参数，如裂隙宽度、长度、充填情况等。对于实际工程的三维渗流分析问题，裂隙网络模型难以应用。从目前工程实际应用情况看，几乎所有大型水利水电工程的三维渗流分析问题都采用等效连续介质模型进行研究，它不仅可以较容易的实现，而且能够满足工程应用的要求，解决实际工程问题。

第8章 渗流条件下多场耦合分析方法

8.1 渗流-应力耦合

8.1.1 渗流-应力耦合的概念

地下水渗流以渗透应力的形式作用于岩土体,影响岩土体中应力场的分布,使岩土体及其裂隙产生变形,从而改变水流的运移通道,进而改变岩土体的渗透系数和渗透力,渗流场随着岩土体渗透性的变化而重新分布,这种相互影响即为渗流-应力耦合。隧道开挖、地下核废料存储和油气开发等都涉及岩体应力、工程干扰力和地下水渗透力的相互作用及其耦合问题。

8.1.2 渗流-应力耦合的分析方法

目前试验研究和理论方法还很不成熟,无法确定渗流-应力耦合问题中的众多不确定因素,主要是因为对于存在空间不确定性和随机性的岩土体,采用传统的渗流理论来分析岩土体中水的渗流,难以反映渗流-应力耦合过程中岩土体原裂隙和新裂隙的形态[140]。导致所得结果与实际情况差异很大,难以获得满意的结果。解决这一问题的重要途径就是引入渗流-应力耦合理论和方法,突破经典渗流理论。

综合来说,目前研究渗流-应力耦合的分析方法主要有三种:①根据已有的耦合试验研究成果设定耦合特性关系式的函数形式,采用力学方法推导函数式中变量的表达式,确定耦合特性关系式;②直接通过渗流-应力耦合试验得到渗透系数与应力、应变关系的经验公式;③以各类模拟渗透现象的物理模型为基础,利用力学工具建立耦合特性关系式。

1. 渗流-应力耦合特性数值方法

Biot 假设固体骨架的本构关系需为线弹性,通过引入孔隙压力和流体容量变化两个状态量,导出了经典的孔隙弹性本构方程,即渗流-应力耦合的控制方程。为此,对岩体进行如下简化假设:

(1) 岩土体是分区均质的、各向同性的连续介质。

(2) 岩土体是饱和的,其中水的渗流运动符合达西定律。

(3) 岩土体骨架变形是微小的。

(4) 岩石矿物不可压缩，即岩土体变形主要来源于裂隙和孔隙变形。

(5) 惯性力影响忽略不计。

在岩体中截取一微分单元体，微分单元受力平衡如图 8-1 所示，微分单元流量平衡如图 8-2 所示。

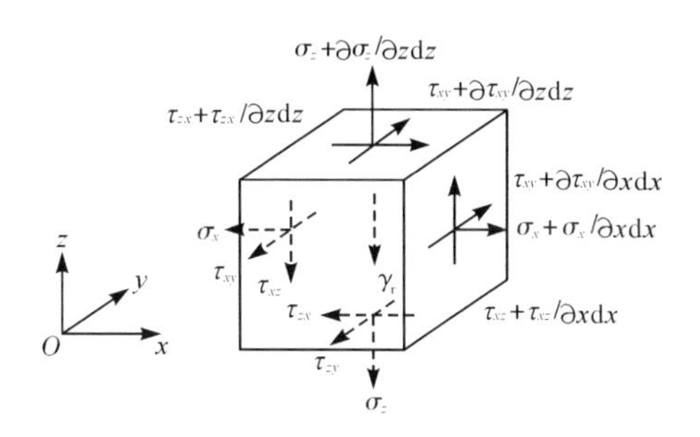

图 8-1　微分单元受力平衡

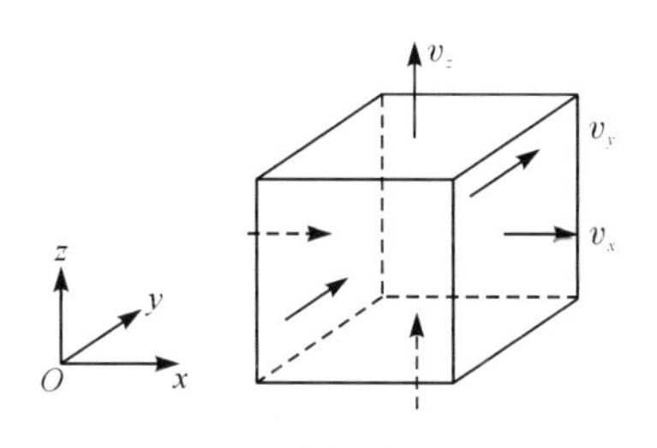

图 8-2　微分单元流量平衡

假设体积力仅考虑重力，并规定应力符号以拉为正，则由微元体的平衡可得如下平衡方程：

$$\begin{cases}\dfrac{\partial\sigma_x}{\partial x}+\dfrac{\partial\tau_{xy}}{\partial y}+\dfrac{\partial\tau_{xz}}{\partial z}=0\\[2ex]\dfrac{\partial\tau_{xy}}{\partial x}+\dfrac{\partial\sigma_y}{\partial y}+\dfrac{\partial\tau_{yz}}{\partial z}=0\\[2ex]\dfrac{\partial\tau_{xz}}{\partial x}+\dfrac{\partial\tau_{yz}}{\partial y}+\dfrac{\partial\sigma_z}{\partial z}-\gamma_{\mathrm{r}}=0\end{cases}\tag{8-1}$$

式中：σ_x、σ_y、σ_z、τ_{xy}、τ_{yz}、τ_{zx} 为应力分量；γ_{r} 为岩土体的饱和重度。

根据 Terzaghi 有效应力原理，有

$$\{\sigma\}=\{\sigma'\}+\{p\}\tag{8-2}$$

式中：$\{\sigma\}$ 为总应力，$\{\sigma\}=[\sigma_x,\sigma_y,\sigma_z,\tau_{xy},\tau_{yz},\tau_{zx}]^{\mathrm{T}}$；$\{\sigma'\}$ 为有效应力，$\{\sigma'\}=[\sigma'_x,\sigma'_y,\sigma'_z,\tau_{xy},\tau_{yz},\tau_{zx}]^{\mathrm{T}}$；$\{p\}$ 为孔隙水应力，$\{p\}=[p,p,p,0,0,0]^{\mathrm{T}}$。

岩体的应力-应变关系表示为

$$\{\sigma'\}=[D](\{\varepsilon\}-\{\varepsilon_0\}) \tag{8-3}$$

式中：$\{\varepsilon\}$为应变，$\{\varepsilon\}=[\varepsilon_x,\varepsilon_y,\varepsilon_z,\gamma_{xy},\gamma_{yz},\gamma_{zx}]^{\mathrm{T}}$；$\{\varepsilon_0\}$为考虑非线性时岩土体的初应变；$[D]$为弹性矩阵或弹塑性矩阵。

由几何方程，应变与位移的关系为

$$\{\varepsilon\}=[B]\{u\} \tag{8-4}$$

式中：$\{u\}$为位移，$\{u\}=[u_x\ u_y\ u_z]^{\mathrm{T}}$；$[B]$为几何矩阵，且

$$[B]=\begin{bmatrix}\dfrac{\partial}{\partial x} & 0 & 0 & \dfrac{\partial}{\partial y} & 0 & \dfrac{\partial}{\partial z}\\ 0 & \dfrac{\partial}{\partial y} & 0 & \dfrac{\partial}{\partial x} & \dfrac{\partial}{\partial z} & 0\\ 0 & 0 & \dfrac{\partial}{\partial z} & 0 & \dfrac{\partial}{\partial y} & \dfrac{\partial}{\partial x}\end{bmatrix}^{\mathrm{T}} \tag{8-5}$$

为便于推导，下面暂取弹性本构关系，将式(8-2)～式(8-4)代入式(8-1)中，便可得到以位移分量和孔隙水应力表示的平衡微分方程，即

$$\begin{cases}G\nabla^2 u_x+\dfrac{G}{1-2\mu}\dfrac{\partial\varepsilon_{\mathrm{v}}}{\partial x}+\dfrac{\partial p}{\partial x}+X^0=0\\ G\nabla^2 u_y+\dfrac{G}{1-2\mu}\dfrac{\partial\varepsilon_{\mathrm{v}}}{\partial y}+\dfrac{\partial p}{\partial y}+Y^0=0\\ G\nabla^2 u_z+\dfrac{G}{1-2\mu}\dfrac{\partial\varepsilon_{\mathrm{v}}}{\partial z}+\dfrac{\partial p}{\partial z}+Z^0=\gamma_{\mathrm{r}}\end{cases} \tag{8-6}$$

式中：G为剪切模量，$G=E/2(1+\mu)$，μ为泊松比；∇^2为拉普拉斯算子，$\nabla^2=\dfrac{\partial^2}{\partial x^2}+\dfrac{\partial^2}{\partial y^2}+\dfrac{\partial^2}{\partial z^2}$；$\varepsilon_{\mathrm{v}}$为体积应变，$\varepsilon_{\mathrm{v}}=\dfrac{\partial u_x}{\partial x}+\dfrac{\partial u_y}{\partial y}+\dfrac{\partial u_z}{\partial z}$；$X^0$、$Y^0$、$Z^0$为由初应变$\{\varepsilon_0\}$引起的等价体积力。

一般情况下，用总水头(水力势)表示孔隙水应力比直接用孔隙水应力表示更具有普遍意义，因此，将式(8-6)中的孔隙水应力改用总水头表示，总水头h与孔隙水应力p之间的关系为

$$-p=\gamma_{\mathrm{w}}h-\gamma_{\mathrm{w}}z \tag{8-7}$$

式中：γ_{w}为水的重度；z为位置高程。

总水头h用$\gamma_{\mathrm{w}}h$表示，并仍记为h，则

$$\begin{cases}\dfrac{\partial p}{\partial x}=-\dfrac{\partial h}{\partial x}\\ \dfrac{\partial p}{\partial y}=-\dfrac{\partial h}{\partial y}\\ \dfrac{\partial p}{\partial z}=-\dfrac{\partial h}{\partial z}+\gamma_{\mathrm{w}}\end{cases} \tag{8-8}$$

将式(8-8)代入式(8-6)，便可得到用位移分量和总水头表示的平衡微分方程，即

$$\begin{cases} G\nabla^2 u_x+\dfrac{G}{1-2\mu}\dfrac{\partial \varepsilon_v}{\partial x}-\dfrac{\partial h}{\partial x}+X^0=0 \\ G\nabla^2 u_y+\dfrac{G}{1-2\mu}\dfrac{\partial \varepsilon_v}{\partial y}-\dfrac{\partial h}{\partial y}+Y^0=0 \\ G\nabla^2 u_z+\dfrac{G}{1-2\mu}\dfrac{\partial \varepsilon_v}{\partial z}-\dfrac{\partial h}{\partial z}+Z^0=\gamma_r-\gamma_w \end{cases} \tag{8-9}$$

根据质量守恒定律，水在饱和微元体中的增减速率等于水进出该微元体流量速率之差，如图 8-2 所示，即

$$-\left[\frac{\partial}{\partial x}(\rho_w v_x)+\frac{\partial}{\partial y}(\rho_w v_y)+\frac{\partial}{\partial z}(\rho_w v_z)\right]\mathrm{d}x\mathrm{d}y\mathrm{d}z=\frac{\partial}{\partial t}(n\rho_w V) \tag{8-10}$$

式中：ρ_w 为水的密度；v_x、v_y、v_z 为渗透流速；n 为岩体的孔隙率；V 为微元体的体积，$V=\mathrm{d}x\mathrm{d}y\mathrm{d}z$。

考虑水的可压缩性，设水的压缩密度系数为 β，它是水的弹性模量 E_w 的倒数，则式(8-10)右端表示为

$$\frac{\partial}{\partial t}(n\rho_w V)=-\left(\rho_w\frac{\partial \varepsilon_v}{\partial t}+\rho_w n\beta\frac{\partial h}{\partial t}\right)\mathrm{d}x\mathrm{d}y\mathrm{d}z \tag{8-11}$$

由假设(2)，水的渗流运动符合达西定律，即

$$v=-k\nabla\frac{h}{\gamma_w} \tag{8-12}$$

式中：v 为渗透流速；k 为渗透系数。

将式(8-11)和式(8-12)代入式(8-10)，即可得流体的连续性方程。简单起见，以渗透主向坐标表示，仍记为 x、y、z，则得

$$-\frac{\partial}{\partial x}\left(k_x\frac{\partial h}{\partial x}\right)+\frac{\partial}{\partial y}\left(k_y\frac{\partial h}{\partial y}\right)+\frac{\partial}{\partial z}\left(k_z\frac{\partial h}{\partial z}\right)=\gamma_w\frac{\partial \varepsilon_v}{\partial t}+\gamma_w n\beta\frac{\partial h}{\partial t} \tag{8-13}$$

式中，h 为总水头，Pa。

式(8-9)和式(8-13)联立，组成应力场和渗流场耦合分析的基本方程，即著名的 Biot 方程，其边界条件包括以下几个。

(1) 位移边界条件。

$$\{u\}=\{u_0\}$$

(2) 应力边界条件。

$$\sigma_{kl}m_1=\sigma_{k0},\quad k=1,2,3;\quad l=1,2,3$$

(3) 水头势边界条件。

$$h=h_0$$

(4) 流量边界条件。

$$-\frac{1}{\gamma_w}k_n\frac{\partial h}{\partial n}=q_0$$

式中：m_1为边界外法线 n 的方向余弦。

在适当的边界条件下求解 Biot 方程，便可得位移场和位势场。

2. 渗流-应力耦合特性试验方法

直接公式可通过渗流-应力耦合试验获得的公式进行反复提炼得到。通过试验获得的直接公式真实地反映了所测定的岩土体渗透能力随应力状态变化的规律，针对性强，对所测定的岩土体的适用性是可以保证的。但这些公式的表达式往往比较烦琐，系数较多且常没有具体的物理意义，不便应用于实际工程。同时，试验组合总是有限的，不可能模拟所有工程实际中遇到的各种情况。这就要求分析者通过有限组试验来分析试验结果，深刻认识其机理并上升到理论高度，从而将这些公式提炼成有较广泛适用性的经验公式。

3. 渗流-应力耦合特性数值试验结合方法

可利用现有的试验结果，根据实际情况设定合适的函数形式，把渗透系数表示成以孔隙率为变量的函数，再利用力学的方法研究孔隙率和应力、应变的关系，从而获得间接公式。间接公式实质是对直接公式的一种加工，是利用直接公式揭示的规律辅以力学推导得到的具体表达式，具有一定普适性，但仍需要通过试验确定关键参数。由于岩土体的复杂多样性，选用间接公式必须考虑其假设的合理性。

耦合机理分析理论模型可借助孔隙结构模型，通过对模型参数和应力关系的研究来获得。孔隙结构模型一般可分为两大类：第一类是球形颗粒排列组成的模型；第二类是由毛细管束排列组成的模型，通常称为毛细管或网络模型。耦合机理分析理论模型对从微观角度认识渗流耦合机理发挥了重要作用，并为最终在微观和宏观分析上达成一致提供了可能。但现有研究成果在实际应用中则过于简化，容易引起较大的误差。

总而言之，应力水平对岩土体渗透率有明显影响，但影响的具体规律和程度又有较大的差异。岩土体的种类、孔隙的发育和连通程度、应力路径、加载方式、损伤历史、孔隙率等，都会影响应力-应变曲线和孔隙率-应变曲线的具体形态。所以渗流-应力耦合特性复杂多变，不可能有一个通用的关系适用于所有情况。因此，在运用这些公式时，需要根据实际情况选用。一是要注意公式的使用范围，根据具体的介质种类和赋存情况综合判断选取合适的公式；二是对近似公式的合理性做进一步验证；三是要注意公式中的参数是否易于获得，应用是否方便；四是尽量通过试验、数值模拟等多种手段来相互验证比较。

8.2　渗流-应力-温度耦合

8.2.1　渗流-应力-温度耦合的概念

在深埋隧道施工、地下城市空间开发、深部资源开采、放射性废料深埋处置、地热资源开发、石油天然气地下能源储存、煤层瓦斯的安全抽放和综合利用等工程中,都会涉及温度场、渗流场和应力场之间的相互影响,这种相互影响称为渗流-应力-温度耦合。

8.2.2　渗流-应力-温度耦合的数学模型

Noorishad 等基于扩展的 Biot 固结理论,首次提出了饱和岩土介质的固-液-热耦合基本方程[141]。在此之后,盛金昌[142]、贾善坡等[143,144]、王如宾等[145,146]、韦立德等[147]、张树光等[148,149]、黄涛等[150]、赵延林等[151]、刘建军等[152]许多学者对渗流-应力-温度耦合理论及数值方法进行了进一步的探讨和研究,建立了较完善的数学模型。

1. 岩土体介质热传递模型

取任意微元体,设微元体的孔隙率为 n,则单位体积中固相骨架所占的空间为 $1-n$,根据能量守恒原理,结合傅里叶定律,给出固相骨架的能量守恒方程:

$$\nabla[(1-n)\lambda_s \nabla T]+(1-n)\left[q_s-3K\beta_l(T-T_0)\frac{\partial\varepsilon_v}{\partial t}\right]=\frac{\partial[(1-n)\rho_s c_s(T-T_0)]}{\partial t} \tag{8-14}$$

式中:λ_s、c_s、ρ_s 分别为岩土体骨架的导热系数、比热容和密度;q_s 为单位时间内单位体积骨架产生的能量;T 为任意时刻的温度;T_0 为初始温度;β_l 为线膨胀系数;K 为岩土体介质体积模量;ε_v 为体积应变。

采用类似的过程可建立流体能量守恒方程。由于流体的渗透流速很小,忽略其流动动能,考虑对流和传导的能量方程可表示为

$$\nabla(n\lambda_f \nabla T)+nq_f=\frac{\partial[n\rho_f c_f(T-T_0)]}{\partial t}+nc_f(T-T_0)\frac{\partial\rho_f}{\partial t}+\rho_f c_f(v\nabla)T \tag{8-15}$$

式中:λ_f、c_f、ρ_f 分别为流体的导热系数、比热容和密度;q_f 为单位时间内单位体积流体产生的能量;v 为流体的达西渗透流速;$(v\nabla)T$ 为对流项,表示流体质点移动时引起的温度变化率。

根据混合物理论,按物质组成比例进行叠加,得到岩土体介质的总能量方程:

$$\nabla(\bar{\lambda}\,\nabla T)+\bar{q}-3K\beta_1(T-T_0)(1-n)\frac{\partial\varepsilon_v}{\partial t}$$
$$=\bar{c}\frac{\partial T}{\partial t}+(T-T_0)\left[(\rho_f c_f-\rho_s c_s)\frac{\partial n}{\partial t}+(1-n)c_s\frac{\partial\rho_s}{\partial t}+nc_f\frac{\partial\rho_f}{\partial t}\right]+\rho_f c_f(v\,\nabla)T \tag{8-16}$$

式中

$$\begin{aligned}\bar{\lambda}&=(1-n)\lambda_s+n\lambda_f\\ \bar{q}&=(1-n)q_s+nq_f\\ \bar{c}&=(1-n)\rho_s c_s+n\rho_f c_f\end{aligned} \tag{8-17}$$

2. 岩土体介质热流固耦合力学模型

对于岩土体介质的热膨胀及塑性变形等行为，总应力可采用增量形式：

$$\mathrm{d}\{\sigma\}=[D](\mathrm{d}\{\varepsilon\}-\mathrm{d}\{\varepsilon^p\}-\mathrm{d}\{\varepsilon^T\})-\alpha\delta_{ij}\,\mathrm{d}p \tag{8-18}$$

式中：$[D]$为弹性矩阵；$\mathrm{d}\{\varepsilon\}$为总应变增量矩阵；$\mathrm{d}\{\varepsilon^p\}$为塑性应变增量矩阵；$\mathrm{d}\{\varepsilon^T\}$为温度变化时应变增量矩阵；$\alpha$ 为 Biot 系数；δ_{ij} 为 Kronecker 符号；p 为孔隙水压力。

8.3 基于损伤理论的耦合模型

8.3.1 概念及假设

孔隙、裂隙的发育对岩土体力学性能的影响，称为初始损伤。应力状态下的岩土体破裂与失稳，称为损伤演化。无论是初始损伤还是损伤演化，都改变了岩土体的裂隙结构及其渗透特性。而渗流对岩土体的力学作用，就是渗压作用诱发岩土体损伤演化和促使岩土体裂隙变形、扩展、贯通，这种相互影响称为渗流-应力-损伤耦合[153,154]。其主要表现为：①损伤断裂对渗流过程的影响，即微裂纹萌生、连接、扩展和贯通过程中渗透率演化规律及其力学机制问题。由于扩展中裂纹的渗流特性与初始裂隙的渗流特性有明显的差异，必须同时考虑两次原生缺陷和损伤演化对岩体渗透张量的影响，而导致的渗流场空间变化。②渗流-应力共同作用诱发的岩土体损伤过程。工程范围内受到荷载扰动，如开挖卸荷等，导致的岩土体渗流场和应力场改变，将促进裂隙发生劈裂、扩展、贯通等损伤行为，导致岩土体局部损伤演化，强度降低。

为研究考虑岩土体损伤效应的渗流-应力耦合作用问题，一般是在经典 Biot 孔隙弹性理论的基础上，引入损伤张量作为新的状态变量，建立岩土体渗流-应力-损伤耦合理论。因此，建立如下基本假设：

(1) 岩土体材料中的微孔隙和微裂隙被单相水所饱和,且不考虑水的可压缩性。

(2) 在岩土体损伤过程中的任一状态下,岩土体渗流-应力耦合响应满足 Biot 孔隙弹性理论,其孔隙弹性系数为岩土体损伤变量的演化系数。

(3) 岩土体微孔隙和微裂纹中的渗流在宏观层次上遵循达西定律,其等效渗透系数为岩土体损伤变量的演化系数。

(4) 岩土体处于弹性损伤状态,即在任一应力状态下卸载,岩土体的本构关系为线弹性,其弹性刚度系数为岩土体损伤变量的演化函数。

(5) 忽略水的物理化学作用与岩土体渗流-应力-损伤之间的耦合效应,但考虑微裂纹尖端的应力腐蚀作用,其通过微裂纹的亚临界扩展来描述。

8.3.2　渗流-应力-损伤耦合模型的控制方程

岩层或土层底板破裂引起的渗透性增高导致矿井底板突水,以及许多注水工程中在给定注水孔流体压力的情况下,发现在非稳态渗流阶段渗流量是先增加后平稳减小的。这些现象均可以从渗流-应力-损伤耦合角度给出合理的解释:渗流-应力-损伤耦合分析方法认为渗透压的增大使岩土体裂隙张开度增加,翼型裂纹损伤扩展,而导致渗透系数增大,流体流量增加,而渗透稳定后,裂隙的张开度和裂纹扩展也趋于稳定,渗透系数稳定,流量会平稳减小[155~157]。

一般是在经典的渗流-应力耦合控制方程中引入岩土体损伤变量作为第三个状态变量,在等温条件下,利用热力学能量守恒原理,导出较被人认可的饱和岩土体各向异性损伤的孔隙弹性本构方程[158]。对于岩土体的变形而言,假定岩土体上总应力张量为 $\boldsymbol{\sigma}$,定义为单元面上分布力与单元面积之比,总应变张量为 $\boldsymbol{\varepsilon}$,岩石损伤不影响固体的平衡方程和几何方程,因此有

$$\begin{gathered}\nabla\cdot\boldsymbol{\sigma}+\boldsymbol{F}=0\\ \boldsymbol{\varepsilon}=\frac{\nabla\boldsymbol{u}+\boldsymbol{u}\nabla}{2}\end{gathered}\tag{8-19}$$

式中:$\boldsymbol{F}$ 为体力张量;$\boldsymbol{u}$ 为位移张量。应力符号以拉应力为正。

对于岩土体中的渗流,根据质量守恒原理,流入和流出典型单元体的流体质量之差应等于典型单元体内的流体质量变化,即

$$\nabla\cdot\boldsymbol{q}+\frac{\partial\xi}{\partial t}=0\tag{8-20}$$

式中:$\boldsymbol{q}$ 为岩土体中的渗透流速;ξ 为单位体积岩土体中流体容量的变化。

考虑到岩土体中渗流在宏观尺度上服从达西定律,渗透流速可以表示为

$$\boldsymbol{q}=-\frac{\nabla p}{\nu}\cdot\boldsymbol{K}(\boldsymbol{D})\tag{8-21}$$

式中:ν 为流体的动力黏滞系数;p 为孔隙水压力;$\boldsymbol{K}(\boldsymbol{D})$ 为等效渗透张量,其随岩

土体损伤张量 $\boldsymbol{D}$ 的变化而变化。

饱和岩土体各向异性损伤的孔隙弹性本构方程为

$$\begin{cases}\boldsymbol{\sigma}=\boldsymbol{C}(\boldsymbol{D}):\boldsymbol{\varepsilon}-\boldsymbol{\alpha}(\boldsymbol{D})p\\ p=M(\boldsymbol{D})\cdot[\xi-\boldsymbol{\alpha}(\boldsymbol{D}):\boldsymbol{\varepsilon}]\end{cases}\tag{8-22}$$

式中：$\boldsymbol{C}(\boldsymbol{D})$为岩土体各向异性损伤的四阶对称弹性刚度张量，具有经典的 Voigt 对称性，即 $C_{ijkl}=C_{jikl}=C_{ijlk}=C_{klij}$；$M(\boldsymbol{D})$为损伤岩土体的标量 Biot 模量；$\boldsymbol{\alpha}(\boldsymbol{D})$为损伤岩土体的 Biot 有效应力系数张量，具有二阶对称性，即 $\alpha_{ij}=\alpha_{ji}$，其与各向异性弹性刚度系数的关系为

$$\begin{cases}\alpha_{ij}(\boldsymbol{D})=\delta_{ij}-\dfrac{1}{3}\dfrac{C_{ijkk}(\boldsymbol{D})}{K_{\mathrm{s}}}\\ M(\boldsymbol{D})=\dfrac{K_{\mathrm{s}}}{1-\dfrac{K^{*}(\boldsymbol{D})}{K_{\mathrm{s}}}-\phi\left(1-\dfrac{K_{\mathrm{s}}}{K_{\mathrm{f}}}\right)}\end{cases}\tag{8-23}$$

式中：K_{s} 为岩石材料中固体矿物颗粒的体积模量；K_{f} 为流体的体积模量，水的体积模量约为 3.3GPa；$K^{*}(\boldsymbol{D})=C_{iijj}(\boldsymbol{D})/9$，为损伤岩石的广义排水体积模量；$\phi$ 为岩石材料的孔隙率，即岩石中孔隙体积与总体积之比；$C_{ijkk}(\boldsymbol{D})$为损伤岩土体弹性刚度系数；δ_{ij} 为 Kronecker 符号。

8.3.3 损伤引起岩土体渗透性演化的渗流模型及其算例

1. 渗流模型

研究岩土体的渗透性与其内部损伤演化行为的关系，一般是建立岩石微裂纹损伤模型，依据达西定律和修正的立方定理，利用细观力学中的均匀化处理方法建立微裂纹损伤引起的岩石各向异性渗透性演化模型[159]。

目前研究裂隙的岩土体渗流问题主要有两种方法：非连续介质渗流模型和等效连续介质渗流模型。

非连续介质渗流模型适用于岩土体中裂隙不多的情况，在详细查明岩石中每条裂隙的几何参数和空间位置的基础上，可建立每条裂隙中的流体运移力学方程来求解整个裂隙系统中的流量和压力分布特征，是一种真实的水文地质模型，但是这种方法的计算量极为巨大，不适用于大范围内裂隙数目很多的岩石渗流问题[160]。

等效连续介质渗流模型是以渗透张量理论为基础，采用连续介质力学方法来描述包含大量裂隙的岩石渗流问题，它通常把每条裂隙中的渗流按等流量的方法平均到岩土体中，进而将岩土体等效为一种各向异性的多孔渗透介质，它基于以下几点假设：

(1) 岩土体中渗流总体特征满足达西定律，岩土体的总体渗透性可由一个二

阶渗透张量来表征，以描述微裂隙损伤引起的强烈各向异性。

(2) 岩土体的总体渗透性由多孔基体介质渗透性和微裂纹渗透性叠加而成，其中多孔基体介质的渗透性具有均匀各向同性的特点。

(3) 忽略应力变化对多孔基体介质渗透性的影响，岩石总体渗透性变化仅由微裂纹系统的变化引起。

(4) 单组微裂纹中的渗流满足修正的立方定理，忽略初始微裂纹闭合效应的影响，微裂纹渗透性的变化主要取决于微裂纹面的法向张开变形和扩展情况。

基于上述四点假设，对于岩土体的典型单元体，其总体渗透张量$\boldsymbol{K}(\boldsymbol{D})$可以表示为

$$\boldsymbol{K}(\boldsymbol{D})=\boldsymbol{K}_0+\boldsymbol{K}_c(\boldsymbol{D}) \tag{8-24}$$

式中：$\boldsymbol{K}_0$ 为岩土体多孔基体介质的各向同性渗透张量；$\boldsymbol{K}_0$ 一般近似为无损状态下的渗透张量；$\boldsymbol{K}_c(\boldsymbol{D})$为微裂纹渗透张量，$\boldsymbol{K}_c(\boldsymbol{D})$主要取决于两个因素：一是单组微裂纹引起的渗透张量；二是微裂纹系统内部的连通程度。

目前对渗流-应力-损伤耦合问题的研究尚未达成共识，下面介绍一些从应力状态发展角度分析损伤对渗透系数的影响的简化方法。

1) 渗透率突跳系数法

在弹性状态下，无损伤材料的应力-渗透系数关系按负指数方程描述：

$$K_f=K_0e^{-\beta\sigma'} \tag{8-25}$$

式中：K_0 为初始渗透系数；σ'为有效应力；β为耦合参数。

杨天鸿等[161]引入渗透率突跳系数，提出了岩土体的损伤演化过程应力-渗流耦合方程：

$$K(\sigma_{ii}/3,p)=\xi K_0e^{-\beta(\sigma_{ii}/3-\alpha p)} \tag{8-26}$$

式中：$\sigma_{ii}/3$ 表示平均总应力；p 为孔隙水压力；ξ、α、β 由试验确定，并且在不同的状态下产生一定的变化。

2) 渗透率折减法

贾善坡[162]认为岩土体在变形过程中，孔隙比的变化是由岩土体骨架的变形引起的，可以表示为

$$\Delta e=\Delta\left(\frac{V_p}{V_s}\right) \tag{8-27}$$

式中：V_p 为孔隙体积；V_s 为固相体积。假定岩土体颗粒是不可压缩的，故岩土体体积的变化 $\Delta V=\Delta V_p$，根据体积应变的定义 $\varepsilon_v=\varepsilon_x+\varepsilon_y+\varepsilon_z$ 可知：

$$\varepsilon_v=\frac{\Delta V}{V_0}=\frac{\Delta V_p}{V_0}=\frac{V_s\Delta e}{V_s(1+e_0)}=\frac{\Delta e}{1+e_0}=\frac{e-e_0}{1+e_0} \tag{8-28}$$

由式(8-28)可以导出孔隙率和体积应变之间的关系：

$$n=1-\frac{1-n_0}{\varepsilon_v} \tag{8-29}$$

式中：n_0 为初始孔隙率。

渗透系数与孔隙率之间的关系为

$$k=\frac{\rho g}{\mu}\frac{d^2}{180}\frac{n^3}{(1-n)^2}=k_0\ \frac{[\varepsilon_v^3-(1-n_0)]^3}{\varepsilon_v n_0^3} \tag{8-30}$$

式中：μ 为流体的动力黏滞系数；d 为固体颗粒的平均尺寸(直径)。

在流固耦合体系中，固相为 S=M+D，其中未损伤固相为 M，损伤固相为 D。液相为 L。受损组分不能承受荷载，因此材料总体承受荷载能力降低了，相对于受损前产生了一定的折减，即发生了损伤。损伤部分的体积为

$$V_D=V(1-n)\Omega \tag{8-31}$$

式中：Ω 为损伤变量占有率。

按照渗流的立方体定律，岩土体的渗透系数按式(8-32)演化：

$$k=(1-\Omega)k^M+\Omega k^D\ (1+\varepsilon_v^{pF})^3 \tag{8-32}$$

式中：k^M 和 k^D 分别为非损伤岩土体和破裂岩土体的渗透系数；ε_v^{pF} 为缺陷相的塑性体积应变。其中，压应力和压应变为负，拉应力和拉应变为正。

2. 岩体裂纹水力劈裂的算例分析

按图 8-3 建立岩体二维平面应力模型，模型尺寸高×宽＝8m×6m，密度为 2500kg/m^3，在左右两侧施加围压 4MPa，上下两侧分别施加不同的水压力 2.3MPa 和 3.8MPa；岩体的弹性模量为 10GPa，泊松比为 0.25，抗压强度为 100MPa，抗拉强度为 10MPa，残余抗压强度为 10MPa，残余抗拉强度为 0.1MPa，渗透系数为 1.0×10^{-6}m/s。分别对有渗流作用和无渗流作用、考虑损伤和不考虑损伤等情况进行计算分析比较，以验证程序的正确性，并分析水压力和渗流作用的影响。初始裂纹与计算模型底边的夹角为 58°，初始裂纹的尺寸和分布如图 8-3 所示。采用无单元法对比模型进行岩体裂纹水力劈裂计算分析，无单元法节点分布如图 8-4 所示。

未考虑渗流作用和考虑渗流作用迭代 2 步裂纹轨迹分别如图 8-5 和图 8-6 所示。考虑损伤时的水头等值线和流速矢量分别如图 8-7 和图 8-8 所示。未考虑损伤时的水头等值线和流速矢量分别如图 8-9 和图 8-10 所示。

分析考虑渗流作用下岩体的渗流场可以看出，由于考虑作用在裂纹表面的内水压力的影响，裂纹附近区域的水头等值线出现了不规则的变化，且裂纹尖端处的渗透坡降最大，裂纹处的流速矢量和裂纹扩展方向基本一致。迭代至 15 步，裂纹贯通整个模型，裂纹扩展轨迹如图 8-11 所示，裂纹长度、裂纹开度与迭代步数的关系如图 8-12 所示。考虑损伤作用后，迭代 1 步、迭代 6 步、迭代 12 步和迭代

15步的裂纹表面的内水压力分布如图8-13所示。

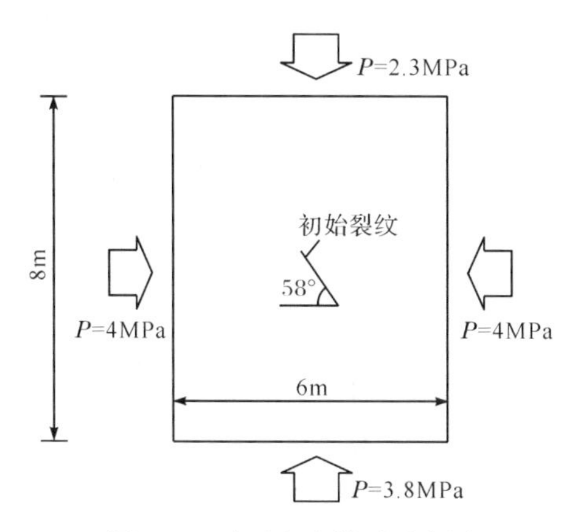

图8-3 平面应力模型示意图

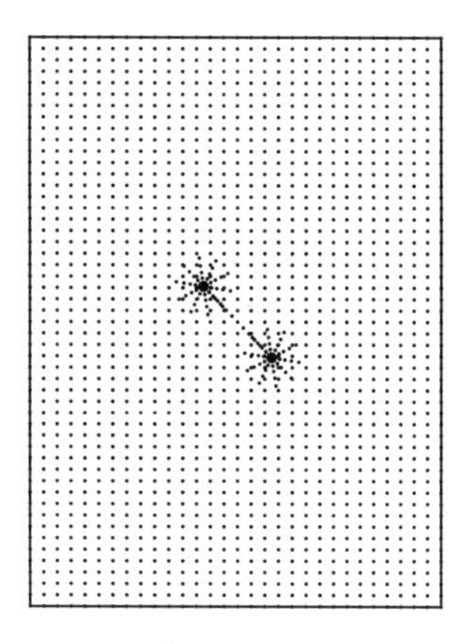

图8-4 无单元法节点分布示意图

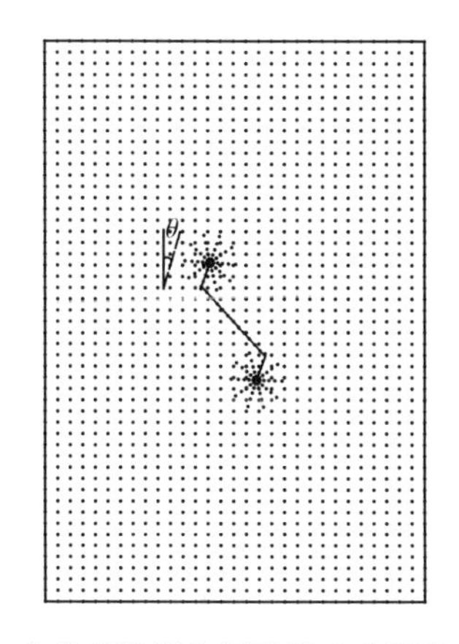

图8-5 未考虑渗流作用迭代2步裂纹轨迹

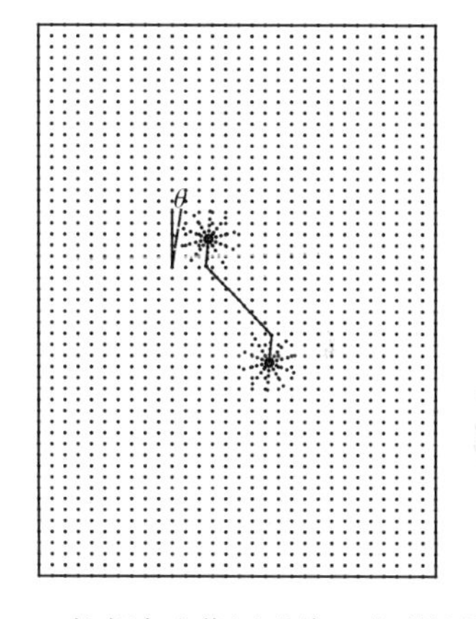

图8-6 考虑渗流作用迭代2步裂纹轨迹

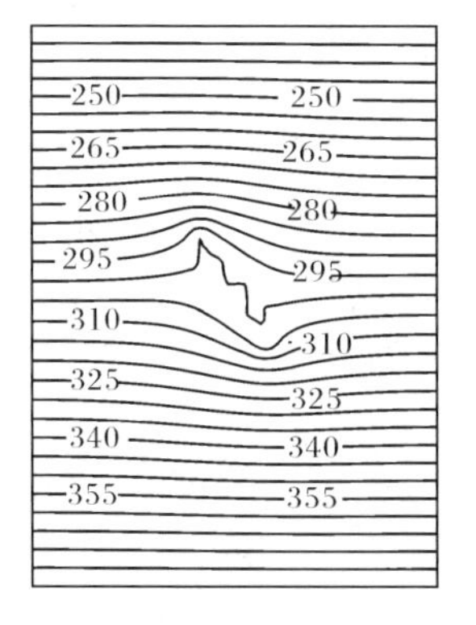

图8-7 考虑损伤时的水头等值线(单位:m)

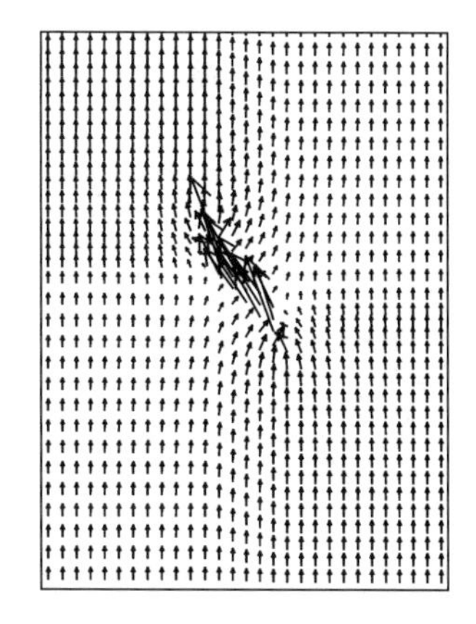

图8-8 考虑损伤时的流速矢量

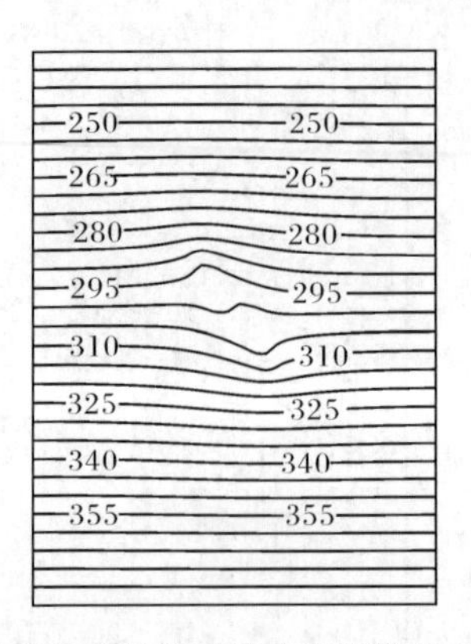

图 8-9　未考虑损伤时的水头等值线(单位:m)

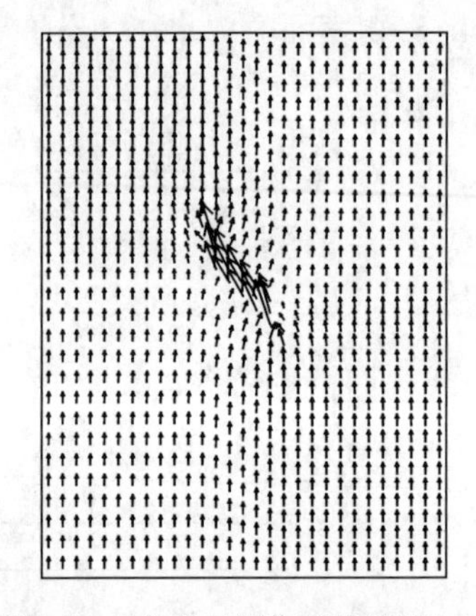

图 8-10　未考虑损伤时的流速矢量

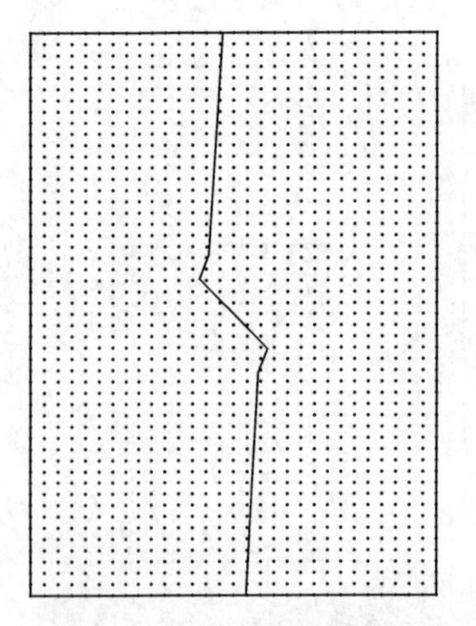

图 8-11　迭代 15 步裂纹轨迹

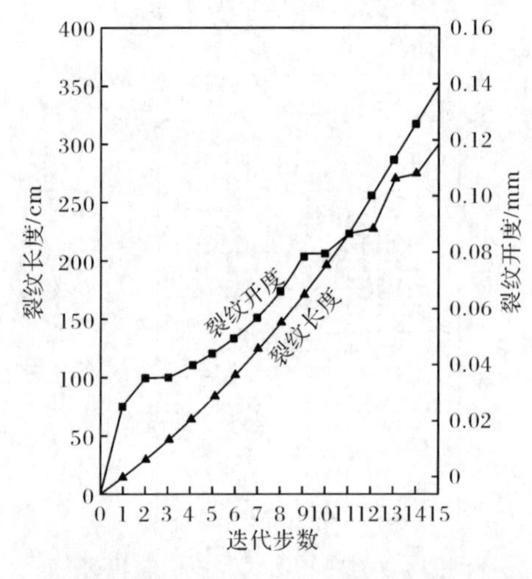

图 8-12　裂纹长度与裂纹开度随迭代步数的变化曲线

对比有渗流和无渗流作用时岩体裂纹的扩展方向可知,在无渗流作用的情况下裂纹沿着扩展角为 10°的方向进行扩展,而如果考虑了渗流对于岩体应力场的影响以及裂纹内水压力对于裂纹的影响,则在同样的条件下,裂纹的开裂角为 23°,较之未考虑水压作用的开裂角增大不少。究其原因主要是施加在裂纹内表面的内水压力的作用增加了垂直于裂隙壁的渗透静水压力,使裂纹产生劈裂破坏,同时在平行于裂隙水流方向,产生使裂隙发生切向位移的拖曳力,这两种力增加了裂纹的扩容作用。

对比考虑损伤作用和未考虑损伤作用的计算结果可以看出,岩体模型的大部分区域节点的水头基本没有差别,但裂纹节点的水头有较大差别。这是因为考虑损伤作用时,在裂纹扩展的部分区域损伤变量达到了材料的抗拉强度和抗压强度

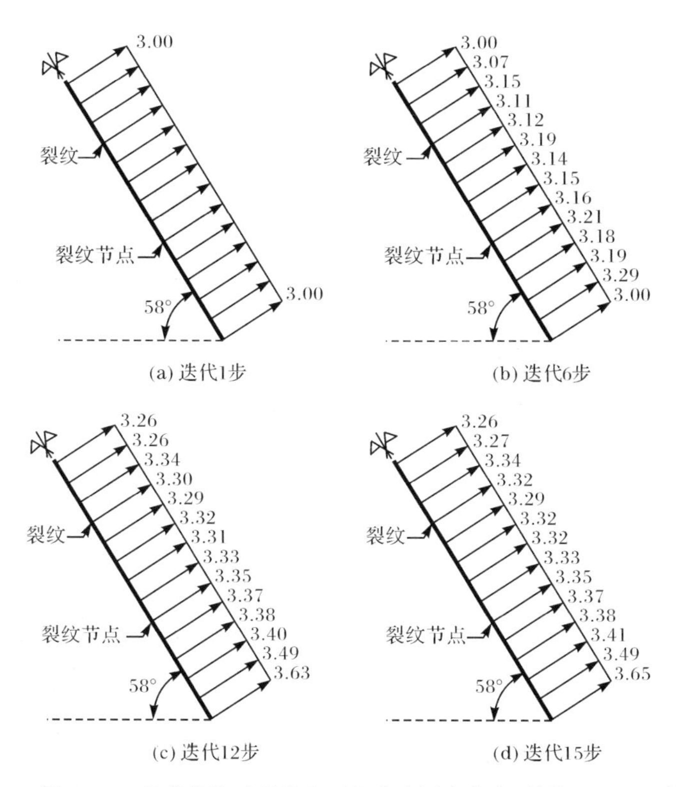

图 8-13　考虑损伤时裂纹表面的内水压力分布(单位:MPa)

的阈值,岩体发生了破坏,使得其渗透系数有了较大幅度的增加。如图 8-8 所示,在裂纹所在区域内的渗透流速矢量较之未考虑损伤作用时有所增大,裂纹体内部裂隙的连通性有所提高。

对比图 8-14 与图 8-15 水平方向的正应力分布可以看出,在考虑损伤作用时,沿裂纹走向以及两个尖端部分区域的应力值较未考虑损伤作用时有所减小。这主要是由于在计算过程中,裂纹上的高斯点和裂尖处的高斯点的应力值达到了损伤阈值,产生了不同程度的损伤,并将损伤高斯点附近的材料按照弹脆性损伤进行刚度的退化处理。损伤区域的材料发生损伤后其渗透系数有所增大,使得应力变化对于渗透性的敏感性有所增大,在计算过程中导致迭代步骤大幅度增加。

可见,在模拟水力劈裂的数值模型中加入损伤变量,考虑其对于岩体渗透系数和岩体刚度的影响后得出的结论是合理的。同时验证了计算程序的正确性。

8.3.4　渗流-应力-温度-损伤耦合模型

岩土体是含有微孔隙或微裂隙等初始缺陷的天然材料,当受热或承受一定荷载后,不可避免地会产生损伤。温度对岩土体性质的影响极其明显,由于夹杂的

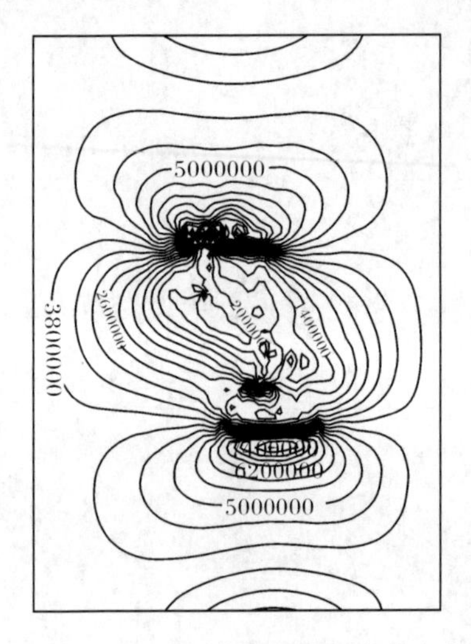

图 8-14 考虑损伤作用时的水平方向正应力(单位:Pa)

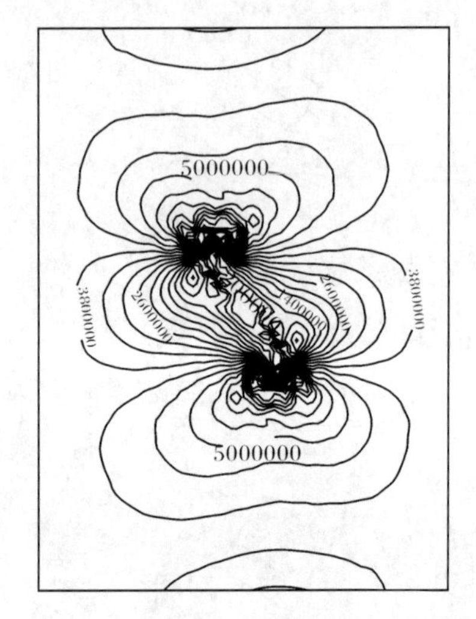

图 8-15 未考虑损伤作用时的水平方向正应力(单位:Pa)

胶结物的软化,高温下岩土体晶粒滑移变得更加容易,黏结力减小,使得岩土体的损伤破坏更加复杂[163]。这种情况下,需要考虑力学损伤、温度以及热力学诱发的损伤对岩土体热力学特性的影响,才能实现真正的耦合,下面以热力学、弹塑性理论和损伤力学为基础,建立考虑渗流-应力-温度-损伤耦合的岩土体弹塑性损伤模型及其损伤演化方程。

岩土体内部含有微裂纹等缺陷,在荷载作用下,这些缺陷将发生起裂、扩展、汇合直至形成宏观裂纹演化;同时,温度的变化产生热应力,不可避免地会产生新的缺陷,对岩土体造成损伤直至最终破坏[164]。可将岩土体总应变率分解为四个部分,表达式为

$$\dot{\varepsilon}=\dot{\varepsilon}^{m,\mathrm{e}}+\dot{\varepsilon}^{m,\mathrm{p}}+\dot{\varepsilon}^{\mathrm{d}}+\dot{\varepsilon}^{\mathrm{T}} \tag{8-33}$$

式中:$\dot{\varepsilon}^{m,\mathrm{e}}$、$\dot{\varepsilon}^{m,\mathrm{p}}$分别为岩土体弹性应变率和塑性应变率;$\dot{\varepsilon}^{\mathrm{d}}$ 为损伤应变率;$\dot{\varepsilon}^{\mathrm{T}}$ 为热膨胀应变率。

根据塑性流动法则可得

$$\dot{\varepsilon}^{m,\mathrm{p}}+\dot{\varepsilon}^{\mathrm{d}}=\dot{\lambda}\frac{\partial G}{\partial \sigma} \tag{8-34}$$

式中:$G(\sigma,\Omega,T)$为损伤塑性势;$\dot{\lambda}$ 为塑性乘子。

热膨胀应变率 $\dot{\varepsilon}^{\mathrm{T}}$ 为

$$\dot{\varepsilon}^{\mathrm{T}}=\beta M\dot{T} \tag{8-35}$$

式中:β 为热膨胀系数;$M=[1,1,1,0,0,0]^{\mathrm{T}}$;$\dot{T}$ 为温度增量。

根据损伤力学理论,综合式(8-33)~式(8-35),可以获得增量形式的岩土体

本构方程为

$$\sigma=(1-\Omega)[D](\dot{\varepsilon}-\dot{\varepsilon}^{m,\mathrm{p}}-\dot{\varepsilon}^{\mathrm{d}}-\dot{\varepsilon}^{\mathrm{T}})=(1-\Omega)[D]\left(\dot{\varepsilon}-\dot{\lambda}\frac{\partial G}{\partial \rho}-\beta M\dot{T}\right) \tag{8-36}$$

式中:Ω 为损伤变量;$[D]$为弹性矩阵。

可采用弹性损伤模型描述岩土体峰前应变硬化行为,即

$$\Omega_{\mathrm{e}}=\beta_1(\bar{e}-\bar{e}_{0\mathrm{e}}) \tag{8-37}$$

式中:Ω_{e} 为弹性损伤变量;$\bar{e}=\sqrt{\varepsilon_{ij}D_{ijkl}\varepsilon_{kl}}$为能量指标,$\varepsilon_{ij}$ 和 ε_{kl} 为岩土体应变;$\bar{e}_{0\mathrm{e}}$为弹性损伤初始点对应的能量指标;β_1 为损伤参数。

岩土体进入峰后阶段后,塑性损伤演化方程可以定义为

$$\Omega_{\mathrm{p}}=A'\exp\left(-\frac{\bar{\varepsilon}_{\mathrm{pl}}}{\alpha_1\bar{\varepsilon}_{\mathrm{plmax}}}\right)+B' \tag{8-38}$$

式中:Ω_{p}为塑性损伤变量;$\bar{\varepsilon}_{\mathrm{pl}}$为等效塑性应变,$\bar{\varepsilon}_{\mathrm{pl}}=\frac{\sqrt{2}}{3}\sqrt{(\varepsilon_{\mathrm{p1}}-\varepsilon_{\mathrm{p2}})^2+(\varepsilon_{\mathrm{p2}}-\varepsilon_{\mathrm{p3}})^2+(\varepsilon_{\mathrm{p3}}-\varepsilon_{\mathrm{p1}})^2}$,$\varepsilon_{\mathrm{p1}}$、$\varepsilon_{\mathrm{p2}}$和 $\varepsilon_{\mathrm{p3}}$分别为三个主塑性应变;$\bar{\varepsilon}_{\mathrm{plmax}}$为等效塑性应变最大值;$\alpha_1$ 为模型参数,$0<\alpha_1<1$,用于控制塑性应变对损伤演化速度的影响;$A'=\frac{1}{\mathrm{e}^{-1/\alpha_1}-1}$;$B'=-\frac{1}{\mathrm{e}^{-1/\alpha_1}-1}$。

将式(8-33)和式(8-37)代入式(8-32)即可计算出岩土体峰前的渗透系数;将式(8-33)和式(8-38)代入式(8-32)即可算出岩土体峰后的渗透系数。

8.4 算　　例

8.4.1 三峡混凝土重力坝

应用上述耦合分析方法,对三峡大坝泄洪 2# 坝段进行坝基开挖卸载的模拟计算分析[165]。有限元计算范围包括:地基深度取 1 倍坝高,上下游各取 500～600m,计算网格如图 8-16 所示,图中央凹陷部分是开挖面。岩体的渗透系数需根据钻孔资料确定。根据有关资料,坝基岩体的单位吸水率 ω 为 0.01～0.1L/(min·m·m),且大部分岩体的单位吸水率 $\omega=0.01$L/(min·m·m)。由此确定岩体渗透系数如下:弱风化下部及微新花岗岩 $k=10^{-7}$ m/s,弱风化上部花岗岩 $k=10^{-6}$m/s,断裂构造岩 $k=5\times10^{-7}$m/s,覆盖层 $k=10^{-4}$m/s。由于不能考虑上下游围堰内的渗流场,因此,这里仅计算位移场和超静孔隙水应力场。这时,位移边界为:除地面以外全为约束;孔隙水流边界为:除围堰底面外的地面及开挖面排水,其余均为不透水边界。耦合分析的结果如图 8-17 所示。其中,应力以压应力

为正、拉应力为负。

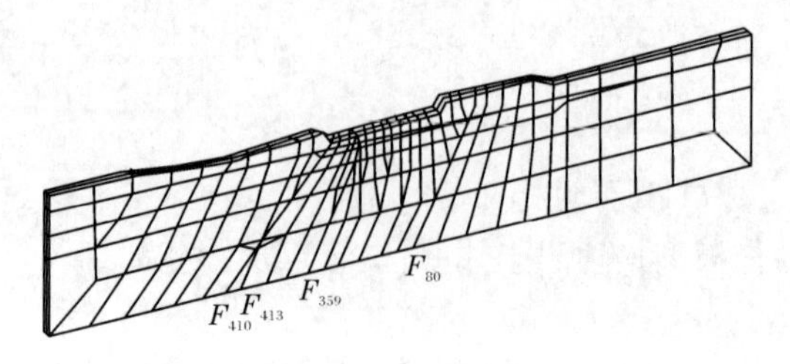

图 8-16　三峡大坝泄洪 2＃坝段基岩计算网格图

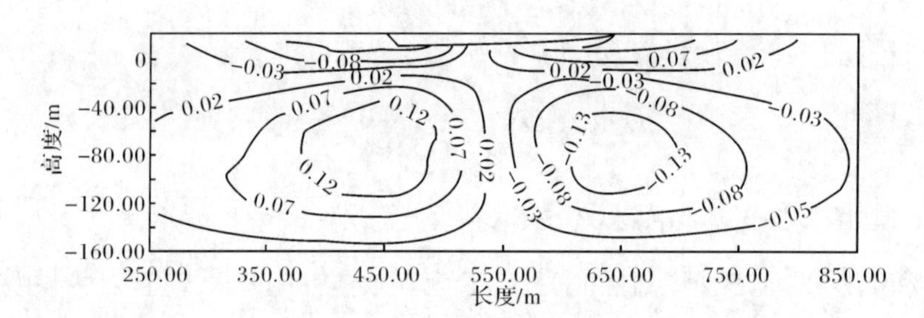

(a) 水平位移(单位:mm)

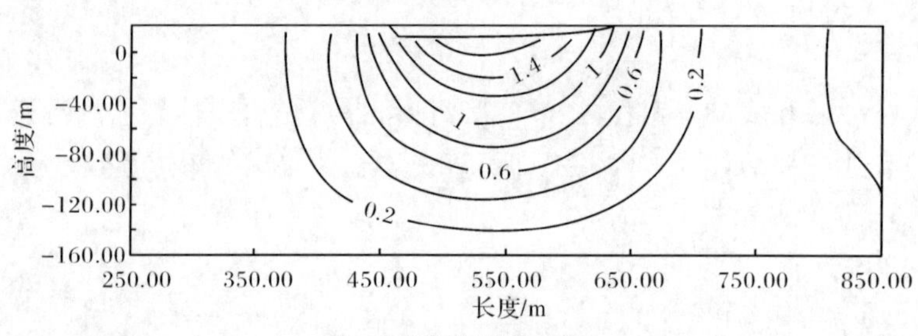

(b) 垂直位移(单位:mm)

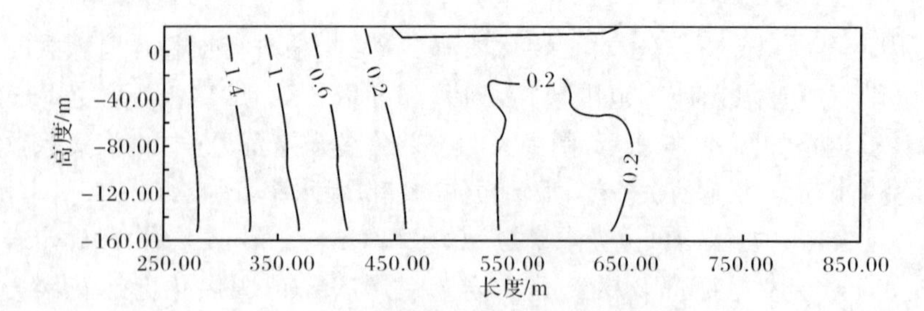

(c) 超静孔隙水应力(单位:Pa)

图 8-17　开挖期末基岩位移场及超静孔隙水应力

8.4.2　两河口土心墙堆石坝

1. 计算模型

参照坝体典型剖面，选取大坝河床段建立有限元模型[166]。剖分后的有限元网格如图 8-18 所示。其中，节点数 19995，单元数 19821。坝体部分网格节点数 9390，单元数 9276。

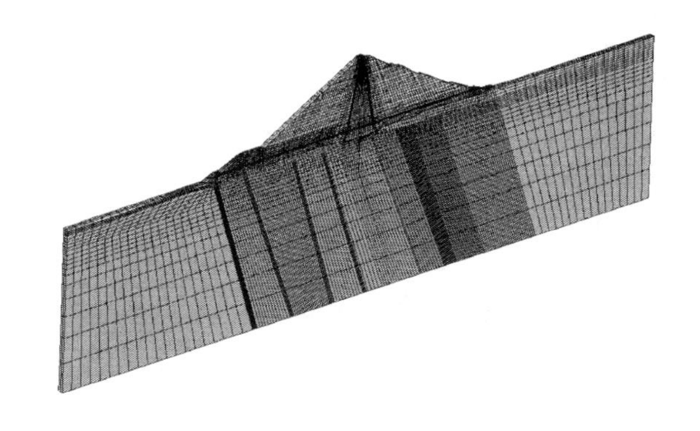

(a) 河床坝段三维有限元网格

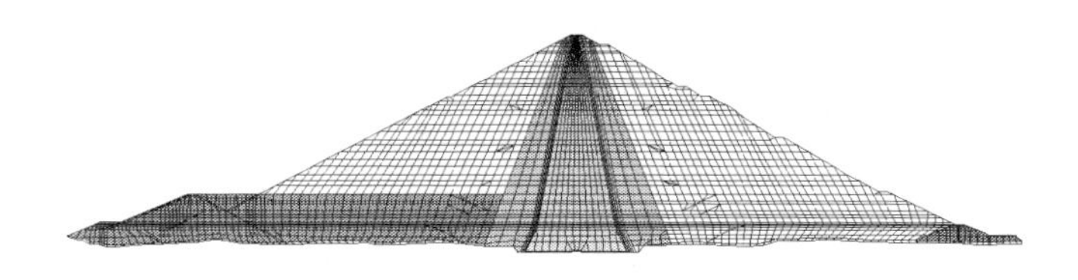

(b) 坝体横剖面有限元网格

图 8-18　两河口土心墙堆石坝计算模型有限元网格

2. 计算参数

坝体及坝基各区材料的饱和渗透系数取值见表 8-1。心墙料按非饱和材料考虑，其中拟定的心墙 A 区土水特征曲线和渗透系数曲线如图 8-19 所示。心墙中上部 B 区和 C 区与 A 区相比仅饱和渗透系数有差别，非饱和特性曲线变化规律同 A 区。

表 8-1　坝体及坝基各区材料的饱和渗透系数

部位	饱和渗透系数/(cm/s)
心墙 A 区	5×10^{-7}
心墙 B 区	5×10^{-6}

续表

部位	饱和渗透系数/(cm/s)
心墙 C 区	5×10^{-6}
反滤层 1	5×10^{-5}
反滤层 2	5×10^{-2}
过渡层	2×10^{-1}
堆石 1 区	5×10^{-1}
堆石 2 区	5×10^{-1}
帷幕	3×10^{-5}
施工期围堰	5×10^{-2}
混凝土	5×10^{-8}
$q>100$Lu	1.3×10^{-2}
10Lu$<q\leqslant$ 100Lu	2.7×10^{-3}
3Lu$<q\leqslant$ 10Lu	3.2×10^{-4}
1Lu$<q\leqslant$ 3Lu	9.0×10^{-5}
$q\leqslant$1Lu	1.3×10^{-5}

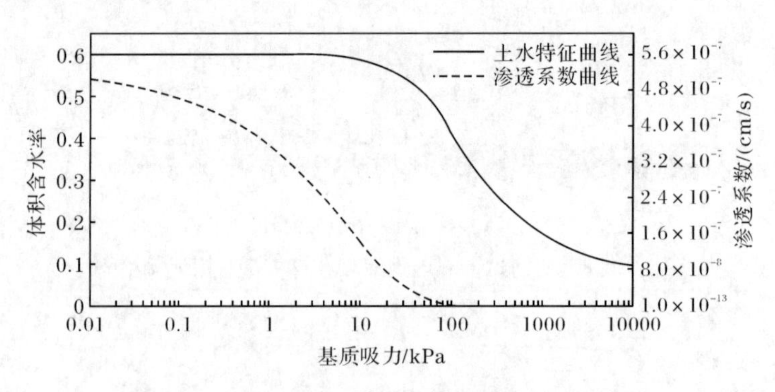

图 8-19　心墙 A 区土水特征曲线和渗透系数曲线

坝体材料邓肯-张 E-B 模型参数见表 8-2。

表 8-2　坝体邓肯-张 E-B 模型参数

材料	干密度/(t/m³)	φ_0/(°)	$\Delta\varphi$/(°)	c/kPa	R_f	K	n	K_{ur}	K_b	m
覆盖层	2.05	37.0	—	16	0.81	950	0.28	1900	330	0.23
围堰及压重	2.07	35.0	—	14	0.74	800	0.27	1600	270	0.26
心墙	2.27	29.0	—	73	0.89	569	0.47	700	337	0.35

续表

材料	干密度/(t/m³)	φ_0/(°)	$\Delta\varphi$/(°)	c/kPa	R_f	K	n	K_{ur}	K_b	m
反滤层 1	2.47	40.0	6.0	0	0.78	920	0.27	1800	300	0.20
反滤层 2	2.16	44.7	4.9	0	0.79	933	0.30	1900	323	0.14
过渡层	2.23	50.4	8.7	0	0.72	971	0.25	1900	355	0.13
堆石料	2.25	51.2	8.8	0	0.76	1072	0.20	2100	352	0.11

3. 计算工况及填筑和蓄水计划

根据填筑和蓄水计划，拟定以下六种工况进行计算分析，其中工况 3～工况 6 模拟坝体填筑强度的提高和蓄水进度的加快，见表 8-3。

图 8-20 为大坝分期填筑示意图，表 8-4 为大坝分期填筑计划，施工总历时为 80 个月(约 2400 天)。考虑坝体填筑加速时，施工总历时为 51 个月(约 1530 天)。蓄水计划按表 8-5 进行。

表 8-3　计算工况

工况	工况说明
工况 1	仅考虑孔压与变形耦合，模拟坝体填筑和水位的逐级上升，其中坝体填筑期约 2400 天，具体填筑计划见表 8-4，蓄水计划见表 8-5
工况 2	考虑心墙渗透系数随应力的变化，其余同工况 1
工况 3	提高蓄水速度(蓄水速度增大 1 倍，分期特征水位和间歇时间保持不变，详见表 8-5)，其余同工况 2
工况 4	提高填筑强度(平均月填筑强度从 50.07 万 m^3/月增至 78.54 万 m^3/月，详见表 8-4)，总填筑期约 1530 天，其余同工况 1
工况 5	考虑心墙渗透系数随应力的变化，其余同工况 4
工况 6	提高蓄水速度(蓄水速度增大 1 倍，分期特征水位和间歇时间保持不变，详见表 8-5)，其余同工况 5

表 8-4　大坝分期填筑计划

分期	填筑时段(年-月)	填筑高程/m			月填筑高度/(m/月)	月填筑强度/(万 m^3/月)	填筑加速后的月填筑强度/(万 m^3/月)
		上游	中部	下游			
1	2016-05～2016-09	2620	2582	2620	7.60	15.6	26.0
2	2016-10～2017-05	2645	2630	2645	6.00	32.8	87.5
3	2017-06～2017-09	2658	2635	2658	1.25	58.2	77.6
4	2017-10～2018-05	2670	2678	2670	5.38	62.4	83.2

续表

分期	填筑时段(年-月)	填筑高程/m			月填筑高度/(m/月)	月填筑强度/(万 m^3/月)	填筑加速后的月填筑强度/(万 m^3/月)
		上游	中部	下游			
5	2018-06～2018-09	2685	2685	2685	1.75	69.0	92.0
6	2018-10～2019-05	2715	2725	2517	5.00	87.5	87.5
7	2019-06～2019-09	2732	2732	2732	1.75	59.7	79.6
8	2019-10～2020-05	2765	2765	2765	4.13	69.7	92.3
9	2020-06～2020-09	2780	2772	2780	1.75	57.8	77.1
10	2020-10～2021-05	2805	2805	2805	4.13	50.5	80.8
11	2021-06～2021-09	2815	2815	2815	2.50	33.4	66.8
12	2021-10～2022-05	2845	2850	2845	4.38	38.4	76.8
13	2022-06～2022-09	2850	2860	2850	2.50	15.2	60.8
14	2022-10～2022-12	2875	2875	2875	5.0	8.0	24.0

表 8-5　大坝蓄水计划

高程	设计蓄水计划	加速后的蓄水计划
2600～2675m	历时 7.5d,采用供水洞供水。2675m,维持水位 5d	历时 7.5d,采用供水洞供水。2675m,维持水位 5d
2675～2745m	5#导流洞控泄,上升速率小于 1m/d;2745m,维持水位 10d	5#导流洞控泄,上升速率 2m/d;2745m,维持水位 10d
2745～2765m	上升速率小于 1m/d;2765m,维持水位 5d	上升速率 2m/d;2765m,维持水位 5d
2765～2785m	上升速率小于 1m/d;2785m,维持水位 10d	上升速率 2m/d;2785m,维持水位 10d
2785～2800m	上升速率小于 0.5m/d;2800m,维持水位 10d	上升速率 1m/d;2800m,维持水位 10d
2800～2815m	上升速率小于 0.5m/d;2815m,维持水位 15d	上升速率 1m/d;2815m,维持水位 15d
2815～2830m	上升速率小于 0.5m/d;2830m,维持水位 10d	上升速率 1m/d;2830m,维持水位 10d
2830～2850m	上升速率小于 0.5m/d;2850m,维持水位 10d	上升速率 1m/d;2850m,维持水位 10d
2850～2865m	上升速率小于 0.5m/d	上升速率 1m/d

4. 心墙孔压计算结果分析

在心墙内部选取 4 个典型节点用于孔压变化特性分析,其中 A 点位于心墙中央 A 区和 B 区心墙料交界处(高程 2770m),B 点位于心墙中央底部(高程

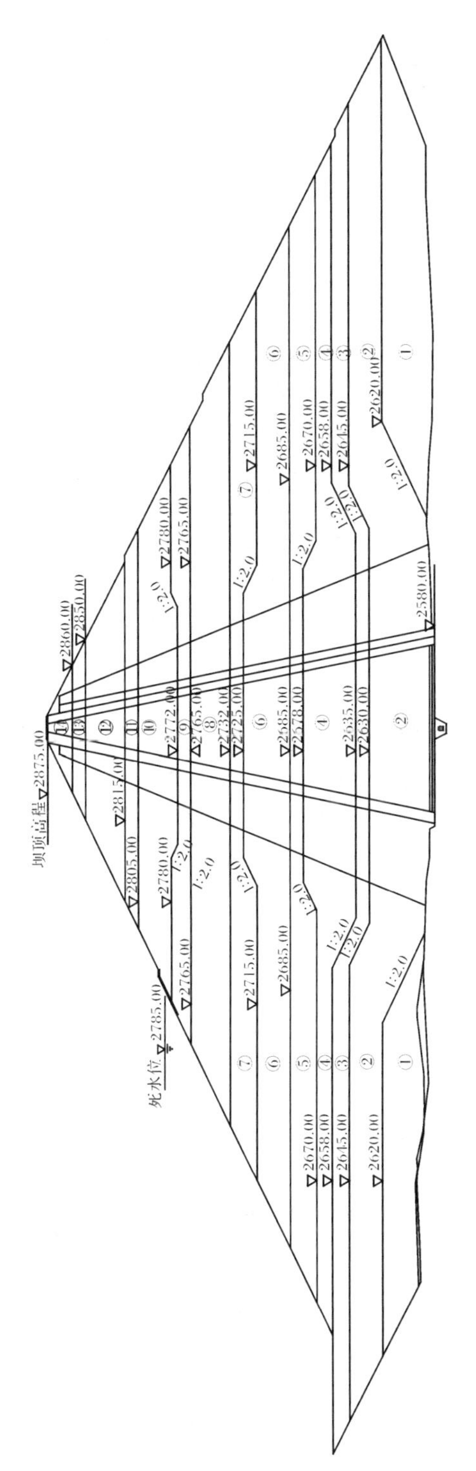

图8-20　大坝分期填筑示意图(单位：m)

2583m),C点和D点分别位于心墙中偏下高程(高程 2677m)靠上游侧和下游侧,各点具体位置如图 8-21 所示。六种工况下心墙内典型节点的孔压随时间变化曲线如图 8-22 所示。

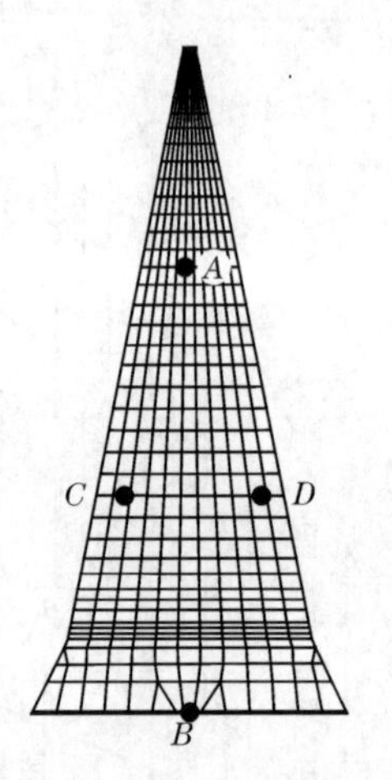

图 8-21　心墙内典型节点位置

由图 8-22 可知:

(1) 从坝体填筑到蓄水稳定的各阶段中,心墙孔压增长的同时伴随着扩散和消散,心墙内各点孔压呈现出不同的波动变化特性,蓄水完成后心墙内各处孔压逐渐趋于稳定,最终形成稳定渗流场。其中,蓄水后约 1 年心墙大部分区域孔压趋于稳定,但心墙底部中央由于受排水条件的限制,其孔压稳定时间约需 2.5 年。

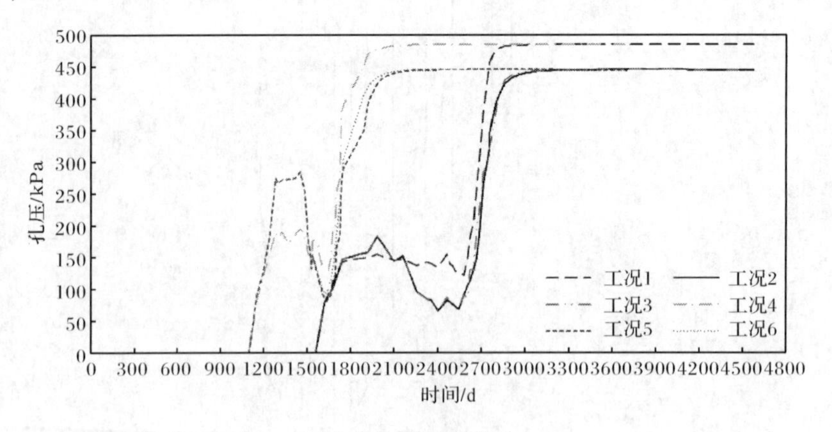

(a) A点(高程 2770m)

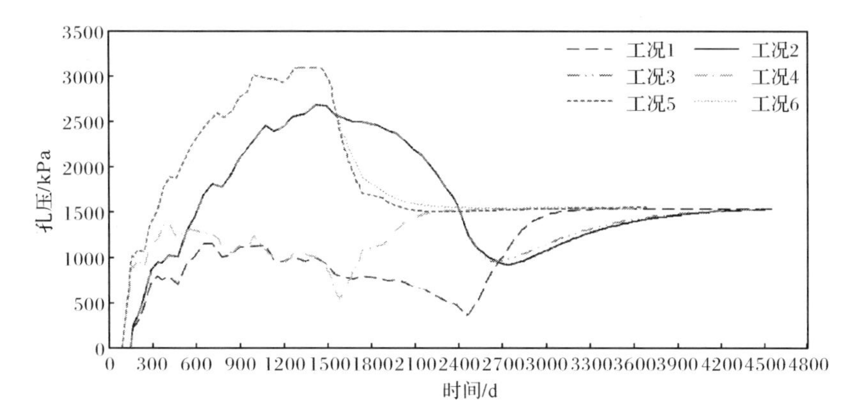

(b) B 点(高程 2583m)

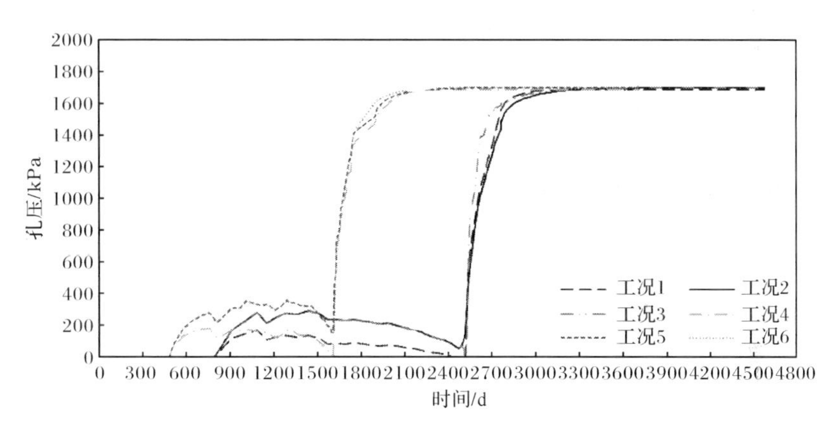

(c) C 点(高程 2677m)

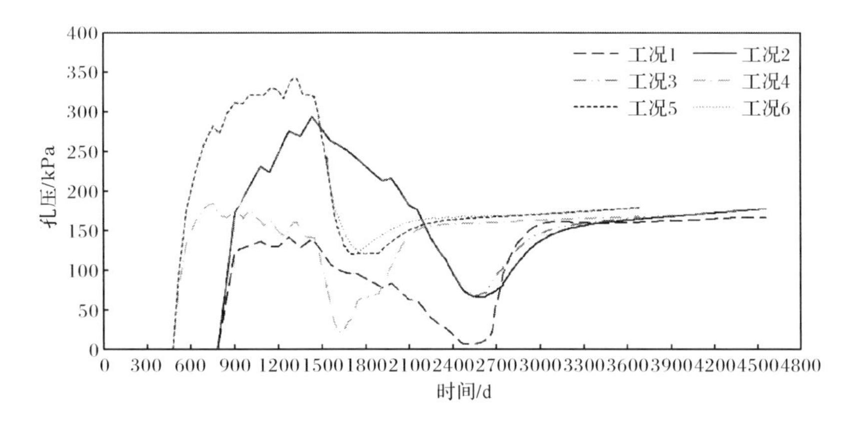

(d) D 点(高程 2677m)

图 8-22　心墙内典型节点孔压随时间的变化曲线

(2) 施工期,心墙内孔压总体上先呈上升趋势,当大坝填筑到一定高程后,上部填筑荷载的影响逐渐变小,孔压开始下降。开始下降高程(高程约 2765m)及下降速度与坝体填筑速度和心墙渗透性有很大关系。

(3) 由于初期蓄水速度较快,库水入渗滞后,心墙处入渗孔压小于施工期残留孔压,心墙孔压在一段时间内持续消散;随着库水位上升,心墙孔压总体上不断增加;蓄水至稳定水位后,心墙孔压趋于稳定。其中,工况 5 和工况 6 心墙孔压变化有所不同,由于施工期残留孔压较大,心墙中央底部孔压呈逐渐下降至稳定的特点。

(4) 分别比较工况 2 和工况 1 及工况 5 和工况 4,考虑心墙渗透系数随应力变化后,施工期孔压呈现不同程度的增加,心墙偏下游部位增幅明显;蓄水后由于库水入渗变缓,心墙孔压增幅变小;形成稳定渗流时,除心墙上部局部范围外,两者最终孔压差别很小。

(5) 坝体填筑速度加快(工况 4、工况 5、工况 6),与原先填筑速度相比(工况 1、工况 2、工况 3),施工期心墙孔压扩散和消散时间变短,心墙孔压增大;蓄水速度加倍后(工况 3 和工况 6),与原先蓄水速度相比(工况 2 和工况 5),从蓄水开始至稳定渗流形成之前,心墙孔压增加。

第 9 章　渗流场反演分析方法

9.1　反演分析方法

9.1.1　基本求解方法

按照 Neuman 的分类方法，求解反问题的基本解法有两类：直接解法（direct method）和间接解法（indirect method）。现在以含水层参数识别为例，分析上述两种方法的特点。直接解法是从联系水头和水文地质参数的偏微分方程的离散化形式出发，代入观测的已知水头值，直接求解出未知数[167]。间接解法是按照一定模式不断交换参数，利用正演求解出已知点不同时刻的水头，再控制计算值与实测值之间的误差限，选定合理的水文地质参数[168,169]。

1. 直接解法

1）数学规划方法

线性规划是一类特殊的最优化问题，其目标函数是未知变量的线性函数，其约束条件是线性的等式或不等式，这类问题在理论和算法上均已得到解决[167]；二次规划问题的目标函数是未知量的二次函数，约束条件为线性的等式或不等式，它也存在有效的算法。因此把反问题转化为线性规划或二次规划问题，求解是不困难的。

对于确定的差值，设

$$\mu_i = V_i - U_i \quad \text{且} \quad V_i \geqslant 0, \quad U_i \geqslant 0 \tag{9-1}$$

当 $\mu_i \geqslant 0$ 时，令 $U_i = 0$；当 $\mu_i < 0$ 时，令 $V_i = 0$，于是可以得到

$$|\mu_i| = V_i + U_i \tag{9-2}$$

故目标函数可以改写为

$$J_1(\boldsymbol{k}) = \sum_{i=1}^{n} \widetilde{\omega}_i (V_i + U_i) \tag{9-3}$$

提出 $\boldsymbol{k}$ 为最优解的准则如下：使目标函数达到最小值，并满足约束条件 $k_\mathrm{d} \leqslant k_j \leqslant k_\mathrm{u}$，$j = 1, 2, \cdots, m$，$V_i \geqslant 0$，$U_i \geqslant 0$ 以及 $\sum_{j=1}^{m} a_{ij} - b_i - V_i - U_i$。其中，$k_\mathrm{u}$ 和 k_d 分别为参数的上下限。由于 V_i 和 U_i 都是未知参数的线性函数，所以目标函数 $J_1(\boldsymbol{k})$ 也是未知参数的线性函数，故上述问题是一个典型的有界线性规划问题。

问题的另一种解法是要使目标函数 $J_1(\boldsymbol{k})=\sum_{i=1}^{n}\tilde{\omega}_i\,|\mu_i(\boldsymbol{k})|^2$ 达到极小值，并满足约束条件 $k_d\leqslant k_j\leqslant k_u, j=1,2,\cdots,m$，这是一个二次规划问题。采用数学规划的方法求解反问题，只有在有足够的观测资料可供使用时，才能用于实际计算。

2）罚函数直接法

把直接解法和罚函数方法结合起来，考虑目标函数：

$$J_c(\boldsymbol{k})=J_1(\boldsymbol{k})+C\left[\sum_{j=1}^{m}\left(1-\frac{k_j}{k_j^0}\right)^2\right] \tag{9-4}$$

右端第二项是惩罚项。其中 $C>0, k_j^0(j=1,2,\cdots,m)$ 为参数的估计值。目标函数为关于 $\boldsymbol{k}$ 的二次函数，因此很容易求得其最小值。

3）局部直接求逆法

局部直接求逆法是由 Sager 提出的，其原理简单。考虑描述地下水流的偏微分方程：

$$T\left(\frac{\partial^2 h}{\partial x^2}+\frac{\partial^2 h}{\partial y^2}\right)+T_1\frac{\partial h}{\partial x}+T_2\frac{\partial h}{\partial y}-S\frac{\partial h}{\partial t}-Q=0 \tag{9-5}$$

式中：$T_1=\frac{\partial T}{\partial x}, T_2=\frac{\partial T}{\partial y}$。对于渗流区域中的任意一点 (x_0, y_0)，都可以根据观测数据用微分方法求出 $\frac{\partial h}{\partial x}$、$\frac{\partial h}{\partial y}$、$\frac{\partial^2 h}{\partial x^2}$、$\frac{\partial^2 h}{\partial y^2}$，代入式(9-5)中便可得到一个线性方程。利用四个时刻的独立方程可以解出 T、T_1、T_2、S 等四个未知数。

2. 间接解法

1）预估-校正法

传统解析方法求参数有一定的局限性，其理论与实测的时间-降深曲线仅能描述简单的模型，随着计算机技术的迅速发展，数值方法的优势突显，只需编制一个通用程序即可实现实测曲线的拟合。待求参数可包括导水系数、越流因数、边界的进流量、入渗量或蒸发量、抽水或注水的流量等，计算完成后可输出某些观测点处计算所得的时间-降深曲线[167~169]。根据这些曲线与实测曲线拟合的情况，不断修正输入参数，直到得到满意的拟合结果为止，该过程称为预估-校正过程，此方法称为预估-校正法。预估-校正法是最原始的间接方法，主要用于分析水文地质条件，确定待求参数及其初值和上下限。

2）最优控制方法

使用高斯-牛顿方法[155]，最困难的是求目标函数的梯度向量。特别是当参数个数较多时，计算量将非常大。Chen、Chavan 等基于分布参数最优控制原理提出了求目标函数梯度向量的方法。该方法与参数的数目无关。其把目标函数看作参数的泛函，先求出泛函梯度，然后再利用最速下降等最优化方法求出未知参数。

在最优化方法中，若用 $\boldsymbol{k}=(k_1,k_2,\cdots,k_m)$ 表示 m 空间中的点集，则坐标满足 $a_i<k_i<b_i$ 的点的全体构成 m 空间中的一个长方体，记为 K，则间接方法把反问题归结为

$$J(\boldsymbol{k})=\min_{\bar{k}\subseteq K}E(K),\quad \bar{k}\subseteq K \tag{9-6}$$

求解这类问题的数值方法称为最优化方法。各种最优化方法之间的区别在于形成探索序列的方法不同。常用的地下水模型识别的几种最优化方法有：逐个修正法、单纯形探索法、最速下降法、拟牛顿法等。在使用上述方法时必须考虑约束条件，因此应该与梯度投影法、罚函数法等结合起来使用。最优控制方法解决了未知参数很多的情况下，求目标函数关于未知参数的梯度问题，因此可以用来反求大量参数，避免了对参数进行分区的困难，但要注意可能会出现解不唯一的问题。

3）修正的高斯-牛顿方法

目标函数

$$J(\boldsymbol{k})=\sum_{i,j}\widetilde{\omega}_{i,j}\left[h_j^{\mathrm{c}}(t_i)-h_j^{\mathrm{m}}(t_i)\right]^2 \tag{9-7}$$

可以表示为非线性函数平方和的形式，即

$$J(\boldsymbol{k})=\sum_{l}^{L}f_l^2(\boldsymbol{k}) \tag{9-8}$$

式中：$f_l^2(\boldsymbol{k})=\widetilde{\omega}_l\,(h_l^{\mathrm{c}}-h_l^{\mathrm{m}})^2$，其中 h_l^{c} 为使用参数 $\boldsymbol{k}$ 得到的计算水头；h_l^{m} 为观测水头；$\widetilde{\omega}_l$ 为权因子。利用目标函数 $|\mu_i|=V_i+U_i$ 可找到较为有效的算法——高斯-牛顿算法。但该方法用于地下水参数的识别计算时，必须加以修正，即为修正的高斯-牛顿方法，该方法适用于未知参数数目较少的情况。当参数数目较多时，存在一定局限。

4）拟线性化方法

将计算水头向量（其分量是不同时刻不同观测点上的计算水头）与未知的参数向量 $\boldsymbol{k}$ 放在同等的地位，则目标函数 $J(\boldsymbol{k})=\sum_{i,j}\widetilde{\omega}_{i,j}\left[h_j^{\mathrm{c}}(t_i)-h_j^{\mathrm{m}}(t_i)\right]^2$ 是关于 $\boldsymbol{h}$ 和 $\boldsymbol{k}$ 的简单二次函数。反问题现在变为求解二次目标函数 $E(k)$ 的极小值问题，服从约束条件 $\bar{k}\subseteq K$ 及 $[K]\{h\}=[F]$（这是正问题的离散方程组）。利用拟线性化方法可以将这一方程组近似化为 $\boldsymbol{h}$ 和 $\boldsymbol{k}$ 的线性方程组。于是，这一问题就变成了典型的二次规划问题，可以用有限差分法或者有限元法导出其计算公式。拟线性化方法不存在求解梯度的问题，可以同时反求十个到上百个参数，收敛速度也很快，是一种比较好的方法。

9.1.2 优化方法

1. 遗传算法

20 世纪 50 年代中期仿生学的创立，使许多科学家开始从生物中寻求新的用于人造系统的灵感。从 60 年代开始，Holland 教授开始研究自然和人工系统的自适应行为，试图发展一种用于创造通用程序和机器的理论。70 年代，“遗传算法”一词被发明，第一篇有关遗传算法应用的论文被发表，双倍体编码被采用，且发展了与目前类似的复制、交换、突变、显性、倒位等基因操作，自此遗传算法的概念诞生并发展起来[170,171]。

20 世纪 80 年代，以符号系统模仿人类智能的传统人工智能的发展陷入困境，而神经网络、机器学习和遗传算法等从生物系统底层模拟智能的研究重新复活并迅速发展起来。Goldberg 在遗传算法的研究中起着承前启后的作用，他将遗传算法用于煤气管道的优化，这是遗传算法第一次用于实际的工程系统，从此，遗传算法的理论研究更为深入，应用研究更为广泛。进入 90 年代，以不确定性、非线性、时间不可逆为内涵，以复杂问题为对象的科学新范式得到学术界普遍认同。由于遗传算法能有效地求解属于 NPC(NP-complete problem)类型的组合优化问题及非线性多模型、多目标的函数优化问题，从而得到了多学科的广泛重视[172,173]。

近几十年，马尔可夫链被学者用于研究遗传算法的收敛性问题，在遗传算法全局收敛性的分析方面取得了突破[174~177]，但仍局限于分析简化的遗传算法模型，对于复杂遗传算法的收敛性分析仍然存在困难。为了解决复杂约束问题，研究人员提出一种扩展遗传搜索算法，该算法采用实数编码，把搜索方向作为独立的变量处理。为了克服早熟收敛，研究人员还提出了基于迁移和人工选择的遗传算法，利用四组群体进行宏进化，显示了较好的结果。并行实现研究颇有前景，遗传算法具有天然并行的结构，Grefenstete 系统研究了遗传算法并行实现的结构问题，给出的结构形式有同步主从式、半同步主从式、非同步分布式及网络式；研究人员还基于对象设计遗传算法并行结构的思想，采用并行遗传算法，实现了高度复杂的优化问题的求解。

2. 人工神经网络

20 世纪 50 年代以来，以符号机制为代表的经典计算智能体系取得了巨大的成功，但智能系统如何从环境中自主学习的问题并未得到很好的解决。从逻辑上讲，以演绎逻辑为基础的算法体系可以发现新的定理，却无法发现新的定律。由 Werbos 首先提出的误差反传算法(back propagation error, BP)能够有效地解决多层网络中隐节点连接权值的学习问题，BP 算法具有简洁的数学结构和明晰的逻辑关系[178]。

研究智能的最好方式是向人类自身学习，以 Holland 的遗传算法（genetic algorithm，GA）为代表的进化机制的研究和拓展，在 20 世纪 90 年代前后迅速成为国际学术界和工程界关注的热点。以 1987 年 6 月 21 日在美国圣地亚哥召开的第一届国际神经网络学术会议为开端，宣告了国际神经网络协会的成立及神经网络计算机科学的诞生，而且会上还展示了有关公司和大学开发的神经网络计算机方面的产品和芯片。随后，由三位世界著名神经网络学家，美国 Grossberg 教授、芬兰 Kohonon 教授及日本甘利俊教授，创办了世界第一份神经网络杂志（*Neural Network*）。随后相继涌现各种神经网络的期刊，将神经网络的研究与开发推向新的热潮[179]。

近年来，我国水利工程领域的科技人员已成功地将神经网络的方法用于水力发电过程的辨识和控制、河川径流预测、河流水质分类、水资源规划、混凝土性能预估、拱坝优化设计、预应力混凝土桩基等结构损伤诊断、砂土液化预测、岩体可爆破性分级及爆破效应预测、岩土类型识别、地下工程围岩分类、大坝等工程结构安全监测、工程造价分析等许多实际问题中。

3. 模拟退火算法

目前，有两种随机优化算法非常流行，即 Metropolis 的模拟退火（simulated annealing，SA）算法和 Holland 的 GA[180]。从数学的角度讲，实现全局优化的随机算法可分为两大类：一类是通过遍历搜索的方式，如 SA 和 GA 等；另一类是通过定向推进的方式，如广义遗传算法（generalized genetic algorithm，GGA）等。SA 算法模拟金属材料加热后的退火过程，它是从某一高初温出发，伴随着温度参数的不断下降，结合概率突跳特性在解空间中随机寻找目标函数的全局最优解。

SA 算法可有效避免陷入局部极小并最终趋于全局最优的串行结构的优化算法，其将组合优化问题中的各状态定义为相格，将各状态的函数值定义为相格所对应的内能，将每次抽样所获得的微粒微观状态按照 Boltzmann 统计分布进行取舍，并将留下的微粒向对应的相格中投放。GA 算法模拟达尔文生物进化的自然选择和遗传学机理的生物进化过程的计算模型，是一种通过模拟自然进化过程搜索最优解的方法，该算法通过数学的方式，将问题的求解过程转化成类似生物进化中的染色体基因的交叉变异等过程。

除关于 SA 和 GA 全局优化能力的证明外，目前基本上是将算法的迭代过程假定为一个遍历的马尔可夫过程[181]，然后证明遍历的马尔可夫过程以概率 1 收敛于全局最优解。

4. 人工蚁群优化算法

人工蚁群优化算法[182]模拟的是真实蚁群觅食过程寻求最短路径的过程，是由意大利学者 Dorigo 等提出的。最初的蚂蚁算法称为蚂蚁系统(ant system)，在解决旅行商问题(traveling salesman problem，TSP)及二次分配问题(quadratic assignment problem，QAP)等问题时取得了较好效果，经过改进后称为蚂蚁算法或蚁群算法。蚁群算法吸收了蚂蚁群体行为的典型特征：一是能察觉小范围区域内的状况，并判断出是否有食物或其他同类的信息素轨迹；二是能释放自己的信息素；三是所遗留的信息素数量会随时间逐步减少。蚂蚁算法使用一种结构上的贪婪启发式搜索可行解，首先根据问题的约束条件列出一个解，作为经过问题状态的最小代价(最短路径)。然后，蚁群中的每只蚂蚁都能够找出一个解，这个解可能是最优解，也可能是较差解。这样蚁群就同时建立了很多不同的解决方案，而找出高质量的解决方案则是群体中所有个体之间相互协作的结果。

蚁群算法主要用于求解不同组合的优化问题：一类应用于静态组合优化问题；另一类用于动态组合优化问题。静态组合优化问题指一次性给出问题的特征，在解决问题的过程中，问题的特征不发生变化。这类问题的范例就是经典旅行商问题；动态问题定义为一些量的函数，这些量的值由隐含系统动态设置，因此，问题在运行时间内是变化的，而优化算法需在线适应不断变化的环境。

9.2　渗流参数反演分析方法

渗流参数反演分析方法可分为确定性的和非确定性的两大类。两类方法基本原理相近，不同的是后者需要考虑实测信息以及渗流参数的不确定性因素。渗流参数确定性反演按照其求解正问题采用的计算方法不同，可分为解析法和数值法，其中解析法是依据含水层井流问题的解析解直接反算渗透张量；数值法即先采用数值方法求解渗流正问题，再依据不同的计算原理求解反问题[183~185]。目前，常用的数值法主要有复合形法、脉冲谱法、数值优化法、遗传神经网络法及随机反演方法。

9.2.1　复合形法

复合形法[186,187]是求解多变量参数寻优的重要直接方法，其基本思路为在 N 维设计空间，取 $n(n>N+1)$个初始点作为顶点构成一个初始复合形(即多面体)，并对各个顶点的目标函数值逐一进行比较，丢掉最坏点，代之以既能使目标函数值有所改进，又能满足约束条件的新点，从而构成一个新的复合形，经比较，再丢掉最坏点，再构成新复合形，依次计算，每次把坏的丢掉，好的留下，逐步调向最优点。在设计变量较少的情况下，复合形法是一个收敛快、能有效处理不等式约束，且比较简单、灵活的方法，加之在寻优过程中检查了整个可行域，因此，计算结果可靠。

采用复合形法的关键是确定协步迭代的搜索方向和步长。只要能找到目标函数下降方向，并使迭代点沿此方向移动一个适当的步长，最终会使迭代点趋向极小点。通常迭代点逐步向最优点逼近的过程在设计空间将形成一条轨迹。而复合形法虽然也是一个逐步逼近的过程，但它利用的是由若干个定点所构成的复合形，通过定点的不断迭代而发生变形和位移，最终趋向最优点。

将有限元法和数学规划中的复合形法结合起来，通过计算机自动修正土的渗透系数，使一些测压管观测值与相应的计算值差异最小。该方法有效可靠，为较合理地选取土的渗透系数提供了一个简单而实用的工具。

饱和-非饱和稳定渗流控制方程：

$$\frac{\partial}{\partial x}\left(k_x \frac{\partial h}{\partial x}\right)+\frac{\partial}{\partial z}\left(k_z \frac{\partial h}{\partial z}\right)=0, \quad \text{在}\ \Omega\ \text{域} \tag{9-9}$$

式中：h 为饱和或非饱和渗流全水头；k_x、k_z 分别为 x、z 向的主渗透系数，求解域 Ω 不但包括饱和区，也包括非饱和区。

设置计算模型的目标函数：

$$f(\boldsymbol{k})=\frac{1}{2}\sum_{j=1}^{m}\left(H_j-H_j^{(0)}\right)^2 \tag{9-10}$$

约束条件：

$$k_{i\min}\leqslant k_i\leqslant k_{i\max}, \quad i=1,2,\cdots,n \tag{9-11}$$

式中：m 为测压管数；n 为土层的区域数；H_j 为与实测水头值 $H_j^{(0)}$ 相应的计算水头值；$\boldsymbol{k}$ 为一组渗透系数；$k_{i\min}$、$k_{i\max}$分别为第 i 区域渗透系数 k_i 的下限与上限。这样渗透系数的反演问题就归为求一组渗透系数 $k_1, k_2, \cdots, k_n$，在满足约束条件(9-11)时使 $f(\boldsymbol{k})$值最小的优化问题。

对于堤防，一般只有测压管观测资料而无流量观测资料，故所反求的参数并不唯一。但对稳定渗流来说，各区域渗透系数之间的相对比值与等势线的分布存在单一对应关系，这样就可以根据测压管观测资料反求出各渗透子区域渗透系数之间的比例，用试验或其他手段确定其中之一的绝对值后，从而可以得出其他区域的渗透系数[188]。

方程(9-9)的求解采用有限元法，引入不动网格-高斯点法的基本思想。由于渗流问题的非线性，求解时需经过多次迭代才能收敛，在反求参数时需多次调用正分析程序，故为节省计算时间，程序中应安排相应的数组存储，以使下一次调用时能在该次计算结果的基础上进行迭代。优化模型(9-10)和(9-11)的求解，选用复合形法。复合形法是单纯形搜索法对约束问题的推广，是求解约束问题的一种常用的直接方法,不需要计算导数也不进行一维搜索,对目标函数要求低,处理约束容易,适用性较广,收敛速度要比随机试验法快,而且程序易于实现,能较可靠地得到比初始点更好的改进解,故该法尤其适用于渗流这类导数不易求得、变量个数不多的非线性优化问题。

9.2.2 脉冲谱法

脉冲谱法最初由 Tsien 提出并用以解决流体动力学理想速度反问题,由金忠青等学者将其引入渗流参数辨识领域。该法的基本原理是通过 Laplace 变换将原时间-空间域的问题转化为频率-空间域的问题,并在频率-空间域中把求解参数反问题的过程转化成求解正问题和求解积分方程耦合迭代过程。求解正问题即给定系统参数求解状态变量;求解积分方程即求解状态变量的变化对参数的效应。在整个求解过程中,状态变量和模型参数交替迭代直至满足控制方程、定解条件及附加条件[183~185]。

由于脉冲谱法是一种半解析的方法,因此可以克服渗流参数反问题的不唯一性缺陷,这是该法的最大优点。同时,脉冲谱法所需的实测资料较少,且选择灵活,可为边界水头值,也可为边界流量,因此可显著减少获取附加信息所需的工作量。此外,脉冲谱法可将不同离散频谱对应的方程联立起来并行求解,同时获得水头分布和待反演参数值,求解效率极高。遗憾的是,在解决各向异性渗流参数反问题时,由于不易分离得到关于变量脉冲对参数影响的积分方程,该法碰到了难以克服的困难。目前脉冲谱法还仅限于解决各向同性非均质的渗流参数反问题。此外,脉冲谱法求解积分方程的过程中,被积函数包含有 Green 函数,对于一般的微分算子或者一般的边界条件,Green 函数的解析解往往得不到,数值求解 Green 函数极为繁杂,需要相当大的工作量,这也阻碍了脉冲谱法在实践中的应用[189,190]。后来,众多学者致力于改进的脉冲谱法,即避开 Green 函数的求解,但只能在特定条件下做到这一点。总的来说,脉冲谱法是一种理论比较严密的方法,但目前还不能成功地应用于复杂的工程实践中。

9.2.3 数值优化法

数值优化法求解渗流参数反问题的基本原理是通过建立目标函数,把确定系统参数的问题转化为以参数为目标未知数的优化问题。参数的优化调整可以是人工的,也可以采用不同优化方法直接求解优化问题。Neuman 根据建立目标函数依据的误差准则不同,把数值优化反演方法分为直接法和间接法[191,192]。

1. 直接法

通过方程残差向量构造目标函数,将参数反问题转化为优化问题。数值求解渗流模型时，定解方程最终转化为一组代数方程，以有限元数值方法为例，可得以下方程：

$$\mathbf{K}(\boldsymbol{p})\boldsymbol{h}=\boldsymbol{Q}(\boldsymbol{h},\boldsymbol{p}) \tag{9-12}$$

式中：$\mathbf{K}$ 为总体传导矩阵，为 N 阶对称矩阵；$\boldsymbol{h}=(h_1,h_2,\cdots,h_N)^{\mathrm{T}}$ 为未知节点水头向量，N 为节点自由度数目；$\boldsymbol{p}=(p_1,p_2,\cdots,p_M)^{\mathrm{T}}$ 为系统参数向量，M 为参数数目。

在式(9-12)中，给定水头向量 $\boldsymbol{h}$，求解系统参数向量 $\boldsymbol{p}$，即构成渗流参数反问题。若以实测的 $\bar{\boldsymbol{h}}$ 代替 $\boldsymbol{h}$，将产生误差，称为该方程组的残差，向量表示为 $\boldsymbol{r}=(r_1,r_2,\cdots,r_N)^{\mathrm{T}}$，式(9-12)变换为

$$\mathbf{K}(\boldsymbol{p})\bar{\boldsymbol{h}}=\boldsymbol{Q}(\bar{\boldsymbol{h}},\boldsymbol{p})+\boldsymbol{r} \tag{9-13}$$

式中：$\bar{\boldsymbol{h}}=(\bar{h}_1,\bar{h}_2,\cdots,\bar{h}_N)^{\mathrm{T}}$ 为实测值。取优化目标函数为

$$E(\boldsymbol{p})=\left(\sum_{n=1}^{N}\omega_n r_n^2\right)^{\frac{1}{2}} \tag{9-14}$$

式中：$E(\boldsymbol{p})$为目标函数；ω_n 为权系数。即可把渗流参数反问题转化为以 $E(\boldsymbol{p})$为目标函数、$\boldsymbol{p}$ 为目标未知数的优化问题。以残差向量的 l_2 范数构造目标函数，是最典型的一种方式。若以残差向量的范数 l_1 构造目标函数，可得到文献中常见的另一种形式的目标函数：

$$E(\boldsymbol{p})=\sum_{n=1}^{N}\omega_n|r_n| \tag{9-15}$$

该形式的目标函数便于应用成熟的线性规划方法求解。

直接法求解参数反问题可最终归结为求解线性规划问题，可应用成熟的优化算法求解。其优点是便于进行参数的可辨识性判别，而且在实测资料较精确的情况下，能以较高的精度得到参数的反演解，计算过程不需反复调用正分析程序，耗时少，效率高。直接法的缺点是对实测资料的误差极为敏感，反演过程不稳定。特别是，直接法需要依据有限的离散实测值，通过插值法来获得整个计算域的节点水头值，插值会进一步扩大实测误差，因此对于计算域离散节点多的渗流参数反问题或者计算时段较多的非恒定流参数反问题，直接法不仅计算工作量极大，计算结果也不可靠。此外，直接法也不能用来解决非线性渗流参数反问题。总之，目前在工程实践中，直接法的应用很有限，远不如间接法应用广泛。

2. 间接法

间接法依据实测水头值与模型输出值的误差建立目标函数，将渗流参数反问题转化为非线性优化问题。若以 l_2 范数定义观测空间 U_D，相应的目标函数就构造为最小二乘误差准则(ordinary least square，OLS)，即

$$E(\boldsymbol{p})=\|\mathbf{DM}(\boldsymbol{p})-\boldsymbol{u}_D^{\circ}\|_{l_2}^2 \tag{9-16}$$

式中：$\boldsymbol{u}_D^{\circ}$ 为实测水头值。工程实践中，观测空间 U_D 往往是离散的，不妨设只有 L 测点，式(9-16)变换为

$$E(\boldsymbol{p}) = \sum_{l=1}^{L} \omega_{D,L}^2 \ (u_{D,l} - u_{D,l}^{\circ})^2 \tag{9-17}$$

式中：$u_{D,l}$为 $\boldsymbol{u}_D$ 的分量；$u_{D,l}^{\circ}$为 $\boldsymbol{u}_D^{\circ}$的分量；$\omega_{D,l}$为权函数；l 为测点数。最小二乘误差准则是目前常用的一种目标函数，当观测误差为正态分布时，该准则是最佳选择。若考虑人为误差的影响，工程实践中代之以 l_1 范数准则。l_1 范数准则构造的目标函数为

$$E(\boldsymbol{p}) = \sum_{l=1}^{L} \left| u_{D,l}(\boldsymbol{p}) - u_{D,l}^{\circ} \right| \tag{9-18}$$

与最小二乘准则相比，该准则可有效降低严重失真的实测数据点对反演结果的影响。在现场实测数据受人为影响较严重时，该准则更为有效。为了提高参数的可辨识性，众多学者采用了修正的最小二乘误差准则：

$$E(\boldsymbol{p}) = \sum_{l=1}^{L} \omega_{D,l}^2 \ (u_{D,l} - u_{D,l}^{\circ})^2 + \alpha \sum_{m=1}^{M} v_m^2 \ (p_m - p_m^0)^2 \tag{9-19}$$

式中：α 为经验系数；v_m 为权函数；p_m^0 为第 m 个参数分量的先验估计值。该准则利用参数的先验估计值作为附加信息，可以改善反问题的不适定性，提高辨识结果的可靠性。对于先验信息丰富的工程问题，采用该准则并适当扩大 α 的取值，能使优化搜索集中在先验估计值附近的区域，因而可提高搜索效率以及反演结果的可靠程度。附加项使得式(9-19)的形态更接近二次函数，因此，求解时宜采用梯度算法。

间接法的优点是不受非线性问题的限制，对实测数据的处理也不同于直接法，反演过程稳定性较好。但间接法求解反问题最终要解非线性优化问题，目前尚未有一种有效可靠的非线性优化算法，应用间接法的难点在于寻找一种适合实际问题的可靠优化算法。

9.2.4　遗传神经网络法

自 20 世纪 80 年代中后期以来，人工神经网络迅速发展为一个前沿研究领域，并广泛应用于诸多学科领域。目前，国内外基于人工神经网络的参数反分析研究成果较多。就渗流参数反问题而言，其主要思路[179]是：首先，通过数值方法求解正问题，即给定系统参数求解状态变量，由这两者的计算值或实测值组成样本对对神经网络进行训练，获得状态变量与参数之间关系的神经网络表达；然后，把状态变量的实测值输入给获得的神经网络，神经网络模型则输出相应的参数值。和传统的反演方法相比，若有可覆盖整个计算域的充足的训练样本对，神经网络法反演结果就更接近真实值。而且人工神经网络具有较强的非线性动态处理能力，

无须知道状态变量与系统参数之间的关系，即可实现相同或不同维数向量之间的高度非线性映射，较好地解决了常规反分析方法的稳定性问题[183~185]。此外，神经网络能够向不完全、不精确并带有强噪声的数据集学习，具有很强的容错能力，如果学习得当，能够从有限的、有缺陷的信息中得到近似最优解，极大方便了其在工程实践中的推广应用。

遗传神经网络法是利用遗传算法训练神经网络的方法，兼有神经网络的学习能力和遗传算法的全局搜索能力[164]。采用遗传神经网络法进行渗流场反分析，只需利用正交设计方法生成渗流场参数样本，对其进行有限元正分析以获得钻孔处水位样本。建立学习样本后，利用遗传算法训练神经网络直至满足网络误差的精度要求。训练完成的神经网络则能较好地映射渗流场参数和钻孔水位之间的非线性关系。此时，将钻孔实测水位输入到训练好的网络就能很快地反演所需的渗流场参数，进而获得初始渗流场。基于遗传神经网络的渗流反分析法使有限元正分析过程与反分析过程分离，大幅减少了数值计算的工作量，提高了反分析的速度。

遗传神经网络法中采用神经网络映射渗流场参数和钻孔水位之间的非线性关系。人工神经网络是一种能为复杂问题提供直观有效的表现方式的非线性动力学系统，一般由一个输入层、一个或几个隐含层和一个输出层组成，相邻的两个层之间通过权值、阈值和传递函数相互联系，层内的节点之间无联系。根据渗流场反演问题的特点，一般采用三层网络进行反演分析，网络输入层的节点表示钻孔水位，输出层的节点表示材料渗透系数和边界水头。

9.2.5　随机反演方法

众所周知，由于地质结构的复杂性及地质勘探和现场、室内试验等条件的限制，迄今为止人们仍无法精确把握岩土工程渗流参数的特性。前面论述的参数辨识结果只是基于有限的离散实测数据对渗流参数的近似估计。事实上，对变异性很大的岩土工程渗流参数，利用现存的实测资料统计信息通过随机反演方法，用一个可能的范围而不是一个简单的数来估计显得更为合理。随机反演方法能够充分利用实测资料及其统计信息对岩土工程渗流参数及其统计特性进行估计，提高参数辨识的可信度，并可以同时给出误差的统计特性估计，从而可以对参数辨识结果进行误差分析和可靠度评价。正因为如此，参数随机反演方法[180]自渗流参数反问题开始发展以来便显示了其蓬勃的生命力。一般的参数随机反演方法需要考虑量测信息及待反演参数的统计信息，并根据概率统计中的参数估计理论建立误差准则函数，进而通过上述的各种优化算法求解参数及其统计特性的估计量。根据建立准则函数所依据的估计理论不同，参数随机反演方法有 Gauss-Markov 法、极大似然法及贝叶斯法等。

1. Gauss-Markov 法

20 世纪 60 年代以来，国内外学者开始广泛使用 Gauss-Markov 法求解渗流参数反问题。该法只考虑测量误差的随机性，假定各测量误差相互独立且服从 Gauss 分布，其准则函数为

$$E(\boldsymbol{p})=\sum_{l=1}^{L}\frac{(u_{D,l}-u_{D,l}^{\circ})^2}{\sigma_l^2} \tag{9-20}$$

式中：σ_l^2 为测点 l 测量误差的方差。从式(9-20)可以看出，测量精度越高，相应的实测数据所占比例越大，这一点较常规的确定性反演方法更合理。

2. 极大似然法

Neuman 等学者以极大似然估计理论建立准则函数求解地下水参数反问题，将极大似然法引入该领域。与 Gauss-Markov 法相比，极大似然法同样只考虑量测误差的随机性，而认为参数是确定性量，只是该法并不要求量测误差服从 Gauss 分布，因而比 Gauss-Markov 法更合理。值得注意的是，极大似然法的准则函数因量测误差的概率分布不同而有不同的形式。特别当量测误差是可加的、相互独立且服从 Gauss 分布时，极大似然法与 Gauss-Markov 法具有相同形式的准则函数。

以上两种参数随机反演方法共同的缺点是无法考虑待反演参数的随机性。

3. 贝叶斯法

Gavalas 将贝叶斯参数反演方法引入渗流参数反演领域。贝叶斯法不仅考虑了量测误差的随机性，而且认为待反演参数也是随机量。当假定量测误差可加、并服从 Gauss 分布，待反演参数服从正态分布，且假定所有随机变量均相互独立时，该法的准则函数为

$$E(\boldsymbol{p})=(\boldsymbol{u}_D-\boldsymbol{u}_D^{\circ})^{\mathrm{T}}\boldsymbol{\varphi}^{-1}(\boldsymbol{u}_D-\boldsymbol{u}_D^{\circ})+(\boldsymbol{p}-\boldsymbol{\mu}_p)^{\mathrm{T}}\boldsymbol{V}_p^{-1}(\boldsymbol{p}-\boldsymbol{\mu}_p) \tag{9-21}$$

式中：$\boldsymbol{\varphi}$ 为量测误差的协方差矩阵；$\boldsymbol{\mu}_p$ 为参数 $\boldsymbol{p}$ 的均值向量；$\boldsymbol{V}_p$ 为参数 $\boldsymbol{p}$ 的协方差矩阵。

当缺乏先验信息时，贝叶斯法即退化为极大似然法。贝叶斯法较全面地考虑了参数反演的随机因素，充分利用实测数据统计信息及参数的先验信息进行反演，可有效提高反演准确程度，是较完善的一种随机反演方法。

Neuman 等提出了一种统计学方法将水力学参数的实测值而不是其统计特性作为先验信息进行反演。该法的准则函数为

$$E(\boldsymbol{p})=(\boldsymbol{u}_D-\boldsymbol{u}_D^{\circ})^{\mathrm{T}}\boldsymbol{\varphi}^{-1}(\boldsymbol{u}_D-\boldsymbol{u}_D^{\circ})+\lambda(\boldsymbol{p}-\boldsymbol{p}^{\circ})^{\mathrm{T}}\boldsymbol{V}_p^{-1}(\boldsymbol{p}-\boldsymbol{p}^{\circ}) \tag{9-22}$$

式中：λ 为正的系数；$\boldsymbol{p}^{\circ}$ 为实测参数向量；$\boldsymbol{V}_p$ 为对称正定矩阵。作者认为，工程实践中若已通过现场试验获得了某些测点的参数值，则上述统计学方法更为实用。

在岩土工程渗流参数随机反演领域还发展了随机逼近方法、Kalman 滤波法等其他方法，这两类算法的最大优点是将量测信息考虑为动态随机过程，给出待反演参数相应的动态最优估计序列，可在一定程度上考虑渗流的动态过程。

9.3　渗流场反演分析

9.3.1　渗流场反演问题

在渗流场求解的过程中，计算模型、介质水力学参数、边界条件等的确定是求解的前提，但有时因为地质勘探及水力学试验的不足，这些十分重要的因素难以得到有效观测、计算及确定，这时，反分析方法就显得相当重要。

岩土工程渗流场反分析问题得到广泛研究的方法是正法和逆法。正法是指先确定待反演参数及取值区间，通过渗流场正分析得到系统的输出值(一般为水头)，然后将输出值和实测值进行比较，并按一定的方式修改和调整待反演参数，直至输出值和实测值之间的误差达到允许的范围内，此时所得的反演参数值即为计算结果。逆法是指通过求逆直接建立待反演参数和实测值之间的关系式，求解这些关系式组成的方程组即可获得计算结果。正法编程方便，适用性强，可用于求解各类复杂的非线性问题，但计算量较大；逆法虽然计算原理直观，但适用性差，一般只能求解简单的线性问题。

目前，在渗流场反分析研究领域应用和发展最广泛的还是反分析正法。对于正法一般通过建立目标函数，再通过一定的方式求目标函数的最小值。因求取目标函数最小值的方式不同而出现了众多的反分析正法，可分为两类：直接搜索法和梯度法。应用直接搜索法的典型反分析正法有：单纯形法、复合形法、可变容差法、最小二乘法等。应用梯度法的典型反分析正法有：最速下降法和牛顿法，基于此，在渗流参数辨识领域又先后出现了拟牛顿法、高斯-牛顿法和修正的高斯-牛顿法。近年来，人工神经网络、遗传算法等也开始逐渐应用于工程渗流反问题中。

9.3.2　渗流场反演分析流程

水利水电工程的勘探阶段通常都有一定数量的钻孔。利用钻孔压水试验，可求出钻孔附近的岩体渗透系数，但这是钻孔附近小范围内的渗透系数，工程设计中为了了解建坝前后岩体大范围的渗流场变化，还需要知道大范围内的岩体渗透系数，利用钻孔中观测到的长期地下水位值，通过渗流场反分析，可推算大范围内的岩体渗透系数。

设水头函数为

$$\Phi=z+\frac{p}{\gamma} \tag{9-23}$$

式中：p 为地下水压力；γ 为水的重度；z 为自某基准算起的高度，z 轴是垂直向上的，用有限元离散以后，稳定的渗流基本方程为

$$[H]\{\Phi\}=\{F\} \tag{9-24}$$

其中，$[H]$为整体传导矩阵。

根据实际的水文地质条件，可将岩体划分为几个区域。在区域 j 内如果渗流是各向同性的，有一个渗透系数 k_j；如果渗流是各向异性的，将有一个以上的渗透系数。为了减少未知量的数目，在条件允许的情况下，应根据岩性条件假定不同方向渗透系数的比值固定，在一个区域内只保留一两个渗透系数作为变量，其余按比值计算。

设待求的渗透系数共有 m 个，令

$$x_j=k_j, \quad j=1,2,\cdots,m \tag{9-25}$$

根据岩性条件，还可以给出 x_j 的上下限。由$\{x\}=\{x_1,x_2,\cdots,x_m\}^{\mathrm{T}}$，可解出$\{\Phi\}$，希望解出的$\{\Phi\}$与实测的$\{\Phi^*\}$很接近。

设共有 n 个测点，希望加权误差平方和取极小值，即渗流场反分析问题可归结为：求$\{x\}^{\mathrm{T}}=\{x_1,x_2,\cdots,x_m\}$，使加权误差平方和

$$S=\sum_{i=1}^{n}\widetilde{\omega}_i(\Phi_i-\Phi_i^*)^2 \tag{9-26}$$

并满足

$$\underline{x}_j\leqslant x_j\leqslant\bar{x}_j, \quad j=1-m$$

式中：$\widetilde{\omega}_i$ 为权系数；$\underline{x}_j$ 为 x_j 的下限；$\bar{x}_j$ 为 x_j 的上限；Φ_i 为水头函数计算值；Φ_i^* 为水头函数实测值；i 为测点号。

这是一个非线性规划问题。$\{\Phi\}$与$\{x\}$对之间不是简单的函数关系，需要建立矩阵$[H]$和列阵$\{F\}$，然后求解$[H]\{\Phi\}=\{F\}$，才能得到$\{\Phi\}$。每个 x_j，相当于 m 维设计空间中的 1 个点。用非线性规划求解式(9-26)，根据经验，大概需试算数百个点甚至上千个点，才能得到 l 个较满意的解。也就是说，要建立并求解方程$[H]\{\Phi\}=\{F\}$几百次甚至上千次，计算量十分庞大，这就是渗流场反分析的难点所在。

反演变量的类型主要有岩体的渗透系数和各向异性渗透比值。

(1) 岩体的渗透系数。当岩体渗透性为各向同性时，其渗透系数可作为反演变量。但由于岩体的渗透性相差很大，往往在量级上存在差别，即使在相邻的区域也是如此。因此岩体的渗透系数作为变量在反演分析中就不太方便，其上下限值相差几个量级。建议用渗透系数的对数作为变量，这样其上下限值相差就不是很显著，反演分析较方便。

设待求的渗透系数共有 m 个，令变量

$$x_i=\ln k_i, \quad i=1,2,\cdots,m \tag{9-27}$$

式中：x_i 的上下限可根据压水试验的统计方差来确定。

(2) 各向异性渗透比值。根据实际的水文地质条件，可将岩体划分为几个区域。若某一区域岩体是各向异性的，根据岩性，可设其中一个方向(方向1)的渗透系数对数为反演变量，另一方向渗透系数与方向1的渗透系数的比值作为另一类型的反演变量。

9.3.3　可变容差法

本节采用正算法，以位移反分析法为例，阐述该方法的实现过程。由于原位观测资料主要为位移值，因此参数反分析采用位移反分析法，即从实测的位移值出发，反推设计中所需的结构基本物理力学参数。

将各待定参数记为设计变量 $\boldsymbol{X}$。将有限元法计算位移与观测点实测位移的残差加权平方和作为参数反演优化问题的目标函数，来寻求较为接近实际的待定基本参数。通常需要反演的基本参数一般都可以给出一个估计范围。因此参数反演的优化问题可以这样提出：求待定设计变量式(9-28)，使其在满足约束条件式(9-29)的前提下，式(9-30)给出的目标函数 $f(\boldsymbol{X})$ 取极小值。

$$\boldsymbol{X}=[x_1,x_2,x_3,x_4,\cdots,x_N]^{\mathrm{T}} \tag{9-28}$$

$$a_j\leqslant x_j\leqslant b_j,\quad j=1,2,\cdots,N \tag{9-29}$$

$$f(\boldsymbol{X})=\sum_{i=1}^{n}w_i\ (u_i^{\mathrm{c}}-u_i^{\mathrm{m}})^2,\quad \boldsymbol{X}\in D^N \tag{9-30}$$

式中：N 为待反演参数个数；x_j 为各基本参数，$j=1,2,\cdots,N$；a_j、b_j 分别为第 j 个参数的上下限值；n 为观测点总数；w_i 为第 i 观测点测量值的权重；u_i^{c}、u_i^{m} 分别为第 i 观测点的位移计算值和观测值；D^N 为可行域。

因为测点位移是设计变量的非线性隐函数，所以式(9-30)是非线性加权最小二乘问题，采用加权函数的优点是能够考虑每个点的重要程度和量测精度。因为测点位移的量测误差不可避免，所以从理论上讲，准确性高的点，其所占权重应大一些，而误差大的点所占权重应小一些。

对于上述带约束的隐式非线性优化问题，一般只能采用直接搜索法求解，这里采用位移反分析的可变容差法。该方法将约束区域式(9-29)适当伸缩，并在近似可行概念的基础上，借用非线性单纯行法求解优化问题，它既可以求解无约束的优化问题，也可以求解具有等式约束、不等式约束或两者兼有的优化问题。

对于位移反分析问题，一般不存在等式约束，将约束条件式(9-29)改写为式(9-31)，构造一公差准则函数序列 $\{\varphi\}$，使得满足式(9-32)，该序列是一单调下降序列，随着迭代搜索次数的增加，φ^k 逐渐趋于零。公差准则函数是正函数，它是单纯形顶点的函数，即式(9-33)。通过公差准则函数 φ^k，约束条件式可改写成式(9-35)。

$$g_j \geqslant 0, \quad j=1,2,\cdots,m \tag{9-31}$$

$$\varphi^0 \geqslant \varphi^1 \geqslant \varphi^2 \geqslant \cdots \geqslant \varphi^k \geqslant 0 \tag{9-32}$$

$$\varphi^k = \min\left\{\varphi^{k-1}, \frac{1}{N+1}\sum_{j=1}^{N+1} \| X_j^k - X_{N+2}^k \|\right\} \tag{9-33}$$

$$\varphi^0 = 2d \tag{9-34}$$

$$\varphi^k - T(X^k) \geqslant 0 \tag{9-35}$$

$$T(X^k) = \sum_{j=1}^{m} \delta_j g_j^2 (X^k)^{\frac{1}{2}} \tag{9-36}$$

$$\delta_j = \begin{cases} 0, & g_j(X^k) \geqslant 0 \\ 1, & g_j(X^k) < 0 \end{cases} \tag{9-37}$$

式中:m 为约束方程的个数;φ^k 为第 k 步搜索时,给定的可变容许公差;d 为初始单纯形边长;X_j^k 为 D^N 空间中单纯形体的第 j 个顶点;φ^0 为初始公差准则函数;$\| \cdot \|$ 为 D^N 空间中的 l_2 范数;$T(X^k)$ 为约束失效估计量,表示变量不满足约束的程度;δ_j 为 Heaviside 函数。

显然,当 $T(X^k)=0$ 时,设计变量 X^k 在可行域内即满足所有约束条件,否则不满足约束条件。一般寻找 $T(X^k) \leqslant \varphi^k$ 的解总比寻找 $T(X^k)=0$ 的解容易得多,因此在可行域内和近似可行域内,用逐步迭代的方法寻找最优点是允许的,而且收敛速度应该更快。这是因为公差准则函数 φ^k 具有式(9-32)的特性。

可变容差法的优化过程可概述如下:给定初始点 X^0 和单纯形边长 d,从初始点 X^0 出发,按无约束的单纯形加速法,对 $f(\boldsymbol{X})$ 进行下降迭代。首先以 X^0 为中心点,其边长为 d,计算出各单纯形顶点 X_1^0、X_2^0、…、X_{N+1}^0 的目标函数值 $f(X_i^0)$,$i=1,2,\cdots,N+1$,然后求出最好点 X_l^0 及最坏点 X_h^0,并求出除最坏点以外其他所有点的中心点。计算最好点 X_l^0 的 $T(X_l^0)$,并检验 $\varphi^0 - T(X_l^0) > 0$ 是否成立。若成立,则 X_l^0 在可行域内或近似可行域内,可以用单纯形法求出新点并以之代替最坏点;若不成立,则由单纯形加速法,极小化 $T(X_l^0)$,求出一个点来代替 X_l^0,此时,新点满足上述判别条件。然后从 $T(\boldsymbol{X})$ 的极小化搜索转回到 $f(\boldsymbol{X})$ 的极小化搜索。在进行新一轮搜索时,令 $k=k+1$,并判别 $\varphi^k < \varepsilon$ 是否成立。若成立,则输出计算结果,停止搜索;若不成立,则开始新一轮的目标函数 $f(\boldsymbol{X})$ 搜索。这里,ε 为给定精度。

可见,实现非线性位移反分析的关键在于能否减少迭代次数,提高每个目标函数值的利用率和优化搜索的有效性。因为每计算一次目标函数值,必须首先进行一次全过程的非线性有限元计算分析,以获得各观测点的计算位移值。另外,该过程也说明对于不同的非线性本构模型,上述优化模型都是适用的。

对于渗流反分析,同样可以采用可变容差法,即如果将待反演材料的渗透系数作为设计变量,以渗流分析有限元法计算的水头场代替结构分析有限元法计算的位移场,目标函数则改为测点位势计算值与实测值残差的加权平方和,那么上述位移反分析的可变容差法就可改造成水头(或位势)反分析的可变容差法。上述优化模型的方法、计算步骤可以完全适用于解决渗流参数反分析问题。

9.4 工程算例

根据某工程[181]坝址区地下水位勘察资料,基于三维有限元法的可变容差法反演分析地下水渗流场。通过反演对比分析,确定计算模型的截取边界,模拟坝址区天然地下水渗流场,分析其特性,为运行期三维渗流场的计算分析补充资料,并修正计算模型。

9.4.1 计算模型及参数

根据渗流分析的一般原则,在综合分析计算区域内的地形、岩层、断层等特征的基础上形成三维超单元网格。根据建筑物布置、岩体分层、断层构造以及计算要求等信息,取控制断面 13 个,形成三维超单元网格,加密细分后形成三维有限元网格,三维有限元模型网格如图 9-1 所示。

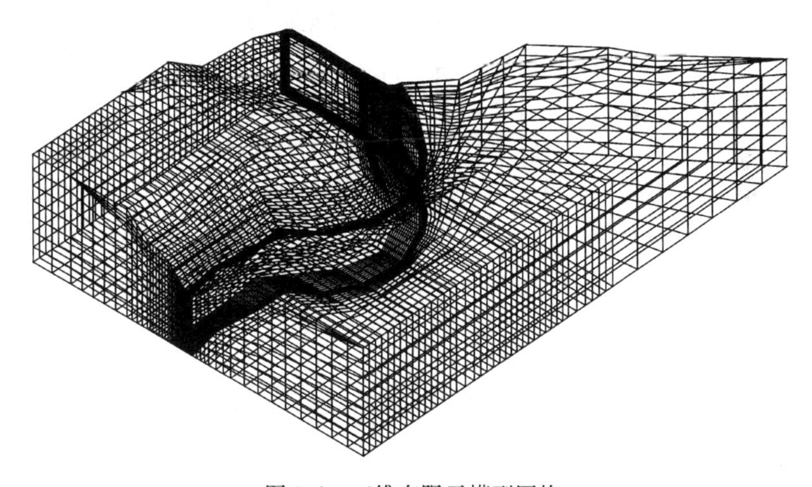

图 9-1　三维有限元模型网格

计算模型的边界类型主要有已知水头边界、出渗边界、不透水边界三种:①已知水头边界包括河道水位线以下两岸及河床、左右岸坝肩截取边界、下游左岸截取边界;②出渗边界为坝区河道水位线以上、左右岸山坡表面、左右岸坝肩截取边界地下水位以上部分边界以及模型顶面,为所有与大气接触的边界;③不透水边界包括模型底面以及模型上游截取边界和下游右岸截取边界。

根据实际的地质情况,拟定坝基岩体各分层、断层的渗透系数取值范围,见表 9-1。

表 9-1 坝基岩体各分层、断层渗透系数取值范围

部位	岩层分类	渗透系数/(cm/s)
左岸覆盖层	—	$1.0\times10^{-2}\sim9.0\times10^{-2}$
古滑坡堆积体	—	$1.0\times10^{-2}\sim9.0\times10^{-2}$
河床覆盖层	—	$1.0\times10^{-2}\sim9.0\times10^{-2}$
中等透水层	10Lu<q<100Lu	$5.0\times10^{-5}\sim5.0\times10^{-4}$
弱透水层	3Lu<q<10Lu	$5.0\times10^{-6}\sim5.0\times10^{-5}$
相对不透水层	q<3Lu	$5.0\times10^{-7}\sim5.0\times10^{-6}$

9.4.2 天然地下水渗流场分析

采用基于三维有限元法的可变容差法反演分析地下水渗流场。首先,根据地质勘察的钻孔地下水位资料推测计算模型截取边界处的地下水水位。不计降雨入渗等影响因素,按稳定渗流场考虑,计算枢纽区的天然地下水渗流场,并比较地下水位的计算值和实测值,分析枢纽区地下水位的分布规律,以及地下水位计算值随边界地下水位变化的规律,逐步调整计算模型截取边界处的边界地下水位和计算模型的岩性分区、计算参数等,反复计算分析,直到地下水位的计算值与实测值的偏差满足工程精度要求(通常取 5%),由此确定计算模型和天然渗流场,包括截取边界的地下水位、计算模型的岩性分区和计算参数等。

经可变容差法渗流反演计算,岩体的渗透系数见表 9-2,地下水位实测值与反演计算值的比较如表 9-3 和图 9-2～图 9-5 所示,其中相对误差是指地下水位实测值和反演计算值的差与最大水头的比值,即

$$\text{相对误差}=\frac{\text{实测值}-\text{反演计算值}}{\text{最高地下水位}-\text{河道水位}}\times100\%$$

表 9-2 反演分析确定的岩体渗透系数

部位	岩层分类	渗透系数/(cm/s)
左岸覆盖层	—	7.0×10^{-2}
古滑坡堆积体	—	7.0×10^{-2}
河床覆盖层	—	7.0×10^{-2}
中等透水层	10Lu<q<100Lu	8.5×10^{-5}
弱透水层	3Lu<q<10Lu	7.5×10^{-6}
相对不透水层	q<3Lu	2.5×10^{-6}

表 9-3　地下水位实测值与反演计算值比较

X/m	Y/m	实测值/m	反演计算值/m	误差/m	相对误差/%
$X=-325$	$Y=900$	1490.86	1495.75	−4.89	−2.66
$X=-250$	$Y=550$	1482.37	1480.09	2.28	1.24
$X=50$	$Y=800$	1493.70	1489.64	4.06	2.21
$X=300$	$Y=800$	1489.50	1483.82	5.68	3.09
$X=-325$	$Y=175$	1500.50	1503.72	−3.22	−1.75
$X=-250$	$Y=-60$	1152.56	1156.54	−3.98	−2.16
$X=50$	$Y=0$	1545.48	1541.23	4.25	2.31
$X=300$	$Y=175$	1493.53	1496.21	−2.68	−1.46

(1) 天然情况下，左岸山体地下水位较低，右岸较高。左岸山体地下水位变化较为缓慢，因下游河道转向左岸，故左岸坝肩截取边界上坝轴线下游的地下水位急剧下降，地下水沿坝轴线和截取边界方向分别向河道流动。右岸地下水位变化较快，由山体向河道流动，梯度较大。上下游河道附近地下水位与实际情况均吻合。该三维渗流模型较好地模拟了山体内天然地下水位的分布情况。

(2) 地下水位总体上由两岸向河谷处逐渐下降，即地下水的流向为由两侧山体指向河谷方向。由表 9-3 和图 9-2～图 9-5 可见，剖面地下水位反演计算值与所给的实测值基本吻合，仅在山体很少部分局部范围内拟合误差较大，该局部范围内地下水位计算值与实测值的最大误差为 5.68m，相对误差 3.09%。因此，反演计算结果较好地拟合了天然地下水渗流场，计算模型和边界条件是合适的。

以上分析表明，该三维有限元模型较好地模拟了枢纽区的工程地质情况以及岩体渗透性分区，模拟的天然地下水分布基本符合勘察的实际情况，因此该模型可用于运行期枢纽区渗流场计算分析以及坝体止水失效渗流场影响分析等问题的研究。

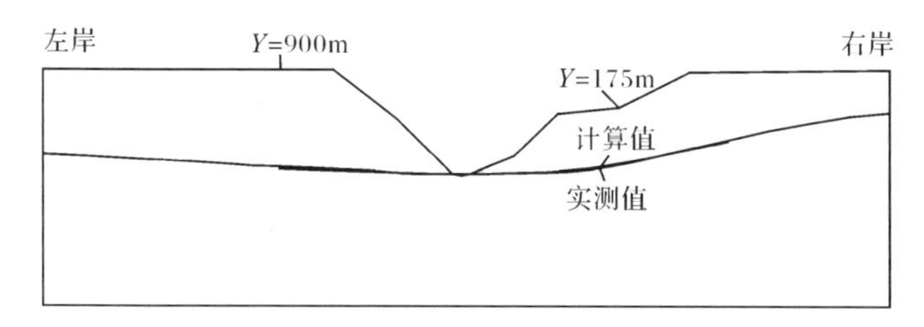

图 9-2　剖面 $X=-325$m 天然地下水位的计算值与实测值曲线

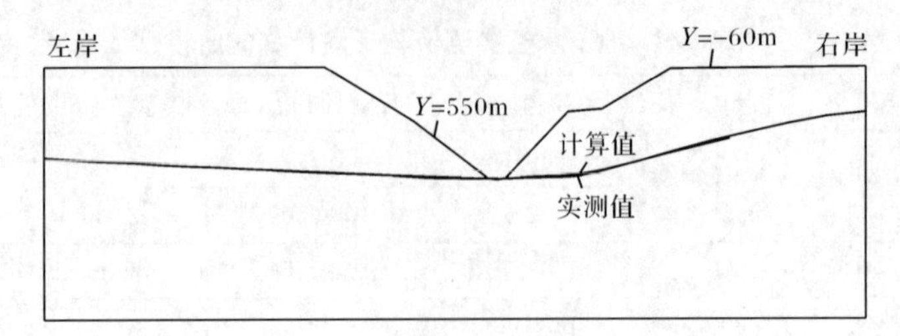

图 9-3　剖面 $X=-250\text{m}$ 天然地下水位的计算值与实测值曲线

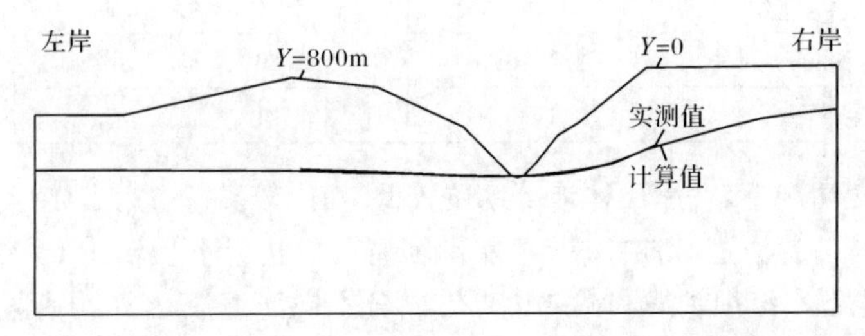

图 9-4　剖面 $X=50\text{m}$ 天然地下水位的计算值与实测值曲线

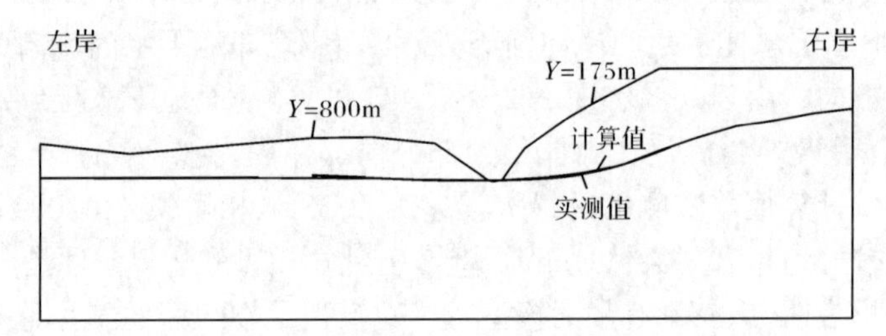

图 9-5　剖面 $X=300\text{m}$ 天然地下水位的计算值与实测值曲线

第 10 章　渗流分析常用有限元分析软件

10.1　GeoStudio 软件

10.1.1　软件简介

GeoStudio 软件是由全球著名的加拿大岩土软件开发商 Geo-Slope 公司在 20 世纪 70 年代面向岩土工程、环境工程、水工地质、交通运输工程等领域的应用而开发的。经过 40 多年的发展，GeoStudio 软件已成为边坡稳定性分析、非饱和土渗流、岩土地震动力响应分析等方面全球知名的岩土工程分析软件。GeoStudio 软件包括以下 8 个专业分析模块：

(1) 边坡稳定分析模块 SLOPE/W，能够采用多种边坡稳定计算方法得出边坡稳定安全系数和滑动面等信息。

(2) 地下水渗流分析模块 SEEP/W，能够求解饱和与非饱和、稳态与瞬态渗流问题，得到渗流场浸润线、水头分布、流速分布及流量等，还可以得到不同时刻不同节点的孔隙水压力等信息。

(3) 岩土应力变形分析模块 SIGMA/W，求解变形和应力问题，可查看任意节点、边界和单元的信息以及高斯积分点的莫尔圆等信息。

(4) 地震响应分析模块 QUAKE/W，可以求解线性或非线性土体的水平向和竖向动态响应，分析地震对地面建筑物稳定性和变形的影响，也可以计算震后残余变形。

(5) 地热分析模块 TEMP/W，用于模拟由环境的改变或建筑物、管道施工引起的地基内热量变化。

(6) 地下水污染物传输分析模块 CTRAN/W，对污染物通过土层和岩石等渗流介质时的传输问题进行模拟计算。

(7) 空气流动分析模块 AIR/W，配合 SEEP/W 模块用于分析空气压力，空气在粗糙材料中的对流等。

(8) 地表环境下非饱和区渗流分析模块 VADOSE/W，能够分析外部环境中的水流经非饱和地表进入地下水系的过程。

图 10-1 为 GeoStudio 2007 软件启动界面，单击其中某个模块，可开展相应的专业问题分析。本节重点介绍 SEEP/W 模块在工程渗流分析中的应用。

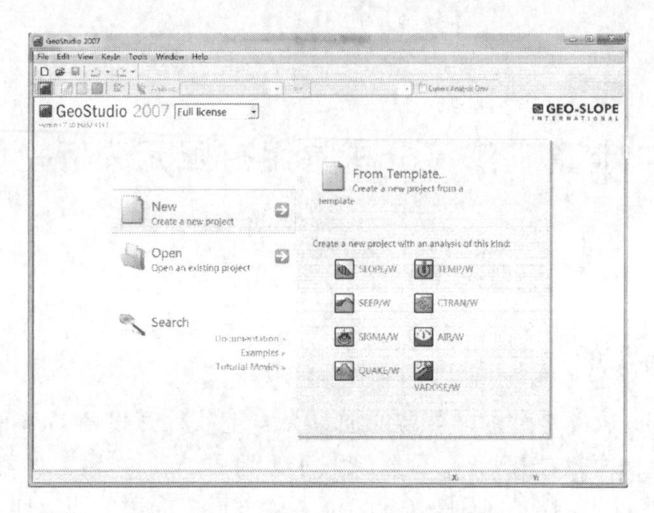

图 10-1　GeoStudio 2007 软件启动界面

10.1.2　渗流分析模块

1. SEEP/W 模块简介

SEEP/W 模块可用于边坡、大坝、基坑、尾矿库等工程的饱和或不饱和渗流、稳态或瞬态渗流分析。计算结果可用于 SLOPE/W 模块求解边坡、路堤稳定性随时间变化关系,也可将计算出的地下水渗透流速用于 CTRAN/W 模块分析污染物的扩散和转移。图 10-2 为 SEEP/W 模块启动界面,其中 Steady-State 和 Transient 为常用的稳态渗流和瞬态渗流分析选项。

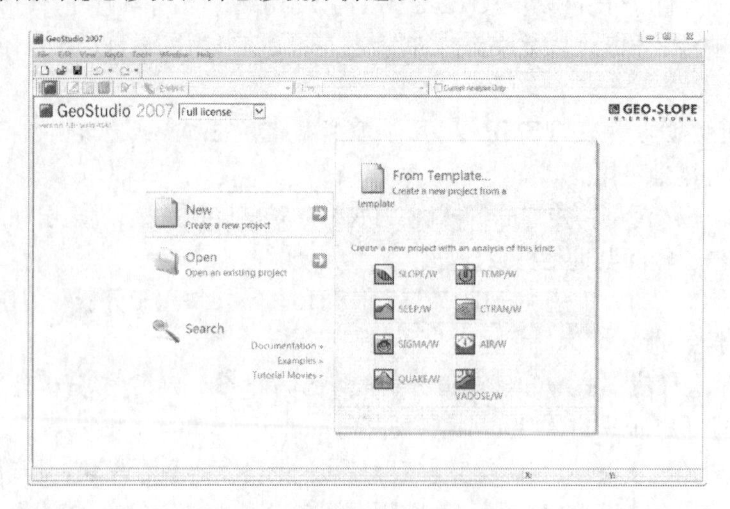

图 10-2　SEEP/W 模块启动界面

2. SEEP/W 模块分析过程

SEEP/W 模块求解渗流问题主要包括选择分析类型、导入几何模型、添加材料、设置边界条件、划分网格、求解计算和后处理等环节，其中主要介绍选择分析类型、设置边界条件、添加材料和后处理几个部分。

(1) 选择分析类型。选择稳态渗流或瞬态渗流、平面渗流或二维轴对称渗流进行分析。

(2) 设置边界条件。可定义总水头边界、压力水头边界、节点流量边界等，其中水头和流量边界可以指定为常数或者随时间变化的函数。

(3) 添加材料。用于设置材料的渗流属性。对于饱和问题，仅需输入渗透系数，对于非饱和问题，还需给出土水特征曲线和水力传导曲线。软件内置的估计方法可以用土体类型或粒径数据来估计土水特征曲线和渗透系数曲线。

(4) 后处理。提供计算结果云图、等值线、矢量图、单宽截面流量、动画、图表等多种结果表达形式。

10.1.3　算例分析

1. 算例 1

1) 计算模型

选取设有褥垫排水的均质坝进行渗流分析。如图 10-3 所示，坝高 30m，上游坝坡坡度 1∶2.75，下游坝坡坡度 1∶2.5，坝顶宽度 8m，上游水位 28m，下游无水，坝体材料的饱和渗透系数 1×10^{-5} cm/s，褥垫排水材料的饱和渗透系数 1×10^{-2}cm/s，褥垫的长度和厚度分别为 30m 和 0.5m。

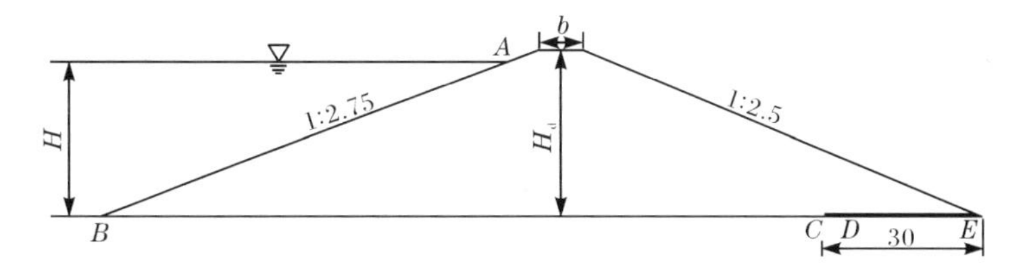

图 10-3　设有褥垫排水的均质坝模型计算简图(单位：m)

2) 模型建立及求解

Step 1　选择分析类型。在 GeoStudio 2007 软件启动界面(图 10-1)选择 SEEP/W 模块，可对该模型进行重命名及简要描述，方便区分及以后查看(注：对计算完成的模型重命名后需对模型重新计算)，分析类型选为稳态分析(图 10-2)。其他选项选择默认值。

Step 2 导入几何模型。将在 CAD 中画好的计算简图另存为 DXF 格式后，导入 GeoStudio 中，需要注意导入的模型必须是封闭的图形，如图 10-4 所示。对于简单的模型，也可以直接在 GeoStudio 软件里通过输入控制点创建区域。

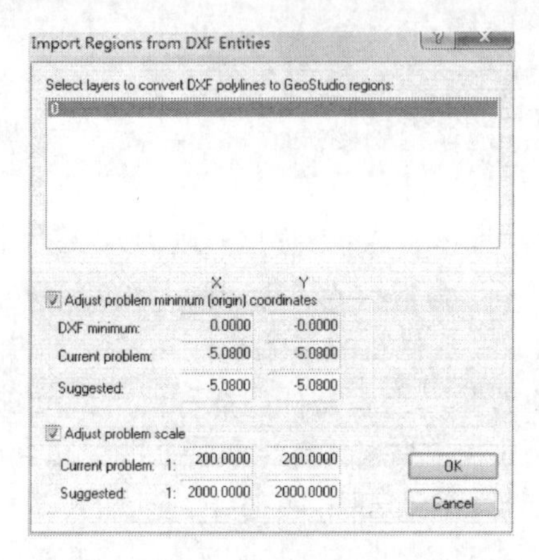

图 10-4 几何模型导入

Step 3 添加材料。坝体材料的饱和渗透系数取 1×10^{-5}cm/s，褥垫排水材料的饱和渗透系数取 1×10^{-2}cm/s，坝料的体积含水率函数和渗透系数函数采用 VG 模型，进气值 a=20kPa，参数 n=1.842，饱和体积含水率取 0.421，残余体积含水率取 0.06，如图 10-5 所示。

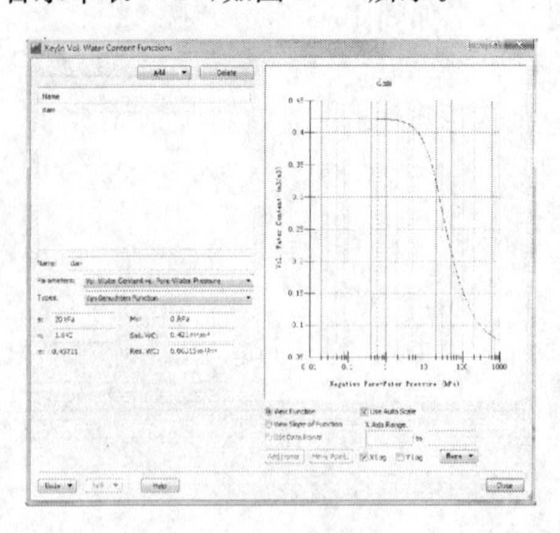

(a) 体积含水率函数

(b) 渗透系数函数

图 10-5 设置材料

Step 4 设置边界条件。上游坝坡施加 28m 的水头边界，整个褥垫排水设为排水边界，如图 10-6 所示。添加材料和设置边界条件后，绘制流量截面，如图 10-7 所示。

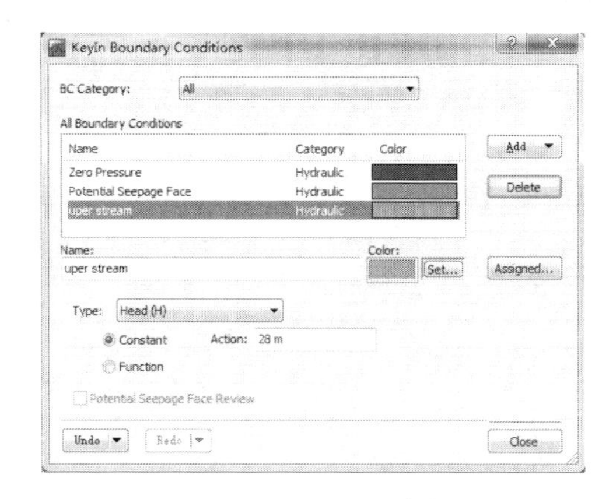

图 10-6　设置边界条件

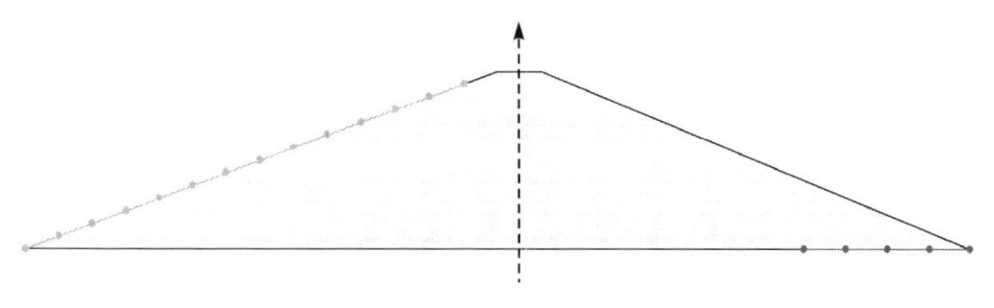

图 10-7　设置流量计算截面

Step 5　划分网格。选择 4 节点四边形单元，全局单元尺寸设为 4m，共有 989 个节点，924 个单元，如图 10-8 所示。

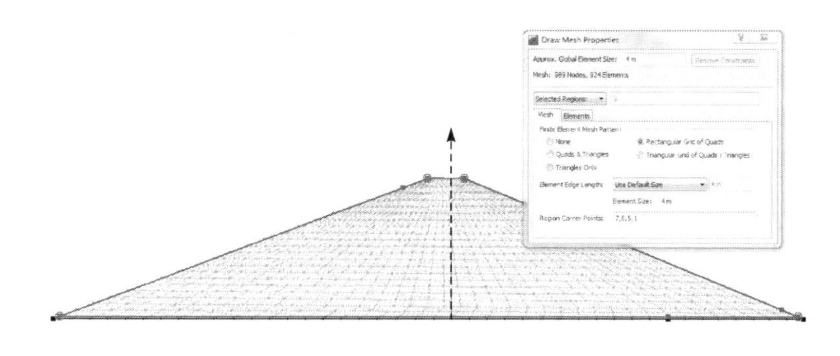

图 10-8　划分网格

Step 6　模型检查，提交计算。在菜单栏的工具中选择检查/优化，提示出现“0 错误和 0 警告”时便可进行求解计算。

Step 7　后处理。SEEP/W 模块的后处理较为简单，可以直接得到孔隙水压力等值线、总水头等值线和浸润线，如图 10-9～图 10-11 所示。也可以查询某一节点的压力水头、总水头、渗透梯度(坡降)、渗透流速等物理量的计算结果,如图 10-12 所示。

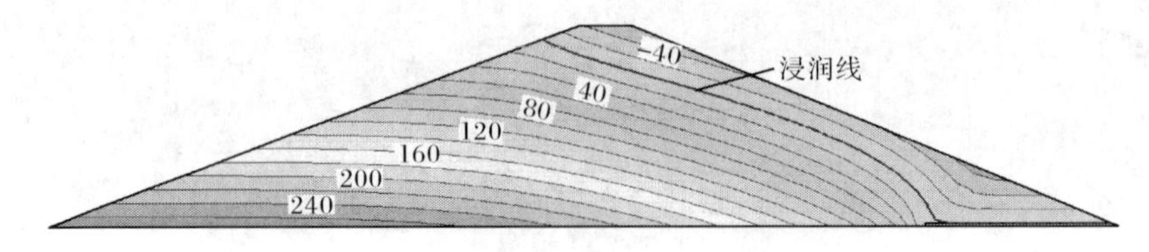

图 10-9 孔隙水压力等值线分布图(单位:kPa)

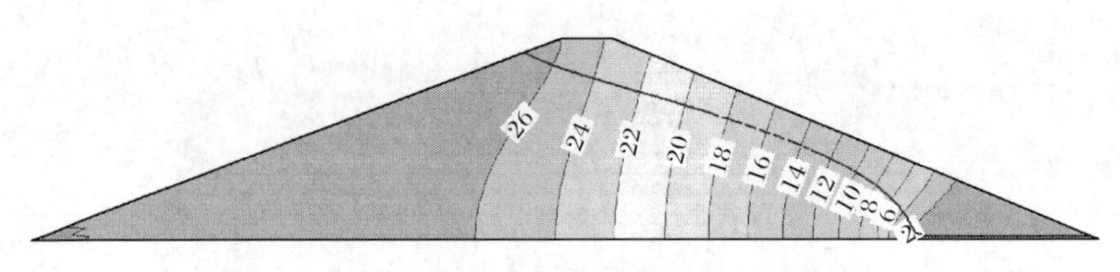

图 10-10 总水头等值线分布图(单位:m)

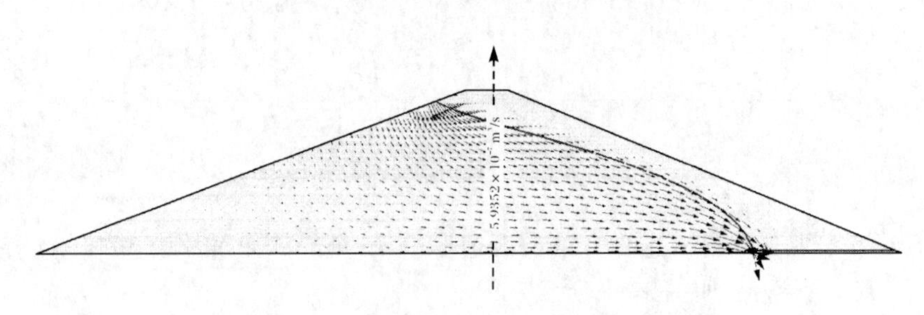

图 10-11 流速矢量及截面流量分布图

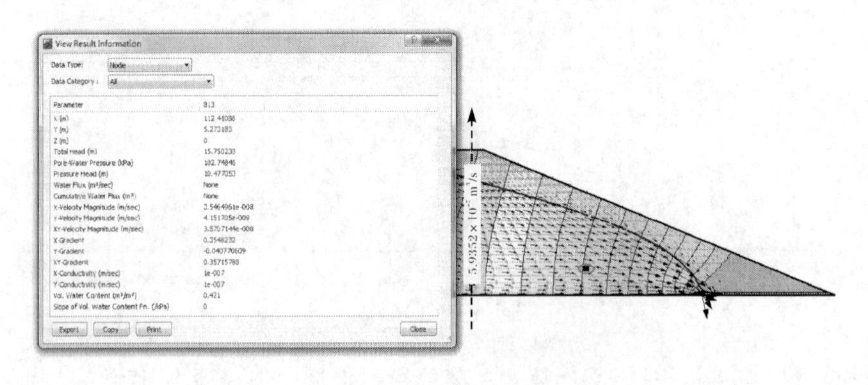

图 10-12 节点物理量计算结果

将 SEEP/W 模块计算的渗流量和浸润线与水力学法的计算结果进行对比。

SEEP/W 模块求得的坝体单宽渗流量为 5.9352×10^{-7} m^2/s，与水力学法求得的坝体单宽渗流量 5.3677×10^{-7} m^2/s 较为接近。图 10-13 给出了两种方法计算的浸润线，两者结果基本一致。

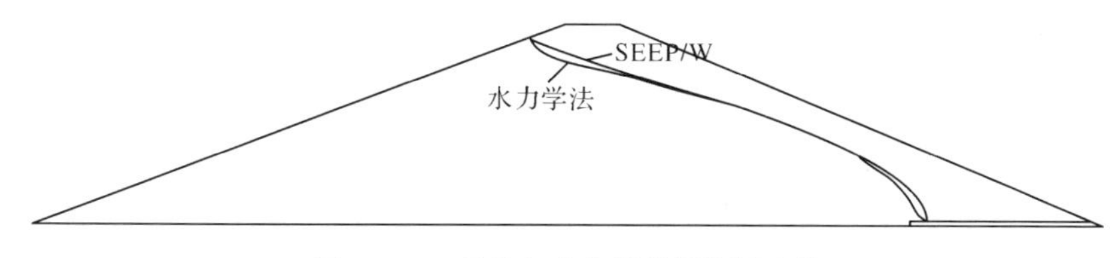

图 10-13　两种方法求得的浸润线比较

2. 算例 2

本节选取某高 135m 的混凝土面板堆石坝进行大坝渗流场计算分析。图 10-14 所示为大坝有限元网格图，其中节点 10771 个，单元 10651 个。

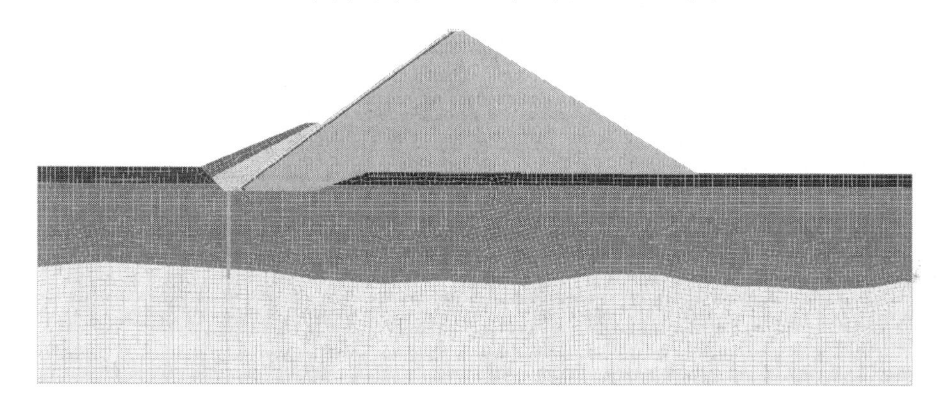

图 10-14　某高 135m 的混凝土面板堆石坝渗流场有限元网格

计算分析类型选择稳定状态饱和渗流，各部位渗透系数采用值见表10-1。选取正常蓄水位工况进行分析计算，相应的上游水位为 297.46m，下游水位为 180m。

表 10-1　某高 135m 的混凝土面板堆石坝渗流场各部位渗透系数

序号	部位	渗透系数/(cm/s)
1	面板(趾板)	1.00×10^{-7}
2	垫层	2.10×10^{-4}
3	过渡层	3.17×10^{-3}
4	主堆石区	3.40×10^{-1}

续表

序号	部位	渗透系数/(cm/s)
5	次堆石区	6.62×10^{-1}
6	基岩帷幕灌浆	1.00×10^{-5}
7	特殊垫层	1.00×10^{-4}
8	反滤层	1.00×10^{-3}
9	上游铺盖区	1.00×10^{-3}
10	上游盖重区	1.00×10^{-2}
11	坝基 10Lu 线以上区域	1.00×10^{-3}
12	坝基 10Lu 线至 3Lu 线区域	2.00×10^{-4}
13	坝基 3Lu 线以下区域	3.00×10^{-5}
14	覆盖层	$7.20\times10^{-1}\sim3.20\times10^{-2}$

图 10-15 所示为大坝浸润线和总水头等值线分布图。由图可见，由于坝体混凝土面板和坝基防渗帷幕的低透水性，水头损耗主要集中在面板和帷幕区域，坝体浸润线较低且平缓，坝体堆石区几乎都处于渗透疏干区。计算得大坝单宽渗流量为 $2.4245\times10^{-4}\,m^2/s$。大坝各部位的最大渗透坡降见表 10-2。

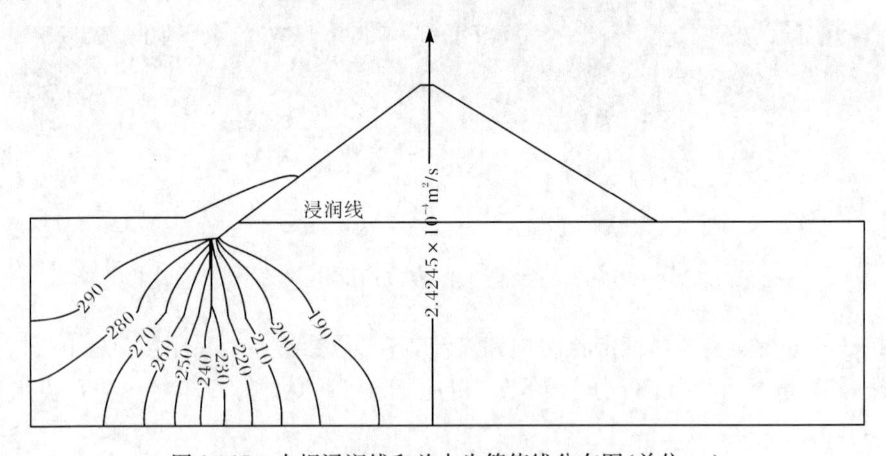

图 10-15　大坝浸润线和总水头等值线分布图(单位:m)

表 10-2　大坝各部位最大渗透坡降

名称	面板	垫层	特殊垫层	过渡层	主堆石区	次堆石区
最大渗透坡降	178.09	0.33	5.86	0.39	0.006	<0.001
名称	反滤层	上游铺盖区	上游盖重区	帷幕	覆盖层	
最大渗透坡降	<0.001	0.97	0.012	19.07	0.005	

10.2　Midas GTS 软件

10.2.1　软件简介

Midas GTS 软件为岩土及隧道结构分析与设计专用有限元分析软件，拥有结构静力分析、动力分析、渗流分析、应力-渗流耦合分析、边坡稳定分析、衬砌分析等功能。软件采用 Windows 风格操作界面，支持三维动态模拟功能，具有汉化界面、交互式、可视化等操作优点。

新版 Midas GTS NX 软件拥有几何建模、单元库、本构模型、网格划分、荷载与边界条件、分析功能和后处理等基本功能，包括隧道建模助手、动力分析、地形生成器、固结分析、边坡稳定分析、渗流分析、衬砌设计、动力荷载生成器和 64 位计算内核＋GPU 计算内核九个模块。Midas GTS 软件启动界面如图 10-16 所示。

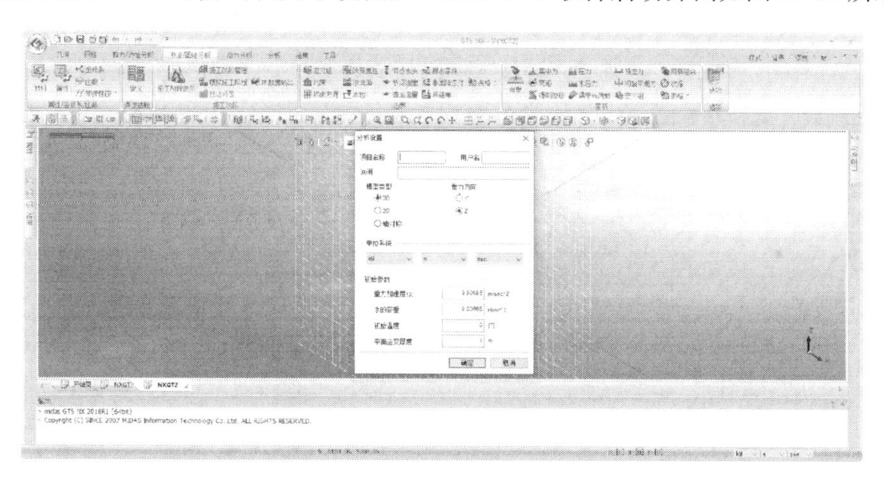

图 10-16　Midas GTS 软件启动界面

10.2.2　渗流分析模块

Midas GTS 软件可进行二维或三维饱和-非饱和渗流、稳定或非稳定渗流、应力-渗流耦合计算，广泛应用于地下结构、岩土、水工、地质、隧道等工程渗流问题的计算分析。

渗流分析主要包括建立几何模型、定义材料和属性、网格剖分、设置边界条件、建立分析工况、计算求解和后处理等环节，其中主要介绍材料、设置边界条件、分析类型以及后处理几个部分。

(1) 材料。关于材料渗透性的参数包括渗透系数、非饱和特性参数、饱和重度、初始孔隙比、排水参数和储水率等。

(2) 设置边界条件。在“渗流/固结分析”模块,软件提供节点水头、节点流量、曲面流量、渗流面、水位、排水条件和非固结条件等渗流及流固耦合计算所需的边界条件。

(3) 分析类型。Midas GTS 计算求解渗流及相关问题时需选择相应的分析类型,包含渗流(稳态)、渗流(瞬态)、固结、完全流固耦合四种类型。

(4) 后处理。软件可以查看总水头、压力水头、孔隙水压力、流速、流量等结果的云图或者等值线图,并提供对每一个节点结果的提取。

10.2.3 算例分析

1. 算例 1

利用 Midas GTS 软件求解某简化薄拱坝坝基稳态渗流场,计算模型如图 10-17 所示,不考虑薄拱坝坝体渗流,地基深度为 20m,向上下游分别延伸 20m 和 40m,帷幕灌浆深度 10m。

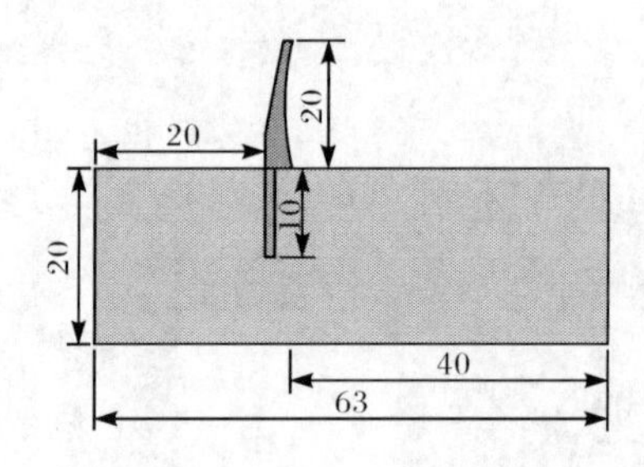

图 10-17 某简化薄拱坝坝基稳态渗流场有限元计算模型(单位:m)

主要计算步骤如下:

Step 1 建立分析项目。选择“新建”,输入项目名称“薄拱坝坝基渗流场”,模型类型选“2D”,重力方向选“Y”,单元系统为“kN-m-s”,初始参数保持不变。

Step 2 建立(或导入)几何模型。鉴于计算模型比较简单,可在软件中直接建立几何模型。在几何模块选择“线”,输入每条线端点对应坐标即可得到所建几何模型;对于复杂模型,也可以先在 CAD 里建模,然后选择“导入”,单击“导入 DXF(2D)线框”即可。

Step 3 定义材料及属性。首先定义属性,属性类型为“2D 平面应变”,名称为“薄拱坝坝基”,单击材料右侧按钮建立新材料,材料类型为“各向同性-弹性”,设置坝基材料渗透系数为 10^{-6}m/s;同理设置灌浆帷幕的属性和材料即可。

Step 4 播种并剖分网格。在“网格”模块选择“尺寸控制”,选择坝基所有线条,方法为“单元尺寸”,大小为 2m,单击“确认”即可。选择“生成 2D”,方法为“自动区域”,选择各区域对应的线条,生成网格。

Step 5　设置边界条件。在“渗流-固结分析”模块选择“节点水头”，目标类型为“节点”，选择大坝上游侧一排节点，水头大小为40m，类型为“总水头”，建立边界组“上游水头”；同理设置下游水头的边界条件。

Step 6　设置分析工况。在“分析”模块选择“一般类型”建立分析工况，工况标题为“薄拱坝坝基渗流”，求解类型为“渗流(稳态)”，激活所有网格组和边界组。

Step 7　后处理。在“分析”模块单击“运行”进行计算，可以得到薄拱坝坝基渗流场的计算结果。在左侧目录树选择“结果”，可以提取渗流场的相关计算结果，如图10-18所示。

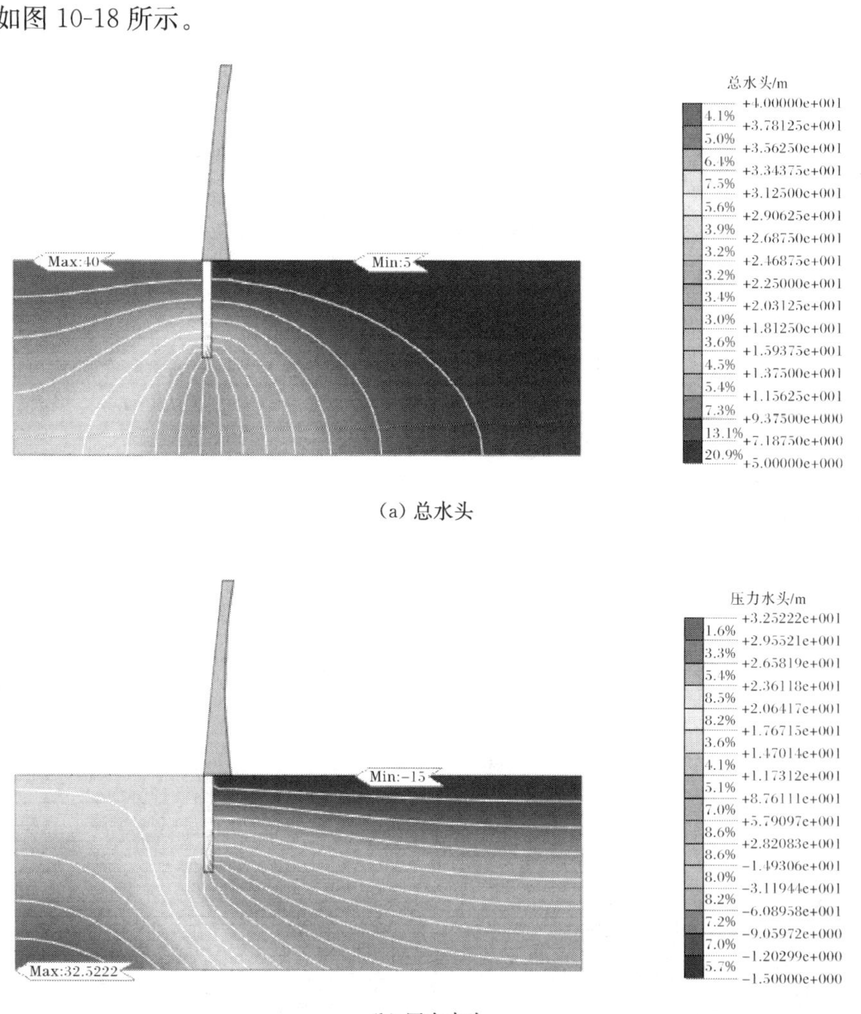

(a) 总水头

(b) 压力水头

图10-18　某简化薄拱坝坝基稳态渗流场模型计算结果云图(单位：m)

2. 算例 2

以某高 65m 沥青混凝土心墙坝为例，建立有限元模型，如图 10-19 所示，其中单元 3167 个，节点 3298 个。

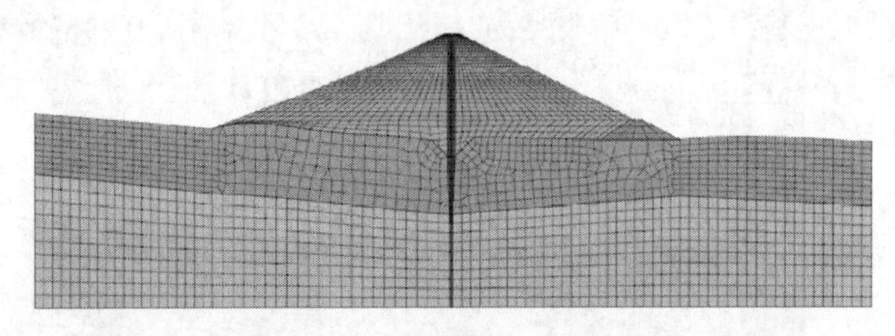

图 10-19　某高 65m 沥青混凝土心墙坝有限元网格

选取正常蓄水位为计算工况，对应的上游水位为 1215m，下游采用棱体排水，水深 2m，计算坝体的稳定渗流场，各部位渗透系数见表 10-3。

表 10-3　某高 65m 沥青混凝土心墙坝各部位渗透系数

序号	部位	渗透系数/(cm/s)
1	坝体堆石区	3.21×10^{-1}
2	过渡层	2.11×10^{-3}
3	沥青混凝土心墙	5.34×10^{-7}
4	排水棱体	8.10×10^{-1}
5	灌浆帷幕	1.51×10^{-6}
6	弱透水地基	1.20×10^{-3}
7	完整基岩	4.38×10^{-4}

经计算，得到沥青混凝土心墙坝在正常蓄水位工况下的稳定渗流场，图 10-20 所示为大坝总水头和压力水头分布云图。由图可见，沥青混凝土心墙和防渗帷幕防渗效果明显，其中心墙有效地削减了坝体水头，大幅降低了墙后浸润线高度。

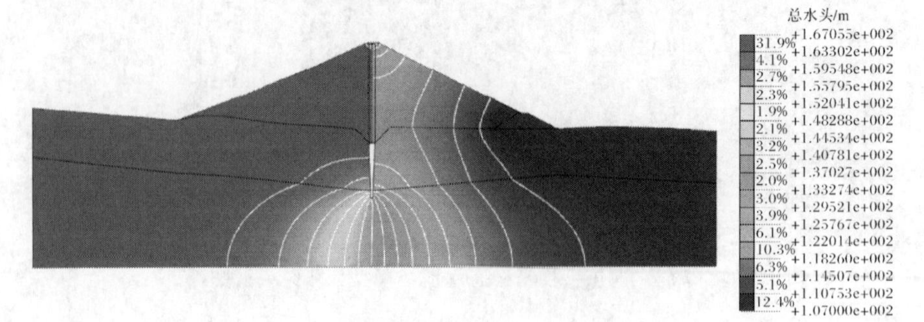

(a) 总水头

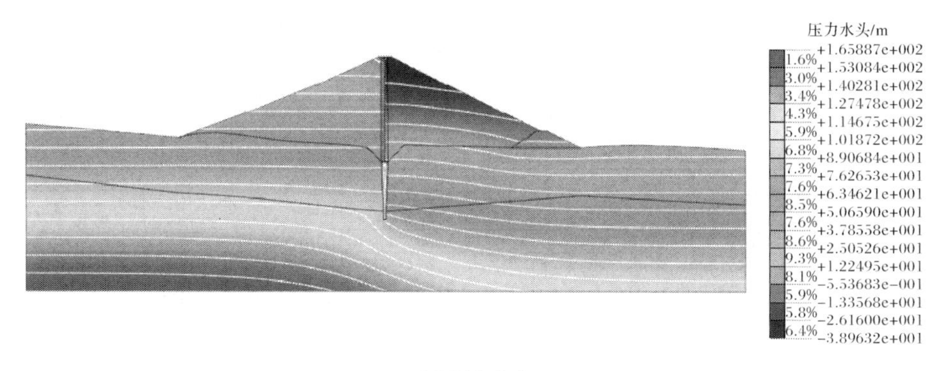

(b) 压力水头

图 10-20 某高 65m 沥青混凝土心墙坝渗流场计算云图

10.3 ABAQUS 软件

10.3.1 软件简介

ABAQUS 软件是由达索 SIMULIA 公司开发的一套功能强大的工程模拟有限元软件，能够分析线性或非线性应力、渗流/应力耦合、热传导、质量扩散、热/电耦合分析、声学分析和压电分析等问题。ABAQUS 软件包括两个主要分析模块——ABAQUS/Standard 和 ABAQUS/Explicit，以及与 ABAQUS/Standard 组合的两个具有特殊用途的分析模块——ABAQUS/Aqua（波动荷载模块）和 ABAQUS/Design（优化敏感性分析模块）。此外，ABAQUS/CAE 提供了 ABAQUS 的交互式图形环境，该交互式图形环境由一系列功能模块组成，可通过模块（Module）下拉列表在不同模块间切换，用于建立模型的几何形状、选择材料模型及设定材料参数、选择分析过程的类型、设定荷载、边界条件、考虑接触、网格划分、结果后处理等。图 10-21 为 ABAQUS/CAE 软件中两种不同数值模型创建次序。图 10-22 为 ABAQUS/CAE 软件启动界面。

10.3.2 渗流分析模块

ABAQUS 软件可以分析多孔介质的饱和或非饱和渗流、稳定或非稳定渗流、线性或非线性渗流等问题。求解时必须采用特殊的位移/孔隙水压力耦合单元，即单元自由度耦合孔隙水压力和位移，其中孔隙水压力呈线性分布，而位移可取为一阶或二阶分布函数。采用 ABAQUS 软件对土坝、堤防以及边坡等进行纯渗流分析时，假定土体不可压缩，只需将位移/孔隙水压力耦合单元的位移自由度全约束即可。

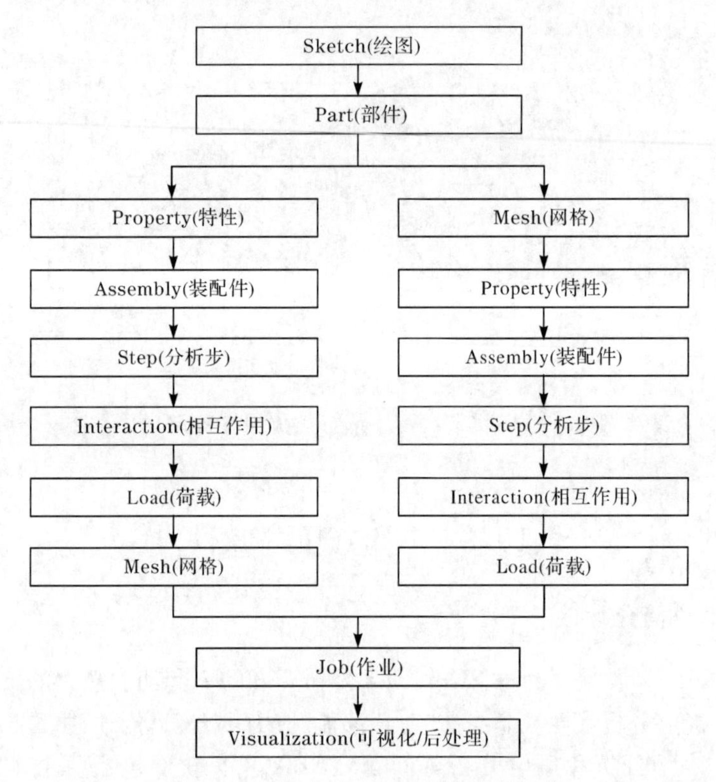

图 10-21　ABAQUS/CAE 软件建模顺序

ABAQUS 软件在进行流固耦合分析时，能够提供总孔隙水压力和超孔隙水压力两种不同解的形式。而 ABAQUS 软件在进行非耦合渗流计算时，应对模型施加重力荷载，此时 ABAQUS 软件提供总孔隙水压力解。

1. 边界条件

ABAQUS 软件进行渗流计算时，主要边界条件为总水头边界和可能出逸边界。ABAQUS 软件采用总孔隙水压力为基本未知量来表征总水头边界，此时模型临水边界的孔隙水压力可表示为

$$u_w=(H-z)\gamma_w \tag{10-1}$$

式中：H 为临水面水位高度；z 为临水面上某一点高度；γ_w 为水的重度。

对于可能出逸面的处理，ABAQUS 软件提供了一种特殊的边界条件，即自由渗出段边界，该边界条件只允许孔隙水从分析区域中渗出，而不允许水流进入。基本原理如图 10-23 所示，假设当边界面上孔隙水压力为负时，流速限定为 0，当孔隙水压力为正时，孔隙流体的流速与孔隙水压力成正比，并且该比例系数 $k_s \geqslant k/\gamma_w c$ 时（k 为材料的渗透系数；c 为单元典型长度）可近似限定边界上的孔隙水压

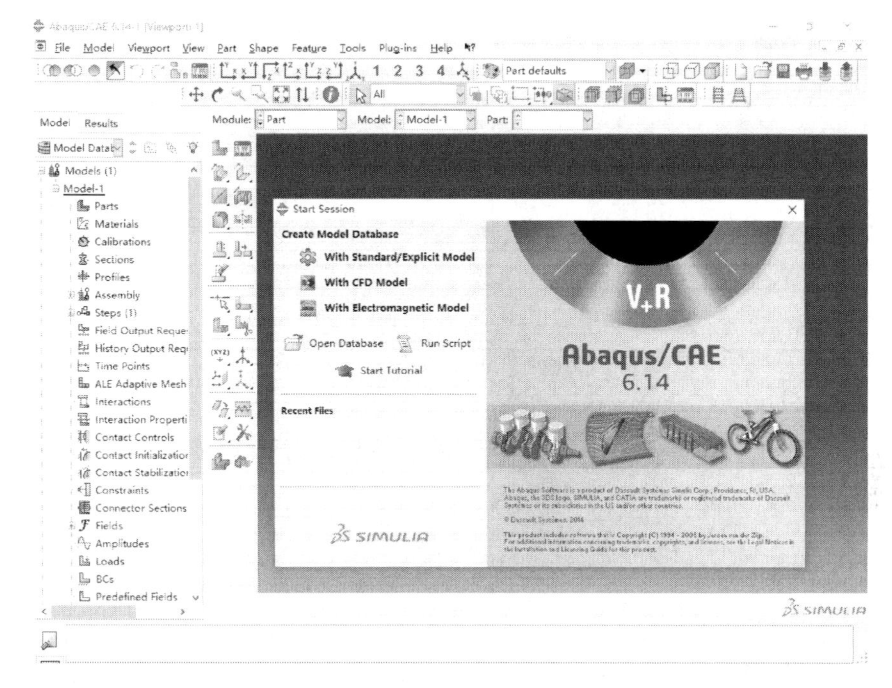

图 10-22　ABAQUS/CAE 软件启动界面

力等于 0，建议取 $k_s \approx 10^5 k/\gamma_w c$。

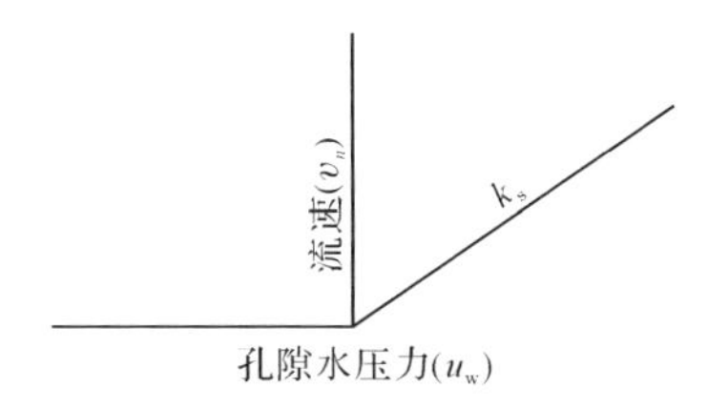

图 10-23　自由渗出段边界孔隙水压力与流速的关系

该类边界条件无法在 ABAQUS/CAE 中定义，需在 inp 文件中添加如下语句：

* FLOW；基于单元面的定义语句

单元号或单元集合，$Q_n D$，k_s；

* SFLOW；基于几何表面的定义语句

面的名称，QD，k_s。

同时，ABAQUS 软件进行渗流分析时，还应设置初始条件：

* INITIAL CONDITION，TYPE＝RATIO 定义初始孔隙比。

* INITIAL CONDITION，TYPE＝PORE PRESSURE 定义初始孔隙水压力。

* INITIAL CONDITION，TYPE＝SATURATION 定义初始饱和度。

2. 材料参数

ABAQUS 软件通过相对渗透系数 k_s 来考虑土体饱和度 S_r 对渗透系数的影响。在 ABAQUS 软件内部，默认相对渗透系数和土体饱和度呈幂函数关系，即

$$k_s=\begin{cases}S_r^3, & S_r<1.0\\1.0, & S_r\geqslant 1.0\end{cases}\tag{10-2}$$

此外，式(10-2)只定义了相对渗透系数，仍需定义材料饱和渗透系数，并通过 * PERMEABILITY 选项中的 SPECIFIC 重量参数指定流体的重度。

同时，当进行非饱和渗流分析时，必须定义土水特征曲线中的吸湿曲线(ABSORPTION)、脱湿曲线(EXSORPTION)以及两者之间的关系，否则 ABAQUS 软件会将土体视为完全饱和，达不到非饱和渗流分析的效果。

10.3.3　算例分析

1. 算例 1

1) 计算模型

图 10-24 为一不透水地基上高 6.0m，宽 4.0m 的矩形均质土坝，材料渗透系数为 2.4×10^{-5}cm/s，上下游水位分别高出基准面 6.0m 和 1.0m。采用该问题的有限元解及甘油模型试验解进行验证，该算例可作为检验 ABAQUS 软件计算非饱和渗流的一个经典问题。

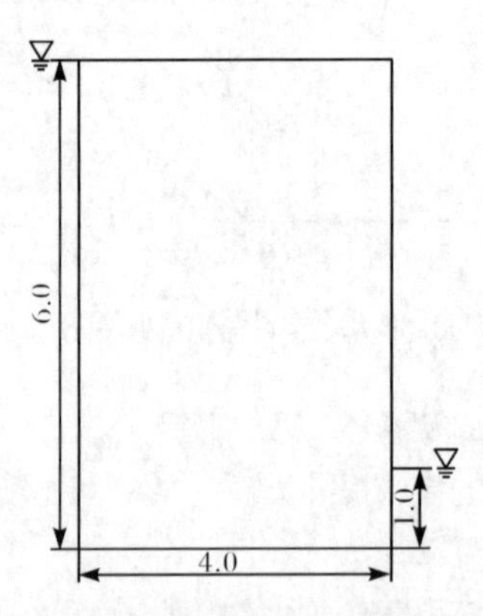

图 10-24　某矩形均质土坝模型计算简图(单位:m)

2) 模型建立与求解

Step 1　建立部件。在 Part 模块中按照图 10-24 所示模型尺寸建立一个名为 DAM 的 Part，将所有区域建立名为 DAM 的集合，并将下游水位以上的边坡建立名为 Fdown 的面。

Step 2　设置材料及截面特性。在 Property 模块中，建立名为 Soil 的材料，密度取为 2.0×10^3kg/m^3，弹性模量为 10MPa，泊松比取为 0.3。Soil 的饱和渗透系数为 2.4×10^{-5}cm/s，水的重度为 10kN/m^3，Soil 的相对渗透系数随饱和度的变化关系及吸湿曲线按图 10-25 所示设置。基于材料 Soil 生成名称为 Soil 的截面，然后指定坝体 DAM 的 Section 属性 Soil。

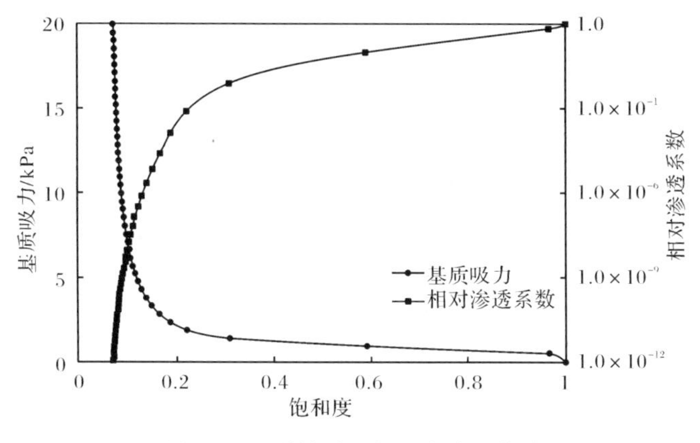

图 10-25　计算采用的土水特征曲线

Step 3　装配部件。在 Assembly 模块中，勾选 Dependent 选项，建立相应的 Instance。

Step 4　定义分析步。在 Step 模块中，建立名为 Step-1 的 Soils 类型分析步，在分析类型选择 Steady-state(稳态分析)，Time period(时间总长)为 10，初始增量步长取为 1，其余选项均取默认值。

Step 5　定义荷载、边界条件。在 Load 模块中，对模型施加重力荷载－10，并约束模型的位移自由度。

上下游边界为满足已知水头条件随高程变化的孔隙水压力边界，基于分析步 Step-1 分别将上游边界设定为 Pore pressure 边界，并输入空间分布计算公式10 * (6－Y)，Magnitude 大小设置为 1.0。下游边界设置方法同上游，改变空间分布计算公式 10 * (1－Y)即可。

除上下游孔隙水压力边界条件外，模型下游以上坡面为可能出逸边界，通过自由渗出段边界来控制。执行[Model]/[Edit Keywords]命令，在设置边界条件的选项块中添加如下语句：

```
* FLOW
DAM-1. Fdown,QD, 0.1
```

除基本边界条件外，ABAQUS 软件渗流计算还需设定初始条件。执行[Model]/[Edit Keywords]命令，在第一个 Step 之前添加有关初始孔隙率和初始饱和度的语句：

*INITIAL CONDITION, TYPE=RATIO

DAM-1. DAM, 1.0

*INITIAL CONDITION, TYPE=SATURATION

DAM-1. DAM, 1.0

Step 6　划分网格。在 Mesh 模块中，将 Object 选项勾选为 Part，网格划分方式设置为扫掠、四边形网格，单元类型为 CPE4P。对模型全局布种，全局单元尺寸为 0.1m，进行网格剖分。

Step 7　提交任务。进入 Job 模块，建立名为 JOB_4X6 的任务，提交运算。

3）结果和分析

当渗流稳定时，矩形均质土坝中的孔隙水压力云图如图 10-26 所示。由图 10-26(a) 可知，矩形均质土坝右上角为负孔压区，说明该部分土体为非饱和状态。如果只显示土中的正孔压区结果，如图 10-26(b)所示，此时，矩形均质土坝的自由面即为孔隙水压力为 0 的分界面。图 10-27 给出了不同计算方法下的浸润线，通过与甘油试验及有限元解比较，ABAQUS 计算非饱和渗流具有较好的准确性。图 10-28 给出了稳定渗流时矩形均质土坝饱和度等值线云图，从图中也可以看出，在渗流自由面以下，土体为完全饱和状态，而在自由面以上，土体饱和度随高度逐渐减小。

2. 算例 2

选取某 77m 高砌石重力坝非溢流典型坝段进行渗流场计算分析。大坝非溢流坝段典型剖面如图 10-29 所示，排水管间距 3m。三维有限元网格如图 10-30 所

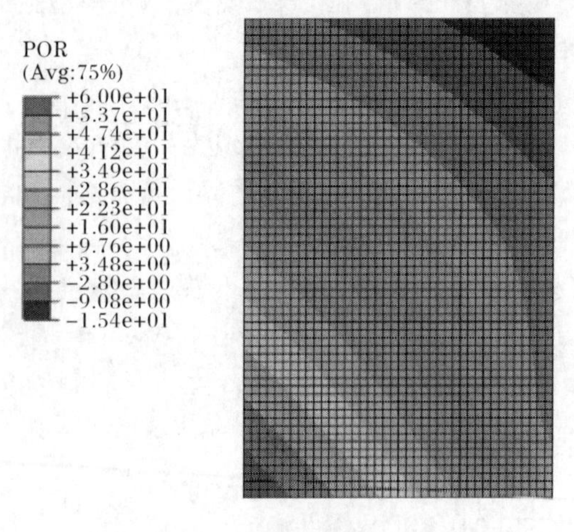

(a) 全域孔隙水压力

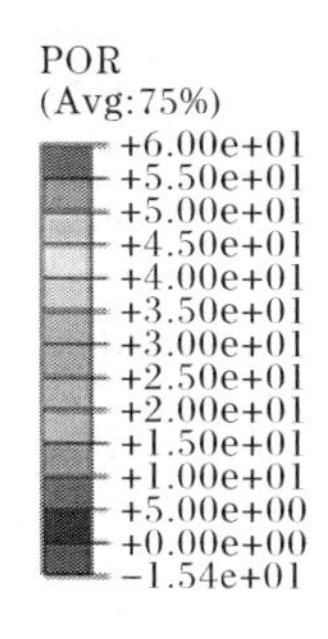

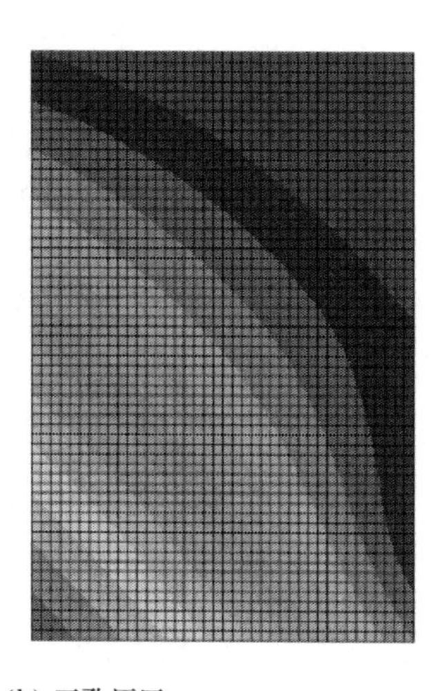

(b) 正孔压区

图 10-26　均质矩形土坝孔隙水压力云图

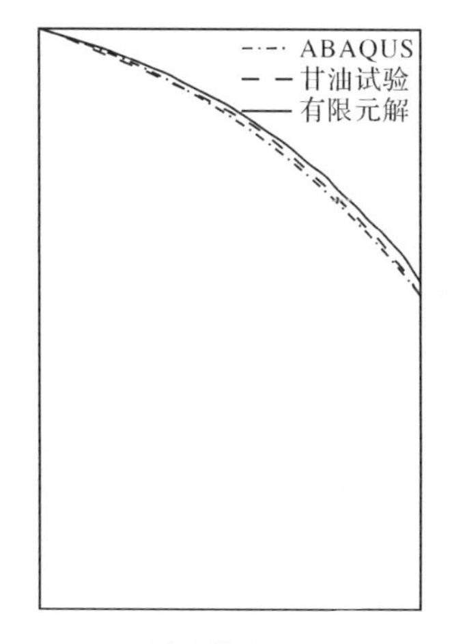

图 10-27　不同计算方法下浸润线比较

示，其中节点 23080 个，单元 18300 个，坝体廊道及排水管网格如图 10-31 所示。

选取正常蓄水位工况进行分析计算，相应上下游水位分别为 72.5m 和 10.5m；排水管 3 顶部高程与下游水位齐平，因此设为溢流型边界，即坝基排水总水头为排水管顶部高程；坝体下游面下游水位以上、排水管 1 和 2 及廊道设为出逸边界。同时为研究坝内排水管的排水减压作用，计算坝内排水管失效时大坝渗流场作为对比工况。各部位渗透系数见表 10-4。

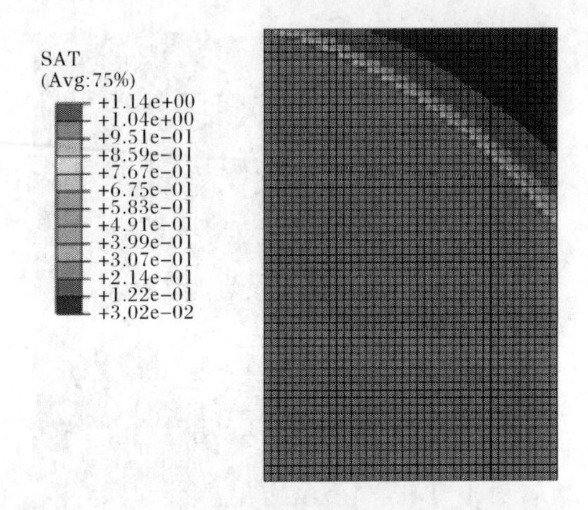

图 10-28　稳定渗流时矩形均质土坝饱和度等值线云图

表 10-4　砌石重力坝非溢流坝各部位渗透系数

序号	部位	渗透系数/(cm/s)
1	混凝土	1.00×10^{-8}
2	浆砌石	1.00×10^{-4}
3	灌浆帷幕	5.00×10^{-5}
4	风化层	1.00×10^{-4}
5	坝基 5Lu 线以上区域	5.00×10^{-4}
6	坝基 5Lu 线至 3Lu 线区域	4.00×10^{-5}
7	坝基 3Lu 线以下区域	2.00×10^{-5}

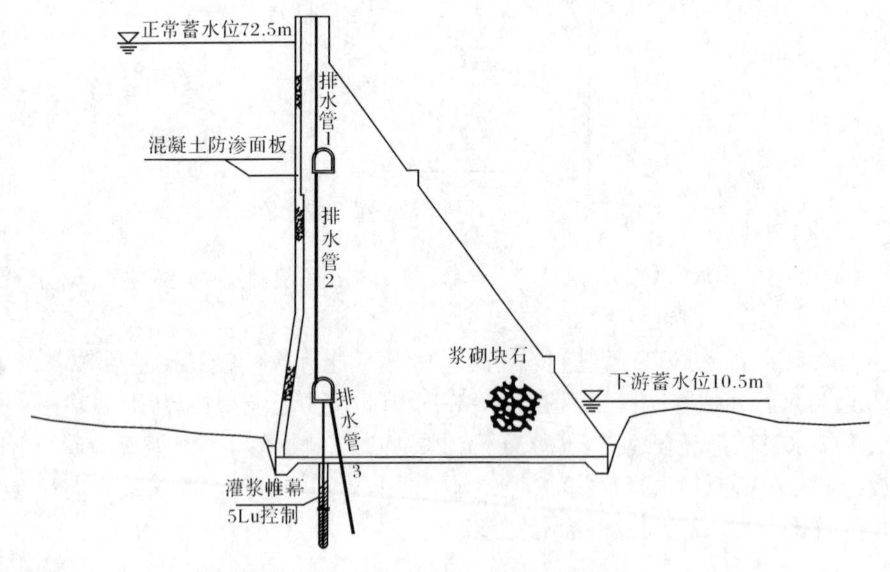

图 10-29　砌石重力坝非溢流坝段典型剖面图

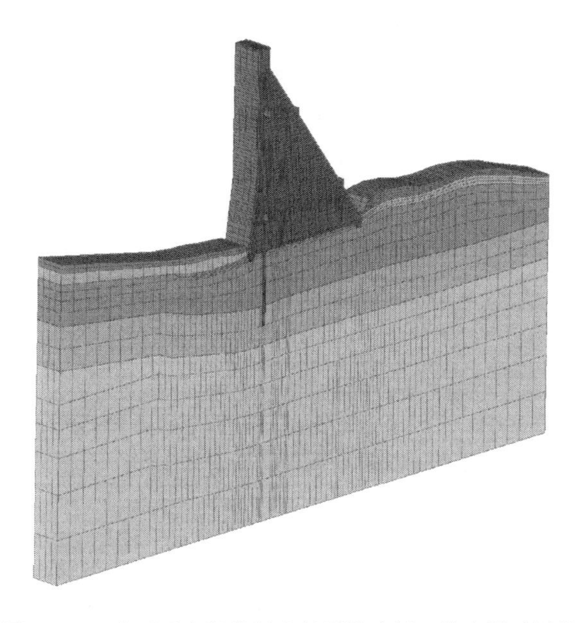

图10-30　砌石重力坝非溢流坝段渗流场三维有限元网格

图10-32为两种不同工况下过排水管断面大坝自由面和总水头等值线分布图。由图可知，由于混凝土防渗面板及帷幕的低渗透性，水头损耗主要集中在混凝土防渗面板及帷幕灌浆区域；当排水管失效时，坝体自由面抬升明显，说明坝内排水管对排水减压有明显作用。

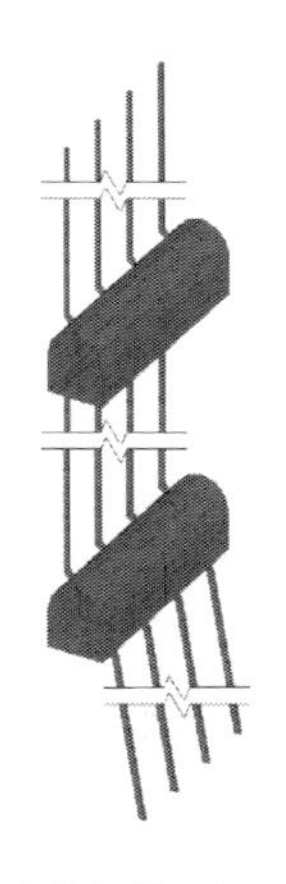

(a) 排水管坝体及坝基分布图

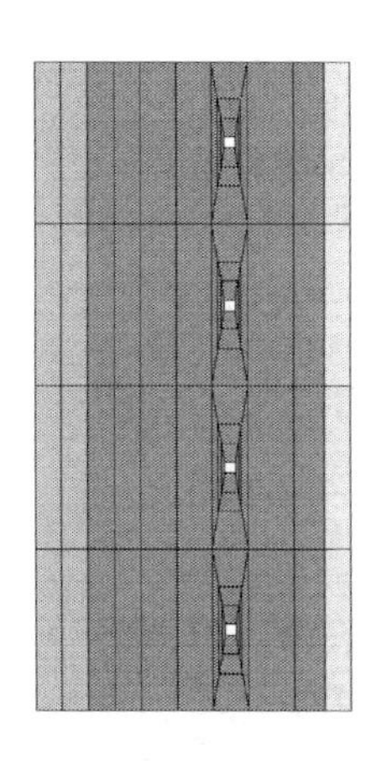

(b) 竖向排水管俯视图

图10-31　砌石重力坝非溢流坝段排水管网格

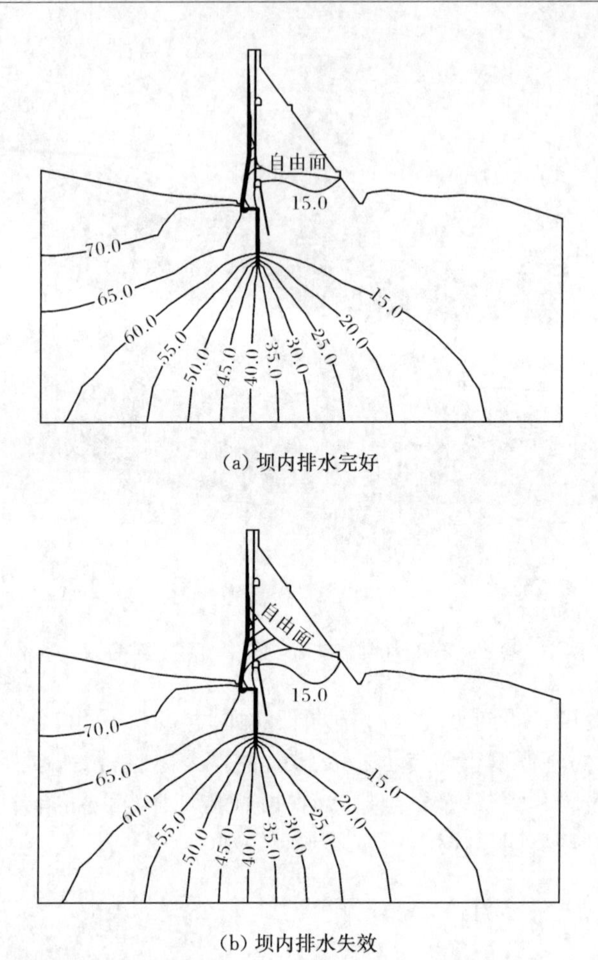

图10-32　两种不同工况下过排水管断面大坝自由面和总水头等值线分布图(单位:m)

10.4　ADINA 软件

10.4.1　软件简介

ADINA 软件为麻省理工学院 Bathe 教授及其团队研发的一款大型通用有限元分析软件,能够对结构、热、流体及流固耦合、热固耦合等问题进行综合性有限元分析。ADINA 软件有诸多突出的技术特点:基于 Parasolid 核心的实体建模技术,丰富的数据接口,出色的网格自动生成技术和网格划分能力,丰富的单元类型和材料模型,完善的求解理论框架和高效的线性/非线性求解技术,结构、流体、热的真正耦合分析,完善的用户开发环境等,广泛地应用于材料加工、机械制造、航空航天、石油化工、土木工程、岩土及地下工程、水利水电、核工业、能源、交通等行业。

ADINA 软件主要包括 ADINA-Structures、ADINA-CFD、ADINA-Thermal、ADINA-FSI、ADINA-TMC、ADINA-AUI 等功能模块。图 10-33 为 Windows 系统下 ADINA 软件启动界面。

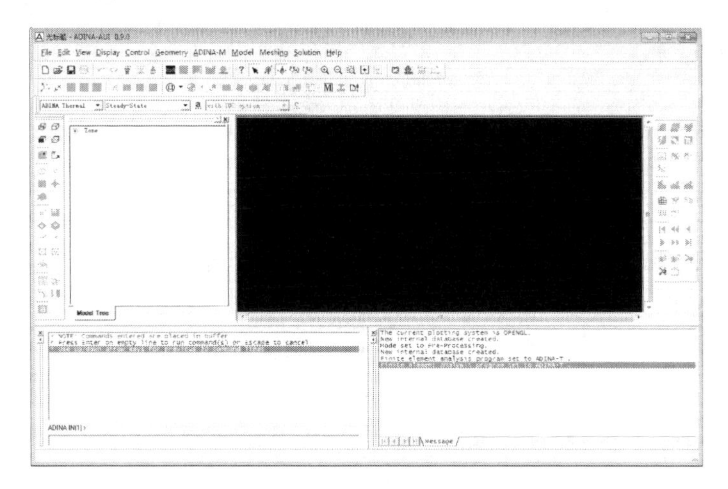

图 10-33　ADINA 软件启动界面

10.4.2　渗流分析模块

ADINA 软件可以对土木工程、水利水电、地下工程等诸多工程渗流及相关问题进行模拟计算，可在如下四个计算模块中实现相关计算。

(1) ADINA-Thermal 模块。根据渗流方程与温度方程相同的原理，用温度场的求解方法，采用热传导单元来求解渗流问题，可以近似得到饱和稳态场的水头、速度和浸润面等渗流要素。

(2) ADINA-CFD 模块。利用该模块中多孔介质材料来分析渗流问题，利用求解流体控制方程的方法得到瞬态渗透流速、流网分布等。

(3) ADINA-Structures 模块。利用该模块的 Porous Media 材料特性来求解渗流问题，可以得到土中孔隙水压力与土体应力场耦合的结果，但无法得到渗透流速等结果。

(4) ADINA-CFD 模块联合 ADINA-Structures 模块。这种方法综合两种模块的特点与优势，利用流固耦合的原理，既可以求得瞬态渗透流速、流网分布等，又可以得到土中孔隙水压力与土体应力场耦合的结果。

10.4.3　算例分析

1. 算例 1

本节采用 ADINA-Thermal 模块进行渗流场计算，计算模型采用与 10.1 节相同的带褥垫排水的均质坝，坝体尺寸及材料参数见 10.1 节，这里重点给出 ADINA-Thermal 开展渗流计算的详细流程。主要计算步骤如下：

Step 1　启动 ADINA-Thermal 模块。启动 AUI，在软件模块下拉列表中选 ADINA-Thermal。

Step 2　建立几何模型。单击 Define Points 图标，在列表中输入（或导入）各个点的坐标（*YZ* 平面）；单击 Define Lines 图标，新建线条 1，分别输入点 1 和点 2，单击 Save，同理建立其他线条；单击 Define Faces 图标，新建面 1，在操作界面选择连续闭合的一组线条，单击 Save，同理建立其他面，构建计算模型。

Step 3　定义边界条件。单击 Apply Fixity 图标，Apply to 选项为 Lines；单击 Define Fixity 图标，新建约束"TEMP"，自由度仅选择 Temperature，单击 OK；双击表格第一行的蓝色框，在操作界面选择褥垫排水所在线条，选择 Fixity 为"TEMP"，单击 OK。

Step 4　定义荷载。首先定义一个空间函数，依次单击 Geometry—Spatial Function—Line，打开对话框，新建函数 1，Type 选为 Linear，在数值框内分别输入 1 和 0，单击 OK；单击 Apply Load 图标，在对话框中选择 Load Type 为 Temperature，Apply to 为 Line；单击 Define Temperature 图标，新建荷载 1，Magnitude 设为 10，单击 OK；双击表格中蓝色框，在操作界面选择上下游坝面对应的线条，其中下游线条对应的 Spatial Function 选为 1，其他设置默认不变，单击 OK。

Step 5　定义材料。单击 Manage Material 图标，选择材料属性为 Seepage，新建材料 1，Permeability 设为 1.0E－7，Weight Density 设为 9810，单击 OK，单击 Close 关闭对话框。

Step 6　定义单元（组）。单击 Define Element Group 图标，增加 Group1，Type 设为 2D-Conduction，Element Sub-Type 设为 Planar，单击 OK；依次单击 Meshing—Mesh Density—Line，在对话框中设置正确的划分份数，选择对应的线条，单击 Save，同理对所有线条进行划分，最后单击 OK；单击 Mesh Surfaces 图标，Nodes per Element 选为 4，双击蓝色框，在操作界面选择需要进行剖分的面，单击 OK。

Step 7　设置初始水头条件。渗流分析中必须设置初始水头条件，否则计算结果可能只是局部发生渗流。依次单击 Control—Analysis Assumptions—Default Temperature Settings，此处输入的数值只要比模型 *Z* 坐标的最大值稍大一些即可,如输入 31,单击 OK 退出对话框。

Step 8　运行 ADINA 并生成结果文件。首先单击 Save,将数据文件保存在 seep_example 中,单击 Data File/Solution 图标,将文件名设为 seep_example 中,确认勾选 Run ADINA 后单击 Save。程序运行完毕后关闭所有对话框,在程序模块下拉列表框中选择 Post-Processing,其余默认,单击 Open 图标,打开结果文件 seep_example. por。

Step 9　查看结果文件。图 10-34(a)为该均质坝渗流场总水头云图;如果需要得到压力水头的结果,只需从总水头中将位置水头 Z 坐标减去即可,依次单击 Definitions—Variable—Resultant,单击 Add 来增加变量名 PORE_HEAD,输入变量的定义为〈TOTAL_HEAD〉-〈Z-COORDINATE〉,单击 OK 退出对话框,便可查看压力水头的相关结果,如图 10-34(b)所示。图 10-34(b)中仅显示压力水头大于 0 的区域。

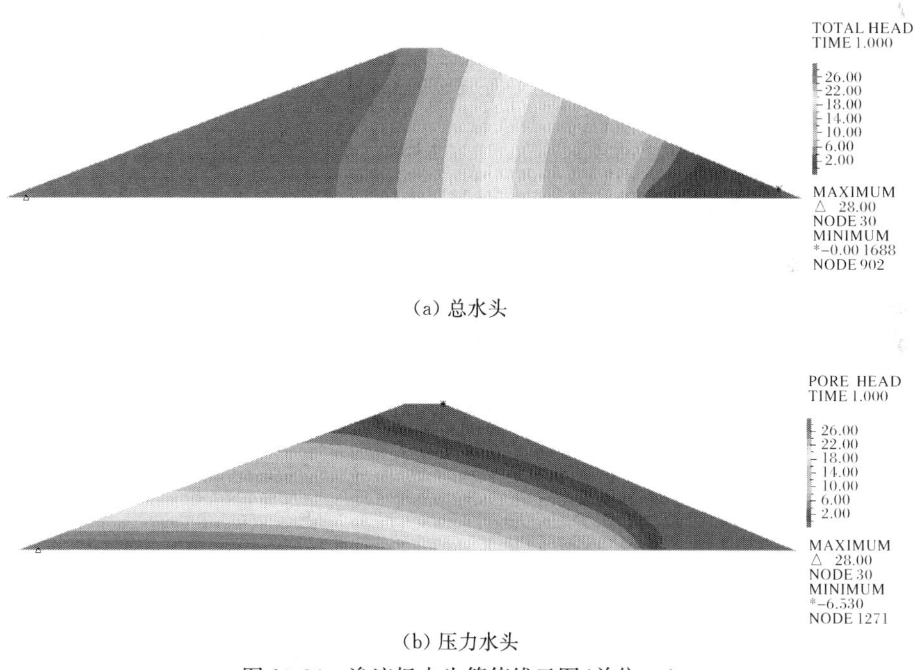

(a) 总水头

(b) 压力水头

图 10-34　渗流场水头等值线云图(单位:m)

2. 算例 2

位于我国淮河流域的某进洪闸,设计总宽 198m,共 14 孔,闸底板设计高程 16.7m,消力池底高程 14.5m。闸基区地层主要为第四季冲、洪积地层,共分 7 个地层,各地层分布情况如图 10-35 所示。上下游向取 2 倍防渗长度作为计算域,进而建立闸基渗流有限元网格,如图 10-36 所示。上游水位、下游消力池水位和下游河床水位分别为 26.9m、18.21m、18.0m。各部位渗透系数见表 10-5。

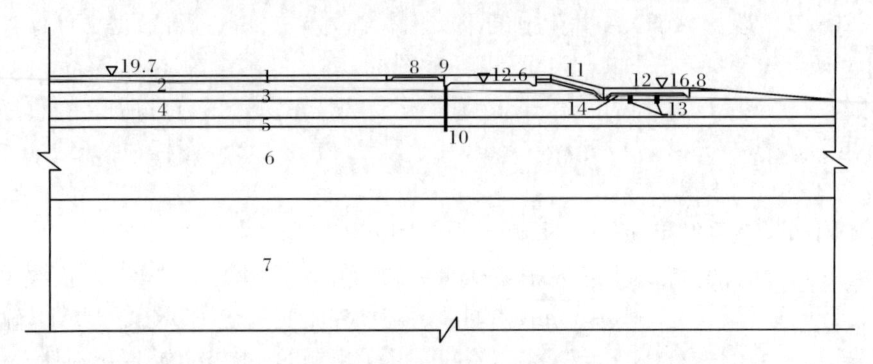

图 10-35　闸基地层分布图

1-中粉质壤土加粉质壤土地层(2-1)；2-重粉质壤土地层(3)；3-粉质壤土和砂壤土地层(4)；4-细砂地层(5)；5-轻粉质壤土和砂壤土地层(7-2)；6-粉质黏土地层(8)；7-中粉质黏土地层(9)；8-混凝土铺盖；9-铺盖止水；10-混凝土地下连续墙；11-斜坡段消力池；12-水平段消力池；13-减压井；14-反滤层

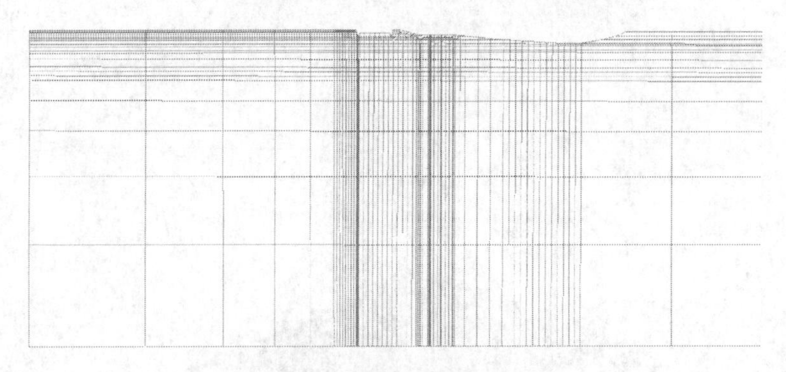

图 10-36　闸基渗流有限元网格

表 10-5　各部位渗透系数

序号	部位	渗透系数/(cm/s)
1	中粉质壤土加粉质壤土地层	8.00×10^{-5}
2	重粉质壤土地层	5.00×10^{-6}
3	粉质壤土和砂壤土地层	1.00×10^{-4}
4	细砂地层	2.00×10^{-2}
5	轻粉质壤土和砂壤土地层	8.00×10^{-5}
6	粉质黏土地层	1.00×10^{-6}

续表

序号	部位	渗透系数/(cm/s)
7	中粉质黏土地层	1.00×10^{-5}
8	混凝土铺盖	1.00×10^{-8}
9	铺盖止水	1.00×10^{-8}
10	混凝土地下连续墙	1.00×10^{-7}
11	斜坡段消力池	1.00×10^{-8}
12	水平段消力池	1.00×10^{-3}
13	减压井	1.00×10^{-3}
14	反滤层	1.00×10^{-3}

图 10-37 为利用 ADINA-Thermal 模块计算得到的闸基总水头等值线分布图。由图可见，地连墙起到了很好的防渗效果，黏土铺盖起到了辅助防渗作用。

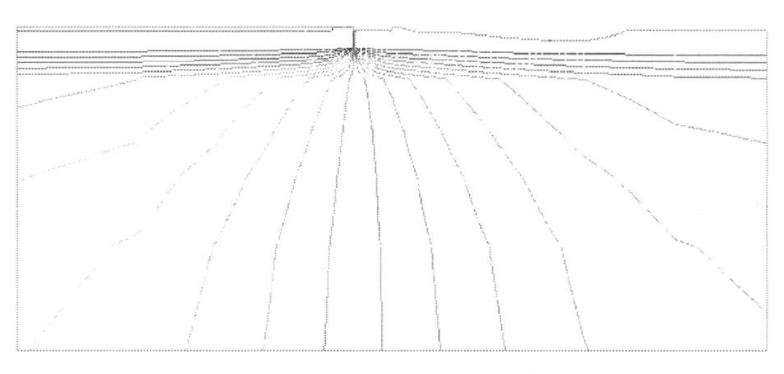

图 10-37　闸基总水头等值线分布图(单位:m)

第11章　土石(堤)坝渗流分析与控制

11.1　堤　　坝

11.1.1　工程概况

南京长江隧道工程[194]位于南京长江大桥与三桥之间，北起浦口区珠江镇以南火药洲村，穿越长江主航道后，南至梅子洲(江心洲)。隧道设计为双管盾构隧道，采用泥水平衡式盾构施工，盾构开挖直径为14.96m，隧道走向为北西～南东，江北起点进口里程为K3＋390，梅子洲隧道出口里程为K6＋900，隧道总长度3510m，其中盾构段自K3＋600至K6＋532.756，盾构长度为2932.756m，洞径约14.30m，北岸起点底板高程约－19.00m(吴淞高程，下同)，中段最低处底板高程约－51.00m，南岸终点洞口底板高程约－16.00m。

长江防洪堤为重要防洪工程，保护等级为2级。南京长江隧道于K3＋733.7处下穿江北防洪堤，大堤基底至隧道顶的距离为11.5～12.5m。南京长江隧道L、R线盾构机穿越长江大堤的时间分别是2008年6月和4月，L线穿越时(6月)属于长江汛期。

南京长江隧道工程施工期间，L线、R线两台盾构机穿越长江大堤地基。在盾构机穿越的过程中，大堤发生了不同程度的沉降并开裂，威胁大堤的防洪和防汛安全。因此，需要评价大堤的渗透稳定性，提出防止大堤发生渗透破坏的工程措施处理方案。该段长江大堤和隧道位置典型断面如图11-1所示。

11.1.2　计算模型及条件

1. *模型范围和边界*

模型范围截取如下：X方向，分别以防浪墙靠近迎水面侧为基准，向迎水面和背水面方向各截取55.7m和64.3m；Y方向，取大堤段长120m；Z方向，底部截至高程为－30m，堤顶高程为11.70m。计算模型范围如图11-2所示。综合分析计算区域内的地形、土层等特征，在计算区域内选取控制剖面22个，生成有限元网格，计算模型有限元网格如图11-3所示。

模型边界条件选取如下：大堤迎、背水两侧截取边界为地面高程以下部分(x=0m和x=120m)、垂直于隧道轴线的截取边界(y=0m和y=120m)以及模型

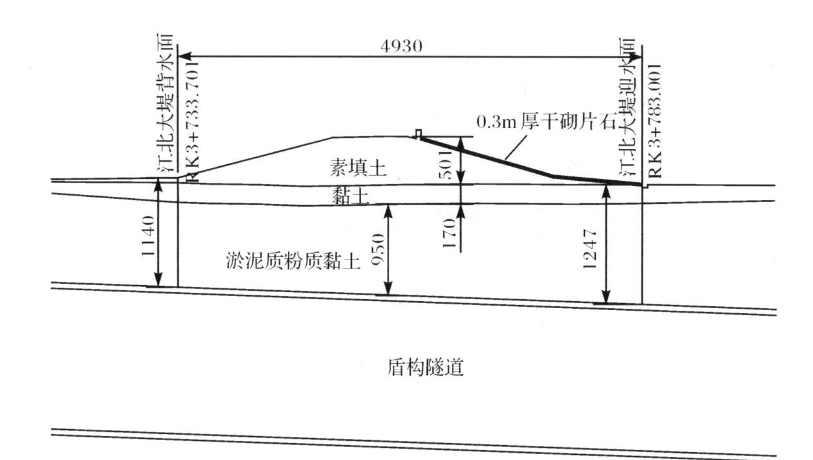

图 11-1　长江大堤和隧道位置典型断面(单位:cm)

底部($z=-30$m),取为不透水边界。大堤背水坡面地下水位以上的部分为出渗边界。

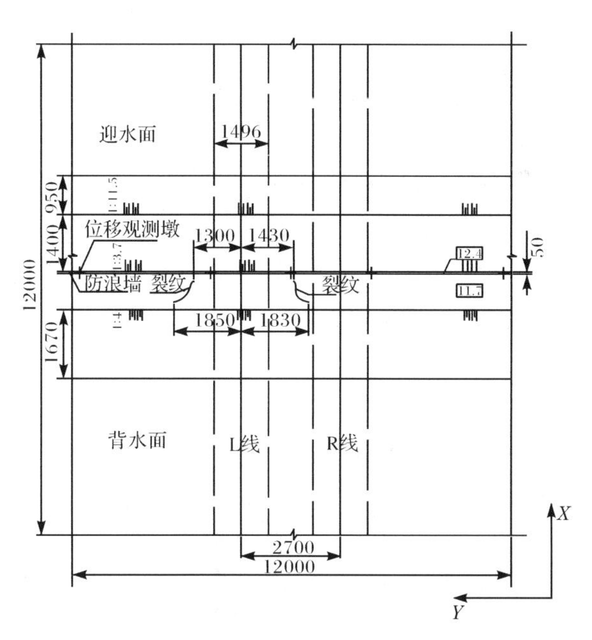

图 11-2　长江大堤计算模型范围示意图(单位:cm)

2. 计算参数和工况

长江大堤及地基各材料渗透系数见表 11-1。结合长江北岸大堤城东圩隧道

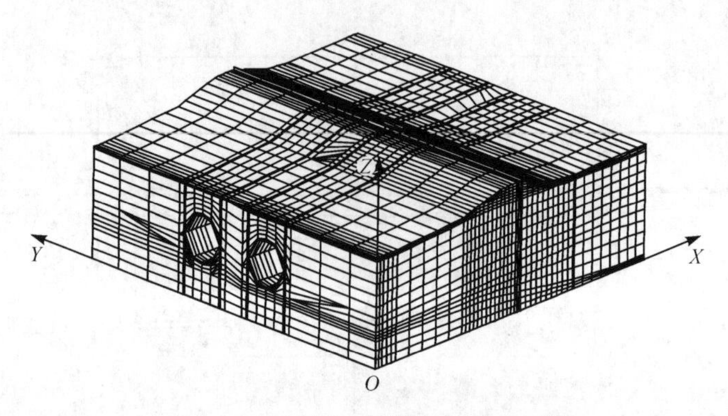

图 11-3 长江大堤计算模型有限元网格

穿越段的具体情况，拟定以下不同工况进行渗流计算分析，各工况说明见表 11-2。

表 11-1 长江大堤及地基各材料渗透系数 （单位：cm/s）

材料	渗透系数	材料	渗透系数
干砌石护坡	5.0×10^{-1}	淤泥质粉质黏土	3.0×10^{-6}
灌浆帷幕	1.0×10^{-6}	粉土	3.0×10^{-4}
搅拌桩	5.0×10^{-7}	粉细砂	4.0×10^{-3}
衬砌	1.0×10^{-8}	淤泥质粉质黏土夹粉土	6.0×10^{-6}
黏土	2.0×10^{-6}	素填土	3.0×10^{-5}

表 11-2 长江大堤渗流计算工况

工况编号	水位组合	土体渗透系数
SL-1	洪水期多年平均水位	见表 11-1
SL-2	警戒水位	见表 11-1
SL-3	历史最高水位	见表 11-1
SL-4	百年一遇设计洪水位	见表 11-1
SL-5	历史最高水位	大堤沉降范围内素填土和地基土渗透系数增大 5 倍，其他见表 11-1
SL-6	历史最高水位	大堤沉降范围内素填土和地基土渗透系数增大 10 倍，其他见表 11-1

11.1.3 计算结果及分析

选取垂直长江大堤轴线的 8 个剖面（图 11-4），经计算分析整理，大堤渗流出逸点高程、出逸坡降、堤身最大渗透坡降、搅拌桩体最大渗透坡降、堤身单宽渗流量等结果见表 11-3，工况 SL-1 部分剖面水头等值线如图 11-5 所示。其中，堤身单宽渗流量是指计算模型深度范围内沿大堤轴线单位宽度的平均流量。

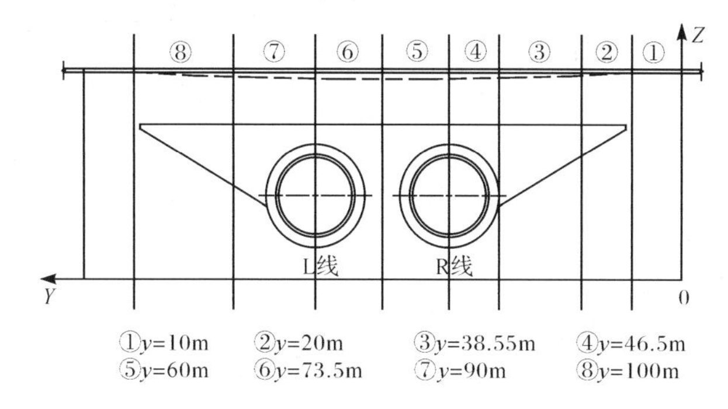

图 11-4　垂直长江大堤轴线的 8 个剖面的位置示意图

表 11-3　长江大堤渗流分析计算结果

工况	渗流出逸点高程/m	背水坡出逸段渗透坡降	堤身最大渗透坡降	搅拌桩体最大渗透坡降	堤身单宽渗流量/(m^2/d)
SL-1	6.000	—	0.009	0.143	2.911
SL-2	7.277	0.052	0.066	0.420	3.227
SL-3	8.196	0.070	0.132	1.359	3.618
SL-4	8.228	0.088	0.273	1.760	4.146
SL-5	7.350	0.087	0.150	2.440	5.250
SL-6	7.300	0.069	0.157	3.360	7.142

注:“—”表示浸润线未从背水坡出逸,背水坡无出渗坡降。

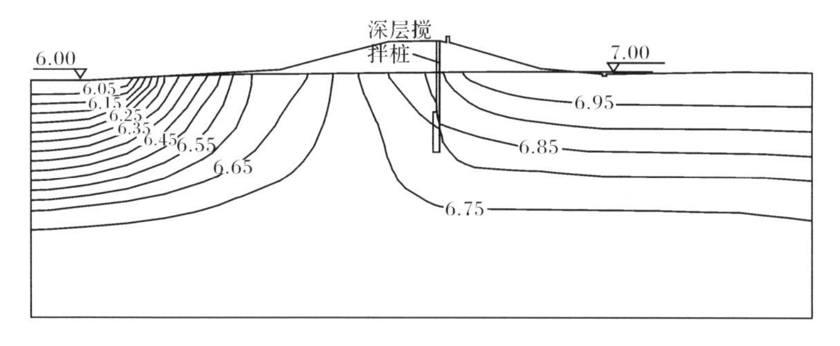

(a) 剖面②($y=20$m)

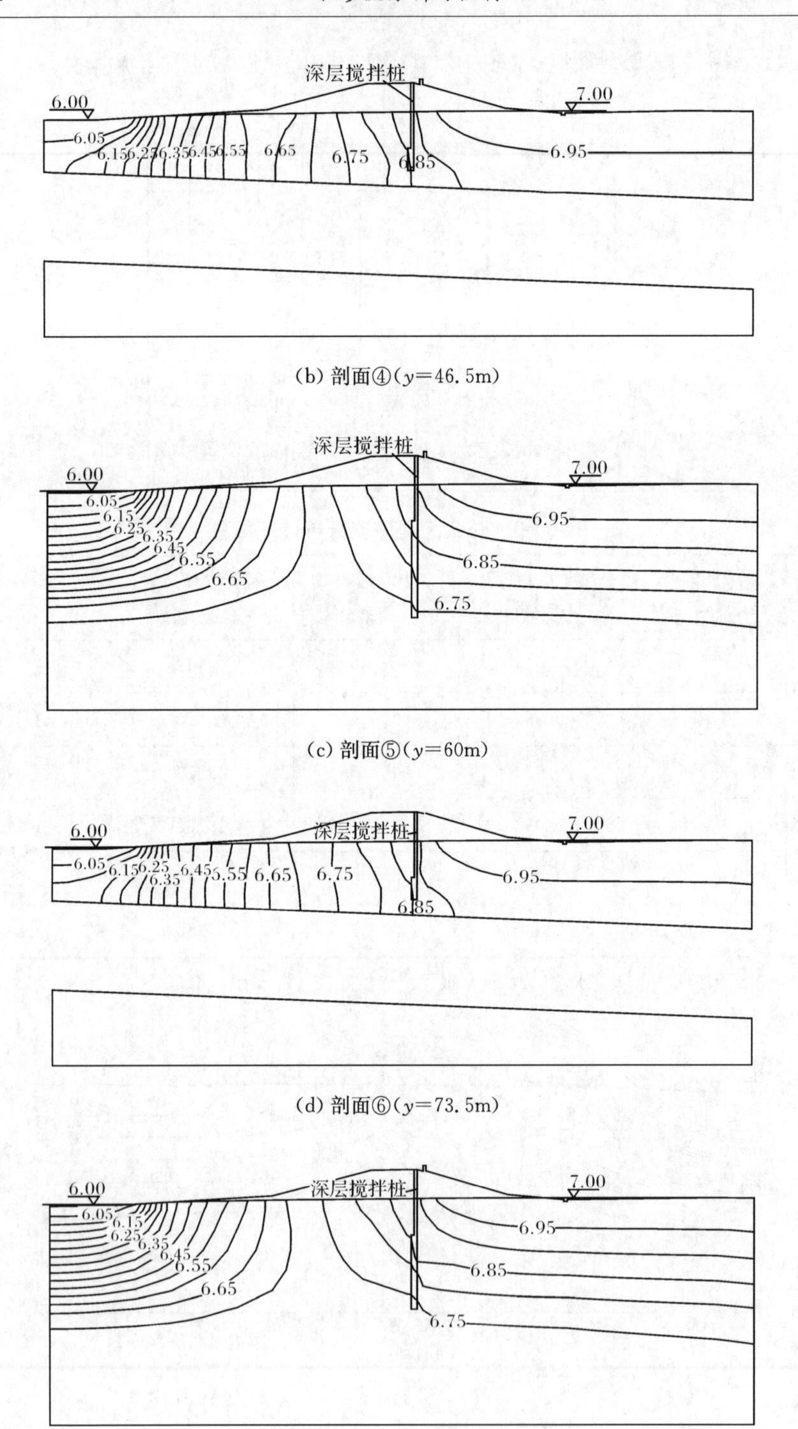

图 11-5　工况 SL-1 部分剖面水头等值线图(单位:m)

1. 渗流位势分布

从地下水水位等值线来看,盾构隧道穿越段的渗流场变化规律较为明确,各种工况下堤身地下水水位等值线的分布规律明确。在多年洪水期平均水位情况下(工况 SL-1),长江水位较低,江水远离堤脚,因此仅稍稍高出背水坡下游水位的江水几乎都是通过堤基渗透至下游侧的。大堤内外的水位相差仅 1m,因此地下水浸润面几乎是从迎水面均匀降落到背水面的平面。对于其他工况,长江水位从多年洪水期平均水位逐渐上升到警戒水位(工况 SL-2)以及历史最高水位(工况 SL-3)和百年一遇水位(工况 SL-4),浸润面逐渐倾斜,且随着水位由低到高,深层搅拌桩的防渗作用越来越明显。

对比分析历史最高水位(工况 SL-3)以及大堤沉降范围内素填土和地基土渗透系数分别增大 5 倍(工况 SL-5)和 10 倍(工况 SL-6)这三种工况,深层搅拌桩内的位势等值线密集程度明显递增。在土体渗透系数增大 10 倍(工况 SL-6)的情况下,深层搅拌桩内的位势等值线最为密集,其削减水头的作用也最明显。

2. 渗流出逸高程

在高水位工况下,堤身内浸润面高且平缓,出逸点也较高。在洪水期多年平均水位(7.00m)工况下,浸润面未从背水坡出逸。但从表 11-3 可以看出,在警戒水位(工况 SL-2)、历史最高水位(工况 SL-3)和百年一遇设计洪水位(工况 SL-4)这三种高水位情况下,浸润面均从背水坡出逸,出逸点高程分别为 7.277m、8.196m、8.228m,分别高出下游水位 1.277m、2.196m、2.228m。

在历史最高水位情况下,当大堤沉降范围内素填土和地基土渗透系数分别增大 5 倍(工况 SL-5)和 10 倍(工况 SL-6)时,出逸点高程分别为 7.350m 和 7.300m,比原渗透系数历史最高水位(工况 SL-3)时的出逸点高程分别降低了 0.846m 和 0.896m,这是由土体渗透系数增大而引起的。深层搅拌桩下游侧(防渗墙内侧)地基土的渗透系数增大,可以提高排水性能,在防渗墙的保护下,这种作用是有利的。

高水位时,浸润面(线)在大堤背坡出逸使得堤坡易产生散浸和局部渗透破坏,对大堤的渗透稳定和变形稳定不利。

3. 渗透坡降和渗透稳定

根据 GB 50487—2008《水利水电工程地质勘察规范》,类比相似工程土体的允许渗透坡降,可以确定堤身素填土的允许渗透坡降为 $J_{允}=0.35$,堤基黏土层允许渗透坡降为 $J_{允}=0.40$,淤泥粉质黏土层的允许渗透坡降为 $J_{允}=0.45$。根据计算结果,在各种水位工况下,堤身与堤基土层的最大渗透坡降均不超过 0.3,因此堤身与堤基的渗透坡降可以满足要求。

对于大堤背水坡渗流出逸段，警戒水位（工况 SL-2）、历史最高水位（工况 SL-3）和百年一遇设计洪水位（工况 SL-4）下，出逸点的渗透坡降分别为 0.052、0.070、0.088，均小于允许渗透坡降。在历史最高水位下，当大堤沉降范围内素填土和地基土的渗透系数分别增大 5 倍（工况 SL-5）和 10 倍（工况 SL-6）时，出逸点的渗透坡降分别为 0.087、0.069，均小于允许渗透坡降。但由于在高水位运行时，出逸点较高，背水坡出逸高程以下土体处于饱和状态，该部分土体的强度有所降低，不利于大堤稳定。

需要指出的是，除工况 SL-1（洪水期多年平均水位）以外，工况 SL-2（警戒水位）、工况 SL-3（历史最高水位）和工况 SL-4（百年一遇设计洪水位）下，长江水位保持该值的时间较短，这时在大堤内不一定能形成稳定的渗流场。这里采用稳定渗流理论进行分析，可以得到较高的出逸点和较大的出逸坡降。若采用非稳定渗流理论进行分析，其出逸坡降将有所减小，出逸点高程也将有所降低。因此这里的分析是偏于安全的。

4. 单宽渗流量

从表 11-3 可以看出，在洪水期多年平均水位（工况 SL-1）下，隧道穿越段堤身的单宽渗流量为 2.911m^2/d，警戒水位（工况 SL-2）、历史最高水位（工况 SL-3）和百年一遇设计洪水位（工况 SL-4）三种工况所对应的隧道穿越段堤身的单宽渗流量分别为 3.227m^2/d、3.618m^2/d 和 4.146m^2/d，这四种工况下对应的单宽渗流量随水位增高而递增。工况 SL-2、工况 SL-3、工况 SL-4 这三种高水位情况下的单宽渗流量对比洪水期多年平均水位工况下的单宽渗流量分别增大了 11%、24%、42%。

此外，在历史最高水位下，当大堤沉降范围内素填土和地基土的渗透系数分别增大 5 倍（工况 SL-5）和 10 倍（工况 SL-6）时，堤身单宽渗流量分别为 5.250m^2/d 和 7.142m^2/d，对比工况 SL-3 明显增大，分别增大了 45%和 97%。这说明土体渗透性对渗流量的影响很大。

5. 深层搅拌桩的作用

从洪水期多年平均水位（工况 SL-1）X 方向剖面水头等值线图 11-5 来看，浸润面在通过深层搅拌桩后下降较为明显；并且从表 11-3 可知，随着水位升高，工况 SL-1～工况 SL-4 四种深层搅拌桩内的最大渗透坡降逐渐增大，分别为 0.143、0.420、1.359、1.760，其阻水效果也越来越明显。在这四种工况下，搅拌桩内的最大渗透坡降均很小，最大不超过 1.800，可以满足要求。

在历史最高水位下，当大堤沉降范围内素填土和地基土的渗透系数分别增大

5 倍(工况 SL-5)和 10 倍(工况 SL-6)时,深层搅拌桩内的最大渗透坡降明显增大,分别为 2.440 和 3.360。这是因为土体的渗透系数变化后搅拌桩的阻水作用也发生变化。当土体渗透系数增大时,深层搅拌桩的阻水作用明显增大,深层搅拌桩承担的水头损失增大。

6. 隧道衬砌外侧与土体之间的接触渗流

由于灌浆帷幕与隧道衬砌外侧固结在一起,阻断了土体可能发生接触冲刷的通道,可以认为土体和隧道衬砌之间不会发生接触渗透破坏。

11.1.4　小结

(1) 应急处理后,在洪水期多年平均水位下,隧道穿越段大堤的渗流性态是正常的。在警戒水位、历史最高水位以及百年一遇设计洪水位情况下,堤内浸润面逐渐抬高,堤体渗流量呈递增趋势。高水位时浸润面在大堤背坡出逸,使得堤坡易产生散浸和局部渗透破坏,背水坡出逸高程以下土体处于饱和状态,该部分土体强度有所降低,对大堤的渗透稳定和变形稳定不利。

(2) 随着长江水位增高,深层搅拌桩内的最大渗透坡降也增大,其阻水效果也越来越明显。为了考虑大堤内部裂纹的影响,改变大堤沉降范围内素填土和地基土的渗透系数来进行对比计算分析。结果表明,当土体渗透系数增大时,深层搅拌桩的阻水作用更为显著,深层搅拌桩承担的水头损失增大。深层搅拌桩对于降低大堤浸润面有明显作用。

(3) 在各种水位下,搅拌桩内的最大渗透坡降、堤身与堤基的最大渗透坡降以及出逸渗透坡降均较小,小于允许渗透坡降,满足要求。这里采用稳定渗流理论进行分析是偏于安全的。实际上由于长江保持高水位的时间一般较短,大堤内不一定能形成稳定的渗流场,在非稳定渗流情况下,大堤的出逸渗透坡降等将会有所减小,故结论是偏于安全的。

11.2　均　质　坝

11.2.1　工程概况

中庄水库[195]位于固原市区西南角的和泉村所在的沟道内,清水河二级支流上,距离固原市区 7km,坝址以上集水面积 11.5km^2。中庄水库为注入式水库,水库调水来自泾河流域。该水库工程等别为Ⅲ等,属中型水库,输(泄)水建筑物和流量控制室等主要建筑物级别为 3 级,次要建筑物为 4 级,临时工程建筑物级别为 5 级。水库设计淤积年限 30 年。水库死水位 1837.00m,正常蓄水位 1874.19m,

设计洪水位 1874.45m，校核洪水位 1874.75m，总库容 2533 万 m^3。水库大坝典型断面如图 11-6 所示。

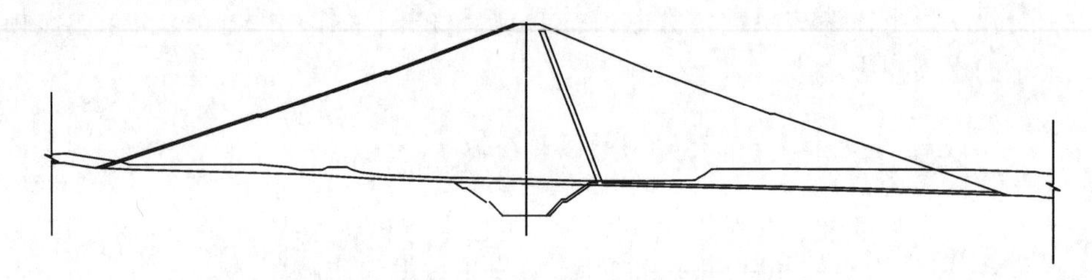

图 11-6　中庄水库大坝典型断面图(桩号 0＋400)

根据中庄水库大坝的实际情况，建立包括坝体、坝基和两岸坝肩的整体三维有限元模型，模拟水库放空过程，研究在水库放空过程中坝体非稳定渗流场的变化过程，分析坝体上游坝坡、反滤排水层等渗透坡降的变化规律。

11.2.2　计算模型及条件

1. 模型范围选取

中庄水库大坝计算模型截取范围与天然地下水渗流场计算模型范围一致，如图 11-7 所示。综合分析计算区域内的地形、岩层、坝体等特征，三维有限元模型网格如图 11-8 所示。

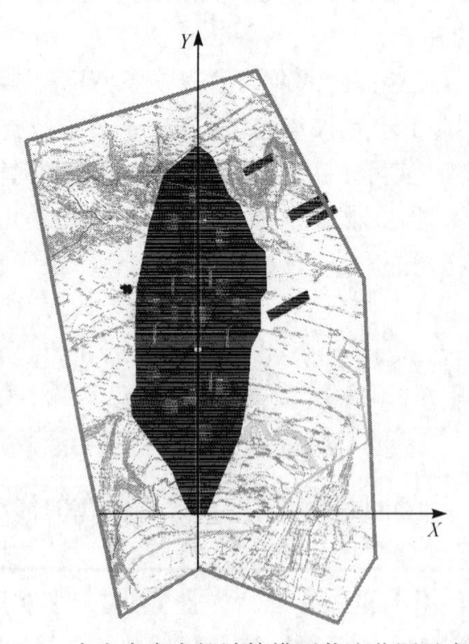

图 11-7　中庄水库大坝计算模型截取范围示意图

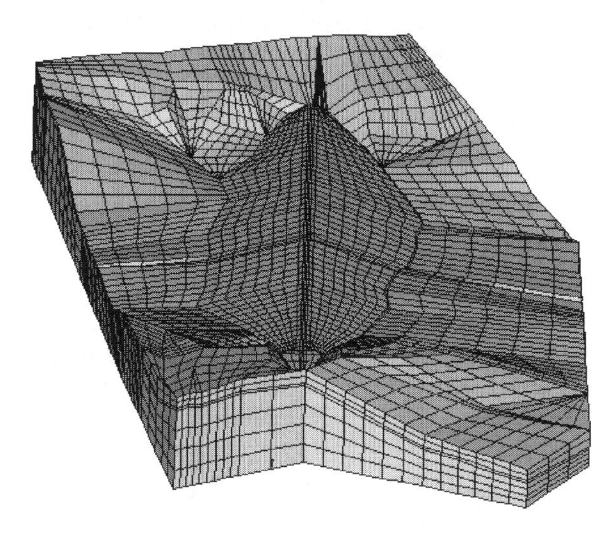

图 11-8　中庄水库大坝三维有限元模型网格

渗流分析边界条件:①已知水头边界包括坝址区上下游水位以下的坝体上下游坡、库岸、河道两岸以及坝肩山体给定地下水位的截取边界等;②出渗边界为坝体上下游水位以上的坡面、两岸岸坡等;③不透水边界包括除给定地下水位的模型截取边界面(含模型底面)。对于非稳定渗流分析,已知水头边界和出渗边界是变化的。

2. 计算参数和时间步长

坝体和坝基饱和渗透参数与稳定渗流有限元分析的参数相同,坝基和坝体各分区材料渗透系数见表 11-4 和表 11-5,其他非稳定渗流分析参数见表 11-6。根据提供的资料和计算要求,水库水位降落过程按均匀降落考虑,即 20d 内水库水位均匀地从正常蓄水位 1874.19m 降落到死水位 1837m,计算时间步长取 0.25d。

表 11-4　中庄水库大坝坝基岩体各分区材料渗透系数

材料名称	渗透系数/(cm/s)	
	k_x	k_y
泥岩	3.50×10^{-5}	3.50×10^{-5}
壤土(Q_2^{1al})	6.43×10^{-5}	6.43×10^{-5}
壤土(Q_3^{1al})	4.77×10^{-5}	4.77×10^{-5}
河床角砾(Q_2^{1al})	2.80×10^{-2}	2.80×10^{-2}
阶地角砾(Q_2^{1al})	6.00×10^{-3}	6.00×10^{-3}
黄土	1.55×10^{-4}	1.55×10^{-4}

表 11-5 中庄水库大坝坝体各分区材料渗透系数

材料名称	渗透系数/(cm/s)			允许渗透坡降
	k_x	k_y	k_z	J
反滤排水层	2.0×10^{-2}	2.0×10^{-2}	2.0×10^{-2}	8.16
截渗槽	2.0×10^{-6}	2.0×10^{-6}	2.0×10^{-6}	—
坝体回填土	1.2×10^{-5}	1.2×10^{-5}	1.2×10^{-5}	2.43
混凝土板	1.0×10^{-8}	1.0×10^{-8}	1.0×10^{-8}	—

表 11-6 中庄水库大坝坝体和坝基各分区材料的给水度

编号	材料名称	给水度	编号	材料名称	给水度
1	泥岩	0.13	6	壤土(Q_2^{1al})	0.10
2	混凝土板	0.00	7	壤土(Q_3^{1al})	0.12
3	反滤排水层	0.25	8	河床角砾(Q_2^{1al})	0.30
4	截渗槽	0.08	9	阶地角砾(Q_2^{1al})	0.26
5	坝体回填土	0.12	10	黄土	0.17

3. 计算工况

根据实际资料,拟定按均匀降落对非稳定渗流场进行计算分析和研究。放空时,下游水位为 1820m 保持不变。水库放空历时曲线如图 11-9 所示。

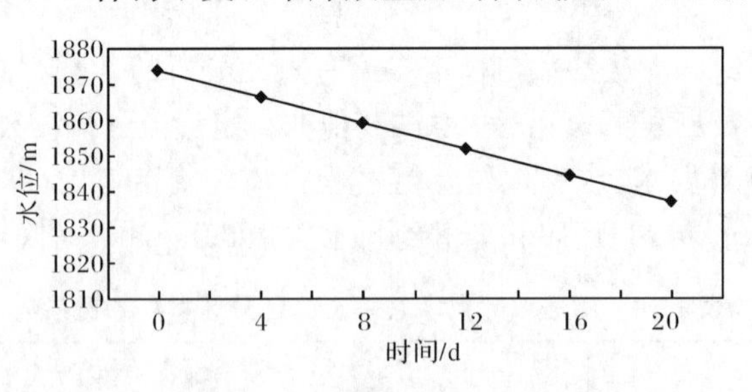

图 11-9 水库放空历时曲线

11.2.3 计算结果及分析

研究水库水位降落过程中坝体内各分区的非稳定渗流场的变化规律,非稳定渗流各分区材料的最大渗透坡降见表 11-7。

表 11-7　非稳定渗流各分区最大渗透坡降

时间/d	最大渗透坡降		
	坝体回填土	反滤排水层	截渗槽
$t=0$	0.97	1.01	2.24
$t=4$	0.88	0.95	2.15
$t=8$	0.82	0.93	2.11
$t=12$	0.69	0.92	2.01
$t=16$	0.64	0.89	1.95
$t=20$	0.60	0.86	1.89

库水位降落时非稳定渗流场部分时刻地下水位等值线如图 11-10 所示，$y=560$m 断面的水头等值线如图 11-11～图 11-16 所示，其中水位分别对应为：$t=0$d 时 $H=1874.19$m；$t=4$d 时 $H=1866.752$m；$t=8$d 时 $H=1859.314$m；$t=12$d 时 $H=1851.876$m；$t=16$d 时 $H=1844.438$m；$t=20$d 时 $H=1837.00$m。

衡量库水位降落影响的指标一般采用比值 k/LV(k 为渗透系数，L 为介质的给水度，V 为库水位下降速度)，该比值反映了介质孔隙中水体降落速度与库水位降落速度之间的关系，可以用于判别库水位降落速度对坝坡稳定性的影响。对于中庄水库均质土坝，坝体的渗透系数很小，相应的 k/LV 比值约为 0.046，因此该水库库水位降落速度 1.8595m/d 属于骤降。

通过对各时段的计算结果进行比较可以看出，从各时段末坝体内排水层上游的浸润面位置变化来看，随着库水位不断下降，排水层上游的浸润面也随之下降，但下降速度较慢，远小于库水位的下降速度。在水库放空过程中，浸润面始终保持在较高的位置，而排水层下游浸润面变化较小；在库水位骤降过程中，坝体和坝基内的渗透坡降也随之下降。在库水位下降起始时刻($t=0$d)，坝体的最大渗透坡降为 0.97，随着库水位下降，其值有所减小，当库水位下降到 1837.00m 时，坝体的最大渗透坡降为 0.60。反滤排水层和截渗槽的最大渗透坡降也均有一定程度的减小，且随着历时增加，上游内饱和孔隙水逐渐排出，上游的浸润面逐渐降低，坝体内各分区的渗透坡降也进一步减小。此骤降过程中，各分区渗透坡降均小于允许渗透坡降，渗透稳定满足要求。

11.2.4　小结

在库水位骤降过程中，坝体上游浸润面也随之降低，但下降速度较慢，远小于库水位的下降速度，而下游浸润面变化较小；坝体各分区材料的渗透坡降均有所降低，而且各渗透坡降均小于允许渗透坡降，渗透稳定满足要求。

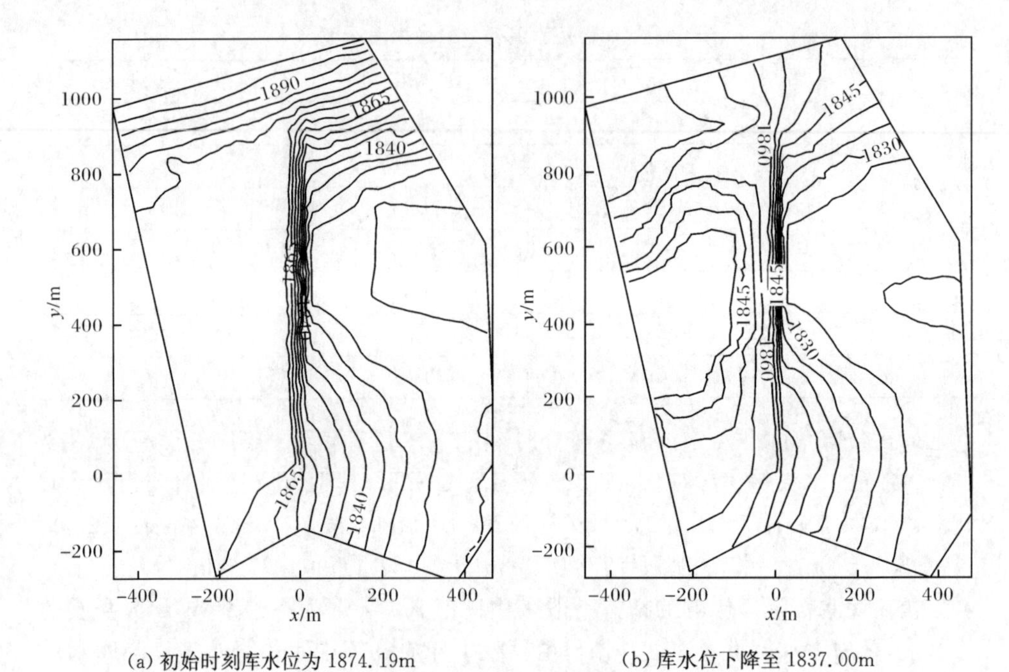

(a) 初始时刻库水位为 1874.19m　　(b) 库水位下降至 1837.00m

图 11-10　库水位降落时非稳定渗流场部分时刻地下水位等值线图(单位:m)

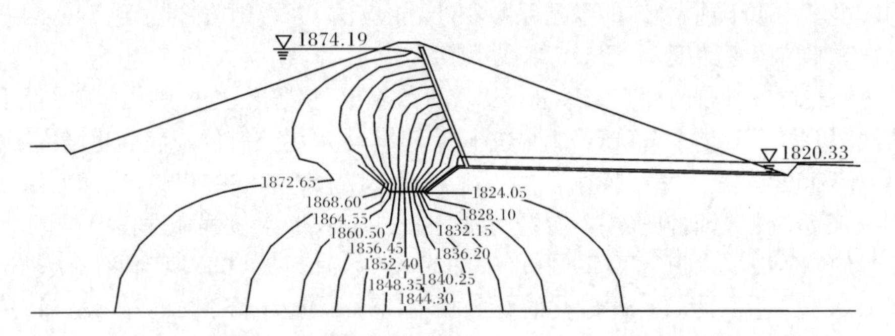

图 11-11　$t=0$d 时断面 $y=560$m 水头等值线图(单位:m)

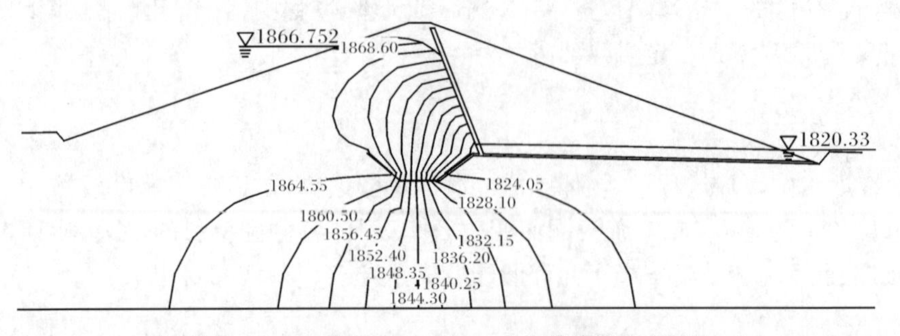

图 11-12　$t=4$d 时断面 $y=560$m 水头等值线图(单位:m)

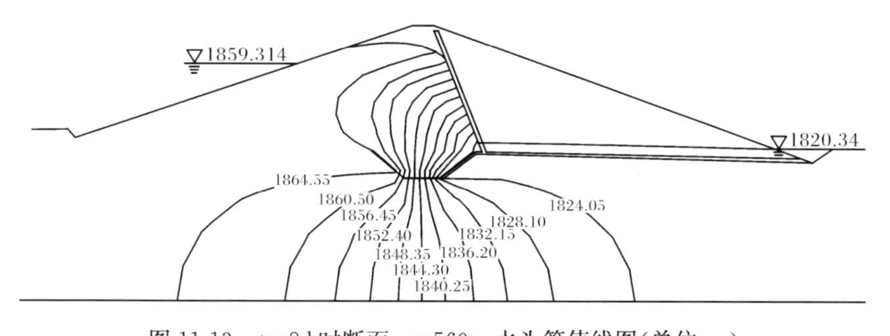

图 11-13　t=8d 时断面 y=560m 水头等值线图(单位:m)

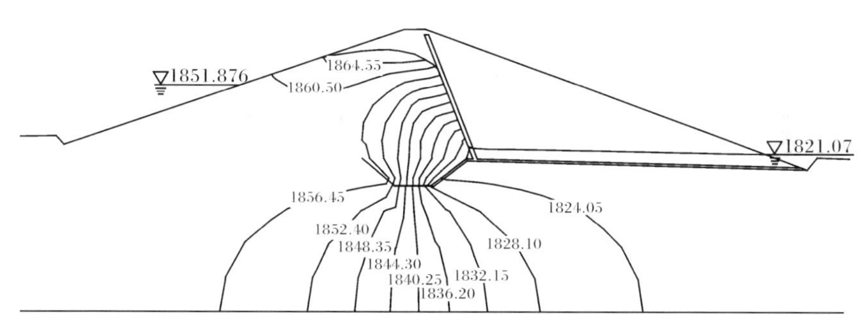

图 11-14　t=12d 时断面 y=560m 水头等值线图(单位:m)

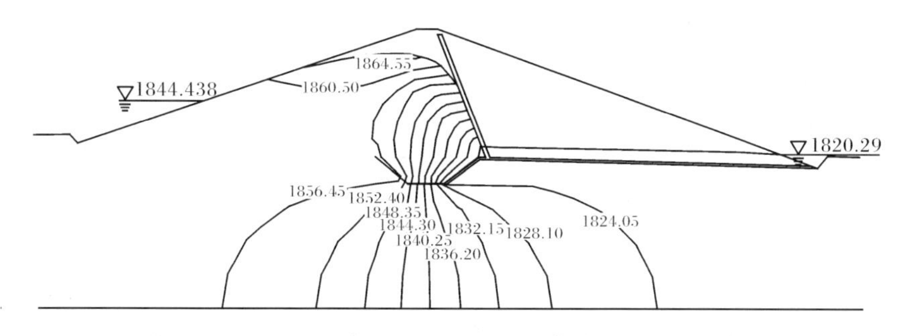

图 11-15　t=16d 时断面 y=560m 水头等值线图(单位:m)

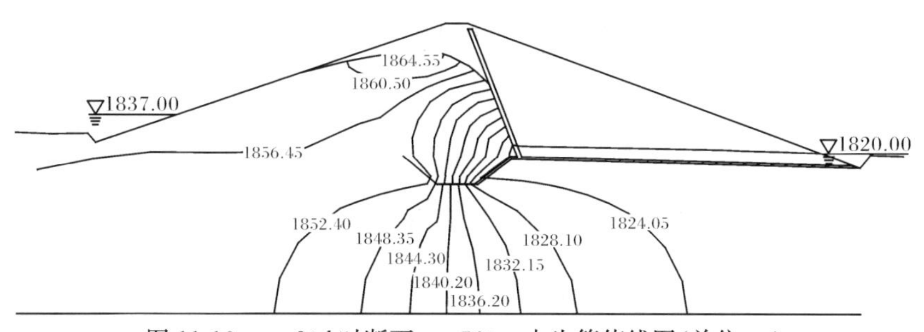

图 11-16　t=20d 时断面 y=560m 水头等值线图(单位:m)

11.3 沥青心墙坝

11.3.1 工程概况

大河沿[196]流域位于新疆维吾尔自治区中东部，地处天山之南、吐鲁番盆地西北部，东邻塔尔朗河流域，北部为吉米萨尔县、西部与乌鲁木齐县相接，河流发源于天山北坡，呈北南走向。大河沿水库位于大河沿河上游，水库正常蓄水位2103.50m，相应库容2500万m^3，50年一遇设计洪水位为2103.93m，相应库容2547万m^3，千年一遇校核洪水位为2107.57m，水库总库容3072万m^3，最大坝高62.1m，大河沿水库大坝典型剖面如图11-17所示。工程等别为Ⅲ等中型工程，挡水建筑物沥青混凝土心墙砂砾石坝设计洪水标准为50年一遇，校核洪水标准为千年一遇；消能防冲设计洪水标准为30年一遇。

考虑坝体完建，计算分析正常运行情况下坝址区的渗流场，研究坝体和坝基等各主要分区材料的渗透坡降和渗流量等渗流场要素，判断坝体各分区材料的渗透稳定性。

11.3.2 计算模型及条件

1. 模型范围和边界

大河沿水库大坝计算模型上下游方向长度约634m，左右岸方向宽度约779m，高度约309.8m，模型截取范围如图11-18所示。建立模型时，各主要建筑物(或结构)和左右岸断层均按实际尺寸考虑，建立的三维有限元模型网格如图11-19所示，坝体有限元网格如图11-20所示，防渗帷幕及防渗墙有限元网格如图11-21所示。

稳定渗流分析边界条件：①已知水头边界包括坝址区上下游水位以下的水库库岸和库底、坝体上游坡和下游坡、河道，以及给定地下水位的截取边界；②出渗边界为坝址区上下游水位以上的左右岸山坡面，以及坝体上下游坡面和坝顶；③不透水边界包括模型上下游两侧和左右岸两侧截取边界除给定地下水位以外的部分边界以及模型底面。

2. 计算参数和计算工况

计算模型中各坝基岩层渗透系数见表11-8；坝体各分区材料渗透系数见表11-9。

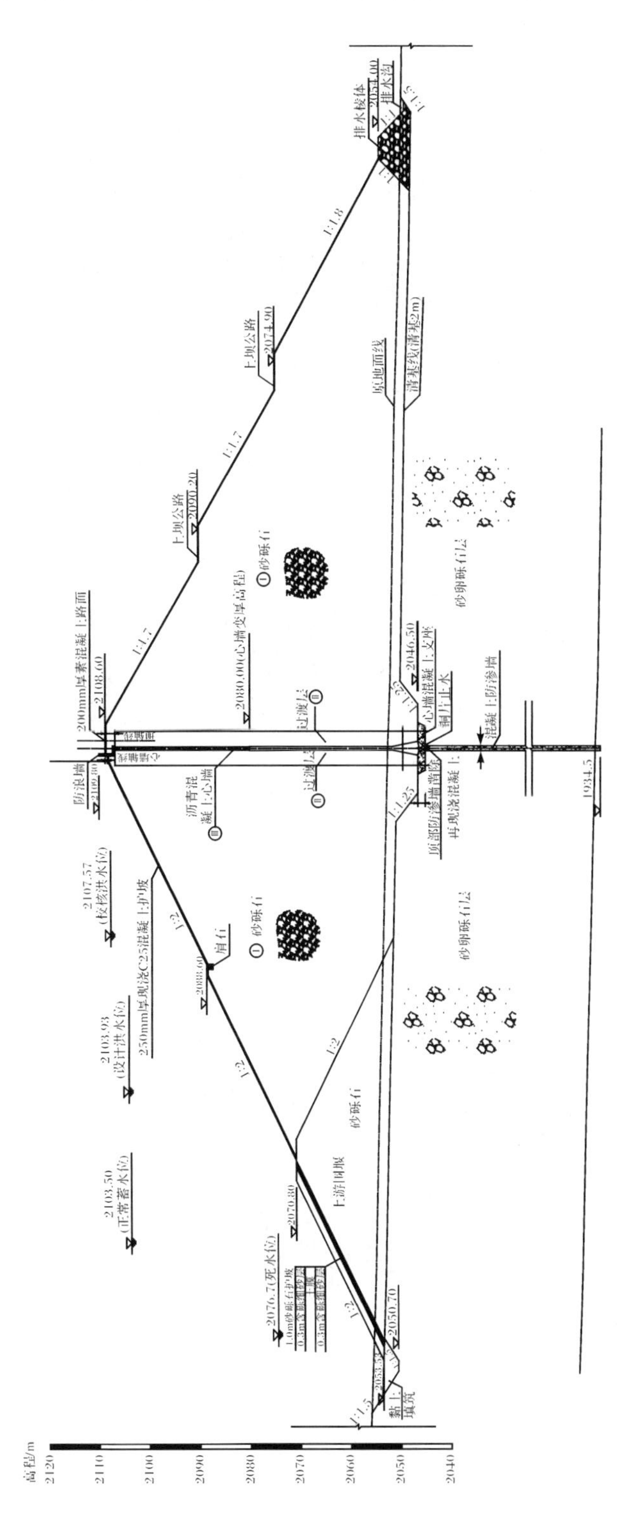

图11-17　大河沿水库大坝典型剖面图

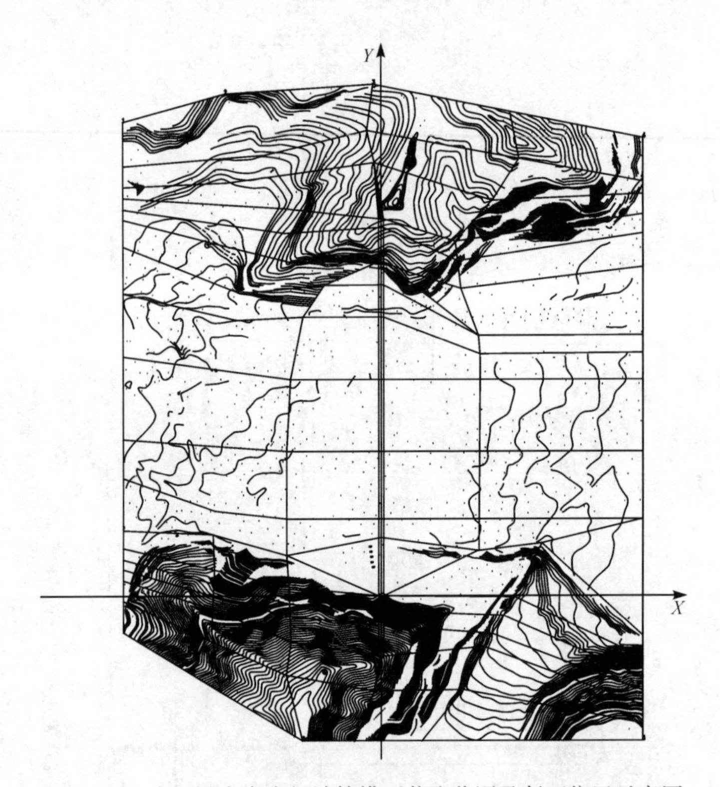

图 11-18　大河沿水库大坝计算模型截取范围及断面位置示意图

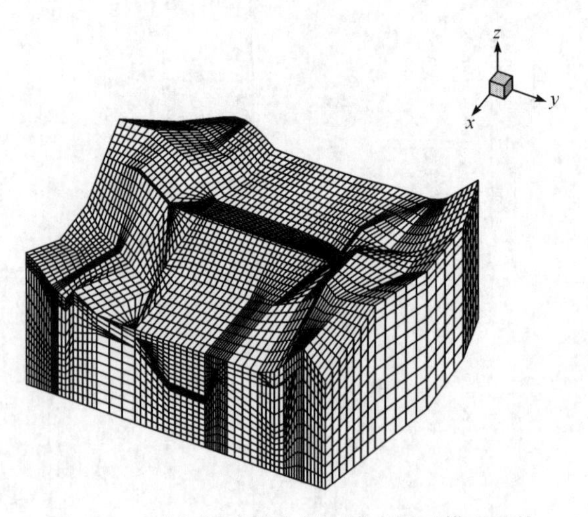

图 11-19　大河沿水库大坝三维有限元模型网格

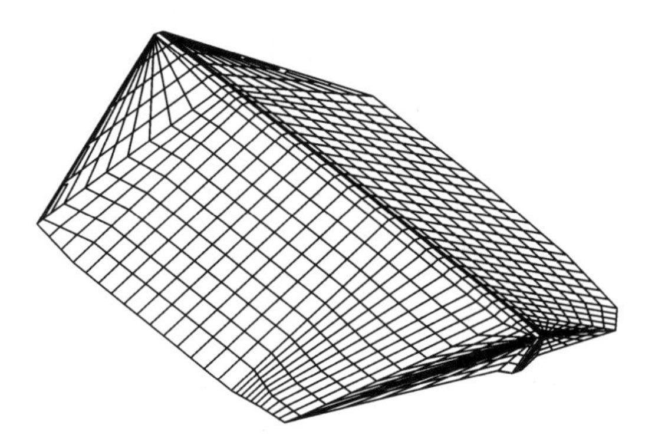

图 11-20　大河沿水库大坝坝体有限元网格

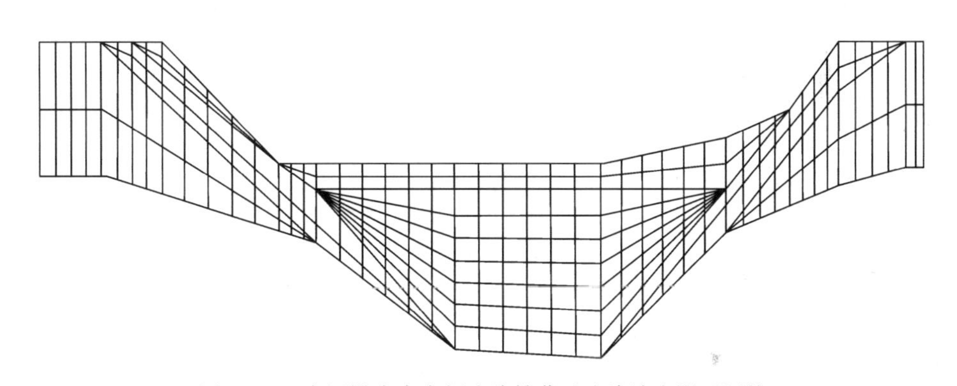

图 11-21　大河沿水库大坝防渗帷幕及防渗墙有限元网格

表 11-8　大河沿水库大坝坝基各岩层材料渗透系数

材料名称	渗透系数/(cm/s)		
	k_x	k_y	k_z
砂卵砾石(上部)	4.00×10^{-3}	2.00×10^{-3}	1.00×10^{-3}
砂卵砾石(下部)	1.50×10^{-2}	7.50×10^{-3}	3.75×10^{-3}
强风化岩	1.00×10^{-4}	5.00×10^{-5}	2.50×10^{-5}
弱风化岩	1.00×10^{-5}	5.00×10^{-6}	2.50×10^{-6}

表 11-9　大河沿水库大坝坝体各分区材料渗透系数

材料名称	渗透系数/(cm/s)			允许渗透坡降
	k_x	k_y	k_z	J
砂砾料坝壳	4.00×10^{-2}	2.00×10^{-2}	1.00×10^{-2}	—
过渡料	1.00×10^{-3}	5.00×10^{-4}	2.50×10^{-4}	—

续表

材料名称	渗透系数/(cm/s)			允许渗透坡降
	k_x	k_y	k_z	J
沥青混凝土心墙	1.00×10^{-8}	5.00×10^{-9}	2.50×10^{-9}	—
排水棱体	4.00	2.00	1.00	—
混凝土防渗墙	3.00×10^{-7}	1.50×10^{-7}	7.50×10^{-8}	—
防渗帷幕	3.00×10^{-5}	1.50×10^{-5}	7.50×10^{-6}	15～25
混凝土底座	1.00×10^{-7}	5.00×10^{-8}	2.50×10^{-8}	—

根据研究目的和计算要求，拟定以下工况进行计算分析，见表 11-10。

表 11-10 三维稳定渗流计算工况

工况	上游水位/m	下游水位/m
正常蓄水位(ZC)	2103.50	2048.20
设计洪水位(SJ)	2103.93	2049.49
校核洪水位(JH)	2107.57	2049.73

11.3.3 计算结果及分析

1. 坝址区渗流场

经三维有限元法计算，选取典型剖面进行分析整理，各工况下心墙削减水头百分率见表 11-11。计算渗流量分区示意图如图 11-22 所示。

表 11-11 各工况下心墙削减水头百分率

工况	心墙上下游浸润面位置/m			削减水头百分率/%
	上游	下游	差值	
正常蓄水位(ZC)	2103.31	2054.51	48.80	88.25
设计洪水位(SJ)	2103.75	2054.64	49.11	90.21
校核洪水位(JH)	2107.43	2054.69	52.74	91.18

注：削减水头百分率$=(H_{上心墙}-H_{下心墙})/(H_{上}-H_{下})\times100\%$。

从坝址区地下水位等值线图 11-23 来看，各工况坝址区渗流场的分布规律明确，库水由水库通过坝体、坝基防渗墙，防渗帷幕、两岸防渗帷幕、坝基深部和坝肩外部岩体渗向下游。沥青混凝土心墙下游坝体内浸润面较为平缓，呈现河床中央较低、两坝肩较高的态势，其最低位置出现在河床中央部位。

由坝体断面水头等值线图 11-24～图 11-29 可见，浸润面在沥青混凝土心墙上下游形成了突降。由表 11-11 可见，在正常蓄水位、设计洪水位、校核洪水位工况下，心墙削减水头分别为48.80m、49.11m和52.74m，分别占总水头的88.25%、90.21%和91.18%。可见沥青混凝土心墙、防渗帷幕和防渗墙的防渗效果是显著的。

2. 坝体和坝基的渗透坡降

坝体和坝基各分区材料的最大渗透坡降见表11-12。在各种工况下，坝体沥青混凝土心墙的渗透坡降最大，防渗墙及防渗帷幕的渗透坡降较大，坝体其他分区材料(过渡料、排水棱体等)的渗透坡降均较小。

校核洪水位工况下坝体上下游水头最大，坝体和坝基各分区材料的渗透坡降达到最大。砂砾料坝壳的最大渗透坡降为0.0190，过渡料的最大渗透坡降为0.0258，沥青混凝土心墙的最大渗透坡降为48.14，坝基防渗墙的最大渗透坡降为43.50，坝基防渗帷幕的最大渗透坡降为11.71，坝坡出逸处的最大渗透坡降为0.0511，均小于允许渗透坡降。防渗墙底部与地基接触部位渗透坡降大于允许渗透坡降，局部可能发生渗透破坏，但局部破坏范围很小，不影响地基的整体渗透稳定性。各工况下浸润面均在下游面出逸，正常蓄水位、设计洪水位、校核洪水位工况下，出逸点高程分别为2049.31m、2050.51m、2050.86m。因此，坝体和坝基各分区材料均满足渗透稳定要求。

表11-12　各工况下坝体和坝基各分区材料的最大渗透坡降

工况	最大渗透坡降					
	砂砾料坝壳	过渡料	沥青混凝土心墙	混凝土防渗墙	防渗帷幕	坝坡出逸处
正常蓄水位(ZC)	0.0180	0.0252	45.81	43.17	10.86	0.0456
设计洪水位(SJ)	0.0183	0.0255	46.55	43.22	11.55	0.0481
校核洪水位(JH)	0.0190	0.0258	48.14	43.50	11.71	0.0511

3. 渗流量

选取计算断面按分区计算渗流量，计算分区示意图如图11-22所示，采用全封闭式防渗墙的情况下，计算域内各工况下各分区的渗流量见表11-13。由表11-13可知，在校核工况下计算域内各部分的渗流量达到最大，总渗流量为383.17m^3/d。根据资料，该工程坝址区多年平均径流量为0.8755×10^8m^3，以正常蓄水位情况考虑，水库年渗漏损失约占多年平均径流量的0.13%，该比例较小，可满足蓄水要求。

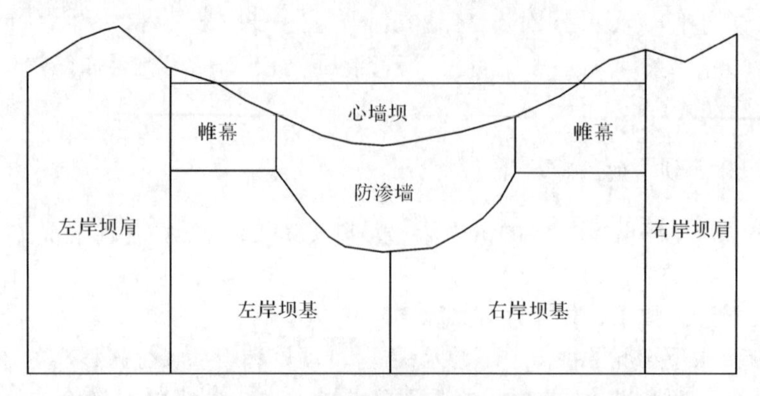

图 11-22　计算渗流量分区示意图

表 11-13　各工况下计算域内各分区的渗流量

工况	渗流量/(m^3/d)					总渗流量/(m^3/d)
	坝体	左岸坝	右岸坝基	左岸坝肩	右岸坝肩	
正常蓄水位(ZC)	5.05	62.30	73.30	89.91	82.09	312.65
设计洪水位(SJ)	5.13	70.31	78.56	95.74	94.88	344.62
校核洪水位(JH)	5.34	82.74	88.77	106.85	99.47	383.17

4. 防渗方案比选

坝址区地质条件较为复杂，坝身坐落在厚度超过 170m 的深厚覆盖层上。因为覆盖层厚度大，深度过大的防渗墙施工难度大，所以考虑悬挂式防渗方案。拟定两种工况进行计算分析，即防渗墙深度分别减小 30m 和 60m，这时悬挂式防渗墙底高程分别为 1949.59m 和 1979.59m，见表 11-14。分析表明，悬挂式防渗墙情况下，坝体各部位最大渗透坡降变化微小，可以忽略。两种工况下，总渗流量分别为 1172.65m^3/d 和 2045.27m^3/d，与设计方案相比，总渗流量虽明显增加，但分别只占多年平均径流量的 0.489%和 0.853%，可满足蓄水要求，考虑到全封闭式防渗墙的施工难度，建议选取工况 2 的方案。

表 11-14　防渗方案比选计算工况

工况	工况说明	图例
正常蓄水位(ZC)	设计方案，全封闭防渗墙	图 11-23～图 11-29
工况 1	防渗墙深度减小 30m	图 11-30
工况 2	防渗墙深度减小 60m	—

5. 覆盖层渗透系数敏感性分析

在正常蓄水位工况下对覆盖层渗透系数进行敏感性分析，分别考虑将覆盖层渗透系数缩小至 1/10 和放大 10 倍进行分析，计算工况见表 11-15。计算结果表明，覆盖层渗透系数减小，其阻渗能力增强，但覆盖层渗透系数与防渗墙渗透系数相差很大，坝体和坝基主要以沥青混凝土心墙和防渗墙作为防渗系统，因此在计算分析的变化范围内，覆盖层渗透系数的变化对沥青混凝土心墙及防渗墙的渗透坡降影响微小，可以忽略。

表 11-15　覆盖层渗透系数敏感性分析计算工况

工况	材料名称	渗透系数(cm/s)			图例
		k_x	k_y	k_z	
正常蓄水位(ZC)	砂卵砾石(上部)	4.00×10^{-3}	2.00×10^{-3}	1.00×10^{-3}	图 11-23～图 11-29
	砂卵砾石(下部)	1.50×10^{-2}	7.50×10^{-3}	3.75×10^{-3}	
工况 3	砂卵砾石(上部)	4.00×10^{-4}	2.00×10^{-4}	1.00×10^{-4}	图 11-30
	砂卵砾石(下部)	1.50×10^{-3}	7.50×10^{-4}	3.75×10^{-4}	
工况 4	砂卵砾石(上部)	4.00×10^{-2}	2.00×10^{-2}	1.00×10^{-3}	图 11-31
	砂卵砾石(下部)	1.50×10^{-1}	7.50×10^{2}	3.75×10^{-2}	

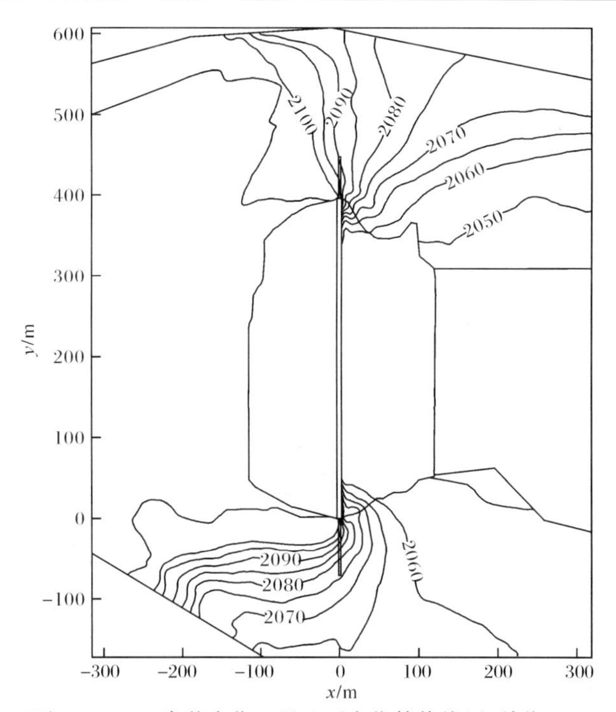

图 11-23　正常蓄水位工况地下水位等值线图(单位：m)

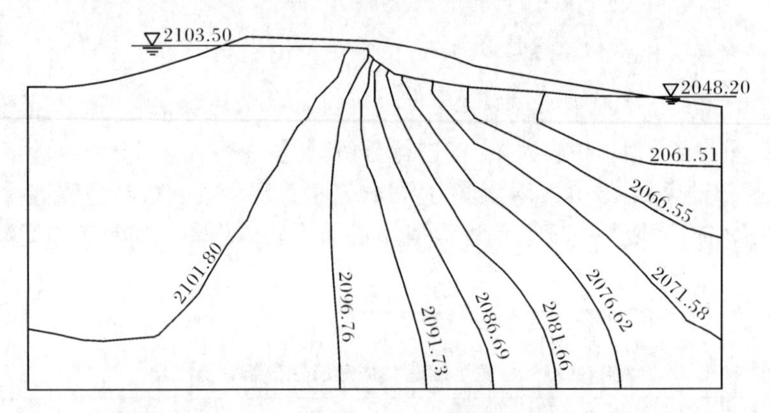

图 11-24 断面 $y=396.3$m 水头等值线图(单位:m)

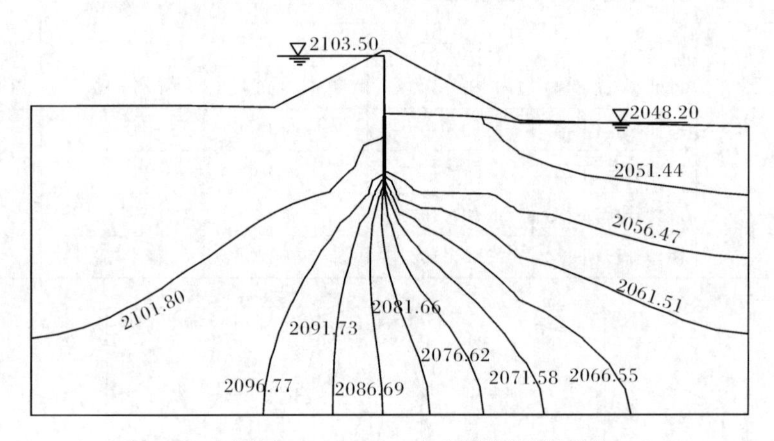

图 11-25 断面 $y=314.31$m 水头等值线图(单位:m)

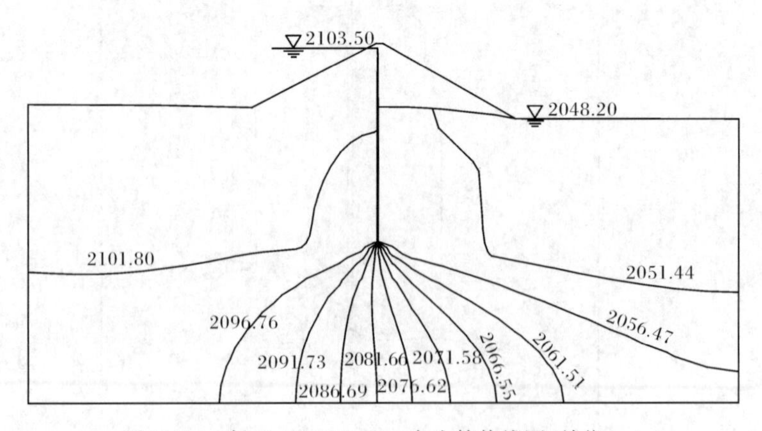

图 11-26 断面 $y=198.17$m 水头等值线图(单位:m)

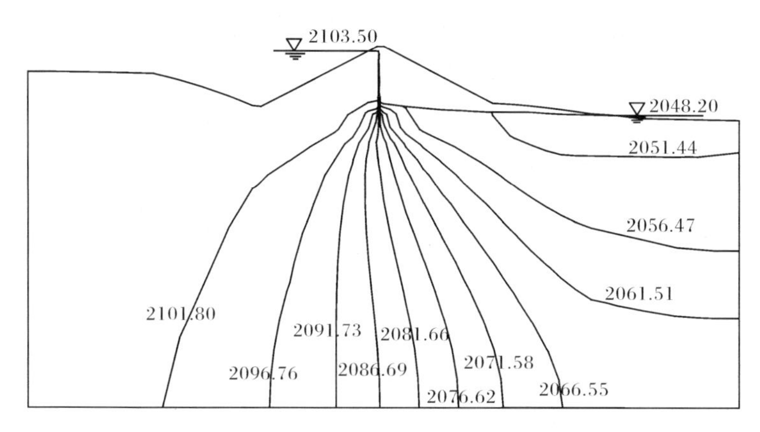

图 11-27　断面 $y=44.55$m 水头等值线图(单位:m)

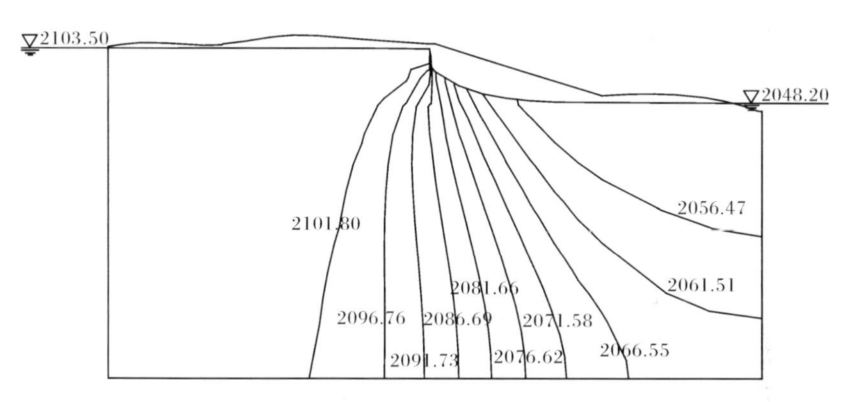

图 11-28　断面 $y=0$ 水头等值线图(单位:m)

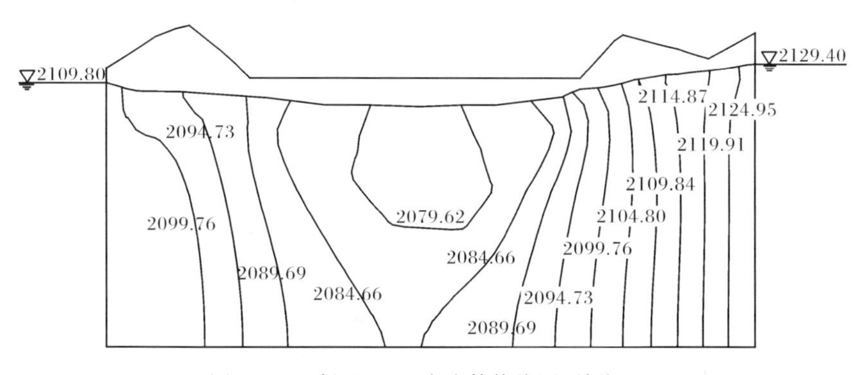

图 11-29　断面 $x=0$ 水头等值线图(单位:m)

采用全封闭式防渗墙在校核工况下计算域内各部分的渗流量达到最大,但两岸地下水位高于上游库水位,绕渗不明显,所以总渗流量较小,为 383.17m^3/d,约占多年平均径流量的 0.13%。而采用悬挂式防渗墙后渗透性增加,渗流量明显增大,但仍可满足蓄水要求,考虑到施工难度,建议选取悬挂式防渗墙。

综上所述,坝体、坝基防渗以及排水结构均可满足渗透稳定性要求,设计方案在技术上是合理的。

11.3.4 小结

综合分析表明,设计方案下的坝体、坝基防渗以及排水结构均可满足渗透稳定性要求,沥青混凝土心墙和防渗帷幕的防渗效果显著;坝体和坝基主要以沥青混凝土心墙和防渗墙作为防渗系统,覆盖层渗透系数的变化对沥青混凝土心墙及防渗墙的渗透坡降影响微小;由于覆盖层厚度大,深度过大,防渗墙施工难度大,结合计算结果,最终推荐悬挂式防渗方案。

11.4 土质心墙坝

11.4.1 工程概况

如美水电站[23]位于西藏自治区芒康县澜沧江上游河段,是澜沧江上游河段(西藏河段)规划一库七级开发方案的第五个梯级。可行性研究阶段水库正常蓄水位 2895m,死水位 2815m,总库容 38.42 亿 m^3,调节库容 22.17 亿 m^3,为年调节水库,库容系数 10.8%,电站装机容量 2100MW(4×525MW),多年平均发电量 104.27 亿 kW·h。工程规模为Ⅰ等大(1)型工程,推荐坝型为心墙堆石坝,最大坝高 315m,坝体结构按照初步设计方案,典型剖面图如图 11-30 所示。枢纽方案拟由砾石土心墙堆石坝、右岸洞式溢洪道、右岸泄洪洞、放空洞和右岸地下厂房式引水发电系统等水工建筑物组成。挡水、泄水建筑物、引水系统、厂房等主要建筑物为 1 级,次要建筑物为 3 级,临时建筑物为 4 级。

如美水电站心墙堆石坝的防渗系统主要由砾石土心墙(含基座、接触黏土等)和防渗帷幕(包括坝基和两岸坝肩)组成。心墙和防渗帷幕存在施工质量不确定性导致的渗透参数与设计值出现差异的情况,其位置、尺寸均具有随机性,因此称为随机施工缺陷。本节重点研究防渗系统随机施工缺陷对坝址区渗流场的影响。

11.4.2 计算模型及条件

1. 模型范围和边界

计算模型上下游边界:上游截取坝踵以上 700m,边界至坝轴线上游约 1200m,下

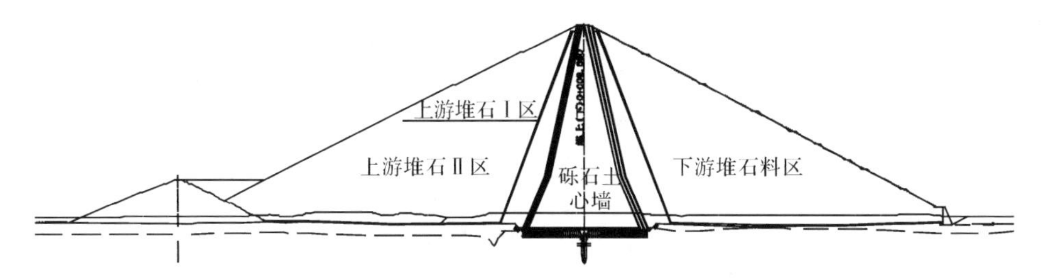

图 11-30　如美水电站心墙堆石坝工程典型断面图

游截取坝趾以下 1343m,边界至坝轴线下游约 1600m。左右岸边界:左岸截至距离左坝端 800m,右岸截至距离右坝端 774m。底边界:截取坝基帷幕最深处以下一倍坝高,至高程 2000m。模型截取范围如图 11-31 所示。建立模型时,各主要建筑物(或结构)按实际尺寸考虑,三维有限元网格如图 11-32 所示,坝体有限元网格如图 11-33 所示,防渗帷幕及防渗墙有限元网格如图 11-34 所示。

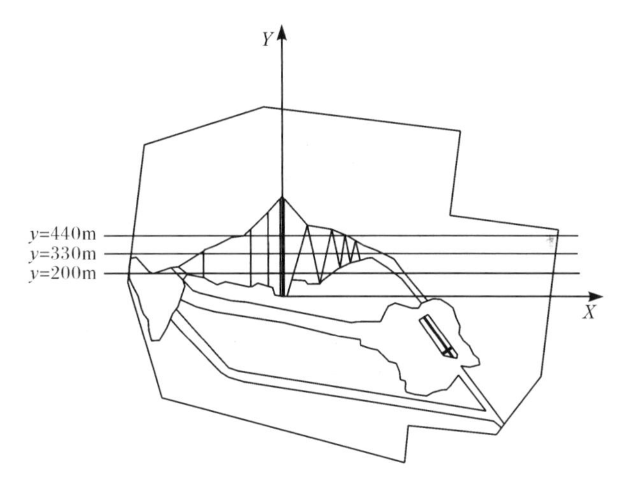

图 11-31　如美水电站心墙堆石坝计算模型截取范围及断面位置示意图

渗流分析边界条件:①已知水头边界包括坝址区上下游水位以下的水库库岸和库底、坝体上游坡和下游坡、河道,以及给定地下水位的截取边界;②出渗边界为坝址区上下游水位以上的左右岸山坡面,以及坝体上下游坡面和坝顶;③不透水边界包括模型上下游截取边界和模型底面;④左右岸截取边界,两岸地下水位参照天然期反演结果给出,两岸地下水埋深变化趋势与两岸地势变化趋势相同。

2. 计算参数和工况

如美水电站心墙堆石坝计算模型中坝基岩体各分区材料渗透系数见表 11-16;坝体各分区材料渗透系数见表 11-17。

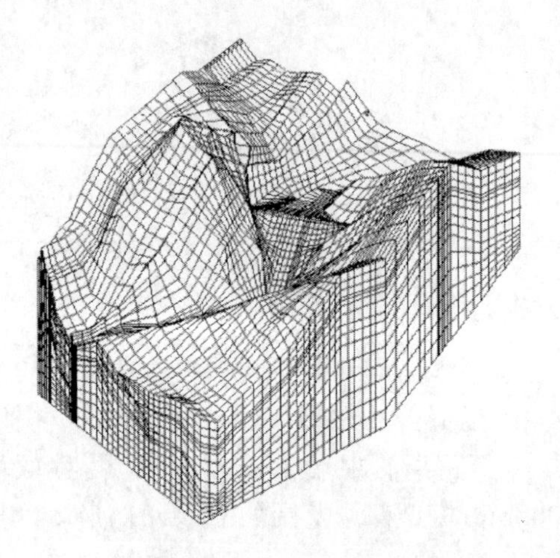

图 11-32　如美水电站心墙堆石坝三维有限元网格

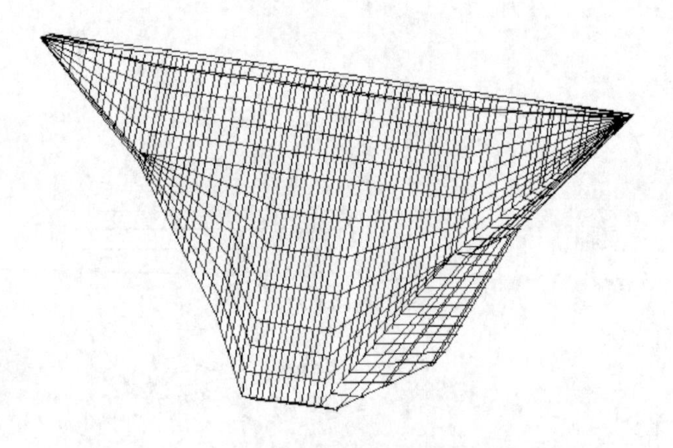

图 11-33　如美水电站心墙堆石坝坝体有限元网格

表 11-16　如美水电站心墙堆石坝坝基岩体各分区材料渗透系数

材料名称	渗透系数 k/(cm/s)
基岩(微风化以下)	1.0×10^{-5}
微风化～微新岩体	3.5×10^{-5}
弱风化下带	9.0×10^{-5}
弱风化上带	2.0×10^{-4}
弱卸荷	5.0×10^{-3}
强卸荷	5.0×10^{-2}

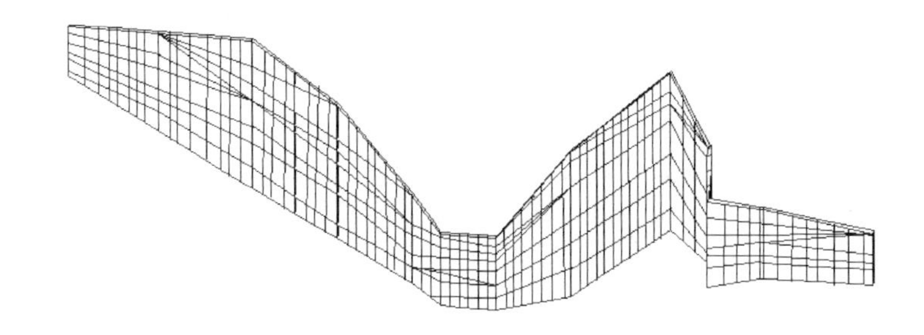

图11-34　如美水电站心墙堆石坝防渗帷幕及防渗墙有限元网格

表11-17　如美水电站心墙堆石坝坝体各分区材料渗透系数

材料名称	渗透系数 k/(cm/s)	允许渗透坡降 J
防渗帷幕(弱风化上带以下)	1.00×10^{-5}	15.0
防渗帷幕(弱风化上带以上)	3.00×10^{-5}	15.0
混凝土结构	1.00×10^{-7}	—
上游堆石料Ⅱ区	2.0×10^{-1}	0.09
上游堆石料Ⅰ区、下游堆石料	9.0×10^{-2}	0.11
过渡料	8.0×10^{-2}	0.11
反滤料Ⅰ	4.0×10^{-4}	0.5
反滤料Ⅱ	4.0×10^{-2}	0.14
砾石土心墙料	7.0×10^{-6}	4.0
接触黏土	6.0×10^{-7}	6.0

根据研究目的和计算要求，拟定以下工况进行计算分析，见表11-18，其中水力条件考虑控制工况，正常蓄水时上游水位为2895.00m，下游水位为2618.32m。

表11-18　随机施工缺陷渗流计算方案

方案	计算方案说明
QX-0	初步设计方案
QX-1	心墙左侧(横左0+208.810m)设置一条上下游贯通的裂缝，裂缝宽度1mm
QX-2	河床部位混凝土垫层出现上下游贯通裂缝，裂缝宽度1mm
QX-3	心墙存在5%随机施工缺陷，缺陷单元渗透系数放大10倍
QX-4	防渗帷幕缺损1%(面积比)，缺损部位的渗透系数与周边岩体渗透系数相同

11.4.3 缺陷的模拟方法

1. 贯通裂缝的模拟方法

考虑心墙及其混凝土垫层出现上下游贯通裂缝的情况,裂缝宽度为1mm。由于裂缝宽度很小,按实际宽度模拟存在网格剖分上的困难,这里采用等效方法模拟该贯通裂缝,即将裂缝作为多孔介质考虑,采用具有足够大厚度的单元(如0.1m)来表示裂缝,同时其渗透系数相应地缩小,也就是说,对于裂缝单元,裂缝宽度放大n倍,其渗透系数相应缩小至$1/n$。

2. 防渗系统随机施工缺陷的模拟方法

假定心墙及防渗帷幕的施工工艺不受时间、气温、降雨等因素的影响,其施工缺陷沿高程和水平方向(心墙为上下游方向和坝轴线方向,防渗帷幕为坝轴线方向)随机均匀分布。施工缺陷模拟方法和步骤如下:首先从计算模型中挑选出所有研究对象单元(心墙或帷幕单元);然后设定其施工缺陷率,引入随机数的概念按均匀分布进行随机抽样,当所有施工缺陷单元的体积之和占总体积的比值达到设定的施工缺陷率时,停止抽样;最后,修改随机抽样单元的渗透系数为给定的缺陷单元的渗透系数。心墙施工缺陷率为5%时典型缺陷单元的分布如图11-35所示,防渗帷幕施工缺陷率为1%时典型缺陷单元的分布如图11-36所示。其中,空白为施工缺陷单元。

11.4.4 计算结果及分析

1. 方案QX-1

方案QX-1为心墙左侧(横左0+208.810m)设置一条上下游贯通的裂缝。心墙左侧无贯通裂缝和有贯通裂缝时的水头等值线分别如图11-37和图11-38所示。

由图11-37可知,当心墙无贯通裂缝时,心墙起防渗作用,上下游浸润面形成突降,心墙内等势线平滑且密集,基本呈均匀分布;心墙相邻的反滤层内浸润面较为平缓,等势线稀疏。各分区材料渗透坡降均满足渗透稳定要求。

由图11-38可知,当心墙存在贯通裂缝时,该部位心墙失去防渗作用,坝体的上下游水头几乎均由心墙上下游侧的过渡层和反滤层承担,因此浸润面在过渡层和反滤层内出现突降,而在心墙(裂缝)内平缓,水头损失很小,等势线稀疏。此时,裂缝部位反滤层内等势线密集,渗透坡降很大,其最大渗透坡降达到7.909,超过了材料允许坡降,不满足渗透稳定要求。

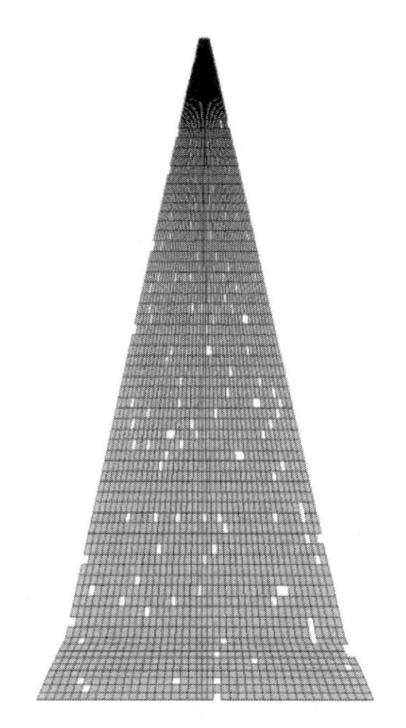

图 11-35　心墙施工缺陷率为 5%时典型缺陷单元的分布

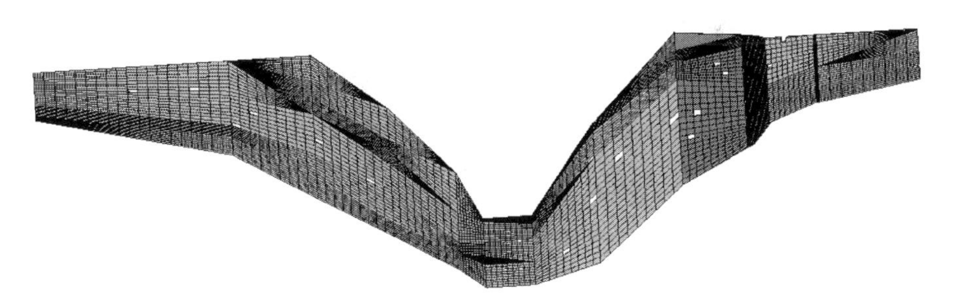

图 11-36　防渗帷幕施工缺陷率为 1%时典型缺陷单元的分布

渗流量方面，心墙无贯通裂缝时，心墙的渗流量为 19.17L/s，总渗流量为 123.69L/s；心墙有贯通裂缝时，心墙的渗流量为 19.19L/s，总渗流量为 123.71L/s。可见，由于裂缝宽仅为 1mm，因此心墙贯通裂缝对于坝体渗流量有影响，但影响微小。

2. 方案 QX-2

方案 QX-2 为河床部位混凝土垫层出现上下游贯通裂缝，裂缝宽 1mm，桩号(横右 0—3.840m)，该部位无贯通裂缝和有贯通裂缝时的水头等值线分别如图 11-39

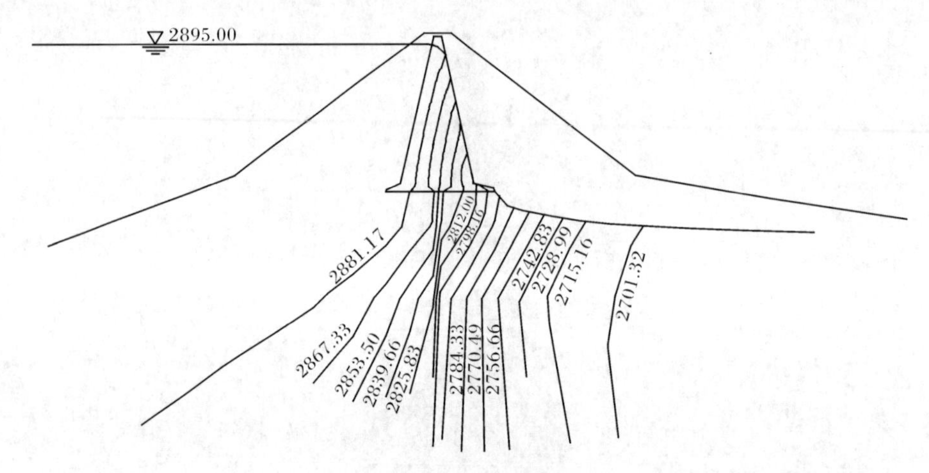

图 11-37　心墙左侧(横左 0＋208.810m)无贯通裂缝时水头等值线图(单位:m)

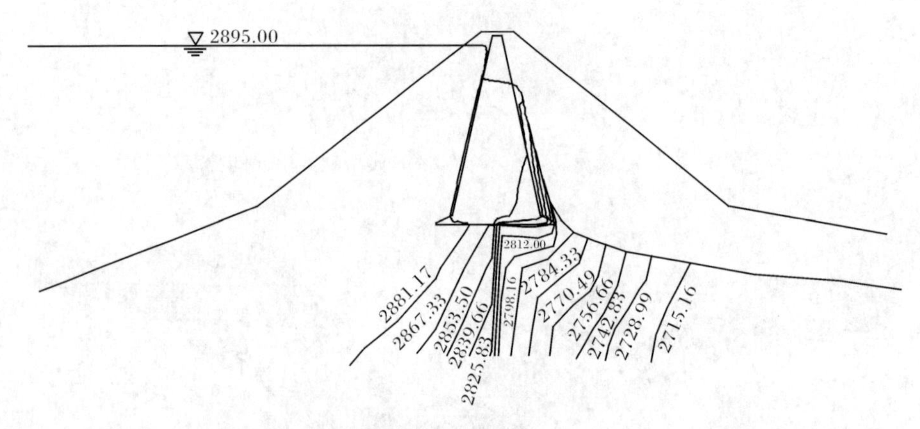

图 11-38　心墙左侧(横左 0＋208.810m)有贯通裂缝时水头等值线图(单位:m)

和图 11-40 所示。

由图 11-39 可知,当心墙底座混凝土垫层无贯通上下游的裂缝时,混凝土垫层可以起到良好的防渗作用,其内等势线密集且均匀分布,与之相邻的接触黏土层内等势线也均匀分布,最大渗透坡降为 2.503,坝基防渗帷幕的渗透坡降为 7.95,各材料分区的渗透坡降均满足渗透稳定要求。

由图 11-40 可知,当心墙底座混凝土垫层有贯通上下游的裂缝时,该部位底座(裂缝)失去防渗作用,裂缝成为渗流通道,其内等势线变得不均匀,受其影响,该部位断面与之相邻的接触黏土层内等势线分布也不均匀,上游变得稀疏,靠近下游侧等势线变得密集,此时接触黏土层的最大渗透坡降增大为 17.5;坝基防渗帷幕的等势线分布也变得疏松,顶部区域的最大渗透坡降为 1.99。

渗流量方面,混凝土垫层无贯通上下游裂缝时,心墙的渗流量为 19.17L/s,总

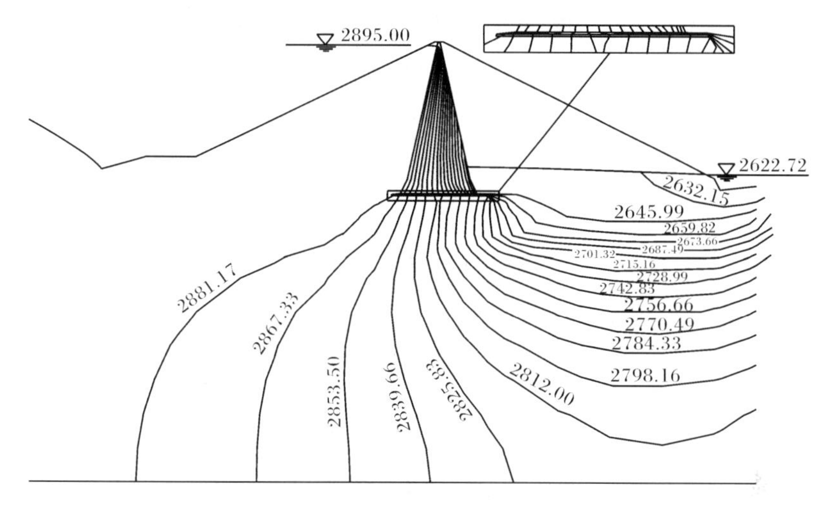

图 11-39　河床部位混凝土垫层无裂缝时坝体(横右 0—3.840m)水头等值线图(单位:m)

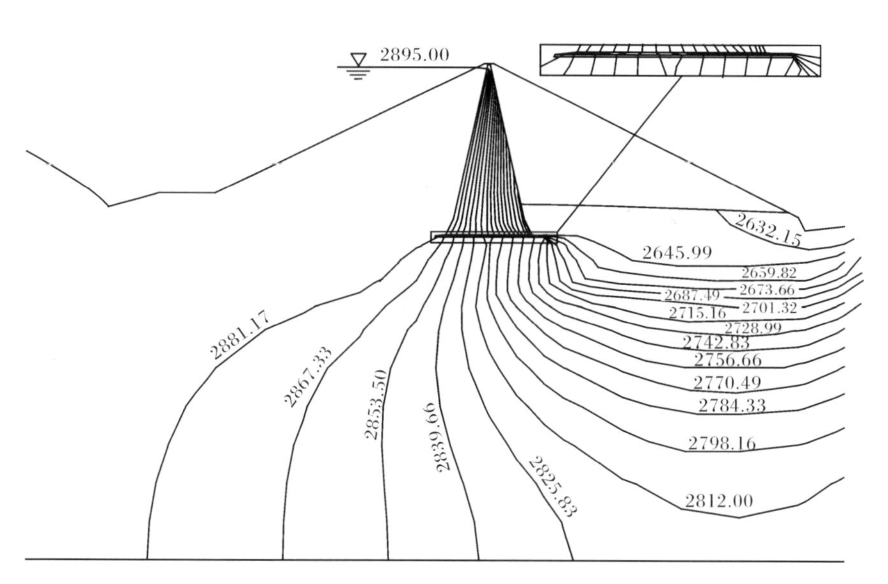

图 11-40　河床部位混凝土垫层有裂缝时坝体(横右 0—3.840m)水头等值线图(单位:m)

渗流量为 123.69L/s;混凝土垫层有贯通上下游裂缝时,心墙的渗流量为 19.18L/s,总渗流量为 123.69L/s。可见由于裂缝宽度仅为 1mm,且混凝土垫层厚度较小,因此混凝土垫层出现贯通上下游的裂缝对于坝体及总渗流量的影响十分微小。

3. 方案 QX-3

方案 QX-3 为心墙存在 5%随机施工缺陷,缺陷单元渗透系数放大 10 倍。心墙无施工缺陷和有施工缺陷时坝体典型断面水头等值线图如图 11-41 和图 11-42 所示，20 组样本的计算结果如图 11-43 所示。

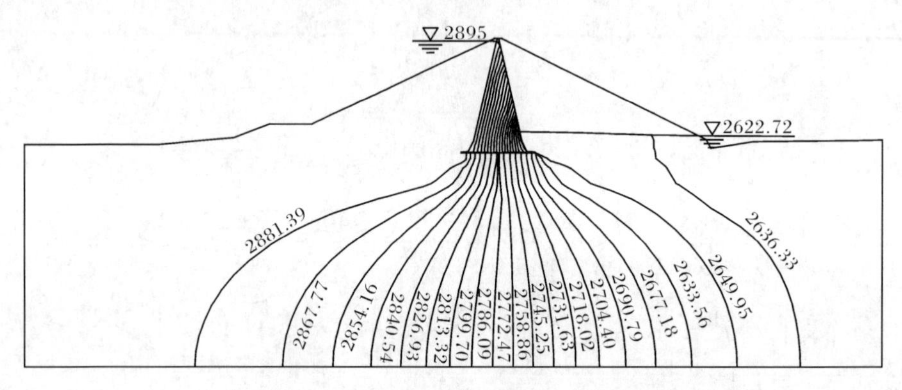

图 11-41　心墙无随机施工缺陷时坝体典型断面水头等值线图(单位:m)

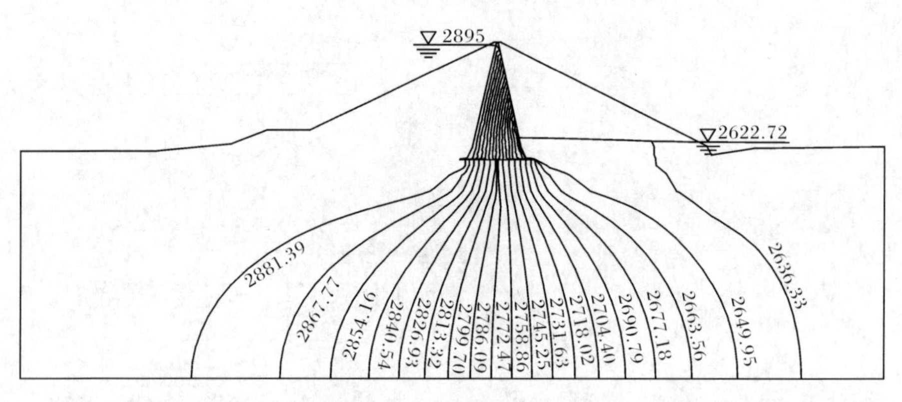

图 11-42　心墙存在 5%随机施工缺陷时坝体典型断面水头等值线图(单位:m)

由图 11-41 可知，当心墙无随机施工缺陷时，坝体上下游坝壳内浸润面较为平缓，等势线稀疏；心墙上下游浸润面形成突降，等势线平滑且密集，基本呈均匀分布。心墙单元的渗透坡降分布规律性较好，相邻单元的渗透坡降值差异不大，变化过渡均匀，不存在突变。

由图 11-42 可知，当心墙存在 5%随机施工缺陷时，总体来看，渗流场变化不大，坝体上下游坝壳内浸润面仍较为平缓，等势线稀疏；心墙上下游浸润面形成突降，心墙内等势线分布基本均匀，但受施工缺陷单元渗透系数变化的影响，等势线不再平滑，呈随机屈曲的蛇形。心墙的渗透坡降受局部施工缺陷的影响较大，缺陷单元的渗透坡降明显降低，所承担的水头损失相应减小，而其邻近心墙单元的渗透坡降则明显增大，导致相邻单元的渗透坡降值差异显著，甚至出现突变，说明心墙局部的施工缺陷会使其及其周围土体的渗透坡降发生显著的改变，局部区域的渗透坡降可能超过材料的允许渗透坡降，从而影响其安全性。

取心墙存在 5%随机施工缺陷样本 20 组进行计算分析，对其结果进行统计并绘制心墙浸润面上下包络线，如图 11-43 所示。由图可见，对比心墙在无随机施工缺陷的理想情况下的渗流场，心墙随机施工缺陷会对心墙内的浸润面产生一定的影响，局部浸润面较无随机缺陷情况的浸润面偏离较大，上下包络线高差最大达到 13.25m，位于 $x=8.0$m 附近。

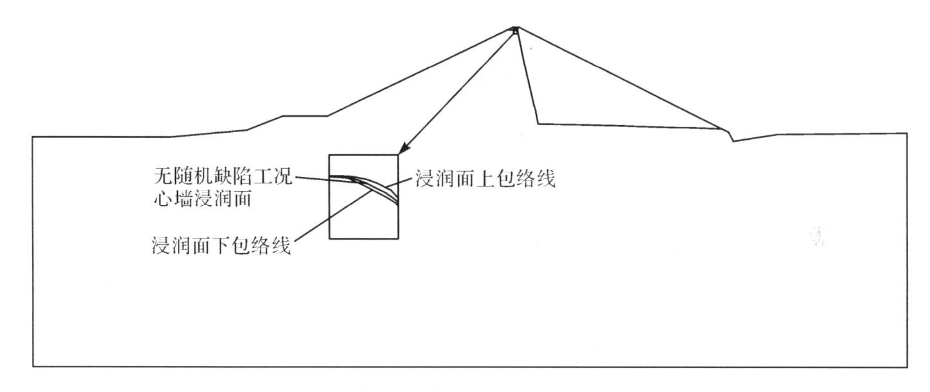

图 11-43　心墙存在 5%随机施工缺陷时浸润面包络线

综上所述，在心墙施工缺陷率为 5%的情况下，施工缺陷对坝体渗流场的影响不大，但对心墙局部的位势分布和渗透坡降影响较大，特别是当心墙某个部位的施工缺陷所占比例过大时，会使该施工缺陷部位周围土体的渗透坡降明显增大，影响其局部渗透稳定性。

4. 方案 QX-4

方案 QX-4 为防渗帷幕缺损 1%(面积比)，缺损部位的渗透系数与周边岩体的渗透系数相同，计算结果典型断面如图 11-44 所示。

由图 11-44 可见，考虑随机施工缺陷后，坝体浸润面要比没有缺损情况的浸润面有所抬高，抬高最大值约 2m，坝体下游出逸点的位置也发生变化，抬高约 1.8m。渗流等势线均不同程度地向下游偏移，且防渗帷幕上游偏移较小，下游偏移较大，说明防渗帷幕的效果变差。与无缺损情况相比，防渗帷幕处的等势线明显变得稀疏，该部位的防渗作用下降，渗透坡降也下降。在缺损部位，防渗帷幕的最大渗透坡降由 7.95 下降到 1.35，但在无缺损部位防渗帷幕的作用效果仍完好，最大渗透坡降未变化。总体来看，由于缺陷单元缺损面积所占比例较小，坝基渗流量增加不大。

综上所述，由于坝基岩体的渗透系数较小(10^{-5} cm/s 数量级)，而防渗帷幕的渗透系数也在 10^{-5}cm/s 数量级，与周围岩体的渗透性差别不大，帷幕的防渗作用

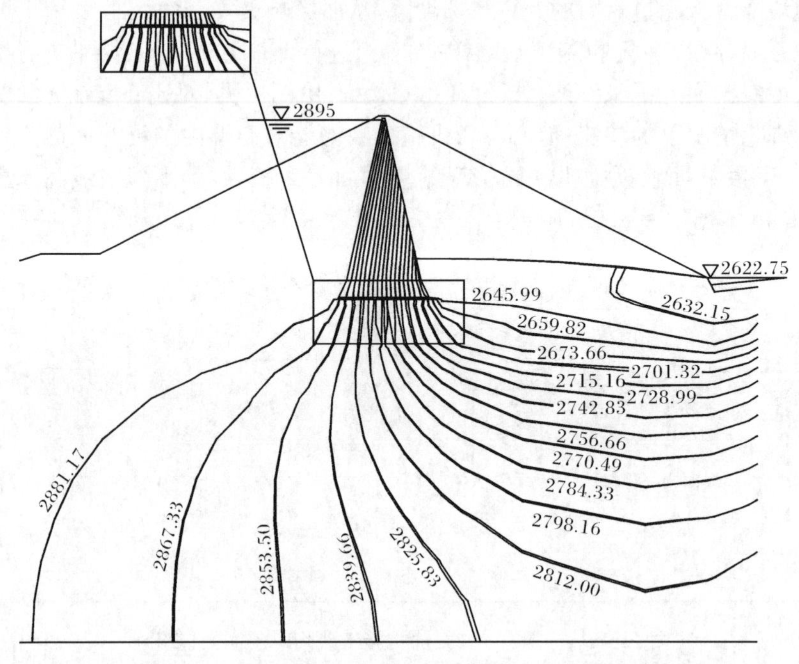

图 11-44　防渗帷幕缺损 1%时典型断面水头等值线图(单位:m)

在这里并不十分明显,因此在防渗帷幕缺损率较低的情况下(计算分析取值 1%),施工缺陷对坝基渗流场的影响不大,坝体浸润面抬高有限。

11.4.5　小结

(1) 心墙上下游的贯通裂缝对坝体心墙裂缝附近局部渗流场的影响显著,但少量心墙裂缝对坝体渗流场的影响有限,心墙下游坝壳地下水位有所升高。心墙开裂后,裂缝部位将形成一个强渗漏通道,其阻水作用基本消失;裂缝内部将产生很大的渗透流速,心墙土料在水流的冲刷作用下将发生冲刷破坏,严重影响坝体的稳定和安全。

(2) 当混凝土垫层上下游贯通裂缝宽为 1mm 时,总渗流量增加不明显;垫层裂缝部位渗透坡降下降明显,导致与之相邻的接触黏土层的渗透坡降明显增大,可引起接触渗透变形。心墙土料在高渗透流速冲刷作用下可能产生严重的接触冲刷破坏。

(3) 在心墙施工缺陷率较低的情况下(5%左右),随机施工缺陷对坝体渗流场以及渗流量影响不大,但对心墙施工缺陷部位附近局部渗流场的影响较大,因此应尽量控制好心墙的施工质量,尽可能避免施工缺陷,满足设计要求。

(4) 假定防渗帷幕缺损 1%的条件下,防渗帷幕随机缺陷对坝基防渗帷幕缺损部位附近的局部渗流场影响较大，主要是局部渗透坡降和渗流量变化大，但对于坝址区渗流场的影响不大，防渗帷幕下游坝体地下水位抬高有限，最大值约 2m。

11.5 面 板 坝

11.5.1 工程概况

大石峡水电站[197]位于新疆维吾尔自治区阿克苏市阿克苏河的一级支流库玛拉克河上，是库玛拉克河上“一库四级”水电项目中的龙头水库。坝址位于大石峡峡谷出口处，距下游已建成投产的小石峡水电站约 11km，与阿克苏市相距约 100km。工程为Ⅰ等大(1)型工程，拦河坝采用下坝址混凝土面板砂砾石坝方案，为 1 级建筑物，正常蓄水位 1710.00m，死水位 1677.00m，电站装机容量 78 万 kW，校核洪水位下水库库容 12.74 亿 m^3。坝顶高程为 1711.00m，坝顶上游侧设高 6.20m 的 L 形混凝土防浪墙，防浪墙顶高程为 1717.20m，防浪墙后坝顶公路高程为 1716.00m；河床中段设混凝土高趾墙，其基底高程为 1460.00m；最大坝高 256.00m，坝顶全长 560.0m，坝顶宽度 12.00m。上游坝坡为 1∶1.60，在 1560.00m 高程以下的面板上加设上游压坡体；下游坝坡局部实坡为 1∶1.4，综合坡度约为 1∶1.72，该坝典型断面如图 11-45 所示。

采用等效连续介质模型，选取大坝标准剖面所在的河床坝段建立坝体和坝基的三维有限元模型，采用饱和-非饱和渗流的有限元计算程序，模拟面板缝止水局部失效后坝体和坝基渗流场，研究面板缝止水局部失效的接缝失效宽度、接缝失效长度和接缝失效位置对坝体渗流场的影响。

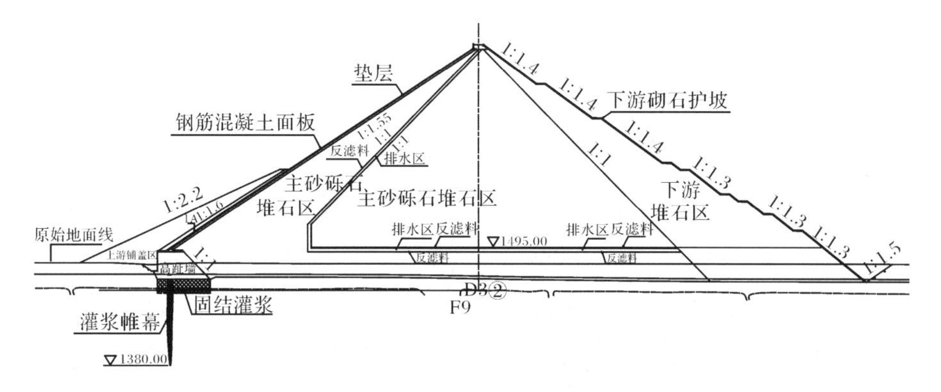

图 11-45　大石峡水电站面板砂砾石坝典型断面图

11.5.2 计算模型及条件

1. 模型范围和边界

根据大石峡水电站面板砂砾石坝坝体典型断面建立计算模型，着重分析比较止水系统完好和局部失效后坝体及坝基渗流场的变化。根据对称性，取半缝宽和四块面板所在的坝段进行计算，可模拟八块面板范围的坝段中央面板缝局部失效的状况。

建立三维有限元模型时采用控制断面超单元自动剖分技术，以坝体标准剖面作为控制断面，并据此形成超单元。为了尽可能准确地模拟面板缝，并尽量减小计算规模，从面板缝开始，沿 Y 方向控制断面位置坐标随着与面板缝之间距离的增大而不断增加，其位置示意图如图 11-46 所示。其中，断面 $y=0\sim0.0005$m(其余计算方案为 0.0050m、0.0150m、0.0500m)表示半条面板缝，断面 $y=0.0005\sim60.0000$m 表示面板(每块面板宽度为 15m)。加密细分后形成有限元网格，生成的三维有限元模型网格如图 11-47 所示。

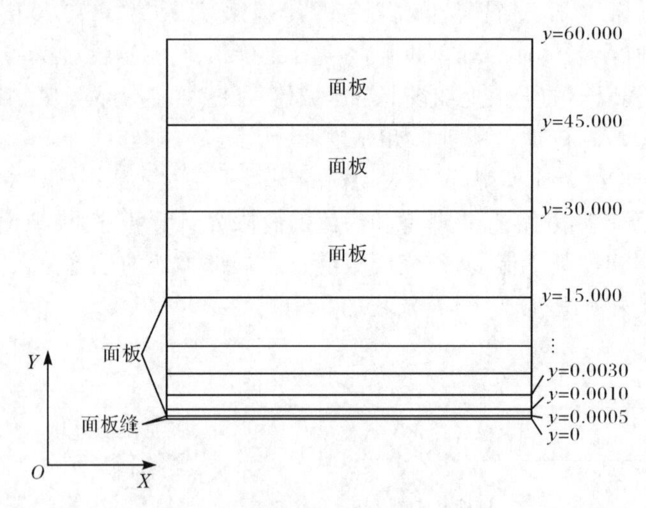

图 11-46 大石峡面板坝有限元模型控制断面位置示意图(单位:m)

需要说明的是，图 11-46 中所示面板缝宽度设定为 0.5mm，对于不同的面板缝宽度，计算模型分别模拟了 5mm、15mm 和 50mm 等其他三种情况，因此这里建立四个有限元模型分别模拟面板缝宽度为 1mm、10mm、30mm 和 100mm 的四种情况，以分析研究面板缝止水不同的接缝失效宽度对坝体和坝基渗流场的影响。此外，从偏安全的角度出发，建模时不考虑面板上游侧的压坡土。

计算模型边界条件选定如下：根据对称性，右侧(失效面板缝中心)截取边界($y=0$m)为不透水边界，左侧截取边界($y=60$m)距离较远，忽略其影响，也近似为

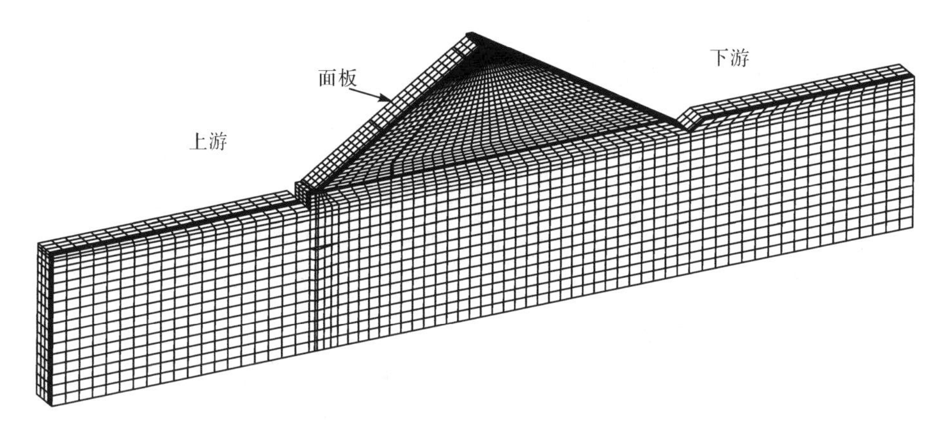

图 11-47　大石峡水电站面板砂砾石坝三维有限元模型网格

不透水边界;河床上游侧截取边界($x=-900$m)近似为不透水边界,下游侧截取边界($x=900$m)近似为不透水边界;底部截取边界也为不透水边界。

2. 计算参数和计算工况

混凝土面板砂砾石坝坝体各分区材料和坝基地层渗透系数见表 11-19。

表 11-19　各分区材料和坝基地层渗透系数

材料名称	渗透系数/(cm/s)	地层	透水率/Lu	渗透系数/(cm/s)
面板	1.00×10^{-7}	河床覆盖层	—	0.07
垫层料	3.55×10^{-4}			
垫层小区	1.70×10^{-4}	中等透水层	10~100	8.5×10^{-5}
反滤料	0.925			
排水料	22.5	弱透水层	3~10	7.5×10^{-6}
主砂砾石堆石区 3B	2.81×10^{-2}			
下游堆石区 3C	0.125	相对不透水层	<3	2.5×10^{-6}
坝基防渗帷幕	1.00×10^{-5}			

在模拟面板缝止水发生局部失效的情况时,正常的面板缝止水单元与面板单元渗透系数一致,止水失效处的单元渗透系数取为 1m/s,用以模拟止水发生破坏的情况,实际计算时止水失效单元下游面相邻的垫层单元几乎直接承受上游水头的作用。

水力条件:上下游水位按正常蓄水工况考虑,即上游水位为 1710.00m,下游水位为1480.94m。

为了深入分析面板缝止水不同的接缝失效宽度、接缝失效长度和接缝失效位置(即失效接缝上水头)对坝体浸润面、渗透坡降、渗流量等的影响，借鉴国内外已有的混凝土面板砂砾石坝面板缝变形的观测资料和数值模拟结果，并考虑大石峡水电站面板砂砾石坝为250m级超高面板坝，选取接缝失效宽度为1mm、10mm、30mm和100mm四个级别；接缝失效长度为1m和5m两种情况；接缝失效位置为坝高35m(高程1495m)，坝高125m(高程1585m)和坝高235m(高程1695m)三处位置，将不同的接缝失效宽度、接缝失效长度和接缝失效位置进行组合，拟定以下方案进行计算分析，见表11-20和表11-21。假定从坝高125m和235m处向下面板缝止水全缝长破坏来模拟极端工况，见表11-22。

表11-20　接缝失效长度为1m的计算方案

接缝失效长度为1m		接缝失效宽度			
		1mm	10mm	30mm	100mm
接缝失效位置	坝高235m	DS1-1	DS2-1	DS3-1	DS4-1
	坝高125m	DZ1-1	DZ2-1	DZ3-1	DZ4-1
	坝高35m	DX1-1	DX2-1	DX3-1	DX4-1
	三处同时失效	DA1-1	DA2-1	DA3-1	DA4-1

注：第一位D代表大石峡计算方案；第二位S、Z、X、A分别代表上部、中部、下部、三处；第三位1～4分别代表接缝失效宽度1mm、10mm、30mm和100mm；第四位代表接缝失效长度。

为了分析垫层渗透系数的敏感性，对三处高程均出现长5m止水失效接缝的计算方案考虑垫层渗透系数放大或缩小情况，即缩小为原渗透系数的1/10、1/2或放大到原渗透系数的5倍，计算方案见表11-23。

表11-21　接缝失效长度为5m的计算方案

接缝失效长度为5m		接缝失效宽度			
		1mm	10mm	30mm	100mm
接缝失效位置	坝高235m	DS1-5	DS2-5	DS3-5	DS4-5
	坝高125m	DZ1-5	DZ2-5	DZ3-5	DZ4-5
	坝高35m	DX1-5	DX2-5	DX3-5	DX4-5
	三处同时失效	DA1-5	DA2-5	DA3-5	DA4-5

注：第一位D代表大石峡计算方案；第二位S、Z、X、A分别代表上部、中部、下部、三处；第三位1～4分别代表接缝失效宽度1mm、10mm、30mm和100mm；第四位代表接缝失效长度。

表 11-22　模拟极端工况的计算方案

极端工况	接缝失效宽度			
	1mm	10mm	30mm	100mm
坝高 125m 以下面板缝止水全缝长失效	DZQ1	DZQ2	DZQ3	DZQ4
坝高 235m 以下面板缝止水全缝长失效	DSQ1	DSQ2	DSQ3	DSQ4

注:第一位 D 代表大石峡计算方案;第二、三位 SQ 代表上部及上部以下全缝长破坏,ZQ 代表中部及中部以下全缝长破坏;第四位 1～4 分别代表接缝失效宽度 1mm、10mm、30mm 和 100mm。

表 11-23　垫层渗透系数敏感性分析的计算方案

接缝失效长度为 5m		接缝失效宽度			
		1mm	10mm	30mm	100mm
垫层渗透系数	缩小为原值的 1/10:3.55×10^{-5}cm/s	DA1-5-a	DA2-5-a	DA3-5-a	DA4-5-a
	缩小为原值的 1/2:1.78×10^{-5}cm/s	DA1-5-b	DA2-5-b	DA3-5-b	DA4-5-b
	放大 5 倍:1.78×10^{-3}cm/s	DA1-5-c	DA2-5-c	DA3-5-c	DA4-5-c

注:第一位 D 代表大石峡计算方案;第二位 A 代表三处位置均发生止水局部失效;第三位 1～4 分别代表接缝失效宽度 1mm、10mm、30mm 和 100mm;第四位代表接缝失效长度;第五位 a、b、c 分别代表缩小为原渗透系数的 1/10、1/2 和放大为原渗透系数的 5 倍。

11.5.3　正常工况下坝体渗流场特性分析

正常工况 DWZ 为面板缝止水完好的情况,此时面板、止水、趾板、高趾墙与帷幕可形成完整的防渗系统,用以验证本模型在坝体止水系统完整情况下的渗流场是否符合一般规律,并作为面板缝止水局部失效各计算方案的参照工况。

计算方案 DWZ 的坝体和坝基断面水头等值线如图 11-48 所示,在浸润面上选取特征点 A、B、C、D:A 点为浸润面与面板和垫层之间接触面的交点,是面板下游坝体浸润面的最高点;B 点为浸润面与高趾墙(发生止水失效时或为垫层)和主砂砾石堆石区接触面的交点;C 点为浸润面与主砂砾石堆石区和下游堆石区接触面的交点;D 点为坝体下游坝坡出逸点。在灌浆帷幕下游一侧沿 $x=-338.0$m 竖向截取模型渗流量的计算断面,将总的渗流量除以 60m 的坝段宽度得到通过坝体和坝基的单宽渗流量,坝体各部分的最大渗透坡降、单宽渗流量和浸润面 A 点高程见表 11-24。

可见，当止水系统完好时，主要由面板承受上下游高水头作用，水头在面板内迅速被削减，面板的最大渗透坡降发生于面板与趾板交界处；浸润面经趾板和高趾墙后于高程 1482.65m 进入主砂砾石堆石区，坝体内部浸润面平缓，最后在下游坝坡出逸，出逸坡降为 0.0011，符合面板砂砾石坝渗流的一般规律。

表 11-24　计算方案 DWZ 的最大渗透坡降、单宽渗流量和浸润面 A 点的高程

坝体内各部分最大渗透坡降			单宽渗流量/(m^2/d)	浸润面 A 点的高程/m
面板	主砂砾石堆石区	下游堆石区		
187.18	0.0027	0.0011	3.37	1482.65

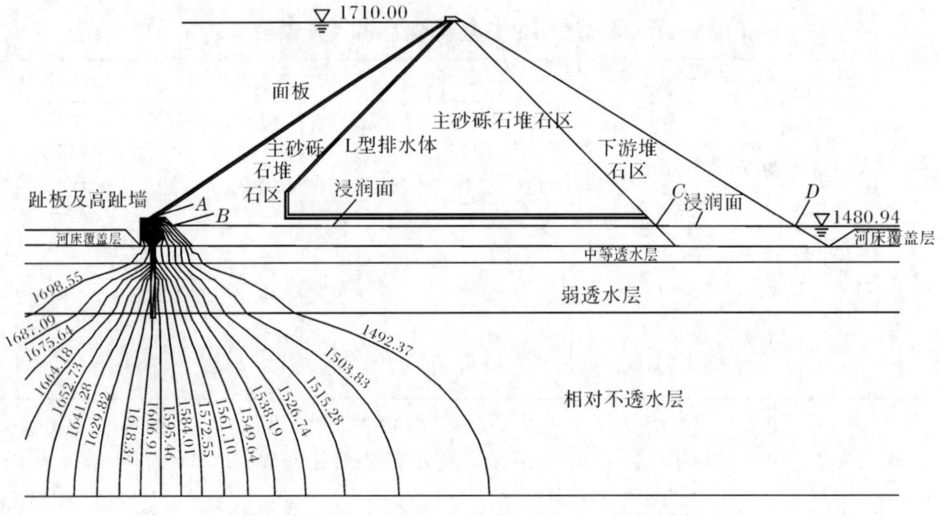

图 11-48　计算方案 DWZ 的坝体和坝基断面水头等值线图(单位:m)

11.5.4　面板缝止水局部失效情况下渗流场特性分析

1. 止水局部失效对浸润面的影响

沿面板止水失效接缝中心($y=0$m)取剖面得到失效接缝中心剖面的坝体和坝基位势分布。将不同的面板缝止水局部失效计算方案中失效接缝中心剖面的浸润面特征点 A～D 高程及其相对于正常工况 DWZ 的各点相对变化值列于表 11-25。由表可知，随着接缝失效宽度的增大、接缝失效长度的增长和接缝失效位置的降低，坝体浸润面均会出现略微升高，且在同一断面上坝轴线上游坝体的浸润面位置变化较大，坝轴线下游坝体的浸润面变化较小。

在止水局部失效的计算方案中，选取最危险工况：接缝失效宽度 100mm、接缝失效长度 5m 且三处高程同时失效，即 DA4-5 方案，与止水完好情况下坝体浸润面进行比较，如图 11-49 所示，发现 DA4-5 方案中特征点 B 上升了 3.82m，相较坝高 256m 十分微小。

表 11-25　面板缝止水局部失效各计算方案的浸润面特征点高程及相对 DWZ 变化值

计算方案	特征点高程及相对 DWZ 变化值/m							
	A	ΔA	B	ΔB	C	ΔC	D	ΔD
DWZ	1491.00	—	1482.65	—	1481.14	—	1480.97	—
DX1-1	1491.00	0	1484.31	1.66	1481.45	0.31	1480.98	0.01
DX1-5	1492.17	1.17	1485.72	3.07	1481.53	0.39	1480.99	0.02
DZ1-1	1491.00	0	1482.91	0.26	1481.29	0.15	1480.97	0
DZ1-5	1491.00	0	1483.08	0.43	1481.44	0.30	1480.98	0.01
DS1-1	1491.00	0	1482.71	0.06	1481.14	0.00	1480.97	0
DS1-5	1491.00	0	1482.72	0.07	1481.15	0.01	1480.97	0
DX2-1	1491.41	0.41	1484.71	2.06	1481.41	0.27	1480.98	0.01
DX2-5	1498.20	7.20	1485.87	3.22	1481.46	0.32	1480.99	0.02
DZ2-1	1491.02	0.02	1482.85	0.20	1481.28	0.14	1480.97	0
DZ2-5	1491.02	0.02	1483.31	0.66	1481.47	0.33	1480.98	0.01
DS2-1	1491.02	0.02	1482.71	0.06	1481.23	0.09	1480.97	0
DS2-5	1491.02	0.02	1482.71	0.06	1481.14	0.00	1480.97	0
DX3-1	1491.32	0.32	1484.87	2.22	1481.43	0.29	1480.98	0.01
DX3-5	1498.24	7.24	1485.79	3.14	1481.52	0.38	1480.99	0.02
DZ3-1	1491.02	0.02	1483.04	0.39	1481.30	0.16	1480.98	0.01
DZ3-5	1491.02	0.02	1483.15	0.50	1481.42	0.28	1480.98	0.01
DS3-1	1491.02	0.02	1482.71	0.06	1481.23	0.09	1480.97	0
DS3-5	1491.02	0.02	1482.77	0.12	1481.26	0.12	1480.97	0
DX4-1	1491.49	0.49	1484.77	2.12	1481.39	0.25	1480.98	0.01
DX4-5	1498.32	7.32	1486.05	3.40	1481.53	0.39	1480.98	0.01
DZ4-1	1491.02	0.02	1483.06	0.41	1481.34	0.20	1480.97	0
DZ4-5	1491.02	0.02	1483.19	0.54	1481.40	0.26	1480.98	0.01
DS4-1	1491.02	0.02	1482.71	0.06	1481.23	0.09	1480.97	0
DS4-5	1491.02	0.02	1482.71	0.06	1481.23	0.09	1480.97	0
DA1-1	1491.26	0.26	1485.07	2.42	1481.47	0.33	1480.98	0.01
DA1-5	1492.17	1.17	1485.91	3.26	1481.78	0.64	1481.00	0.03
DA2-1	1491.37	0.37	1485.24	2.59	1481.59	0.45	1480.98	0.01

续表

计算方案	特征点高程及相对 DWZ 变化值/m							
	A	ΔA	B	ΔB	C	ΔC	D	ΔD
DA2-5	1492.17	1.17	1485.83	3.18	1481.88	0.74	1481.00	0.03
DA3-1	1491.35	0.35	1485.32	2.67	1481.60	0.46	1480.99	0.02
DA3-5	1492.17	1.17	1486.38	3.73	1481.86	0.72	1480.97	0
DA4-1	1491.02	0.02	1485.72	3.07	1481.61	0.47	1480.98	0.01
DA4-5	1492.17	1.17	1486.47	3.82	1481.79	0.65	1481.00	0.03

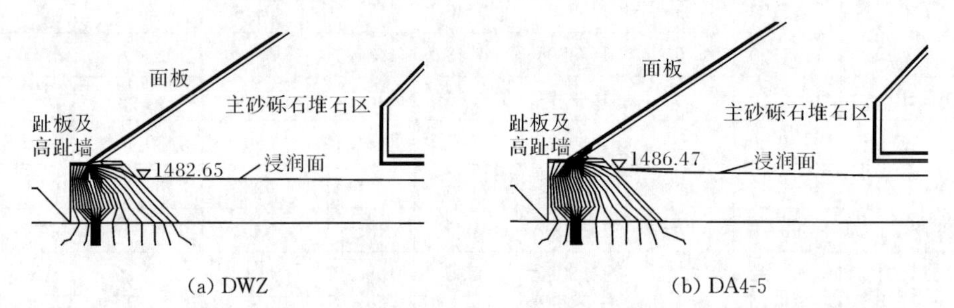

图 11-49 方案 DWZ 和 DA4-5 坝体沿缝中心横剖面的渗流水头等值线局部放大图(单位:m)

分析比较表 11-25 中面板缝止水局部失效的不同计算方案下浸润面特征点高程的变化值,将各方案中特征点 B 的高程绘于图 11-50 中,可以发现:

(1) 当接缝失效长度和接缝失效位置不变时,接缝失效宽度越大坝体浸润面位置越高,但其影响程度是接缝失效宽度、接缝失效长度和接缝失效位置三种因素中最低的。

(2) 当接缝失效宽度和接缝失效位置不变时,接缝失效长度越长,坝体浸润面位置越高。

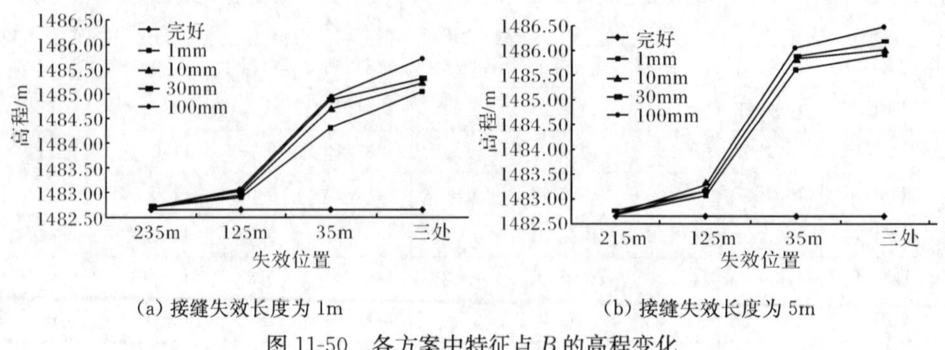

图 11-50 各方案中特征点 B 的高程变化

(3) 当接缝失效宽度和接缝失效长度不变时,仅面板缝下部止水失效时坝体浸润面位置最高，上部止水失效时坝体浸润面位置最低，中部止水失效时浸润面位置介于前两者之间，即接缝失效位置越低，所承受的压力水头越大，坝体浸润面位置越高。面板缝止水失效位置，即失效接缝上作用水头是三种因素中影响程度最高的。

2. 止水局部失效对渗流量的影响

在灌浆帷幕下游一侧沿 $x=-338.0$m 竖向截取渗流量的计算断面，将总的渗流量除以 60m 的坝段宽度得到通过坝体和坝基的单宽渗流量，见表 11-26，表中单宽渗流量变化按式(11-1)计算：

$$R_Q=\frac{Q_2-Q_1}{Q_1}\times 100\% \tag{11-1}$$

式中：Q_1 为止水系统完好时(DWZ 计算方案)的单宽渗流量，m^2/d；Q_2 为止水局部失效时的单宽渗流量，m^2/d。

将面板缝止水局部失效计算方案下的单宽渗流量与面板缝止水完好时(DWZ 计算方案)的单宽渗流量进行比较，可以看出以下几点：

(1) 当接缝失效长度和接缝失效位置相同时，接缝失效宽度越大，通过坝基和坝体的渗流量越大。

(2) 当接缝失效宽度和接缝失效位置相同时，接缝失效长度越长，通过坝基和坝体的渗流量越大。

(3) 当接缝失效宽度和接缝失效长度相同时，面板缝下部止水失效时通过坝体和坝基的渗流量最大，其次为面板缝中部止水失效，面板缝上部止水失效时通过坝体和坝基的渗流量最小，三处高程同时发生止水局部失效的计算方案中渗流量最大。

在接缝失效宽度、接缝失效长度和接缝失效位置三种因素中，接缝失效位置，即失效接缝上作用水头对渗流量的影响最大，其次为接缝失效长度，接缝失效宽度的影响最小。

表 11-26　面板缝止水局部失效各计算方案的单宽渗流量及其变化百分比

计算方案	单宽渗流量 /(m^2/d)	流量变化百分比 /%	计算方案	单宽渗流量 /(m^2/d)	流量变化百分比 /%
DWZ	3.370	—	DS1-5	3.519	4.42
DX1-1	3.642	8.07	DX2-1	3.650	8.31
DX1-5	3.697	9.70	DX2-5	3.707	10.00
DZ1-1	3.537	4.96	DZ2-1	3.541	5.07
DZ1-5	3.634	7.83	DZ2-5	3.648	8.24
DS1-1	3.511	4.18	DS2-1	3.513	4.24

计算方案	单宽渗流量 /(m^2/d)	流量变化百分比 /%	计算方案	单宽渗流量 /(m^2/d)	流量变化百分比 /%
DS2-5	3.523	4.54	DX4-1	3.664	8.72
DA1-1	3.779	12.14	DX4-5	3.727	10.59
DA1-5	3.875	14.99	DZ4-1	3.580	6.23
DA2-1	3.796	12.64	DZ4-5	3.711	10.12
DA2-5	3.906	15.90	DS4-1	3.524	4.57
DX3-1	3.654	8.43	DS4-5	3.533	4.84
DX3-5	3.711	10.19	DA3-1	3.814	13.18
DZ3-1	3.557	5.55	DA3-5	3.913	16.11
DZ3-5	3.686	9.38	DA4-1	3.874	14.96
DS3-1	3.524	4.57	DA4-5	3.956	17.39
DS3-5	3.529	4.72	—	—	—

3. 止水局部失效对渗透坡降的影响

将不同的面板缝止水局部失效计算方案中的坝体面板、主砂砾石堆石区和下游堆石区的最大渗透坡降列于表 11-27 中，由表可以看出：

(1) 随着接缝失效宽度的不断增大，面板的渗透坡降变小，面板下游坝体的渗透坡降和出逸坡降依次变大。

(2) 在相同接缝宽度和长度止水失效工况中，面板缝下部止水失效时，面板的渗透坡降较小，面板下游坝体的渗透坡降较大；面板缝上部止水失效时，面板的渗透坡降较大，面板下游坝体的渗透坡降较小；面板缝中部止水失效时面板内及面板下游坝体的渗透坡降介于上述两种情况之间。

表 11-27　面板缝止水局部失效各计算方案的最大渗透坡降

计算方案	坝体内各部分最大渗透坡降			计算方案	坝体内各部分最大渗透坡降		
	面板	主砂砾石堆石区	下游堆石区		面板	主砂砾石堆石区	下游堆石区
DWZ	187.18	0.0027	0.0011	DX2-5	185.01	0.0079	0.0029
DX1-1	187.16	0.0051	0.0029	DZ2-1	187.17	0.0028	0.0019
DX1-5	186.83	0.0075	0.0034	DZ2-5	187.17	0.0033	0.0030
DZ1-1	187.18	0.0029	0.0020	DS2-1	187.17	0.0027	0.0016
DZ1-5	187.18	0.0029	0.0029	DS2-5	187.17	0.0028	0.0011
DS1-1	187.18	0.0028	0.0011	DA1-1	187.10	0.0064	0.0030
DS1-5	187.18	0.0028	0.0011	DA1-5	186.83	0.0074	0.0048
DX2-1	187.06	0.0059	0.0027	DA2-1	187.07	0.0065	0.0038

续表

计算方案	坝体内各部分最大渗透坡降			计算方案	坝体内各部分最大渗透坡降		
	面板	主砂砾石堆石区	下游堆石区		面板	主砂砾石堆石区	下游堆石区
DA2-5	186.83	0.0071	0.0055	DZ4-1	187.17	0.0031	0.0023
DX3-1	187.03	0.0062	0.0028	DZ4-5	187.17	0.0032	0.0026
DX3-5	185.00	0.0076	0.0033	DS4-1	187.17	0.0027	0.0016
DZ3-1	187.17	0.0031	0.0020	DS4-5	187.17	0.0027	0.0016
DZ3-5	187.17	0.0031	0.0027	DA3-1	187.08	0.0067	0.0038
DS3-1	187.17	0.0027	0.0016	DA3-5	186.83	0.0081	0.0055
DS3-5	187.17	0.0027	0.0018	DA4-1	187.17	0.0073	0.0039
DX4-1	186.99	0.0060	0.0026	DA4-5	186.83	0.0084	0.0049
DX4-5	184.97	0.0081	0.0034	—	—	—	—

当面板缝止水局部失效时，失效接缝单元周围的浸润面会进入垫层(在坝高35m处发生止水失效时也会进入主砂砾石堆石区)，使得失效接缝下游侧垫层产生局部饱和区。上述坝体各分区渗透坡降未计入接缝止水失效部位附近局部范围的情况，该局部范围主要位于垫层内，局部渗透坡降很大，且距离止水失效处越近，渗透坡降越大，当坝体下部面板发生止水局部失效时，止水失效处渗透坡降远超过垫层的允许渗透坡降，该范围内的垫层料极有可能产生渗透破坏。

4. 垫层局部饱和区的影响范围

混凝土面板的渗透系数很小，面板下游侧垫层及主砂砾石堆石区的渗透系数相对很大，当面板缝止水局部失效时，通过失效接缝的渗漏水量有限，渗透孔隙水压力也很快消散，仅在失效接缝附近局部范围内形成饱和区，而坝体绝大部分仍为非饱和区。

在止水局部失效的计算方案中，选取最危险工况：接缝失效宽度 100mm、接缝失效长度为 5m 且三处高程同时失效，以 DA4-5 方案为例，垫层局部饱和区范围如图 11-51 所示。需要说明的是，饱和区的形状受有限元网格形态影响较大，这里主要关注垫层局部饱和区的范围及其影响。在沿缝中心垂直于坝轴线的横剖面上，除图 11-51(c)中，在高水头作用下，相对坝高 35m、接缝失效长度 5m 处浸润面已部分进入垫层下游侧主砂砾石堆石区外，其余饱和区均在垫层范围内；在三处失效接缝沿坝轴线方向水平剖面上，饱和区沿坝轴线方向长度随着缝上作用水头的增长而增大，最大范围为图 11-51(c)中的 5.755m。但需要注意的是，在高水头的作用下，下部失效接缝部位的垫层渗透坡降远大于其允许渗透坡降，也极可能超过垫层破坏坡降，产生渗透破坏。

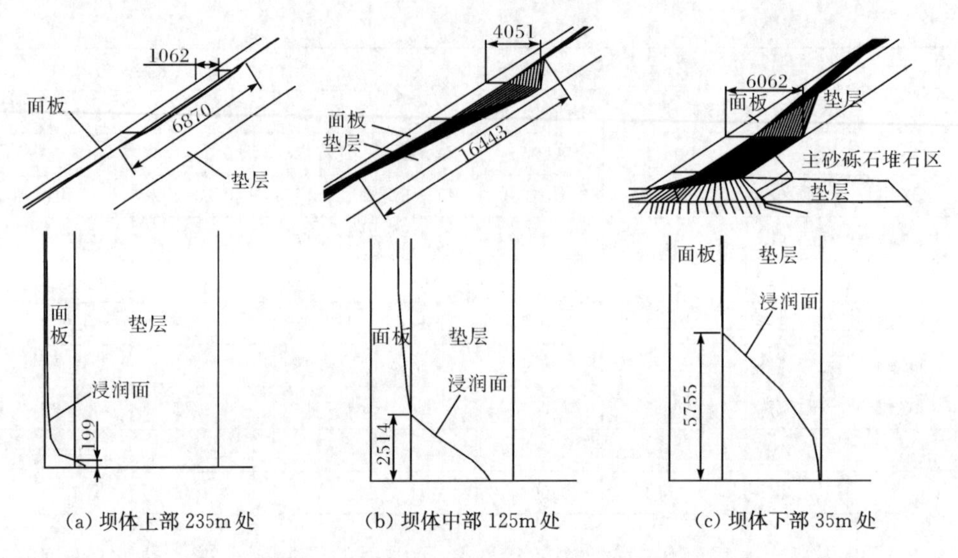

(a) 坝体上部 235m 处　(b) 坝体中部 125m 处　(c) 坝体下部 35m 处

图 11-51　方案 DA4-5 面板缝止水局部失效部位附近垫层内渗流饱和区(单位:mm)

5. 极端工况下坝体的渗流特性

1) 浸润面抬升幅度及影响范围

当面板缝止水从坝高 125m 处开始向下半缝长失效或从坝高 235m 处开始向下全缝长失效时,止水系统严重失效,失效接缝后垫层出现较大范围的饱和区。沿面板止水失效接缝中心(y=0m)取剖面,将极端工况下失效接缝中心断面的坝体浸润面特征点 A~D 的高程及其相对正常工况 DWZ 各点的变化值列于表 11-28 中,可以发现,在面板止水失效接缝中心剖面上(方案 DSQ4 失效接缝中心断面水头等值线如图 11-52 所示),坝体浸润面大幅抬升,主砂砾石堆石区浸润面最高点达到 1502.47m(特征点 B),较正常工况 DWZ 高出 19.82m。坝体内浸润面经主砂砾石堆石区进入 L 型排水后逐渐趋于平缓。

表 11-28　面板缝止水全缝长失效各计算方案的浸润面特征点高程及相对 DWZ 变化值

计算方案	特征点高程及相对 DWZ 变化值/m							
	A	ΔA	B	ΔB	C	ΔC	D	ΔD
DWZ	1491.00	—	1482.65	—	1481.14	—	1480.97	—
DZQ1	1495.52	4.52	1500.28	17.63	1486.00	4.86	1481.48	0.51
DSQ1	1498.73	7.73	1500.59	17.94	1487.99	6.85	1481.77	0.80
DZQ2	1495.63	4.63	1500.68	18.03	1486.06	4.92	1481.49	0.52
DSQ2	1498.73	7.73	1501.04	18.39	1488.54	7.40	1481.79	0.82

续表

计算方案	特征点高程及相对 DWZ 变化值/m							
	A	ΔA	B	ΔB	C	ΔC	D	ΔD
DZQ3	1495.98	4.98	1500.69	18.04	1486.40	5.26	1481.49	0.52
DSQ3	1499.21	8.21	1501.36	18.71	1489.27	8.13	1481.78	0.81
DZQ4	1495.98	4.98	1501.89	19.24	1486.90	5.76	1481.53	0.56
DSQ4	1499.79	8.79	1502.47	19.82	1489.43	8.29	1481.85	0.88

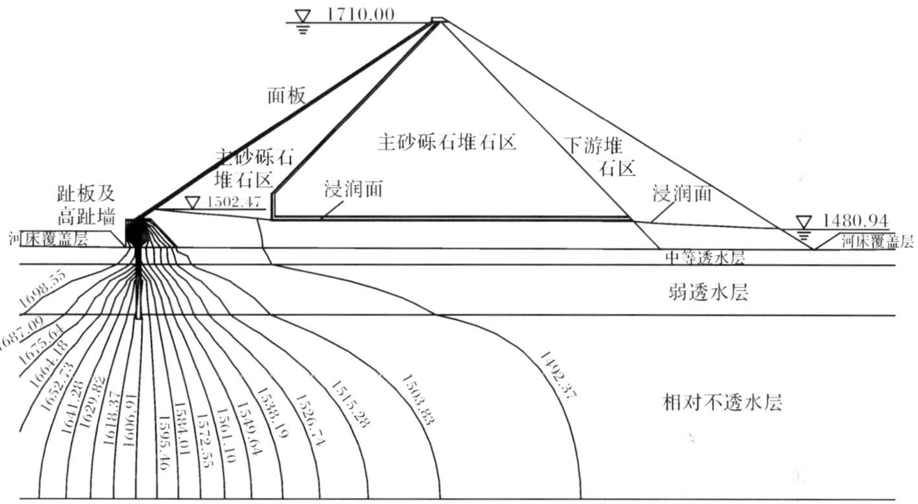

图 11-52　方案 DSQ4 失效接缝中心断面水头等值线图(单位:m)

失效接缝中心剖面周围的坝体浸润面相较仅发生局部止水失效的情况有较大幅度的抬升,但失效接缝中心剖面一定距离以外的坝体浸润面将基本回落至 DWZ 方案中的浸润面高程。研究面板缝止水失效产生的饱和区在沿坝轴线方向上对浸润面的影响时,选取面板缝止水全缝长失效的极端工况 DSQ1、DSQ2、DSQ3、DSQ4,沿坝轴线方向截取 $x=-320$m 处剖面,其浸润面范围如图 11-53 所示,接缝失效宽度 1mm、10mm、30mm、100mm 时失效接缝中线处浸润面高程分别为 1500.59m、1501.04m、1501.36m、1502.47m,沿坝轴线方向的抬升影响范围不超过半块面板宽度(约 7.5m),当面板缝局部失效并未连通时,浸润面的抬升范围也不会超过半块面板。需要说明的是,建模时考虑失效面板缝及渗流场的对称性,仅建立了四块面板宽度范围内的坝体和坝基模型,故此处沿坝轴线方向的影响范围是对所建半个模型而言的,仅是全部影响范围的 1/2。

由计算结果可见,局部饱和区主要存在于混凝土面板缝失效部位周围,影响范围仅限于垫层内部,且对失效接缝附近的局部渗流场影响较大,对距离失效接

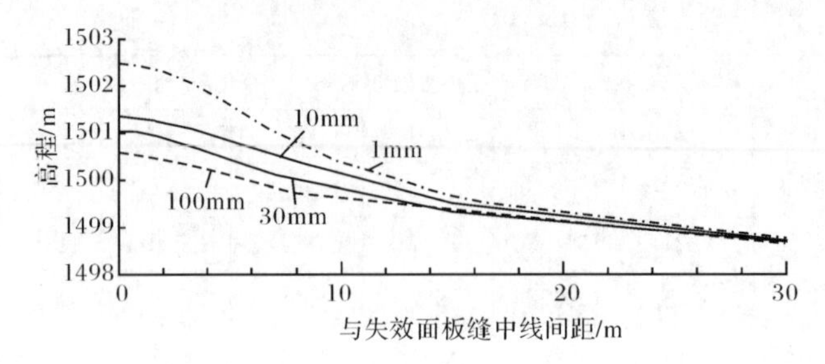

图 11-53 方案 DSQ1、DSQ2、DSQ3、DSQ4 中 $x=-320$m 处浸润面高程

缝较远处影响较小。

2) 渗流量及渗透坡降的变化

在灌浆帷幕下游一侧沿 $x=-338.0$m 竖向截取渗流量的计算断面，得到计算坝段的单宽渗流量，并与坝体各部分最大渗透坡降列于表 11-29 中，可以发现：

(1) 当面板缝止水发生全缝长破坏时，计算坝段的单宽渗流量迅速增大，在最危险工况 DSQ4 中，单宽渗流量较完好工况 DWZ 增大了 40.09%，但是鉴于计算坝段相较于整体面板砂砾石坝而言范围很小，这部分增长的渗流量相对于面板坝总体的渗流量并不大。

(2) 当面板缝止水发生全缝长破坏时，面板的最大渗透坡降有所降低，主砂砾石堆石区和下游堆石区的最大渗透坡降均提高了一个数量级，此时浸润面已部分进入 L 型排水。

(3) 在高水头作用下，失效接缝后垫层直接挡水，其极有可能导致局部渗透破坏。

表 11-29 极端工况下单宽渗流量及坝体各部分最大渗透坡降

工况	单宽渗流量/(m^2/d)	流量变化/%	坝体各部分最大渗透坡降		
			面板	主砂砾石堆石区	下游堆石区
DWZ	3.372	—	187.18	0.0027	0.0011
DZQ1	4.150	23.08	185.83	0.0263	0.0275
DSQ1	4.585	35.97	184.85	0.0242	0.0375
DZQ2	4.184	24.08	185.80	0.0262	0.0278
DSQ2	4.624	37.13	184.85	0.0232	0.0405
DZQ3	4.222	25.21	185.69	0.0255	0.0298
DSQ3	4.694	39.21	184.70	0.0231	0.0448
DZQ4	4.289	27.20	185.69	0.0269	0.0325
DSQ4	4.724	40.09	184.52	0.0236	0.0453

11.5.5 小结

(1) 面板缝止水局部失效对坝体主砂砾石堆石区、下游堆石区等各分区影响很小。止水失效对渗透坡降的影响主要体现在坝体上游部分,尤其是垫层,局部可能导致渗透破坏,而对坝体下游部分渗透坡降的影响不明显。

(2) 面板缝止水局部失效的情况下,坝体浸润面均有升高,单宽渗流量也略有增大。随着面板缝止水接缝失效长度的增长、接缝失效宽度的增大和接缝失效位置的降低,面板的渗透坡降变小,浸润面在垫层内抬升,面板下游坝体的渗透坡降和出逸坡降依次变大。止水系统失效的三种因素中,接缝失效位置即作用于失效接缝上水头对渗流量的影响最大,接缝失效宽度的影响最小。

(3) 面板缝止水失效时沿坝轴线向的渗透影响范围在 5m 左右。当接缝止水失效后,面板及其下游侧垫层会形成一定尺寸的饱和区,但饱和区深度不超过垫层厚度,且高程越低,水头越大时饱和区范围越大。但总体而言,面板下游侧垫层内饱和区范围并不大。

(4) 面板缝止水发生全缝长破坏时,垫层饱和区范围明显增大,坝体内浸润面显著升高,面板的最大渗透坡降略有降低,主砂砾石堆石区和下游堆石区的渗透坡降明显增大。局部小范围的面板缝止水失效并不会造成严重影响,而大范围的面板缝止水失效将引起坝体浸润面升高,因此应避免发生不同高程面板缝止水失效连通的情况。

11.6 连接结构

11.6.1 工程概况

板桥水库[198]位于淮河支流汝河上游,在河南省驻马店市西 40km 的泌阳县板桥镇。水库始建于 1951 年,是新中国成立后最早兴建的大型水库之一。由于坝体纵向裂缝,1956 年进行扩建加固,扩建加固后水库总库容 4.92 亿 m^3,以防洪、灌溉为主,结合发电和养殖。历年拦蓄洪水,一般削峰 80%以上,设计灌溉面积56 万亩,电站装机容量 3×250kW。水库建成后在防洪、灌溉方面发挥了显著作用。

1975 年 8 月 5 日,汝河上游普降特大暴雨,水库附近暴雨中心的林庄三日降雨量达 1605mm,入库洪峰流量 13000m^3/s,三日洪水量 6.92 亿 m^3。由于水库防洪标准偏低,泄水建筑物规模偏小,水库于 8 月 8 日凌晨 1:30 漫顶失事,给下游人民生命财产造成了严重损失。板桥水库复建工程于 1978 年第三季度开工,1981 年 1 月因国家压缩基建投资规模复建工程缓建停工。1987 年 2 月 15 日复建工程再次开工,于 1993 年 6 月 5 日投入运行。复建后的板桥水库按百年一遇洪水设计，可能最大洪水校核，水库控制流域面积 768km^2，总库容 6.75 亿 m^3，兴利库容 2.56 亿 m^3。水库死水位 101.04m，汛限水位 110.00m，兴利水位 111.60m，百年一遇设计洪水位 117.50m，可能最大洪水位 119.35m，坝顶高程 120.00m，防浪墙高 1.5m。

水库运行了 20 多年，虽然经历除险加固，并且加固收到了一定的成效，但有许多工程隐患及遗留问题未彻底解决。主要问题有混凝土溢流坝渗水严重，廊道析出物较多，溢流坝与土坝连接段漏水严重等。本节采用三维有限元法，建立溢流坝坝体、溢流坝与土坝连接段和坝基的三维有限元模型，计算分析坝体和坝基的渗流场，评价大坝的渗流安全性。

11.6.2　计算模型及条件

1. 有限元模型

根据板桥水库大坝的实际情况，溢流坝坝体混凝土、基岩以及溢流坝与土坝连接段的混凝土材料作为连续介质考虑，坝基防渗帷幕、坝体廊道按实际尺寸计算，排水孔作为等效介质考虑。有限元模型截取范围如图 11-54 所示，建模时，各主要建筑物（或结构）均按实际尺寸考虑，包括坝基防渗帷幕、坝体廊道。典型断面的有限元网格如图 11-55 所示，计算模型三维有限元网格如图 11-56 所示。

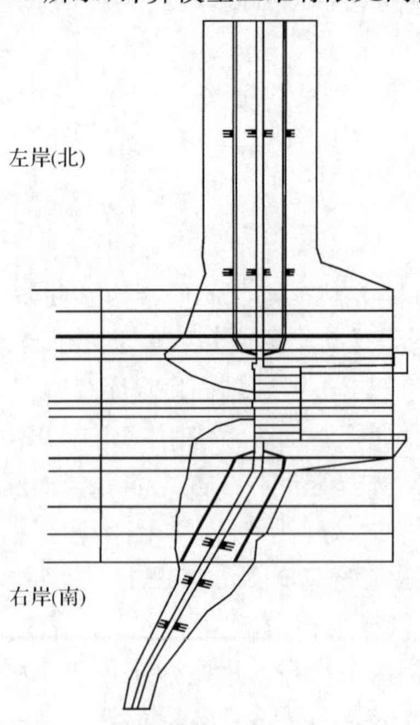

图 11-54　板桥水库大坝计算模型截取范围及控制断面位置示意图

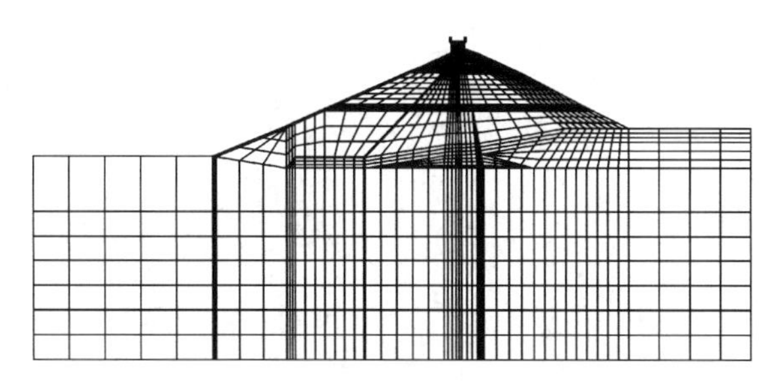

(a) 断面4(左岸刺墙段)

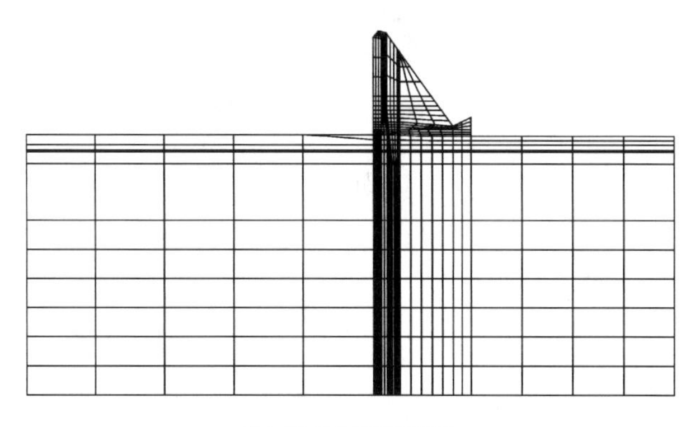

(b) 断面7(溢流坝段)

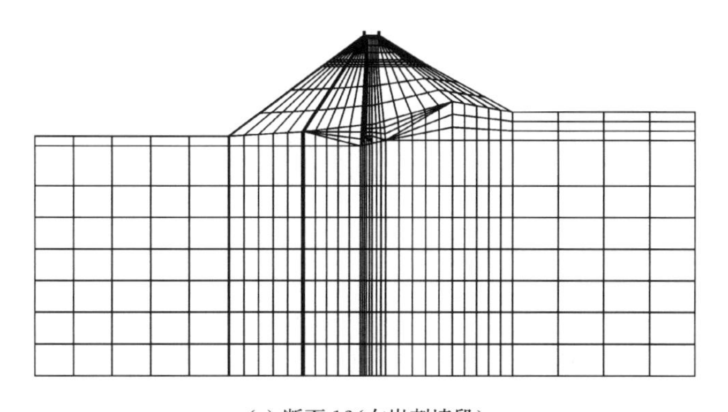

(c) 断面12(右岸刺墙段)

图11-55 板桥水库大坝典型断面的有限元网格

2. 计算参数及工况

板桥水库大坝渗流计算各分区材料的渗透系数见表11-30。

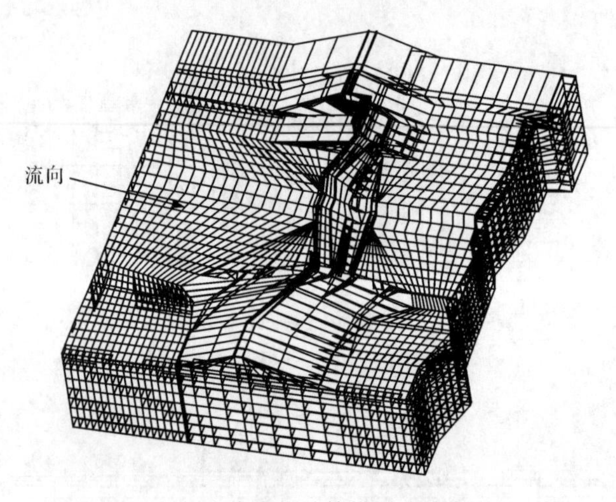

图 11-56　板桥水库大坝计算模型三维有限元网格

表 11-30　板桥水库大坝各分区材料渗透参数

材料名称	渗透系数/(cm/s)
基岩	2.3×10^{-5}
防渗帷幕	1.0×10^{-6}
强风化带	5.0×10^{-5}
弱风化带	5.0×10^{-6}
溢流坝坝体混凝土	8.5×10^{-6}
刺墙混凝土	1.3×10^{-7}
砂卵石	1.12×10^{-3}
块石体	1.57×10^{-1}
浆砌石	5.0×10^{-4}
黏土	3.5×10^{-6}
砾质粗砂	6.0×10^{-2}

根据板桥水库的实际情况对大坝进行渗流性态安全评价，计算工况选取如下：①正常蓄水位 111.50m，下游河床相应水位 90.00m，稳定渗流；②百年一遇设计洪水位 117.58m，下游河床相应水位 95.90m，稳定渗流；③5000 年一遇校核洪水位 118.83m，下游河床相应水位 97.40m，稳定渗流。

11.6.3 计算结果及分析

1. 渗流场性态分析

在正常蓄水位、设计洪水位和校核洪水位工况下，溢流坝与土坝连接段和坝基的渗流场水头等值线规律一致。从溢流坝与土坝连接段坝址区地下水位等值线(正常蓄水位工况如图 11-57 所示)来看，坝址区渗流场的水头等值线和变化规律明确，库水由水库通过坝体、坝基防渗帷幕渗向下游；溢流坝与土坝连接段下游坝体内浸润面平缓，其最低位置出现在纵向排水廊道部位。正常蓄水位工况下典型剖面水头等值线如图 11-58 所示，浸润面在防渗帷幕位置前后形成突降，该部位

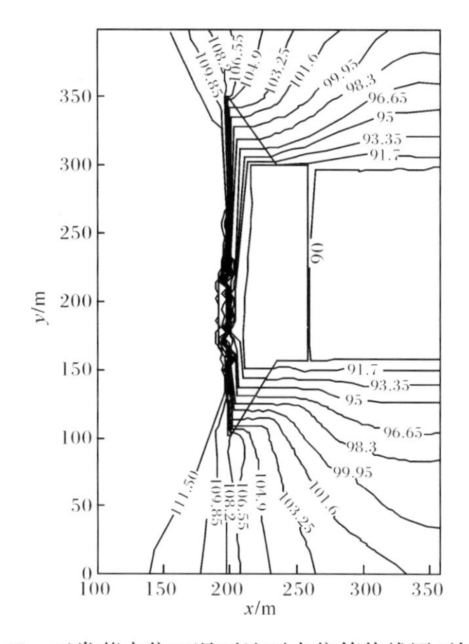

图 11-57　正常蓄水位工况下地下水位等值线图(单位:m)

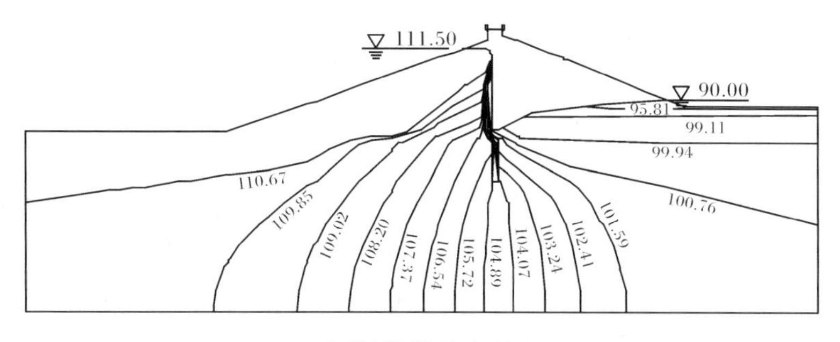

(a) 左岸刺墙段断面(断面 1)

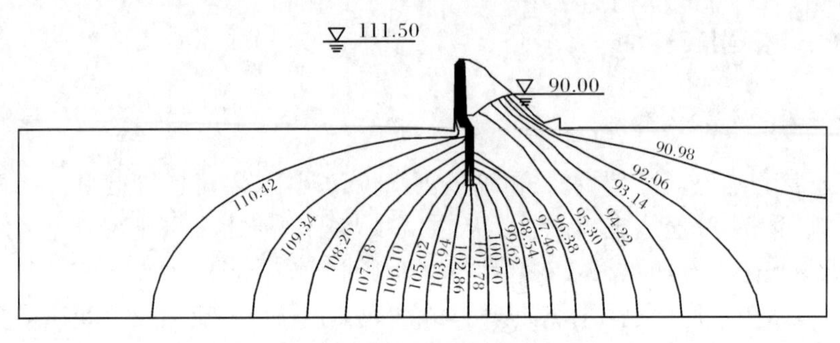

(b) 溢流坝段河床中央断面(断面 2)

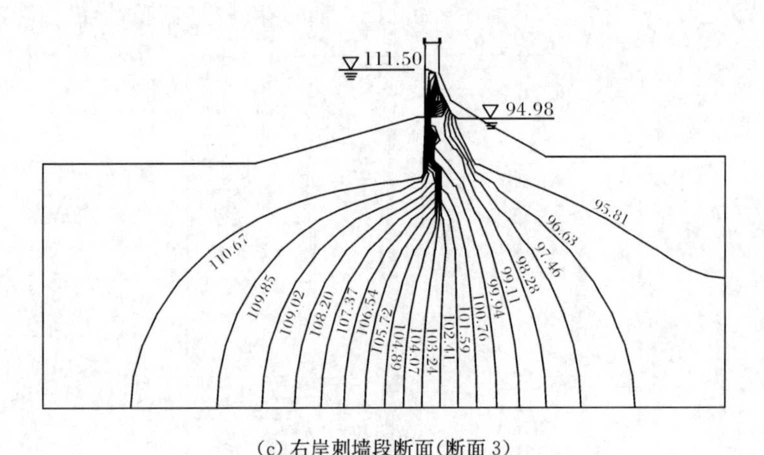

(c) 右岸刺墙段断面(断面 3)

图 11-58　正常蓄水位工况下典型断面水头等值线图(单位:m)

有刺墙基础灌浆廊道,其阻渗和排水作用是显著的。左右岸刺墙段存在库水绕过和透过两岸刺墙及防渗帷幕向坝体及坝体下游流动的现象。

2. 渗透坡降

正常蓄水位、设计洪水位和校核洪水位工况下溢流坝坝基与土坝连接段坝基防渗帷幕的最大渗透坡降见表 11-31。各工况下坝基防渗帷幕的渗透坡降均较大。

各工况下的两岸刺墙防渗帷幕的渗透坡降均小于相应溢流坝坝基防渗帷幕的渗透坡降。正常蓄水位、设计洪水位和校核洪水位工况下左岸刺墙防渗帷幕的最大渗透坡降分别为 2.89、3.38 和 3.05,均出现在左岸刺墙防渗帷幕起始地下水表面附近;右岸刺墙防渗帷幕的最大渗透坡降分别为 3.23、3.58 和 3.24,均出现在右岸刺墙防渗帷幕起始地下水表面附近。

三种工况下,大坝上下游水头分别为 21.50m、23.68m 和 21.43m,随着上下游水头的增大，坝基防渗帷幕的渗透坡降也增大。

表 11-31　各工况下溢流坝坝基与土坝连接段坝基防渗帷幕的最大渗透坡降

<table>
<tr><th rowspan="2">工况</th><th colspan="2">左岸刺墙防渗帷幕</th><th colspan="2">溢流坝坝基防渗帷幕</th><th colspan="2">右岸刺墙防渗帷幕</th></tr>
<tr><th>渗透坡降</th><th>位置</th><th>渗透坡降</th><th>位置</th><th>渗透坡降</th><th>位置</th></tr>
<tr><td>正常蓄水位</td><td>2.89</td><td rowspan="3">坝端帷幕起始地下水表面附近</td><td>4.65</td><td rowspan="3">河床中央近坝基部位</td><td>3.23</td><td rowspan="3">坝端帷幕起始地下水表面附近</td></tr>
<tr><td>设计洪水位</td><td>3.38</td><td>5.39</td><td>3.58</td></tr>
<tr><td>校核洪水位</td><td>3.05</td><td>4.86</td><td>3.24</td></tr>
</table>

3. 渗流量

在正常蓄水位工况下，计算区域内通过溢流坝与土坝连接段的总渗流量为3.304L/s，左岸刺墙的渗流量为1.572L/s，右岸刺墙的渗流量为1.732L/s。在设计洪水位工况下，计算区域内通过溢流坝与土坝连接段的总渗流量为4.125L/s，左岸刺墙的渗流量为1.947L/s，右岸刺墙的渗流量为2.178L/s。在校核洪水位工况下，计算区域内通过溢流坝与土坝连接段的总渗流量为4.433L/s，左岸刺墙的渗流量为2.121L/s，右岸刺墙的渗流量为2.312L/s。

在正常蓄水位、设计洪水位和校核洪水位三种工况下，右岸刺墙下游、溢流坝挡墙土坝侧出逸高程均低于三种工况下渗漏点的出水高程，说明此渗漏点为坝内局部渗漏通道所致。

4. 接触渗透坡降

根据设计资料，右岸刺墙沿坝轴线向长65m(自导墙土坝侧起算)，端部厚8m(沿顺水流向)，则可由$i=\Delta h/L$计算右岸刺墙平均接触渗透坡降。三种工况下，校核洪水位工况的上下游水头最大，平均接触渗透坡降也最大。该工况下右岸刺墙平均接触渗透坡降为

$$\alpha=\frac{118.83-97.40}{65\times2+8}=0.155 \tag{11-2}$$

实际上沿刺墙的接触渗透坡降是不均匀的。刺墙混凝土的渗透系数远小于其周围土坝材料的渗透系数，因此刺墙的阻渗作用将导致右岸刺墙上游侧地下水位抬高。该部位的接触渗透坡降小于平均接触渗透坡降。另外，在高水位工况下，由水库通过土坝上游坝壳(刺墙上游侧土坝坝体)直接流向下游的渗流水的渗径小于沿刺墙的渗径，因此沿刺墙的平均接触渗透坡降并不能表征刺墙与土坝接触的实际渗流情况，也就是仅计算刺墙与土坝的平均接触渗透坡降并不能完全证明其接触渗流安全性。

同样，刺墙下游侧靠边导墙的大部分刺墙的接触渗透坡降也小于平均接触渗

透坡降。刺墙与土坝连接段的接触渗透坡降最大值部位位于刺墙端部及其下游附近。

由右岸刺墙和左岸刺墙地下水位等值线图 11-59 和图 11-60 可知，右岸刺墙端部土坝坝体的等值线较密，该部位渗透坡降最大，由图可计算得到最大接触渗透坡降为 2.17；左岸刺墙端部土坝坝体的等值线较密，该部位渗透坡降最大，由图可计算得到最大接触渗透坡降为 1.94。

可见，刺墙端部的接触渗透坡降远大于刺墙平均接触渗透坡降。

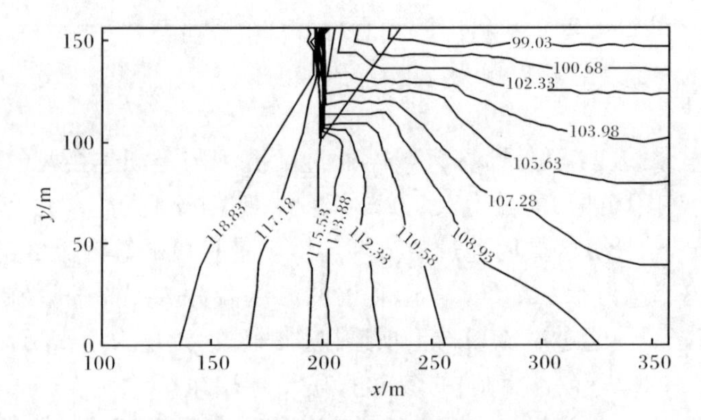

图 11-59　右岸刺墙地下水位等值线图(单位:m)

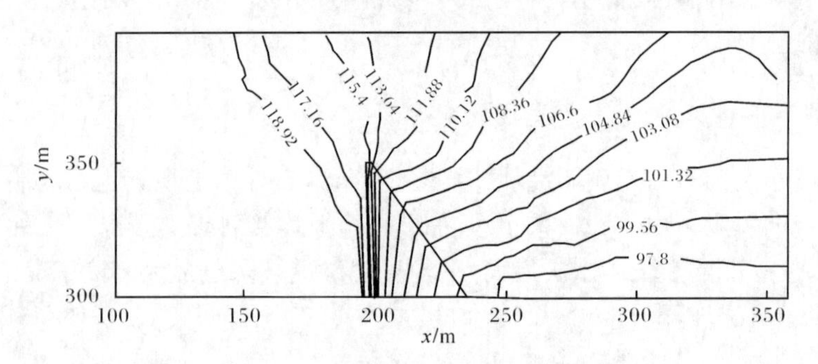

图 11-60　左岸刺墙地下水位等值线图(单位:m)

5. 扬压力

左岸刺墙段的坝基总扬压力：正常蓄水位工况为 4208.13kN/m，设计洪水位工况为 5493.21kN/m，校核洪水位工况为 6507.85kN/m；右岸刺墙段的坝基总扬压力：正常蓄水位工况为 3465.25kN/m，设计洪水位工况为 4766.36kN/m，校核洪水位工况为 5790.14kN/m；左岸刺墙段和右岸刺墙段的坝基扬压力系数在正常蓄水位、设计洪水位和校核洪水位三种工况下均小于 0，这是由坝基抽排水系统的排水作用导致的。

计算结果表明,在正常蓄水位、设计洪水位和校核洪水位工况下,坝基扬压力系数未超过设计值 0.25,因此坝基扬压力满足设计要求。

11.6.4 小结

左右岸刺墙段存在库水绕过和透过两岸刺墙及防渗帷幕向坝体及坝体下游流动的现象;在三种工况下,右岸刺墙下游、溢流坝挡墙土坝侧出逸高程均低于三种工况下渗漏点的出水高程,说明此渗漏点为坝内局部渗漏通道所致;右岸刺墙端部土坝坝体最大接触渗透坡降为 2.17;左岸刺墙端部土坝坝体最大接触渗透坡降为 1.94,刺墙端部的接触渗透坡降远大于刺墙平均接触渗透坡降;在三种工况下,坝基扬压力系数未超过设计值 0.25,坝基扬压力满足设计要求。

第 12 章　混凝土(砌石)坝渗流分析与控制

12.1　碾压混凝土重力坝

12.1.1　工程概况

江垭水利枢纽工程[199]位于长江流域澧水支流溇水的中游，地处湖南省慈利县江垭镇，是以防洪为主，兼有发电、航运、灌溉、供水、旅游等多功能的大型水利枢纽工程。控制流域面积 3711km^2，水库总库容 17.4 亿 m^3，电站装机容量 300MW。工程主要由拦河大坝、地下厂房、斜面升船机及灌溉取水系统四大部分组成。

拦河大坝为全断面碾压混凝土重力坝，最大坝高 131m，坝顶高程 242m，坝顶长 369.8m，分成 13 个坝段，其中 5$^{\#}$～7$^{\#}$ 坝段为溢流坝段，其余为非溢流坝段。正常蓄水期大坝上下游水位分别为 236.00m 和 127.28m；设计洪水位为 237.59m，相应的尾水位为 143.63m；校核洪水位为 240.85m，下游水位为 146.36m。

河床典型非溢流坝段和溢流坝段的建基面高程分别为 118m 和 114m，坝顶总长 327m。坝上游面为铅直面，下游面边坡坡度为 1∶0.8，坝顶宽度 12m，坝基宽在河床非溢流坝段处为 100m，在溢流坝段处为 107.3m。坝上游面主防渗体为二级配 RCC-R_{90}^{200} 型碾压混凝土，自坝顶至坝踵区防渗体厚度为 3～8m，其前有厚 0.3m 的变态混凝土防渗层，其后为三级配碾压混凝土，以高程 190m 为界上下分别为 RCC-R_{90}^{100} 和 RCC-R_{90}^{150} 型碾压混凝土，坝建基面上有厚 2m 的 CC-C_{90}^{200} 型常态混凝土垫层，在挡水坝和溢流坝坝踵局部区增厚至 15m 和 9m。另外，溢流坝坝踵河床岩面上有厚 2m、宽 25m 的常态混凝土铺盖。为了确保坝体的防渗能力，除要求施工中在该混凝土层面加水泥净浆以增强防渗性能外，还要求在高程 190m(死水位 188m)以下增设一层适应变形能力和抗渗能力都比较强的橡胶乳液改性水泥砂浆涂层。

坝基岩体主要持力层为二叠系栖霞组灰岩，岩质坚硬较均一，力学强度高，较新鲜完整，风化不深。岩层走向几乎与河谷正交，倾向下游，倾角 35°～45°，平均值 38°。根据现场压水试验结果，岩体顺层面和层面法向的主渗透系数平均值分别为 3.472×10^{-4} cm/s和 1.157×10^{-4} cm/s，渗透各向异性比约为 3。大坝基础防渗在河床部位设置了三排帷幕孔，两岸为两排，深度达到相对隔水层，最大帷幕孔深约

80m。幕体防渗标准为透水率小于 1Lu。全坝基进行固结灌浆,固结灌浆一般为 3m×3m 梅花形布孔,固结灌浆孔深为 5.0～15.0m。

经过观测资料过程线的绘制与分析,采用有限元法与改进加速遗传算法对渗流场某些待定特性参数进行识别研究;在得到反分析解的基础上,对多种计算工况进行反馈分析,了解各工况坝体典型高程截面上的扬压力水头分布、渗压计观测点的水头大小、排水孔的排水量以及坝体和坝基渗流场的主要特性。

12.1.2　计算模型及条件

1. 模型范围和边界

根据大坝结构设计情况、水文地质条件、工程设计和运行情况以及大坝现场渗流观测资料的定性分析等,选取典型坝段进行研究。根据渗流场的水力对称性,计算域坝轴向厚度取相邻排水孔孔距的 1/2(1.5m),上下游距坝踵和坝趾点的距离以及坝建基面以下的深度约取坝建基面宽度的 3 倍(300m)。利用适用于裂缝及缝面渗流特性的无厚度层面单元对坝体中垂直型的劈头缝和可能水平裂缝进行渗流特性模拟。

上下游水位以下的坝体或坝基表面为已知水头边界面。位于河床尾水位以上的坝下游面区为可能渗流出逸面,其具体大小需经渗流场的迭代求解才能最终确定。其余计算域外表面均视为不透水边界。坝上游面各层排水幕中的排水孔为渗流域中的可能渗流出逸面。坝基排水幕排水孔孔周壁为渗流域内的可能已知水头边界面。为了识别坝基排水幕是否处于排水降压的工作状态,在每个坝基排水孔顶端面均设置排水孔渗流开关器,以反映这些排水孔的实际工作情况。图 12-1 为典型溢流坝段和非溢流坝段渗流场计算的有限元网格(为了便于显示,坝轴线方向坐标值放大了 20 倍,计算时采用真实坐标),溢流坝段网格单元和节点数分别为 4565 和 6081,非溢流坝段网格单元和节点数分别为 3945 和 5220。为了在理论上严密而精细地模拟坝体和坝基中对渗流场起控制作用的排水孔的渗流行为,采用图 12-2 所示的只含有半个排水孔的排水子结构来处理计算域中的各个排水孔。

2. 计算参数和工况

在反演计算中,根据材料分类、计算精度以及计算规模的要求,确定 7 个反演待定的渗透参数,它们依次为:①坝上游面橡胶乳液改性水泥砂浆涂层渗透系数(各向同性);②变态混凝土(各向同性)渗透系数;③二级配碾压混凝土层面切向主渗透系数(上下游向主渗透系数);④二级配碾压混凝土层面切向主渗透系数(坝轴线向主渗透系数);⑤三级配碾压混凝土层面切向主渗透系数(上下游向主渗透系数)；⑥三级配碾压混凝土层面切向主渗透系数(坝轴线向主渗透系数)；⑦二级配、三级配碾压混凝土层面法向主渗透系数。$k_1 \sim k_7$分别代表以上反演的7个参数,其他坝体、坝基计算域中各分区材料的渗透系数取值见表12-1。

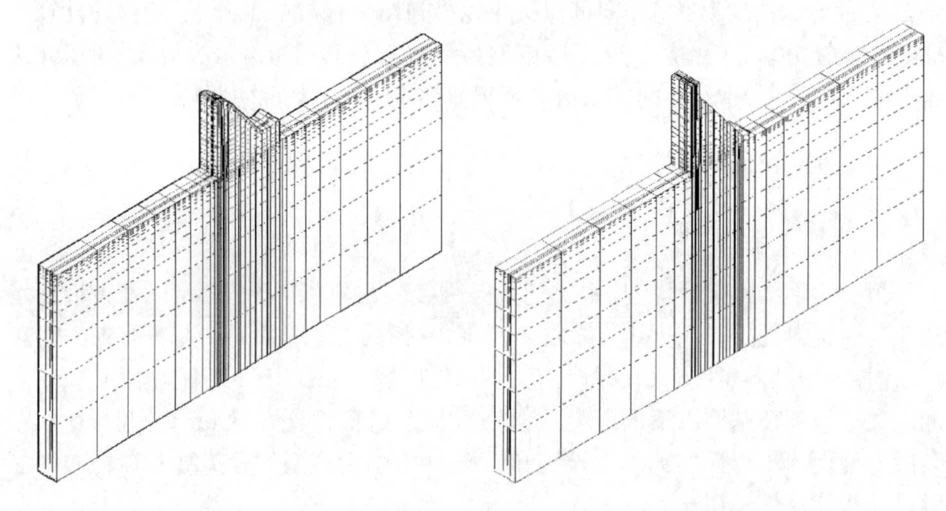

(a) 溢流坝段(5# 坝段)　　(b) 非溢流坝段(8# 坝段)

图12-1　江垭水利枢纽工程典型坝段有限元网格

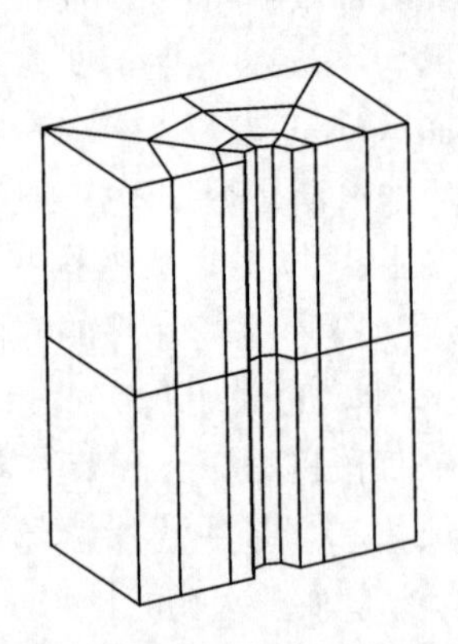

图12-2　排水孔子结构单元剖分示意图

表12-1　江垭水利枢纽工程坝体和坝基各分区材料的渗透系数

材料名称	层面切向主渗透系数/(cm/s)	层面法向主渗透系数/(cm/s)	渗透各向异性比	各向同性材料渗透系数/(cm/s)	备注
三级配常态混凝土	—	—	—	1.00×10^{-9}	坝基垫层及溢流面区

续表

材料名称	层面切向主渗透系数/(cm/s)	层面法向主渗透系数/(cm/s)	渗透各向异性比	各向同性材料渗透系数/(cm/s)	备注
坝基帷幕	—	—	—	1.00×10^{-5}	渗透率约 1Lu
坝基浅层岩体	3.472×10^{-4}	1.157×10^{-4}	3.00	—	底板与帷幕底同高程
坝基深层岩体	1.290×10^{-5}	0.330×10^{-5}	3.91	—	顶板与帷幕底同高程
溢流坝坝踵铺盖	—	—	—	1.00×10^{-9}	铺盖与坝体连成一体

反分析工况共有 7 个：分别对 5# 和 8# 坝段渗流场中待定的相关渗透参数 $k_1\sim k_7$ 进行反演识别，见表 12-2。大坝观测时段包括施工期和运行期，故无论坝上下游水位还是各渗压计的测量值都随时间变化非常复杂，没有明显的规律性，都是在非稳定渗流场中形成的数据。但是如果直接运用非稳定渗流场计算理论进行反演，则计算工作量十分巨大，不易获得成功。根据观测资料的特点，选取坝上下游水位、渗压计测量值比较稳定的时间段，运用稳定渗流场计算理论进行反演，从反演结果来看能较真实地反映渗流场的实际情况。另外，为了提高反分析的效率和针对反分析解在理论上不唯一性的特点，应结合已知水文地质资料和工程的运行情况，尽量缩小反分析待定参数的可能取值范围约束区间。对于 5#、8# 坝段的反演，依次选取了以下五个时段：① 1999 年 10 月 1～26 日；② 1999 年 11 月 24 日～12 月 18 日；③ 2000 年 4 月 24 日～5 月 18 日；④ 2000 年 11 月 10 日～12 月 4 日；⑤ 2000 年 12 月 5～31 日。

反分析结果的检验工况主要有 6 个：用反分析所得的最优计算参数的估计值分别对 5#、8# 坝段进行各 3 个时刻的验证对比计算，见表 12-2，即利用反分析结果，进行有限元法的确定性计算，对各渗压计测量值进行反分析时段向前和向后的预报对比计算，进而用来验证反分析结果的可靠性。选取的 3 个时刻是：①1999年 11 月 28 日；②2000 年 4 月 22 日；③2000 年 12 月 22 日。

表 12-2 大坝渗流场反分析和检验分析计算工况

编号	工况特性	工况描述	反演或检验对象
1	反分析	对应第①时段 5# 坝段测点	$k_1\sim k_7$
2	反分析	对应第②时段 5# 坝段测点	$k_1\sim k_7$
3	反分析	对应第③时段 5# 坝段测点	$k_1\sim k_7$
4	反分析	对应第④时段 5# 坝段测点	$k_1\sim k_7$
5	反分析	对应第⑤时段 5# 坝段测点	$k_1\sim k_7$
6	反分析	对应第④时段 8# 坝段测点	$k_1\sim k_7$
7	反分析	对应第⑤时段 8# 坝段测点	$k_1\sim k_7$

续表

编号	工况特性	工况描述	反演或检验对象
8	检验分析	对应第①时刻 5# 坝段测点	$k_1 \sim k_7$
9	检验分析	对应第②时刻 5# 坝段测点	$k_1 \sim k_7$
10	检验分析	对应第③时刻 5# 坝段测点	$k_1 \sim k_7$
11	检验分析	对应第①时刻 8# 坝段测点	$k_1 \sim k_7$
12	检验分析	对应第②时刻 8# 坝段测点	$k_1 \sim k_7$
13	检验分析	对应第③时刻 8# 坝段测点	$k_1 \sim k_7$

12.1.3 计算结果及分析

1. 反分析计算结果

根据大坝水文地质资料和多年来的渗流场观测资料分析，确定待定渗透参数上下限可能取值。5#、8# 坝段 7 个反演渗透参数 $k_1 \sim k_7$ 的取值范围：$k_1 \in [5\times10^{-12}, 5\times10^{-10}]$，$k_2 \in [1.0\times10^{-12}, 1.0\times10^{-9}]$，$k_3 \in [1\times10^{-9}, 1\times10^{-5}]$，$k_4 \in [1\times10^{-9}, 1\times10^{-5}]$，$k_5 \in [1\times10^{-9}, 1\times10^{-5}]$，$k_6 \in [1\times10^{-9}, 1\times10^{-5}]$，$k_7 \in [1\times10^{-12}, 1\times10^{-9}]$，其中渗透系数单位为 m/s。用改进加速遗传法和有限元法渗流计算程序，一般每次进行 300 步迭代，求得工况 1～工况 7 的反演结果，见表 12-3；各渗压计的实测值和用反分析所得参数求解的计算值进行对比，反演结果见表 12-4，并将其画成过程线，计算值和实测值拟合得较好，很好地反映了各测点水头值整体变化规律。

表 12-3 大坝渗流场反分析待定参数 $k_1 \sim k_7$ 的反演结果

	时段号	k_1/(m/s)	k_2/(m/s)	k_3/(m/s)	k_4/(m/s)	k_5/(m/s)	k_6/(m/s)	k_7/(m/s)
5# 坝段反演结果	1	8.51×10^{-11}	9.40×10^{-11}	1.25×10^{-8}	1.36×10^{-8}	1.58×10^{-7}	1.84×10^{-7}	9.80×10^{-11}
	2	9.00×10^{-11}	8.50×10^{-11}	1.68×10^{-8}	2.78×10^{-8}	2.52×10^{-7}	2.65×10^{-7}	1.10×10^{-10}
	3	7.70×10^{-11}	5.10×10^{-11}	1.07×10^{-8}	1.38×10^{-8}	1.05×10^{-7}	1.59×10^{-7}	9.90×10^{-11}
	4	8.50×10^{-11}	8.70×10^{-11}	1.34×10^{-8}	1.92×10^{-8}	1.59×10^{-7}	1.87×10^{-7}	8.90×10^{-11}
	5	7.70×10^{-11}	8.50×10^{-11}	1.32×10^{-8}	1.88×10^{-8}	1.59×10^{-7}	1.88×10^{-7}	1.20×10^{-10}
	平均值	8.28×10^{-11}	8.04×10^{-11}	1.33×10^{-8}	1.86×10^{-8}	1.67×10^{-7}	1.97×10^{-7}	1.03×10^{-10}
8# 坝段反演结果	时段号	k_1/(m/s)	k_2/(m/s)	k_3/(m/s)	k_4/(m/s)	k_5/(m/s)	k_6/(m/s)	k_7/(m/s)
	4	2.00×10^{-11}	9.00×10^{-11}	1.44×10^{-8}	2.25×10^{-8}	1.58×10^{-7}	2.75×10^{-7}	9.00×10^{-11}
	5	6.50×10^{-11}	8.90×10^{-11}	1.49×10^{-8}	1.75×10^{-8}	1.58×10^{-7}	1.70×10^{-7}	9.20×10^{-11}
	平均值	4.25×10^{-11}	8.95×10^{-11}	1.47×10^{-8}	2.00×10^{-8}	1.58×10^{-7}	2.23×10^{-7}	9.10×10^{-11}

续表

最终反分析结果	参数类型	k_1/(m/s)	k_2/(m/s)	k_3/(m/s)	k_4/(m/s)	k_5/(m/s)	k_6/(m/s)	k_7/(m/s)
	参数取值	6.265×10^{-11}	8.495×10^{-11}	1.40×10^{-8}	1.93×10^{-8}	1.625×10^{-7}	2.10×10^{-7}	9.7×10^{-11}

表 12-4　$5^{\#}$、$8^{\#}$坝段各时段渗压计水头平均值的反演计算值与实测值比较

(单位:m)

	第①时段(1999 年 10 月 1～26 日)			第②时段(1999 年 11 月 24 日～12 月 18 日)			第③时段(2000 年 4 月 24 日～5 月 18 日)		
	测点	实测值	计算值	测点	实测值	计算值	测点	实测值	计算值
$5^{\#}$坝段反演结果	P5-1	190.30	205.360	P5-1	195.71	205.599	P5-1	178.69	183.152
	P5-2	131.34	138.568	P5-2	131.60	140.368	P5-2	124.71	116.729
	P5-3	128.49	134.898	P5-3	128.38	136.264	P5-3	117.79	119.094
	P5-4	121.93	129.926	P5-4	122.07	130.705	P5-4	114.10	121.338
	P5-5	123.43	129.926	P5-5	123.58	130.705	P5-5	114.51	121.337
	P5-6	126.19	127.266	P5-6	126.37	127.73	P5-6	123.90	122.425
	P5-7	162.52	164.308	P5-7	161.70	169.152	P5-7	158.38	160.000
	P5-8	127.87	134.308	P5-8	127.43	129.153	P5-8	125.76	119.804
	P5-9	118.22	124.299	P5-9	118.22	129.143	P5-10	116.75	119.861
	P5-10	121.92	124.276	P5-10	121.84	129.116	P5-16	154.39	161.136
	P5-14	154.00	161.961	P5-16	154.41	160.755			
	P5-16	154.51	156.798						

	第④时段(2000 年 11 月 10 日～12 月 4 日)			第⑤时段(2000 年 12 月 5～31 日)		
	测点	实测值	计算值	测点	实测值	计算值
$5^{\#}$坝段反演结果	P5-1	211.84	223.502	P5-1	211.85	223.328
	P5-2	132.96	126.931	P5-2	132.78	116.886
	P5-3	128.38	119.414	P5-3	128.35	119.327
	P5-4	121.77	121.692	P5-4	121.65	121.558
	P5-5	123.28	121.692	P5-5	123.39	121.557
	P5-6	127.47	122.781	P5-6	127.38	122.623
	P5-7	158.59	165.000	P5-7	158.37	165.000
	P5-8	123.86	119.850	P5-8	124.08	119.850
	P5-10	116.37	119.910	P5-10	116.36	119.910
	P5-14	154.28	166.192	P5-14	154.23	166.202
	P5-16	154.48	153.188	P5-16	154.48	153.182

续表

8#坝段反演结果	第④时段 (2000年11月10日～12月4日)			第⑤时段 (2000年12月5～31日)		
	测点	观测值	计算值	测点	观测值	计算值
	P-1	233.00	221.242	P-1	238.01	228.960
	P-3	135.75	135.340	P-3	134.84	135.407
	P-4	250.28	228.211	P-4	249.84	233.327
	P-5	155.07	145.099	P-5	155.47	145.125

对表12-4的结果进一步分析可知：坝体二级配和三级配碾压混凝土层面切向渗透系数基本在$10^{-7}\sim10^{-8}$ cm/s的数量级上，根据现场压水试验结果，若取72.97%的保证率，二级配碾压混凝土层面切向主渗透系数为8.864×10^{-8}cm/s，三级配区的为3.101×10^{-6}cm/s，说明反分析结果基本能与现场压水试验结果相吻合。

2. 检验计算结果分析

通过工况1～工况7反分析计算，反演确定了待定的7个特征渗流参数，利用这些参数再应用三维渗流场有限元法计算程序分别对5#和8#坝段在上述3个给定时刻进行渗流场的求解，对渗压计水头的计算值与实测值进行对比，如图12-3所示。5#和8#坝段渗压计测点布置如图12-4所示。5#和8#坝段在以上3个时刻，相邻排水孔剖面上的坝体渗流场等水头线及作用在高程160.0m、高程142.0m和建基面上的扬压力水头的分布（限于篇幅，仅给出5#和8#坝段第①检验时刻相邻排水孔中心线剖面总水头等值线分布）如图12-5所示。

由于5#坝段位于河床中央，在该坝段较位于靠岸坡的8#坝段多布置了一些渗压计，所以5#坝段的检验结果优于8#坝段，但两者结果在整体上都很好地反映

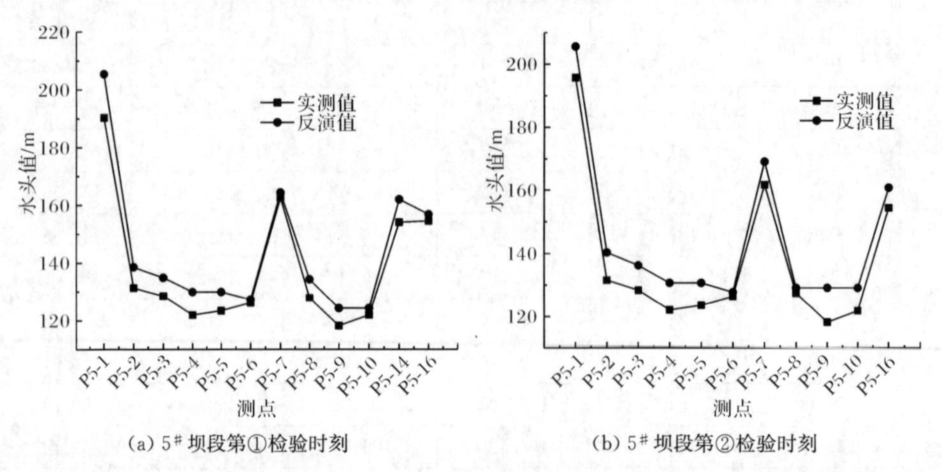

(a) 5#坝段第①检验时刻　　　　(b) 5#坝段第②检验时刻

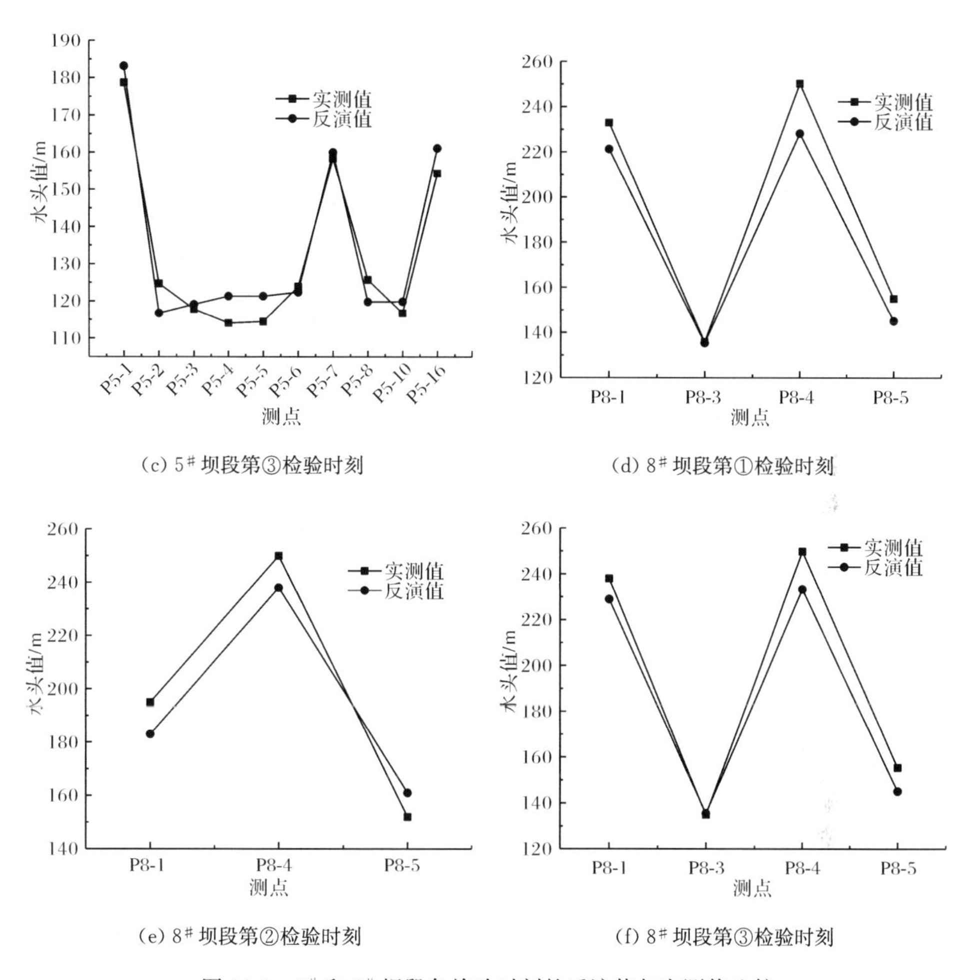

(c) 5# 坝段第③检验时刻　(d) 8# 坝段第①检验时刻

(e) 8# 坝段第②检验时刻　(f) 8# 坝段第③检验时刻

图 12-3　5# 和 8# 坝段各检验时刻的反演值与实测值比较

了坝体渗流的主要特性,能够对大坝的施工质量以及安全运行情况进行有效和可靠的评估。

检验计算结果表明:①各渗压计测点的计算值基本上都能反映实测值,在整个变化趋势上都拟合得较好,说明反分析计算所得的待定计算参数是较真实和可信的;②部分测点在部分时段内存在一定误差,这属于正常情况,既说明了大坝实际渗流问题本身的复杂性,也是反分析解在理论上不唯一性的具体表现。

12.1.4　小结

通过对江垭碾压混凝土重力坝两个典型坝段 7 个工况的反分析,确定了坝体主要筑坝材料的渗流参数(特别是二级配和三级配碾压混凝土层面切向的主渗透

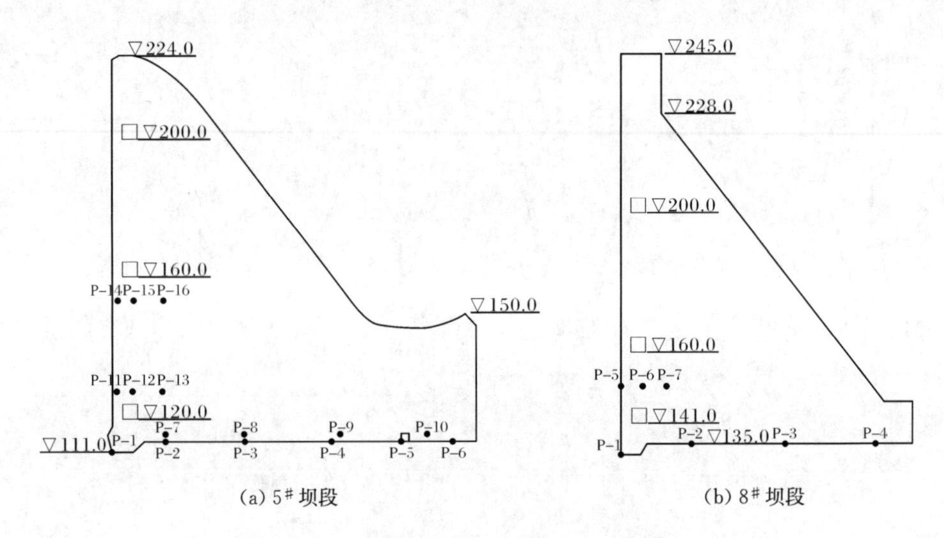

图 12-4　5# 和 8# 坝段渗压计测点布置(单位:m)

系数),再通过 6 个检验工况的检验计算,比较各渗压计测点水头的实测值与计算值的结果,一是对既有的 7 个反演所得的渗流参数进行了检验分析;二是对其他时段进行向前或向后的预报计算,进一步论证了反分析结果的可靠性。

对于参数 k_1、k_2 和 k_7 等弱透水材料的渗透系数,反分析结果为 $10^{-10}\sim10^{-11}$ m/s,与室内外试验值相吻合;对于参数 k_3、k_4、k_5 和 k_6 等较大的渗透参数,反分析结果为 $10^{-7}\sim10^{-8}$ m/s,沿层面切向的主渗透系数主要取决于层面的等效水力缝宽。在

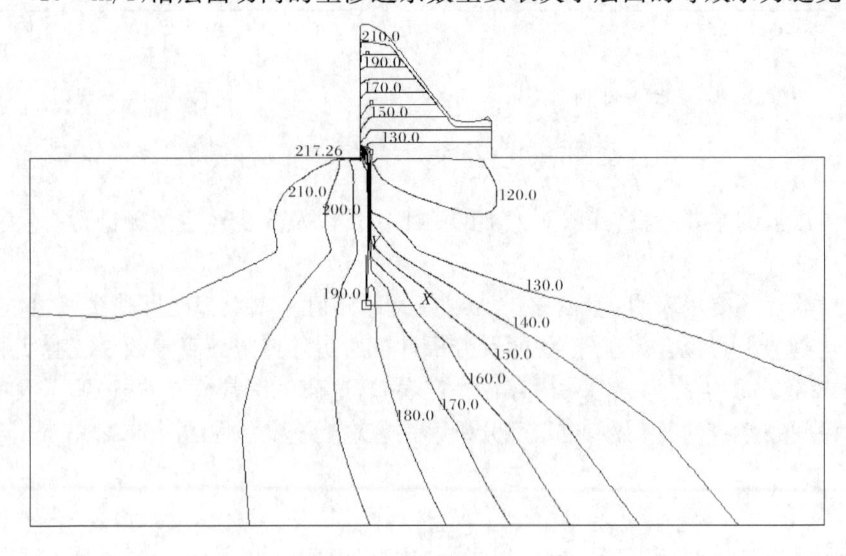

(a) 5# 坝段

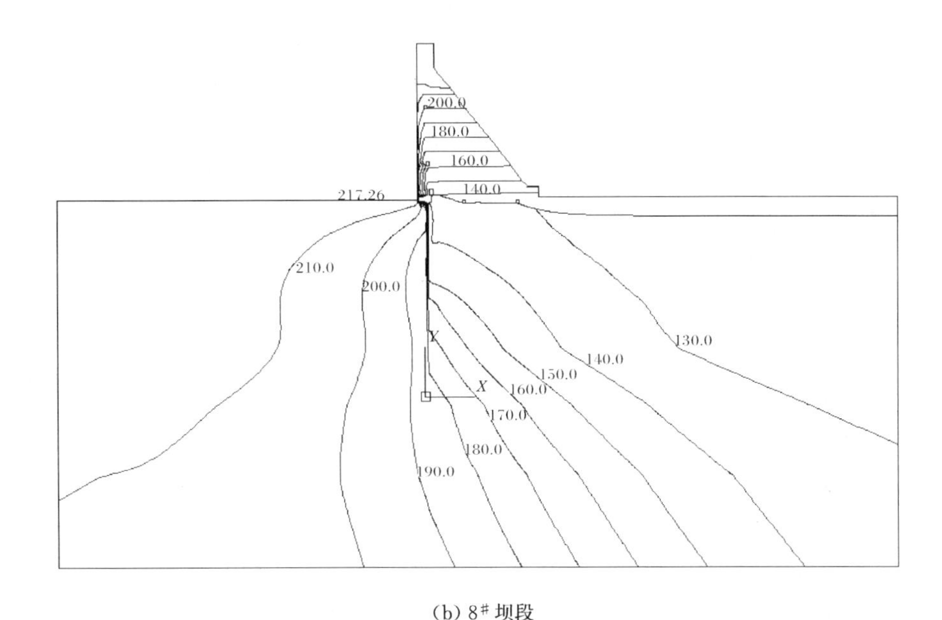

(b) 8# 坝段

图 12-5　第①检验时刻相邻排水孔中心线断面总水头等值线分布图(单位:m)

之前已建的碾压混凝土坝中,层面的等效水力缝宽都超过 10μm,此次对江垭大坝的反分析问题研究中换算出江垭大坝的二级配、三级配碾压混凝土的层面等效水力缝宽为 5～10μm,与现场压水试验值基本吻合,从侧面也说明大坝碾压质量很好。

12.2　混凝土拱坝

12.2.1　工程概况

拉西瓦水电站[22]是黄河上游干流龙羊峡至青铜峡河段中的第二个梯级水电站,工程的主要任务是发电,无其他综合利用要求。枢纽建筑物主要由混凝土双曲薄拱坝、右岸全地下厂房、坝身泄洪建筑物、坝后水垫塘消能建筑物及岸坡防护工程等组成。水库调节性能为日调节,其正常蓄水位 2452.00m,总库容为 10.79 亿 m^3;混凝土双曲薄拱坝坝高 250.0m、底宽 49m;右岸地下厂房总装机容量 4200MW,共 6 台机组,单机容量为 700MW,多年平均发电量 102.23 亿 kW · h。工程规模为Ⅰ等大(1)型工程,主要建筑物包括大坝、厂房、泄洪消能建筑物,为 1 级建筑物。枢纽工程主要建筑物防洪标准按 5000 年一遇洪水校核,千年一遇洪水设计,相应流量分别为 6310m^3/s 和 4250m^3/s。枢纽工程泄洪消耗建筑物防洪标准按 2000 年一遇洪水校核,百年一遇洪水设计,相应流量分别为 6280m^3/s 和

4180m³/s。

通过三维渗流分析计算，研究水垫塘、二道坝及护坦段范围基础面扬压力分布情况，计算水垫塘、二道坝范围基础面及包含两岸边坡暗排水孔等的总渗流量，论证水垫塘、二道坝范围基础面现有排水系统的有效性和合理性，并针对现有排水系统布置，提出最优的布置方案。

12.2.2 计算模型及条件

1. 有限元网格和边界

计算坐标系：X 方向为顺河流方向，以大地坐标 34426565.00 为起点，沿水垫塘中心线向上游截取约 250m、向下游截取约 350m；Y 方向为右岸指向左岸，垂直于水垫塘中心线，以大地坐标 3993750.00 为起点，自水垫塘中心线向左岸截取约 210.8m；Z 方向为垂直向上，以高程为坐标，底高程截至 1950.00m，顶高程截至 2300.00m。高程 2265m 以上按岸坡实际地形模拟；高程 2265m 以下按水垫塘、二道坝及护坦段实际衬护混凝土体型模拟。该计算区域包含了坝体岸坡纵向排水廊道，计算区域范围如图 12-6 所示。

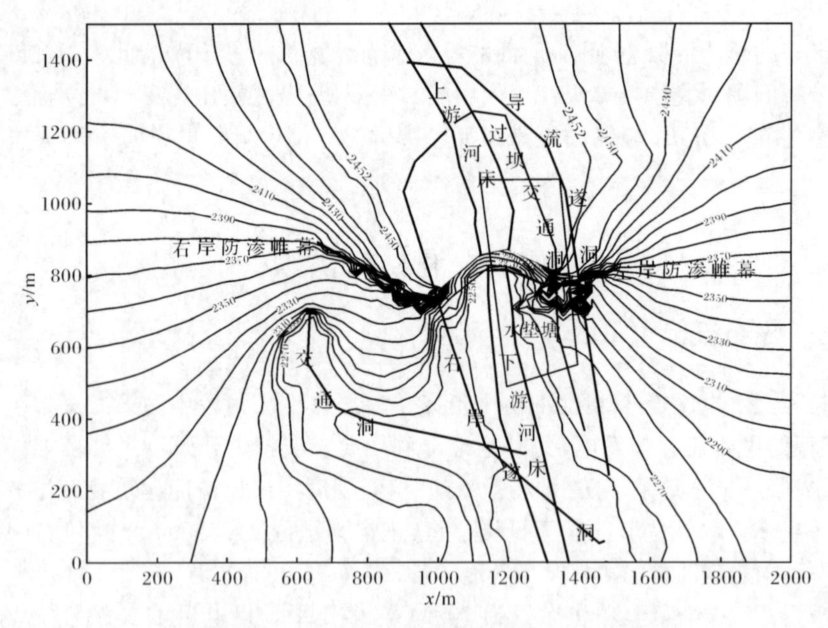

图 12-6 拉西瓦水电站水垫塘模型计算范围(单位:m)

截取边界条件：二道坝下游河床侧边界按不透水边界处理；上游边界按不透水边界处理；左岸边界根据厂坝区整体模型计算结果确定，即在原厂坝区整体模型计算结果中切取本模型的截取边界剖面，计算出该剖面上各点的地下水位势，作为本模型的已知水头边界;模型底面按不透水边界处理,如图 12-7 所示。

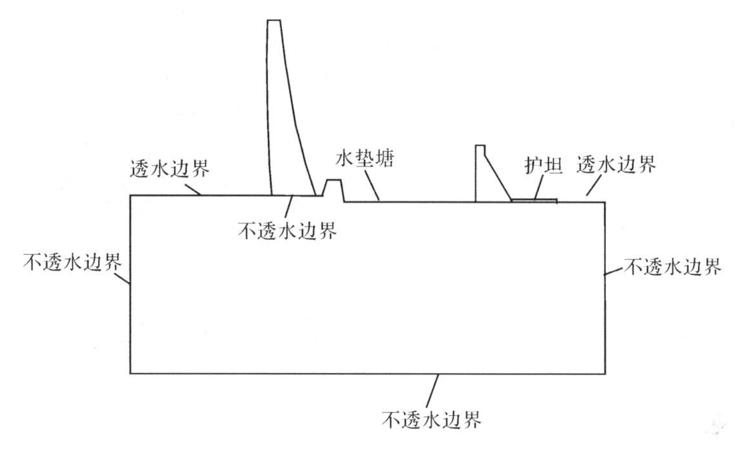

图 12-7 拉西瓦水电站水垫塘模型截取边界条件示意图

建模时,坝基防渗帷幕和排水孔幕按设计布置,坝基防渗帷幕底高程为 2110m,排水孔幕底高程为 2170m,排水孔间距为 3m。大坝左岸纵向排水廊道位置以各层排水廊道平切图为准,计算范围内有高程 2295.00m 和高程 2250.00m 的两层纵向排水廊道及其间的排水孔,均按等效连续介质模拟,即纵向排水廊道等效为渗透系数很大的连续介质,排水孔等效为与排水廊道等厚度的渗透系数较大连续介质排水幕,保证顺畅地排出排水孔渗水。

水垫塘排水系统:模拟水垫塘底板左岸及其上游和二道坝下游的基础部位设置的一圈封闭式排水系统(包括排水孔);模拟水垫塘、二道坝段两岸高程 2265.00~2220.00m 高差范围设置的边坡暗排水系统(包括排水孔);模拟水垫塘及左岸建基面所设置的排水盲沟。

在综合分析计算区域内的地形和地质条件的基础上,根据岩体分区和大坝、二道坝、排水孔、排水廊道、排水盲沟等的结构布置,用控制断面超单元法自动生成有限元网格,水垫塘整体模型共切取控制断面 20 个,以便详细地模拟岩体分区、大坝、坝基防渗帷幕、坝基排水、二道坝、排水廊道、排水孔、排水盲沟等结构,部分控制断面如图 12-8 所示。剖分后的三维有限元网格如图 12-9 所示。

2. 计算参数和工况

厂坝区裂隙岩体渗透参数见表 12-5,坝基防渗帷幕宽 6m,不同位置深度按设计值,渗透系数取 1.5×10^{-7}m/s。实际计算时,当坝基防渗帷幕的渗透系数大于岩体渗透系数时,其值取相应岩体渗透系数的 1/2;坝基排水孔间距为 3m,渗透系数取 1.0×10^{-5}m/s。

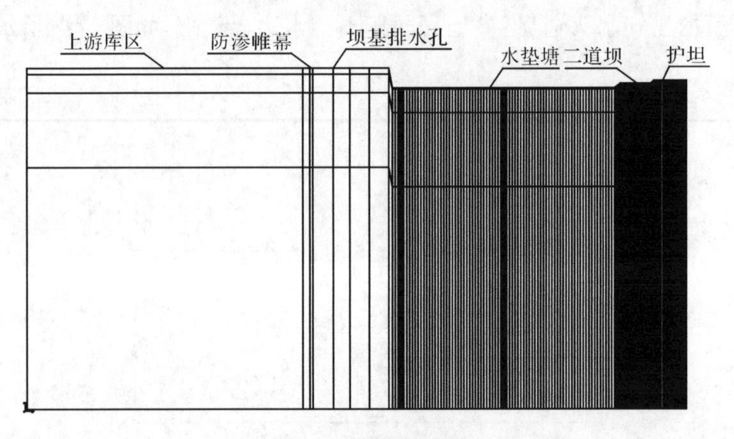

(a) 水垫塘中心线断面

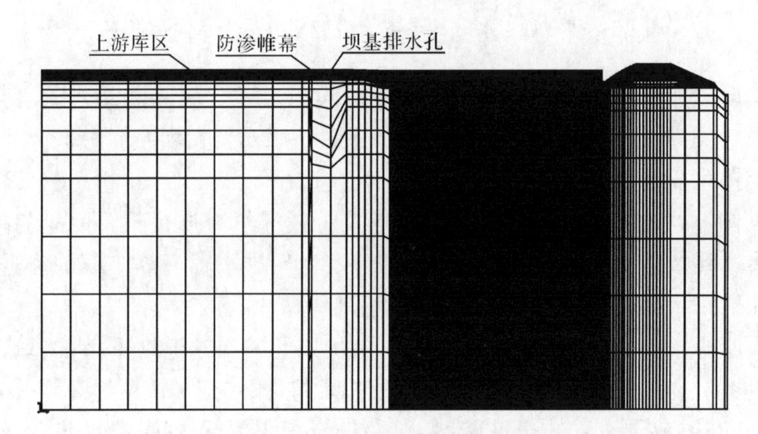

(b) 左岸纵向排水廊道中心线断面

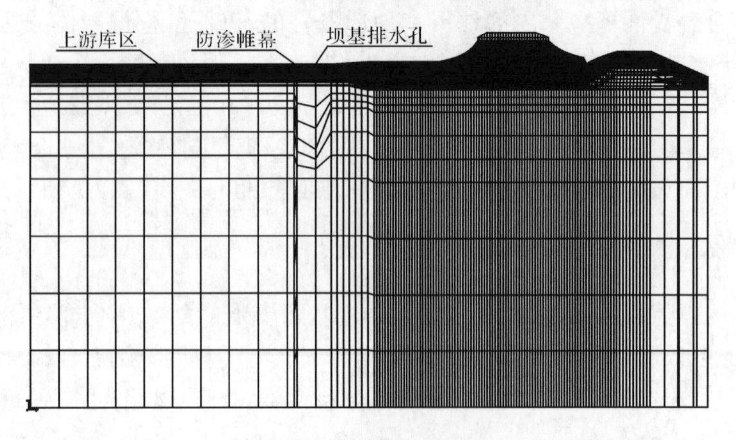

(c) 左岸边坡纵断面(y=44m)

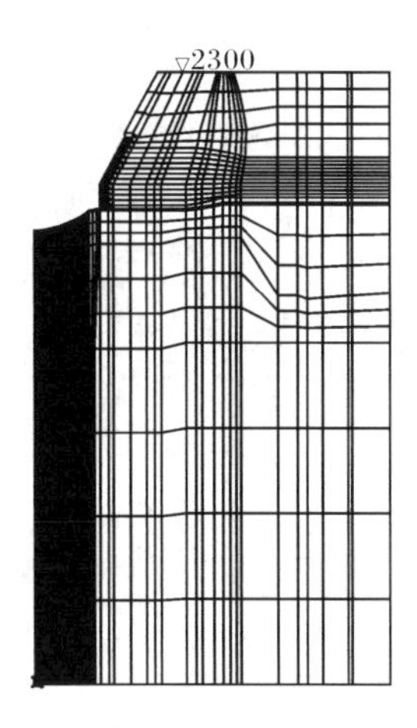

(d) 左岸边坡横断面(坝下 0+62.50m)

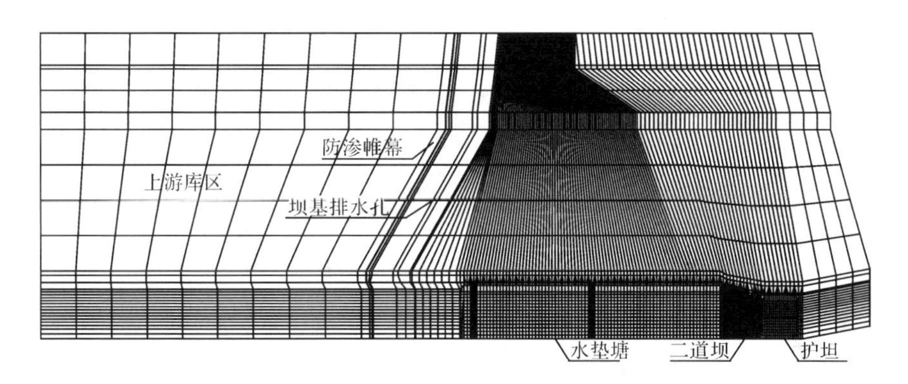

(e) 左岸边坡水平断面(高程 2209.0m)

图 12-8　水垫塘模型部分控制断面有限元网格

表 12-5　厂坝区裂隙岩体渗透参数

分区	渗透张量各分量 k_{ij}/(m/s)			主张量/(m/s)	方向余弦		
浅部 $L<80$m	1.727×10^{-7}	-5.012×10^{-9}	3.341×10^{-8}	5.858×10^{-7}	0.180	0.569	0.181
	-5.012×10^{-9}	2.355×10^{-7}	3.756×10^{-8}	2.396×10^{-7}	−0.370	0.235	0.899
	3.341×10^{-8}	3.756×10^{-8}	2.137×10^{-7}	8.109×10^{-7}	−0.469	0.788	−0.399
深部 $L>80$m	2.261×10^{-8}	-6.541×10^{-10}	4.390×10^{-9}	2.234×10^{-9}	0.686	0.135	0.715
	-6.541×10^{-10}	3.084×10^{-8}	4.910×10^{-9}	2.974×10^{-9}	0.151	0.935	0.321
	4.389×10^{-9}	4.924×10^{-9}	2.811×10^{-8}	1.645×10^{-9}	0.712	−0.328	−0.621

水垫塘模型渗流计算工况见表 12-6，其中工况 SDT-6 中排水廊道四周衬护时按不透水边界处理，其他工况均按廊道底板衬护，两侧及顶拱四周按透水边界考虑。

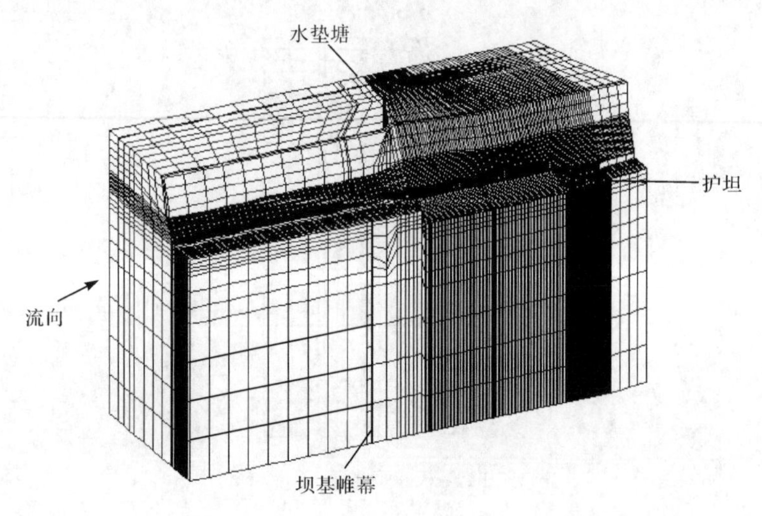

图 12-9 水垫塘模型三维有限元网格

表 12-6 水垫塘模型渗流计算工况

工况	工况说明		
	上下游水位	排水盲沟	排水孔
SDT-1	校核洪水相应上下游水位	有效	有效
SDT-2	设计洪水相应上下游水位	有效	有效
SDT-3	正常蓄水位 正常运行水位	有效	有效
SDT-4	设计洪水相应上下游水位	有效	50%失效
SDT-5	设计洪水相应上下游水位	失效	有效
SDT-6	设计洪水相应上下游水位	有效	有效,但排水廊道四周衬护
SDT-7	正常蓄水位 正常运行水位	失效	失效
SDT-8	设计洪水相应上下游水位	有效	排水廊道内排水孔孔深入岩 15m
SDT-9	设计洪水相应上下游水位	有效	排水廊道内排水孔孔深入岩 25m
SDT-10	设计洪水相应上下游水位	有效	失效
SDT-11	设计洪水相应上下游水位	70%失效	70%失效

12.2.3　计算结果及分析

1. 地下水位

由水垫塘区域地下水位等值线(图 12-10)可以看出，当水垫塘排水设施正常工作时，由于抽排作用，渗透水流从四周流向水垫塘，包括二道坝下游河道的水流。而当水垫塘排水设施失效时，渗透水流只能从二道坝下游河道出逸，因此，水垫塘底地下水位较高，扬压力较大。由各横断面水头等值线图可以看出，由于边坡排水孔的排水作用，在护岸附近岸坡内的地下水位迅速下降，效果良好。

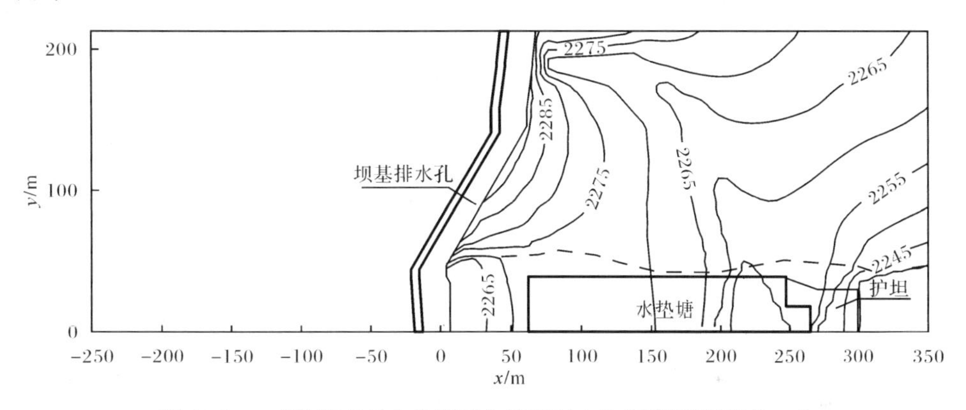

图 12-10　工况 SDT-7 水垫塘区左岸地下水位等值线图(单位：m)

左岸高程为 2295.00m 和 2250.00m 的纵向排水廊道及其间的排水孔按等效连续介质模拟。由于其排水作用，该部位地下水位等值线凸向上游。但其他工况由于有排水盲沟或者排水孔的作用，沿左岸纵向排水廊道方向的地下水位下降得较快，因此当地下水位低于 2250m(纵向排水廊道底高程)时，地下水位等值线未现凹凸。

2. 渗流量

取三个断面分别计算渗流量，断面 1 为坝下 0+60.00m，断面 2 为坝下 0+270.00m，断面 3 为 y=160.0m 断面坝基防渗帷幕下游部分。表 12-7 中所示断面 1、断面 2 的渗流量为 X 方向，断面 3 的渗流量为 Y 方向。其中，负号表示与坐标方向相反。对于工况 SDT-7，在水垫塘所设排水系统失效后，渗水流的主要流向发生变化，表中总渗流量是指断面 1 和断面 3 的渗流量之和，仅作为近似估算。

表 12-7 水垫塘模型渗流量计算结果

工况	渗流量/(m^3/d)			
	断面 1	断面 2	断面 3	总渗流量/(m^3/d)
SDT-1	165.20	−16.40	−63.25	244.85
SDT-2	164.90	−13.55	−61.66	240.11
SDT-3	164.70	−13.43	−63.05	241.18
SDT-4	162.20	−13.32	−60.80	236.32
SDT-5	160.30	−13.09	−60.42	233.81
SDT-6	164.60	−13.48	−61.42	239.50
SDT-7	109.70	39.04	−11.92	121.62
SDT-8	156.30	−12.25	−57.78	226.33
SDT-9	168.80	−17.58	−65.03	251.41
SDT-10	153.20	−11.30	−45.62	210.12
SDT-11	155.40	−11.86	−54.98	222.24

由表 12-7 可知,工况 SDT-7,即不设置排水设施时,渗流量最小。当设置横向盲沟、纵向盲沟和排水廊道排水孔及边坡排水孔时,由于渗透坡降增大,各断面渗流量明显增大,且随着排水孔间距的减小和排水孔深度的增加,渗流量也随之增加。当排水廊道内排水孔深度为入岩 25m 时,即工况 STD-9,各断面的渗流量最大。当增大排水孔间距时,各断面渗流量有所减小,但影响不如增加排水廊道内排水孔深度明显。对于断面 2,除工况 SDT-7 以外,其他各工况的渗流量均为负值,即渗透方向指向 X 轴的反方向(上游),工况 SDT-7 因水垫塘抽排水系统失效,地下水只能从二道坝下游边界出渗(部分从坝基排水孔出渗),因此断面 2 的渗流量为正值,即渗透方向指向下游。断面 3 的渗流量均为负值,表示地下水渗透方向与 Y 轴方向相反,即指向水垫塘中心,体现绕坝渗流情况。

比较工况 STD-5 和工况 STD-10,可以分析比较排水孔和排水盲沟对渗流量的影响程度。由计算结果可以看出,由于排水孔的入岩深度远大于排水盲沟,所以它对渗流量的影响较大,在排水廊道内的排水孔失效后,总渗流量由工况 STD-5 的 233.81m^3/d 减小到工况 STD-10 的 210.12m^3/d。

在正常情况下(工况 SDT-2),左岸水垫塘的抽排流量为 240.11m^3/d,因此水垫塘的抽排总渗流量约为 480.22m^3/d。

3. 排水孔和排水盲沟对扬压力的影响

比较工况 SDT-2、SDT-4、SDT-5、SDT-10、SDT-11 可以分析水垫塘渗流场的变化,研究排水孔和排水盲沟对水垫塘扬压力的影响。在排水孔和排水盲沟共同作用下(工况SDT-2),边坡出逸点平均高程比排水孔50%失效(工况SDT-4)情况下低约2m,扬压力也较小。可见排水孔降低扬压力的作用很明显。比较工况SDT-2和工况SDT-5,在建基面排水盲沟失效的情况下(工况SDT-5),水垫塘底板扬压力明显增大,最大值达到113.20kPa。如在横断面坝下0+76.7m处,工况SDT-2的扬压力最大值为19.12kPa,而工况SDT-5为73.19kPa,其他断面也类似。所以排水盲沟降低扬压力的作用很大。左岸纵向排水廊道内竖向排水孔对边坡衬护的扬压力影响较大。在正常情况下,因左岸边坡排水孔和纵向排水廊道内竖向排水孔的排水降压作用,二道坝上游边坡衬护的扬压力很小,但在二道坝内排水廊道的下游,该排水降压作用不存在,因此边坡衬护的扬压力有所增大。虽然如此,由于正常工况下在水垫塘边坡衬护上的扬压力数值很小,即使排水廊道内所有竖向排水孔的间距增大一倍,其扬压力最大值也仅为32.51kPa,因此适当加大左岸纵向排水廊道内竖向排水孔的间距对扬压力的影响不大。

比较工况SDT-2与工况SDT-11,由于SDT-11排水系统大部分失效(70%),其排水降压作用明显减弱,因此工况SDT-11的边坡出逸点高程比工况SDT-2高出很多,平均值约为15m,左岸边坡衬护的扬压力明显增大,水垫塘底板的扬压力也明显增大,其最大值达到69.81kPa(约7m水头)。如果考虑到水垫塘内水压力的作用,该扬压力也是安全的。

比较工况SDT-3与工况SDT-7,在排水系统失效后(工况SDT-7),由于混凝土衬护的阻水作用,水垫塘边坡上出逸点高程都在2265m以上,出逸点高程平均升高约30m,水垫塘底板扬压力迅速增大,最大值约为597.18kPa。

4. 排水系统部分失效对扬压力的影响

比较工况SDT-4(排水孔50%失效)、工况SDT-10(排水孔全部失效)、工况SDT-11(排水系统70%失效)和工况SDT-7(排水系统全部失效)四种工况下水垫塘底板的扬压力变化,如图12-11所示。

工况SDT-7为排水系统100%失效,坝基排水幕下游水垫塘底板扬压力的减小仅由地下水渗流水头损失所致,而工况SDT-4、工况SDT-11两种工况下存在排水孔和排水盲沟联合排水降压作用,而工况SDT-10有排水盲沟排水降压作用,因此工况SDT-7的扬压力比工况SDT-4、工况SDT-10和工况SDT-11都大很多。另外,由于水垫塘区开挖较深,其底高程低于河床地形近16m,如图12-11所示,因此该部位扬压力值突然增大。事实上,该部位的位势值并没有增大。

比较工况SDT-3(排水系统正常运行)、工况SDT-4(排水孔50%失效)和工况SDT-11(排水系统70%失效),由于水垫塘横向排水廊道内设置有排水孔幕,故该处扬压力迅速减小,且其下游布置有网格状的排水盲沟,其间的扬压力均是按“驼峰”形式分布的。而在排水孔幕失效后(工况SDT-7),该处的扬压力基本上等于

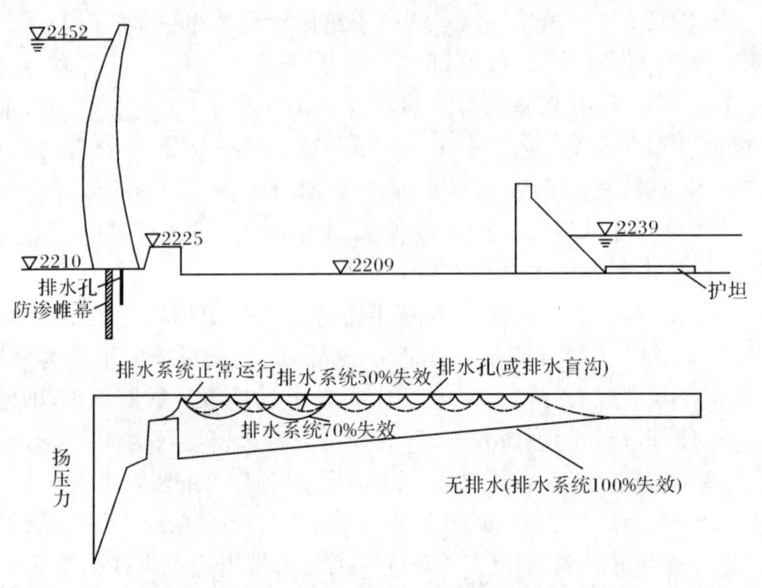

图 12-11　水垫塘底板扬压力示意图(单位:m)

坝基排水孔幕下游的扬压力,如图 12-11 所示。工况 SDT-4 是排水孔 50%失效,即隔一个排水孔去除一个排水孔,排水廊道底板扬压力的"驼峰"峰值比工况 SDT-3 稍大,最大增幅约 10.85kPa;由于排水盲沟仍未失效,因此排水廊道包围的水垫塘区域的扬压力值与工况 SDF-3 相差不大。工况 SDT-11 是排水系统 70%失效,即每三个排水孔去除两个,每三条排水盲沟去除两条,如图 12-12 所示。由于有效排水孔和排水盲沟的间距增大,因此其间扬压力的"驼峰"峰值又较工况 SDT-4 增大,最大增幅约 44.40kPa。从物理机制来看,随着排水系统失效比例的增加,底板扬压力也逐渐增大,且是连续变化的,最终在排水系统 100%失效时,扬压力达到最大。由于排水孔和排水盲沟是强制边界,因此需要更大比例的排水系统失效,才能看出这种连续变化。

排水系统部分失效(50%和 70%)、完全失效和正常运行四种工况下水垫塘底板最大扬压力的位置也有所不同。当排水系统正常运行时,垂直河流方向最大扬压力断面位于坝下 0+105.1m 附近,扬压力分布如图 12-13(a)所示,顺河流方向最大扬压力断面位于距离水垫塘中心线约 2.54m,扬压力分布如图 12-14(a)所示;当排水孔 50%失效时,垂直河流方向最大扬压力剖面位于坝下 0+90.9m 附近,扬压力分布如图 12-13(b)所示,顺河流方向最大扬压力剖面位于距离水垫塘中心线约 2.54m 处,扬压力分布如图 12-14(b)所示。当排水系统 70%失效时,垂直河流方向最大扬压力剖面位于坝下 0+93.3m 附近,扬压力分布如图 12-13(c)所示,顺河流方向最大扬压力剖面位于距离水垫塘中心线约 10.02m,扬压力分布

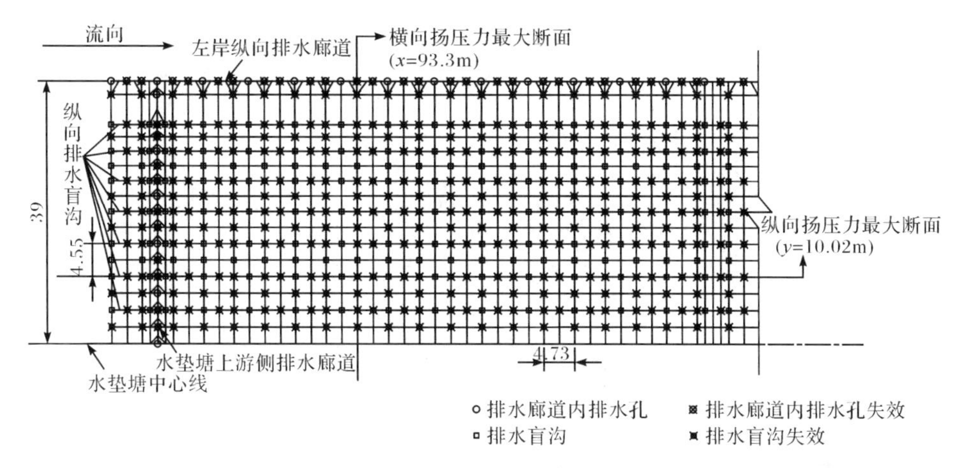

图 12-12　水垫塘底板排水系统 70%失效示意图(单位:m)

如图 12-14(c)所示。当排水系统 100%失效时,垂直河流方向最大扬压力断面位于坝下 0+62.5m 附近,扬压力分布如图 12-13(d)所示,顺河流方向最大扬压力剖面位于距离水垫塘中心线约 2.54m 处,扬压力分布如图 12-14(d)所示。排水系统正常运行、排水孔 50%失效、排水系统 70%失效、排水系统 100%失效时水垫塘底板的最大扬压力分别为 25.20kPa、25.80kPa、70.20kPa、597.18kPa。

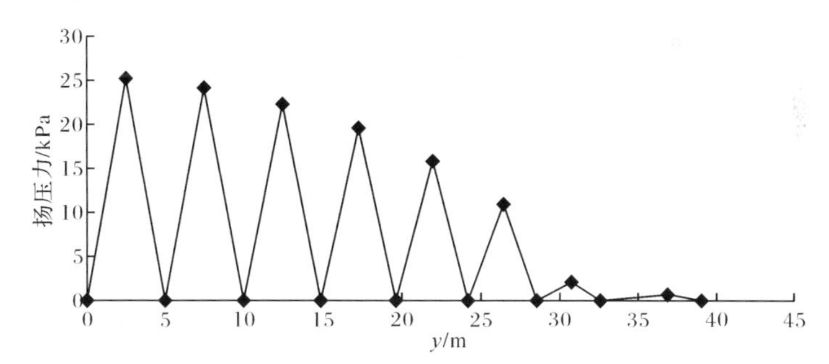

(a) 排水系统正常运行(工况 SDT-3,x=105.1m)

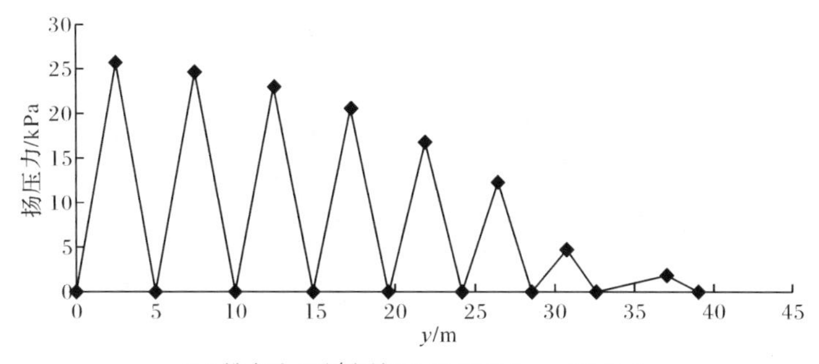

(b) 排水孔 50%失效(工况 SDT-4,x=90.9m)

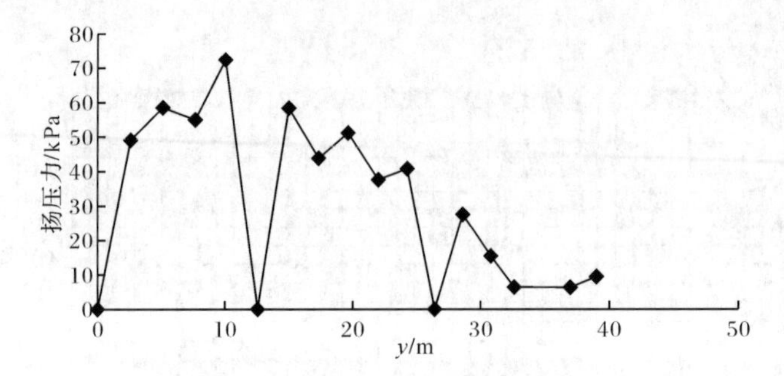

(c) 排水系统 70%失效(工况 SDT-11，$x=93.3\text{m}$)

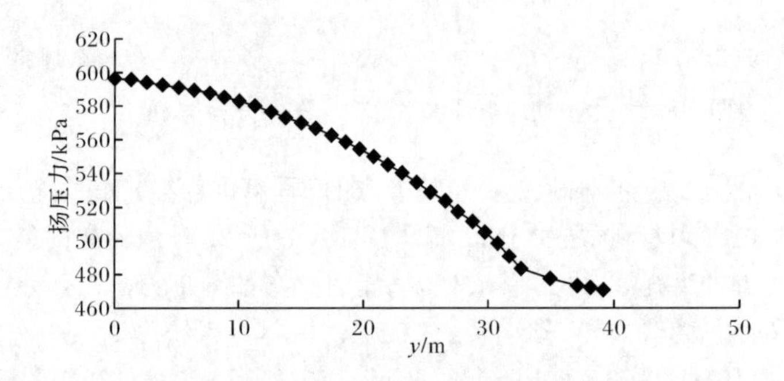

(d) 排水系统 100%失效(工况 SDT-7，$x=62.5\text{m}$)

图 12-13　水垫塘底板垂直河流方向断面最大扬压力分布

5. 竖向排水孔入岩深度对扬压力的影响

比较工况 SDT-2、SDT-8、SDT-9，可以分析排水孔入岩深度对水垫塘底板扬压力的影响。由于工况 SDT-8 的排水孔入岩深度最小(15m)，水垫塘底板扬压力最大，而工况 SDT-9 排水孔入岩深度最大(25m)，水垫塘底板扬压力最小，如在横断面坝下 0+76.7m 上，工况 SDT-2 的最大扬压力为 19.12kPa，工况 SDT-8 的最

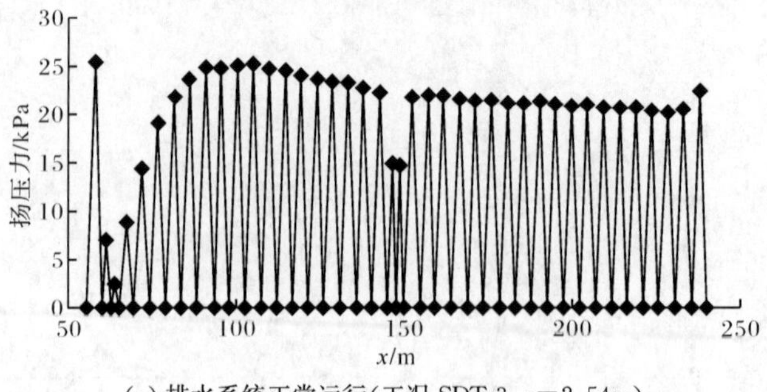

(a) 排水系统正常运行(工况 SDT-3，$y=2.54\text{m}$)

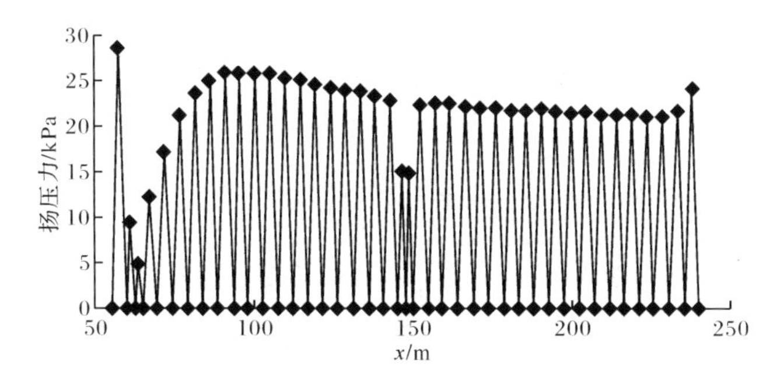

(b) 排水孔 50%失效(工况 SDT-4，y=2.54m)

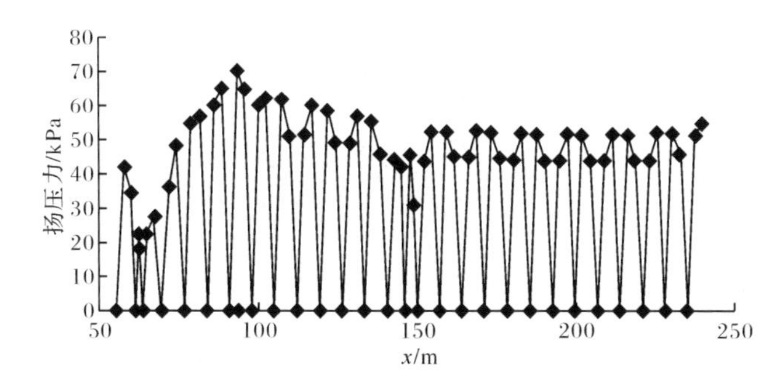

(c) 排水系统 70%失效(工况 SDT-11，y=10.02m)

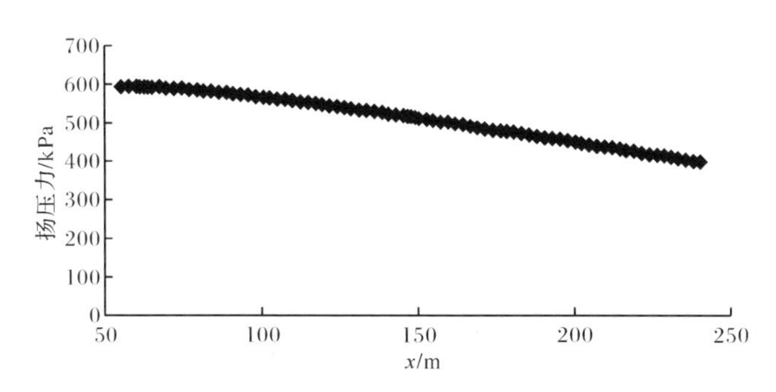

(d) 排水系统 100%失效(工况 SDT-7，y=2.54m)

图 12-14　水垫塘底板顺河流方向断面最大扬压力分布

大扬压力为 27.77kPa，工况 SDT-9 的最大扬压力为 11.92kPa。因此排水孔入岩深度对降低扬压力的作用较显著。

6. 廊道边墙衬护对扬压力的影响

比较工况 SDT-2 和工况 SDT-6，由于工况 SDT-6 水垫塘底板上游侧及中间部位的横向廊道和中心线部位的纵向廊道四周按不透水模拟，因此中心线部位纵向廊道底板扬压力由工况 SDT-2 的 0 增大到 25.28kPa，但是上游侧横向廊道底板扬压力变化不大，仅为 2.66kPa，其原因是上游侧廊道内布置有排水孔，降低扬压力的作用很明显。

7. 排水孔之间和排水盲沟之间的扬压力峰值

本计算模型在两竖直排水孔之间布置了一个节点，因此沿纵向排水廊道的扬压力分布为"三角形"。在设计工况（工况 SDT-2）下，水垫塘左侧纵向排水廊道两竖向排水孔之间、计算模型反拱段底板部位（水垫塘中心线和与之接近的第一条盲沟中央部位）和水垫塘中央纵向排水廊道（同一横剖面）的扬压力峰值（"驼峰"）约为 11.73kPa、25.2kPa 和 0（未考虑排水廊道底板的厚度）。

8. 扬压力沿水垫塘中心线的变化

从水垫塘到二道坝再到护坦，由于坝基防渗帷幕和排水孔、水垫塘排水廊道和竖向排水孔以及排水盲沟的共同作用，水垫塘底板的扬压力较小（约 25kPa）。在二道坝下游，接近护坦时扬压力迅速增大，在护坦末端达到最大，其扬压力等于下游水头（因护坦上布置的是明排水孔）。如工况 SDT-2，在 $y=2.54$m 断面上，水垫塘底板最大扬压力为 25.20kPa，二道坝底最大扬压力为 90.53kPa，护坦底面最大扬压力为 289.4kPa。但是，护坦底面高程是 2215.00m，顶面高程是 2218.00m，其上作用的下游水位为 2243.94m，因此该护坦上的扬压力均为浮托力，即在护坦明排水孔的作用下，其渗透压力已降为 0。若考虑护坦上作用的静水压力以及护坦的自重，则护坦是安全的。

9. 二道坝下游护岸的扬压力

二道坝下游护岸的最大扬压力为 134.70kPa（工况 SDT-2）。由于下游河道水位为 2243.94m，因此该扬压力基本上都是浮托力，如果考虑到护岸上作用的下游静水压力以及护岸的自重，护岸是安全的。但是，在下游河道水位突降的极端情况下，由于在高程 2240m 以下的护岸上未设明排水孔，扬压力不能及时释放，而护岸上的静水压力大幅度减小将导致护岸上的扬压力过大，引起护岸失稳。因此建议在该部位也增设明排水孔。

12.2.4 小结

（1）水垫塘设置排水设施后，在抽排作用下，渗透水流从上游、下游和两岸四周向水垫塘中央汇集。当排水设施失效后，渗透水流从水垫塘底板下方和两岸绕渗至下游。

（2）在排水设施正常工作时，其排水降压的效果良好，水垫塘底板的最大扬压力约为 25.20kPa(工况 SDT-2)。随着水垫塘纵、横向排水廊道内竖向排水孔入岩深度的增加,底板扬压力减小,变化较显著。但总体看来,水垫塘底板的扬压力并不大,现设计的排水孔入岩深度 20m 已能起到良好的排水降压作用,无需增加入岩深度。

(3) 在排水设施正常工作时,全水垫塘的抽排总渗流量约为 480.22m^3/d(工况 SDT-2)。随着水垫塘纵向、横向排水廊道内竖直排水孔入岩深度的增加,总渗流量也增加,但变化不大。

(4) 从排水设施失效的敏感性分析来看,纵向、横向排水廊道内的竖向排水孔间距适当增大也能满足排水降压的要求。因此可以按该处竖向排水孔 50%失效的情况考虑,建议将排水孔的间距增大到 4m。当然,为安全起见,水垫塘上游横向排水廊道内竖向排水孔的间距不变,仍保持为 2m。

(5) 从水垫塘区地下水位等值线分布来看,在排水设施正常工作时,渗流主要方向为从两岸渗向水垫塘中央纵向排水廊道,因此底板基础面纵向排水盲沟(顺水垫塘中心线)的作用不明显,再加上底板基础面横向排水盲沟(垂直水垫塘中心线)的间距较小,已能有效降低底板的扬压力,建议取消底板基础面纵向排水盲沟。

(6) 水垫塘两岸地下水位较低,除水垫塘上游局部较小区域外,岸坡处地下水位远低于两岸边墙护砌高程;同时,边坡排水孔的入岩深度远大于边坡排水盲沟的断面尺寸,其排水影响范围已完全超过排水盲沟的作用范围。因此边墙护砌面的边坡排水盲沟未起到排水降压作用,建议取消。

(7) 水垫塘上游侧横向排水廊道内设竖向排水孔,可有效地起到排水降压作用,而水垫塘中央排水廊道和坝下 0+147.7m 处的横向排水廊道内未设竖向排水孔。因此,该廊道边墙用混凝土衬护后,渗透水出逸边界改变,将显著地影响底板的扬压力。在条件许可的情况下,建议水垫塘中央排水廊道和坝下 0+147.7m 处的横向排水廊道不做衬护,在需要衬护时,建议做好排水设施。

(8) 在正常情况下二道坝下游护岸的扬压力基本上都是浮托力,如果考虑到护岸上作用的下游静水压力以及护岸的自重,护岸是安全的。但是,如果考虑下游河道水位突降的极端情况,那么由于在高程 2240m 以下的护岸上未设明排水孔,扬压力不能及时释放,而护岸上的静水压力大幅度减小,将导致护岸上的扬压力过大,引起护岸失稳。建议在该部位也增设明排水孔。

12.3　地下厂房洞室

12.3.1　工程概况

拉西瓦水电站[200]是黄河上游干流龙羊峡至青铜峡河段中的第二个梯级水电

站，位于青海省贵德县与贵南县交界的龙羊峡谷出口段，上距已建龙羊峡水电站32.8km，下距已建李家峡水电站73km，距西宁市公路里程134km，距下游贵德县城25km。

拉西瓦水电站设计正常蓄水位2452.00m，总库容10.79亿m^3，总装机容量4200MW，保证出力958.8MW，多年平均发电量102.33亿W·h，为黄河上规模最大的水电站。坝址区为花岗岩组成的V形河谷，枢纽建筑物推荐双曲拱坝、坝身泄洪、全地下厂房方案，最大坝高250m，主厂房洞室长342m，宽31.5m，高74.16m，安装6台单机为700MW的机组。

根据拉西瓦工程的实际情况，以裂隙岩体等效连续介质模型为基础，建立包含主要断层并能够反映复杂岩体渗流特性的厂坝区三维有限元模型[201]，研究防渗排水系统对渗流场的影响规律，论证厂坝区防渗排水系统的有效性和合理性，提出防渗及排水系统优化建议。

12.3.2 计算模型及条件

1. 模型范围和边界

模型范围截取如下：X方向，以大地坐标3992600.00为起点，自右岸指向左岸截取约2000m；Y方向，以大地坐标34425800.00为起点，自下游指向上游取约1500m；Z方向，以高程为坐标，底高程截至1950.00m，顶高程截至2460.00m，低于2460.00m的地形按实际高程考虑。该范围在上游方向截取约$3H$，下游方向截取约$3H$，坝基截取约$1H$(H为坝高)。可以包括全部地下厂房、排水平洞、主要交通隧洞、导流隧洞等主要结构。整体计算模型有限元网格如图12-15所示，地下厂房洞室和防渗帷幕的有限元网格分别如图12-16和图12-17所示。

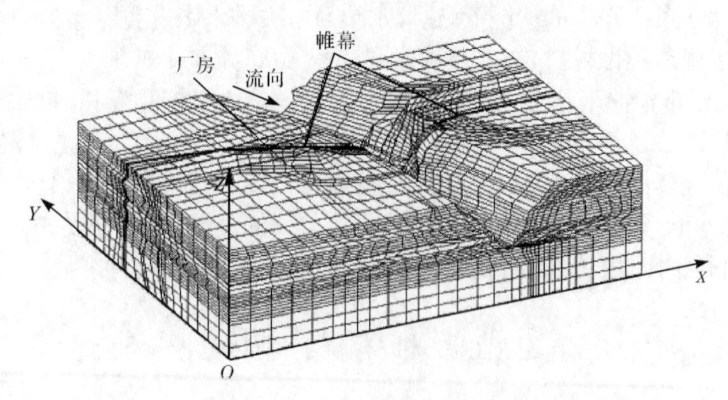

图12-15 拉西瓦地下厂房洞室计算模型三维有限元网格

计算模型边界选取：①已知水头边界包括坝区上下游水位以下的给定水头边

界,以及给定地下水位的截取边界;②出渗边界为坝区下游侧左右岸山坡的迎水面;③不透水边界包括模型底面以及模型上下游截取边界。模型两侧截取边界根据计算的地下水位与原地下水位比较确定,可以为不透水边界,也可以为给定地下水位边界。

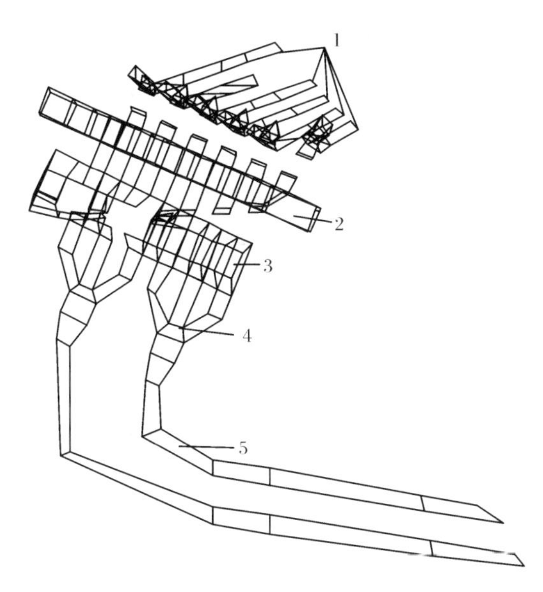

图 12-16　地下厂房洞室系统网格

1-引水管;2-主厂房;3-副厂房;4-调压井;5-尾水管

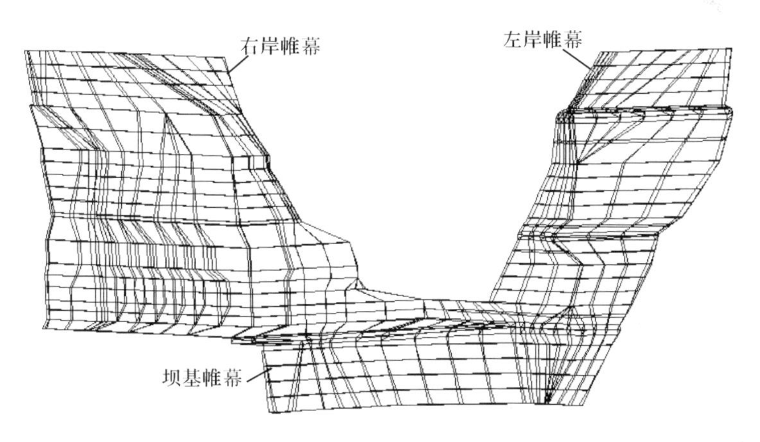

图 12-17　地下厂房洞室防渗帷幕有限元网格

2. 计算参数及工况

地下厂房洞室裂隙岩体渗透参数见表 12-8,断层渗透参数见表 12-9。防渗帷幕宽 4m,不同位置深度按设计值,渗透系数取 1.5×10^{-5}cm/s;等效替代排水孔幕的透水单元渗透系数取 1.0×10^{-3}cm/s;拱坝坝体按不透水介质处理,无排水孔的厂房边墙为不透水边界,否则为透水边界。

表 12-8 地下厂房洞室裂隙岩体渗透参数

部位		渗透张量各分量 k_{ij}/(m/d)			主张量/(m/d)	方向余弦		
左岸	浅部 $L<80$m	4.155×10^{-2}	-0.084×10^{-2}	-1.481×10^{-2}	5.061×10^{-2}	0.180	0.569	0.181
		-0.084×10^{-2}	0.467×10^{-2}	-1.252×10^{-2}	2.070×10^{-2}	−0.370	0.235	0.899
		-1.481×10^{-2}	-1.252×10^{-2}	3.514×10^{-2}	7.006×10^{-2}	−0.469	0.788	−0.399
	深部 $L>80$m	1.682×10^{-4}	0.197×10^{-4}	0.198×10^{-4}	1.930×10^{-4}	0.686	0.135	0.715
		0.197×10^{-4}	2.347×10^{-4}	-0.298×10^{-4}	2.570×10^{-4}	0.151	0.935	0.321
		-0.198×10^{-4}	-0.298×10^{-4}	1.803×10^{-4}	1.421×10^{-4}	0.712	−0.328	−0.621
右岸	浅部 $L<80$m	6.155×10^{-2}	0.044×10^{-2}	0.927×10^{-2}	5.394×10^{-2}	0.645	0.238	0.727
		0.044×10^{-2}	4.465×10^{-2}	-0.917×10^{-2}	3.824×10^{-2}	0.553	−0.801	−0.228
		0.927×10^{-2}	-0.917×10^{-2}	5.565×10^{-2}	6.928×10^{-2}	−0.528	−0.549	0.648
	深部 $L>80$m	2.669×10^{-4}	0.019×10^{-4}	0.404×10^{-4}	2.354×10^{-4}	0.645	0.238	0.727
		0.019×10^{-4}	1.949×10^{-4}	-0.401×10^{-4}	1.669×10^{-4}	0.553	−0.801	−0.228
		0.405×10^{-4}	-0.401×10^{-4}	2.429×10^{-4}	3.024×10^{-4}	−0.528	−0.549	−0.648

表 12-9 地下厂房洞室断层渗透参数

级别	特征量 ω	一般延伸长度/m	代表性断裂带	浅部($L<80$m)		深部($L>80$m)	
				$\tilde{\omega}$	$\bar{k}$/(m/d)	$\tilde{\omega}$	$\bar{k}$/(m/d)
Ⅰ	>0.2	>350	F_{26}、F_{172}、Hf_8 Hf_4、 F_{28}、F_{29}	0.271	0.3966	0.01	0.0598
Ⅱ	0.1~0.2	350~250	F_{166}、F_{164}、Hf_3 Hf_{11} Hf_{12}	0.154	0.2456	0.007	0.0559
Ⅲ	0.05~0.1	250~150	F_{71}、F_{74}、F_{150} F_{152}、 F_{148}、F_{158}、F_{210} F_{222}	0.073	0.1411	0.005	0.0533
Ⅳ	<0.05	150~50	F_{390}、F_{396}、F_{378} F_{384}、 F_{427}、F_{429}、F_{433} F_{349}、F_{365}	0.019	0.0714	0.003	0.0507

研究拟定以下工况进行计算分析，见表 12-10。水库运行期上游水位取正常蓄水位 2452.00m，下游水垫塘水位 2243.50m，下游河道水位 2238.71m。

表 12-10　地下厂房洞室渗流计算模型分析工况

工况	工况说明				
	防渗帷幕		排水孔	裂隙岩体渗透系数/(m/d)	断裂带渗透系数/(m/d)
	尺寸变化	渗透系数/(m/d)			
LXW-1	按设计工况布置，灌浆帷幕，宽为 4m	1.5×10^{-5}	按设计工况	见表 12-8	见表 12-9
LXW-2	—	—	失效	同 LXW-1	—
LXW-7-1	帷幕失效	7.5×10^{-5}	同 LXW-1	同 LXW-1	同 LXW-1
LXW-7-2	帷幕失效	1.5×10^{-4}	同 LXW-1	同 LXW-1	同 LXW-1
LXW-8	帷幕布置同 LXW-1	1.5×10^{-5}	失效	同 LXW-1	同 LXW-1
LXW-9	F_{172} 断层处坝基帷幕局部失效	1.5×10^{-5}	同 LXW-1	同 LXW-1	同 LXW-1
LXW-10	右岸帷幕局部失效	1.5×10^{-5}	同 LXW-1	同 LXW-1	同 LXW-1
LXW-12-1	帷幕布置同 LXW-1	1.5×10^{-5}	同 LXW-1	同 LXW-1	断层渗透系数增大 5 倍
LXW-12-2	帷幕布置同 LXW-1	1.5×10^{-5}	同 LXW-1	同 LXW-1	断层渗透系数增大 10 倍
LXW-13	右岸距拱端 160m 以外坝肩帷幕顶部减少 2 层，帷幕顶高程 2360m	1.5×10^{-5}	与帷幕对应减少两层	同 LXW-1	同 LXW-1

12.3.3　计算结果及分析

本节主要研究排水系统及 F_{172} 断层处坝基帷幕局部失效对渗流场的影响。各工况通过帷幕的渗流量、帷幕内的最大渗透坡降见表 12-11。其中，坝基渗流量是指坝基面高程 2210.00m(两岸为高程 2250.00m 以下)通过帷幕的渗流量，坝肩渗流量是指通过两岸帷幕的渗流量，如图 12-18 所示。各工况坝基渗流量和坝肩渗流量的计算断面为设计工况的帷幕范围。部分工况的坝基扬压力的比较见表 12-12，其中各分析点位置如图 12-19 所示。

为了分析右岸帷幕的变化对引水钢管及地下厂房地下水压力的影响，沿引水钢管方向和垂直厂房轴线方向取三个断面，分别位于 2 号、4 号和 6 号机组位置，在引水钢管顶部、主厂房顶、副厂房顶各取 7 个点，共计 21 个点，各点位置分布如

图 12-20 所示，分析其地下水位，见表 12-13。

表 12-11 地下厂房洞室渗流计算分析结果

工况编号	坝基渗流量 /(m^3/d)	右岸坝肩渗流量 /(m^3/d)	左岸坝肩渗流量 /(m^3/d)	坝肩帷幕最大渗透坡降
LXW-1	291.1	158.6	100.2	10.480
LXW-2	494.9	253.8	157.6	—
LXW-7-1	561.0	276.9	169.0	3.260
LXW-7-2	817.8	423.4	221.6	—
LXW-8	250.5	114.67	69.3	9.700
LXW-9	429.6	163.5	98.0	11.670
LXW-10	371.4	168.2	98.6	9.320
LXW-13	291.6	165.6	100.5	13.350

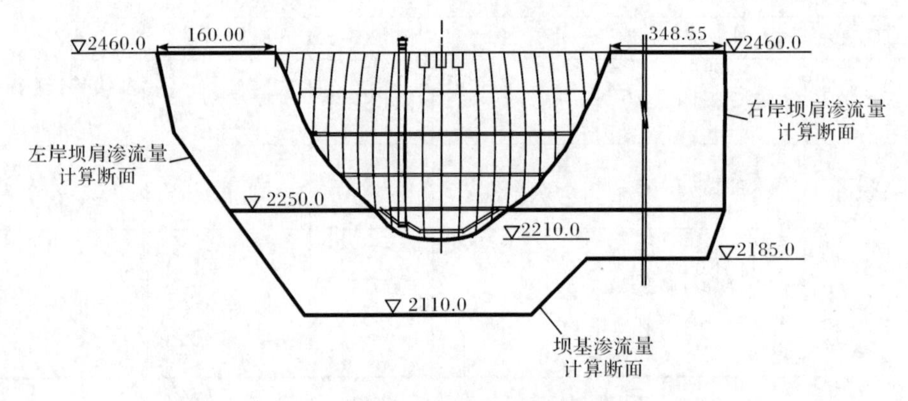

图 12-18 地下厂房洞室渗流量计算断面示意图(单位:m)

表 12-12 地下厂房洞室部分工况坝基扬压力的比较

工况	扬压力/kPa					
	点 1	点 2	点 3	点 4	点 5	点 6
LXW-1	316.990	633.791	633.889	711.285	2354.991	2401.990
LXW-2	316.499	764.028	1128.950	1329.758	2280.839	2401.990
LXW-7-2	316.499	807.798	809.199	1051.538	2248.628	2401.499
LXW-8	316.499	594.069	801.548	882.568	2359.238	2401.499
LXW-9	316.499	671.601	671.621	734.441	2354.380	2401.499

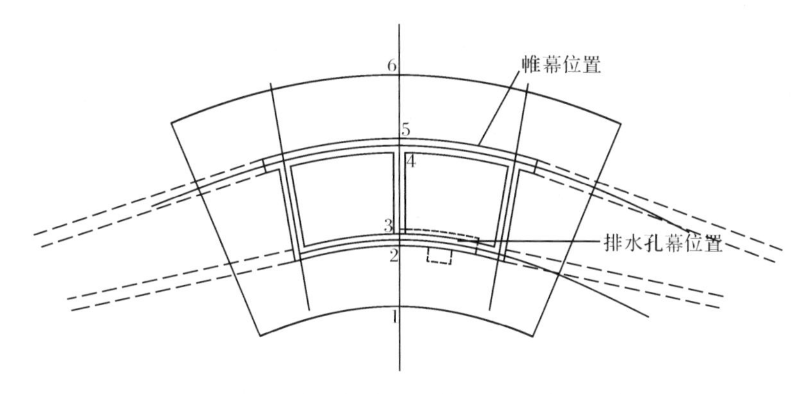

图 12-19 地下厂房洞室坝基扬压力分析点示意图

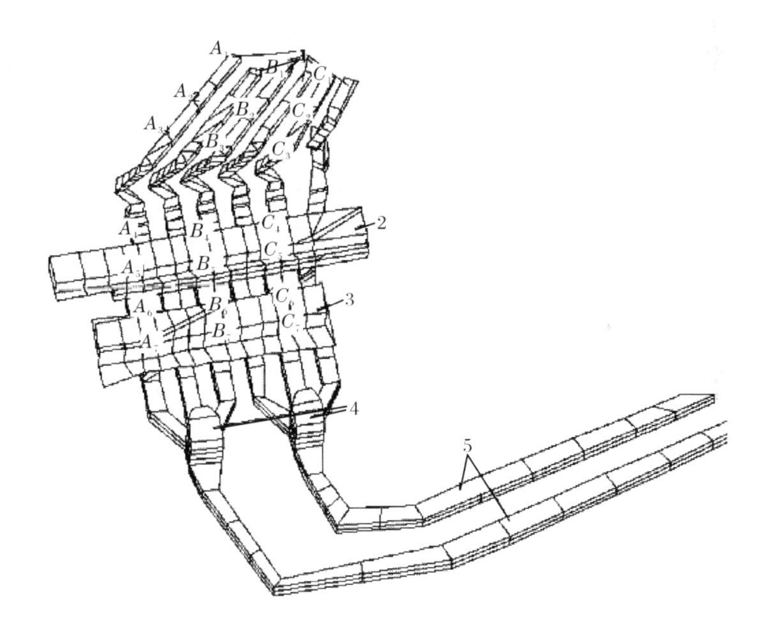

图 12-20 引水钢管及厂房顶部地下水位分析点位置示意图

1-引水管;2-主厂房;3-副厂房;4-调压井;5-尾水管

表 12-13 部分工况引水钢管及厂房顶部的地下水位

工况	引水钢管及厂房区各点地下水位/m				
	LXW-1	LXW-2	LXW-7-2	LXW-8	LXW-10
点 A_1	2452.0	2452.0	2452.0	2452.0	2452.0
点 A_2	2429.2	2435.7	2427.7	2436.4	2427.9
点 A_3	2400.9	2416.2	2395.3	2418.1	2396.1

续表

工况	引水钢管及厂房区各点地下水位/m				
	LXW-1	LXW-2	LXW-7-2	LXW-8	LXW-10
点 A_4	2334.0	2361.6	2339.8	2359.1	2339.6
点 A_5	2334.0	2361.6	2339.8	2359.1	2339.5
点 A_6	2318.7	2338.5	2322.6	2336.7	2322.4
点 A_7	2318.7	2338.5	2322.6	2336.7	2322.4
点 B_1	2450.4	2450.9	2450.3	2450.9	2450.3
点 B_2	2427.6	2435.6	2425.9	2436.1	2426.0
点 B_3	2402.5	2420.3	2398.4	2421.3	2398.5
点 B_4	2333.6	2361.4	2339.5	2358.9	2339.2
点 B_5	2333.6	2361.4	2339.4	2358.9	2339.2
点 B_6	2318.7	2338.5	2322.6	2336.7	2322.4
点 B_7	2318.7	2338.5	2322.6	2336.7	2322.4
点 C_1	2451.3	2451.5	2451.2	2451.5	2451.2
点 C_2	2417.7	2430.3	2415.0	2430.9	2415.0
点 C_3	2401.8	2422.0	2398.1	2422.6	2398.1
点 C_4	2333.3	2361.2	2339.1	2358.7	2338.8
点 C_5	2333.3	2361.1	2339.1	2358.7	2338.8
点 C_6	2318.6	2338.4	2322.6	2336.7	2322.4
点 C_7	2318.6	2338.4	2322.6	2336.7	2322.4

1. 排水系统对渗流场的影响

该工程的排水系统主要包括帷幕下游的纵向排水孔幕、各高程的横向排水廊道、排水平洞、设排水结构的地下厂房系统以及水垫塘的排水孔等。坝基纵向排水孔幕和排水廊道相通，形成一体。因此，它们对渗流场的影响在此一起讨论。由表 12-12 中工况 LXW-1、工况 LXW-2、工况 LXW-7-2、工况 LXW-8 和工况 LXW-9 的坝基扬压力对比分析可以看出，排水孔幕对坝基扬压力的影响十分明显，如果将设计工况中的排水孔幕撤除，则在点 4 和点 3 的扬压力值比设计工况增大 30%左右，且帷幕下游岩体内的渗透坡降明显减小。

两岸排水孔幕和帷幕构成上堵下排的防渗排水体系，对控制地下厂房区的地下水位具有很大作用。由表 12-13 可知，工况 LXW-8 中由于排水孔幕失效，主厂房顶部的地下水位比设计工况高出近 25m，副厂房顶部的地下水位也高出约 18m，与不设帷幕和排水孔幕的工况 LXW-2 接近。

排水孔幕失效后，通过坝基、坝肩的渗流量比设计工况明显减少，说明排水孔幕可以集中排除渗水，对于降低坝基扬压力，保证坝体安全具有重要作用。

对比工况 LXW-1 和工况 LXW-2 厂坝区地下水位等值线可知，如图 12-21 和图 12-22 所示，当坝肩帷幕下游布置了排水孔幕后，左岸坝肩处的水位从 2360m 降低到 2310m，降低了约 50m；而右岸坝肩处的地下水位从未布置任何防渗排水设施，水位从 2370m 降低到 2290m，降低了约 80m，故坝肩帷幕下游排水孔幕可以有效地降低坝肩处的地下水位，对于保持坝肩结构稳定和坝体安全意义重大。

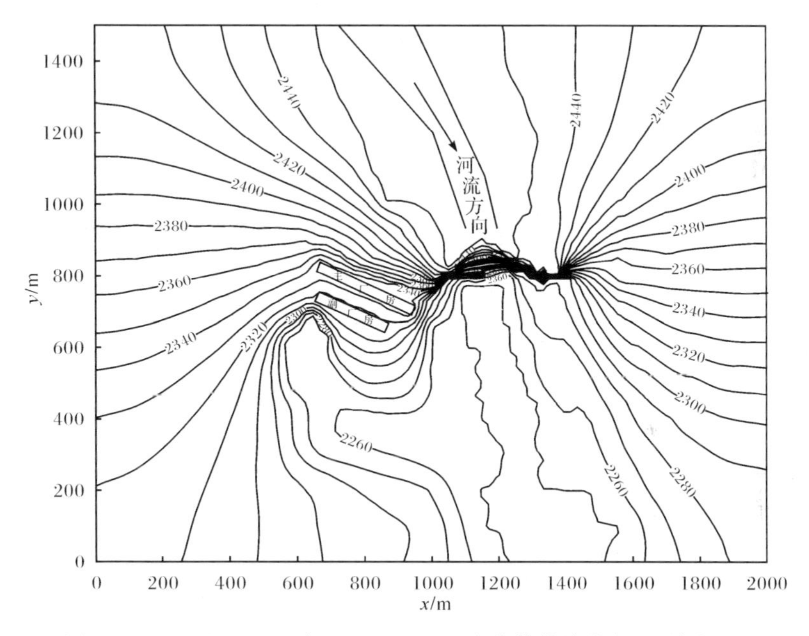

图 12-21　工况 LXW-1 高程 2250m 地下水位等值线分布图(单位：m)

2. F_{172} 断层处坝基帷幕局部失效的影响

当 F_{172} 断层处的坝基帷幕局部失效时，坝基渗流量比设计工况增大约 60%。帷幕下游坝基扬压力比设计工况增加约 6%。由此可见，帷幕对断层的封堵作用十分明显，一旦此处帷幕失效，就可使断层成为集中渗漏通道，渗漏量明显增加。但是，该断层处帷幕局部失效对整个渗流场产生的影响较小。F_{172} 断层处帷幕内的渗透坡降为 17.4，因此保证帷幕的施工质量是确保帷幕截断 F_{172} 断层、正常防渗阻水的关键。F_{172} 断层下部的最大渗透坡降约为 0.28，因此断层的渗透稳定可以满足要求。

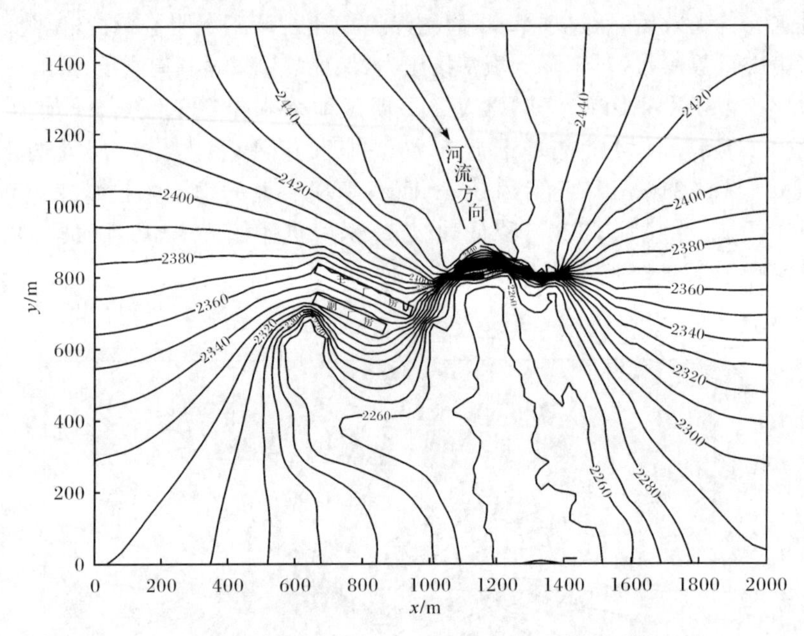

图 12-22　工况 LXW-2 高程 2250m 地下水位等值线分布图(单位:m)

12.3.4　小结

(1) 水垫塘处布置的排水井,其降压排水作用的影响可以辐射到坝基附近,与坝基排水孔幕联合作用降低扬压力。另外,坝基深部岩体的渗透性较弱,因此适当减少坝基帷幕深度是可行的。

(2) 右岸距坝端 160m 以外顶部两层帷幕和排水孔幕对右岸坝肩的渗流量以及地下厂房处的地下水位影响较小。建议考虑以下仅取消厂房区部分顶部两层防渗帷幕和排水孔幕方案:按原设计方案开挖右岸各层灌浆平洞,但是在厂房区,根据开挖获得的地质勘探资料,在深部岩体中暂时不做右岸距坝端 160m 以外的顶部两层防渗帷幕和排水孔幕,蓄水后可根据情况决定是否增加该部分防渗帷幕和排水孔幕。

(3) F_{172} 断层对坝基渗流场作用明显,一旦断层处的帷幕失效,将使坝基渗流量以及扬压力明显增大,但是此处失效对整个渗流场的影响较小。

12.4　浆 砌 石 坝

12.4.1　工程概况

陀兴水库[202]系统为大广坝水利水电二期(灌区)工程五个灌溉系统之一,位于海南省感恩河中游灌区的西南部。其开发任务是以农业灌溉为主,兼顾供水、发电,并有改善灌区生态环境等综合效益。水库集雨面积 290km²,主要承担灌区 13.03 万亩农田的灌溉和灌区内乡场集镇及所辖农村的人畜供水任务,同时结合灌溉供水建有渠首电站。

陀兴水库原设计规模为大(2)型水库,后由于资金缺口,分为一期和二期工程实施。1969 年 5 月,一期工程开工建设,1977 年建成除险加固前的规模。枢纽主要建筑物包括浆砌石挡水坝、溢流坝、土坝及输水涵管等。现有坝体坝顶总长为 422.4m。

左岸浆砌石非溢流坝左坝段,坝顶高程 62.23m,坝顶宽度 6.0m,上游坝坡坡度 1∶0.15,下游坝坡坡度 1∶0.55,坝身断面为梯形,最大坝高 31.5m,坝顶长度为 74.4m。河中段溢流坝,堰顶高程 52.23m,坝顶宽度为 7.55m,上游坝坡坡度 1∶0.15,下游按克立格-奥菲采罗夫曲线削去高 1.0m,形成顶宽 7.55m(复核值为 7.03m)的平台,再接 1∶0.8 的陡坡,后接 $R=12.0$m、圆心角为 76.4°的圆弧,挑射角为 25°,挑坎高程为 37.23m,最大坝高为 27.0m,坝顶长度为 82.0m。浆砌石非溢流坝右坝段,坝顶高程 62.23m,最大坝高 23.5m,坝顶长度 77.4m;其余同非溢流坝左坝段。右岸均质土坝段采用水中倒土法施工。坝顶高程一般为 64.0m,最大坝高 23.5m,坝顶长度 188.6m。土坝上游护坡为干砌 C20 混凝土块,下游护坡为种植草皮,坝体内设有褥垫排水。枢纽平面布置如图 12-23 所示,大坝下游立视图如图 12-24 所示。

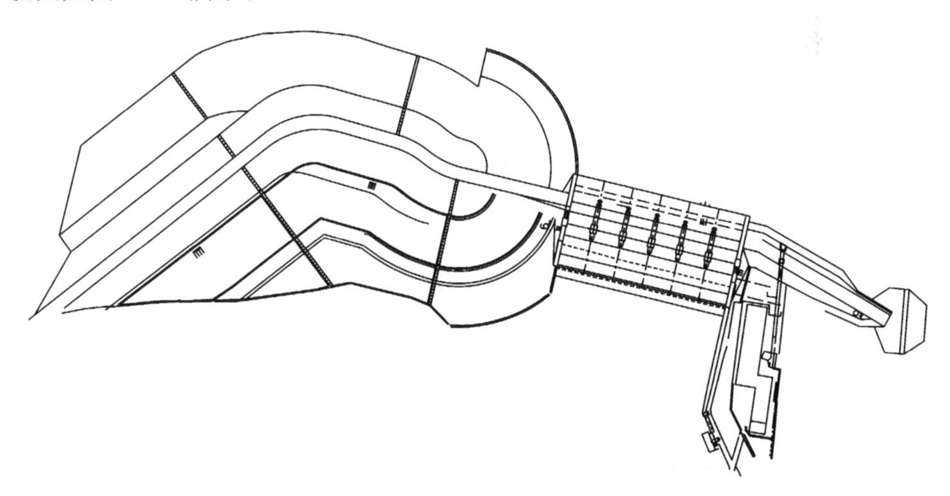

图 12-23　陀兴水库大坝枢纽平面布置图(改扩建)

依据陀兴水库大坝现状和改扩建设计方案的具体情况,对浆砌石坝的渗流性态进行计算分析,研究三种改扩建设计方案下的溢流坝段和非溢流坝段坝体及坝

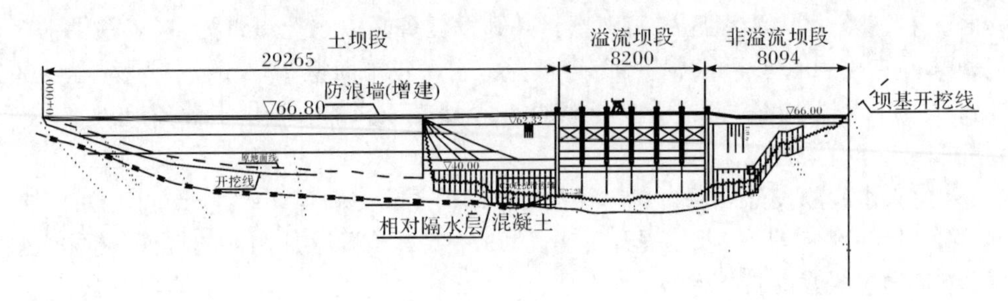

图 12-24　扩建工程大坝下游立视图(单位:cm)

基渗流场,评估帷幕后移及增设坝前防渗面板对坝体渗流性态的影响。

12.4.2　计算模型及条件

1. 有限元模型

陀兴水库各种改扩建设计方案浆砌石坝溢流坝段和非溢流坝段的典型断面如图 12-25～图 12-28 所示。方案一为改扩建初步设计方案,在除险加固完成现状条件下,溢流坝坝后培厚 2.5m,溢流坝坝顶增设 11m 高闸墩;非溢流坝坝后开挖 11.5m 增设抗滑齿墙,同时坝体加高至 65m 高程。方案二在改扩建初步设计方案(方案一)的基础上在溢流坝段以及非溢流坝段上游坡增设防渗面板,坡度为 1∶0.15。方案三为改扩建施工图设计方案,在坝前增设钢筋混凝土面板并进行帷幕灌浆。由于方案二仅在方案一的基础上在坝体上游面增设防渗面板,其他设计相同,故未列出方案二浆砌石坝溢流坝段和非溢流坝段的典型剖面。

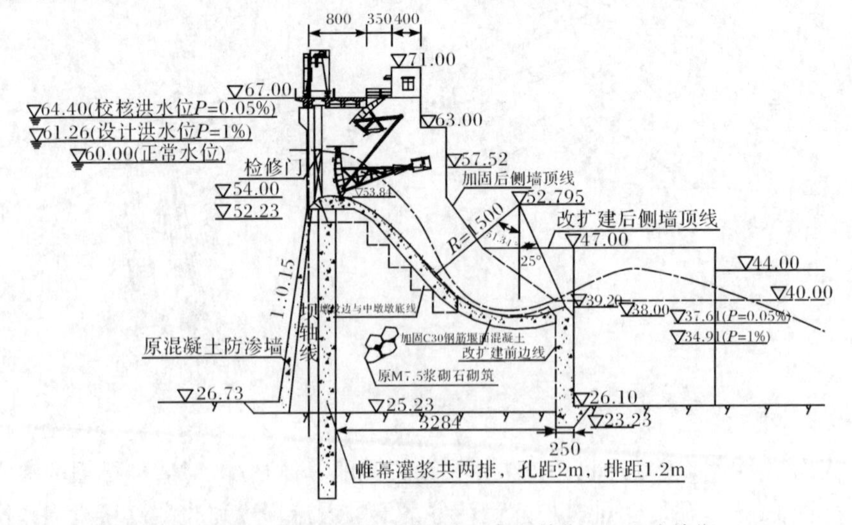

图 12-25　方案一溢流坝段典型断面图(高程单位:m;尺寸单位:cm)

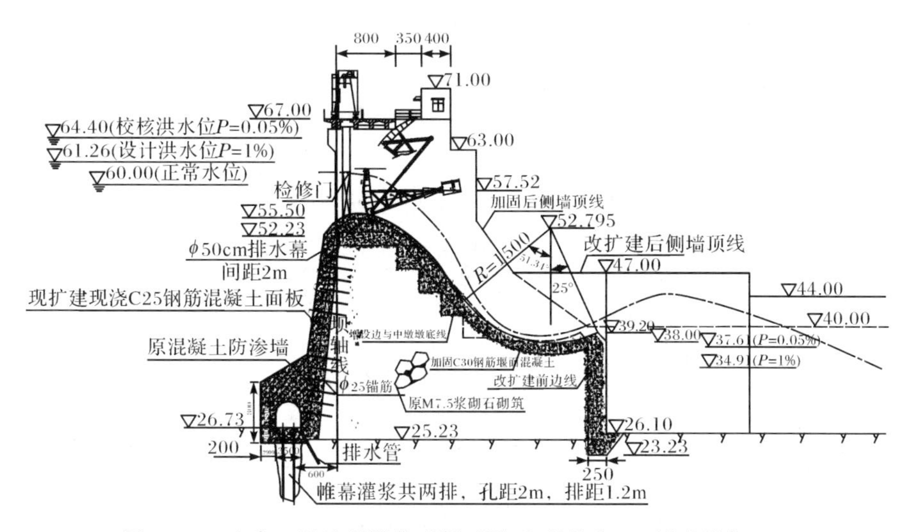

图 12-26　方案三溢流坝段典型断面图(高程单位:m;尺寸单位:cm)

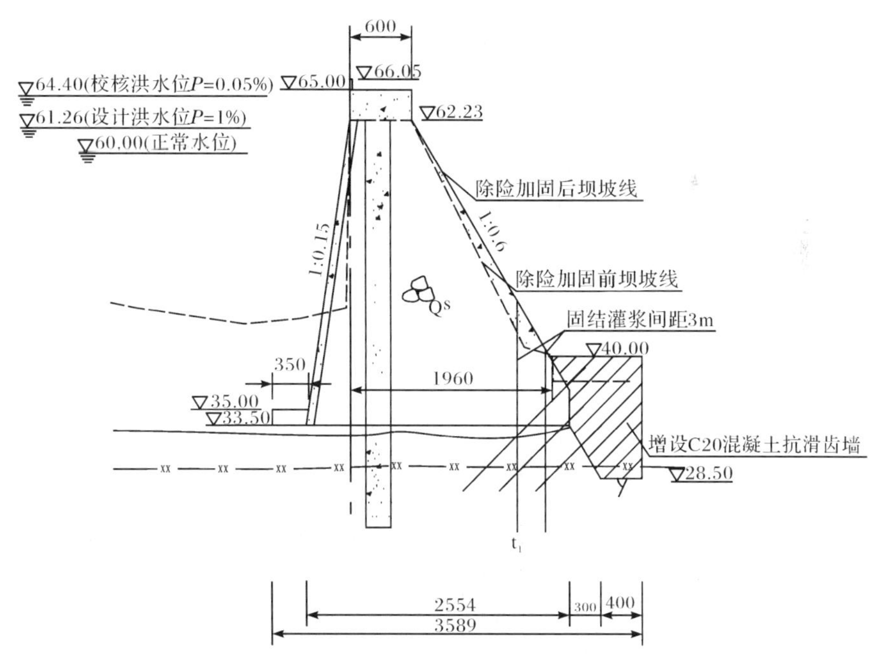

图 12-27　方案一非溢流坝段典型断面图(高程单位:m;尺寸单位:cm)

采用二维有限元法研究各个典型断面的渗流性态。根据材料特性进行分区，建立有限元模型,包括浆砌石体、上游防渗面板、坝前防渗帷幕、自坝顶的灌浆帷幕、基岩等区域。采用等效连续介质模型模拟坝体浆砌块石,进行稳定渗流分析。

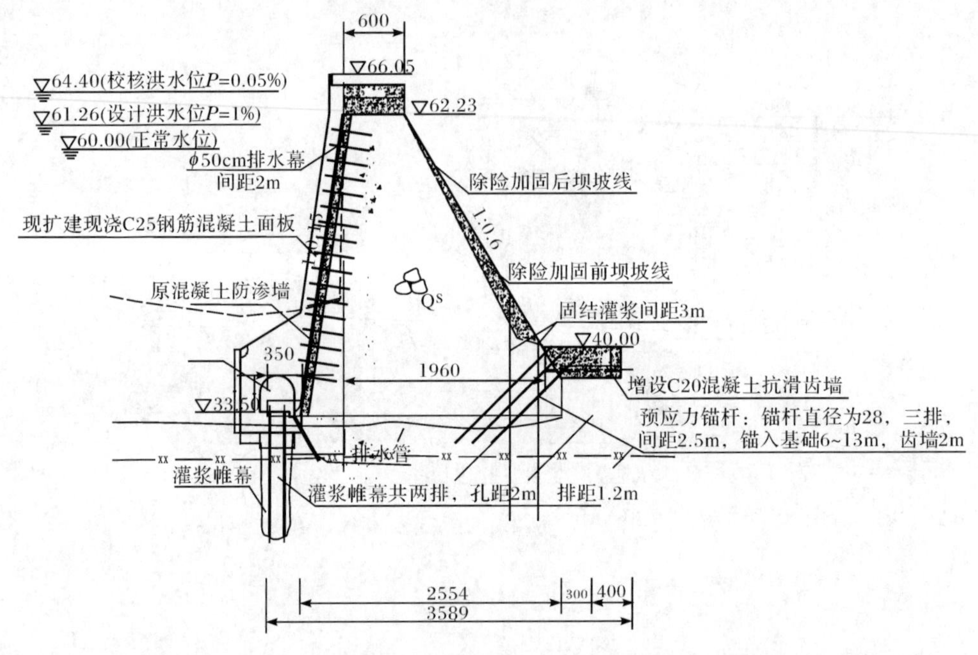

图 12-28　方案三非溢流坝段典型断面图(高程单位:m;尺寸单位:cm)

有限元模型计算范围为:X 方向以坝轴线为原点,上游和下游均截取约 1.5 倍坝高;Z 方向以高程为坐标,参考相对隔水顶板的深度,坝基截取至相对隔水顶板以下 20m。根据各改扩建方案溢流坝段及非溢流坝段典型剖面图建立有限元模型,有限元网格如图 12-29～图 12-32 所示。

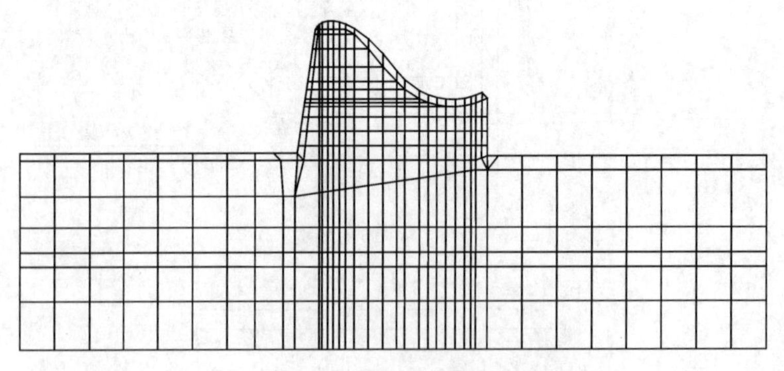

图 12-29　方案一溢流坝段断面有限元网格

2. 计算参数及工况

坝体及坝基各分区材料的渗透系数见表 12-14。

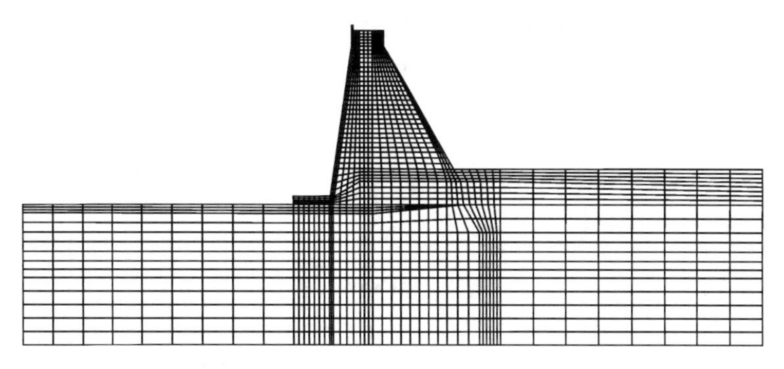

图 12-30　方案一非溢流坝段断面有限元网格

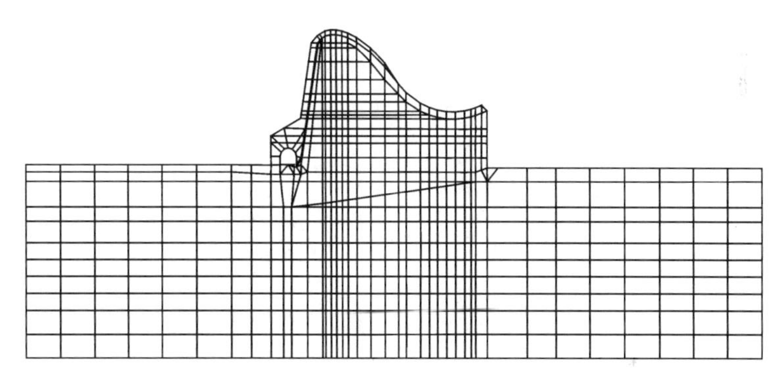

图 12-31　方案三溢流坝段断面有限元网格

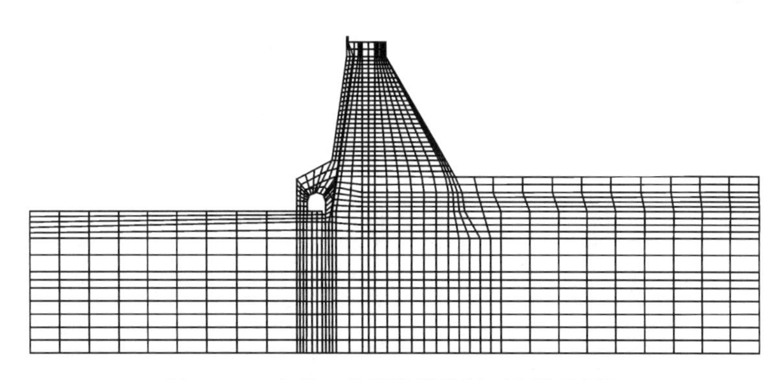

图 12-32　方案三非溢流坝段断面有限元网格

表 12-14　陀兴水库大坝坝体和坝基材料的渗透系数

参数	浆砌石	强风化	弱风化	防渗面板	帷幕	C20 混凝土
渗透系数/(m/s)	6.3×10^{-5}	2.5×10^{-5}	1.6×10^{-5}	1.6×10^{-8}	3.0×10^{-7}	1.5×10^{-8}

三种改扩建方案下大坝的渗流性态计算工况如下：

(1) 正常蓄水位 60.00m,下游河床无水(基岩高程),稳定渗流。

(2) 100 年一遇设计洪水位 61.26m,下游河床相应水位 34.91m,稳定渗流。

(3) 2000 年一遇校核洪水位 64.40m,下游河床相应水位 37.61m,稳定渗流。

12.4.3 计算结果及分析

正常蓄水位工况下溢流坝段断面坝体和坝基的水头等值线如图 12-33 所示,相应的坝基扬压力分布如图 12-34 所示;正常蓄水位工况下非溢流坝段断面不同方案坝体和坝基的水头等值线如图 12-35 所示,相应的坝基扬压力分布如图 12-36 所示。

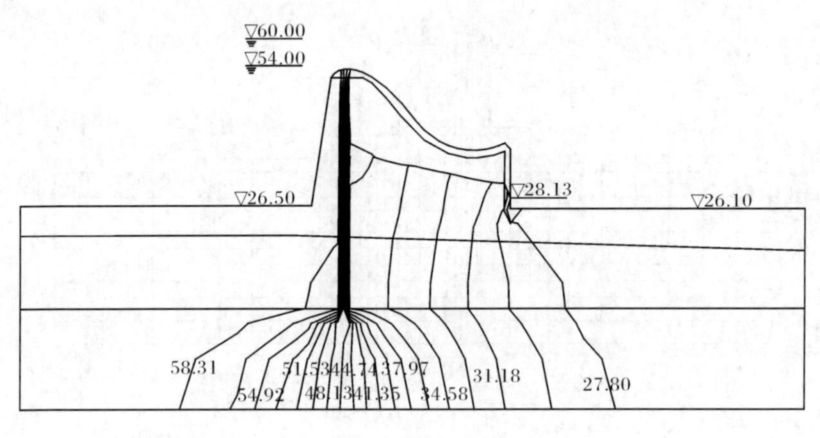

(a) 方案一

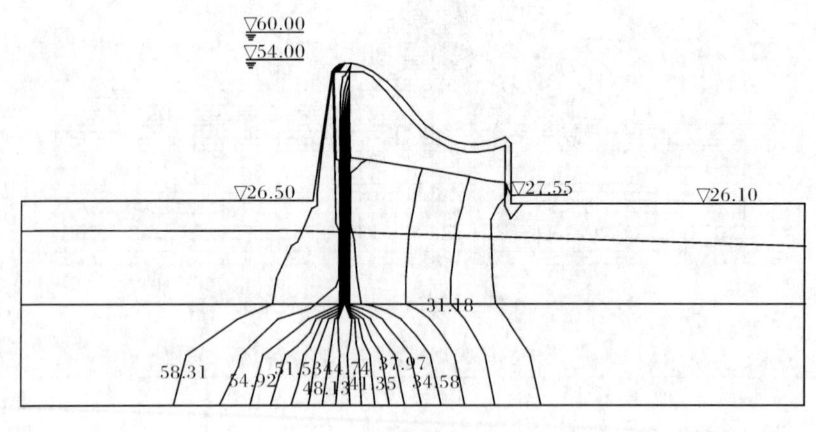

(b) 方案二

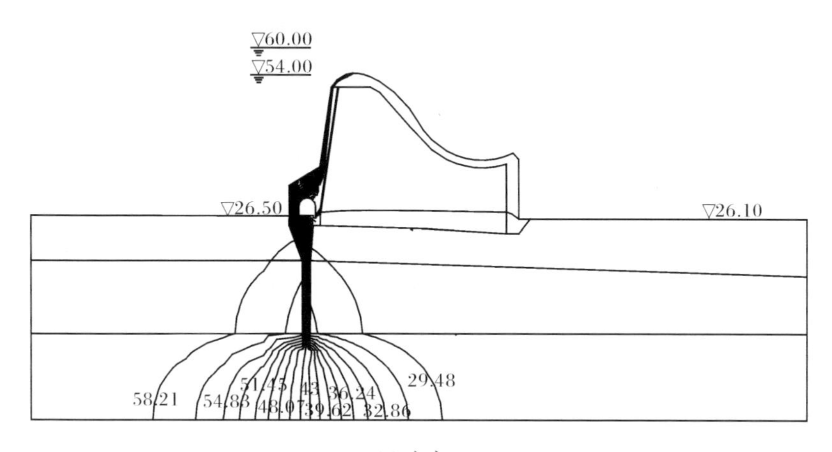

(c) 方案三

图 12-33　不同方案正常蓄水位时溢流坝段断面水头等值线图(单位:m)

根据坝基扬压力分布图计算各方案坝基总扬压力见表 12-15。由坝基及坝体水头等值线图可知各方案非溢流坝和溢流坝断面在各种工况下的渗流出逸点高程,见表 12-16。由表可以看出,方案一和方案二各工况下坝体的渗流出逸点较高,方案三各工况下坝体内如下水位很低,且未在下游产生出逸。

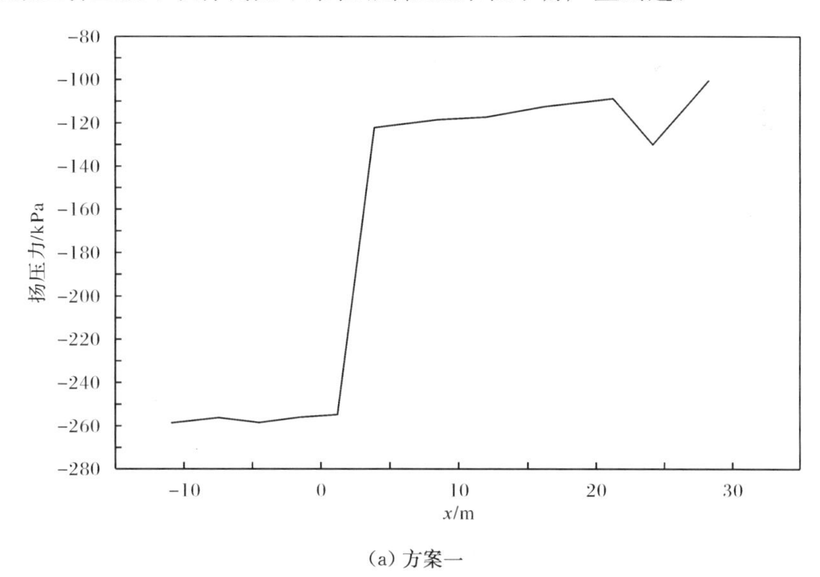

(a) 方案一

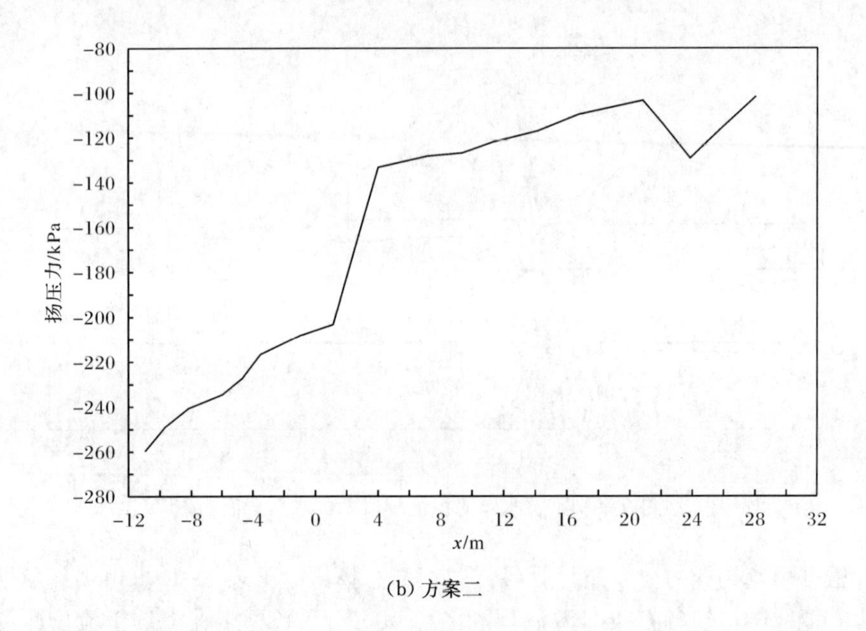

(b) 方案二

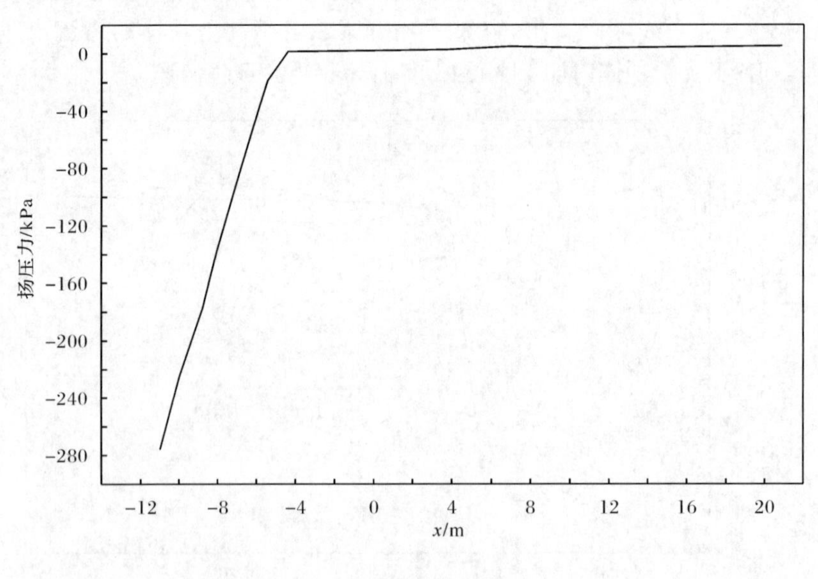

(c) 方案三

图 12-34　不同方案正常蓄水位时溢流坝段断面坝基扬压力分布图

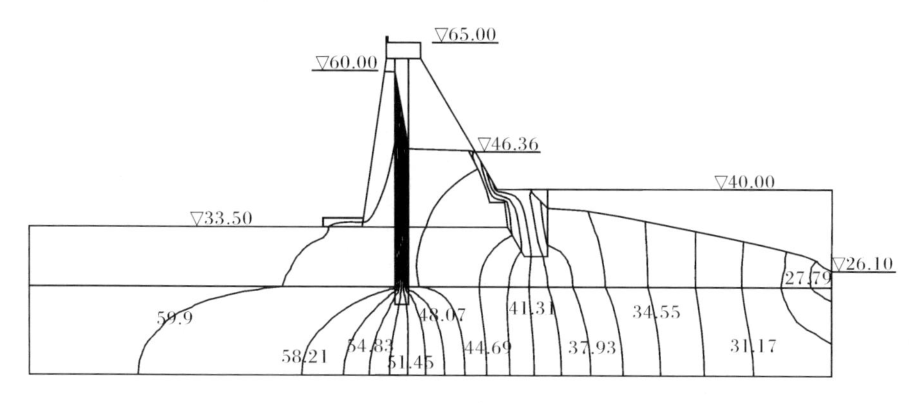

(a) 方案一

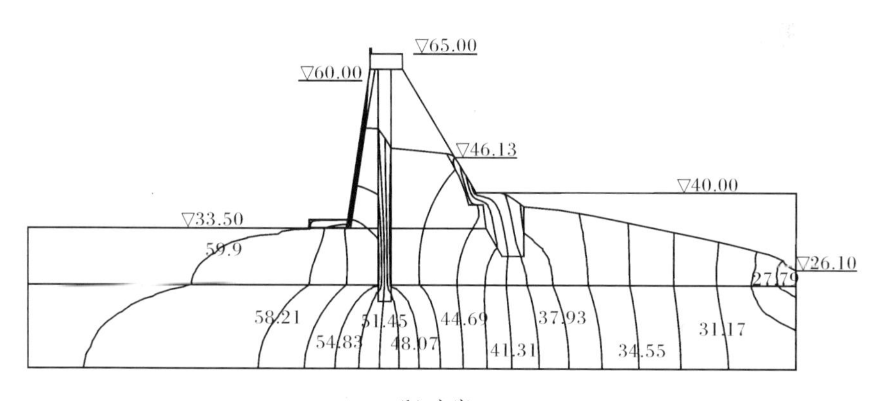

(b) 方案二

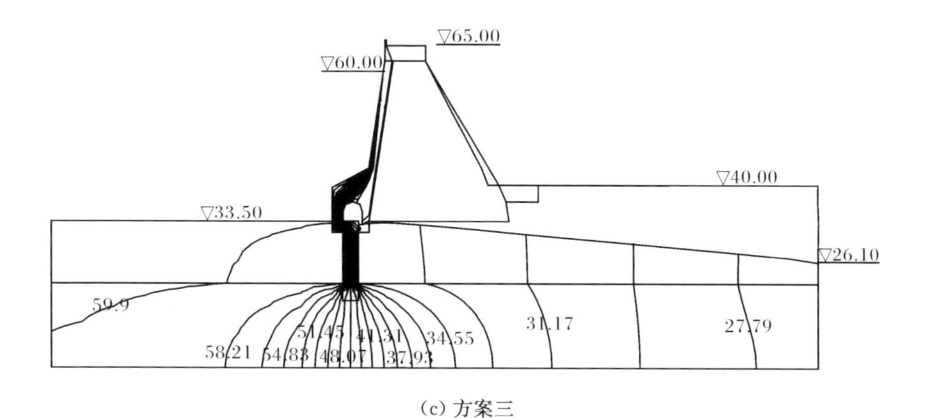

(c) 方案三

图 12-35　不同方案正常蓄水位时非溢流坝段断面坝基水头等值线图(单位:m)

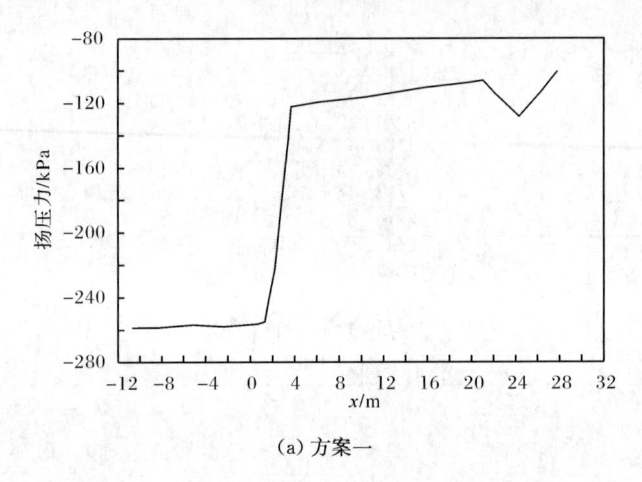

(a) 方案一

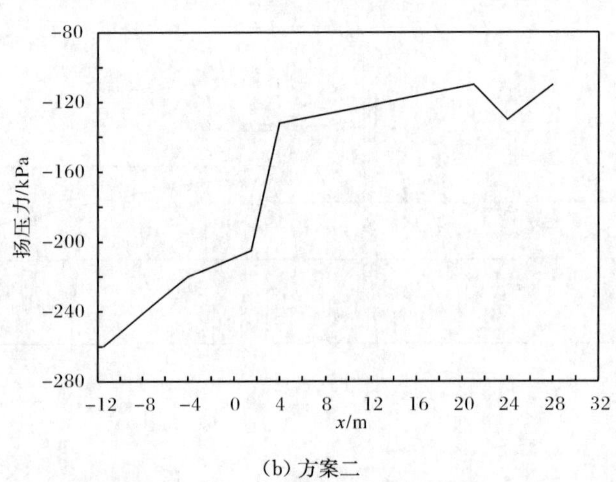

(b) 方案二

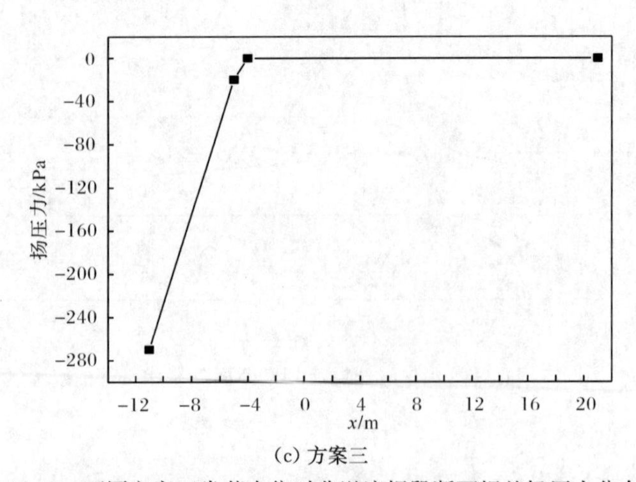

(c) 方案三

图 12-36　不同方案正常蓄水位时非溢流坝段断面坝基扬压力分布图

表 12-15　各方案的坝基总扬压力

方案	计算工况	总扬压力/kPa	
		溢流坝段	非溢流坝段
方案一	正常蓄水位	4037.3	4738.1
	设计洪水位	4593.6	6962.5
	校核洪水位	5038.4	8294.5
方案二	正常蓄水位	3890.7	4240.3
	设计洪水位	4277.9	7459.5
	校核洪水位	4586.1	6632.5
方案三	正常蓄水位	899.7	2967.5
	设计洪水位	1258.0	4675.6
	校核洪水位	1428.0	5481.4

表 12-16　各种工况下坝体的渗流出逸点高程

断面	方案	计算工况	出逸点高程/m
溢流坝段	方案一	正常蓄水位	28.13
		设计洪水位	39.37
		校核洪水位	41.60
	方案二	正常蓄水位	27.55
		设计洪水位	38.51
		校核洪水位	39.18
	方案三	正常蓄水位	—
		设计洪水位	—
		校核洪水位	—
非溢流坝段	方案一	正常蓄水位	46.36
		设计洪水位	48.27
		校核洪水位	49.41
	方案二	正常蓄水位	46.13
		设计洪水位	46.37
		校核洪水位	47.81
	方案三	正常蓄水位	—
		设计洪水位	—
		校核洪水位	—

根据反演和计算分析结果可知：

(1) 方案一和方案二在正常蓄水位工况、设计洪水位工况、校核洪水位工况下，坝基扬压力均较大，可较显著地影响坝体的稳定和应力；方案三各工况下坝基扬压力均较小，对坝体稳定和应力有利。

(2) 方案一和方案二各工况坝体渗流出逸点较高，方案三因上游增设防渗面板而形成了良好的防渗体系，且廊道内设有抽排水措施，因此渗流未在坝体下游坡逸出。由此可见，方案一和方案二坝体防渗效果较差，方案三坝体防渗和排水效果良好。

12.4.4　小结

(1) 方案一和方案二在正常蓄水位、设计洪水位、校核洪水位等各工况下，溢流坝段及非溢流坝段坝体渗流出逸点均较高，坝基扬压力较大，表明这两种方案坝体防渗设计有较大的缺陷；方案三在上述各工况下，溢流坝段及非溢流坝段的坝基扬压力较小，坝体内浸润面很低。

(2) 防渗帷幕后移会引起坝体扬压力增加，下游坝坡渗流出逸点增高，影响坝体的应力和稳定性；防渗帷幕后移并增设坝前防渗面板，其整体防渗效果也不明显，对降低坝基扬压力的作用不大。

(3) 对于改扩建方案，水库正常蓄水位由 52m 抬高到 60m，如严格按照除险加固的设计要求，挖除坝头高程 62.0m 以上的 F_{83} 断层及破碎带，对高程 62.0m 以下的断层破碎带进行固结灌浆和锚喷处理，则左岸坝肩绕渗安全性能满足要求。

综上所述，防渗帷幕后移后，坝体和坝基防渗系统存在较大的缺陷，坝基扬压力较大，影响坝体应力和稳定性；在此条件下即使增设坝前防渗面板，也因坝体防渗面板不能与坝基防渗帷幕良好衔接，故整体防渗效果也不明显。方案三增设坝前防渗面板并在面板下基岩内进行帷幕灌浆，可形成良好的坝体和坝基防渗系统，防渗效果明显，可显著降低坝基扬压力，提高坝体的稳定性，改善坝体应力状态。因此，从浆砌石坝渗流性态来看，建议采用方案三进行大坝改扩建。

第13章　闸坝、基坑渗流分析与控制

13.1　水　　闸

13.1.1　工程概况

姜唐湖进洪闸[203]闸址位于临淮岗淮河主槽南岸与49孔浅孔闸北翼墙之间的主坝段，设计总宽198.0m，共14孔。工程的主要任务是，当淮河上游、中游发生50年一遇以上大洪水时，配合淮河其他防洪工程，调蓄洪峰，控制洪水，使淮河中游防洪标准提高到百年一遇，确保淮北大堤和沿淮重要工矿城市的安全。闸底板设计底高程17.6m，下游消力池底高程14.5m。上游翼墙顶高程32.0m，下游翼墙顶高程29.2m。闸址区地形平坦，属淮河一级阶地，地面高程19.1～20.8m，位于主坝工程地质分区的$Ⅲ_2$区。

闸底板置于地层(3)重粉质壤土地层中，该层粉质黏土为褐黄色至灰黄色，硬塑～坚硬，局部可塑，中等压缩性，含有钙质结核及铁锰质结核。该层底面高程14.0～13.4m，闸右首高程16.4m，层厚2.2～5.3m，在闸址区分布稳定连续。闸底板下方地层(3)一般厚度为1.3～3.2m，强度较高，压缩性中等，具有弱至微透水性，是良好的地基持力层。地层(4)为粉质壤土和砂壤土，底面高程13.2～15.6m，层厚0.7～0.8m。地层(5)为细砂，中密，低压缩性，底面高程9.0～10.0m，层厚2.8～6.2m，埋深在闸建基面以下2.0～4.3m。地层(7-2)为轻粉质壤土和砂壤土，底面高程6.9～9.0m，层厚1.1～1.4m。地层(8)为粉质黏土，层厚大于10m。地层(9)为中粉质壤土，渗透性较地层(8)层厚大于20m。

岸墙建基面高程为18.8m，持力层主要为地层(3)，比闸室部位增厚，左岸墙该层厚5.8m，右岸墙该层厚2.5m，上部有0.3m左右的地层(2-1)中粉质壤土，其下各层与闸室相似。

消力池建基面高程约14.5m，接近地层(3)和(4)的交界面。

上游左岸翼墙位于地层(2-1)中，建基面以下厚度0.8～1.8m；地层(3)厚度3.0～4.1m；地层(5)细砂顶面高程13.5m左右，厚度4.5m，埋深为5.5m。

上游右岸翼墙位于地层(3)重粉质壤土中。该层底面高程15.2～16.8m，位于建基面以下2.2～4.8m；地层(5)为细砂层，顶面高程12.6～15.5m，厚度2.2～6.1m，埋深3.5～6.4m，其下与闸室相似。

下游翼墙建基面高程 15.4m,底板位于地层(3)重粉质壤土中。左岸地层(3)底面高程 14.7~15.0m,位于建基面以下 0.4~0.7m;地层(5)为细砂层,其顶面高程 13.6~14.0m,厚度 3.9~4.5m,埋深 1.4~1.8m。右岸地层(3)底面高程 13.0~14.4m,建基面以下厚度 1.0~2.4m。地层(5)细砂层顶面高程 12.6~13.1m,层厚 2.7~3.8m,埋深 1.3~1.8m,其下与闸室相似。

13.1.2 计算模型及条件

1. 计算模型

姜唐湖进洪闸设计总宽 198.0m,共 14 孔,其中河道中部典型闸段每孔净宽 12m,考虑渗流场的水力对称性,选取减压井中面至一侧沿闸轴线向厚为 3m 作为左右边界、上下游向取两倍防渗长度作为前后边界,对计算模型进行有限元网格剖分,以 8 节点六面体空间等参单元为主,单元总数 3462 个,节点总数 4960 个,有限元网格如图 13-1 所示(为了改善视觉效果,对透视图厚度方向尺寸进行放大 10 倍处理)。

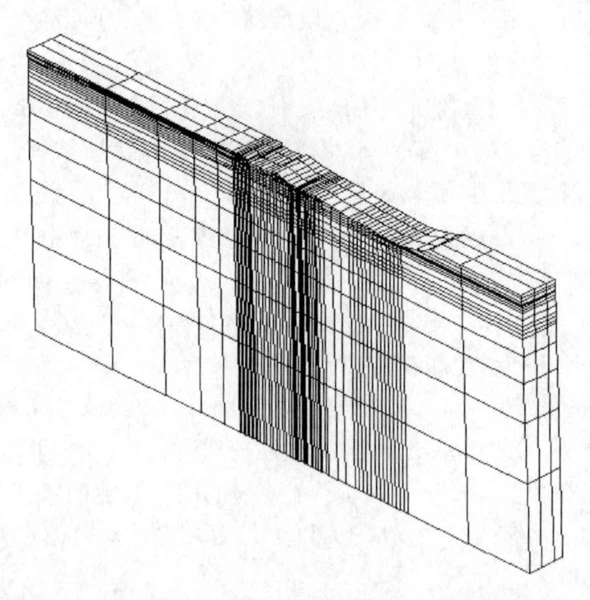

图 13-1 姜唐湖进洪闸闸基准三维渗流场有限元网格

网格剖分时尽可能地多设置材料编号数,以正确灵活地模拟工程中的材料分区和多种计算工况,如对上游铺盖与闸底板之间的止水结构设置了模拟缝单元,以模拟止水多种可能的工作状态,以便对其实际可能的工作状态有更全面的了解。

2. 材料的渗透系数

计算域范围内材料分层情况如图 13-2 所示。各地层的渗透系数根据渗透试验结果取值，见表 13-1，考虑到混凝土地下连续墙为地下隐蔽工程，渗透系数取 1.0×10^{-7} cm/s；除混凝土地下连续墙外其余部位混凝土包括上游铺盖，渗透系数均取 1.0×10^{-8} cm/s。计算域内各地层材料渗透系数见表 13-1，其中 k_f 为止水结构缝单元按立方定律所获得的等效渗透系数。

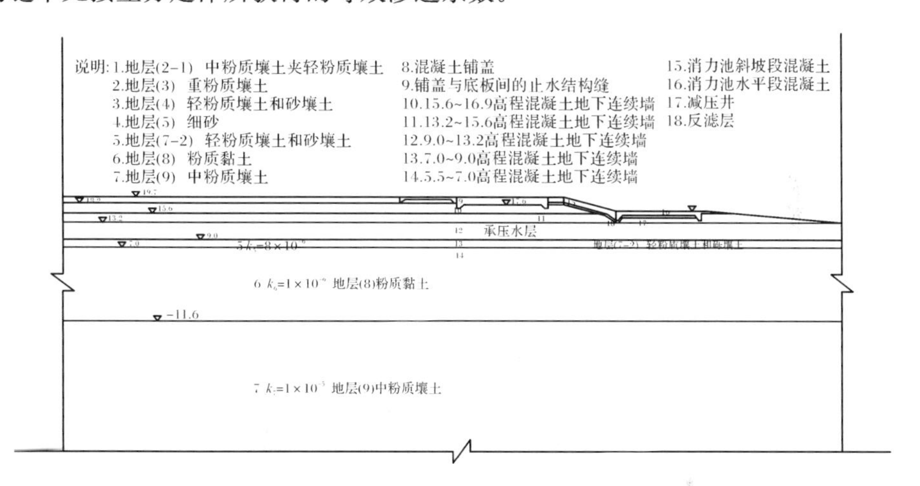

图 13-2　姜唐湖进洪闸闸基计算域范围内材料分层情况(高程单位：m，渗透系数单位：cm/s)

表 13-1　姜唐湖进洪闸闸基各地层材料渗透系数

材料编号	材料类型	高程范围/m	渗透系数/(cm/s)	备注
材料 1	中粉质壤土夹轻粉质壤土	18.2～19.7	8.0×10^{-5}	—
材料 2	重粉质壤土	15.6～18.2	5.0×10^{-6}	—
材料 3	轻粉质壤土和砂壤土	13.2～15.6	1.0×10^{-4}	—
材料 4	细砂	9.0～13.2	2.0×10^{-2}	—
材料 5	轻粉质壤土和砂壤土	7.0～9.0	8.0×10^{-5}	—
材料 6	粉质黏土	−11.6～7.0	1.0×10^{-6}	—
材料 7	中粉质壤土	−11.6 以下	1.0×10^{-5}	—
材料 8	混凝土铺盖	—	1.0×10^{-8}	所在地层为材料 1
材料 9	铺盖与底板间的止水结构缝	—	1.0×10^{-9}	缝宽 1mm 时 k_f = 3.14cm/s

续表

材料编号	材料类型	高程范围/m	渗透系数/(cm/s)	备注
材料 10	混凝土地下连续墙	15.6～16.9	1.0×10^{-7}	所在地层为材料 2
材料 11	混凝土地下连续墙	13.2～15.6		所在地层为材料 3
材料 12	混凝土地下连续墙	9.0～13.2		所在地层为材料 4
材料 13	混凝土地下连续墙	7.0～9.0		所在地层为材料 5
材料 14	混凝土地下连续墙	5.5～7.0		所在地层为材料 6
材料 15	消力池斜坡段混凝土	—	1.0×10^{-8}	—
材料 16	消力池水平段混凝土	—	1.0×10^{-3}	有浅层排水孔
材料 17	减压井	—	1.0×10^{-3}	—
材料 18	反滤层	—	1.0×10^{-3}	—

3. 计算工况

选取计算工况主要是根据水位组合情况、有无铺盖、混凝土地下连续墙的深度、减压井的工作状态、消力池浅层排水孔的工作状态及止水结构的工作性能等方面情况来确定。在多种组合工况初步计算工作的基础上，选定 25 个有代表性的工况作为渗流场计算分析结果整理的研究工况，选取其中的 5 个重要工况进行分析，见表 13-2。

表 13-2　姜唐湖进洪闸典型闸基准三维渗流场计算工况

工况	上游水位/m	下游消力池水位/m	下游河床水位/m	工况描述
工况 1	26.9	18.21	18.00	设计挡水位
工况 2	26.9	18.21	18.00	无铺盖，仅由地下连续墙防渗，其余同工况 1
工况 3	26.9	18.21	18.00	有铺盖，无地下连续墙，其余同工况 1
工况 4	26.9	18.21	18.00	有铺盖，无地下连续墙，但铺盖与闸底板间止水破坏，设缝宽为 1mm，其余同工况 1
工况 5	26.9	18.21	18.00	无铺盖，无地下连续墙，其余情况同工况 1

13.1.3　计算结果及分析

工况 1 是针对设计挡水位下水闸现行设计情况的渗流场计算分析的基本工况，其余工况均在此工况基础上进行部分调整而成，各工况闸基水头等值线分布如图 13-3 所示。

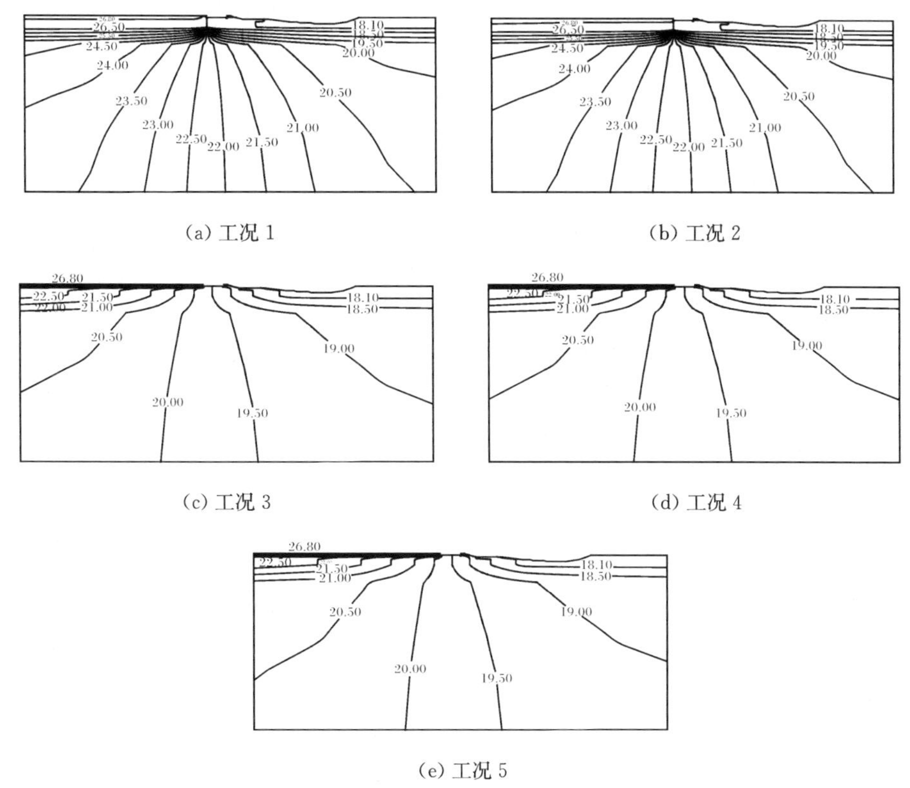

(a) 工况 1 (b) 工况 2

(c) 工况 3 (d) 工况 4

(e) 工况 5

图 13-3 各工况闸基水头等值线分布图(单位:m)

图 13-3(a)是工况 1 的闸基水头等值线分布图。由图可见,由于地下连续墙底部粉质黏土地层(8)的透水能力明显小于其上部各地层,因此其与地下连续墙一起形成了切断上游河水入渗至闸底板基础区“关门挡水”的渗控现象。上游挡水区域内渗透流速很小,渗透水流被“关”在地下连续墙上游的强透水地层(4)中,致使铺盖底部壅水承压,铺盖底面和顶面承受的压力水头几乎相等,铺盖失去了其防渗功能。同时,地下连续墙对渗透水流的截断作用以及底部粉质黏土地层(8)的微弱透水性,使渗透水头能量相对主要集中损耗于此,渗透水流不能达到闸室底板的基础区,起到很好的防渗作用。在地下连续墙的下游,粉质黏土地层(8)上下地层的渗透系数均大于该地层,因此地层(8)仍然是渗流场中的天然抗力层,未渗透过和渗透过地层(8)的水均通过其上下相对强透水层而渗到下游,渗透水流已无法在垂直方向渗过强透水层直至闸底板建基面下的地层(3)中。综合上游的截渗作用和下游的排水作用,使得闸底板建基面上扬压力水头很小(图 13-4),残余的那部分扬压力主要是由下游水位引起的浮托力,而渗透力部分很小。

另外,由于上游表层中粉质壤土夹轻粉质壤土地层(2-1),特别是重粉质壤土地层(3),相对于其下部地层(4)和地层(5),也是弱透水层,若没有地下连续墙的挡水作用,它们都能起到天然防渗铺盖的作用(工况 5),这时即使在没有地下连续墙的情况下,混凝土铺盖的作用也不大(工况 3),仍然起不到降低闸基扬压力的作用。值得一提的是,因铺盖是设置在相对不透水层上的,特别地,当铺盖与铺盖之间或铺盖与闸底板之间的止水结构失效时,渗透水流就很容易通过这些薄弱区而达到铺盖底部,使铺盖就像"悬浮"在水中,其防渗作用更是微乎其微,可见在本工程中铺盖的防渗作用是不可靠的。因此本闸闸基地层的特有结构使混凝土铺盖不能起到有效的防渗作用。

图 13-3(b)为假设仅由地下连续墙防渗时的闸基水头等值线分布图。与工况 1 的结果相比,闸基水头等值线仅在铺盖根部位置的局部范围内发生变化,而这一点变化完全不影响地下连续墙下游闸基扬压力的大小,其余部位闸基水头等值线分布情况与工况 1 几乎完全相同。如前所述,铺盖的确没有起到应有的防渗作用。

图 13-3(c)为假设仅铺盖防渗时的闸基水头等值线分布图。由于去除地下连续墙,原先被地下连续墙切断的细砂地层(5)成为强透水层,同时其上部相对弱透水土层的防渗功能也得到了最大限度的发挥,表现为在该处上游部位等值线密集,起到了天然铺盖的作用。同时,闸建基面扬压力水头增大。由此可见,地下连续墙在整个防渗体系中起到决定性的主导作用。

工况 4 是在工况 3 的基础上假设在铺盖与闸底板相连处设置 1mm 宽的缝隙,以模拟该处止水设施功能的失效。与工况 3 相比,闸基水头等值线[图 13-3(d)]分布仅在铺盖以下局部范围内发生变化。可以看出,一旦铺盖与闸底板相连处的止水失效,铺盖本身有限的防渗功能也得到了较大的削减,代之以下部地层(3)的防渗能力得以加强,其余部位闸基水头等值线分布基本一致,从中可以进一步证实在本工程中铺盖的作用是有限的,无法发挥应有的工程价值。

工况 5 假设完全去除铺盖和地下连续墙等人工防渗措施,上游完全由表层地层(2-1)和地层(3)起防渗作用。与工况 4 相比,闸基水头等值线[图 13-3(e)]分布仅在原铺盖位置有微小变化,其余部位分布情况基本一致。而这一微小变化没有改变闸底板和斜坡段护坦底部的扬压力水头分布。

进一步以工况 1 为例,对闸基扬压力分布进行分析,如图 13-4 所示。由图可

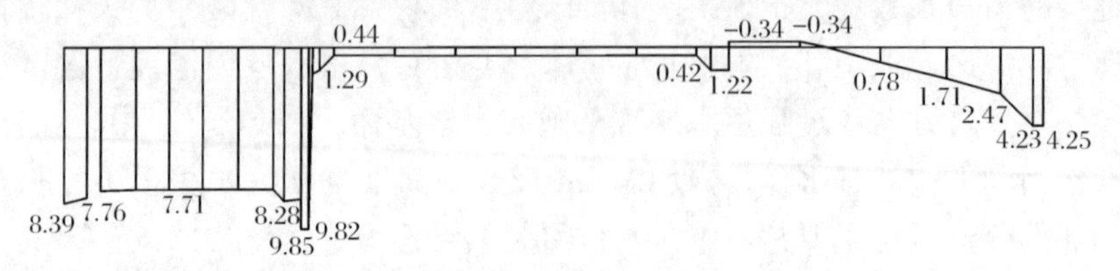

图 13-4　工况 1 闸基扬压力分布(单位:m)

见，消力池斜坡段顶端底部扬压力水头为负值，因为此时在渗流场中高程 18.21m 以上的消力池斜坡段为渗流出逸面，是负压区。

13.1.4　小结

通过对姜唐湖进洪闸多组典型工况的闸基渗流场有限元分析计算，得出了平原地区特殊成层地层分布情况下闸基的渗流场特性，可供设计与施工者参考。

(1) 建在相对不透水地层上的铺盖只起到很有限的防渗作用。从整体防渗功能来看，这种作用是很小的，同时也会因止水破坏等原因而极易丧失。因此铺盖在本工程中起不到应有的工程价值。

(2) 因闸基特有的地层渗流特性，在闸上下游河床水位差的作用下，地下连续墙起到决定性的防渗作用。因此地下连续墙应严格设计，精心施工，确保质量。

(3) 从闸基水头等值线分布情况可以看出，由于特有地层结构的缘故，地下连续墙端部水头等值线非常密集，渗透坡降大，设计时应考虑不让其附近土体发生局部渗透变形破坏。

13.2　闸　　坝

13.2.1　工程概况

多布水电站[204]位于西藏林芝市八一镇多布村尼洋河干流上，是尼洋河巴河口以下河段水电规划的第三个梯级，距拉萨约 375km，距林芝市八一镇 25km。推荐方案为日调节河床式电站，正常蓄水位为 3076.00m，死水位 3074.00m，正常蓄水位以下库容为 0.65 亿 m^3，最大坝高为 28m，装机容量 120MW。枢纽属Ⅲ等中型工程，主要建筑物为 3 级，临时建筑物为 5 级，设计洪水标准为百年一遇，校核洪水标准为 500 年一遇。

坝址区河道较窄，右岸土工膜防渗砂砾石坝、左岸泄洪闸、左岸引水发电系统、左岸混凝土重力坝呈"一"字形布置，右岸土工膜防渗砂砾石坝在河床主河道，厂房坝段位于左岸泄水闸与左岸混凝土重力坝之间，为枢纽中最高挡水建筑物。坝顶全长 582.46m(含电站厂房、泄洪闸和副坝坝段)，坝顶高程 3080.00m，防浪墙顶高程均为 3081.20m。

多布水电站工程坝址覆盖层深厚，地质条件复杂。为了分析枢纽区拦河坝、引水发电系统、泄洪建筑物等防渗系统的合理性，建立河床最大坝高剖面、泄洪闸纵轴线剖面、厂房纵轴线剖面、混凝土重力坝(副坝)最大坝高剖面的二维有限元模型，对防渗墙布置深度进行敏感性分析，评价防渗系统布置的合理性，并提出优化布置的建议。

13.2.2　计算模型及条件

1. 模型范围和边界

结合多布水电站坝址区域的地质及地貌特征，建立如下有限元模型：上游从坝轴线向上游截取 150m($x=-150$m)；下游从坝轴线向下游截取 150m($x=150$m)；模型底高程截至弱风化线。坝址区岩体按水文地质情况分区，按不同渗透系数分层，同时考虑断层和砂砾石覆盖层，准确模拟河床坝体各个分区、泄洪闸、厂房、左岸混凝土重力坝的防渗排水系统，包括复合土工膜、混凝土防渗墙、坝体排水体、下游排水棱体、混凝土铺盖、泄洪闸下游排水孔等防渗排水结构。各典型断面有限元网格如图 13-5～图 13-8 所示，其中泄洪闸、厂房和左岸混凝土重力坝等结构混凝土材料按不透水考虑，忽略结构本身，仅模拟其轮廓效果。

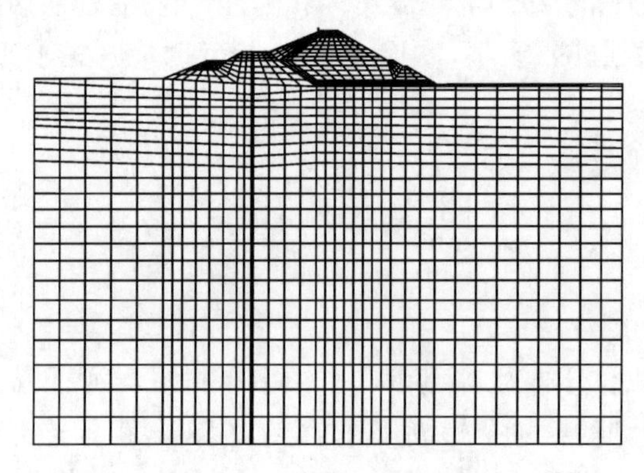

图 13-5　多布水电站断面 1($y=-150$m)河床最大坝高断面有限元网格

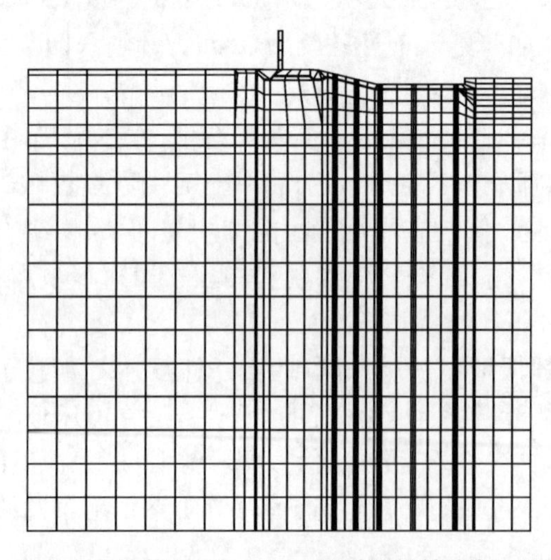

图 13-6　多布水电站断面 2($y=50$m)泄洪闸纵轴线断面有限元网格

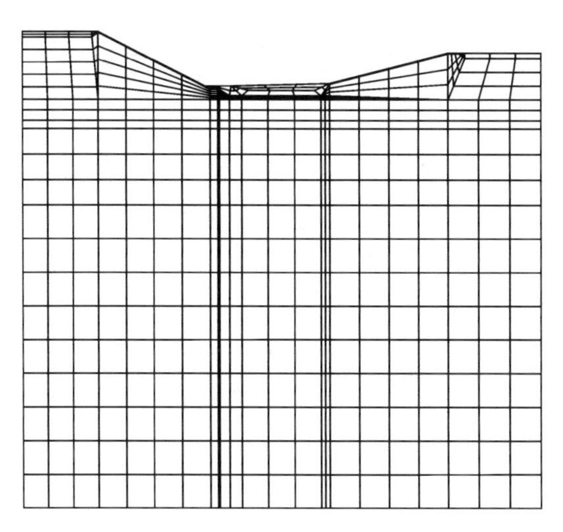

图13-7 多布水电站断面3(y=150m)厂房纵轴线断面有限元网格

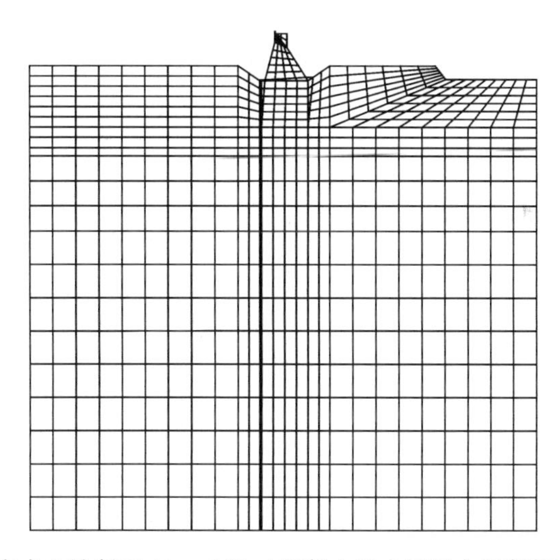

图13-8 多布水电站断面4(y=195m)混凝土重力坝最大坝高断面有限元网格

计算模型边界选定如下:①已知水头边界包括坝区上下游水位以下的给定水头边界;②出渗边界为坝区上下游水位以上,左右岸山坡的迎水面,为所有与大气接触的边界;③不透水边界包括模型底面、模型上下游截取边界。

2. 计算参数及工况

坝址右岸卸荷带岩体和深厚覆盖层渗透特性分别见表13-3和表13-4,坝体各分区材料渗透特性见表13-5。

表 13-3 坝址右岸卸荷带岩体各层渗透特性

岩体分层	名称	渗透系数/(cm/s)	允许渗透坡降 $J_{允}$
1	强透水层	1.42×10^{-3}	3～5
2	中透水层	5.51×10^{-4}	3～5
3	弱透水层	5.53×10^{-5}	3～5
4	岩体 γ35-6	2.50×10^{-5}	—

表 13-4 坝址深厚覆盖层渗透特性

覆盖层	渗透系数/(cm/s)	渗透性等级	允许渗透坡降 J_c
第 1 层(Q_4^{del})	2.33×10^{-3}	中等透水	0.10～0.15
第 2 层(Q_4^{al}-sgr2)	2.33×10^{-2}	强透水	0.10～0.20
第 3 层(Q_4^{al}-sgr1)	5.80×10^{-3}	中等透水	0.15～0.20
第 4 层(Q_3^{al}-Ⅴ)	4.46×10^{-4}	中等透水	0.20～0.30
第 5 层(Q_3^{al}-Ⅳ$_2$)	2.35×10^{-3}	中等透水	0.25～0.30
第 6 层(Q_3^{al}-Ⅳ$_1$)	5.48×10^{-4}	中等透水	0.20～0.30
第 7 层(Q_3^{al}-Ⅲ)	8.49×10^{-3}	中等透水	0.15～0.20
第 8 层(Q_3^{al}-Ⅱ)	5.89×10^{-5}	弱透水	0.30～0.40
第 9 层(Q_3^{al}-Ⅰ)	1.14×10^{-3}	中等透水	0.20～0.30
第 10 层(Q_2^{fgl}-Ⅴ)			
第 11 层(Q_2^{fgl}-Ⅳ)	1.70×10^{-4}	中等透水	0.25～0.30
第 12 层(Q_2^{fgl}-Ⅲ)	3.26×10^{-5}	弱透水	0.35～0.45
第 13 层(Q_2^{fgl}-Ⅱ)	8.35×10^{-5}	弱透水	0.30～0.35
第 14 层(Q_2^{fgl}-Ⅰ)	2.50×10^{-5}	弱透水	0.30～0.40

表 13-5 多布水电站坝体各分区材料渗透特性

材料编号	材料名称	渗透系数/(cm/s)	允许渗透坡降 $J_{允}$
1	土工膜	1.00×10^{-9}	—
2	闭气料	5.00×10^{-5}	4.00～5.00
3	截流戗堤	5.00×10^{-2}	0.10～0.20
4	砂砾石	2.00×10^{-2}	0.10～0.20
5	垫层	1.00×10^{-3}	—
6	反滤层	2.00×10^{-3}	2.00～3.00
7	排水体	1.00×10^{-1}	0.10～0.15

续表

材料编号	材料名称	渗透系数/(cm/s)	允许渗透坡降 $J_{允}$
8	下游排水体	2.00×10^{0}	—
9	防浪墙	2.00×10^{-8}	—
10	帷幕	3.00×10^{-5}	—
11	防渗墙	2.00×10^{-8}	—

在正常运行水位工况 DB-2(上游水位为正常蓄水位 3076.00m,下游水位为多年平均流量对应水位 3055.89m)基础上,拟定如下防渗墙布置敏感性分析方案进行计算分析,见表 13-6。

表 13-6　多布水电站防渗墙布置敏感性分析计算工况

工况	防渗墙方案	
	深度变化	渗透系数/(cm/s)
DB-2	无	2.00×10^{-8}
DB-F-4	加深 10m	2.00×10^{-8}
DB-F-5	加深 20m	2.00×10^{-8}
DB-F-6	缩短 37.3m 至覆盖层 Q_3^{al}-Ⅱ顶面	2.00×10^{-8}

13.2.3　计算结果及分析

1. 正常运行水位工况渗流场特性分析

DB-2 工况下河床最大坝高剖面防渗系统下游侧浸润面的最高位置为 3056.84m,削减 95.26%的水头,防渗墙的最大平均渗透坡降为 19.16,出现在防渗墙顶部附近位置,下游出逸坡降为 0.015,出现在靠近下游出逸点的砂砾石区浸润面附近,地基(不包含 Q_3^{al}-Ⅱ地层)的最大渗透坡降为 0.178,出现在防渗墙底部附近。坝体和坝基的单宽渗流量见表 13-7,各典型剖面水头等值线如图 13-9 所示。

表 13-7　DB-2 工况下各典型剖面的单宽渗流量　　(单位:m^2/d)

工况	副坝段	厂房基础	闸室基础	砂砾石坝坝体	砂砾石坝坝基
DB-2	4.98	2.32	5.28	1.20	2.04

2. 防渗墙深度敏感性分析

研究防渗墙深度对坝体渗流场的影响规律,选取河床最大坝高剖面进行防渗墙深度敏感性分析,取三组(加深 10m、20m、缩短 37.3m)深度进行计算分析,并考虑极端情况，即假定覆盖层 Q_3^{al}-Ⅱ层的渗透系数增大至中等透水，对防渗墙深度进行敏感性分析。水力条件同工况 DB-2。

1）位势分布

由河床坝体最大坝高断面水头等值线图 13-9(a)可见，坝体内浸润面在防渗墙下游均很平缓，浸润面在防渗系统上下游侧形成了突降。在原设计方案工况

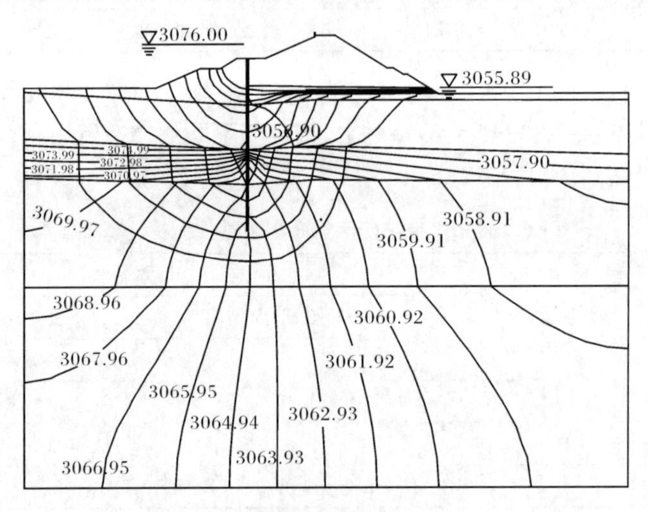

(a) 河床坝体最大坝高断面

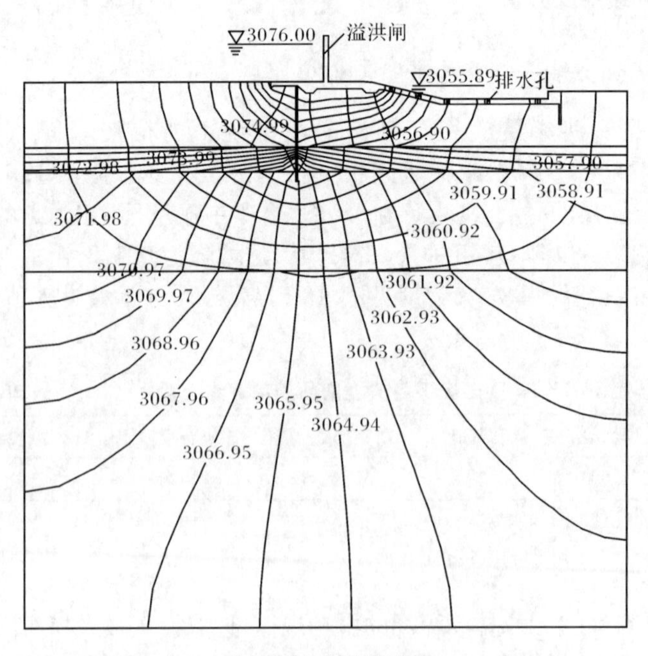

(b) 泄洪闸纵轴线断面

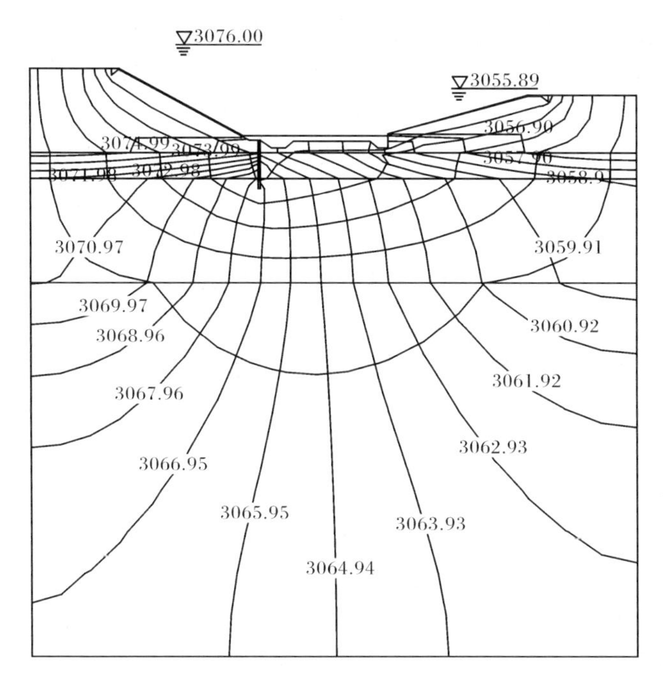

(c) 厂房纵轴线断面

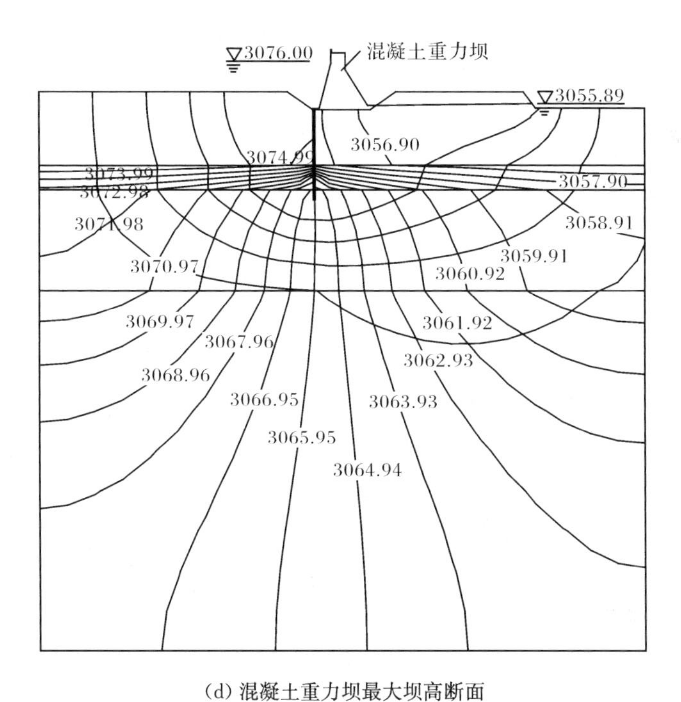

(d) 混凝土重力坝最大坝高断面

图 13-9　多布水电站闸坝典型断面水头等值线图(单位:m)

DB-2 下，土工膜和混凝土防渗墙的阻渗作用共削减水头 19.11m，占总水头的 95.03%，在防渗墙深度增加 10m 方案工况 DB-F-4、增加 20m 方案工况 DB-F-5 和缩短 37.3m 至覆盖层 Q_3^{al}-Ⅱ顶面方案工况 DB-F-6 下，削减水头和占总水头的百分比分别为 19.12m、95.08%，19.17m、95.32%和 18.97m、94.33%，土工膜和防渗帷幕的阻渗作用是显著的。

防渗墙深度在设计深度、加深 10m、加深 20m 和缩短 37.3m 四种方案下，坝体浸润面变化幅度很小。与设计方案相比，加深 10m 和加深 20m 方案防渗系统下游测浸润面的最高位置分别下降了 0.01m 和 0.06m，缩短 37.3m 方案上升了 0.14m，最大变幅仅占总水头的 0.7%。因此防渗墙深度对坝体浸润面的影响不显著。究其原因，主要是覆盖层 Q_3^{al}-Ⅱ层渗透系数较小，它与防渗墙组合形成封闭的坝基防渗系统，因而防渗墙与该层连接后，其深度变化的影响不大。

2) 渗透坡降

由表 13-8 可见，各分区材料的最大渗透坡降均小于材料的允许渗透坡降。随着防渗墙深度的加深，防渗墙的最大渗透坡降小幅增加，由设计方案的 18.97 增加至 19.17；地基(不包含 Q_3^{al}-Ⅱ地层)的最大渗透坡降均小于材料的允许渗透坡降。由此可见，在覆盖层 Q_3^{al}-Ⅱ顶面以下，防渗墙深度变化对防渗墙和砂砾石区的渗透坡降影响不显著。

表 13-8　多布水电站各分区材料的最大渗透坡降

工况	防渗墙		砂砾石区		覆盖层(不包含 Q_3^{al}-Ⅱ地层)	
	最大渗透坡降	位置	最大渗透坡降	位置	最大渗透坡降	位置
DB-2	19.11	中央防渗墙顶部	0.016	靠近下游出逸点的砂砾石区浸润面附近	0.100	防渗墙底部地层附近
DB-F-4	19.12		0.016		0.110	
DB-F-5	19.17		0.016		0.148	
DB-F-6	18.97		0.018		0.086	

3) 渗流量

由表 13-9 可见，随着防渗墙深度的加深，坝体的渗流量有小幅的增加，坝基的渗流量有小幅减少：坝体的单宽渗流量由 1.19m^2/d 增加至 1.21m^2/d，坝基的单宽渗流量由 2.06m^2/d 降低至 1.97m^2/d。由此可见，在覆盖层 Q_3^{al}-Ⅱ顶面以下，防渗墙深度对坝体和坝基渗流量影响不大。

表 13-9　多布水电站坝体和坝基的单宽渗流量　　(单位：m^2/d)

工况	单宽渗流量	
	坝体	坝基
DB-2	1.20	2.04

续表

工况	单宽渗流量	
	坝体	坝基
DB-F-4	1.20	1.99
DB-F-5	1.21	1.97
DB-F-6	1.19	2.06

4）覆盖层 Q_3^{al}-Ⅱ不连续稳定分布情况

覆盖层 Q_3^{al}-Ⅱ为冲积中～细砂层，为弱透水层，渗透系数为 5.89×10^{-5} cm/s，与其相接的上下两地层均为中等透水层，渗透系数分别为 8.49×10^{-3} cm/s 和 1.14×10^{-3} cm/s。从以上防渗墙深度变化方案的计算分析可以看出，防渗墙深度变化对坝体和坝基渗流场的影响不大，这是因为防渗墙已经深入了覆盖层 Q_3^{al}-Ⅱ，其渗透系数较小，与防渗墙组合形成了封闭的坝基防渗系统，阻渗作用显著。

考虑到工程地质条件的复杂性，该层可能存在不连续的情况，假定该地层的渗透系数增大至中等透水，即与上下地层渗透系数一致，为安全考虑，对防渗墙深度变化进行敏感性分析。水力条件同工况 DB-2，该地层渗透系数取与其相接的上下两地层渗透系数的平均值。对河床最大坝高剖面防渗系统下游侧浸润面的最高位置进行分析比较。计算方案及计算结果见表 13-10，防渗墙深度对浸润面最高位置的影响曲线如图 13-10 所示。

从图 13-10 中可以明显看出，在高程 2990m 处曲线出现转折：在高程 2990m 及以下时，防渗系统下游侧浸润面最高位置变化很平缓；在高程 2990m 以上，防渗系统下游侧浸润面最高位置出现了明显上扬。

表 13-10　河床最大坝高剖面防渗系统下游侧浸润面的最高位置

防渗墙底高程/m	浸润面最高位置/m	削减水头百分率/%
2964.17	3057.03	94.33
2972.77	3057.16	93.68
2981.37	3057.10	93.98
2990.00(设计方案)	3057.07	94.13
2997.77	3057.39	92.54
3011.26	3057.74	90.80
3021.96	3058.28	88.12
3032.04	3058.95	84.78
3041.51	3060.00	79.56
3044.75	3060.80	75.58

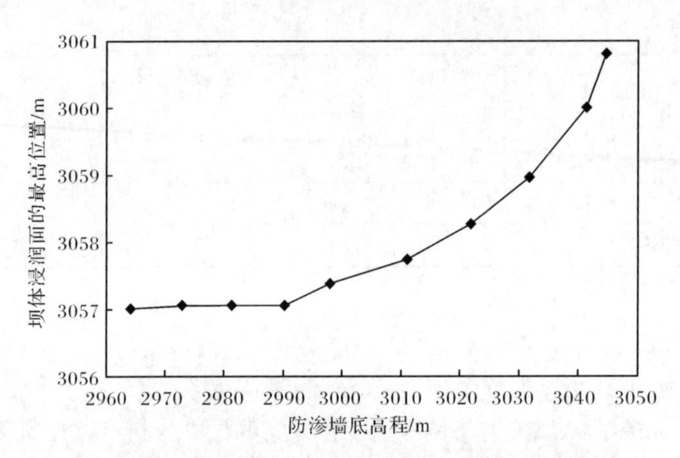

图 13-10　防渗墙深度对浸润面最高位置的影响曲线

13.2.4　小结

在各种工况及方案下，混凝土防渗墙的渗透坡降较大，坝体其他料区的渗透坡降均较小。覆盖层的最大渗透坡降发生在 Q_3^{al}-Ⅱ地层防渗墙附近，其数值大于该地层的允许渗透坡降值，但最大渗透坡降发生的部位埋深约 30m，上部第 7 层 Q_3^{al}-Ⅲ地层为冲击砂卵砾石层，厚度约 20m，自重压力大，为强透水层，可以起到一定的反滤作用，而第 8 层 Q_3^{al}-Ⅱ地层为细砂层，级配良好，即使防渗墙端部有少量细粒随渗透水流产生位移，在周围土体的围压作用下，其位移在离开防渗墙端部后会迅速减小，土体会重新稳定。综合分析，认为该层土体满足渗透稳定要求。

建议混凝土防渗墙整体不再加深，即保持设计方案不变。另外，防渗墙底高程在覆盖层 Q_3^{al}-Ⅱ层顶面以下时，其深度对坝体渗流场性态影响不大。因此，若实际施工地质勘探确定覆盖层 Q_3^{al}-Ⅱ在整个河床是连续稳定分布的，则尽可能避免因防渗墙贯穿该层而导致防渗墙与土体之间形成集中接触渗漏通道，同时尽量减小防渗墙不贯穿该层情况下防渗墙底端与土体的接触渗透坡降，综合考虑，建议防渗墙深入 Q_3^{al}-Ⅱ地层顶面以下 3～5m。

13.3　河床基坑

13.3.1　工程概况

青田水利枢纽工程[205]位于浙江省丽水市青田县，坝址位于瓯江干流与四都港汇合口下游约 185m 处，距上游青田县约 10.0km，距下游温州市约 35km。坝址以上集水面积 13810km^2，占瓯江全流域集水面积 18100km^2 的 76.3%，多年平均径流量 143 亿 m^3。

本工程正常蓄水位 7.0m，发电消落深度初选 0.25m，电站额定水头 5.2m，装机容量 3×14MW，工程等别为Ⅲ等，泄洪闸、河床式电站上游挡水部分、船闸上闸首、左岸混凝土重力坝及右岸回填防渗建筑物等主要建筑物级别为 3 级，洪水标准为 50 年一遇，校核标准为 200 年一遇。上游护坡（右岸）、下游尾水渠护坡等建筑物级别为 4 级。

结合青田水利枢纽工程施工期基坑防渗排水实际情况，建立三维有限元渗流分析模型，计算施工期一期基坑渗流控制设计方案（高喷灌浆防渗墙至下部含泥沙卵砾石覆盖层内 2m）防渗系统布置的合理性，评价基坑的渗透稳定性，并论证该基坑渗流控制设计方案的效果和可靠性。

13.3.2　计算模型及条件

1. 模型范围和边界

模型范围截取如下：上游边界为上游围堰坡脚以上 150m，下游边界为下游围堰坡脚以下 150m；左岸边界为纵向围堰坡脚以左 150m；右岸边界为纵向围堰坡脚以右 150m，地基边界为防渗帷幕以下至少 40.0m，取模型底高程－100m。

施工期边界条件确定如下：①已知水头边界包括围堰外侧河道，以及岸坡地下水位的截取边界；②出渗边界为基坑内部及堰体所有高于已知水位的表面；③不透水边界包括模型上下游两侧和左右岸两侧截取边界中除给定地下水位以外的部分边界以及模型底面。

在综合分析计算区域内的地形、岩层、断层等特征的基础上形成三维超单元网格，加密细分后形成三维有限元网格，如图 13-11 所示。

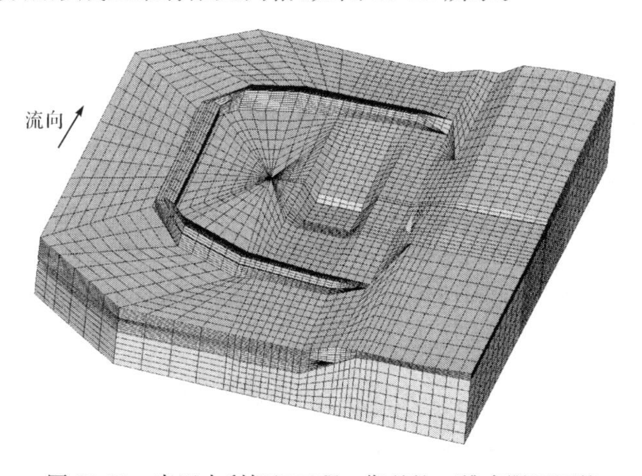

图 13-11　青田水利枢纽工程一期基坑三维有限元网格

2. 计算参数及工况

青田水利枢纽工程围堰各分区材料渗透系数见表 13-11,坝基覆盖层渗透系数见表 13-12。一期基坑渗流计算工况见表 13-13。

表 13-11 青田水利枢纽工程围堰各分区材料渗透系数

序号	材料名称	渗透系数/(cm/s)
1	混凝土	1×10^{-7}
2	土工膜	1×10^{-10}
3	围堰堆石体	5×10^{-1}
4	高喷灌浆防渗墙	1×10^{-5}
5	防渗帷幕	3×10^{-5}
6	混凝土防渗墙	1×10^{-7}

表 13-12 坝基覆盖层渗透系数

坝基覆盖层	渗透系数/(cm/s)
砂砾石层	5×10^{-2}
含泥砂砾石层	$1.3\times10^{-4}\sim8.14\times10^{-3}$

表 13-13 一期基坑三维渗流场计算工况

工况	工况说明
	计算水位取全年 10 年一遇($P=10\%$)洪水位 10.94m
S-1	高喷灌浆防渗墙至含泥层内 2m,含泥层取渗透系数上限 8.14×10^{-3}cm/s
S-2	高喷灌浆防渗墙至含泥层内 2m,含泥层取平均渗透系数 4.14×10^{-3} cm/s
S-3	高喷灌浆防渗墙至含泥层内 2m,含泥层取渗透系数下限 1.30×10^{-4} cm/s
S-4	高喷灌浆防渗墙至含泥层内 2m,深度 20m 以下渗透系数增大 2 倍
S-5	高喷灌浆防渗墙至含泥层内 2m,深度 20m 以下渗透系数增大 4 倍
S-6	高喷灌浆防渗墙至含泥层内 2m,深度 20m 以下渗透系数增大 10 倍
S-7	高喷灌浆防渗墙至含泥层内 2m,深度 20m 以下渗透系数增大 100 倍
S-8	高喷灌浆防渗墙至含泥层内 2m,深度 20m 以下渗透系数增大 500 倍
S-9	高喷灌浆防渗墙至含泥层内 2m,深度 20m 以下渗透系数接近原覆盖层

13.3.3 计算结果及分析

选取 3 个典型断面分析,$x=0$m、$x=120$m 和 $y=120$m,断面位置如图 13-12 所示。一期基坑各主要工况渗流量和最大平均渗透坡降计算结果见表 13-14 和

表 13-15，工况 S-1 典型断面水头等值线图和地下水位等值线图如图 13-13 和图 13-14 所示。

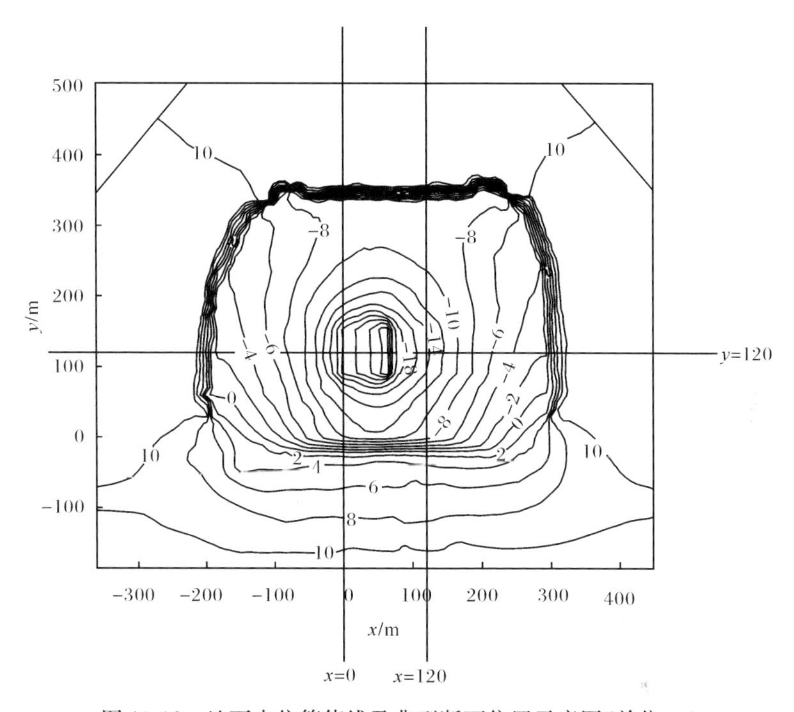

图 13-12　地下水位等值线及典型断面位置示意图(单位：m)

表 13-14　一期基坑各主要工况渗流量

工况	渗流量/(m^3/d)				总渗流量/(m^3/d)
	上游侧	下游侧	河床侧	岸坡侧	
S-1	15884	15885	17798	188	49755
S-2	13810	13801	14619	128	42358
S-3	8150	8149	10739	102	27140
S-4	13819	13810	13962	50	41641
S-5	14085	14054	15068	77	43284
S-6	14052	14154	15267	112	43585
S-7	15229	15229	15569	142	46169
S-8	16205	16173	16666	198	49242
S-9	18788	18788	21358	377	59311

(1) 当含泥层渗透系数改变时，砂砾石层和高喷灌浆防渗墙的最大平均渗透坡降以及基坑总渗流量都会发生不同程度的变化。含泥层渗透系数越大，砂砾石

层的最大平均渗透坡降越大，由工况 S-3 的 0.301 增大为 S-1 工况的 0.414；高喷灌浆防渗墙的最大平均渗透坡降有一定程度减小，由工况 S-3 的 22.917 减小为 S-1 工况的 11.098；基坑总渗流量越大，由 S-3 工况的 27140m^3/d 增大为 S-1 工况的 49755m^3/d。

(2) 当深度 20m 以下高喷灌浆防渗墙效果变差时，砂砾石层和高喷灌浆防渗墙的最大平均渗透坡降以及基坑总渗流量都会发生不同程度的变化。深度 20m 以下高喷灌浆防渗墙渗透系数越大，砂砾石层的最大平均渗透坡降越大，由 S-4 工况的 0.442 增大为 S-9 工况的 0.535；高喷灌浆防渗墙的最大平均渗透坡降减小，由S-4 工况的 13.148 减小为 S-9 工况的 6.965；基坑总渗流量越大，由 S-4 工况的 41641m^3/d 增大为 S-9 工况的 59311m^3/d。

表 13-15　一期基坑各主要工况的最大平均渗透坡降

工况	材料	位置	最大平均渗透坡降
S-1	高喷灌浆防渗墙	上游横向围堰高喷灌浆防渗墙	11.098
	砂砾石层	基坑下游侧出逸处	0.414
S-2	高喷灌浆防渗墙	上游横向围堰高喷灌浆防渗墙	13.507
	砂砾石层	基坑下游侧出逸处	0.327
S-3	高喷灌浆防渗墙	上游横向围堰高喷灌浆防渗墙	22.917
	砂砾石层	基坑下游侧出逸处	0.301
S-4	高喷灌浆防渗墙	上游横向围堰高喷灌浆防渗墙	13.148
	砂砾石层	基坑下游侧出逸处	0.442
S-5	高喷灌浆防渗墙	上游横向围堰高喷灌浆防渗墙	12.953
	砂砾石层	基坑下游侧出逸处	0.453
S-6	高喷灌浆防渗墙	上游横向围堰高喷灌浆防渗墙	12.765
	砂砾石层	基坑下游侧出逸处	0.471
S-7	高喷灌浆防渗墙	上游横向围堰高喷灌浆防渗墙	11.348
	砂砾石层	基坑下游侧出逸处	0.495
S-8	高喷灌浆防渗墙	上游横向围堰高喷灌浆防渗墙	10.330
	砂砾石层	基坑下游侧出逸处	0.512
S-9	高喷灌浆防渗墙	上游横向围堰高喷灌浆防渗墙	6.965
	砂砾石层	基坑下游侧出逸处	0.535

13.3.4　小结

(1) 当含泥层渗透系数改变时，砂砾石层和高喷灌浆防渗墙的最大平均渗透坡降以及基坑总渗流量都会发生不同程度的变化。含泥层渗透系数越大，砂砾石

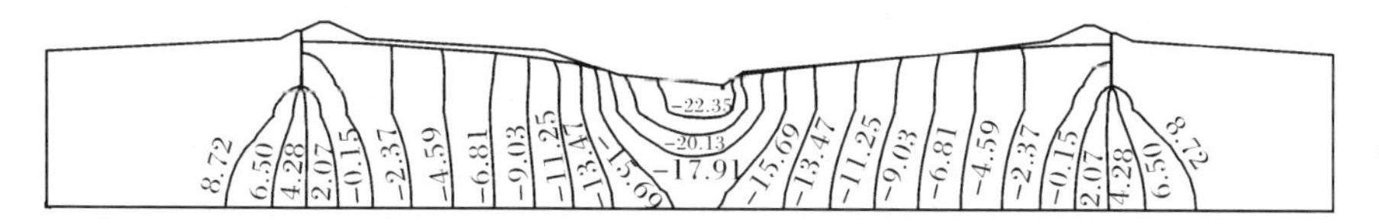

(a) 横向围堰断面(y=120m)

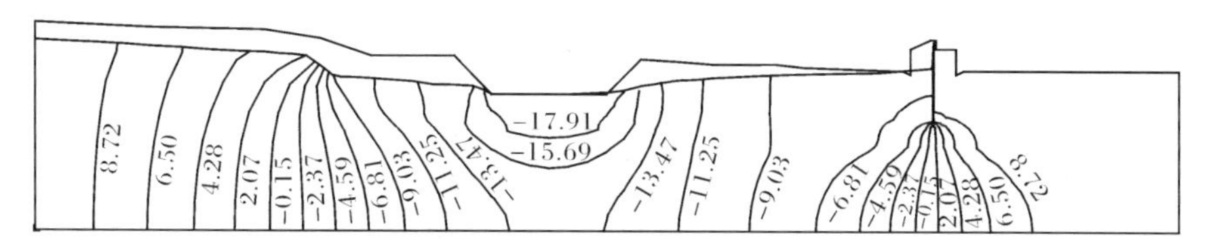

(b) 纵向围堰上游段断面(x=120m)

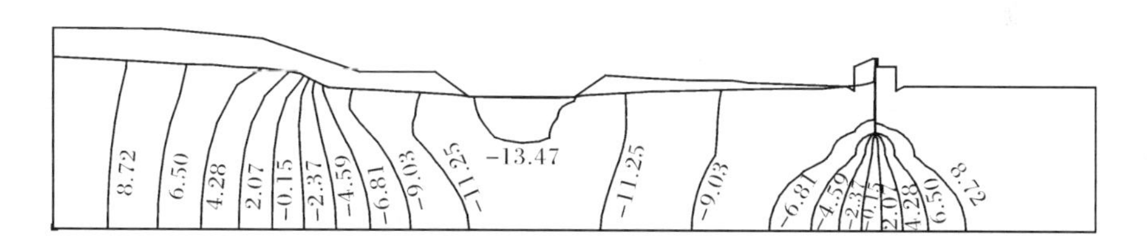

(c) 纵向围堰下游段断面(x=0m)

图 13-13　工况 S-1 典型断面水头等值线图(单位:m)

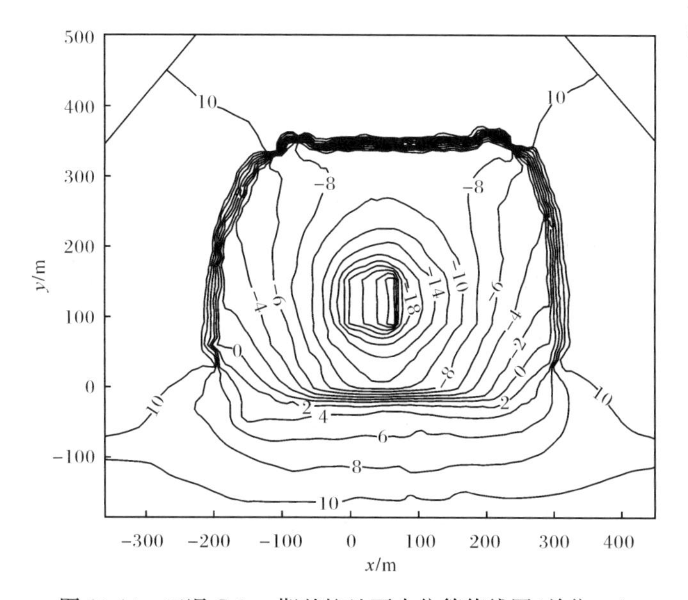

图 13-14　工况 S-1 一期基坑地下水位等值线图(单位:m)

层的最大坡降越大，高喷灌浆防渗墙的最大坡降越小，基坑总渗流量越大。

(2) 当深度 20m 以下高喷灌浆防渗墙效果变差时，砂砾石层和高喷灌浆防渗墙的最大平均渗透坡降以及基坑总渗流量都会发生不同程度的变化。深度 20m 以下高喷灌浆防渗墙渗透系数越大，砂砾石层的最大坡降越大，高喷灌浆防渗墙的最大坡降越小，基坑总渗流量越大。

13.4 河滩覆盖层基坑

13.4.1 工程概况

巴基斯坦真纳引水闸[206]位于印度河，属于 Mianwali 地区，距上游的 Kalabagh 镇约 5km，是 Thal 灌溉工程的首部枢纽工程，其作用是抬高河水位给 Thal 灌溉工程供水。真纳水电站位于真纳灌溉引水闸的右岸，利用真纳灌溉引水闸形成的水位落差，开挖明渠引水，修建厂房发电。

枢纽工程由引水渠、厂房、尾水渠和开关站等组成。渠道纵轴线位于闸堤右侧 362.25m。上游设计最高水位 211.5m，正常蓄水位 211.50m。电站按径流式电站运行，装机容量 96MW，最大水头 6m，设计水头 4.8m，最小水头3.2m，水轮发电机组采用 8 台“Pit”型贯流机组，水电站额定引用流量为 2400m^3/s。

本工程为Ⅲ等中型工程。枢纽主要建筑物为 3 级；次要建筑物为 4 级；临时建筑物为 5 级。设计洪水标准为：水电站厂房、挡水建筑物为百年一遇洪水设计，千年一遇洪水校核。

真纳水电站厂房区为砂砾石地基，地下水埋深 2m 左右，砂砾石层的渗透系数为 $1.0\times10^{-1}\sim1.6\times10^{-1}$cm/s，为了保证混凝土浇筑和厂房地基处理干地施工，应对厂房地基进行渗流及基坑施工期抽排水系统分析计算，并采取相应的防渗、抽水和排水措施，确保厂房地基不会发生渗流破坏，保证工程顺利施工。

施工期和运行期防渗及排水布置方案众多，限于篇幅，这里仅对施工期的厂房基坑抽排水优化方案进行介绍。施工期基坑开挖平面布置如图 4-2(a)所示，基坑边坡剖面如图 4-2(b)所示。

13.4.2 计算模型及条件

1. 计算模型

真纳水电站右岸厂房基坑在印度河漫滩上，其地基全部为河床冲积砂卵砾石，深达 200m；且基坑布置具有一定的对称性，即沿引水渠的中心线是一个对称面。因此这里取左侧(动力渠道中心线左侧)一半区域进行计算。有限元计算范围为：X 方向，平行于印度河方向，沿引水渠顺水流方向为正，基坑外围取约

350m，即沿厂房轴线上游侧截至 $x=-450$m，下游侧截至 $x=465$m；Y 方向，垂直于印度河方向，指向印度河为正，基坑外围取 200m，即向印度河方向截至 $y=350$m；z 方向，以高程为坐标，取基坑底面以下 100m，即截至高程 87.00m。模型包括了可影响厂房基坑渗流场的主要边界，模拟了厂房基坑几何形状和防渗排水系统。三维有限元网格如图 13-15 所示。

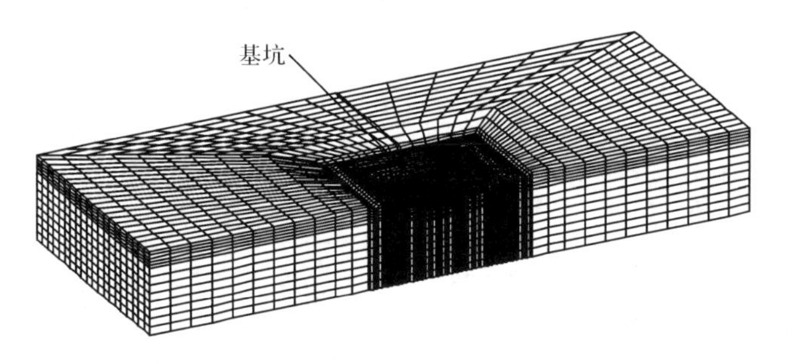

图 13-15　真纳水电站施工期厂房基坑渗流有限元网格

2. 计算参数及工况

真纳水电站施工期厂房基坑渗流计算模型中各分区材料渗透系数见表13-16。计算工况见表 13-17，主要讨论是否设置旋喷墙以及设置的深度、排水井不同个数和井距等。

表 13-16　真纳水电站厂房基坑渗流模型各分区材料渗透系数

（单位：cm/s）

参数	砂砾石	旋喷墙
渗透系数	$1.0\times10^{-1}\sim1.6\times10^{-1}$	1.0×10^{-5}

表 13-17　真纳水电站施工期厂房基坑三维渗流场部分计算工况

工况	工况说明							
	砂砾石渗透系数 /(10^{-1}cm/s)	旋喷墙		地表排水沟	基坑排水沟	井		
		底高程/m	深度/m			底高程/m	深度/m	个数
S-1	1.0	176.0	28	有	有	170.0	24	7
S-2	1.0	—	—	有	有	170.0	24	7
S-3	1.0	176.0	28	有	有	170.0	24	9
S-10	1.0	—	—	有	有	162.0	32	15
S-11	1.0	176.0	28	有	有	173.0	21	25
S-12	1.3	176.0	28	有	有	173.0	21	25
S-13	1.3	176.0	28	有	有	173.0	21	36

13.4.3 计算结果及分析

真纳水电站施工期厂房基坑主要工况的最大平均渗透坡降见表13-18，由于计算工况很多，这里只介绍建议的抽排水布置方案（工况S-13）的渗流计算结果。真纳水电站施工期基坑计算结果分析断面示意图如图13-16所示。工况S-13地下水位变化如图13-17～图13-21所示，其中，所取断面为图13-16所示SA、SB、SC、SD四个剖面。剖面SA：$x=-45.0\text{m}$；剖面SB：$x=-23.0\text{m}$；剖面SC：$y=0.0\text{m}$；剖面SD：$y=47.0\text{m}$（其中采用七口井计算的工况取剖面SB和SD，外围区域为计算模型范围）。

表13-18 真纳水电站施工期厂房基坑主要工况的最大平均渗透坡降

<table>
<tr><th>工况</th><th>材料</th><th>位置</th><th>最大平均渗透坡降</th></tr>
<tr><td rowspan="5">S-1</td><td>旋喷墙</td><td>左侧旋喷墙</td><td>2.9313</td></tr>
<tr><td rowspan="4">砂砾石</td><td>井外侧0～5m处</td><td>0.5000</td></tr>
<tr><td>井外侧5～10m处</td><td>0.4785</td></tr>
<tr><td>井外侧10m与旋喷墙之间</td><td>0.2284</td></tr>
<tr><td></td><td></td></tr>
<tr><td rowspan="4">S-13</td><td>旋喷墙</td><td>左侧旋喷墙</td><td>2.5433</td></tr>
<tr><td rowspan="3">砂砾石</td><td>井外侧0～5m处</td><td>0.5234</td></tr>
<tr><td>井外侧5～10m处</td><td>0.5013</td></tr>
<tr><td>井外侧10～20m处</td><td>0.2794</td></tr>
</table>

施工期厂房基坑部分主要工况渗流量计算结果见表13-19。

表13-19 真纳水电站厂房基坑部分主要工况渗流量

工况	渗流量/(10^4m^3/d)		全基坑排水井数量	单井平均出水量/(m^3/h)
	计算模型	全基坑		
S-1	18.702	37.408	12	1298.9
S-2	19.113	38.226	12	1327.3
S-3	19.380	38.760	16	1009.4
S-10	30.124	60.248	28	896.5
S-11	19.990	39.980	48	347.1
S-12	25.828	51.656	48	448.4
S-13	28.960	57.920	70	344.8

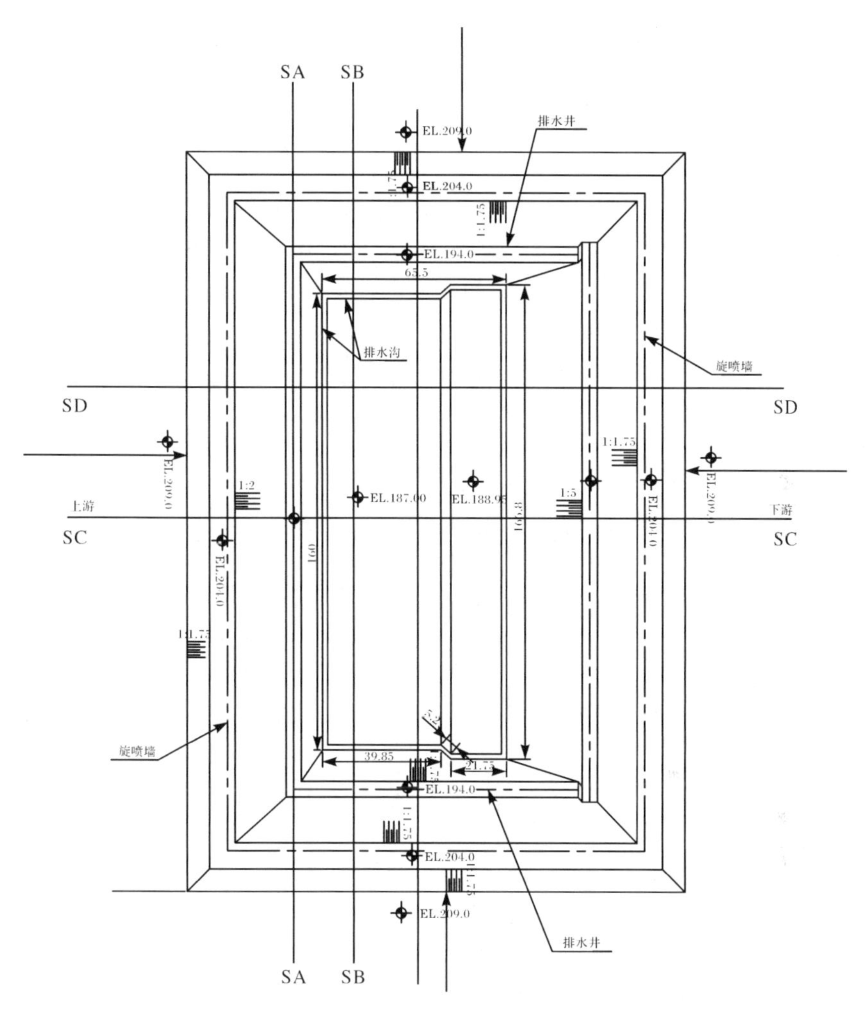

图 13-16　真纳水电站施工期基坑计算结果分析断面示意图(单位:m)

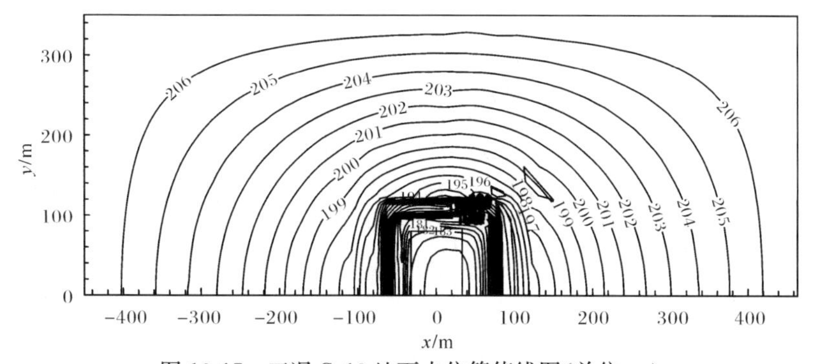

图 13-17　工况 S-13 地下水位等值线图(单位:m)

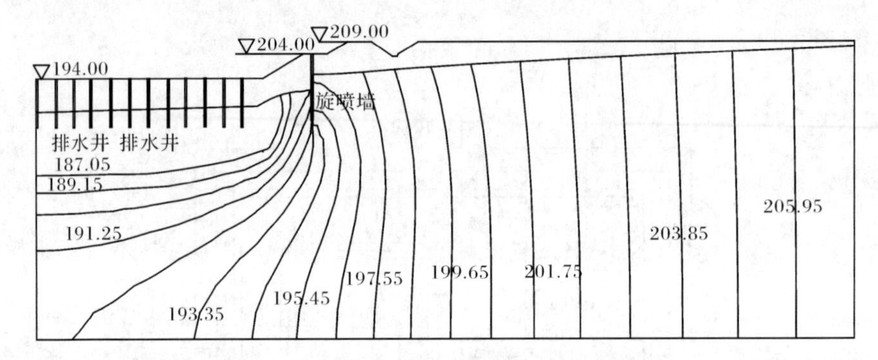

图 13-18　工况 S-13 剖面 SA 水头等值线图(单位:m)

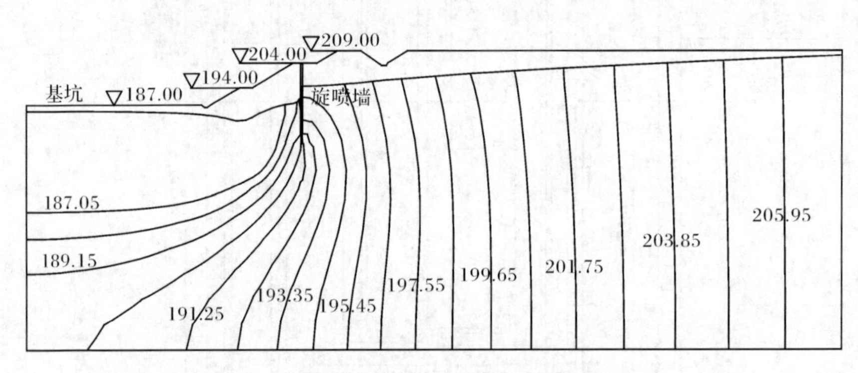

图 13-19　工况 S-13 剖面 SB 水头等值线图(单位:m)

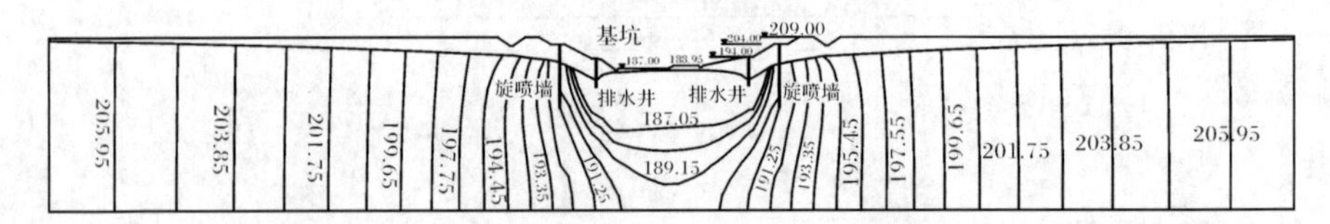

图 13-20　工况 S-13 剖面 SC 渗流场水头等值线图(单位:m)

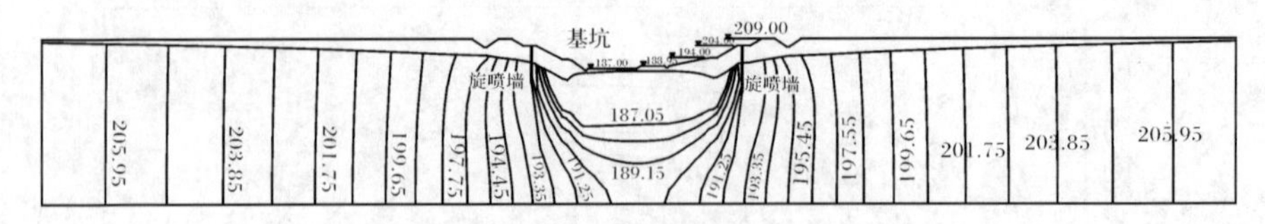

图 13-21　工况 S-13 剖面 SD 水头等值线图(单位:m)

13.4.4　小结

(1) 当砂砾石层渗透系数增大(如 1.6×10^{-1} cm/s)时，对应的总渗流量增大约 60%(比较工况 S-3)。

(2) 当排水井深度和旋喷墙深度改变时，砂砾石层和旋喷墙的最大平均渗透坡降都会发生不同程度的变化。排水井深度越大，地下水的渗透坡降越大。旋喷墙深度越大，其下游侧的渗透坡降越小。砂砾石层中超过允许渗透坡降(0.3)的单元均出现在旋喷墙与排水井之间，因此对于排水井必须采取必要的反滤措施。在排水井进行反滤保护后，土体边坡发生渗透破坏的可能性很小。

(3) 由于渗流量(基坑排水总量)大，考虑到排水设备的效率，采用密集井方案较为合理，建议采用本次计算工况 S-13 的布置方案。工况 S-13 共设排水井 70 口，深度 21 m，井径 0.8 m，旋喷墙深度 28 m。排水井布置如下：引水渠(动力渠道)中心线布置第 1 口井，沿平行厂房轴线的基坑上下游两侧每间隔约 8m 左右各布置 1 口井，共布置 23+23=46(口)；在平行于印度河方向，自基坑厂房轴线开始每间隔约9m左右各布置 1 口井，共布置 12+12=24(口)。

(4) 由于基坑排水总量大，需要注意地表排水沟的复合土工膜防护高度是否满足要求。另外，由于排水井运行费用较高，建议采用逐步加密的方案进行施工，以便按要求控制地下水，降低运行费用。

第 14 章　边坡、地下工程渗流分析与控制

14.1　导流洞出口边坡

14.1.1　工程概况

九龙河溪古水电站[207]是九龙河干流梯级电站“一库五级”开发方案中的龙头水库。首部枢纽位于出隆沟下游约 1km 处，主要建筑物由拦河大坝（混凝土面板堆石坝）、泄洪排沙洞（与导流洞结合）和溢洪洞及左岸电站进水口等组成。坝址以上控制流域面积 1232km^2，多年平均流量 38.7m^3/s，设计最大坝高 144m，水库正常蓄水位 2857m 时，总库容 9752.7 万 m^3，额定水头 382m，总装机容量 240MW，属Ⅲ等中型工程。

九龙河溪古水电站工程导流洞出口消力池高边坡 2$^\#$ 桩变形体（简称“2$^\#$ 桩变形体”）规模大，横向长约 155m，纵向长约 445m，面积约 52560m^2，平均厚度 41m，最大厚度达 66m，总体积约 220 万 m^3。该变形体高差达 380m，破坏后将严重影响电站正常施工和运行，后果严重。

建立 2$^\#$ 桩变形体三维饱和-非饱和非稳定渗流有限元模型，根据历史气象资料选取多种典型降雨过程，分析研究该变形体在降雨情况下的非稳定渗流场及其变化规律，确定降雨情况下变形体暂态饱和区分布，综合变形体实际情况、渗流研究结果以及加固前后稳定研究结果，提出 2$^\#$ 桩变形体合理的加固方案。

14.1.2　计算模型及条件

1. 有限元模型

2$^\#$ 桩变形体有限元模型坐标系规定如下：以大地坐标（3202418.65，456571.19）为坐标原点，X 轴为顺坡方向，指向河谷为正；Z 轴为竖直方向，向上为正，以高程计；Y 轴为顺河流向，指向下游方向为正。坐标系符合右手法则。

2$^\#$ 桩变形体有限元模型计算范围选取如下：X 轴方向沿顺坡向截取约 520m，包含了变形体底部以下的交通公路以及变形体顶部以上的部分山体；Y 轴方向由变形体两侧向上下游分别截取 30m 作为边界，沿河流方向长度为 215m；Z 轴方向下边界截至高程 2750m，上边界至地表面。模型截取范围如图 14-1 所示。

根据提供的工程地质资料，2$^\#$ 桩变形体岩体可分为覆盖层、Ⅱ区岩体和Ⅰ区

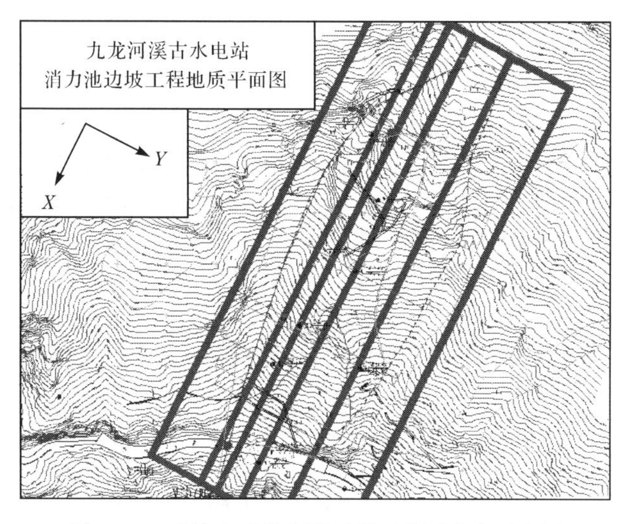

图 14-1　2# 桩变形体有限元模型范围截取示意图

岩体以及Ⅰ区以下岩体四个部分。渗流三维分析有限元模型中，裂隙、断层及拉裂缝均用实体单元模拟。采用控制断面超单元有限元网格自动剖分法建立三维有限元网格。2# 桩变形体典型断面网格如图 14-2 所示，有限元网格如图 14-3 所示。

考虑降雨入渗非稳定渗流场，渗流分析的边界条件如下：①已知水头边界为给定地下水位的边界，包括计算模型山体一侧和河流一侧的截取边界；②出渗边界为河道水位以上的坡面；③不透水边界包括模型底面及模型上下游两侧(垂直 Y 轴)截取边界；④降雨入渗边界为整个边坡表面。

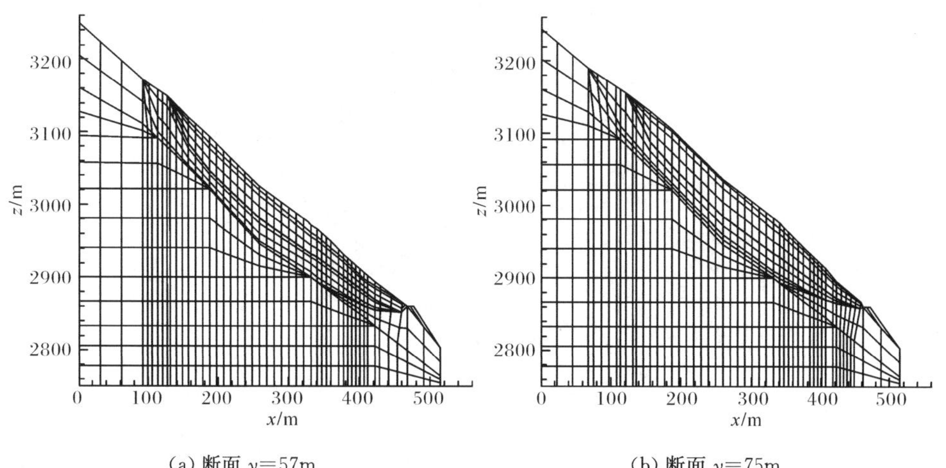

(a) 断面 $y=57\text{m}$　　(b) 断面 $y=75\text{m}$

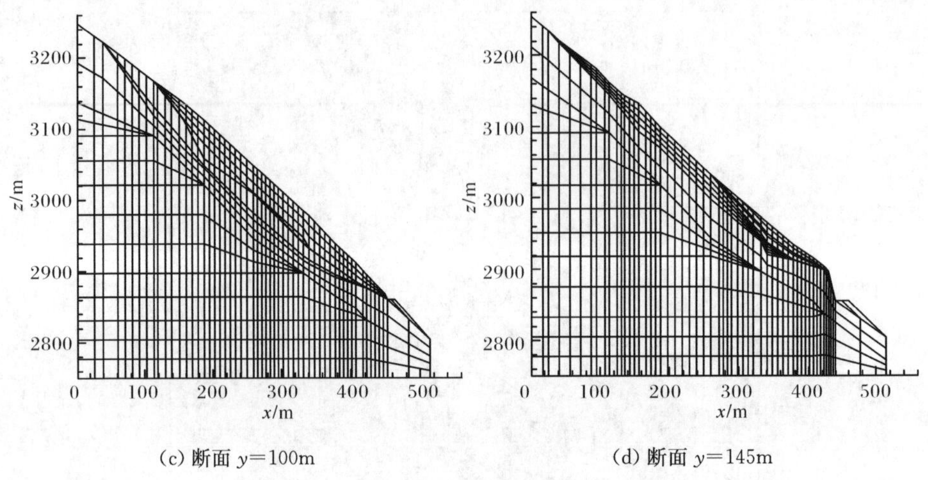

(c) 断面 $y=100\mathrm{m}$　　(d) 断面 $y=145\mathrm{m}$

图 14-2　2# 桩变形体典型断面有限元网格

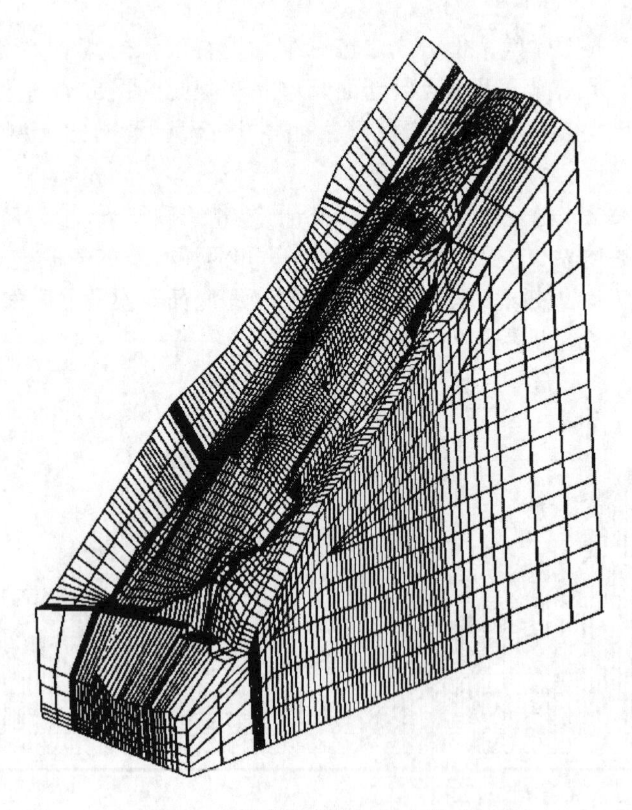

图 14-3　2# 桩变形体三维有限元网格

2. 计算参数和计算工况

$2^{\#}$桩变形体边坡岩体渗透系数见表 14-1，非稳定渗流计算参数见表 14-2。

表 14-1　$2^{\#}$桩变形体边坡岩体渗透系数

岩层分类	渗透系数/(cm/s)
覆盖层	5×10^{-4}
Ⅱ区岩体	2×10^{-5}
Ⅰ区岩体	2×10^{-6}
Ⅰ区以下岩体	1×10^{-6}
裂隙	5×10^{-3}
断层	5×10^{-3}
拉裂缝	5×10^{-2}

表 14-2　$2^{\#}$桩变形体非稳定渗流计算参数

岩层分类	孔隙率	储水系数
覆盖层	0.20	1×10^{-8}
Ⅱ区岩体	0.10	1×10^{8}
Ⅰ区岩体	0.05	1×10^{-9}
Ⅰ区以下岩体	0.02	1×10^{-9}
裂隙	0.80	1×10^{-5}
断层	0.80	1×10^{-5}
拉裂缝	0.80	1×10^{-5}

考虑降雨入渗的影响，采用饱和-非饱和渗流理论，拟定以下工况进行计算分析，见表 14-3。

表 14-3　$2^{\#}$桩变形体三维渗流分析工况

工况	工况说明	备注
GK1	天然工况	稳定渗流分析
GK2	单峰型 24h 降雨工况，峰值雨强 5.4mm/h	非稳定渗流分析（给定资料降雨过程）
GK3	单峰型 48h 降雨工况，峰值雨强 3.9mm/h	
GK4	单峰型 7d 降雨工况，峰值雨强 2.3mm/h	
GK5	等强型 52d 降雨工况，雨强 0.44mm/h	

续表

工况	工况说明	备注
GK6	等强型 6h 暴雨工况,雨强 40mm/h	非稳定渗流分析（拟定降雨过程）
GK7	等强型 12h 暴雨工况,雨强 20mm/h	
GK8	等强型 24h 暴雨工况,雨强 10mm/h	
GK9	等强型 7d 降雨工况,雨强 2mm/h	非稳定渗流敏感性分析（拟定降雨过程）
GK10	等强型 7d 降雨工况,雨强 4mm/h	
GK11	等强型 7d 降雨工况,雨强 6mm/h	
GK12	等强型 2d 降雨工况,雨强 6mm/h	
GK13	等强型 5d 降雨工况,雨强 6mm/h	

14.1.3 降雨工况下 2# 桩变形体渗流场分析

选取两个典型剖面 $y=75\text{m}$ 及 $y=100\text{m}$ 进行降雨入渗分析,各工况降雨入渗渗流计算结果见表 14-4 和表 14-5,其中 t 代表计算时刻。

1. 剖面 $y=75\text{m}$ 降雨入渗分析

剖面 $y=75\text{m}$ 各工况降雨入渗计算结果见表 14-4。工况 GK2(单峰型 24h 降雨工况,峰值雨强 5.4mm/h):由降雨过程线可知,开始降雨时,雨强较小,至 $t=7\text{h}$,雨强达到峰值。降雨开始后,由于入渗作用,坡体内渗流场开始发生变化,且拉裂缝处渗流场变化较大,压力水头随之升高,但未形成暂态饱和区。$t=16\text{h}$,经过了雨强达峰值 5.4mm/h 的降雨时段,入渗量较大,随着持续时间增加,变形体坡脚至高程 2886m 之间开始出现暂态饱和区,饱和区向坡内延伸垂直深度约 2m。$t=24\text{h}$,暂态饱和区进一步扩展,其厚度约达 3m。$t=2\text{d}$(雨停 1d),坡体内积水开始消散,暂态饱和区消失。$t=4\text{d}$(雨停 3d),坡体渗流场进一步恢复降雨前渗流状态,$t=8\text{d}$(雨停 7d),坡体渗流场基本与降雨前相同。

工况 GK3(单峰型 48h 降雨工况,峰值雨强 3.9mm/h):由降雨过程线可知,开始降雨时,雨强较小,至 $t=20\text{h}$,雨强达到峰值。降雨开始后,由于入渗作用,坡体内渗流场开始发生变化,且拉裂缝处渗流场变化较大,压力水头随之升高,但未形成暂态饱和区。$t=30\text{h}$,经过了雨强达峰值 3.9mm/h 的降雨时段,入渗量较大,随着持续时间增加,变形体坡脚至高程 2990m 之间开始出现暂态饱和区,饱和区向坡内延伸垂直深度约 3m。$t=48\text{h}$,暂态饱和区未见明显变化。$t=3\text{d}$(雨停 1d),坡体内积水开始消散,暂态饱和区消失。$t=5\text{d}$(雨停 3d),坡体渗流场进一步恢复降雨前渗流状态。$t=9\text{d}$(雨停 7d),坡体渗流场基本与降雨前相同。

工况 GK4(单峰型 7d 降雨工况,峰值雨强 2.3mm/h):由降雨过程线可知,开始降雨时，雨强较小，至 $t=75$h，雨强达到峰值。降雨开始后，由于入渗作用，坡体内渗流场开始发生变化，但变化较小。随着降雨时间的增加，渗流场变化更为明显，压力水头随之升高。$t=4$d，经过了雨强达峰值 2.3mm/h 的降雨时段，入渗量较大，随着持续时间增加，变形体坡脚至拉裂缝之间开始出现暂态饱和区，坡脚处饱和区向坡内延伸垂直深度约 5m，拉裂缝周围 2m 内的Ⅱ区岩体为全饱和状态。$t=7$d，暂态饱和区未见明显变化。$t=8$d(雨停 1d)，坡体内积水开始消散，暂态饱和区范围减小，其深度也逐渐减小。$t=10$d(雨停 3d)，坡体渗流场进一步恢复至降雨前渗流状态。$t=14$d(雨停 7d)，坡脚处暂态饱和区消失，拉裂缝处仍有小范围暂态饱和区。

工况 GK5(等强型 52d 降雨工况，雨强 0.44mm/h)：$t=7$d，变形体坡脚处开始出现暂态饱和区，饱和区向坡内延伸垂直深度约 2m，拉裂缝处坡体内渗流场变化较大。$t=20$d，暂态饱和区进一步扩大，坡脚处饱和区向坡内延伸垂直深度增至 4m，且在变形体上部高程 3060m 处出现局部暂态饱和区，深度约为 1m。$t=52$d，暂态饱和区集中在坡脚处，其厚度约为 10m，且地下水位明显抬高。$t=53$d(雨停 1d)，坡体内积水开始消散，暂态饱和区范围减小，其深度也逐渐减小。$t=60$d(雨停 7d)，坡脚处仍有小范围暂态饱和区。

工况 GK6～GK8(等强型暴雨工况)：由于降雨时间较短，降雨结束时刻坡体内渗流场有所变化，但形成的暂态饱和区范围较小且深度较小。雨停 7d 以后，坡体内渗流场基本与降雨前相同。

表 14-4　剖面 $y=75$m 各工况降雨入渗计算结果

工况	时刻	暂态饱和区位置	暂态饱和区厚度/m
GK2	$t=16$h	坡脚处至高程 2886m	2
	$t=24$h	坡脚处	3
	$t=2$d(雨停 1d)	—	—
	$t=4$d(雨停 3d)	—	—
	$t=8$d(雨停 7d)	—	—
GK3	$t=20$h	—	—
	$t=30$h	坡脚至高程 2990m	3
	$t=48$h	坡脚至高程 2990m	3
	$t=3$d(雨停 1d)	—	—
	$t=5$d(雨停 3d)	—	—
	$t=9$d(雨停 7d)	—	—

续表

工况	时刻	暂态饱和区位置	暂态饱和区厚度/m
GK4	t=75h	—	—
	t=4d	坡脚至高程 2980m	5
	t=7d	坡脚至高程 3080m,拉裂缝	6
	t=8d(雨停 1d)	坡脚至高程 3010m,拉裂缝	5
	t=10d(雨停 3d)	坡脚至高程 2975m,拉裂缝	5
	t=14d(雨停 7d)	拉裂缝	—
GK5	t=7d	坡脚至高程 2930m	2
	t=20d	坡脚至高程 2920m	4
	t=52d	坡脚处	10
	t=53d(雨停 1d)	坡脚处	8
	t=55d(雨停 3d)	坡脚处	5
	t=60d(雨停 7d)	坡脚处	2

2. 剖面 y=100m 降雨入渗分析

剖面 y=100m 各工况降雨入渗计算结果见表 14-5。工况 GK2(单峰型 24h 降雨工况,峰值雨强 5.4mm/h):由降雨过程线可知,开始降雨时,雨强较小,至 t=7h 时,雨强达到峰值。降雨开始后,由于入渗作用,坡体内渗流场开始发生变化,且拉裂缝处渗流场变化较大,压力水头随之升高,但未形成暂态饱和区。t=16h,经过了雨强达峰值 5.4mm/h 的降雨时段,入渗量较大,随着持续时间增加,变形体坡脚至拉裂缝之间开始出现暂态饱和区,饱和区向坡内延伸垂直深度约 1m。t=24h,暂态饱和区进一步扩展,其厚度约达 2m。t=2d(雨停 1d),坡体内积水开始消散,暂态饱和区消失。t=4d(雨停 3d),坡体渗流场进一步恢复降雨前渗流状态,t=8d(雨停 7d),坡体渗流场基本与降雨前相同。

工况 GK3(单峰型 48h 降雨工况,峰值雨强 3.9mm/h):由降雨过程线可知,开始降雨时,雨强较小,至 t=20h,雨强达到峰值。降雨开始后,由于入渗作用,坡体内渗流场开始发生变化,且拉裂缝处渗流场变化较大,压力水头随之升高,但未形成暂态饱和区。t=48h,仍未见明显暂态饱和区。t=3d(雨停 1d),坡体内积水开始消散。t=5d(雨停 3d),坡体渗流场进一步恢复至降雨前渗流状态。t=9d(雨停 7d),除拉裂缝处局部区域外,坡体渗流场基本与降雨前相同。

工况 GK4(单峰型 7d 降雨工况,峰值雨强 2.3mm/h):由降雨过程线可知,开始降雨时,雨强较小,至 t=75h,雨强达到峰值。降雨开始后,由于入渗作用,坡体内渗流场开始发生变化,但变化较小。随着降雨时间的增加,渗流场变化更为明显，压力水头随之升高。$t=4\mathrm{d}$，经过了雨强达峰值2.3mm/h的降雨时段，入渗量较大，随着持续时间增加，变形体坡脚至拉裂缝之间开始出现暂态饱和区，坡脚处饱和区向坡内延伸垂直深度约4m。$t=7\mathrm{d}$，暂态饱和区进一步扩大，坡脚处饱和区向坡内延伸垂直深度增至8m，拉裂缝周围1m内Ⅱ区岩体为全饱和状态，且在变形体上部高程3020m至坡顶之间出现局部暂态饱和区，深度约为2m。$t=8\mathrm{d}$(雨停1d)，坡体内积水开始消散，暂态饱和区范围减小，其深度也逐渐减小。$t=10\mathrm{d}$(雨停3d)，坡体渗流场进一步恢复至降雨前渗流状态。$t=14\mathrm{d}$(雨停7d)，坡脚处仍有小范围暂态饱和区。

工况GK5(等强型52d降雨工况，雨强0.44mm/h)：$t=7\mathrm{d}$，变形体坡脚处开始出现暂态饱和区，饱和区向坡内延伸垂直深度约2m，拉裂缝处坡体内渗流场变化较大。$t=20\mathrm{d}$，暂态饱和区进一步扩大，坡脚处饱和区向坡内延伸垂直深度增至3m。$t=52\mathrm{d}$，暂态饱和区集中在坡脚处，其厚度约为8m，且地下水位明显抬高。$t=53\mathrm{d}$(雨停1d)，坡体内积水开始消散，暂态饱和区范围减小，其深度也逐渐减小。$t=60\mathrm{d}$(雨停7d)，坡脚处仍有小范围暂态饱和区。

工况GK6～GK8(等强型暴雨工况)：由于降雨时间较短，降雨结束时刻坡体内渗流场有所变化，但形成的暂态饱和区范围较小且深度较小。雨停7d以后，坡体内渗流场基本与降雨前相同。

表14-5　剖面 $y=100\mathrm{m}$ 各工况降雨入渗计算结果

工况	时刻	暂态饱和区位置	暂态饱和区厚度/m
GK2	$t=16\mathrm{h}$	坡脚至拉裂缝	1
	$t=24\mathrm{h}$	坡脚至拉裂缝	2
	$t=2\mathrm{d}$(雨停1d)	—	—
	$t=4\mathrm{d}$(雨停3d)	—	—
	$t=8\mathrm{d}$(雨停7d)	—	—
GK3	$t=20\mathrm{h}$	—	—
	$t=30\mathrm{h}$	—	—
	$t=48\mathrm{h}$	—	—
	$t=3\mathrm{d}$(雨停1d)	—	—
	$t=5\mathrm{d}$(雨停3d)	—	—
	$t=9\mathrm{d}$(雨停7d)	—	—

续表

工况	时刻	暂态饱和区位置	暂态饱和区厚度/m
GK4	t=1d	—	—
	t=4d	坡脚至高程 3000m	4
	t=7d	坡脚至高程 3010m、高程 3020m 至坡顶，拉裂缝	8
	t=8d(雨停 1d)	坡脚至高程 2960m、高程 3015～3060m	6
	t=10d(雨停 3d)	坡脚处	5
	t=14d(雨停 7d)	坡脚处	2
GK5	t=7d	坡脚处	2
	t=20d	坡脚处	3
	t=52d	坡脚处	8
	t=53d(雨停 1d)	坡脚处	6
	t=55d(雨停 3d)	坡脚处	2
	t=60d(雨停 7d)	—	—

3. 降雨入渗敏感性分析

根据降雨入渗非稳定渗流三维有限元计算结果，分析边坡在降雨条件下渗流场的变化规律与主要影响因素的关系。

1) 雨型

在降雨总量和降雨历时相同的情况下，比较单峰型和等强型两种雨型对边坡降雨入渗的影响。选取 GK4 与 GK9 进行比较，典型剖面 y=75m 在以上两种降雨过程中 t=7d 的压力分布如图 14-4 所示。经计算，单峰型降雨在降雨结束时刻暂态饱和区分布在从坡脚至高程 2950m 处，其深度约为 5m；等强型降雨在降雨结束时刻暂态饱和区分布在从坡脚至高程 2960m 处，其深度约为 8m。可见在降雨总量和降雨历时相同的情况下，等强型降雨较单峰型降雨所形成的暂态饱和区范围更大，深度更深，且饱和区内的压力水头较大。由此可知，对于本工程边坡，在所选的降雨过程及雨强条件下，等强型降雨更加有利于入渗，对边坡的渗流场影响较大。

2) 雨强

在降雨历时相同的情况下，比较不同雨强对边坡降雨入渗渗流场的影响。为使暂态饱和区及其变化尽量明显，取降雨历时为 7d，雨强分别为 2mm/h、4mm/h 及 6mm/h 的降雨工况 GK9、GK10 和 GK11 进行计算分析。典型剖面 y=75m 在各雨强下 t=7d 的压力分布计算结果如图 14-5 所示。经计算，当雨强为 2mm/h 时，在降雨结束时刻边坡内暂态饱和区分布从坡脚延伸至高程 2960m 处，其最大

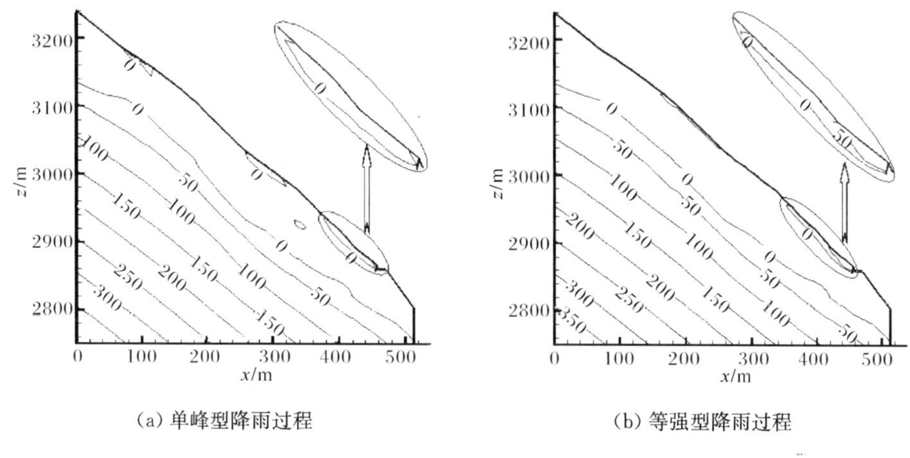

(a) 单峰型降雨过程　　　　(b) 等强型降雨过程

图 14-4　t=7d、不同类型降雨过程渗流压力分布图(单位:m)

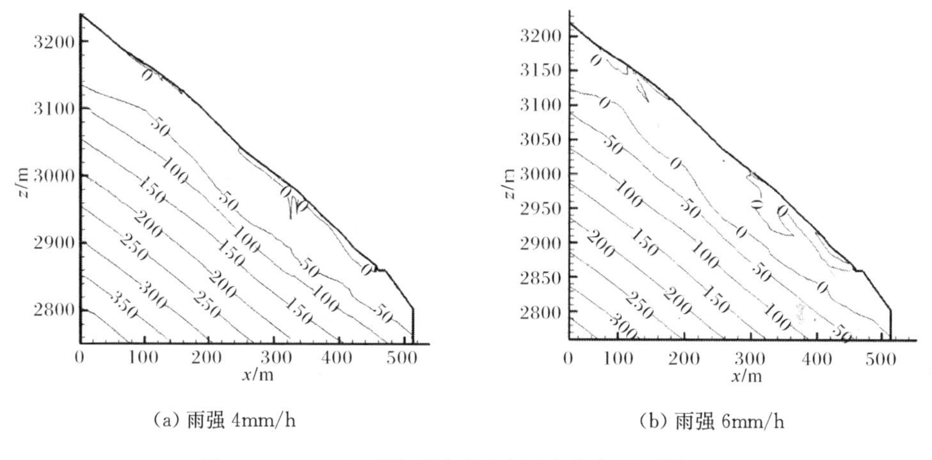

(a) 雨强 4mm/h　　　　(b) 雨强 6mm/h

图 14-5　t=7d、不同雨强时渗流压力分布图(单位:m)

深度约为 8m;当雨强为 4mm/h 时,在降雨结束时刻边坡的暂态饱和区分布从坡脚延伸至高程 3050m 处,其最大深度约为 8m,在拉裂缝周围小范围内也形成了暂态饱和区;当雨强为 6mm/h 时,在降雨结束时刻边坡内暂态饱和区分布从坡脚延伸至高程 3060m 处,其最大深度约为 10m,且拉裂缝周围的暂态饱和区范围较大,约为 5m。可见,雨强越大,边坡内暂态饱和区的范围越大,深度也越大,压力水头值越大。且随着雨强的增大,从拉裂缝进入坡体的水量增大,其入渗效果也比较明显。

3) 降雨历时

在雨强不变的情况下,比较降雨历时长短对入渗的影响。图 14-6 为雨强为 6mm/h,历时分别为 2d、5d 的降雨工况 GK12、GK13 下,典型剖面y=75m 边坡的渗流压力分布。降雨历时越长，形成的边坡内暂态饱和区范围越大、深度越大，拉裂缝周围因降雨入渗形成的饱和区也越明显。

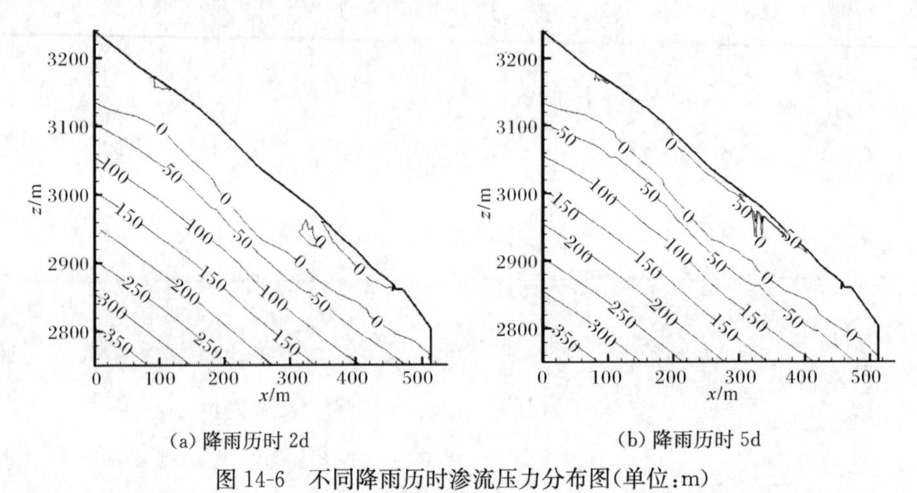

图 14-6　不同降雨历时渗流压力分布图(单位:m)

4) 边坡坡度

在相同降雨情况下，比较不同坡度对于边坡降雨入渗渗流场的影响。根据三维降雨入渗非稳定渗流计算结果，比较 $y=75$m 剖面与 $y=145$m 剖面边坡压力水头分布可知，边坡坡度越大，边坡内形成的暂态饱和区范围越小，深度越浅。

5) 渗透参数

为了分析边坡降雨入渗参数的敏感性，将岩体渗透系数分别降低和提高20%、50%，计算分析相同降雨情况(GK11)下边坡的渗流场，计算结果如图 14-7 所示。与原参数情况下的图 14-5(b) 进行比较可知，渗透系数增大时，尽管降雨入渗量增加，但是渗透系数大于雨强，入渗水流难以在坡体内形成暂态饱和区，因而形成的暂态饱和区范围较小，深度较浅；渗透系数减小时，降雨入渗量较大，入渗

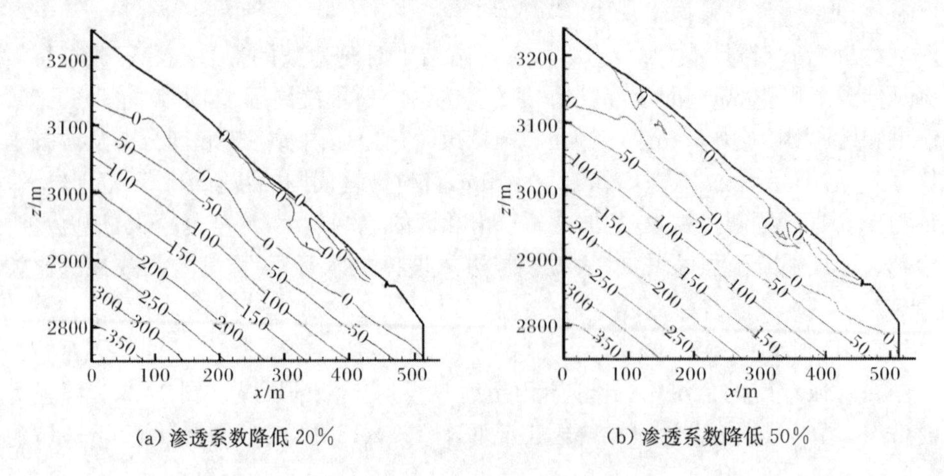

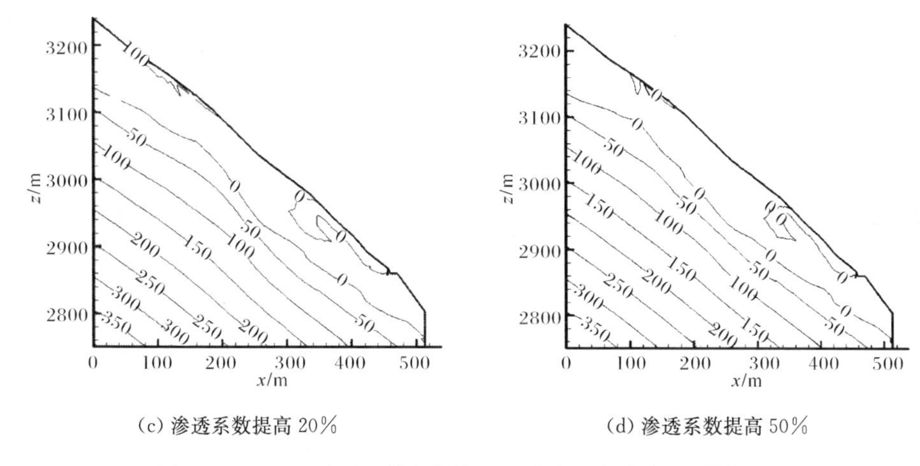

(c) 渗透系数提高 20%　　(d) 渗透系数提高 50%

图 14-7　t=7d、渗透系数变化情况下渗流压力分布图(单位:m)

水流容易在坡体内形成暂态饱和区,因而形成的暂态饱和区范围较大,深度较深。对于边坡降雨入渗渗流场,边坡岩体的渗透系数较为敏感,因此减小边坡表层岩体的渗透系数(如采用喷混凝土封闭等)可显著减小降雨入渗量,减小坡体内的暂态饱和区,提高边坡稳定性。

14.1.4　小结

(1) 降雨条件下边坡三维非稳定渗流分析表明,降雨雨型对坡体的渗流场有一定的影响,在给定的条件下(渗透参数及降雨量)等强型比单峰型降雨对坡体渗流场的影响更大。雨强与降雨历时对坡体渗流场的影响更大。当雨强大于岩体的渗透系数时,如降雨持续时间超过 1d 以上,坡体内便会形成明显的暂态饱和区。雨强越大,降雨历时越长,暂态饱和区沿坡面分布范围越广,饱和区垂直坡面方向深度越大。

(2) 降雨过程中,首先在坡脚处会出现暂态饱和区,随着降雨历时的延长,暂态饱和区向上和向深部扩展。一般坡脚处饱和区厚度最大,在现有资料和计算工况下,暂态饱和区深度极值约为 10m。边坡上部拉裂缝处,降雨入渗对坡体内非饱和渗流场影响较大,拉裂缝周围一定范围内也会形成暂态饱和区,且沿拉裂缝分布较深,该暂态饱和区最大范围为拉裂缝周围 5m 的Ⅱ区岩体。

(3) 降雨入渗边坡受岩体渗透系数影响较为敏感,在本工程降雨条件下,岩体渗透系数增大时,岩体入渗能力增大,降雨下渗量增加,但边坡排水能力也增大,故坡体内形成的暂态饱和区范围变小,深度变浅;岩体渗透系数减小时,情况正好相反,坡体内形成的暂态饱和区范围变大,深度变深。

(4) 在由当地降雨资料拟定的四个降雨工况(GK2~GK5)中,连续 7d 降雨工况(GK4)对于坡体内渗流场影响最大,其形成的坡体内暂态饱和区的范围及深度均是最大的。该工况可作为边坡稳定分析的控制降雨工况,此时,坡体内暂态饱和区的最大范围约为从坡脚至高程 3080m,垂直坡面的深度约为 8m。

(5) 为减小降雨入渗对边坡稳定的影响,应采取适当的工程措施。由于边坡顶部拉裂缝周围坡体内渗流场受裂缝入渗影响较明显,建议采取可靠的措施将拉裂缝封闭,以防止雨水从拉裂缝灌入。由于边坡表层岩体的渗透性对降雨入渗渗流场影响显著,因此减小表层岩体的入渗能力十分重要,建议采用适当的工程措施(如喷混凝土等)将入渗面封闭,以尽可能减少降雨入渗量,降低降雨入渗对边坡稳定的影响,提高边坡的稳定性。

14.2 高速公路边坡

14.2.1 工程概况

上陵至埔前高速公路[208](简称粤赣高速公路),是内蒙古阿荣旗至深圳盐田港公路的组成部分,也是连接粤赣两省的大通道,属国家重点工程。粤赣高速公路基本为南北走向,路线始于粤赣两省交界处的和平县上陵镇,终于河源市埔前镇,与河惠高速公路相接。该公路按行政区域由北向南共划分为三段:第一段上陵至合水段 45.238km (K000～K45＋238);第二段合水至热水段 43.762km (K45＋238～K89＋000);第三段热水至埔前段 46.677km(K89＋000～K135＋632)。

粤赣高速公路边坡开挖后大量为残坡积层及全强风化岩体,岩体强度较低,需要研究边坡在开挖、支护及降雨等情况下的渗流性态和安全度,从而掌握施工期及雨季边坡的安全稳定状态。这里选定粤赣高速公路典型边坡 K2,建立有限元模型,评价边坡的安全稳定性。

14.2.2 计算模型及条件

1. 模型范围和边界

考虑到强风化板岩板理产状为 NE75°NW∠42°,取垂直岩层走向且通过K2＋700 的剖面建立模型,如图 14-8 所示。其有限元模型范围为:以路面中心线与路面的交点向左 31m、向下 70m 处为原点建立坐标系,计算模型的边界 X 方向向右取 190.0m,即从 x=0m 到 x=190.0m,Y 方向取至地面,最大高度约 135.2m。

最高设七级边坡,单级边坡高 10m,平台宽 3m。自路肩开始到坡顶依次为第 1 级、第 2 级、第 3 级、第 4 级、第 5 级、第 6 级和第 7 级。

计算断面有限元网格如图 14-9 所示,截取边界约束条件:左侧 x=0m 和右侧 x=190.0m 为 X 向约束,底部 y=0 为 X、Y 双向约束。

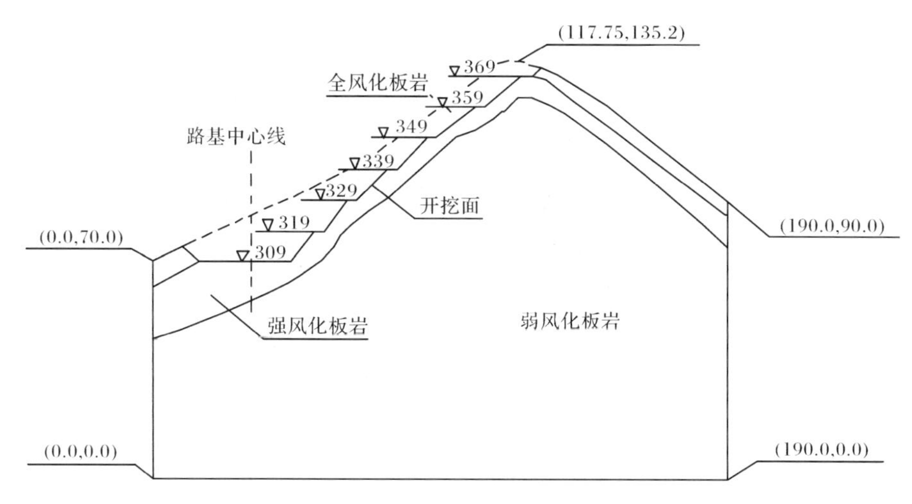

图 14-8　计算断面 K2＋700 截取范围(单位:m)

第 1、4 级边坡均采用锚杆框架加固,第 2、3 级边坡均采用预应力锚索框架加固。3 级坡上二排锚索长为 30m,下三排锚索长为 26m;2 级坡上二排锚索长为 26m,下三排锚索长为 22m,锚索孔倾角为 20°。锚杆由 ϕ32mm HRB335 螺纹钢制成。锚索荷载按 400kN 计算,按照其实际布置情况,将锚索的预应力施加在锚索两端位置的单元节点上。计算断面 K2＋700 锚索加固示意图如图 14-9(c)所示。需要说明的是,锚杆长度较短,对边坡稳定的影响仅是边坡表层、锚杆长度影响范围内的区域,因此这里采用提高加固范围内岩体的变形和强度参数的方法考虑锚杆加固措施的影响。根据锚杆布置的实际情况,加固后岩体的变形和强度参数提高5%～15%。

2. 计算参数及工况

K2 边坡岩体主要为板岩,因风化程度不同主要分为三层,分别为全风化变质板岩、强风化变质板岩、弱风化变质板岩,渗透系数分别取为 1.0×10^{-3} cm/s、1.0×10^{-4} cm/s、2.0×10^{-5} cm/s。为安全考虑,每种材料的给水度及储水系数都取 0。

根据提供的降雨资料,最大降雨取 2005 年 6 月 20～23 日连续四天的降雨量,分别为 240mm/d、300mm/d、160mm/d 和 50mm/d。另外,由资料知每年大约有 90d 降雨,而多年平均降雨量为 1793.2mm,故取平均降雨量为 20mm/d,连续降雨四天。

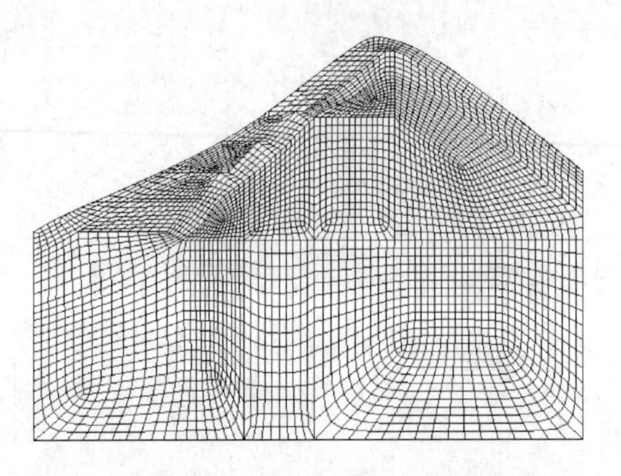

(a) 开挖前

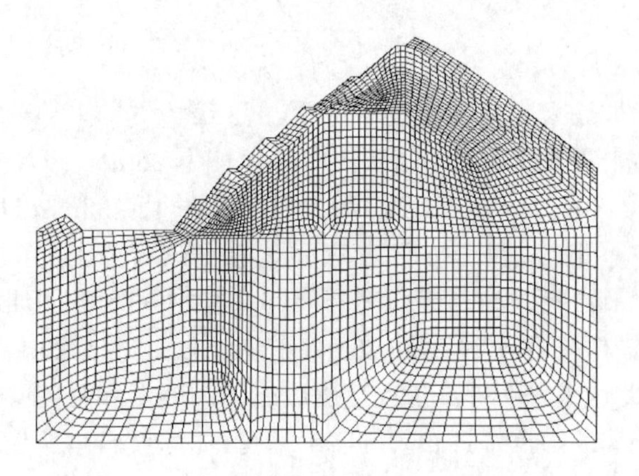

(b) 开挖后

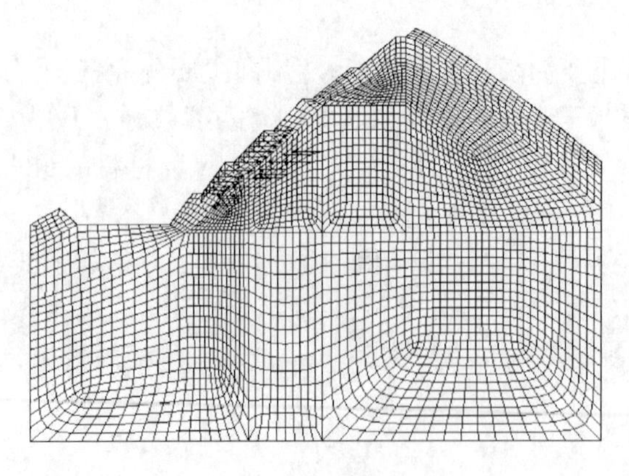

(c) 开挖加锚索后

图 14-9 计算断面 K2+700 有限元网格

K2 边坡岩体的物理力学参数见表 14-6。

表 14-6　K2 边坡岩体的物理力学参数

地层岩性		重度/(kN/m³)	黏聚力/MPa	泊松比	内摩擦角/(°)	弹性模量/GPa
Pz1 板岩	全	19	0.015	0.25	10.5	2.0
	强	22	0.02	0.30	14.8	2.5
	弱	22	0.02	0.30	20.4	3.5

渗流计算水力条件：根据所给地下水位资料，确定路基边坡外侧水位为 45.0m，路基外侧水位为 50.0m。拟定两个工况进行计算分析，工况 1 为暴雨情况，即连续四天暴雨，降雨量分别为 240mm/d、300mm/d、160mm/d 和 50mm/d。工况 2 为平均降雨情况，即连续降雨四天，每天降雨量为 20mm。

边坡结构有限元分析综合考虑开挖支护过程及汛期降雨入渗影响，对边坡应力、位移及安全度进行计算。开挖过程简化为 7 级卸荷，即高程分别为 369m、359m、349m、339m、329m、319m 和 309m，形成 7 级开挖边坡；实际支护是在开挖全部完成后进行的，这里模拟两种工况以便比较不同支护过程对边坡变形的影响：工况Ⅰ为分级开挖完成后一次支护；工况Ⅱ为分级开挖逐级支护。工况Ⅱ的第 4～7 级开挖由于没有支护措施，其位移、应力和稳定结果与工况Ⅰ一致。

在工况Ⅰ情况下考虑汛期降雨入渗问题，分别考虑边坡分级开挖完及一次支护后的暴雨情况（工况Ⅰ）和平均降雨情况（工况 2）。

14.2.3　计算结果及分析

1. *渗流分析*

对渗流计算的两个工况进行计算整理，工况 1 地下水位等值线如图 14-10 所示，由工况 1 和工况 2 比较可以得到以下结论：

(1) 降雨量的大小对边坡地下水位影响较大。连续暴雨对边坡地下水位影响较大，而连续平均降雨对边坡地下水位影响较小。

(2) 降雨开始时，地下水位以上边坡处于非饱和状态，随着降雨的持续，雨水渗入边坡，上部非饱和区的含水量逐渐增大，局部趋于饱和，同时负孔隙水压力（基质吸力）逐渐降低，使抗剪强度下降，导致边坡稳定性下降。由于边坡地下水位较低，降雨入渗强度较小，而边坡的渗透系数较大，因此在持续降雨四天后，边坡内稳定地下水位以上未出现暂态饱和区。

(3) 实际的降雨边坡入渗过程比建立的数学模型复杂得多，尽管边坡内未出现暂态饱和区，但是由于岩体含水量较高，基质吸力降低，使得岩体的抗剪强度降低，特别是岩体内结构面的强度参数减小，因此降雨入渗引起的地下水（包括暂态

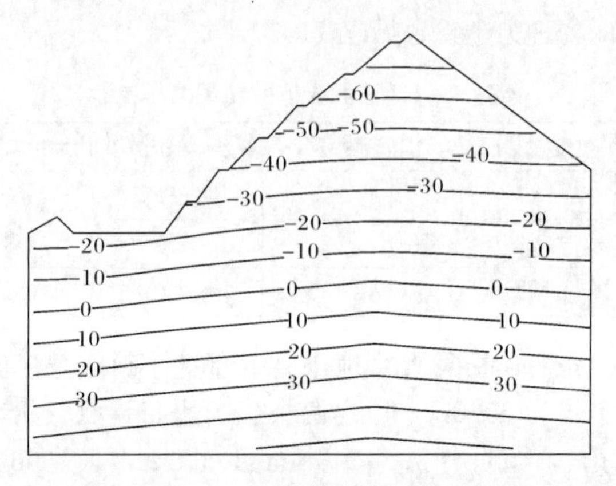

(a) 初始时刻

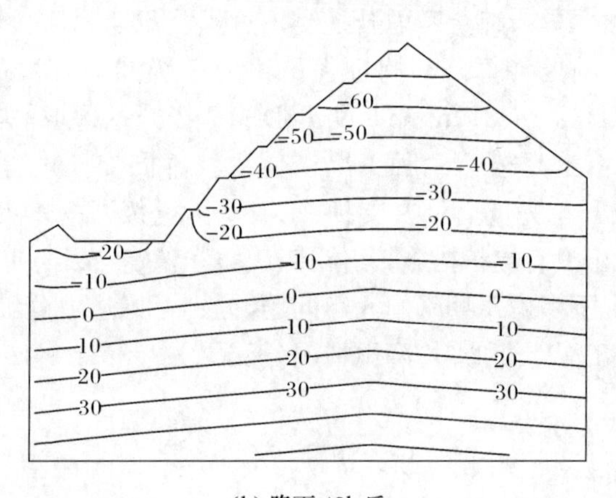

(b) 降雨 48h 后

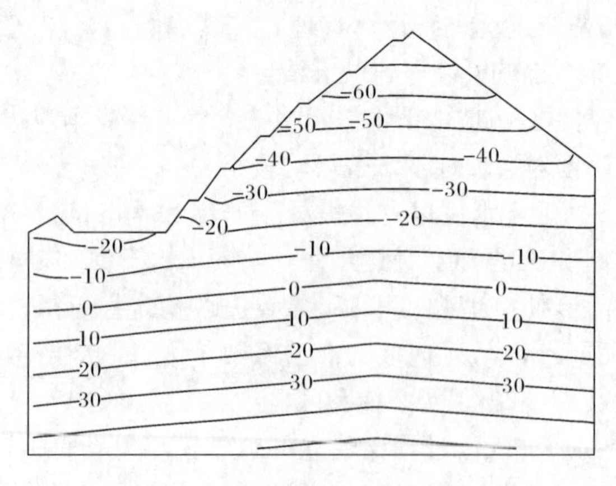

(c) 降雨停止 3d 后

图 14-10　工况 1 地下水位等值线(单位:m)

饱和区)荷载变化导致边坡失稳可能不是主要因素,最重要的是岩体(主要是结构面)的抗剪强度降低。当入渗的雨水继续下渗时,如遇到地质软弱构造,会显著降低该构造的抗剪能力,引起边坡失稳。这也是有些边坡失稳发生在降雨停止后某个时刻的主要原因。

2. 稳定分析

定义边坡的安全系数为单元潜在滑动面上的强度储备,即单元的潜在滑动面上的抗剪强度与剪应力的比值。计算断面 K2＋700 在工况Ⅰ下边坡的安全系数等值线如图 14-11 所示,工况Ⅱ下边坡的安全系数等值线如图 14-12 所示,边坡分级开挖完成和一次支护后在平均降雨情况和暴雨情况下的安全系数等值线如图 14-13 和图 14-14 所示。

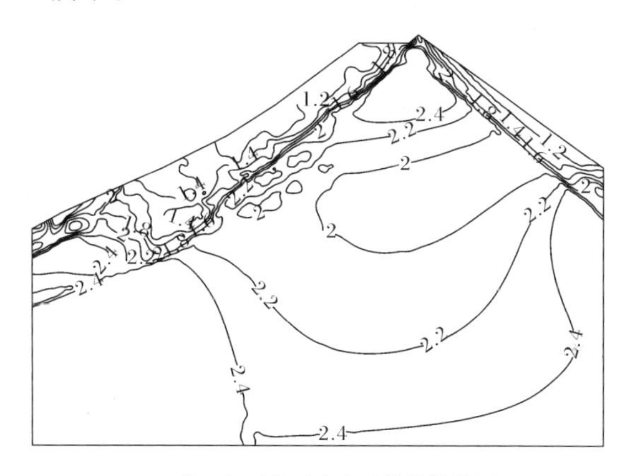

(a) 第 7 级开挖后安全系数等值线图

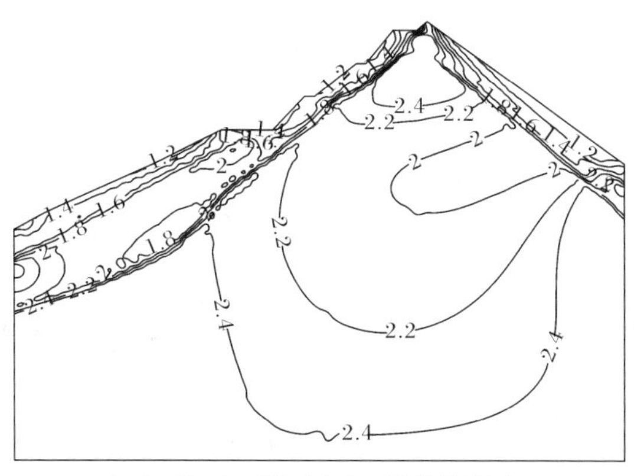

(b) 第 4 级开挖后安全系数等值线图

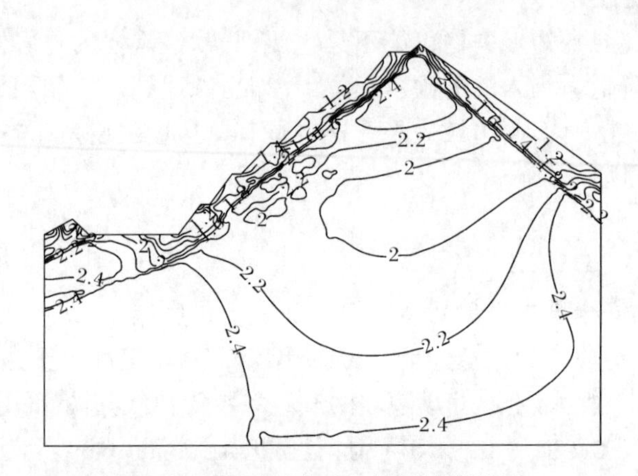

(c) 第 1 级开挖支护后安全系数等值线图

图 14-11　不同时期计算断面 K2＋700 在工况Ⅰ下的安全系数等值线图

计算断面 K2＋700 在两种工况及降雨和暴雨情况下的最小安全系数见表 14-7，由图 14-11～图 14-14 和表 14-7 可以看出：

(1) 与工况Ⅰ相比，工况Ⅱ在各级开挖后的最小安全系数较大，支护措施对增加边坡安全性的效果更显著，在施工允许的情况下，应尽量采取分级开挖逐级支护的方式。

(2) 工况Ⅰ和工况Ⅱ的最小安全系数整体上变化不大，基本上在 1.0～2.4。随着逐级开挖，最小安全系数的范围略有扩展，都分布在已开挖边坡附近及边坡背面，其中最小安全系数发生在工况Ⅰ的第 1 级开挖后，为 1.028，有可能会产生滑坡或破坏。

(3) 工况Ⅰ边坡支护后的安全系数与支护前相比，整体分布规律没有明显变化，但是在靠近边坡开挖面处最小安全系数的区域面积有所减小，提高了边坡开挖区的安全性。

(4) 工况Ⅱ中第 1 级和第 4 级坡上施加的锚杆支护对边坡安全性影响不明显，但在第 2 级和第 3 级坡加上锚索支护作用的情况下，最小安全系数的分布范围有明显减小，在锚索作用区域内安全系数明显增加。可见，锚索支护提高了边坡下一级开挖的安全性。

(5) 降雨后的最小安全系数比降雨前有所减小，降雨强度的增大也会导致安全系数的减小，平均降雨情况在未支护时最小安全系数为 1.006，暴雨情况在未支护时最小安全系数为 0.997。由此可见降雨有可能会导致滑坡或破坏。

(6) 支护后降雨的最小安全系数比开挖后降雨的要大，最小安全系数的分布范围有一定的减小，尤其在第 2 级和第 3 级坡附近，安全系数提高幅度较大。支护后平均降雨情况下最小安全系数为 1.025；支护后暴雨情况下最小安全系数为

1.012,可见锚索支护能有效抑制降雨对边坡安全度的不利影响。

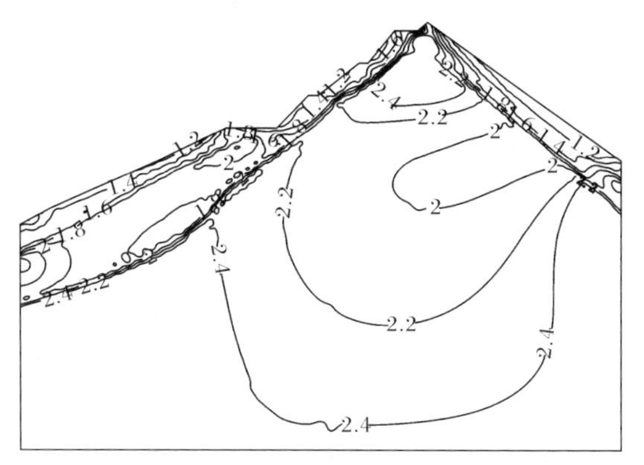

(a) 第 4 级支护后安全系数等值线图

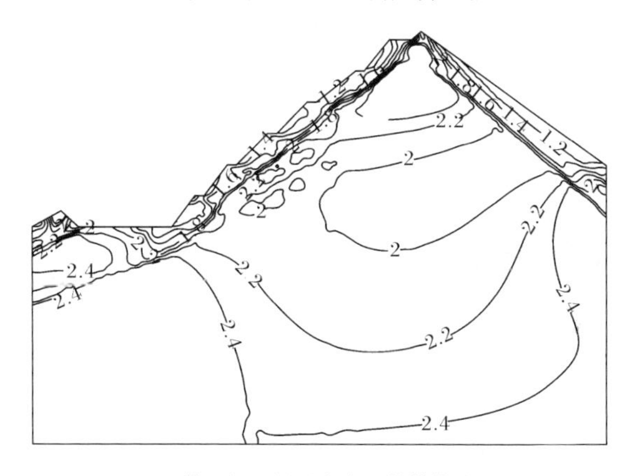

(b) 第 1 级开挖后安全系数等值线图

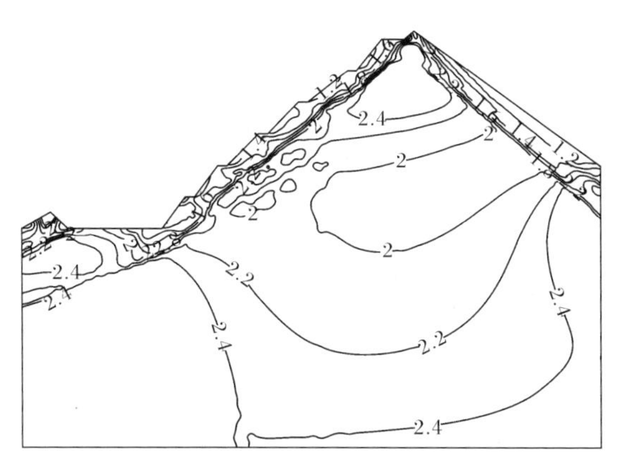

(c) 第 1 级开挖支护后安全系数等值线图

图 14-12　不同时期计算断面 K2＋700 在工况Ⅱ下安全系数等值线图

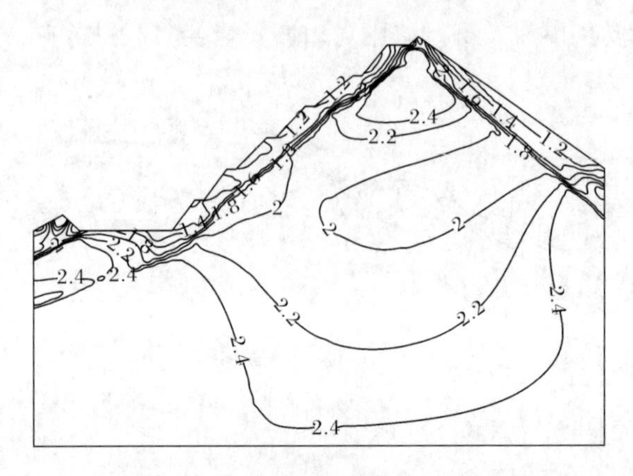

(a) 开挖后降雨

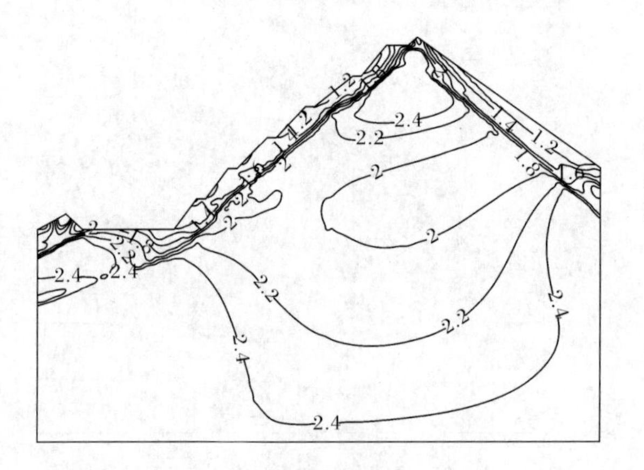

(b) 支护后降雨

图 14-13　计算断面 K2+700 在工况Ⅰ平均降雨情况下安全系数等值线图

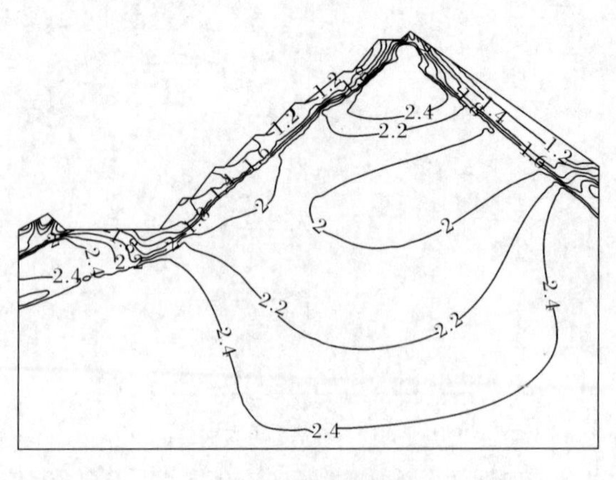

(a) 开挖后暴雨

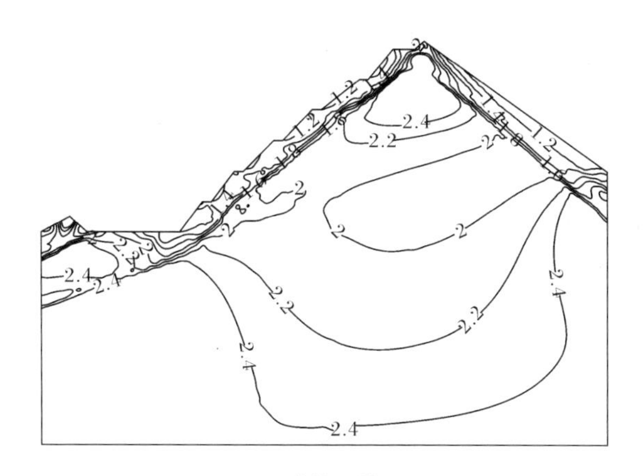

(b) 支护后暴雨

图14-14　计算断面 K2＋700 在工况Ⅰ暴雨情况下安全系数等值线图

表 14-7　计算断面 K2＋700 在两种工况及降雨和暴雨情况下的最小安全系数

时刻	最小安全系数	
	工况Ⅰ	工况Ⅱ
第 7 级开挖	1.091	1.091
第 6 级开挖	1.082	1.082
第 5 级开挖	1.071	1.071
第 4 级开挖	1.055	1.055
第 4 级开挖后支护	—	1.055
第 3 级开挖	1.039	1.039
第 3 级开挖后支护	—	1.043
第 2 级开挖	1.031	1.037
第 2 级开挖后支护	—	1.039
第 1 级开挖	1.028	1.034
第 1 级开挖后支护	1.032	1.034
支护前平均降雨后	1.006	—
支护后平均降雨后	1.025	—
支护前暴雨后	0.997	—
支护后暴雨后	1.012	—

14.2.4 小结

(1) 降雨量对边坡地下水位影响较大,尤其是连续暴雨情况;边坡的降雨入渗过程是一个非稳定入渗过程,同时也是非饱和状态向暂态饱和至饱和状态发展的进程,容易在降雨停止后发生边坡失稳破坏。

(2) 支护措施对增加边坡安全性的作用明显,建议在施工条件允许的情况下,采取分级开挖逐级支护的方式,锚索支护对2#桩变形体边坡的下一级开挖的安全有利。

(3) 降雨对边坡稳定的影响较大,但锚索支护能有效抑制降雨对边坡安全度的不利影响。

14.3 地下厂房围岩

14.3.1 工程概况

坪头地下厂房[209]位于溪洛渡拱坝水库库区内,厂区枢纽主要建筑物由主厂房、副厂房、安装间、主变室和GIS室及尾水洞等组成。主厂房和副厂房呈"一"字形布置。主机间长×宽×高为44.0m×16.0m×39.7m。副厂房在主机间右侧,长×宽×高为11.0m×16.0m×22.5m。安装间在主机间左侧,长×宽×高为20.0m×16m×27m。主变室及GIS室布置于洞内,长×宽×高为40.1m×15m×23.5 m。厂房顶拱高程为608.9m,建基面高程为569.3m,主厂房、主变室及GIS室二洞平行布置,主厂房与主变室及GIS室之间岩体厚为28m。

地下厂房位于水平埋深175~195m、垂直埋深115~135m的山体内,围岩岩性为震旦系上统灯影组(Zbd^{3-1})灰白色中厚层状细晶白云岩,层状结构,岩质坚硬,岩层总体产状为N60°~70°E/SE∠30°~40°,微倾山外偏下游。根据地表测绘资料和探洞揭露情况:围岩中无断层分布,裂隙除第①组裂隙外,其他多为局部段发育,主要有4组:①N50°~60°E/SE∠35°~40°,延伸大于5m,平直粗糙,多闭合,部分张开0.3~0.6cm,充填少量粉土及岩屑,间距一般为15~25cm,部分为40~80cm,干燥。②N65°~85°E/SE∠75°~85°,延伸大于10m,起伏粗糙,多闭合,无充填,间距15~30cm,干燥。③N15°~25°E/SE∠75°~85°,延伸大于10m,三壁贯通,起伏粗糙,多闭合,无充填,间距一般为0.5~1m,部分为20~40cm,干燥。④N20°~30°W/SW∠55°~65°,延伸大于10m,三壁贯通,多闭合,部分张开0.2~0.5cm,充填少量粉土及岩屑,间距为30~60cm,部分为1~2m,干燥。根据探洞资料推测,地下厂房围岩多为较新鲜的中厚层状细晶白云岩,岩体中无断层,围岩整体稳定性较好,溶蚀作用较弱,结构较紧密。仅第①组层面裂隙发育,延伸性较长，多闭合、部分充填溶蚀粉土，走向与厂房等洞室的纵轴线交角为 40°～60°，层面倾角较大，为 35°～40°，岩体多呈互层～中厚层状结构，部分厚层状结构，围岩为Ⅲ～Ⅳ类，以中等透水为主，厂房区的地应力较小，发生岩爆等高地应力问题的可能性较小。

为了保证地下厂房围岩稳定，结合该地下厂房的具体地形地质条件，并借鉴国内外已建大中型地下厂房的经验，确定采取"厂外堵排为主，厂内排水为辅"的渗控设计原则，进行厂房防渗和排水系统的设计。拟定渗控措施方案为：在地下洞室群的四周分别布置灌浆帷幕及 3 层排水廊道。上游各层廊道的底板高程自下而上分别为 571.02m、587.70m 和 610.00m，下游各层廊道的底板高程自下而上分别为 566.3m、587.70m 和 610.00m，左右两侧的三层廊道各自相应地连接上下游侧的三层廊道。各层排水廊道之间均有防渗帷幕和位于防渗帷幕内侧的逸流型排水孔（幕）贯通。上游面顶层排水廊道的上部增设一道向上的排水孔（幕）。在上下游顶层排水廊道上部布置成"屋顶型"斜交排水孔（幕），以此截住和排走从厂房区顶部岩体入渗和顶部地面降雨入渗的渗透水量。各底层廊道底板向下也布置防渗帷幕和排水幕，深度为 30m。上述防渗帷幕和排水幕形成了厂房区洞室群周围全封闭防渗排水的立体渗控系统。此外，为了降低地下洞室洞顶和边墙的地下水压力，在厂房洞室四周一定范围内布置封闭性排水孔，形成第二道辅助排水系统。所有灌浆帷幕孔间距为 2.0m；排水幕排水孔间距为 3.0m，孔径为 76mm。

14.3.2　计算模型及条件

1. 计算模型

为了精确模拟地下厂房区复杂的渗流源和防渗排水措施，计算时采用两套网格：大计算域网格和小计算域网格。大计算域网格的范围完全包含小计算域网格的范围。大计算域包含上游较大范围的压力引水隧洞和全部防渗排水措施，目的是精细地确定小计算域网格的渗流边界条件和了解厂房区大范围渗流场的宏观整体渗流特性；小计算域网格主要用于精细地模拟厂房附近的防渗和排水措施，以及岩体的渗流特性，包括主要洞室附近和水力梯度较大区域的单元网格细化。下面对大计算域和小计算域的选取进行说明。

根据地下厂房建筑物的布置情况、岩体的水文地质特性、山体的地形地貌状况，并考虑便于正确确定渗流计算域四周岩体内的渗流边界条件，大计算域范围取为：该计算域的边界面 1 为下游河床中心面；边界面 2 为山沟中心面；边界面 3 和 5 为山冈中心面；边界面 4 为靠近山头的一任意面，位置的选取应保证计算域足够大和计算网格的形态尽量好，如图 14-15 所示。边界面 1、2、3 和边界面 5 是渗流对称面,为渗流不透水边界。该计算域的底部取至高程 400m,顶部为计算域内自然地形的表面。根据以往工程经验,本次设定的大计算域范围能够满足渗流场计算精度的要求。

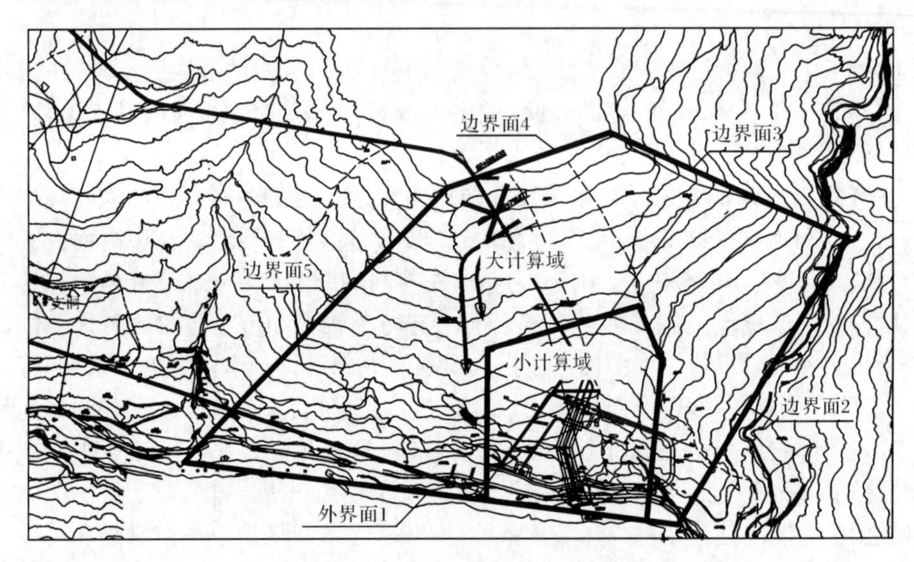

图 14-15　大计算域和小计算域范围

小计算域的选取主要包括地下厂房及其周边的帷幕和排水幕等重要防渗排水措施。网格剖分的单元较小,对主要防渗和排水设施都进行了精细模拟,即不但在它们的分布位置和高程进行了精细模拟,甚至对各个排水孔的几何形态和工作类型也都进行了准确的模拟。

两套网格的坐标系设置相同,如图 14-16 所示。坐标原点放置于副厂房上游侧拐角处,X 轴垂直于厂房轴线,指向下游;Y 轴垂直于 X 轴,指向主厂房;Z 轴垂直于 XOY 平面向上,零点位置与工程零高程重合。图 14-17 为大计算域三维网格。在未经衬砌和排水孔单元二次剖分之前网格单元数 13872 个,节点数 14801 个;经二次剖分后,网格单元数增至 22917 个,节点数增至 30355 个。图 14-18 为小计算域三维网格,未经二次剖分之前网格单元数 35206 个,节点数 36346 个,经过衬砌和排水孔的二次剖分后单元网格数增至 55729 个,节点数增至 66810 个。大小两套网格均以 8 节点六面体空间等参单元为主,局部区域以 6 节点五面体空间等参单元进行过渡,确保了单元的形态和网格质量。图 14-19 为厂房四周防渗帷幕网格。图 14-20 为厂房区排水幕网格(未包含厂房区各洞室群自身周围的排水孔)。

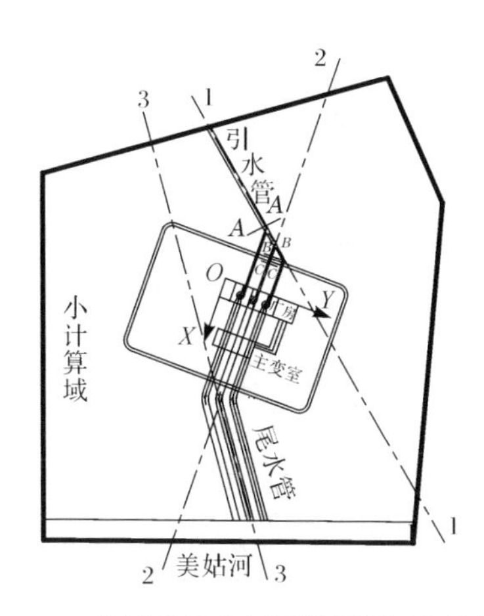

图 14-16　坐标系及各剖面位置图(小计算域)

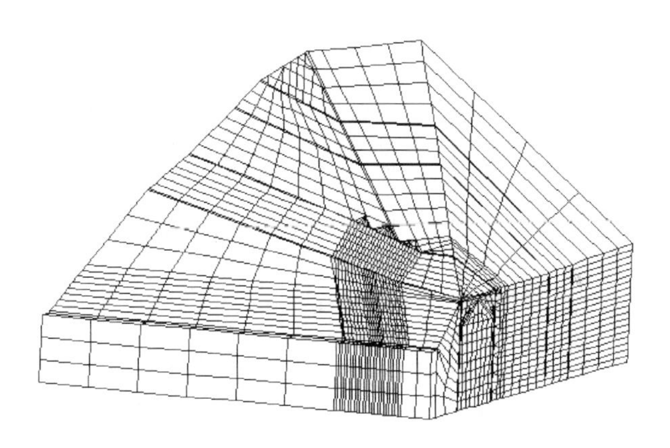

图 14-17　大计算域三维网格

2. 计算参数和计算工况

岩体渗透系数根据地质报告取值。其中,卸荷带区渗透系数为 1×10^{-2} cm/s;强风化区上段渗透系数为 1×10^{-2} cm/s;强风化区下段渗透系数为 1×10^{-3} cm/s;弱风化区和中厚层状细晶白云岩区(地下厂房岩层区)渗透系数为 1×10^{-4} cm/s,并考虑渗透各向异性;厂房下方的裂隙性风化夹层区渗透系数为 1×10^{-2} cm/s。防渗帷幕的渗透系数为 1×10^{-5} cm/s;混凝土的渗透系数为 1×10^{-7} cm/s。

根据引水压力管道水位和下游水位,以及各种防渗排水措施的性能,如不同的排水孔间距和失效程度,岩体的各向异性情况等条件进行合理假设组合,建立多组计算工况,以研究地下厂房围岩的渗流特性,见表 14-8。

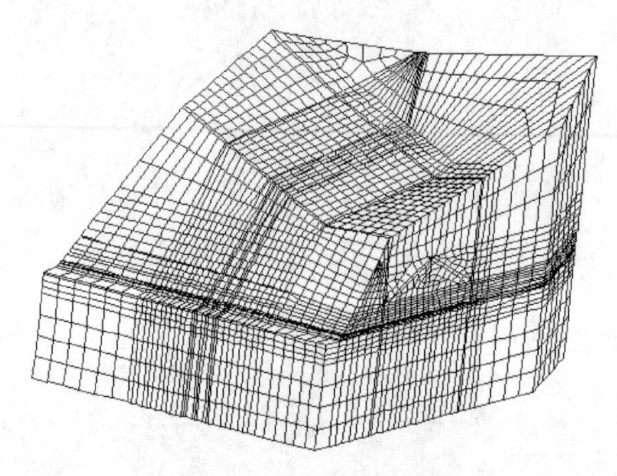

图 14-18　小计算域三维网格

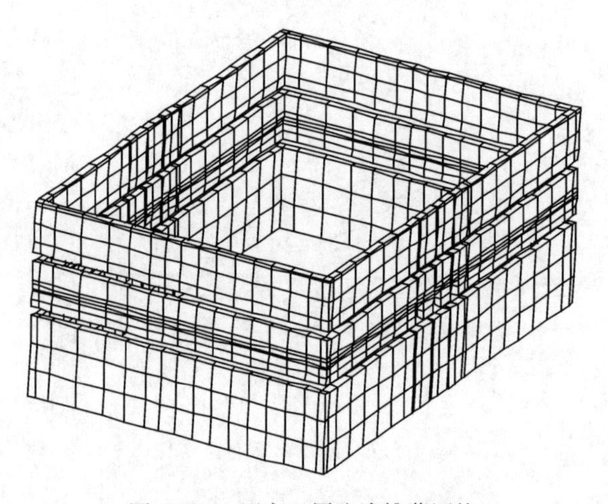

图 14-19　厂房四周防渗帷幕网格

表 14-8　渗流场计算工况

<table>
<tr><th>工况序号</th><th>电站尾水位/m</th><th>岩层特性</th><th>备注</th></tr>
<tr><td>1</td><td>600.00</td><td>非均质各向同性</td><td>大计算域网格。引水隧洞水位取 913.00m,并考虑地下水位影响</td></tr>
<tr><td>2</td><td>600.00</td><td>非均质各向同性</td><td rowspan="6">小计算域网格。除下游面采用不同的尾水位外,其余部位的边界条件由工况 1 的大计算域网格插值得到。排水孔间距为 3m</td></tr>
<tr><td>3</td><td>604.00</td><td>非均质各向同性</td></tr>
<tr><td>4</td><td>607.94</td><td>非均质各向同性</td></tr>
<tr><td>5</td><td>607.94</td><td>非均质各向异性比 1∶2</td></tr>
<tr><td>6</td><td>607.94</td><td>非均质各向异性比 1∶5</td></tr>
<tr><td>7</td><td>607.94</td><td>非均质各向异性比 1∶10</td></tr>
</table>

续表

工况序号	电站尾水位/m	岩层特性	备注
8	607.94	非均质各向同性	排水孔全部失效，其余同工况 4
9	607.94	非均质各向异性比 1∶5	排水孔全部失效，其余同工况 6
10	607.94	非均质各向同性	排水孔间距增大至 5m，其余同工况 4
11	607.94	非均质各向同性	排水孔隔孔失效，即排水孔间距增大至 6m，其余同工况 4
12	607.94	非均质各向同性	防渗帷幕的透水率为 5Lu，其余同工况 4
13	607.94	非均质各向同性	防渗帷幕的透水率为 10Lu，其余同工况 4
14	607.94	非均质各向同性	最底层帷幕缩短 10m，排水孔缩短 20m，其余同工况 4
15	607.94	非均质各向同性	最底层帷幕延长 5m，其余同工况 4

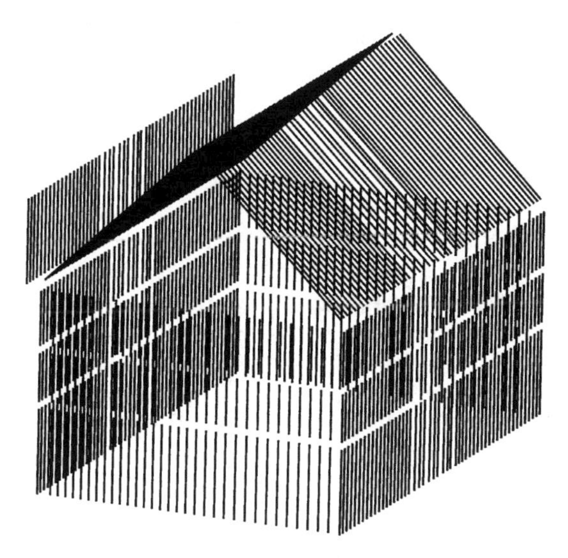

图 14-20　厂房区排水幕网格（排水孔孔距 3m）

14.3.3　计算结果及分析

本节选择 3 个典型工况对计算结果进行分析讨论，即表 14-8 中的工况 2、工况 6 和工况 11。由于该地下厂房为引水式，厂址远离上游水库，所以厂房区的主要渗透水来源为混凝土压力引水管道的渗透来水、地下水和下游来水。

图 14-21 为工况 2 沿厂房 2 号机组（共 3 台机组）中心线断面的水头等值线分布。由图可见，整个渗流场的水头分布规律合理，水头等值线形态、走向和密集程度都正确反映了相应位置处的渗控措施特点、岩体渗流特性和边界条件。在上下游封闭防渗帷幕和排水幕的联合作用下，上下游来水都得到了有效控制。上游自

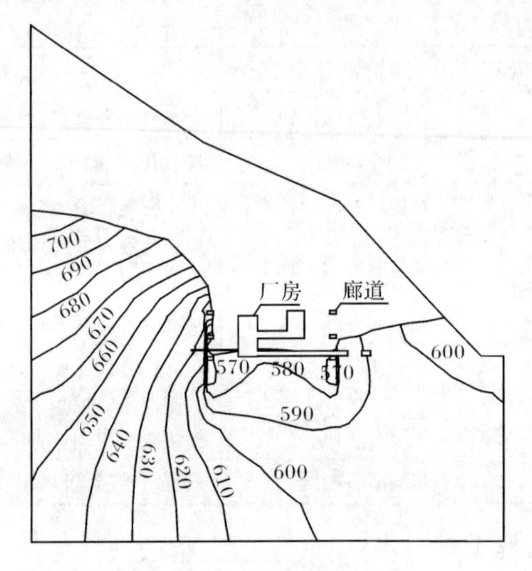

(a) 沿厂房 2 号机组中心线剖面

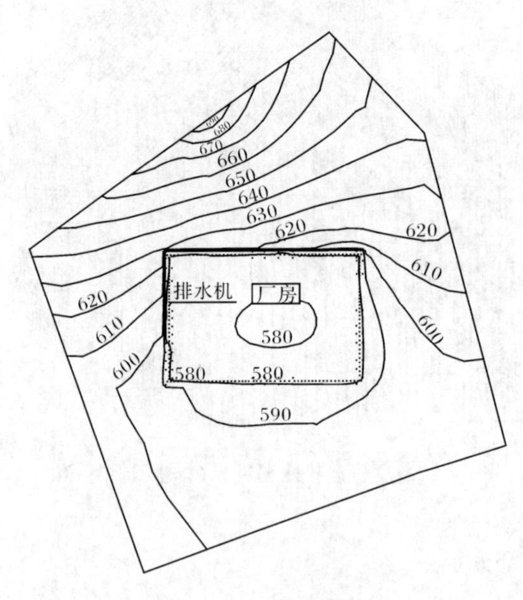

(b) z=580m 断面

图 14-21　工况 2 典型断面水头等值线分布图(单位:m)

由面在靠近主厂房上游的第 4 层(按由下至上计数)排水幕处(该处没有帷幕)骤降,说明排水孔起到了很好的排水降压作用,上游上部渗透水流几乎都进入到该层排水幕的排水孔内,没有渗透水流再进入厂房,主副厂房、主变室等主要地下洞室上部均处于非饱和区。在上游帷幕的中下部,水头等值线密集,水头削减明显,说明帷幕在排水幕导渗排水降压作用的协助下起到了很好的防渗作用。下游相应部位也有体现，只不过下游处水头差较小，这种现象不明显。因此，从设计和施工层面来讲，对上游帷幕的要求应明显高于对下游帷幕的要求。厂房底部的浸水主要是由厂区底部岩体的绕渗所引起的。另外，由于上游来水被上游第 4 层排水幕拦截且下游水位较低，使得厂房顶部两排相向的"屋顶型"斜交排水幕和下游上面两道防渗和排水幕在现有条件下都处于非饱和区，此时排水孔不起任何排水降压的作用，只起到安全储备作用(主要在上部山体降雨入渗时起截渗作用)，因此可适当增加该部位排水孔的间距，以节省工程投资。

图 14-22 为工况 6 典型断面水头等值线分布图，此时假设斜穿厂房区域的灰岩层渗透各向异性比(岩层结构面的法向与切向的主渗透系数之比)为 1∶5，下游水位升至 607.94m，其余同工况 1。由图可见，渗流场水头分布除下游局部区域外(因计算中下游水位抬高了)总体上与工况 1 相似。进一步增大该岩层的各向异性比，即岩层切向渗透能力增大(岩层切向指向厂房，对厂房区渗流的影响可能会很不利)，与岩体渗透各向同性的工况 1 相比，厂房上游侧的渗流场水头分布并没有因此而有较大的变化，仅是在上游顶部排水孔处有轻微不同，自由面随渗透各向异性比增大向厂房区域有所推进，但渗透水流最终还是被现有排水幕的强大排水能力完全截住，并未进入厂房，说明现有渗控措施能够满足不利情况的防渗排水要求。另一个不同点在于厂房底部进水区域随着该层岩体渗透各向异性比的增加反而逐渐减小。这种看似反常的现象是在现有特殊的岩层特性和渗控措施的情况下发生的，其原因是：尽管岩体渗透各向异性比增大，即指向厂房的岩层切向透水能力增强，但渗透水流仍被帷幕和排水幕完全截住，计算表明此时排水孔的排水量随着各向异性比的增加而有明显的增加，说明排水孔的排水降压能力得到进一步发挥。与此同时，该岩层法向透水能力随着渗透各向异性比的增加反而减小(尽管此时的法向渗透系数未变)，渗透水流大部分向容易渗透的、水力阻力小的切向运动，通过法向进入下一岩层的渗流量明显减小，渗透水流反而得到更好的控制。根据前面渗透水流的渗透途径分析，厂房底部的绕渗进水主要是由于底部岩体传来的渗透水流，而该流向垂直于岩体的结构面，因此随着岩体渗透各向异性比的增大，厂房底部绕渗进水的区域和力度反而有所减小。

应当强调的是，上述渗流特性的反常现象是在切向渗流量小于排水孔的排水能力且排水孔完全畅通的前提下出现的。如果切向渗流量大于排水孔的排水能力(或排水孔被堵塞)，那么此时渗透水流就会长驱直入，进入厂房区域。

图 14-23 为工况 11 典型断面水头等值线分布图，此工况假定排水孔隔孔失效，即排水孔的间距增大至 6m，其余同工况 4。与工况 4 相比，渗流场特性仍然相差无几，并没有因为排水孔间距的增大而明显改变，说明整个防渗措施的防渗排水能力仍然大于上游来水的入渗能力。进一步增大排水孔间距，如增大至 10m，

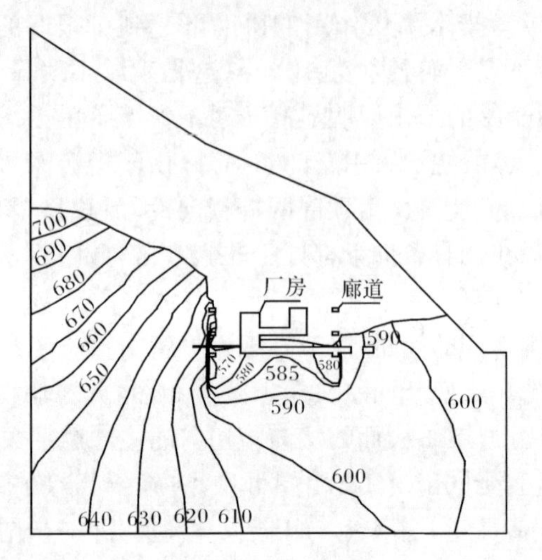

图 14-22　工况 6 典型断面水头等值线分布图(单位:m)

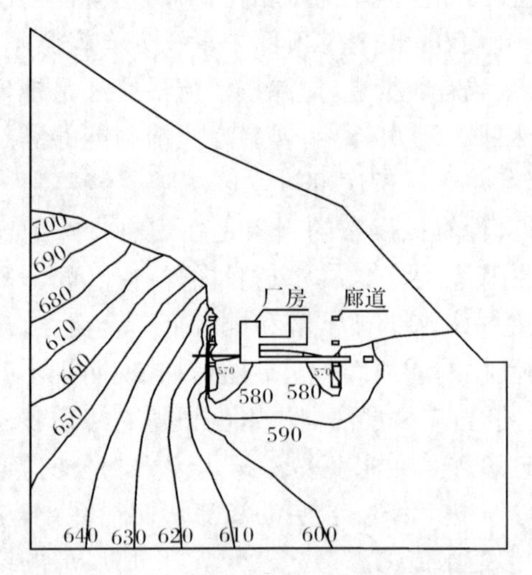

图 14-23　工况 11 典型断面水头等值线分布图(单位:m)

与工况 3 相比唯一不同的是自由面在顶排排水幕和中间排水幕之间向下游侧突出,该处水头值较前面工况有所增加,但是在中间及底层排水孔幕的共同作用下,自由面仍然下降很快,地下洞室群大部分仍然处于非饱和区。由于排水孔间距较大,厂房底部扬压力较工况 4 有所增大,特别是主变室下面的尾水管外水压力有所增大。

14.3.4　小结

（1）厂房区渗流采用以“厂外堵排为主，厂内排水为辅”的防渗排水设计原则是正确的。计算表明，在下游河床高尾水位和岩体强各向异性等多种不利情况下，现拟渗控措施能够有效地将上下游渗透来水防堵在外，防排系统之内的厂房大部分围岩区域都处于非饱和区。

（2）计算表明，上游帷幕和排水幕在整个渗流场中起到控制性的防渗排水作用，而下游的防渗帷幕和排水幕由于下游来水水位较低，现拟帷幕和排水幕没有完全发挥其功效，尤其是上面两层帷幕和排水幕，它们因处于非饱和区，理论上没有起到任何的防渗排水作用，因此在设计和施工时应强调上游帷幕和排水幕的要求，但可适当减弱或简化对下游帷幕和排水幕的要求。

（3）由于排水幕的排水降压作用显著，排水孔间距在可能范围内变化对渗流场的影响不是很大，基本都能满足排渗降压的渗控要求。但是，如前所述，排水孔强大的排水能力是在排水孔畅通的前提下实现的，一旦出现排水受堵，厂房区渗流场就会发生巨大的变化。因此，从经济和偏于工程安全的角度出发，现有排水孔的间距还可以适当扩大一些，建议上游排水幕的排水孔间距扩大至 4～5m，下游排水幕的排水孔间距可以放宽到 5～6m，但要确保排水孔在工程长期运行时排水畅通。

第 15 章　尾矿坝渗流分析与控制

15.1　辐射井应用案例

15.1.1　工程概况

首钢矿业公司水厂铁矿位于河北省迁安市，西距北京市 200km，南距唐山市 80km，东南距迁安市 20km。矿区地理坐标：东经 118°32′～118°36′，北纬 40°06′～40°09′。矿区交通方便。公路可经迁西、遵化、蓟县、三河直达北京、天津，并和京沈干线相连。铁路专用线自水厂铁矿精矿站起贯穿迁安矿区与京山线卑家店车站接轨（卑水线），与通坨线在沙河驿车站接轨。水厂铁矿拥有新水和尹庄两座紧挨相连的尾矿库[25]。

尹庄尾矿库由尹庄主坝、马兰峪和磨石庵两座副坝以及尾矿堆积坝组成。尹庄主坝坝顶高程 150.0m，为透水堆石坝，坝高 41.5m；马兰峪副坝坝顶高程 150.0m，为透水堆石坝，坝高 18.8m；磨石庵副坝坝顶高程 180.0m，为均质土坝，坝高 7m。一期设计尾矿坝最终堆积高程为 230m，总库容 1.023 亿 m^3，有效库容 7670 万 m^3。到 2009 年 6 月尹庄尾矿库尾矿堆积高程已达到 215m，剩余总库容约为 2094.79 万 m^3，有效库容为 1571.1 万 m^3。

随着尾矿库后期子坝的逐渐堆筑，坝体浸润面将进一步抬升，有可能出现浸润面在堆积坝坡出逸的情况，影响坝体稳定，因此必须采取工程措施降低坝体浸润面。一般情况下，降低尾矿库浸润面主要采用虹吸井、深挖盲沟、辐射井、排渗墙等措施。

新水尾矿库坝体浸润面较高，浸润面从初期坝坝顶以上的坝坡出逸。这里采用三维有限元法，考虑新水尾矿库实际情况，选取尾矿库高程 180m 时坝体典型剖面，分别计算和比较设置辐射井和排渗墙的渗控效果，确定合理的渗控措施，为联合加高工程尾矿坝渗流分析提供理论支撑。

15.1.2　辐射井的渗控效果计算分析

1. 计算模型及条件

1) 有限元模型与边界

选取新水尾矿库高程 180m 时坝体典型剖面，建立有限元模型进行计算分析。

计算坐标规定如下：取 X 轴为水平方向，垂直于初期坝坝轴线，指向上游为正；Y 轴为初期坝坝轴线方向，取自辐射井指向相邻辐射井方向为正；Z 轴为垂直方向，向上为正，与高程一致。

新水尾矿库高程 180m 时坝体典型剖面如图 15-1(a)所示。现拟在高程 166m 平台处设置集水井，间距 103m，井底高程 135.00m，井深 31m，集水井内径 3m。在井底高程以上 2.5m(高程 137.5m)处设水平管排渗，水平管共 8 根，长 50m，管径 10cm，辐射向布置，夹角 22.5°，管壁钻孔。辐射井布置如图 15-1(b)所示，辐射井示意图如图 15-2 所示。

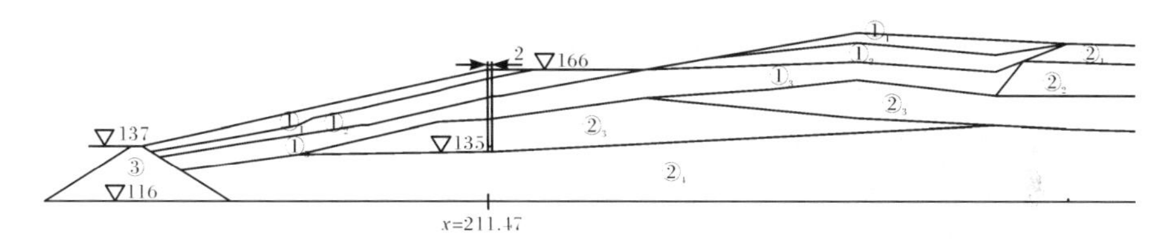

(a) 典型剖面

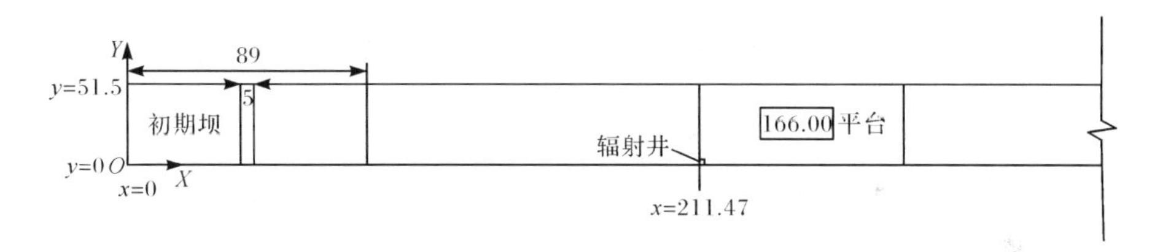

(b) 平面布置

图 15-1　新水尾矿库高程 180m 时坝体典型剖面和辐射井布置示意图(单位：m)

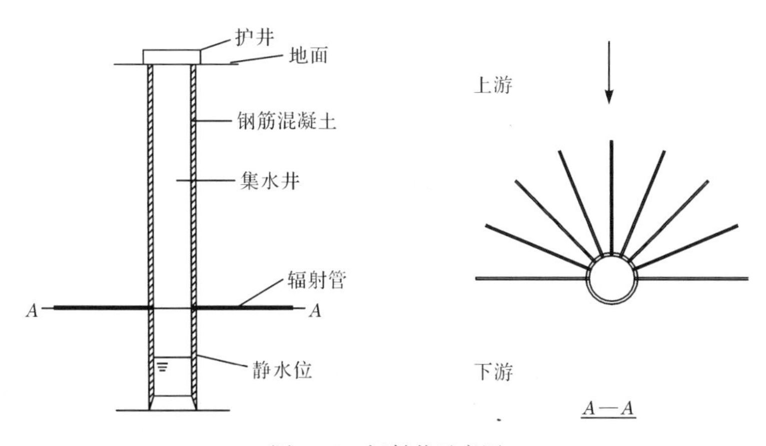

图 15-2　辐射井示意图

考虑对称性，取辐射井中心至与相邻两辐射井中央之间的坝体建立准三维有限元模型，即有限元模型沿初期坝坝轴线方向长度为 51.5m。初期坝和尾矿堆积体边界均按尾矿库实际情况模拟。不考虑辐射井构造，根据典型剖面初期坝结构和尾矿堆积体构造，生成准三维有限元网格，如图 15-3 所示。

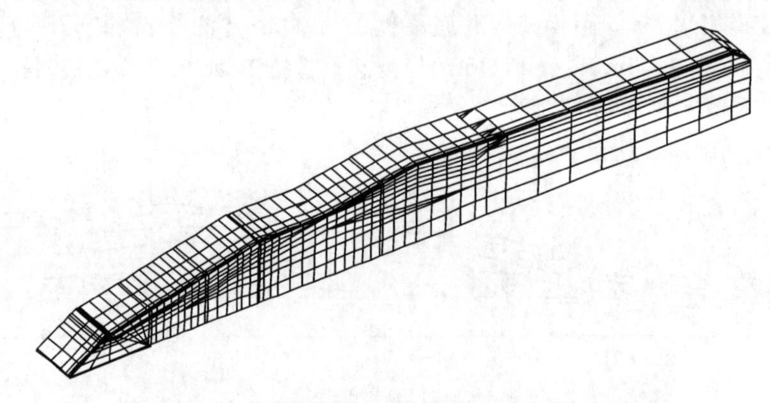

图 15-3　辐射井渗控效果分析准三维有限元网格

辐射井布置有许多辐射向的水平管，因而构造复杂，在三维有限元模型中直接剖分辐射井的有限元网格困难较大，这里分别剖分辐射井三维有限元网格和初期坝与尾矿堆积体三维有限元网格，采用子结构有限元法进行计算分析。辐射井子结构的三维有限元网格如图 15-4 所示。这里辐射井井筒为钢筋混凝土结构，混凝土视为不透水材料，水平管按照透水材料考虑，其渗透性按照等效原则经试算确定。

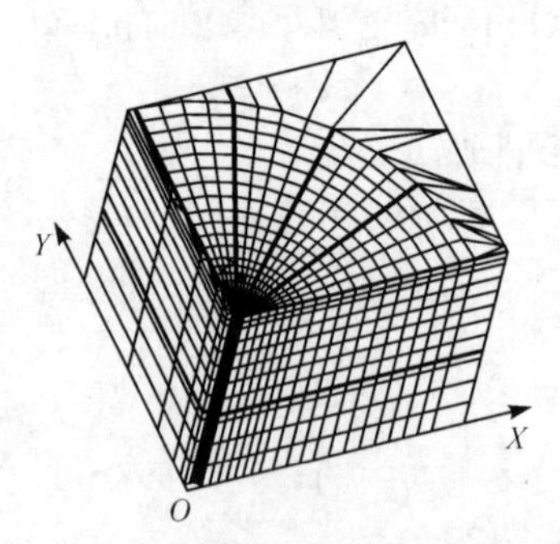

图 15-4　辐射井子结构的三维有限元网格

在稳定渗流期，渗流分析的边界条件选定如下：①已知水头边界包括库区上下游水位以下的坝体、山体和河道，以及集水井给定水位以下的集水井边界。这里初期坝下游无水；②出渗边界为坝区上下游水位以上的坝坡面、山坡面；③不透水边界包括计算模型两侧截取边界和模型底边界，以及集水井给定水位以上的边界。

2）计算参数和方案

新水尾矿库坝体各部位渗透参数见表 15-1。考虑正常运用水位工况，拟定辐射井水深 2m 进行计算分析。正常运用尾矿库水位为 171.00m，初期坝下游无水。计算方案如下：①不设辐射井；②仅设置集水井（井筒按出渗边界考虑）；③设置辐射井（集水井＋水平管），井筒为钢筋混凝土结构，设排水孔，按出渗边界考虑。通过计算分析和比较，了解设置辐射井时坝体浸润面的位置以及辐射井的影响范围，分析辐射井的渗流控制效果，确定辐射井合理的布置间距。

表 15-1 新水尾矿库坝体各部位渗透系数

岩土层编号	岩土层名称	分布部位	渗透系数/(cm/s)		综合渗透系数 k/(cm/s)
			k_H	k_V	
$①_1$	尾中砂（松散状态）	沉积滩、堆积坝	1.5×10^{-2}	1.2×10^{-2}	1.2×10^{-2}
$①_2$	尾中砂（稍密状态）	沉积滩、堆积坝	9.8×10^{-3}	7.2×10^{-3}	8.4×10^{-3}
$①_3$	尾中砂（中密状态）	沉积滩、堆积坝	7.1×10^{-3}	5.1×10^{-3}	7.5×10^{-3}
$①_4$	尾中砂（密实状态）	堆积坝	5.0×10^{-3}	4.2×10^{-3}	5.5×10^{-3}
$②_1$	尾粉细砂（松散状态）	沉积滩、堆积坝	2.8×10^{-3}	1.7×10^{-3}	2.2×10^{-3}
$②_2$	尾粉细砂（稍密状态）	沉积滩、堆积坝	1.6×10^{-3}	1.5×10^{-3}	1.4×10^{-3}
$②_3$	尾粉细砂（中密状态）	沉积滩、堆积坝	1.5×10^{-3}	1.2×10^{-3}	8.5×10^{-4}
$②_4$	尾粉细砂（密实状态）	沉积滩、堆积坝	1.3×10^{-3}	1.2×10^{-3}	2.0×10^{-4}
③	碎石混黏性土	初期坝	2.0×10^{-7}	2.0×10^{-7}	2.5×10^{-7}
④	风化料	初期坝	1.0×10^{-1}	1.0×10^{-1}	1.5×10^{-1}
⑤	排水管	辐射井	1.6×10^{-1}	1.6×10^{-1}	1.6×10^{-1}

2. 计算结果及分析

经分析整理，正常运用情况下不设辐射井、仅设置集水井（井筒按出渗边界考虑）、设置辐射井（集水井＋水平管）时坝体的浸润面和水头等值线如图 15-5～图 15-7 所示。三种方案集水井处平行初期坝坝轴线纵断面（x＝211.47m）的浸润线如图 15-8 所示，其浸润线坐标见表 15-2。

表 15-2 集水井纵剖面浸润线坐标 （单位：m）

z / y	0	1.5	3.5	7	15	30	51.5
仅设置集水井	137.00	148.47	151.36	153.60	155.89	157.49	158.07
设置集水井及水平管	137.00	144.66	147.82	150.70	153.19	155.38	156.26

1）浸润面和位势分布

新水尾矿库初期坝为相对不透水坝体，因此在不设渗控措施情况（图 15-5）下，浸润面从尾矿堆积坝体坡面出逸，出逸高程约为 142.37m，距离初期坝坝顶约 9.67m。仅设置集水井（图 15-6）、集水井井筒按出渗边界考虑，能有效地降低坝体浸润面，尤其在集水井周围 15m 的范围内，浸润面陡降，体现了集水井的排渗和集水作用。设置辐射井（图 15-7）、集水井井筒设排水孔按出渗边界考虑，能在辐射井周围较大范围内有效地降低坝体浸润面，这是由于辐射向的水平管起到了较好的排渗作用。但是，由于集水井深度有限且水位按 137.00m 控制，与初期坝坝顶高程一致，故坝体浸润面仍然从堆积坝体坡面出逸。由此说明，采用辐射井控制坝体浸润面，必须控制井水位，且井水位越低，辐射井下游浸润面越低。

在相邻辐射井的中央剖面，浸润面变化不太明显，也就是说在此区域辐射井的效果较差。设置集水井或辐射井后，浸润面距坝坡的最小距离（最小干坡厚度）出现在平台内侧，分别为 2.95m 和 5.68m。与不设辐射井的情况相比，该部位的浸润面下降了 0.44m 和 3.18m。

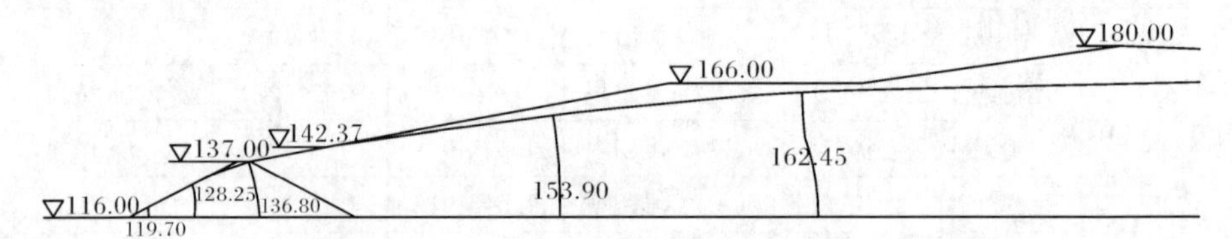

图 15-5 不设渗控措施时新水尾矿库初期坝浸润面和水头等值线图（单位：m）

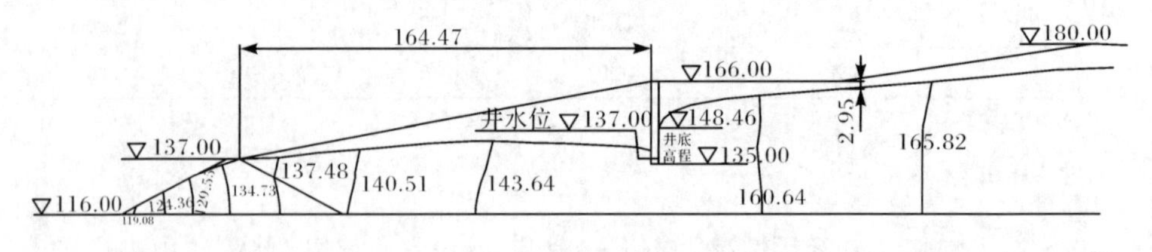

(a) 断面 $y=0$m

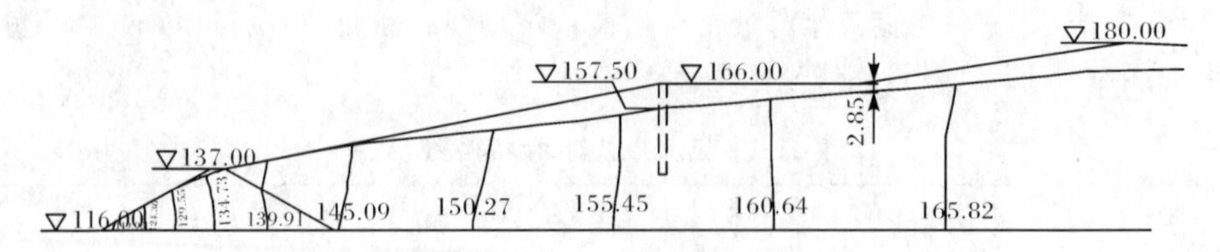

(b) 断面 $y=30$m

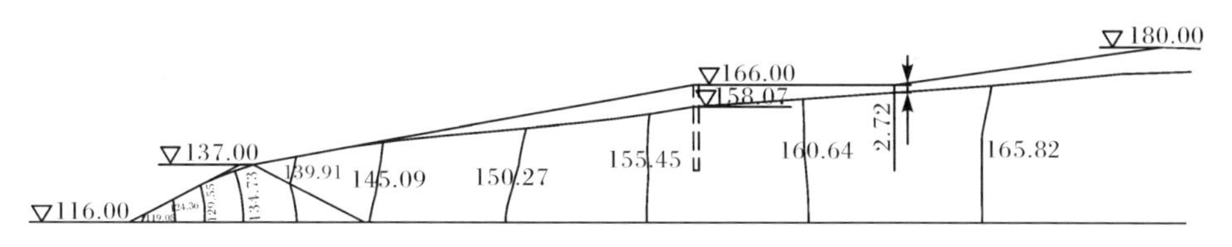

(c) 断面 $y=51.5$m

图 15-6　仅设集水井坝体典型断面水头等值线图(单位:m)

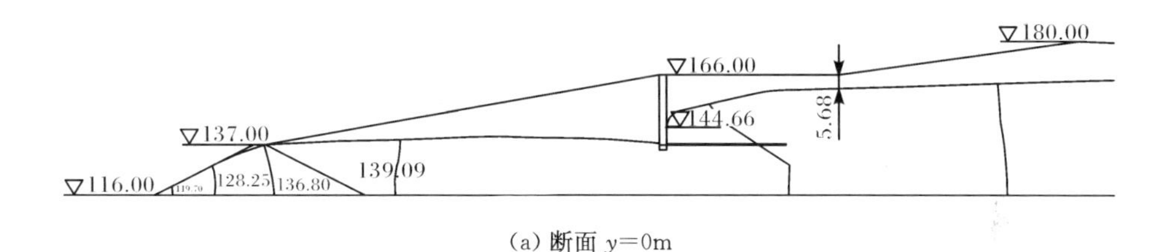

(a) 断面 $y=0$m

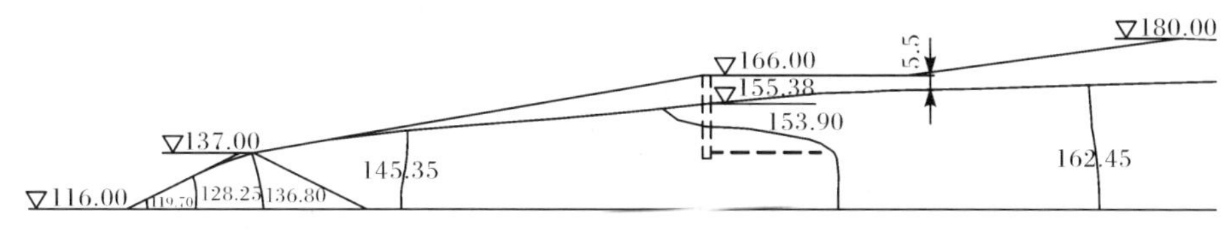

(b) 断面 $y=30$m

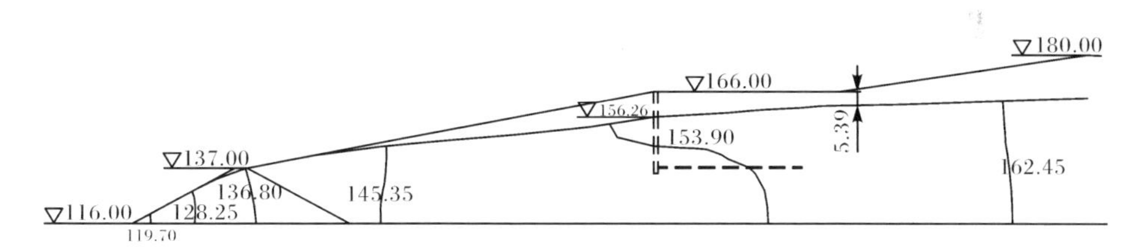

(c) 断面 $y=51.5$m

图 15-7　设置辐射井坝体典型断面水头等值线图(单位:m)

2) 影响范围

图 15-8 给出了三种方案沿集水井纵断面浸润线的变化,从上向下分别为不设辐射井、仅设置集水井(井周按出渗边界考虑)、设置辐射井(集水井＋水平管)。由图可见,在距离集水井 30m 范围内,浸润面变化较快,尤其在距离集水井 15m 范围内,浸润面基本上是陡降的。在距离集水井 30～50m 范围内,浸润面变化缓慢,说明集水井的影响较小。由此可以确定,对于新水尾矿坝,集水井合理的影响范围应为 35～40m。设置辐射向的水平管后,在距离集水井 50m 处浸润面比仅设集水井时降低约 1.81m,30m 处降低约 2.11m,15m 处降低约 2.7m,7m 处降低约

2.9m,3.5m 处降低约 3.54m,说明在距离集水井较远的区域,辐射向的水平管排渗作用较为明显。

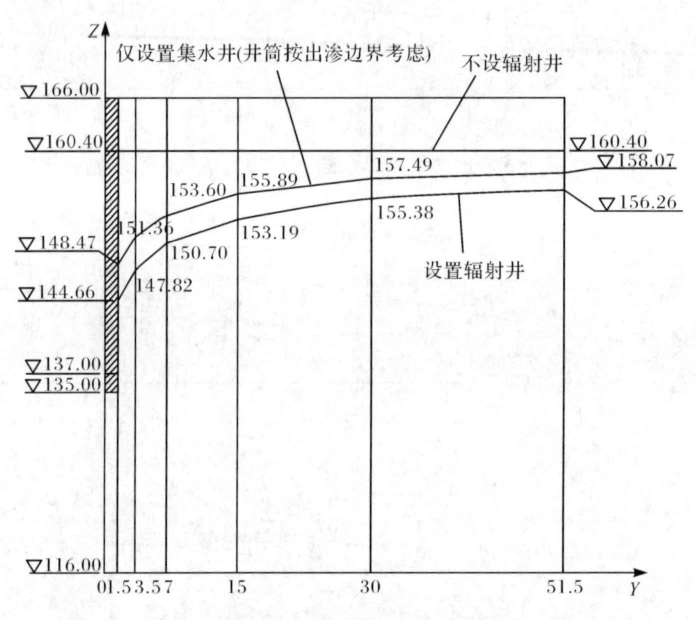

图 15-8　三种方案沿集水井纵断面浸润线比较(单位:m)

据此可以选定辐射井合理的间距为 70～80m,深度根据平面位置来确定,越深越有利于降低浸润面。辐射向的水平管距离井底 2.5m,在集水井上游侧水平面内均匀布置,夹角 22.5°,共 8 根,长度 40～50m。辐射井井筒可采用 C20 现浇钢筋混凝土结构,设排水孔,以发挥其排渗降压作用。

15.1.3　排渗墙的渗控效果计算分析

1. 计算模型及条件

1) 有限元模型

排渗墙是由渗透系数较大的砂砾石、碎石材料作为集水墙,连接水平排水管,形成组合型自由排渗的结构,如图 15-9 所示。采用排渗墙时坝体准三维有限元网格如图 15-10 所示。

渗流分析的边界条件选定如下:①已知水头边界包括库区上下游水位以下的坝体、山体和河道;②出渗边界为库区上下游水位以上的坝坡面和山坡面,以及排渗墙与水平排水管连接部位;③不透水边界为计算模型两侧截取边界和底边界。

2) 计算参数和方案

采用排渗墙时坝体各部位渗透系数见表 15-3。

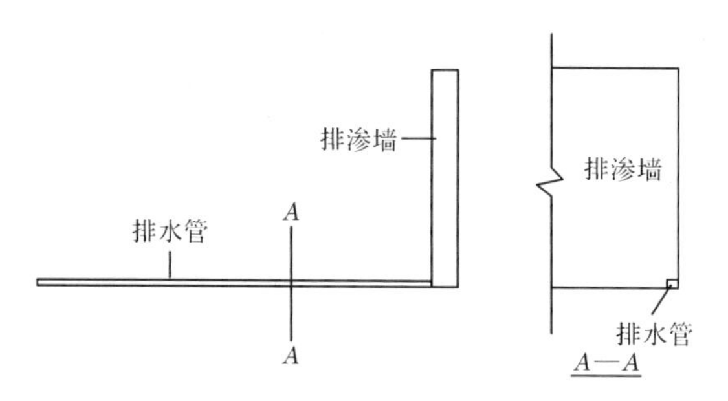

图 15-9　排渗墙结构示意图

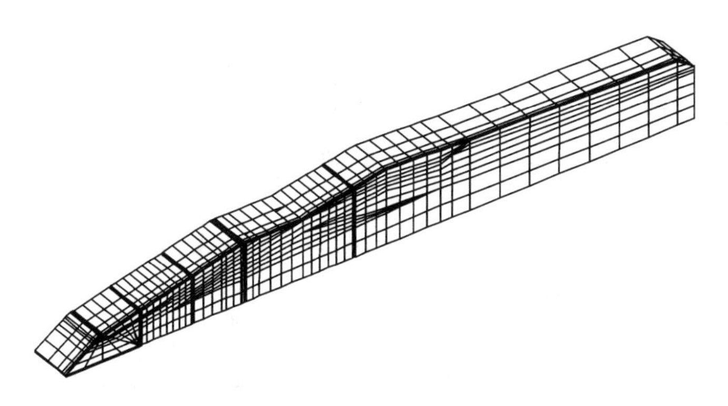

图 15-10　排渗墙渗控效果分析准三维有限元网格

表 15-3　采用排渗墙时坝体各部位渗透系数

岩土层编号	岩土层名称	分布部位	渗透系数/(cm/s)		综合渗透系数 k/(cm/s)
			k_H	k_V	
①₁	尾中砂(松散状态)	沉积滩、堆积坝	1.5×10^{-2}	1.2×10^{-2}	1.2×10^{-2}
①₂	尾中砂(稍密状态)	沉积滩、堆积坝	9.8×10^{-3}	7.2×10^{-3}	8.4×10^{-3}
①₃	尾中砂(中密状态)	沉积滩、堆积坝	7.1×10^{-3}	5.1×10^{-3}	7.5×10^{-3}
①₄	尾中砂(密实状态)	堆积坝	5.0×10^{-3}	4.2×10^{-3}	5.5×10^{-3}
②₁	尾粉细砂(松散状态)	沉积滩、堆积坝	2.8×10^{-3}	1.7×10^{-3}	2.2×10^{-3}
②₂	尾粉细砂(稍密状态)	沉积滩、堆积坝	1.6×10^{-3}	1.5×10^{-3}	1.4×10^{-3}
②₃	尾粉细砂(中密状态)	沉积滩、堆积坝	1.5×10^{-3}	1.2×10^{-3}	8.5×10^{-4}
②₄	尾粉细砂(密实状态)	沉积滩、堆积坝	1.3×10^{-3}	1.2×10^{-3}	2.0×10^{-4}
③	碎石混黏性土	初期坝	2.0×10^{-7}	2.0×10^{-7}	2.5×10^{-7}
④	风化料	初期坝	1.0×10^{-1}	1.0×10^{-1}	1.5×10^{-1}
⑤	排水管	排渗墙	1.6×10^{-1}	1.6×10^{-1}	1.6×10^{-1}

续表

岩土层编号	岩土层名称	分布部位	渗透系数/(cm/s)		综合渗透系数 k/(cm/s)
			k_H	k_V	
⑥	粗砂	排渗墙	1.5×10^{-3}	1.5×10^{-3}	1.5×10^{-3}
⑦	砂砾石	排渗墙	1.5×10^{-2}	1.5×10^{-2}	1.5×10^{-2}

拟定在初期坝内坡脚处设置第一道排渗墙，平行于初期坝坝轴线，宽 1m，高 28.94m。该排渗墙深至库底，贯穿各层尾矿砂至地面，下部接水平排水管，将坝体渗水排至坝外。排水管采用 PVC 管，管径 20cm，并认为其排渗能力足够大，可以排出全部排渗墙集水。考虑正常运用情况，库区水位 171.00m，初期坝下游无水。根据计算结果，从初期坝附近开始向库区依次布置排渗墙，分别进行计算分析，直到坝体浸润面满足要求。拟定的计算方案如下。

方案一：设置一道排渗墙，即第一道排渗墙，沿初期坝内坡脚布置，如图15-11所示。方案二：设置两道排渗墙，第一道排渗墙同上；第二道排渗墙设置在第一道排渗墙上游约 60m 处，距离初期坝坝轴线 105.5m，坝坡高程 155.51m。排渗墙宽 1m，深度约 10m，底部接长 60m 排水管将坝体渗水排至坝外，如图 15-12 所示。方案三：设置三道排渗墙，第一、二道排渗墙同上；第三道排渗墙设置在第二道排渗墙上游，距离高程 166m 平台内侧 60m，坝坡高程 174.35m。排渗墙宽 1m，深 7.5m，底部接长 60m 排水管将坝体渗水排至坝外，如图 15-13 所示。方案四：设置三道排渗墙，第一、二道排渗墙同上；第三道排渗墙设置于高程 166m 平台内侧，平行于初期坝坝轴线，排渗墙宽 1m，深 15m。此时排渗墙底至堆积坝坡面的距离较大，因此在垂直于初期坝坝轴线方向设置连接碎石墙(排渗墙)，碎石墙深 15m，长 75m，贯穿整个平台至平台外侧，底部接排水管将坝体渗水排至坝外，如图 15-14～图 15-16所示。该结构布置主要考虑施工因素，即水平排水管的长度限制为 60～70m。若水平排水管的长度可以增加，则垂直于初期坝坝轴线的连接碎石墙(排渗墙)可以缩短，以减小连接排渗墙的工程量。此连接碎石墙(排渗墙)的作用是将平行于坝轴线的排渗墙集水引至坡面附近，以便排水管排至坝体外。

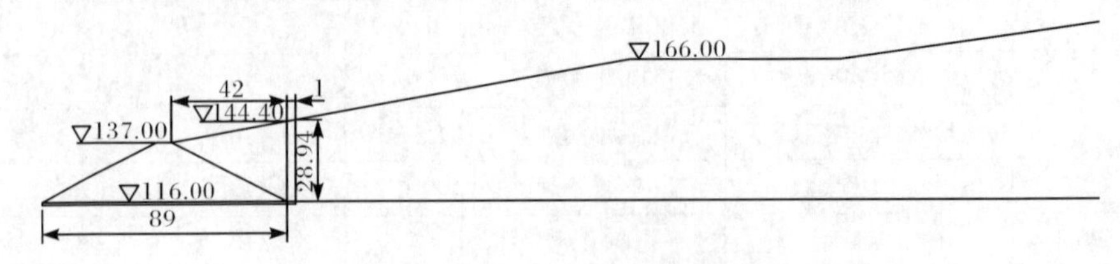

图 15-11　方案一排渗墙布置断面图(单位：m)

通过计算分析，研究设置排渗墙后坝体浸润面的变化规律以及排渗墙的影响

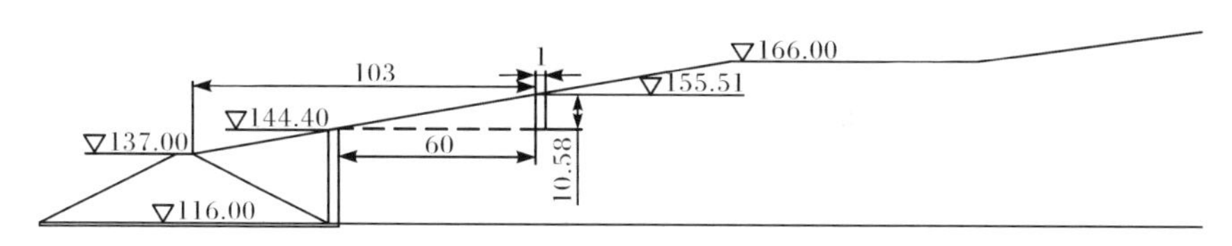

图 15-12　方案二排渗墙布置断面图(单位:m)

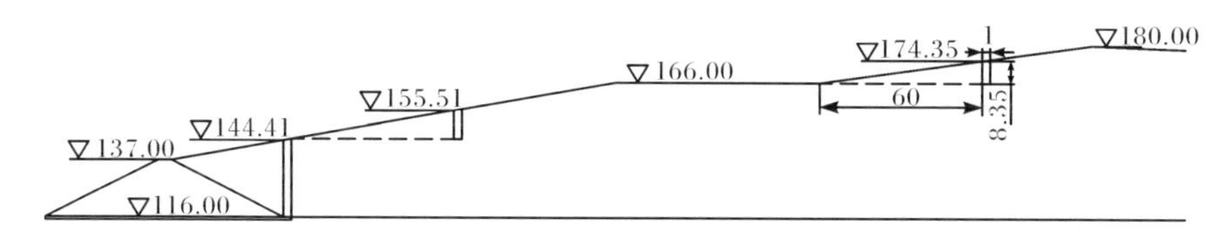

图 15-13　方案三排渗墙布置断面图(单位:m)

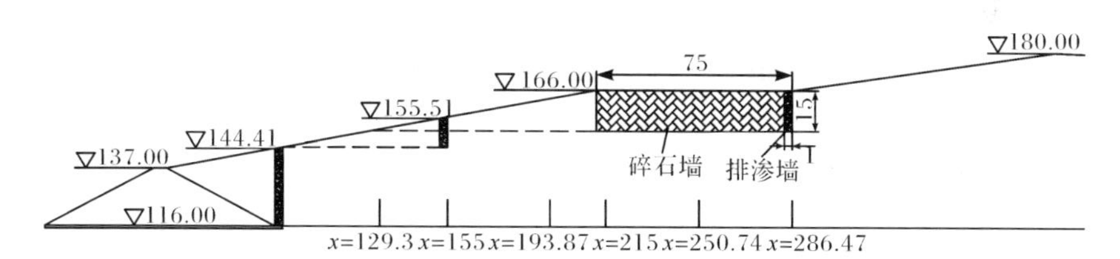

图 15-14　方案四排渗墙布置断面图(单位:m)

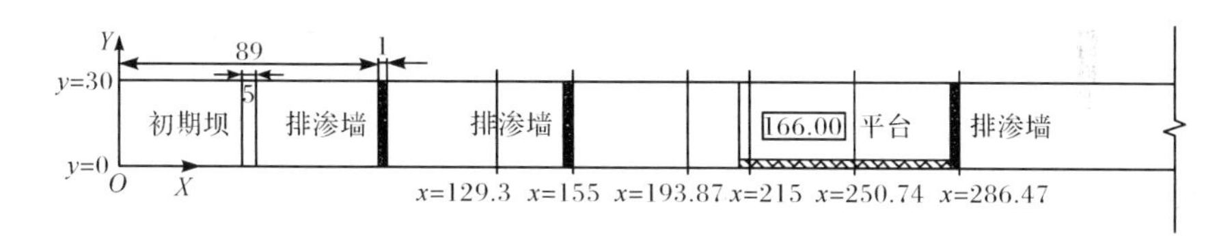

图 15-15　方案四排渗墙布置平面示意图(单位:m)

范围,逐步调整排渗墙的数量和布置间距,分析排渗墙的渗流控制效果,最终确定排渗墙的布置方案。

2. 计算结果及分析

1) 浸润面和位势分布

不设排渗墙时坝体的浸润面和水头等值线可参见图 15-5。

方案一坝体浸润面和水头等值线如图 15-17 所示。设置排渗墙后,坝体下游初期坝附近浸润面明显降低,部分渗水通过排渗墙汇入排水管,由排水管排出坝体。此时浸润面没有在堆积坝坝坡出逸。但是,坝体浸润面仍然较高,堆积坝干坡厚度较小,坝坡处最小干坡厚度 2m,高程 166.00m 平台内侧最小干坡厚度

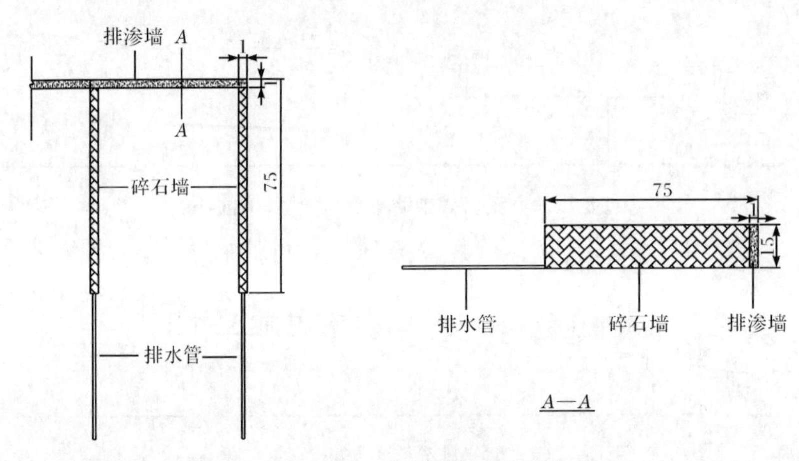

图 15-16　高程 166.00m 平台排渗墙布置图(单位:m)

1.82m,均未达到规范规定的最小干坡厚度 6～8m 的要求。故需要考虑在第一道排渗墙上游设置第二道排渗墙。

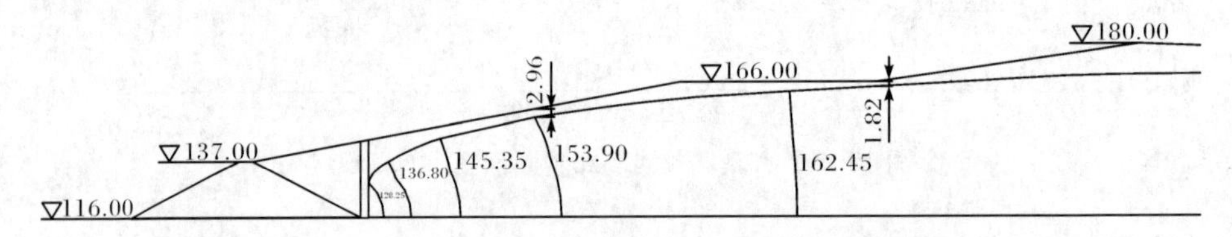

图 15-17　排渗墙方案一坝体典型断面(y=0m)水头等值线图(单位:m)

方案二坝体浸润面和水头等值线如图 15-18 所示。增加第二道排渗墙后,浸润面整体下降,下游较为明显,大部分渗水可通过排渗墙和排水管排至坝外。坝体的最小干坡厚度仍然出现在高程 166.00m 平台内侧,为 2.13m。此时坝坡干坡厚度虽然有增加,但仍然不能满足要求。故需要考虑在高程 166.00m 平台以上至 180m 高程斜坡段增设第三道排渗墙。

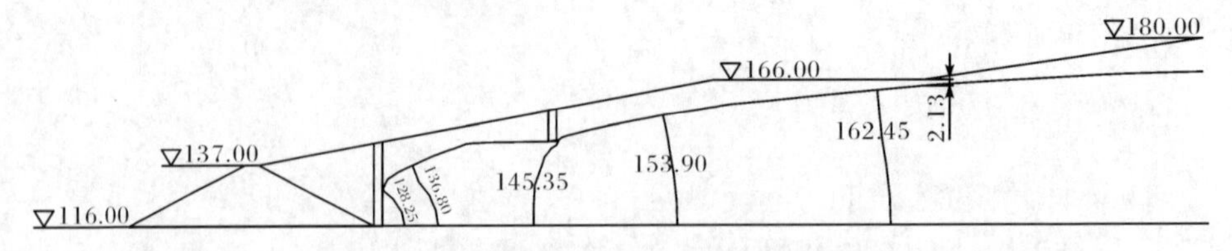

图 15-18　排渗墙方案二坝体典型剖面(y=0m)水头等值线图(单位:m)

方案三坝体浸润面和水头等值线如图 15-19 所示。由于高程 166.00m 平台以上坝体浸润面埋深较大,且堆积坝坝坡坡度为 1∶4,而排渗墙因受水平排水管长度限制不能太深,因此第三道排渗墙只能截住小部分渗水,其渗控效果较差。

设置该道排渗墙后，高程 166.00m 平台处干坡厚度增加不足 1m。

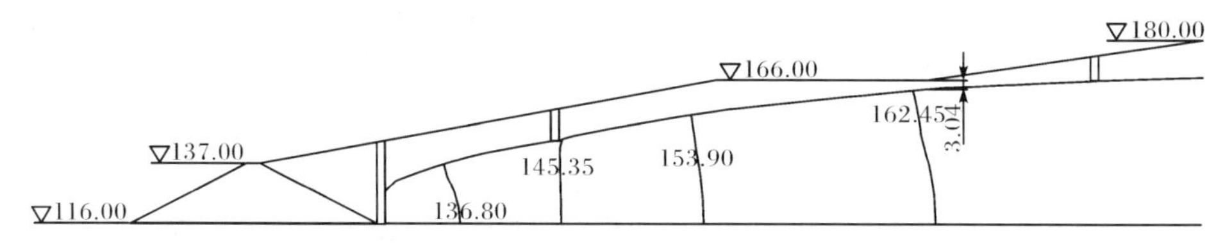

图 15-19　排渗墙方案三坝体典型断面(y=0m)水头等值线图（单位：m）

由此可见，设置排渗墙可以很好地控制浸润面，排出坝体渗水。但是，因高程 166.00m 平台的限制，仅采用排渗墙和水平排水管的联合排渗结构型式难以满足渗流控制要求，因此这里考虑增加垂直初期坝坝轴线的排渗墙作为连接排水管的布置方案，即方案四，保留下游两道排渗墙，将第三道排渗墙布置在高程 166.00m 平台内侧，且增加其深度至 15m。但由于平台宽度较大，约 75m，仅采用水平排水管施工难度大，因此考虑在平台上设置垂直于初期坝坝轴线的连接碎石墙（排渗墙），将排渗墙集水引导至平台外侧，再接排水管将坝体渗水排至坝外。

方案四坝体浸润面和水头等值线如图 15-20 所示。坝体渗水可较为顺畅地汇入排渗墙，并从连接排渗墙和排水管排至坝外。坝体的浸润面均较低，最小干坡厚度出现在下游第一、二道排渗墙之间，约为 8.5m，可以满足规范规定的最小干坡厚度要求。

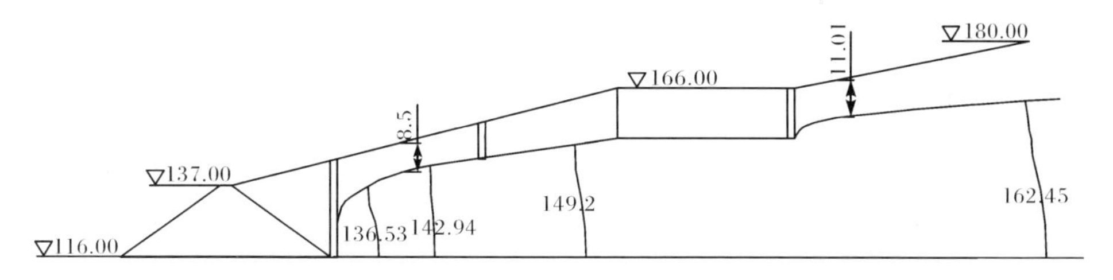

图 15-20　排渗墙方案四坝体典型断面(y=0m)水头等值线图(单位：m)

2) 连接排渗墙的影响范围

连接排渗墙的主要作用是导水，以将排渗墙的集水引至高程 166.00m 平台外侧，因此，其排渗能力至关重要，需要考虑其影响范围。

在坝体横剖面上取 $x=129.3$m、$x=155$m、$x=193.87$m、$x=215$m、$x=250.74$m、$x=286.47$m 六个平行于初期坝坝轴线的纵断面。在距离连接排渗墙 30m 的范围内，坝体浸润面略有升高，但是升高幅度不大，最大值约为 6m。因此该排渗墙布置方案能满足最小干坡厚度的要求，渗流控制方案是可行的。排渗墙内平均渗透坡降 $J=0.185$。第二道排渗墙排水管的影响范围为 20～25m。高程 166.00m 平台内侧排渗墙的连接排渗墙的影响范围至少达 30m。

初期坝内坡脚第一道排渗墙深度较大,排水管较长,实际施工难度大,因此建议将该排渗墙的位置向下游移动 20m,仍然贯穿堆积坝和初期坝坝体至地面,这样可以缩短水平排水管的长度,减小排渗墙深度。第一道排渗墙位置改变,将会导致初期坝上游部分区域地下水位上升,但是从第一道排渗墙的渗流控制效果来看,坝体浸润面不会从初期坝和堆积坝坝坡出逸,因此渗流控制应仍然可以满足要求。该布置方案和分析推断在新水尾矿坝高程 180m 的整体三维有限元模型中予以计算和验证。

通过以上分析,确定采用排渗墙布置方案四:第一道排渗墙向下游移动 20m,平行于初期坝坝轴线,位于坝轴线上游 24.5m 处,宽 1m,贯穿坝体至地面,底部接排水管,排水管间距约 30m。第二道排渗墙设置在距初期坝坝轴线上游 105.5m 处,深度约 10.5m,宽 1m,底部接排水管,长约 60m,间距 50m。高程 166.00m 平台内侧设沿平台布置的第三道排渗墙,宽 1m,深 15m,并布置垂直向的连接碎石墙(排渗墙),间距 50m,宽 1m。为了提高排渗效果,三道排渗墙的水平排水管应交错布置。排渗墙布置示意图如图 15-21 和图 15-22 所示。

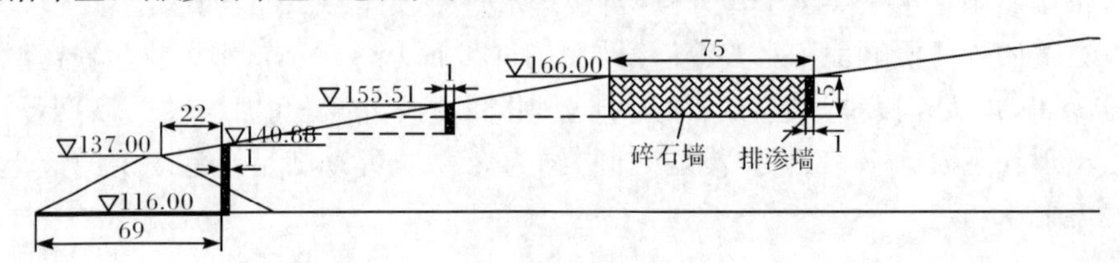

图 15-21 建议的排渗墙方案布置断面图(单位:m)

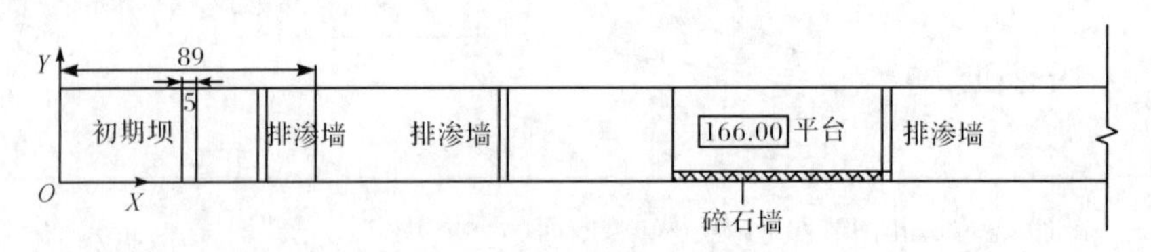

图 15-22 建议的排渗墙方案布置平面图(单位:m)

15.1.4 小结

从渗流控制效果来看,辐射井和排渗墙进行合理的布置后,辐射井方案和排渗墙方案均可满足渗流控制要求。

采用辐射井方案,如果采用自流排水方式,则井深较小,控制浸润面的效果较差;如果井深过大,则难以采用自流排水方式,需要人工抽水。水泵的抽水能力常大于辐射井的出水量,因此水泵往往间歇工作,坝体浸润面波动频繁,变化大,而且设备维护管理复杂,成本高。此外,在施工过程中,集水井往往容易歪斜,井筒下沉到浸润面以下后，尾矿砂、水往往涌入集水井中，继续下沉施工困难较大。从现有资料来看，辐射井方案的造价较高。

采用排渗墙方案控制浸润面的效果好，运行可靠，且施工方便，成本低。一般可以采用自流排水方式，能够有效地排出渗水，降低坝体浸润面。从现有资料来看，排渗墙方案的造价较低。

综上所述，综合比较辐射井和排渗墙方案，建议采用排渗墙方案。

15.2　排渗席垫应用案例

15.2.1　工程概况

白岩尾矿库[210]位于贵州省福泉市牛场镇西北街村白岩寨，该库为新龙坝选矿厂的配套工程。该库前期由中蓝连海设计研究院设计，始建于 1990 年，设计尾矿库堆积至二十期子坝(坝顶高程 1250m)，坝高 95m，库容量 1918.75 万 m^3，初期坝为碾压堆石坝，设计高程为 1190.0m，坝高 35m。子坝采用土石料上游法堆筑，目前主坝已堆积至十一期子坝。

尾矿库堆积至十一期子坝后，尾矿库改造和加高扩容由长沙有色冶金设计研究院有限公司设计，加高扩容设计从高程 1228.0m 起坡，按 1∶5 边坡采用上游法尾矿堆积。尾矿库最终堆积高程为 1272.0m，尾矿堆积子坝堆高 82.0m(前期堆高 44.0m，拟加高 38.0m)；总坝高 117.0m。库容量 3711 万 m^3，为Ⅱ等库，设计防洪标准为千年一遇。在库区几处垭口新建 3#、4# 副坝，并加高 2# 副坝。

白岩尾矿库初期坝为透水型堆石坝，原堆积坝设有碎石排渗带，但该尾矿库已运行 20 多年，水平碎石排渗带已部分失效，初期坝底部发生堵塞。这里采用三维有限元法，根据白岩尾矿库实际情况，选取加高扩容后 1272m 高程坝体典型剖面，计算分析排渗土工席垫的渗控效果，确定渗流控制方案，供加高扩容工程尾矿坝渗流分析参考。

15.2.2　计算模型及条件

1. 模型范围和边界

排渗土工席垫是一种以乱丝熔融铺网而成的新型土工合成材料，它耐高压、开孔密度大，具有全方位集水、水平排水功能。组成结构是一个立体的土工网芯，两面都配有针刺穿孔无纺土工织物。立体土工网芯能够迅速地排出地下水，自身还有一个孔隙维护系统，能在高荷载下阻断毛细水。同时，它还能起到隔离加固作用。

初步考虑在现坝顶高程 1228m 以上的堆积坝体内每 4m 高差设置土工席垫

排渗层，随堆积坝体上升逐步设置。即在距离滩顶 100m 处平行坝轴线铺设由一层 500g/m^2 土工布包裹的厚度 12mm 的土工席垫，土工席垫宽 2.0m，铺设三排，间距 2.0m，长度至两岸山坡；垂直坝轴线每间距 50m 布置一根 DN150mm 排渗钢管，将堆积坝体内的渗水排入坝坡排水沟，通过坝坡排水沟流至坝脚集渗层，扬送回水利用。

典型剖面土工席垫布置示意图如图 15-23 所示，土工席垫的渗控效果计算分析准三维有限元网格如图 15-24 所示。

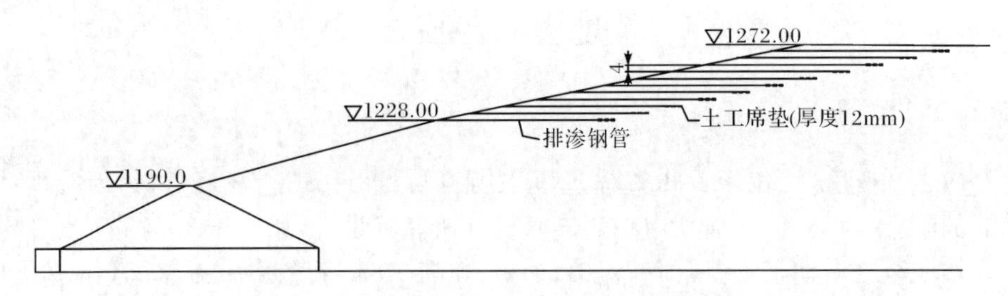

图 15-23 典型断面土工席垫布置示意图(单位：m)

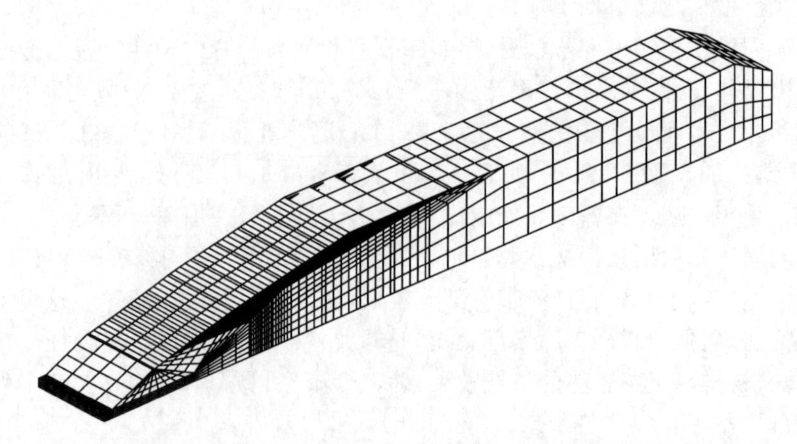

图 15-24 土工席垫渗控效果计算分析准三维有限元网格

考虑稳定渗流，计算模型边界条件选定如下：①已知水头边界包括库区上游水位以下的尾矿坝面、山体和河道等；②出渗边界为尾矿坝下游坡面、初期坝下游坡面以及库区水位以上的山体表面等；③不透水边界包括坝体与山体交界面，以及模型截取边界面。

2. 计算参数及工况

渗流计算模型中坝体各分区计算参数由参考基础资料和反演分析结果得到，见表 15-4。

表 15-4　白岩尾矿库坝体各部位渗透系数

序号	材料名称	分布部位	渗透系数/(cm/s)	
			k_H	k_V
1	尾粉砂	沉积滩、堆积坝	1.5×10^{-3}	1.0×10^{-3}
2	尾粉土	沉积滩、堆积坝	1.0×10^{-4}	1.5×10^{-5}
3	尾粉质黏土	沉积滩、堆积坝	2.5×10^{-3}	2.0×10^{-4}
4	黏土含碎石	沉积滩、堆积坝	1.5×10^{-6}	1.5×10^{-6}
5	中风化层	库基基岩	9.0×10^{-8}	9.0×10^{-8}
6	碎石	初期坝	3.0×10^{-1}	3.0×10^{-1}
7	水平排渗体	原堆积坝	2.0×10^{-1}	2.0×10^{-1}
8	土工席垫	加高后堆积坝	1.0×10^{-1}	1.0×10^{-1}
9	排渗钢管	加高后堆积坝	1.0×10^{-1}	1.0×10^{-1}

土工席垫渗流控制措施的计算分析考虑正常运用工况(正常运用时尾矿库水位为 1270.20m,初期坝下游无水),拟定计算方案如下:①土工席垫完全正常运行;②土工席垫部分失效(11 层失效 4 层);③土工席垫渗透系数减小 30%。

15.2.3　计算结果及分析

方案 1 土工席垫完全正常运行时,坝体典型剖面浸润面和水位等值线如图 15-25 所示。最大断面浸润面与正常蓄水位控制浸润面降深对比见表 15-5。

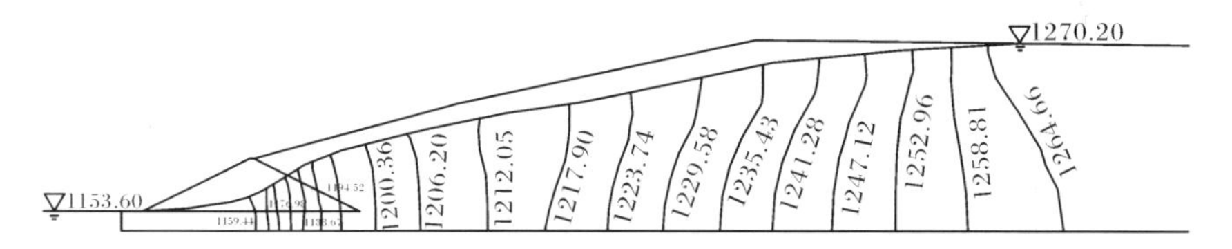

图 15-25　土工席垫完全正常运行时坝体典型断面($y=0$m)水头等值线图(单位:m)

表 15-5　最大剖面浸润面与正常蓄水位控制浸润线降深对比

坝坡高程/m	控制浸润面降深/m	方案 1 断面降深/m	方案 2 断面降深/m	方案 3 断面降深/m
1200	16	17.22	16.76	17.10
1210	15	16.67	15.33	15.88
1220	13	14.89	13.68	14.07
1232	13	14.56	13.66	14.02
1242	13	14.24	13.54	13.94

续表

坝坡高程/m	控制浸润面降深/m	方案1断面降深/m	方案2断面降深/m	方案3断面降深/m
1252	13	14.14	13.44	13.84
1262	12	14.16	13.07	13.37
1272	6	9.68	8.56	8.89

尾矿坝加高及设置土工席垫后，部分渗水通过土工席垫的集渗盲管汇入排渗管，由排渗管排到坝坡排水沟。坝体下游初期坝附近浸润面明显降低。由图可知，浸润面基本沿土工席垫逐渐下降，说明土工席垫排渗效果显著。在进入原碎石排渗带区域后，浸润面下降缓慢，主要原因是原碎石排渗带部分失效，导致排渗效果减弱。堆积坝体浸润面的最小埋深为 9.68m，同时能保证浸润线在控制浸润线以下，满足规范要求。

方案 2 土工席垫部分失效时，坝体典型断面浸润线和水头等值线如图 15-26 所示，堆积坝体浸润面的最小埋深为 8.36m，同时能保证浸润面在控制浸润面以下，满足规范要求。

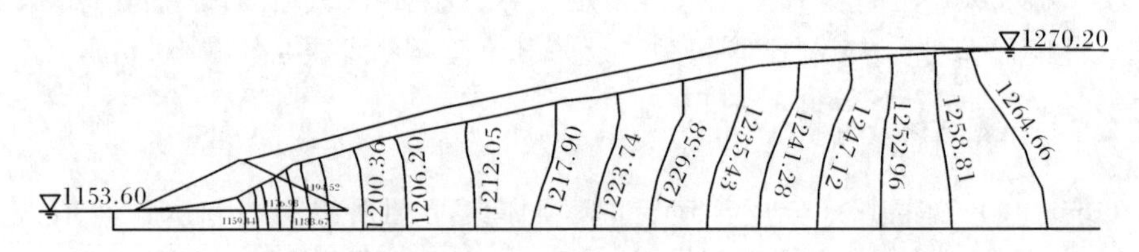

图 15-26　土工席垫部分失效时坝体典型断面（$y=0$m）水头等值线图（单位：m）

方案 3 土工席垫渗透系数减小 30%时，坝体典型断面浸润线和水头等值线如图 15-27 所示，堆积坝体浸润面的最小埋深为 8.97m，同时能保证浸润面在控制浸润面以下，满足规范要求。

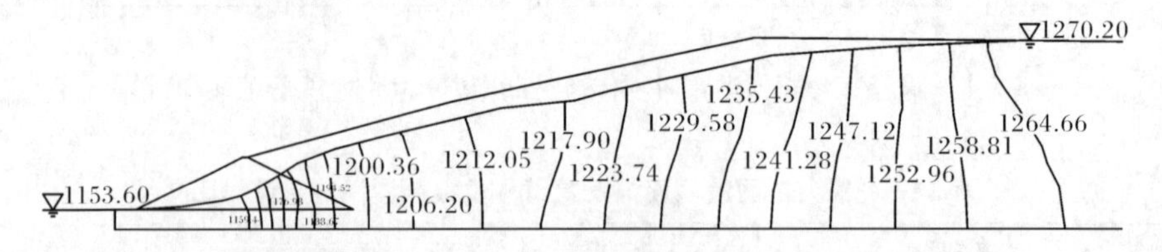

图 15-27　土工席垫渗透系数减小 30%时坝体典型断面（$y=0$m）水头等值线图（单位：m）

因此设置土工席垫可以很好地控制浸润面，将渗水通过排渗管引导至子坝排水沟，排出坝体。

土工席垫水平尺寸大，竖向尺寸小，布置间距较小，因此尾矿坝中实际布置的土工席垫总数量巨大。在三维有限元模型中，如果精细模拟每一层土工席垫，那么计算模型网格节点数是十分庞大的，普通计算机难以进行有效的计算，需要进行简化，找到合理的等效方法。因此统一将土工席垫厚度取为 1m，并将原先布置的 11 层土工席垫简化至 5 层，宽度为 6m，铺设 1 排，寻找到排渗效果基本一致的简化土工席垫的渗透系数。这里利用包含土工席垫的三维精细模型，修改土工席垫的模拟尺寸和数量，其他均不变，建立三维有限元模型，进行计算分析和比较，确定等效的渗透系数。计算模型有限元网格如图 15-28 所示。

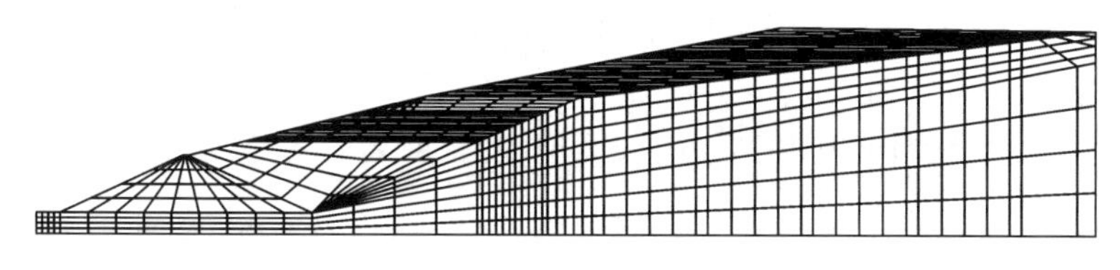

图 15-28　简化土工席垫计算模型有限元网格

经大量计算分析，在上述假定的土工席垫尺寸下，其等效的渗透系数约为 0.1cm/s。此时正常运行情况下典型断面（$y=0$m）处坝体浸润面的比较如图15-29 所示。

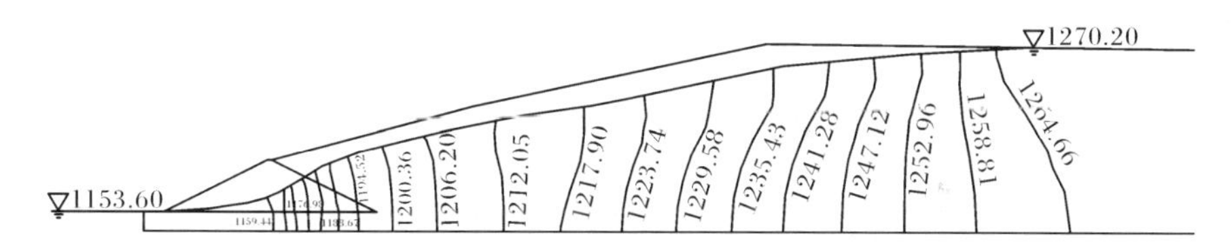

图 15-29　采用简化土工席垫方法计算的典型断面（$y=0$m）水头等值线图（单位：m）

15.2.4　小结

尾矿坝加高及设置土工席垫后，部分渗水通过土工席垫的集渗盲管汇入排渗管，由排渗管排到坝坡排水沟，坝体下游初期坝附近浸润面明显降低。设置土工席垫可以很好地控制浸润面，将渗水通过排渗管引导至子坝排水沟，排出坝体。

15.3　辐射井与排渗席垫综合应用案例

15.3.1　工程概况

炉场沟尾矿库[211]由洛钼集团选矿二公司投资、长沙有色冶金设计研究院有限公司设计。该尾矿库位于洛阳市栾川县赤土店镇马圈村，主要堆存选矿二公司第一、二选矿厂排出的尾矿。该尾矿库 1982 年 10 月投入使用，分别于 1990 年、2006 年、2009 年进行了三次改造。

初期坝为土(石)坝,位于炉场沟沟口,坝顶高程 1212.6m,坝高 19.6m;目前尾矿堆积坝坝顶高程约 1392.0m,总坝高 199.0m,总库容约 $4339.72\times10^4 m^3$,属于Ⅱ等库。排洪系统采用排水井及排水隧洞,目前已使用至 8# 排水井,1# ~7# 排水井和支隧洞均已封堵。

洛钼集团选矿二公司根据采选生产的需要,尾矿日排放量达到 14500t。尾矿库四期设计最终堆积高程为 1485.0m,总坝高 292.0m,高程 1410~1485m 平均堆积边坡 1∶5,总库容 $9957\times10^4 m^3$,新增有效库容 $4631\times10^4 m^3$,属于Ⅱ等库。

根据炉场沟尾矿库加高至原设计最终高程 1410m 尾矿坝的实际情况,建立原设计最终高程 1410m 尾矿坝三维有限元模型,验证辐射井与排渗席垫综合渗流控制效果。

15.3.2 计算模型及条件

1. 模型范围和边界

计算模型应能够全面模拟尾矿坝结构、坝基和周围山体的地质地形条件,确定计算区域为:尾矿库的初期坝和堆积坝以及坝基相对透水地层,即坝基截至相对不透水层,其外围山体和深部岩体视为不透水体,计算模型范围如图 15-30 所示。计算模型的截取边界根据实际情况,考虑地下水位的影响,按不透水边界或者已知水头边界考虑。

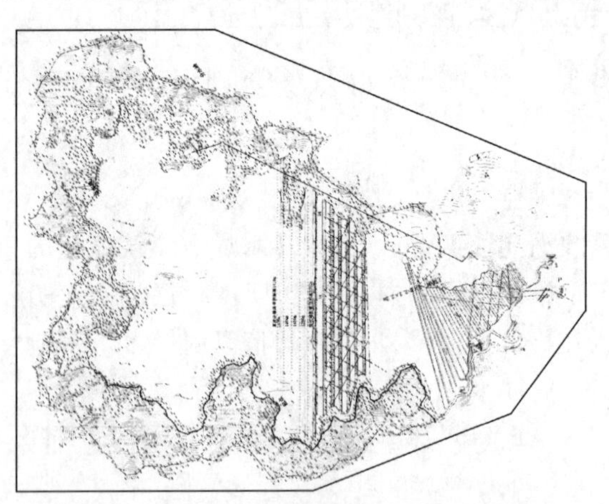

图 15-30 高程 1410m 尾矿库计算模型范围示意图

根据尾矿坝堆积体分区和坝基岩体分层、断层构造等结构,采用控制剖面超单元法自动生成有限元网格,加密剖分进一步离散形成有限元网格。部分控制剖面有限元网格如图 15-31 所示,尾矿坝三维有限元网格如图 15-32 所示。

考虑稳定渗流,计算模型边界选取如下:①已知水头边界包括尾矿库上游水位以下的尾矿坝面、山体和河道等；②出渗边界为尾矿坝下游坡面、初期坝下游坡面以及库区水位以上的山体表面等；③不透水边界包括模型截取边界面以及辐射渗井钢筋混凝土井壁。计算模型边界条件示意图如图 15-33 所示。

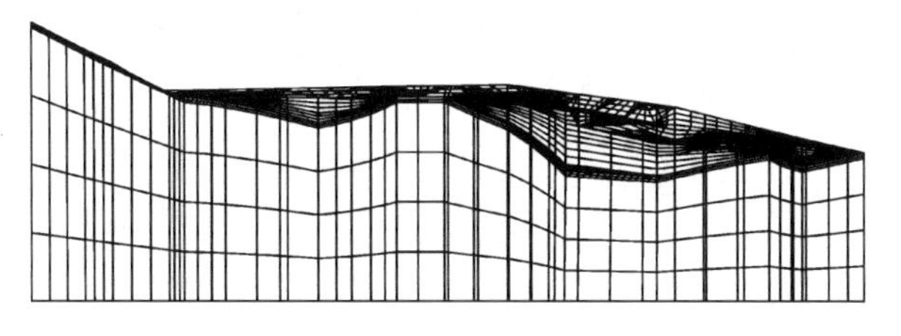

(a) 断面 1(y=340m)

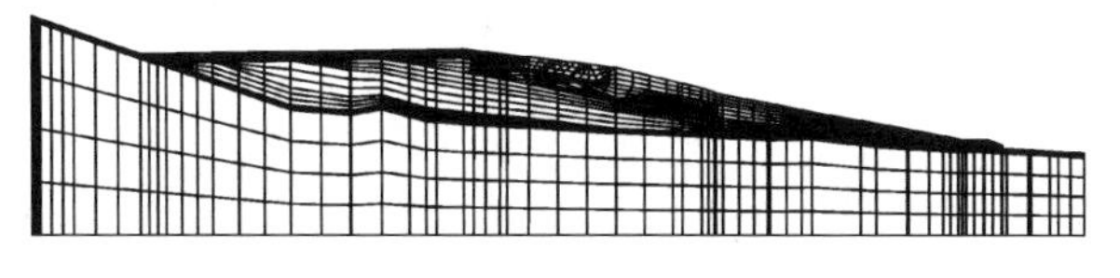

(b) 断面 2(最大剖面)

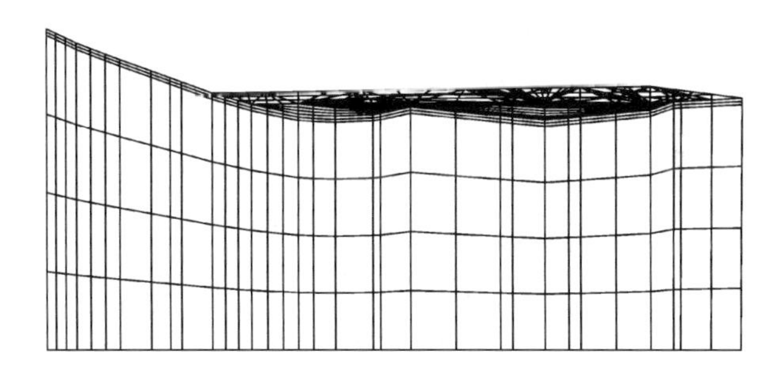

(c) 断面 3(y=1050m)

图 15-31　部分控制断面有限元网格

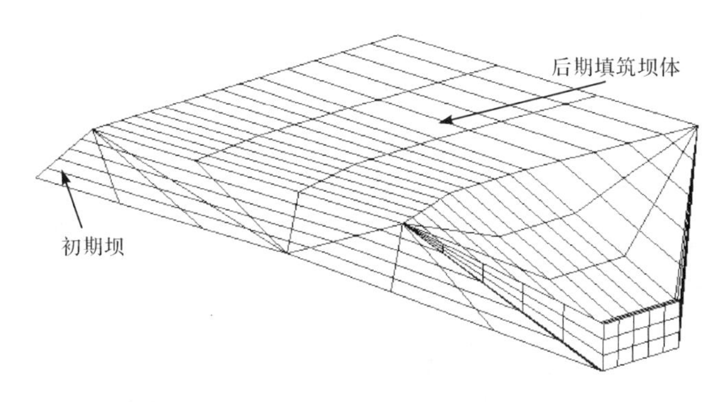

(a) 初期坝

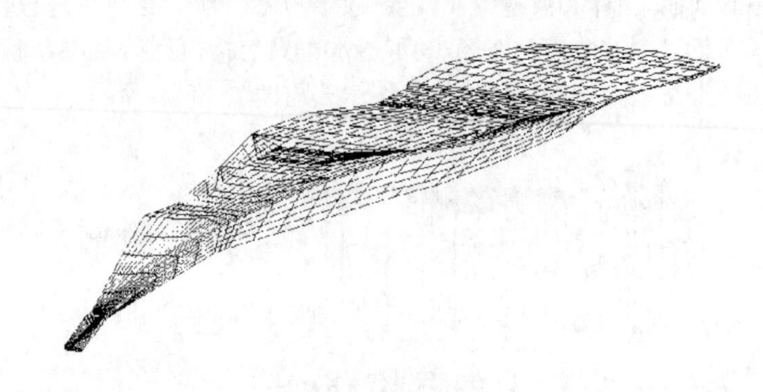

(b) 尾矿坝堆积体

图 15-32 炉场沟尾矿坝三维有限元网格

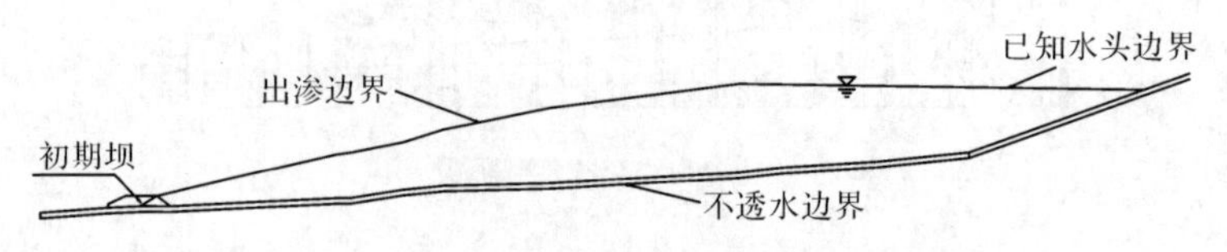

图 15-33 炉场沟尾矿坝计算模型边界条件示意图

2. 渗流控制措施模拟

1) 排渗席垫

在堆积坝升高过程中，于高程 1275m、1290m、1300m、1327m、1335m、1343m、1348m 以及 1362m 平台，在距离堆积坝顶 150～200m 处各铺设一层排渗席垫，每层排渗席垫由 3 道宽 10m 的土工席垫组成，每道土工席垫间隔 10m；土工席垫分上下两层，铺设厚度均为 10mm，外包 400g/m^2 土工布一层，每两层土工席垫间铺设 ϕ100mm 软式透水管，横向贯穿土工席垫直达两岸山体。沿垂直坝轴线方向每隔 100m 铺设 DN150mm 排水钢管与 ϕ100mm 软式透水管四通相接，将排渗尾矿水排至坝坡排水沟内。排渗席垫结构布置剖面如图 15-34(a)所示。

排渗席垫水平尺寸大，竖向尺寸小，彼此尺寸相差很大，布置间距较小，因此尾矿坝中实际布置的排渗席垫总数量很大。在三维有限元模型中，需要进行简化，采用合理的等效方法。为方便计算且精度满足工程应用要求，这里将每层的排渗席垫合并为一个排渗体，并取厚度为 2.0m，通过调整排渗体的渗透系数使之与原排渗席垫等效。排渗席垫简化示意图如图 15-34(b)所示。

2) 辐射井

堆积坝体 1290m 和 1307m 高程处分别设置了两座大口辐射井，由低到高编号为 1$^\#$、2$^\#$、3$^\#$、4$^\#$，均为 C20 钢筋混凝土结构，井深 28m，壁厚 0.3m，内径 2.9m，

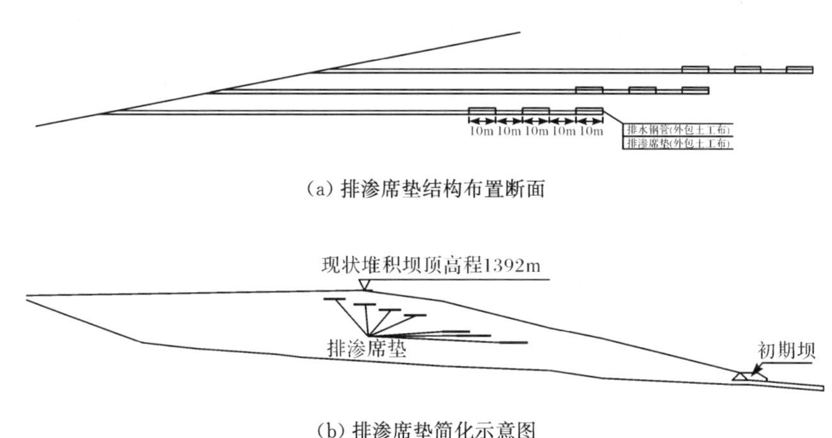

(a) 排渗席垫结构布置断面

(b) 排渗席垫简化示意图

图 15-34　炉场沟尾矿坝最大剖面排渗措施布置示意图

外径 3.5m。井内设长 75m 的水平集渗管 26 根，分两层布置。集渗管采用 ϕ63mm×4.7mmUPVC 管，在四周按 10cm 钻 6 排 ϕ16mm 小孔，梅花形布置，分别为 60°夹角，外包 400g/m^2 土工布一层，铅丝扎紧，坡度上仰 1%～5%。距井底 2m 处设 ϕ100mm×4mm 导水管一根，坡度向下 1%～3%，通往坝肩排水渠，长度 100m。辐射井采用子结构法模拟。

辐射井主要由垂直的集水井和沿集水井某高程水平面呈辐射状分布的水平管组成，其构造示意图如图 15-2 所示。其中，辐射向水平管的长度和密度一般视尾矿坝排渗的实际需要而定，有些情况下，辐射向水平管沿集水井高度方向布置数层。根据集水井排水方式的不同，辐射井有自流排水和抽水两种型式。本工程辐射向水平集渗管长 75m，共 26 根，分两层布置，采用自流排水。

辐射井布置有许多辐射向的水平集渗管，因而构造复杂，在三维有限元模型中直接剖分辐射井有限元网格困难较大，因此这里分别剖分辐射井三维有限元网格和初期坝与尾矿坝堆积体三维有限元网格，采用子结构有限元法进行计算分析。辐射井的三维有限元网格如图 15-4 所示。这里辐射井井筒为钢筋混凝土结构，混凝土视为不透水材料，水平管按照透水材料考虑，其渗透性按照等效原则经试算确定。

3. 计算参数及工况

基于试验资料和类似工程经验，参考反演分析结果，确定初期坝和尾矿坝堆积体各分区及坝基岩体的渗透系数，见表 15-6。

表 15-6　初期坝和尾矿坝堆积体各分区材料及坝基岩体的渗透系数

材料号	材料名称	分布部位	渗透系数/(cm/s)
1	尾细砂	沉积滩、堆积坝	2.47×10^{-4}
2	尾粉砂	沉积滩、堆积坝	7.39×10^{-5}
3	尾粉土	沉积滩、堆积坝	2.01×10^{-5}
4	尾粉质黏土	沉积滩、堆积坝	8.73×10^{-6}
5	尾黏土	沉积滩、堆积坝	2.47×10^{-6}
6	粉质黏土	库基天然土层	5.48×10^{-6}
7	等效排水褥垫	堆积坝	1.00×10^{-2}
8	千枚岩	坝基基岩	4.25×10^{-6}
9	人工填土	初期坝	3.00×10^{-4}
10	浆砌块石	初期坝挡墙	3.00×10^{-6}

计算考虑最高洪水位和正常运行水位两种工况。计算工况见表 15-7，其中初期坝下游无水。

表 15-7　炉场沟尾矿坝原设计高程渗流分析计算工况

工况	工况说明
LCG-1	正常运行水位，库内水位 1406.00m
LCG-2	最高洪水位，库内水位 1408.22m

15.3.3　计算结果及分析

1. 正常运行水位(工况 LCG-1)

由图 15-35 和图 15-36 可知，在布设排渗席垫排渗设施后，尾矿库在正常运行水位 1406.00m 时，尾矿库沉积滩后的库水透过尾矿坝堆积体，通过初期坝由库内向库外下游排泄，并且在布设的排渗席垫附近明显降低，浸润面最小埋深为 18.04m，满足规范规定的最小埋深 10m 的要求；由图 15-36 可知，浸润面最小埋深分别为 21.19m 和 28.56m，均满足规范规定的浸润面最小埋深要求。同时由表 15-8 可知，各剖面浸润面均在控制浸润线之下，满足规范要求。

尾矿坝内渗流场的渗透坡降是不断变化的。总体变化是，随着远离沉积滩后库水，渗透坡降逐渐变大；靠近初期坝，渗透坡降又逐渐变小。变化范围在 0.08～0.25。在库水到沉积滩顶范围内，渗透坡降变化不大，为 0.08～0.10，沉积滩顶到初期坝之间渗透坡降变化明显，最大值达到 0.25，位于堆积坝内辐射井附近。

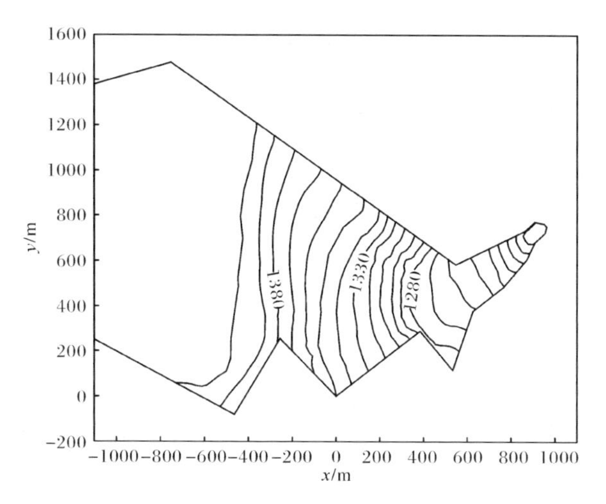

图 15-35　工况 LCG-1 尾矿坝地下水位等值线图(单位:m)

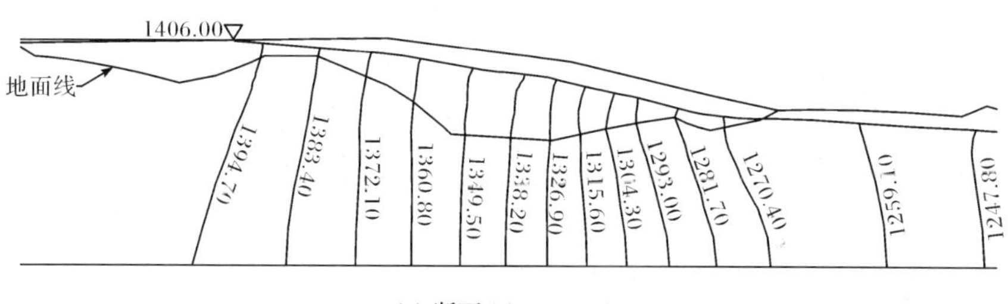

(a) 断面 1(y=340m)

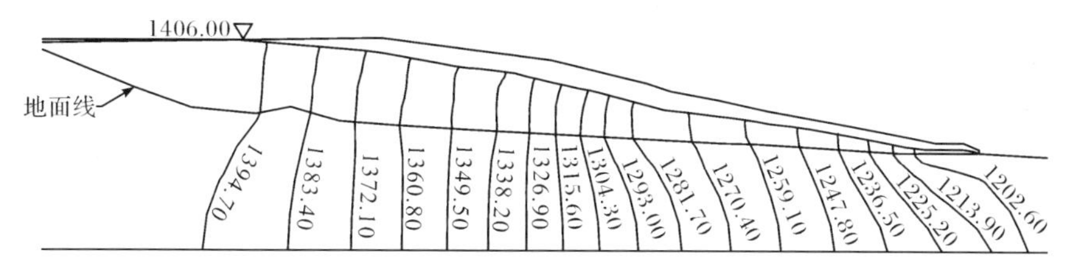

(b) 断面 2(最大剖面)

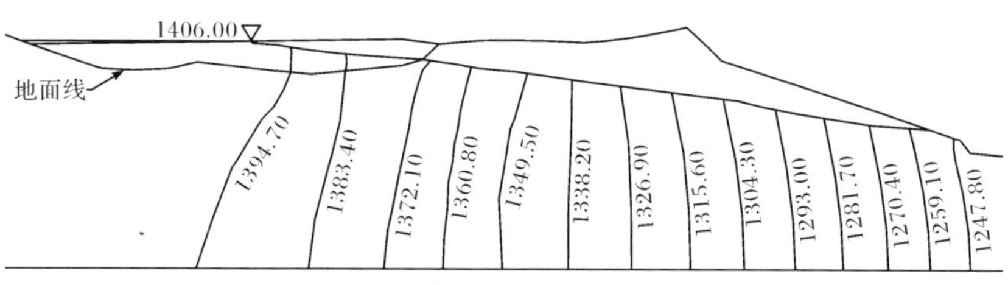

(c) 断面 3(y=1050m)

图 15-36　工况 LCG-1 典型断面水头等值线图(单位:m)

表 15-8　工况 LCG-1 各断面浸润面与正常运行水位控制浸润面埋深对比

坝坡高程/m	控制浸润面埋深/m	断面 1 埋深/m	断面 2 埋深/m	断面 3 埋深/m
1200	16	17.91	18.34	18.43
1210	14	16.80	17.01	17.02
1220	13	15.24	15.45	16.06
1232	13	15.11	15.40	15.75
1242	13	14.91	15.14	15.53
1252	13	14.87	15.11	15.43
1262	12	13.11	13.14	14.06
1272	6	8.55	9.09	10.10

2. 最高洪水位(工况 LCG-2)

由图 15-37 和图 15-38 可知，在布设排渗席垫排渗设施后，尾矿库在最高洪水位 1408.22m 运行时，尾矿库沉积滩后的库水透过尾矿坝堆积体，通过初期坝由库内向库外下游排泄，并且在布设的排渗席垫附近明显降低，浸润面最小埋深为 14.60m，满足规范规定的最小埋深 10m 的要求；由图 15-38 可知，浸润面最小埋深分别为 26.74m 和 13.07m，均满足浸润面最小埋深要求。同时由表 15-9 可知，各剖面浸润面均在控制浸润面之下，满足规范要求。

尾矿坝内渗流场的渗透坡降是不断变化的，总体变化是，随着远离沉积滩后库水，渗透坡降逐渐变大；靠近初期坝，渗透坡降又逐渐变小。变化范围在 0.08～0.28。在库水到沉积滩顶范围内，渗透坡降变化不大，为 0.08～0.10，沉积滩顶到初期坝之间渗透坡降变化明显，最大值达到 0.28，位于堆积坝内辐射井附近。

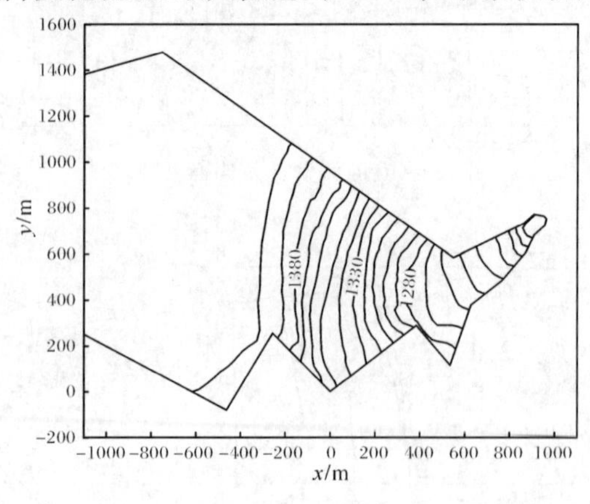

图 15-37　工况 LCG-2 炉场沟尾矿坝地下水位等值线图(单位:m)

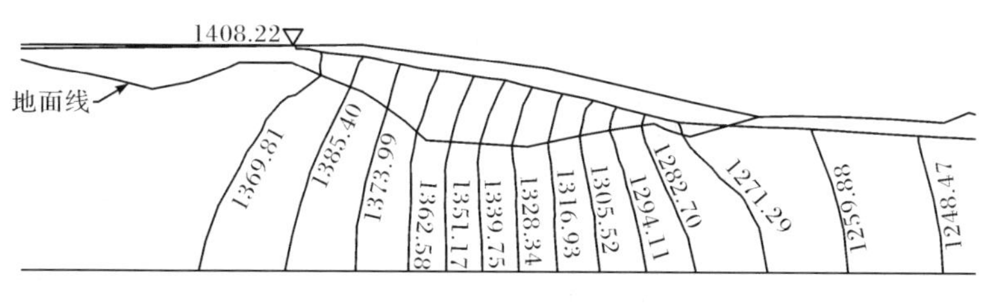

(a) 断面 1(y=340m)

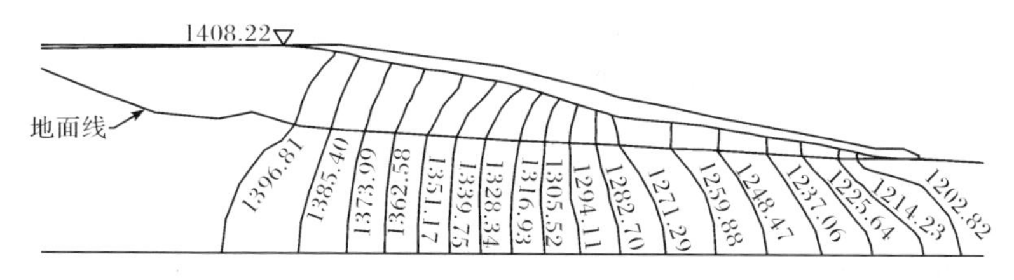

(b) 断面 2(最大剖面)

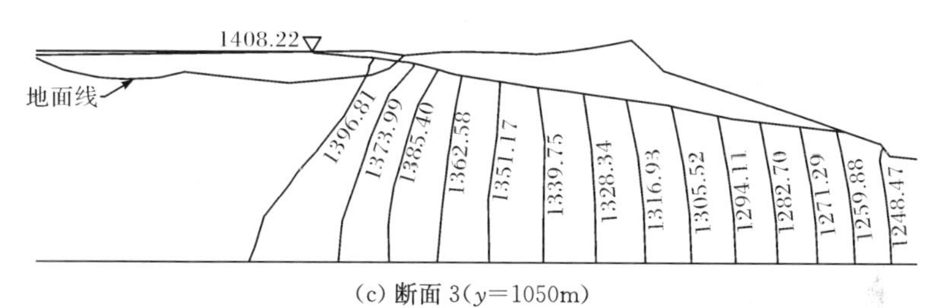

(c) 断面 3(y=1050m)

图 15-38　工况 LCG-2 典型断面水头等值线图(单位:m)

表 15-9　工况 LCG-2 各断面浸润线与最高洪水位控制浸润线埋深对比

坝坡高程/m	控制浸润面埋深/m	断面 1 埋深/m	断面 2 埋深/m	断面 3 埋深/m
1200	15	16.78	17.21	17.32
1210	15	15.67	15.88	16.01
1220	12	14.11	14.32	14.87
1232	12	13.98	14.27	14.56
1242	12	13.78	14.01	14.34
1252	12	13.76	13.99	14.24
1262	11	12.67	12.87	14.06
1272	5	8.42	8.69	9.80

15.3.4 小结

数值模拟结果表明,布设排渗席垫可有效控制尾矿坝堆积体的浸润面,能够保证坝体浸润线低于控制浸润线,同时使坝体浸润面最小埋深满足规范要求。

在炉场沟尾矿坝扩容加高至原设计最终高程 1410m 时,按设计布设排渗设施,即在堆积坝体内铺设排渗席垫,可以大量排出尾矿库的渗流水,有效控制浸润面,使其埋深满足规范要求,并且能保证坝体浸润线低于控制浸润线。综上可知,采用设计的排渗设施(即排渗席垫)可较好地控制坝体浸润面,使其满足规范要求,设计的排渗设施在技术上是合理的。

参考文献

[1] Bartojay K,Joy W. Long-term properties of Hoover Dam mass concrete[C]//Proceedings of Hoover Dam:75th Anniversary History Symposium,Reston,2010:74-84.

[2] Wieland M,Mueller R. Dam safety,emergency action plans and water alarm systems[J]. International Water Power and Dam Construction,2009,1(9):32-38.

[3] 邢林生,聂广明. 混凝土坝坝体溶蚀病害及治理[J]. 水力发电,2003,29(11):60-63.

[4] 胡江,苏怀智,马福恒,等. 基于三维微-细观尺度模型的混凝土力学性能研究[J]. 河海大学学报(自然科学版),2014,42(4):321-326.

[5] 杨虎,蒋林华,张研,等. 基于溶蚀过程的混凝土化学损伤研究综述[J]. 水利水电科技进展,2011,31(1):83-89.

[6] Carde C,Francois R. Effect of the leaching of calcium hydroxide from cement paste on mechanical and physical properties[J]. Cement and Concrete Research,1997,27(4):539-550.

[7] Carde C,Francois R,Torrenti J M. Leaching of both calcium hydroxide and C-S-H from cement paste:Modeling the mechanical behavior[J]. Cement and Concrete Research,1996,26(8):1257-1268.

[8] Gerard B,Le Bellego C,Bernard O. Simplified modelling of calcium leaching of concrete in various environments[J]. Materials and Structures,2002,35:632-640.

[9] 宋恩来. 东北几座混凝土坝老化与加固效果分析[J]. 大坝与安全,2006,(1):44-49.

[10] 李金玉. 必须重视我国水工混凝土建筑物的耐久性[J]. 大坝与安全,1990,(1):19-30.

[11] 邢林生,周建波. 在役混凝土坝耐久性研探[J]. 大坝与安全,2012,(2):9-18.

[12] 马福恒,李子阳. 河南省石漫滩水库大坝安全综合评价报告[R]. 南京:南京水利科学研究院,2012.

[13] 马福恒,李子阳. 河南省板桥水库大坝安全综合评价报告[R]. 南京:南京水利科学研究院,2013.

[14] 邢林生,徐世元. 古田溪三级大坝老化病害及其治理[J]. 水力发电,2005,31(9):69-71.

[15] 沈振中. 黄山市东方红水库大坝工作性态研究[R]. 南京:河海大学,2003.

[16] Wikipedia. St. Francis Dam[EB/OL]. http://en. wikipedia. org/wiki/St. _Francis_Dam [2017-04-28].

[17] 张有天. 从岩石水力学观点看几个重大工程事故[J]. 水利学报,2003,34(5):1-10.

[18] Wikimedia. Wikimedia Commons[EB/OL]. http://commons. wikimedia. org/wiki[2017-04-28].

[19] 毛佑仪. 四川地区土石坝渗流破坏及其处理[J]. 水利建设与管理,2000,20(4):60-62.

[20] 沈振中. 江西省吉安县福华山水库大坝安全综合评价报告[R]. 南京:河海大学,2005.

[21] 李君纯. 青海沟后水库溃坝原因分析[J]. 岩土工程学报,1994,16(6):1-14.

[22] 沈振中. 黄河拉西瓦水电站坝后水垫塘区三维渗流分析研究[R]. 南京:河海大学,2006.

[23] 沈振中. 澜沧江如美水电站心墙堆石坝渗流分析[R]. 南京:河海大学,2015.

[24] Gan L,Chen G Y,Shen Z Z. A new approach to permeability inversion of fractured rock

masses and its engineering application[J]. Water,2020,12(3):1-17.

[25] 沈振中. 水厂铁矿新水-尹庄尾矿库联合加高工程坝体三维渗流分析研究[R]. 南京:河海大学,2012.

[26] 钱家欢,殷宗泽. 土工原理与计算[M]. 2 版. 北京:中国水利水电出版社,1996.

[27] 殷宗泽,等. 土工原理[M]. 北京:中国水利水电出版社,2007.

[28] 毛昶熙. 渗流计算分析与控制[M]. 北京:中国水利水电出版社,2003.

[29] 薛禹群. 地下水动力学[M]. 北京:地质出版社,1988.

[30] 薛禹群. 地下水动力学原理[M]. 北京:地质出版社,1996.

[31] 毛昶熙,段祥宝,李祖贻,等. 渗流数值计算与程序应用[M]. 南京:河海大学出版社,1999.

[32] Fredlund D G,Rahardjo H. Soil Mechanics for Unsaturated Soil[M]. New York:John Wiley and Sons,1993.

[33] Mualem Y. Hydraulic conductivity of unsaturated porous media:Generalized macroscopic approach[J]. Water Resources Research,1978,14(2):325-334.

[34] van Genuchten M T. A closed form equation for predicting the hydraulic conductivity of unsaturated soils[J]. Soil Science Society of America Journal,1980,44(5):892-898.

[35] Brooks R H,Corey A T. Hydraulic Properties of Porous Media[D]. Fort Collins:Colorado State University,1964.

[36] 中华人民共和国水利部. SL 237—1999 土工试验规程[S]. 北京:中国水利水电出版社,1999.

[37] Klute A. Laboratory measurement of hydraulic conductivity of unsaturated soil//Black C A,et al. Methods of Soil Analysis,Part 1[M]. Madison:American Society of Agronomy,1965,(16):253-261.

[38] 张玉莲. 非饱和土渗透系数瞬态剖面测量方法及仪器的改进[D]. 哈尔滨:哈尔滨工业大学,2011.

[39] 徐永福,兰守奇,孙德安,等. 一种能测量应力状态对非饱和土渗透系数影响的新型试验装置[J]. 岩石力学与工程学报,2005,24(1):160-164.

[40] 梁爱民,刘潇. 非饱和土渗透系数的试验研究[J]. 井冈山大学学报(自然科学版),2012,33(2):76-79,87.

[41] 王红,李同录,付昱凯. 利用瞬态剖面法测定非饱和黄土的渗透性曲线[J]. 水利学报,2014,45(8):997-1003.

[42] 中华人民共和国水利部. SL 31—2003 水利水电工程钻孔压水试验规程[S]. 北京:中国水利水电出版社,2003.

[43] Louis C,Maini T N. Determination of in-situ hydraulic parameters in jointed rock[J]. International Society of Rock Mechanics Proceedings,1970,1(3):40-45.

[44] Boodt P I,Maini T,Brown E T. Three-dimensional water pressure testing of fractured rock [C]//Process of First International Mine Water Congress,Budapest,1982:165-183.

[45] 万力,胡伏生,田开铭. 三段压水试验[J]. 地球科学:中国地质大学学报,1995,20(4):389-392.

[46] 沈振中. 天水市城区供水上磨水源地工程中期评估[R]. 南京:河海大学,2014.

[47] Hsieh P A,Neuman S P, Stiles G K, et al. Field determination of the three-dimensional hydraulic conductivity tensor of anisotropic media:2. Methodology and application to fractured rocks[J]. Water Resources Research,1985,21(11):1667-1676.

[48] 范波,罗平平. 钻孔压水试验理论研究现状及展望[J]. 煤炭工程,2010,(1):91-94.

[49] 万力,田开铭. 交叉孔压水试验法确定三维各向异性渗透张量[J]. 水文地质工程地质,1990,(4):5-7.

[50] 沈振中. 纳子峡水电站坝料渗透试验报告[R]. 南京:河海大学,2014.

[51] 陈国荣. 有限单元法及应用[M]. 北京:科学出版社,2009.

[52] Bathe K J,Khoshgoftaar M R. Finite element free surface seepage analysis without mesh iteration[J]. International Journal for Numerical and Analytical Methods in Geomechanics, 1979,3(1):13-22.

[53] Desai C S. Finite element residual scheme for unconfined flow[J]. International Journal for Numerical Methods in Engineering,1976,10(1):1415-1418.

[54] 张有天,陈平,王镭. 有自由面渗流分析的初流量法[J]. 水利学报,1988,(8):18-26.

[55] 王媛. 求解有自由面渗流问题的初流量法的改进[J]. 水利学报,1998,(3):68-73.

[56] 速宝玉,沈振中,赵坚. 用变分不等式理论求解渗流问题的截止负压法[J]. 水利学报,1996,(3):22-29.

[57] Zhu Y M,et al. Some adaptive techniques for solution to free surface seepage flow through arch dam abutments[C]//Proceedings of International Symposium on Arch Dams,Nanjing, 1992.

[58] 朱岳明,龚道勇. 三维饱和非饱和渗流场求解及其逸出面边界条件处理[J]. 水科学进展,2003,14(1):67-71.

[59] 祁书文. 基于有限元法的复杂三维渗流场渗流量计算方法研究[D]. 南京:河海大学,2007.

[60] 杜延龄,许国安. 渗流分析的有限元法和电网络法[M]. 北京:水利电力出版社,1992.

[61] 姜媛媛. 饱和-非饱和渗流影响下非连续性岩体边坡稳定分析方法研究[D]. 南京:河海大学,2005.

[62] 庄宁. 裂隙岩体渗流应力耦合状态下裂纹扩展机制及其模型研究[D]. 上海:同济大学,2007.

[63] 张乾飞. 复杂渗流场演变规律及转异特征研究[D]. 南京:河海大学,2002.

[64] 速宝玉,朱岳明. 不变网格确定渗流自由面的节点虚流量法[J]. 河海大学学报(自然科学版),1991,19(9):113-117.

[65] 朱岳明. Darcy 渗流量计算的等效节点流量法[J]. 河海大学学报,1997,25(4):105-108.

[66] 吴梦喜,张学勤. 有自由面渗流分析的虚单元法[J]. 水利学报,1994,(8):67-71.

[67] 熊文林,周创兵. 有自由面渗流分析的子单元法[J]. 水利学报,1997,(8):34-38.

[68] 陈洪凯,唐红梅,肖盛燮. 求解渗流自由面的复合单元全域迭代法[J]. 应用数学和力学,1999,20(10):1045-1058.

[69] 朱军,刘光廷. 改进的单元渗透矩阵调整法求解无压渗流场[J]. 水利学报,2001,(8):

49-52.

[70] 熊祥斌,张楚汉,王恩志. 岩石单裂隙稳态渗流研究进展[J]. 岩石力学与工程学报,2009,28(9):1839-1847.

[71] 速宝玉,詹美礼,赵坚. 光滑裂隙水流模型实验及其机理初探[J]. 水利学报,1994,(5):19-24.

[72] 毛昶熙,陈平,李祖贻,等. 裂隙岩体渗流计算方法研究[J]. 岩土工程学报,1991,13(6):1-10.

[73] Iwai K. Fundamental studies of fluid flow through a single fracture[D]. Berkeley: University of California,1976.

[74] 周志芳,王锦国. 介质裂隙水动力学[M]. 北京:中国水利水电出版社,2004.

[75] 速宝玉,詹美礼,郭笑娥. 交叉裂隙水流的模型实验研究[J]. 水利学报,1997,(5):1-6.

[76] 詹美礼,速宝玉. 交叉裂隙水流 N-S 方程有限元分析[J]. 水科学进展,1997,8(1):1-8.

[77] 杜广林,周维垣,赵吉东. 裂隙介质中的多重裂隙网络渗流模型[J]. 岩石力学与工程学报,2000,19(S1):1014-1018.

[78] 仵彦卿,张卓元. 岩体水力学导论[M]. 成都:西南交通大学出版社,1995.

[79] 王恩志. 岩体裂隙的网络分析及渗流模型[J]. 岩石力学与工程学报,1993,12(3):214-221.

[80] 王恩志,孙役,黄远智,等. 三维离散裂隙网络渗流模型与实验模拟[J]. 水利学报,2002,(5):37-40.

[81] Bear J, Tsang C F, Marsily G D. Flow and Contaminant Transport in Fractured Rock[M]. San Diego: Academic Press,1993.

[82] 陈平,张有天. 裂隙岩体渗流与应力耦合分析[J]. 岩石力学与工程学报,1994,13(4):299-308.

[83] 杜延龄,许国安. 复杂岩基三维渗流有限元分析研究[J]. 水利学报,1991,(7):19-27.

[84] 高瑜,叶咸,夏强. 基于等效连续介质模型的单裂隙渗流数值模拟研究[J]. 地下水,2016,38(5):40-43.

[85] 王晋丽,陈喜,张志才,等. 基于离散裂隙网络模型的裂隙水渗流计算[J]. 中国岩溶,2016,35(4):363-371.

[86] 刘卫群,王冬妮,苏强. 基于页岩储层各向异性的双重介质模型和渗流模拟[J]. 天然气地球科学,2016,27(8):1374-1379.

[87] 王晋丽,陈喜,黄远洋,等. 裂隙岩体二维离散裂隙网络模型的非均质、稳定渗流计算[J]. 工程勘察,2015,43(4):44-48.

[88] 陈必光,宋二祥,程晓辉. 二维裂隙岩体渗流传热的离散裂隙网络模型数值计算方法[J]. 岩石力学与工程学报,2014,33(1):43-51.

[89] Warren J E, Root P J. The behavior of naturally fractured reservoirs[J]. Society of Petroleum Engineers Journal,1963,3(3):245-255.

[90] Barenblatt G I, Zheltov I P, Kochina I N. Basic concepts in the theory of seepage of homogeneous liquids in fissured rocks[J]. Journal of Applied Mathematics and Mechanics,1960,24(5):1286-1303.

[91] Streltsova T D. Well Testing in Heterogeneous Formations[M]. New York: Wiley,1988.

[92] Khaled M Y, Beskos D E, Aifantis E C. On the theory of consolidation with double porosity[J]. International Journal of Engineering Science, 1982, 20(9): 1009-1035.

[93] Kuwahara F, Umemoto T, Nakayama A. A macroscopic momentum equation for flow in porous media of dual structure[J]. Proceeding of Japan Chemical Society, 2000, 26(6): 837-841.

[94] 李琛亮,沈振中,赵坚,等. 双重介质渗流水力特性试验装置研究及应用[J]. 岩土力学, 2013,34(8):2421-2429,2432.

[95] Shi Y H, Eberhart R C. A modified particle swarm optimizer[C]//Proceedings of the IEEE Conference on Evolutionary Computation, Anchorage, 1998: 69-73.

[96] Shi Y H, Eberhart R C. Empirical study of particle swarm optimization[C]//Congress on Evolutionary Computation IEEE, Hawaii, 2002.

[97] 张丽平. 粒子群优化算法的理论与实践[D]. 杭州:浙江大学,2005.

[98] 曾建潮,崔志华. 微粒群算法[M]. 北京:科学出版社,2004.

[99] Kennedy J, Eberhart R. Particle swarm optimization[C]//Proceedings of IEEE International Conference on Neural Networks, Perth, 1995: 1942-1948.

[100] Carlisle A, Dozier G. An off-the-shelf PSO[C]//Proceedings of the Workshop on Particle Swarm Optimization, Purdue, 2001.

[101] 曾建潮. 微粒群算法的统一模型及分析[J]. 计算机研究与发展,2006,43(1):96-100.

[102] 沈振中,陈雰,赵坚. 岩溶管道与裂隙交叉渗流特性试验研究[J]. 水利学报,2008,39(2): 137-145.

[103] 陈雰. 岩溶与裂隙交叉渗流特性试验及数值模拟研究[D]. 南京:河海大学,2006.

[104] 毛昶熙. 渗流计算分析与控制[M]. 北京:水利电力出版社,1990.

[105] 潘荣升. 高压喷射注浆防渗帷幕防渗机理及其应用研究[D]. 长沙:中南大学,2012.

[106] 李成柱,周志芳. 堤防垂直防渗墙应用条件和防渗效果研究[J]. 勘察科学技术,2006, (3):15-17.

[107] 冀道文. 乌江渡大坝安全性态分析评价[C]//中国大坝协会学术年会,贵阳,2014.

[108] 王丹. 土坝中水泥土防渗墙防渗效果分析及设计指标研究[D]. 济南:山东大学,2009.

[109] 罗玉龙. 堤防渗流控制技术及管涌机理研究[D]. 武汉:武汉大学,2009.

[110] 张家发,吴昌瑜,李胜常,等. 堤防加固工程中防渗墙的防渗效果及应用条件研究[J]. 长江科学院院报,2001,18(5):56-60.

[111] 陆付民. 堤防防渗加固方法研究[J]. 水电科技进展,2003,(2):5-10.

[112] 姜媛媛,索慧敏,伍小玉. 长河坝深厚覆盖层防渗布置分析[J]. 水电站设计,2014,30(2): 86-88.

[113] 罗茜文. 堤防渗流控制技术研究进展[J]. 节水灌溉,2012,(5):52-55.

[114] 苗春燕. 太原市西张地下水库截渗墙建设的数值模拟研究[D]. 太原:太原理工大学,2008.

[115] 薛晓飞,张永波. 截渗墙对地下水影响的数学模型与评价[J]. 水力发电,2015,41(1): 15-17,30.

[116] 邓铭江，夏新利，李湘权，等. 新疆粘土心墙砂砾石坝关键技术研究[J]. 水利水电技术，2011，42(11)：30-37.
[117] 钱亚俊. 高心墙坝应力变形特性研究[D]. 南京：南京水利科学研究院，2005.
[118] 谷宏亮. 沥青混凝土心墙堆石坝三维数值分析[D]. 南京：河海大学，2005.
[119] 花加凤. 土石坝膜防渗结构问题探讨[D]. 南京：河海大学，2006.
[120] 罗胜平. 各向异性土坝渗流排水方式研究[D]. 重庆：重庆交通大学，2010.
[121] 王镭，刘中，张有天. 有排水孔幕的渗流场分析[J]. 水利学报，1992，(4)：15-20.
[122] 崔皓东，朱岳明，吴世勇. 有自由面渗流分析中密集排水孔幕的数值模拟[J]. 岩土工程学报，2008，30(3)：440-445.
[123] 薛宏智. 辐射井渗流数学模型及计算方法研究[D]. 西安：长安大学，2014.
[124] 岑威钧，王蒙，杨志祥. (复合)土工膜防渗土石坝饱和-非饱和渗流特性[J]. 水利水电科技进展，2012，32(3)：6-9.
[125] 朱岳明，张燎军. 渗流场求解的改进排水子结构法[J]. 岩土工程学报，1997，19(2)：69-76.
[126] 朱岳明，陈振雷，吴愔，等. 改进排水子结构法求解地下厂房洞室群区的复杂渗流场[J]. 水利学报，1996，(9)：79-85.
[127] 周桂云，李同春. 渗流场排水子结构法有限元分析的局部非协调网格解法[J]. 水利水电科技进展，2007，27(2)：26-29.
[128] 詹美礼，速宝玉，刘俊勇. 渗流控制分析中密集排水孔模拟的新方法[J]. 水力发电，2000，(4)：23-25，66.
[129] 王恩志，王洪涛，邓旭东. "以管代孔"——排水孔模拟方法探讨[J]. 岩石力学与工程学报，2001，20(3)：346-349.
[130] 王恩志，王洪涛，王慧明. "以缝代井列"——排水孔幕模拟方法探讨[J]. 岩石力学与工程学报，2001，21(1)：98-101.
[131] 毛昶熙，李祖贻. 堤坝渗流以沟代井列的计算方法[J]. 水利学报，1989，(7)：49-55.
[132] 关锦荷，朱玉侠. 用排水沟代替排水井列的有限单元分析[J]. 水利学报，1984，(3)：10-18.
[133] 胡静. 空气单元法模拟渗流场分析中的排水孔[J]. 水力发电，2005，31(12)：34-35，44.
[134] 倪绍虎，肖明. 地下工程渗流排水孔数值模拟的隐式复合单元法[J]. 岩土力学，2008，29(6)：1659-1664.
[135] 许桂生，陈胜宏. 模拟排水孔的复合单元法研究[J]. 水动力学研究与进展(A辑)，2005，20(2)：214-220.
[136] 黄影，赵坚，沈振中，等. 两河口水电站地下厂房渗流控制布置方案研究[J]. 南水北调与水利科技，2009，7(3)：35-37，70.
[137] 张巍. 地下工程复杂渗流场数值模拟与工程应用[D]. 武汉：武汉大学，2005.
[138] 陈益峰，卢礼顺，周创兵，等. Signorini 型变分不等式方法在实际工程渗流问题中的应用[J]. 岩土力学，2007，28(增)：178-182.
[139] 郄永波. 基于渗流-应力耦合的导流洞封堵期结构安全性研究[D]. 天津：天津大学，2011.
[140] 沈振中. 基于变分不等式理论的渗流计算模型研究[D]. 南京：河海大学，1993.
[141] Noorishad J，Ayatollahi. M S，Witherspoon P A. A finite element method for coupled

stress and fluid flow analysis in fracture rock masses[J]. International Journal of Rock Mechanics and Mining Sciences & Geomechanics Abstracts,1982,19(4):185-193.

[142] 盛金昌. 多孔介质流-固-热三场全耦合数学模型及数值模拟[J]. 岩石力学与工程学报,2006,25(增1):3028-3033.

[143] 贾善坡,邹臣颂,王越之,等. 基于热-流-固耦合模型的石油钻井施工过程数值分析[J]. 岩土力学,2012,32(增2):321-328.

[144] 贾善坡,吴渤,陈卫忠,等. 热-应力-损伤耦合作用下深埋隧洞围岩稳定性分析[J]. 岩土力学,2014,35(8):2375-2384.

[145] 王如宾,柴军瑞,徐维生,等. 裂隙网络非连续介质渗流场与温度场耦合分析研究[J]. 水文地质工程地质,2007,34(4):50-56.

[146] 王如宾. 单裂隙岩体稳定温度场与渗流场耦合数学模型研究[J]. 灾害与防治工程,2006,(1):65-70.

[147] 韦立德,杨春和. 考虑饱和-非饱和渗流、温度和应力耦合的三维有限元程序研制[J]. 岩土力学,2005,26(6):1000-1004.

[148] 张树光,徐义洪. 裂隙岩体流热耦合的三维有限元模型[J]. 辽宁工程技术大学学报(自然科学版),2011,30(4):505-507.

[149] 张树光,李志建,徐义洪,等. 裂隙岩体流-热耦合传热的三维数值模拟分析[J]. 岩土力学,2011,32(8):2507-2511.

[150] 黄涛,杨立中. 隧道裂隙岩体温度-渗流耦合数学模型研究[J]. 岩土工程学报,1999,21(5):554-558.

[151] 赵延林,曹平,赵阳升,等. 双重介质温度场-渗流场-应力场耦合模型及三维数值研究[J]. 岩石力学与工程学报,2007,26(增2):4024-4031.

[152] 刘建军,薛强. 岩土热-流-固耦合理论及在采矿工程中的应用[J]. 武汉工业学院学报,2004,23(3):55-60.

[153] 张巍,肖明,范国邦. 大型地下洞室群围岩应力-损伤-渗流耦合分析[J]. 岩土力学,2008,29(7):1813-1818.

[154] 冉小丰,王越之,贾善坡. 基于渗流-应力-损伤耦合模型的泥页岩井壁稳定性研究[J]. 中国科技论文,2015,10(3):370-374.

[155] 贾善坡,陈卫忠,于洪丹,等. 泥岩渗流-应力耦合蠕变损伤模型研究(Ⅰ):理论模型[J]. 岩土力学,2011,32(9):2596-2602.

[156] 贾善坡,陈卫忠,于洪丹,等. 泥岩渗流-应力耦合蠕变损伤模型研究(Ⅱ):数值仿真和参数反演[J]. 岩土力学,2011,32(10):3163-3170.

[157] 贾善坡,陈卫忠,于洪丹,等. 泥岩隧道施工过程中渗流场与应力场全耦合损伤模型研究[J]. 岩土力学,2009,30(1):19-26.

[158] 陆银龙. 渗流-应力耦合作用下岩石损伤破裂演化模型与煤层底板突水机理研究[D]. 徐州:中国矿业大学,2013.

[159] 王军祥,姜谙男,宋战平. 岩石弹塑性应力-渗流-损伤耦合模型研究(Ⅰ):模型建立及其数值求解程序[J]. 岩土力学,2014,35(增2):626-637.

[160] 赵延林. 裂隙岩体渗流-损伤-断裂耦合理论及应用研究[D]. 长沙:中南大学,2009.
[161] 杨天鸿,唐春安,朱万成,等. 岩石破裂过程渗流与应力耦合分析[J]. 岩土工程学报,2001,(4):489-493.
[162] 贾善坡. Boom Clay泥岩渗流应力损伤耦合流变模型、参数反演与工程应用[D]. 武汉:中国科学院研究生院(武汉岩土力学研究所),2009.
[163] 刘晓旭. 三场耦合的数学模型研究及有限元解法[D]. 成都:西南石油学院,2005.
[164] 贾善坡,吴渤,陈卫忠,等. 热-应力-损伤耦合作用下深埋隧洞围岩稳定性分析[J]. 岩土力学,2014,35(8):2375-2384.
[165] 沈振中. 三峡大坝和基岩施工期变形分析及其分析模型[D]. 南京:河海大学,1995.
[166] 沈振中. 两河口心墙堆石坝的三维有限元渗流分析研究报告[R]. 南京:河海大学,2008.
[167] 李守巨. 基于计算智能的岩土力学模型参数反演方法及其工程应用[D]. 大连:大连理工大学,2004.
[168] 董小刚,刘伟,王玥. 结合地下水环境解逆问题的数值方法及其优化[J]. 吉林大学学报(信息科学版),2003,21(3):298-302.
[169] 刘伟. 地下水环境对解逆问题的数学模型及其优化分析[J]. 吉林建筑大学学报,2007,24(4):80-85.
[170] 孙健. 基于混合遗传算法的航运集装箱空箱调运优化研究[D]. 大连:大连海事大学,2009.
[171] 张晓伟. 混合遗传算法(HGA)的研究[D]. 西安:西北大学,2005.
[172] 吴仕勇. 基于数值计算方法的BP神经网络及遗传算法的优化研究[D]. 昆明:云南师范大学,2006.
[173] 曲健. 基于遗传算法的系统可靠性优化研究[D]. 大连:大连理工大学,2006.
[174] 张大志,李谋渭,孙一康,等. 用改进的遗传神经网络预报冷连轧轧机的轧制压力[J]. 钢铁研究,2000,(3):27-31.
[175] 张大志,程秉祥,李谋渭,等. 基于遗传神经网络的冷连轧机轧制压力模型[J]. 北京科技大学学报,2000,22(4):384-388.
[176] 张璇,李毅,罗琳,等. 基于遗传神经网络的坝区初始渗流场反分析[J]. 水电能源科学,2012,30(12):74-77.
[177] 周激流. 遗传算法理论及其在水问题中应用的研究[D]. 成都:四川大学,2000.
[178] 董聪. 人工神经网络:当前的进展与问题[J]. 科技导报,1999,17(7):26-30.
[179] 曹海云. 基于神经网络的倒立摆控制系统数值模拟[D]. 大连:大连理工大学,2008.
[180] 董聪,郭晓华. 计算智能中若干热点问题的研究与进展[J]. 控制理论与应用,2000,17(5):691-698.
[181] 孙家茂. 群智能优化算法及应用研究[D]. 沈阳:东北大学,2008.
[182] 李士勇. 蚁群优化算法及其应用研究进展[J]. 计算机测量与控制,2003,11(12):911-913.
[183] 刘杰,王媛,刘宁. 岩土工程渗流参数反问题[J]. 岩土力学,2002,23(2):152-161.
[184] 刘杰. 裂隙岩体渗流场及其与应力场耦合的参数反问题研究[D]. 南京:河海大学,2002.
[185] 米健. 裂隙岩体流固耦合参数反演分析[D]. 武汉:武汉理工大学,2007.

[186] 张乾飞.复杂渗流场演变规律及转异特征研究[D].南京:河海大学,2002.
[187] 张永生,赵宝玉,孙福德,等.用复合形法计算土坡稳定性[J].黑龙江大学工程学报,1997,(4):50-53.
[188] 张鲁明.基于粒子群和改进复合形法的边坡稳定分析[D].大连:大连理工大学,2009.
[189] 景来红,段世超,杨顺群.渗流反演分析在工程设计中的应用[J].岩石力学与工程学报,2007,26(增2):4503-4509.
[190] 刘晓东,姚琪,薛红琴,等.环境水力学反问题研究进展[J].水科学进展,2009,20(6):885-893.
[191] 陈乐意.土石坝渗流计算分析及实测资料分析[D].郑州:郑州大学,2006.
[192] 钟声.基于遗传算法的 BP 神经网络的土坝渗流场反演研究[D].西安:西安理工大学,2010.
[193] 沈振中.新疆库玛拉克河大石峡水电站工程混凝土面板砂砾石坝三维有限元渗流分析研究[R].南京:河海大学,2012.
[194] 沈振中.长江大堤城东圩隧道穿越段安全评价及加固处理方案开发[R].南京:河海大学,2009.
[195] 沈振中.宁夏中庄水库土坝渗流场三维有限元分析研究[R].南京:河海大学,2003.
[196] 沈振中,徐力群.新疆大河沿水库沥青混凝土心墙砂砾石坝渗流稳定及坝体静动力三维有限元分析[R].南京:河海大学,2014.
[197] 沈振中.大石峡水电站混凝土面板砂砾石坝三维渗流分析研究[R].南京:河海大学,2013.
[198] 马福恒,李子阳.河南省驻马店市板桥水库混凝土溢流坝安全评价报告[R].南京:南京水利科学研究院,2012.
[199] 朱岳明,岑威钧.江垭水利枢纽碾压混凝土重力坝坝体渗流场分析报告[R].南京:河海大学,2003.
[200] 沈振中.拉西瓦水电站工程厂坝区三维渗流分析优化研究[R].南京:河海大学,2006.
[201] 王瑞,沈振中,陈孝兵.基于 COMSOL Multiphysics 的高拱坝渗流-应力全耦合分析[J].岩石力学与工程学报,2013,32(增2):3197-3204.
[202] 马福恒.陀兴水库浆砌石坝段和左坝肩性态分析及改扩建技术研究[R].南京:南京水利科学研究院,2012.
[203] 朱岳明,岑威钧.临淮岗洪水控制工程姜唐湖进洪闸渗流特性与渗控研究[R].南京:河海大学,2003.
[204] 沈振中,甘磊.西藏尼洋河多布水电站工程枢纽区三维渗流分析[R].南京:河海大学,2011.
[205] 沈振中.青田水利枢纽工程施工期基坑防渗排水方案优化计算分析报告[R].南京:河海大学,2015.
[206] 沈振中.巴基斯坦真纳(Jinnah)水电站厂房基础渗流及基坑施工期抽排水系统方案研究[R].南京:河海大学,2015.
[207] 沈振中.九龙河溪古水电站工程导流洞出口消力池高边坡2#桩变形体渗流和稳定三维

有限元研究[R]. 南京:河海大学,2013.

[208] 沈振中. 粤赣高速公路 K2、K32 和 K91 边坡变形及稳定评价研究[R]. 南京:河海大学,2006.

[209] 朱岳明,岑威钧. 坪头地下厂房厂区三维渗流场有限元计算分析[R]. 南京:河海大学,2006.

[210] 沈振中,徐力群. 瓮福白岩尾矿库改造及加高扩容工程三维渗流模拟试验研究[R]. 南京:河海大学,2015.

[211] 沈振中,徐力群. 炉场沟尾矿库 1410m 标高以上加高扩容工程三维渗流分析报告[R]. 南京:河海大学,2016.